LA

CUISINE MODERNE

LA
CUISINE MODERNE

ILLUSTRÉE

COMPRENANT

LA CUISINE EN GÉNÉRAL
LA PATISSERIE, LA CONFISERIE ET LES CONSERVES

ALIMENTATION DE RÉGIMES

CLASSÉES MÉTHODIQUEMENT

PAR

UNE RÉUNION DE PROFESSIONNELS

———

LE PLUS PRATIQUE DES LIVRES DE CUISINE

RENFERMANT, OUTRE LA CLASSIFICATION DES VINS,

LES SOINS NÉCESSAIRES A L'ENTRETIEN D'UNE BONNE CAVE

Indispensable à la Maîtresse de maison et à la Cuisinière bourgeoise.

———

NOUVELLE ÉDITION ILLUSTRÉE

LIBRAIRIE ARISTIDE QUILLET

278, BOULEVARD SAINT-GERMAIN, 278

PARIS VIIe

GÉNÉRALITÉS

LA CUISINE
SON UTILITE — SES GRANDS PRINCIPES
L'ART DE RECEVOIR CHEZ SOI.

On ne saurait trop encourager les jeunes filles à pratiquer l'art gracieux de la cuisine.

De l'estomac satisfait dépend le bonheur en ménage. Une mauvaise cuisine, des digestions pénibles, en voilà bien assez pour amener la brouille et le divorce. Pour être une maîtresse de maison accomplie, il n'est pas obligatoire de passer sa vie devant ses fourneaux, mais une cuisinière à gages mettra d'autant plus d'amour propre à bien faire, qu'elle saura sa patronne experte en cuisine et capable d'apprécier le travail bien fait.

Comment ordonner un menu si l'on ne connaît pas la préparation des aliments?

A notre époque, où les exigences de la vie moderne poussent la femme à des professions qui l'éloignent de son foyer, il faut plus que jamais développer chez la jeune fille l'amour de son intérieur.

L'homme est trop occupé au dehors, sa tête est prise par des préoccupations multiples, c'est à lui qu'incombent les charges de famille. Il est donc tout naturel que sa jeune femme, sa compagne prenne sa part des efforts nécessaires à un jeune ménage pour réussir dans la vie.

Une femme intelligente, ambitieuse, doit soigner son mari absolument comme un manager soigne le champion qui lui rapportera plus tard la forte somme.

Quand l'homme a bien travaillé, il faut qu'en rentrant chez lui il trouve un visage souriant, que dès l'ouverture de la porte la bonne odeur du logis propre et la chaleur du nid lui montent au visage avec le parfum d'un plat préparé avec amour dans la cuisine. Rien que cette bouffée le réconforte déjà. Les baisers de sa femme et de ses enfants font disparaître le souvenir de la boue de la rue, de la fatigue du jour, des soucis des affaires.

Le voici dans son vêtement d'intérieur, à table. La nappe blanche fait étinceler l'eau et le vin des carafes. Autour de la soupière fumante, les enfants se sont assis, ils attendent que le père remplisse les assiettes.

Une nourriture saine, sans excès, mais préparée comme il convient, et voilà le travailleur réconforté. Il aime son chez lui, le café ne le tente pas, il est bien disposé à satisfaire les menus caprices de Madame, parfois un peu coûteux pour le budget du ménage... mais peut-on résister à une femme aussi accomplie? Un estomac satisfait prédispose à l'indulgence et à la générosité.

Les hommes d'affaires connaissent bien l'effet d'un bon repas. Les grands restaurants, malgré leur aspect frivole, sont encore les endroits les plus propices à conclure des traités et à prendre des accords financiers.

Nous nous sommes efforcés, dans ce livre, de réunir les recettes les plus sûres.

Certaines sont compliquées, elles sont l'exception; la plupart sont simples et ne demandent, pour être réussies, qu'un peu de soin et d'attention.

La cuisine est un art délicat, si on prétend rivaliser avec les grands cuisiniers français. Mais ici n'est pas notre but. Laissons aux spécialistes les chefs-d'œuvre culinaires. Contentons-nous de la bonne cuisine familiale, qui est (faut-il l'avouer?), la *vraie cuisine*.

En effet. Les cuisiniers professionnels emploient des sauces variées, des ingrédients multiples, ils recherchent la couleur, la présentation d'un plat, autant et plus peut-être que sa saveur.

Un bon conseil: méfiez-vous des cuisines savantes et des plats trop bien présentés.

Pour satisfaire tous les goûts, nous avons mis dans ce livre un certain nombre de ces préparations du grand art. Ce ne sont pas celles que nous préférons.

A notre avis, ce qui différencie la cuisine française et constitue sa supériorité universelle, c'est qu'elle se contente de chercher à mettre en valeur la saveur propre de chaque aliment.

Certains pays font bouillir ou rôtir leurs viandes et les accompagnent de sauces toutes prêtes qui dénaturent le goût des mets. C'est agir en barbares.

La bonne cuisinière se contente de mettre juste ce qu'il faut d'assaisonnements, puis elle surveille amoureusement la cuisson.

Tout le secret de la bonne cuisine est là, et non ailleurs. Inutile de chercher à compliquer la question. Surveillez, surveillez bien vos plats, entretenez le feu convenable, ne laissez pas brûler votre cuisson, ne servez pas des aliments mal cuits, rien ne saurait remédier à la négligence.

Ne songez pas à préparer votre repas une heure avant de vous mettre à table.

Sachez à l'avance le menu que vous ferez et allumez votre feu à temps.

Il est impossible d'édicter des lois générales; pourtant, il y a certains principes essentiels que chacun doit savoir.

Les *rôtis* se font à la broche ou au four. Les meilleurs sont les rôtis à la broche. Cette préparation est la plus ancienne du monde. L'homme primitif rôtissait sa proie. Pour un bon rôti à la broche, on choisira autant que possible un clair feu de bois sec, le meilleur est le feu de sarments de vigne, et on fera saisir sa viande en surface puis, le feu tombant, on terminera la cuisson devant les braises rouges.

L'idéal est le rôti cuit en plein air. Mais cette cuisine-là est rarement réalisable. On doit se contenter en général de rôtis cuits au four de la cuisinière.

On choisira un plat de terre épais allant au feu. On mettra sa viande ficelée en morceau massif, épais; on salera, on frottera d'un peu de beurre fin, on mettra deux ou trois cuillerées à soupe d'eau dans le plat et on fera cuire en plaçant dans le four bien chaud, allumé déjà depuis un certain temps. La viande doit être saisie. On la retournera et on l'arrosera souvent avec son propre jus mélangé à l'eau et au beurre mis au début.

Après quoi, on pourra laisser un peu tomber le feu. Le four doit être moins ardent pour finir la cuisson.

La *viande braisée* se fait cuire à la casserole de fonte appelée « cocotte ». L'art consiste à laisser cuire la viande dans son propre jus, bien doucement, sans ajouter de sauces étrangères ni d'eau.

La viande braisée est facile à préparer et pourtant, combien de fois ne vous sert-on pas une véritable chair bouillie, détestable?

C'est qu'on a mis de l'eau.

Pour une viande braisée, on mettra dans la casserole simplement du beurre, un ou deux oignons, un bouquet garni, sel, poivre; on fera *saisir* la viande en la tournant vivement dans le beurre fondu sur feu vif, puis on mettra le couvercle afin de bien boucher, on placera la casserole sur feu doux, on surveillera attentivement, on retournera la viande de temps à autre pour guider la cuisson et on servira avec le propre jus, rendu par la viande elle-même.

N'oubliez pas ce grand principe: *Bonne cuisine, courte sauce.* Pour que la viande ne brûle pas, il est bien recommandé de maintenir constamment un peu d'eau versée à même sur le couvercle de fonte de la cocotte.

Les *poissons* se mangent bouillis, frits, grillés ou rôtis.

En France, on ne mange pas assez de poisson. Il est vrai que la plupart des personnes ne savent pas le préparer.

On le fait bouillir, en général, et on le sert avec des sauces qui masquent le goût.

C'est une déplorable hérésie culinaire.

Chaque poisson a sa saveur propre. Il y a une richesse incroyable de sensations fines pour qui sait les apprécier. Le grondin n'a pas le goût de la sole, pas plus que le merlan ne ressemble au turbot. Les différences sont aussi marquées qu'entre le bœuf, le mouton ou le porc.

Pour bien retirer d'un poisson tout le plaisir gourmand qu'il peut donner, il faut le manger très frais et rôti ou grillé.

Pour bien réussir un poisson rôti, il faut un bon feu et beaucoup d'attention, car un coup de feu malencontreux est vite attrapé.

Servez ensuite avec une simple sauce au beurre fin fondu et vous vous lécherez les doigts.

Les courts-bouillons, les fritures, ont leur agrément, mais masquent la saveur fine de la bête.

L'*assaisonnement* des plats est la pierre de touche du cuisinier. Grand principe essentiel: « On se montrera très avare d'assaisonnements ». Il en faut, certes, mais très peu.

L'assaisonnement doit être un accompagnement très discret, une sorte de basse en sourdine qui soutient une mélodie, mais il ne doit pas couvrir la partie essentielle du plat, assourdir le soliste concertant.

Il faut aussi savoir ordonnancer un menu.

Laissons aux sots et aux vaniteux ces dîners interminables où défilent des plats sans nombre pour la grande consternation de nos estomacs.

Pour qu'un repas soit bon, il faut qu'il y ait peu de convives. Le bon Dieu lui-même en a ordonné ainsi en ne donnant que quatre membres à un poulet.

Les meilleurs repas se font pour quatre personnes, six à la rigueur. Au delà c'est déjà trop.

Les plaisirs de la table sont des plaisirs intimes. Ils n'aiment pas le tapage ni la foule. Quelle grossière erreur aujourd'hui! Comment croire à l'intelligence humaine quand on voit ces restaurants où l'on danse entre deux plats et aux sons d'un orchestre nègre bon à nous donner la colique?

C'est un scandale. On comprend que des nègres qui dévorent un couscous ou des fragments de chair rôtis saupoudrés de la poussière du sol se consolent de cette maigre chère en dansant; mais des êtres civilisés! C'est à peine croyable. Un bon repas demande du recueillement et un échange de paroles spirituelles et gaies.

Alors, deux ou trois couples amis, quelques fleurs sur la nappe, l'éclair des cristaux, l'intimité d'une lumière douce dans une pièce tiède et bien close, il n'en faut pas plus pour faire paraître la vie belle.

Pour combiner un menu, il faut tenir compte de la saison et aussi du lieu.

De même qu'il serait inconvenant d'offrir à ses invités l'omelette au lard et la bouillabaisse dans un salon décoré par Poiret, de même il serait ridicule d'offrir du caviar et du foie gras dans une claire salle à manger en pitchpin dont les fenêtres ouvrent sur les gais frissons d'une Méditerranée bleue dorée de soleil.

Il y a tout un art qui est assez difficile à enseigner. C'est surtout affaire de goût, de jugement et d'instinct.

On doit d'ailleurs beaucoup se guider sur les produits locaux.

A ce propos, il est bon de réagir contre cette mode vaniteuse qui pousse à offrir des primeurs coûteuses hors de saison.

Fruits ou légumes sont fades, insipides, lorsqu'ils sont le produit de l'industrie. Attendez l'époque normale de leur maturité. Que cherchez-vous en invitant des amis à dîner? Voulez-vous les éblouir par votre richesse, leur montrer que vous avez les moyens de payer cher des choses coûteuses? Non, n'est-ce pas? Ce serait, d'ailleurs, de fort mauvais genre. Vous voulez, c'est évident, leur témoigner du plaisir que vous avez à les réunir à votre table en cherchant à les régaler. Etablissez donc votre menu parmi les éléments à votre portée. Ayez peu de plats, mais qu'ils soient parfaits, quelques fruits mais qu'ils soient sans défauts, un vin ou deux mais de toute première qualité.

Quoi qu'il en soit, on doit cependant s'incliner devant certains usages.

Il est des circonstances dans la vie où il faut donner un grand repas, réunir beaucoup de convives.

Garnissez votre table d'argenterie et de belle vaisselle sur une nappe brodée.

Les surtouts de fleurs qui masquent la vue et les pièces montées ne sont plus de mode.

Aujourd'hui, on préfère, avec raison, parsemer la nappe de fleurs harmonieusement rangées. Pour placer les convives, il y a deux méthodes :

1° La méthode française classique, qui place au milieu de la table, face à face, le maître et la maîtresse de maison.

L'usage veut que le cavalier s'occupe de verser à boire à sa compagne, tout au moins en ce qui concerne l'eau et le vin ordinaire.

C'est pourquoi on doit toujours placer le cavalier à la *droite* de la dame.

La maîtresse de maison placera donc à sa *droite* le convive masculin auquel les honneurs reviennent de droit de par l'âge ou la situation sociale, et le maître de maison placera à sa *gauche* la dame la plus considérable de la réunion.

On placera les convives par couples, en partant de ce premier principe, et par ordre d'importance. Donc, la maîtresse de maison aura à sa gauche un deuxième cavalier qui sera chargé de s'occuper de la dame placée ensuite.

On doit placer les convives en intercalant messieurs et dames, mais il ne faudra jamais laisser ensemble le mari et la femme. Il faut les mettre à des extrémités opposées.

2° La méthode américaine, plus pratique, part des mêmes principes avec cette seule différence que le maître de la maison et la maîtresse de maison se placent chacun à un bout de la table.

Cette position a l'avantage de permettre aux hôtes de voir d'un coup d'œil si leurs invités sont bien servis et ne manquent de rien.

Si l'on désire se conformer aux vieilles traditions françaises, ce qui est toujours très chic, il convient que les rôtis soient découpés à table devant tous les convives, par le maître de maison lui-même.

Tout homme bien élevé doit savoir découper.

On doit présenter une belle pièce de poisson aux invités, puis l'emmener à l'office pour la découper.

La salade doit être également assaisonnée à table par le maître de maison, mais le maître d'hôtel ira la retourner sur la desserte.

Pour servir à table, il faut des domestiques propres, silencieux, veillant à ce que les convives ne manquent de rien, sous la surveillance des maîtres de maison et du maître d'hôtel.

Pour dresser son couvert, on ne doit pas oublier que la cuillère se met à droite de l'assiette avec les couteaux.

Les fourchettes se mettent à gauche.

Devant l'assiette, on range les verres, un pour chaque sorte de vin qui sera servi.

Dans les bonnes maisons, on dispose des petites salières avec sel et poivre entre chaque couple de convives.

On trouvera à la fin de ce livre des menus normaux pour repas de famille et repas d'amis.

Pour les grands dîners, si désastreux au point de vue des gourmets, il faut observer l'ordre suivant:

A déjeuner : des hors-d'œuvre, à dîner : du potage. Ensuite, des entrées de poissons, puis des entrées de viandes blanches. Après quoi, on servira la pièce rôtie accompagnée de légumes. A ce plat succédera la salade avec le foie gras.

Selon les idées, on servira le fromage avant ou après les entremets sucrés.

_ Les vrais gourmets vous diront, comme moi, que le fromage représente la transition indispensable entre les friandises sucrées et les plats salés. Chez moi, on sert le fromage avant l'entremets.

A l'entremets sucré succéderont les fruits et les gâteaux, petits fours et bonbons.

On terminera par un bon café servi à table, ou, ce qui est bien préférable, servi avec les liqueurs au fumoir et au salon.

Au premier service on versera du porto blanc ou du madère.

Les entrées exigent du bordeaux blanc, ou un bourgogne blanc, ou un anjou, ou même un saumur mousseux.

Les rôtis réclament impérieusement le bordeaux rouge, mais si l'on sert du gibier, il n'y a pas à hésiter, tout autre vin qu'un bourgogne rouge serait un contre-sens.

Le foie gras n'aime que le bordeaux rouge. Pour le fromage, bordeaux ou bourgogne rouge. Pour les desserts, on préférera le Sauterne ou le Pouilly.

Le champagne se réserve pour conclure.

Si l'on veut s'épargner tous les soucis de choisir les vins, on peut, suivant la mode américaine, servir tout un repas au champagne.

C'est dommage au point de vue gourmandise, mais c'est bien commode et du reste admis, mais à condition (chose essentielle) de servir le champagne dans des brocs en cristal et bien frappé.

On peut recommander, pour un déjeuner, le champagne sec frappé, mis en broc de cristal et aromatisé par des fraises, des pêches coupées, une ou deux feuilles d'oranger, des cerises mises dans le vin. Bien entendu, ces fruits ne doivent pas être versés dans les verres.

Un repas au champagne supprime les nombreux verres. On mettra simplement devant chaque assiette deux gobelets. Un pour le champagne, l'autre pour l'eau.

Si vous servez des choses coûteuses, n'en faites pas ostentation. Au contraire; il convient de paraître n'y prêter aucune importance. Que cette fantaisie paraisse seulement le désir d'offrir une gourmandise et, alors, les invités bien élevés vous sauront gré de votre largesse, car ils auront parfaitement remarqué votre attitude.

Pour faciliter le service, il faut marquer sur un petit bristol le nom de chaque convive et placer la carte à plat sur un verre à la place désignée. La répartition des places doit être arrêtée à l'avance et après réflexion.

On mettra aussi d'élégants menus, sobrement décorés, au moins un par couple.

Sauf dans les banquets, il est du plus mauvais goût aujourd'hui de se lever à la fin du repas pour prendre la parole.

Si l'on sert quelque plat qui salisse les doigts, des écrevisses par exemple, il est nécessaire de passer tout de suite après, à chaque convive, un bol d'eau tiède sur un petit naperon avec un menu quartier de citron dans l'eau afin que chacun puisse se laver.

L'usage du rince-bouche a complètement disparu.

Il n'y a pas de règles spéciales pour les repas de fantaisie comme les lunchs (qui consistent en une table dressée où chacun vient se faire servir et mange sans s'asseoir, usage absolument ridicule), les dîners qui se servent par petites tables groupant chacune quatre convives (usage charmant), les thés et goûters (une maîtresse de maison soucieuse du confort de ses convives et de l'intégrité de ses tapis, servira son goûter ou son thé, non pas dans son salon mais dans sa salle à manger et sur table dressée comme pour un dîner).

Recevoir chez soi est tout un art qui exige du tact et de l'éducation. Mais le cérémonial en est simple et il est du reste très facilité lorsque les maîtres de maison sacrifient tout au confort et au plaisir de leurs convives, comme il se doit.

POTAGES ET SOUPES

POTAGES ET SOUPES

Pot-au-feu

Pour faire un bon pot-au-feu, choisissez un morceau de bœuf pris dans le gîte à la noix, la tranche ou la culotte. Une marmite en terre est préférable à toute autre. Mettez la viande dans l'eau fraîche (deux litres d'eau et 35 grammes de sel par kg. de viande), posez-la sur un feu doux, afin que l'écume monte. Enlevez cette écume avec soin, puis ajoutez: carottes, navets, panais, ail, persil, poireaux, un clou de girofle, une branche de céleri et laissez ensuite bouillir doucement jusqu'à entière cuisson. On peut colorer avec du caramel. Pour cela, on fait brûler dans une cuillère en fer, un morceau de sucre pour le transformer en caramel et on le plonge dans la marmite. Il faut cinq heures pour faire un bon pot-au-feu. La cuisson terminée, dégraissez le bouillon, versez-le bouillant dans un tamis placé sur une soupière dans laquelle vous aurez déposé du pain coupé en tranches minces, ou du pain rôti, selon le goût.

En même temps que la soupe, les légumes peuvent se servir à part sur une assiette, ou être disposés autour du bœuf, comme garniture.

En remplaçant dans cette recette le bœuf par un lapin, on obtient un bouillon de lapin très savoureux.

Autre manière

Supposons un pot-au-feu à faire avec deux kg. de viande. Dans ce cas, ayez un kg. de gîte ou de paleron et un kg. de gîte à la noix ou de culotte.

Mettez dans une marmite de terre quatre litres d'eau et 70 gr. de sel. Lorsque l'eau est bien bouillante, mettez-y le gîte ou le paleron, et les légumes indiqués ci-dessus, mais petit à petit, de façon à ne pas arrêter l'ébullition; couvrez hermétiquement, puis retirez sur le coin du fourneau et laissez cuire à feu très doux pendant trois heures. Au bout de ce temps, faites repartir à grand feu, ajoutez le morceau de gîte à la noix ou de culotte, recouvrez la marmite et achevez la cuisson pendant deux heures et demie, à très petit feu. La cuisson terminée, finissez comme il est dit ci-dessus.

Le morceau de bœuf mis en dernier dans la marmite sera, dans ce cas, très bon à servir à table.

Conservation du bouillon

Pour conserver le bouillon, passez-le au tamis sans verser le fond, et, lorsqu'il est refroidi, mettez-le dans un endroit frais, *sans le couvrir.*

Pendant la chaleur, faites-le bouillir tous les jours. *Le bouillon dans lequel on a fait cuire des choux ne peut guère se conserver qu'une journée.*

Il est prudent de ne pas conserver le bouillon plus de 30 heures.

Grand bouillon

Le grand bouillon s'emploie pour les mouillements. Il se fait avec gîte de bœuf, jarret de veau, des parures et des os de boucherie. Désossez le gîte et le jarret; ficelez les chairs et mettez-les dans la marmite. Mettez trois litres d'eau pour deux livres de viande et d'os et un peu de sel. Faites bouillir; écumez; garnissez de poireaux, de carottes et laissez cuire pendant cinq heures. Passez et conservez ensuite pour les mouillements. Mais cette méthode n'est pas à employer dans la bonne cuisine familiale.

Bouillon à la minute

Prenez deux livres de bœuf maigre et une poule désossée; coupez le tout en petits morceaux; mettez-les dans une casserole avec du sel et trois litres d'eau, puis faites partir à feu vif, en remuant doucement, L'ébullition commencée, ajoutez: poireau, céleri, carottes. navets, une gousse d'ail et laissez bouillir pendant cinq minutes. Passez et servez. Pas très recommandable, mais utile parfois.

Bouillon concentré

Ce bouillon, ou jus concentré, se fait à l'aide de la marmite dite américaine. Prendre de la viande de bœuf dans les parties maigres et juteuses; la couper en dés, y ajouter carottes, navets, poireaux coupés, un peu de sel, puis fermer la marmite et la plonger, jusqu'aux tiers de sa hauteur, dans un vase d'eau bouillante. Laissez bouillir pendant six heures; vous obtenez ainsi un jus très concentré, nutritif et de digestion facile.

Bouillon de poulet

Mettez un poulet maigre dans une casserole, avec trois litres d'eau; ajoutez légumes à pot-au-feu; salez légèrement et laissez bouillir pendant deux heures.

Bouillon à la créole

Faire revenir le bœuf dans la graisse de rognon hachée, puis mouiller et assaisonner comme pour le pot-au-feu.

DIFFÉRENTES FAÇONS DE PLIER LES SERVIETTES POUR DÉCORER UNE TABLE

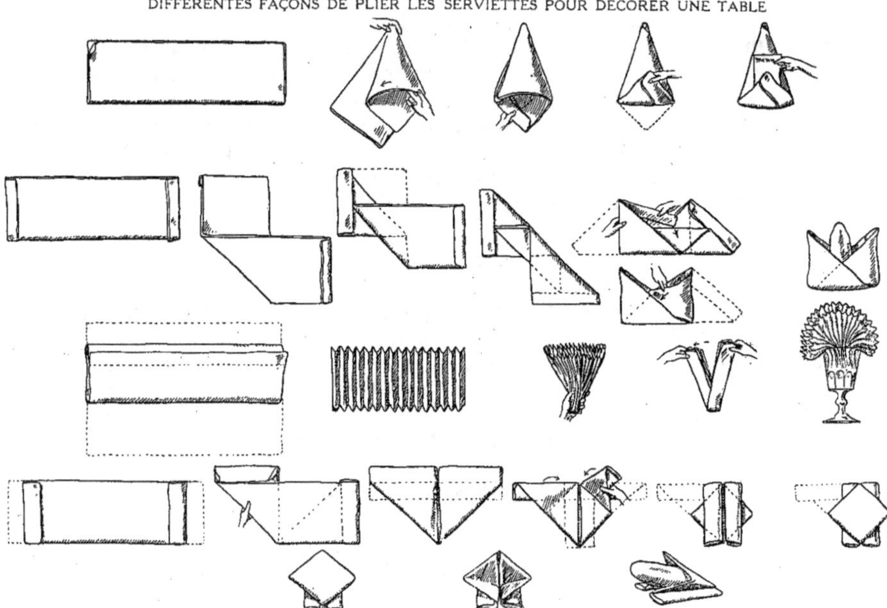

Bouillon de veau

Pour un kg. de jarret de veau, faites cuire pendant deux heures dans quatre litres d'eau, avec carottes, poireaux et cerfeuil. Salez légèrement. Laissez réduire de moitié.

Bouillon aux herbes

Prenez oseille, poireau, laitue, cerfeuil; coupez en morceaux, mettez un litre d'eau, très peu de sel, un petit morceau de beurre et faites bouillir. Quand l'eau est réduite d'un tiers, enlevez et passez. Ce bouillon, qui est laxatif, doit être bu chaud.

Bouillon de légumes (pour préparations diverses)

Prenez carottes, navets, panais, poireaux, une branche de céleri, une laitue, des pois nouveaux, un peu de persil; coupez tous ces légumes en morceaux; passez-les dans le beurre pendant quelques minutes, sans leur laisser prendre couleur; salez, poivrez et couvrez largement d'eau bouillante. Laissez mijoter pendant trois ou quatre heures. Passez le bouillon à la serviette et réservez-le pour la préparation des potages maigres.

Croûte-au-pot

On confond souvent la croûte-au-pot avec le pot-au-feu; ce n'est cependant pas la même chose. Pour préparer la croûte-au-pot, prenez des tranches de pain grillé; mettez-les dans une casserole avec un peu de bouillon et laissez-les gratiner. Détachez-les avec un peu de bouillon, mettez-les dans la soupière avec des légumes du pot-au-feu coupés en morceaux réguliers et versez dessus la quantité de bouillon nécessaire au potage à servir.

Consommé ordinaire

Faites réduire d'un tiers du bouillon de pot-au-feu.

Consommé Marie-Louise

Prenez un kg. de tranche de bœuf, une poule, des carottes, deux poireaux, deux clous de girofle, un brin de céleri et mettez dans six litres d'eau. Laissez cuire huit heures. Dégraissez et servez sans pain. Si vous voulez faire ce consommé plus succulent encore, joignez à la cuisson une vieille perdrix et une tranche de jambon.

Consommé de volaille

Mettez dans une marmite une poule et un kilogr. de jarret de veau; mouillez avec quatre litres d'eau, faites bouillir, salez et écumez. Ajoutez quelques poireaux, une branche de céleri et un peu de persil. Laissez cuire à petit feu. La cuisson terminée, passez le bouillon dans une serviette humide, dégraissez-le et réservez-le pour la préparation des potages.

Consommé de poisson

Mettez dans une casserole deux oignons, deux carottes, une branche de céleri, deux poireaux, une ou deux échalottes, une gousse d'ail, un bouquet garni et faites revenir dans le beurre; mouillez à hauteur avec moitié vin blanc, moitié eau chaude; ajoutez sel, poivre et épices; deux kilogr. de grondins coupés par tronçons, les arêtes de trois ou quatre merlans dont vous réserverez les chairs. Laissez cuire pendant une heure, puis passez à la serviette; dégraissez et laissez déposer.

Faites chauffer le bouillon et, lorsqu'il est prêt à bouillir, clarifiez-le avec les chairs des merlans préalablement pilées et mélangées à deux blancs d'œufs. Passez et réservez pour la préparation des potages.

Soupe à la queue de bœuf ou Hochepot

Couper une queue de bœuf en morceaux égaux que vous faites cuire comme le pot-au-feu. Placez dans une soupière des croûtons de pain frits au beurre et quelques légumes de la garniture; versez dessus le bouillon de la cuisson et servez en accompagnant du plat préparé.

Soupe au pain ou panade

Faire griller des tranches de pain. Les mettre dans une casserole avec de l'eau et du sel. Laisser cuire 3/4 d'heure à feu doux. Passer au tamis, remettre dans la casserole avec du lait jusqu'à consistance de purée, faire cuire 20 minutes.

Mettre dans la soupière deux jaunes d'œufs, une noix de beurre frais, remuer et servir après avoir salé ou sucré à volonté.

Soupe aux poissons d'Arcachon

Prenez plusieurs poissons de diverses espèces, mûles, maquereaux, rougets, etc. Il faut qu'ils soient très frais. Faites-les bouillir pendant une heure dans de l'eau salée avec deux oignons, un bouquet garni, un clou de girofle, du poivre. Quand le poisson est presque en bouillie, ajoutez un ailloli et un demi-litre de vin blanc. Passez. Ajoutez un filet de vinaigre, blanchissez avec deux jaunes d'œuf, servez très chaud sur des tranches de pain.

Potage au vermicelle

Mettez dans une casserole du bouillon du *Pot-au-feu*, dégraissé et passé; lorsque le liquide est bouillant, jetez-y le vermicelle que vous aurez brisé avant (*une pincée de vermicelle par personne suffit*). Couvrez la casserole et laissez cuire à très petit feu pendant vingt minutes.

Le vermicelle se prépare également au lait. Pour cela il suffit de le jeter dans du lait bouillant, sucré ou salé.

Potage à la semoule, au tapioca, au sagou, au salep, aux perles du Japon

Prenez du bouillon, comme il est dit ci-dessus; jetez-y autant de cuillerées de tapioca, de semoule, de sagou, de salep ou de perles du Japon que vous aurez de personnes à servir. Il suffit d'un quart d'heure pour la cuisson.

La semoule, le tapioca, le sagou et le salep se préparent également au lait.

Potage velouté au gras

Préparez un potage au tapioca, comme il est dit ci-dessus, en ayant soin de mettre un peu moins de tapioca, et, avant de le servir, ajoutez une liaison de jaunes d'œufs; 1 jaune par litre de potage.

Potage velours

Préparez un tapioca léger comme il est dit ci-dessus, et remplacez la liaison aux œufs par quelques cuillerées de purée de carottes bien rouges passées à l'étamine.

Potage à la fécule

Délayez la fécule, une cuillerée par personne, dans un peu de liquide froid, puis jetez dans le liquide bouillant, soit bouillon, soit lait, selon le genre de potage que vous préparez.

Quelques minutes de cuisson suffisent.

Potage aux pâtes d'Italie, au macaroni, aux nouilles et aux lazagnes

Se prépare comme le *Potage au vermicelle*, mais en donnant un peu plus de cuisson.

Au macaroni, aux nouilles et aux lazagnes, on joint souvent un peu de gruyère râpé.

Potage à l'Italienne

Mélangez une poignée de panure fraîche avec une même quantité de fromage de parmesan râpé et 2 jaunes d'œufs, ajoutez du poivre et un peu de muscade; délayez le tout avec du bouillon chaud, faites bouillir doucement pendant dix minutes sans cesser de remuer le potage et servez.

Potage de riz, au gras

Prenez du bouillon, comme il est dit au *Potage au vermicelle*. Mettez 50 grammes de riz lavé par litre de bouillon, laissez cuire doucement et versez dans la soupière. Ce potage est meilleur avec du bouillon de poule.

Potage aux quenelles, au gras

Préparez de la farce à quenelles de volaille (voyez Quenelles) et moulez-les dans une cuiller à café. Faites-les pocher dans du grand bouillon; égouttez-les et placez-les dans la soupière; versez dessus du consommé de volaille bouillant et servez immédiatement. A défaut de grand bouillon, pochez dans de l'eau salée.

Potage gras aux œufs pochés

Faites pocher des œufs frais, un par convive; égouttez-les; parez-les autour avec un couteau; placez-les dans la soupière et versez dessus du consommé bouillant, puis servez de suite.

Potage à la crème d'orge

Mettez dans une casserole 200 grammes d'orge perlée, un morceau de beurre, et faites revenir à feu doux pendant quelques instants; mouillez avec de l'eau bouillante; salez, et retirez la casserole sur le côté du feu; couvrez-la.

Laissez cuire l'orge pendant deux heures; ajoutez de temps en temps un peu de bouillon. La cuisson terminée, retirez du feu, passez au tamis; allongez avec du bouillon, et faites bouillir en tournant, retirez sur le côté du feu. Une demi-heure après, dégraissez; liez avec des jaunes d'œufs; ajoutez une pincée de sucre en poudre et versez dans la soupière en passant à la passoire.

Soupe au chou

Prenez un chou, coupez-le en quatre parties, faites-le blanchir à l'eau bouillante légèrement salée, puis laissez égoutter. D'autre part, mettez dans une marmite 3 litres d'eau, 250 grammes de lard, 1 kilog de poitrine de mouton; poireaux, carottes, navets, et faites bouillir pendant deux heures; ajoutez alors le chou et un saucisson cru et faites bouillir pendant une heure encore. La cuisson terminée, retirez du feu, versez le bouillon dans la soupière, sur des tranches de pain, et servez.

Dans cette soupe, on peut également ajouter des débris de viande ou de volailles rôties, ce qui ne peut que l'améliorer.

Soupe au chasseur

Opérez et servez comme il est dit à la *Soupe au chou*, mais en y incorporant un lapin de garenne coupé en plusieurs morceaux. On ajoute le lapin, plus ou moins tard dans la cuisson, selon qu'il est plus ou moins jeune.

Soupe aux choux nivernaise

Mettez dans une casserole de l'eau salée, prenez un chou bien blanc et bien serré, coupez-le finement, ajoutez sept à huit pommes de terre blanches à purée, laissez cuire quatre à cinq heures à petit feu. Une demi-heure avant de servir, ajouter un demi-litre de lait et une bonne noix de beurre. Servez avec des tranches de pain rassis ou des croûtons.

Soupe au persil

Epluchez des pommes de terre; faites-les cuire dans l'eau avec du sel, puis passez au tamis et faites une purée. Remettez au feu avec de l'eau en quantité suffisante pour le potage à servir; laissez bouillir pendant quelques minutes. Ajoutez une forte poignée de persil haché très fin, un bon morceau de beurre frais, versez sur du pain taillé en tranches minces ou sur des croûtons sautés au beurre et servez.

Soupe au cresson

Mettez dans une casserole de l'eau et du sel (8 gr. pour 1 litre) des pommes de terre épluchées, coupées en carrés minces, une poignée de cresson nettoyée, débarrassée des tiges dures, faire cuire trois heures à ébullition douce, passez à la passoire fine. Au moment de servir, mettre dans une soupière deux grandes cuillerées de crème et une noix de beurre frais. Versez et ajoutez des croûtons sautés au beurre, au dernier moment.

Soupe à l'oseille

Prenez une poignée d'oseille; épluchez, lavez, hachez ou émincez. Faites comme il est dit pour la *Soupe au cresson,* mais ajoutez, en même temps que la crème, 2 jaunes d'œuf.

Potage au vermicelle, à l'oseille

Préparez un bouillon à l'oseille sans pomme de terre et mettez la quantité de vermicelle nécessaire au nombre des convives. Au moment de servir, faites une liaison avec du beurre, des jaunes d'œufs et de la crème.

Potage au riz à l'oseille

Préparez un bouillon à l'oseille, comme il est dit au *Potage au vermicelle* et remplacez le vermicelle par du riz. On peut supprimer la liaison.

Potage de santé

Coupez fin deux poireaux et faites-les cuire dans du beurre à feu très doux, afin qu'ils ne prennent pas de couleur; lorsqu'ils sont à peu près cuits, ajoutez une poignée d'oseille, du cerfeuil et deux laitues, hachés. Lorsque le tout est presque fondu, mouillez avec de l'eau ou du bouillon; salez et poivrez. Laissez bouillir pendant une demi-heure, faites une liaison d'œufs ajoutez un morceau de beurre frais, et versez dans la soupière, sur du pain coupé en tranches minces.

Potage à la Parisienne

Prenez deux poignées d'oseille, une pincée de cerfeuil, une laitue, que vous lavez et épluchez bien soigneusement. Hachez le tout et mettez-le dans une casserole avec un bon morceau de beurre. Faites fondre à feu doux pendant cinq minutes; mouillez avec de l'eau en quantité suffisante pour faire votre potage; ajoutez sel et poivre.

Mettez dans une soupière des tranches de pain grillé, avec jaunes d'œufs et beurre et, lorsque le potage a bouilli pendant une bonne demi-heure, versez-le dans la soupière, en remuant la liaison, afin de l'empêcher de tourner, et servez de suite.

Soupe à l'oignon

Coupez plusieurs oignons en tranches très minces; faites-les revenir dans le beurre, à feu doux, jusqu'à ce qu'ils soient bien dorés; ajoutez une cuillerée à café de farine, comme pour faire un roux, mouillez avec un verre d'eau, salez, poivrez et laissez cuire pendant un quart d'heure. Ajoutez alors la quantité d'eau nécessaire avec des couches de fromage râpé (*gruyère et si l'on veut parmesan mélangés*). Versez et passez dans la soupière le bouillon bouillant; mettez quelques minutes au four et servez.

Cette soupe se sert également avec une liaison d'œufs ou blanchie avec un peu de lait et sans fromage.

Soupe au fromage

Préparez un bouillon d'oignons comme il est dit ci-dessus. Disposez dans une soupière allant au feu des couches de pain alternées avec des couches de fromage râpé (*gruyère et parmesan mélangés*). Versez et passez dans la soupière le bouillon bouillant ; mettez quelques minutes au four pour gratiner et servez.

Potage aux petits oignons

Épluchez et faites blanchir pendant quelques minutes une certaine quantité de très petits oignons; égouttez-les, puis faites-les sauter dans une casserole avec du beurre; lorsqu'ils sont cuits, mouillez-les avec du bouillon bouillant, ajoutez du poivre et versez dans la soupière sur des petits croûtons de pain frits au beurre.

Potage printanier

Épluchez, lavez, égouttez et tournez en forme de noisettes, carottes et navets, et faites-les cuire dans de l'eau salée pendant une heure. Ajoutez alors en quantité suffisante, des petits pois, haricots verts, pointes d'asperge, coupés. La cuisson terminée, ajoutez une cuillerée d'oseille et de cerfeuil hachés fin, laissez bouillir pendant quelques minutes, mettez deux cuillerées de crème et servez.

Potage printanier à l'Italienne

Opérez comme ci-dessus; mais, au moment de servir, liez ce potage avec des jaunes d'œufs mélangés avec du gruyère râpé, et délayés avec un peu de crème.

Potage à la Brunoise

La brunoise se prépare avec carottes, navets, poireaux, oignons, céleri-rave, coupés en dés bien réguliers. Faites revenir dans une casserole; lorsqu'ils ont pris une belle couleur, ajoutez un peu de bouillon ou d'eau, salez. Le tout bien cuit, mettez la quantité d'eau nécessaire; faites bouillir, versez sur des croûtons de pain frits au beurre et servez.

Ce potage se fait également aux pâtes d'Italie ou au riz; dans ce cas, supprimez le pain.

Potage à la Colbert

Prenez des légumes de saison; coupez-les en petits morceaux et faites-les cuire dans l'eau, à laquelle vous ajoutez du sel. Cuits à point, égouttez-les et servez-les dans du bouillon, avec un œuf poché par convive.

Potage à la paysanne

Prenez un chou, des carottes, des navets, des oignons, des poireaux, émincez-les; faites-les revenir dans le beurre; mouillez avec de l'eau chaude salée; ajoutez un peu de sel et laissez cuire doucement pendant deux heures. Peu de temps avant de servir, ajoutez oseille et laitue ciselées au couteau. Versez ensuite dans la soupière sur du pain taillé en tranches minces.

Soupe à la Bonne Femme

Emincez finement deux poireaux, mettez-les dans la casserole avec un peu de beurre et faites-les revenir à feu doux jusqu'à ce qu'ils soient bien dorés; ajoutez alors un petit chou frisé coupé en très petits morceaux et faites-en réduire l'humidité en tournant quelques minutes à la cuiller de bois; mouillez alors avec du bouillon de cuisson de légumes secs; ajoutez deux ou trois pommes de terre coupées et laissez cuire une demi-heure environ. Quelques minutes avant de servir, ajoutez une poignée de feuilles d'oseille ciselées au couteau, assaisonnez d'un peu de poivre et de muscade et terminez en liant avec du beurre frais. Versez sur du pain coupé en tranches minces.

Potage aux choux-fleurs

Nettoyez un chou-fleur, coupez-le en morceaux, mettez-le à tremper vingt minutes dans l'eau salée avec une cuillerée de vinaigre.

Egouttez. Faites bouillir dans une deuxième eau salée, pendant une heure. Passez, mettez le chou-fleur à part pour le servir comme il est dit plus loin. Dans l'eau de cuisson mettez une cuillerée à soupe de tapioca par personne, laissez cuire vingt minutes en remuant. Dans une soupière mettez une noix de beurre, deux cuillerées de crème, deux jaunes d'œuf. Versez le bouillon du chou-fleur. Tournez et servez, avec du tapioca ou des tranches de pain, ou des croûtons.

Potage Vert-pré

Préparez et faites blanchir des pointes d'asperges, des petits pois et des haricots verts coupés en petits morceaux. Egouttez-les. Achevez la cuisson dans de l'eau en quantité suffisante. Cinq minutes avant de servir, ajoutez une cuillerée de tapioca par personne, versez dans la soupière, salez, ajoutez un jaune d'œuf, un peu de lait et servez.

Potage à la Julienne

Lavez et égouttez carottes, navets, petits pois, haricots verts, un brin de céléri, un cœur de laitue. Coupez ensuite ces légumes en filets fins de quatre centimètres de longueur; mettez-les dans une casserole avec du beurre et faites-les revenir à feu vif. Lorsqu'ils ont pris une teinte vive, ajoutez quelques feuilles d'oseille et brins de cerfeuil émincés, un peu de sel et ajoutez de l'eau chaude salée, laissez mijoter le tout pendant deux heures; servez bien chaud et sans pain.

Potage à la Julienne au riz

Ce potage se prépare comme le précédent, seulement lorsque les légumes sont à moitié de cuisson, on y joint deux ou trois cuillerées de riz préalablement blanchi.

Potage à la purée de légumes

Prenez les mêmes légumes que pour le *Potage à la julienne* faites-les cuire de même, mais sans les couper en filets. La cuisson achevée, mélangez-y quelques cuillerées de riz crevé; passez le tout en purée; faites bouillir en tournant, puis versez dans la soupière; ajoutez des petits croûtons de pain frits au beurre et servez.

Potage aux haricots verts et blancs

Faites cuire à l'eau des haricots blancs nouveaux, assaisonnés d'un peu de sel, d'un gros oignon et d'un bouquet garni.

Retirez le bouquet; passez en purée; remettez au feu en délayant avec l'eau de la cuisson; ajoutez un bon morceau de beurre, des haricots verts coupés en petits morceaux et préalablement cuits à l'eau. Au premier bouillon, versez dans la soupière, ajoutez des petits croûtons de pain frits au beurre et servez.

Potage à la purée d'asperges

Faites cuire à l'eau salée des asperges vertes, dont vous avez enlevé les parties dures; égouttez-les, passez-les au tamis; cuisez à part et réservez les pointes pour la garniture.

Mettez du beurre et de la farine dans une casserole, remuez pendant quelques minutes; mouillez avec du *Consommé de volaille*; laissez cuire pendant trois quarts d'heure. Ajoutez alors la purée d'asperges; liez le potage avec des jaunes d'œufs, de la crème et du beurre; versez dans la soupière sur les pointes d'asperges que vous avez réservées, puis servez.

Potage crème de poireaux

Emincez les parties tendres de six à huit gros poireaux; les faire cuire pendant une demi-heure dans du beurre et à très petit feu afin qu'ils ne prennent pas de couleur.

Salez, mouillez-les d'un verre d'eau et donnez encore une heure de cuisson; passez-les au tamis et délayez la purée avec un litre de lait bouillant, puis liez le potage avec quatre jaunes d'œufs; ajoutez une pincée de poivre blanc, et servez.

Soupe aux pommes de terre et aux asperges

Faites cuire des pointes d'asperges dans de l'eau salée et conservez-en la cuisson. Epluchez et cuisez des pommes de terre à l'eau salée; égouttez-les et laissez-les dans la casserole que vous bouchez hermétiquement pour étuver les pommes de terre pendant quelques minutes.

Ecrasez-les; passez-les au tamis et mettez la purée dans une casserole; délayez-la avec du lait et un peu de la cuisson des asperges. Assaisonnez et liez avec des jaunes d'œufs; ajoutez un morceau de beurre, puis les pointes d'asperges. Versez dans la soupière et servez.

Potage à la Faubonne

Ce potage se compose de laitue, d'oseille, de chicorée, de céléri coupés en petites lames et de petis oignons passés au beurre. Mouillez avec du bouillon, et, après cuisson, ajoutez une purée de lentilles, de pois, ou de pommes de terre, servez sans pain.

Potage à la Dauphine

Prenez quatre ou cinq gros navets que vous faites bouillir à grande eau pendant quelques minutes. Egouttez-les. Remettez-les dans une casserole bien couverte et lorsqu'ils seront cuits passez-les à l'étamine et mouillez-les avec de l'eau chaude salée, donnez un bouillon. Mettez dans la soupière de la bonne crème double et un morceau de beurre fin, versez en tournant le liquide bouillant et servez.

Potage à la Flamande

Prenez des navets et des pommes de terre; coupez-les en tranches et faites cuire dans l'eau, avec sel, poivre et des croûtes de pain, Passez à la passoire en écrasant; remettez la purée au feu, laissez faire un bouillon et ajoutez du cerfeuil haché. Mettez dans la soupière un bon morceau de beurre frais. Versez dessus votre purée bouillante, remuez pour faire fondre le beurre et servez.

Potage à la Parmentier

Epluchez des pommes de terre; faites-les cuire dans de l'eau salée jusqu'à ce qu'elles puissent s'écraser facilement. Egouttez-les vivement et passez en purée au tamis. Mettez la purée dans une casserole avec un bon morceau de beurre, tournez pour le faire fondre et mouillez avec du lait, afin de rendre liquide. Laissez bouillir doucement pendant quelques minutes, puis versez dans la soupière; ajoutez des croûtons de pain frits au beurre et servez.

Ce potage peut également se faire en remplaçant le lait par de l'eau, mais dans ce cas on y ajoute une liaison de jaunes d'œufs.

Soupe aux poireaux et aux pommes de terre

Lavez et émincez des poireaux; faites-les cuire dans le beurre sans leur laisser prendre couleur. Mouillez avec de l'eau bouillante; ajoutez quelques pommes de terre crues, épluchées et coupées en morceaux; salez, poivrez. Quand les pommes de terre sont cuites, passez le tout; remettez au feu pour faire bouillir. Mettez dans la soupière du pain coupé par tranches, un bon morceau de beurre, versez dessus le liquide bouillant et servez. On peut ajouter un peu de lait.

Potage à l'Aurore

Prenez des carottes, deux pommes de terre, une branche de céleri; épluchez et lavez soigneusement. Coupez en morceaux et mettez dans une casserole avec eau et sel. Laissez cuire jusqu'à ce que les légumes s'écrasent facilement; égouttez-les, passez-les au tamis. Mettez la purée dans une casserole avec un bon morceau de beurre; mouillez avec de l'eau salée chaude; au premier bouillon, versez dans la soupière, ajoutez des croûtons de pain frits au beurre et servez.

Potage à la Crécy

Prenez des carottes de Crécy, bien rouges; un navet. Epluchez, lavez et coupez en petits morceaux. Mettez dans une casserole avec du beurre et faites revenir. Ajoutez de l'eau chaude salée et laissez cuire jusqu'à écrasement facile. Passez ensuite au tamis. Remettez la purée dans la casserole, ajoutez un bon morceau de beurre fin, remuez pour le faire fondre et au premier bouillon versez dans la soupière, ajoutez des croûtons de pain frits au beurre et servez.

Potage à la Crécy au riz

Préparez comme ci-dessus, mais en tenant la purée un peu plus claire et en y incorporant un peu de riz cuit; supprimez les croûtons.

Potage à la Saint-Germain

Faites cuire des pois nouveaux à l'eau bouillante, légèrement salée; égouttez, passez au tamis. Remettez la purée sur le feu, rendez-la liquide avec de l'eau chaude salée. Lorsque l'ébullition commence, ajoutez un morceau de beurre fin, quelques petits pois entiers, cuits à part et à l'eau, une pincée de cerfeuil haché, remuez le tout, versez dans la soupière et servez en ajoutant des croûtons de pain frits au beurre.

Potage à la Condé

Faites cuire des haricots rouges, frais, à l'eau bouillante; égouttez et passez au tamis. Rendez la purée liquide en mouillant avec de l'eau de cuisson; ajoutez du beurre. Au premier bouillon, versez dans la soupière et servez avec des croûtons de pain frits au beurre.

Ce potage peut également se faire avec des haricots secs, mais en ayant soin de les mettre sur le feu à l'eau froide.

Potage à la purée de pois, de lentilles, de haricots, de fèves

Mettez sur le feu, dans une casserole, des pois, lentilles, haricots ou fèves, avec de l'eau; assaisonnez avec sel, oignons. La cuisson terminée, écrasez et passez. Remettez au feu en délayant avec l'eau de la cuisson; laissez bouillir; ajoutez un bon morceau de beurre frais et versez dans la soupière sur des tranches de pain. Lorsque la purée est épaisse, on remplace les tranches de pain par des croûtons de pain frits au beurre, que l'on ajoute à la purée après l'avoir versée dans la soupière.

Potage à la Chantilly

Mettez sur le feu des lentilles avec de l'eau froide; ajoutez un bouquet de persil, un oignon, un brin de thym et une demi-feuille de laurier, un peu de sel; laissez cuire, égouttez et passez au tamis; mettez la purée dans une casserole, rendez-la liquide avec l'eau de cuisson, ajoutez un bon morceau de beurre. Au premier bouillon versez dans la soupière et servez avec des croûtons de pain frits au beurre.

Potage à la purée de marrons

Mettez des marrons à cuire dans de l'eau salée, lorsqu'ils sont à moitié cuits, enlevez la première et la seconde peau; mettez-les dans une casserole avec du lait pour finir la cuisson. Ecrasez, passez au tamis, rendez la purée liquide en ajoutant du lait; laissez mijoter sur le coin du fourneau; versez dans la soupière et servez avec des croûtons de pain frits au beurre.

Potage aux pissenlits

Pour quatre personnes, mettre dans une casserole trois litres d'eau, du sel, une dizaine de pommes de terres à chair blanche pour purées, une grosse poignée de pissenlit coupé fin. Laissez cuire quatre heures. Au moment de servir, mettre dans une soupière, une noix de beurre, deux cuillerées à soupe de crème, deux jaunes d'œuf; versez en remuant, ajouter des croûtons frits au beurre et servez.

Potage aux tomates (Tourin bordelais)

Faites revenir deux gros oignons, dans du beurre; ajoutez plusieurs tomates coupées par morceaux après en avoir enlevé la peau et les graines; sautez-les pendant quelques instants, puis mouillez avec de l'eau salée chaude, ajoutez un morceau de sucre et un filet de vinaigre, une gousse d'ail. Laissez bouillir pendant quelques minutes, versez dans la soupière et servez avec du pain coupé en rondelles. On peut à volonté remplacer le pain par du riz ou du vermicelle.

Tapioca au beurre, dit Potage velouté maigre

Faites bouillir de l'eau avec une petite quantité de beurre et de sel. Ajoutez une cuillerée de tapioca par personne. Laissez cuire pendant cinq minutes en tournant à la cuiller de bois. Servez en ajoutant une liaison de beurre fin et de jaunes d'œufs.
Le vermicelle se prépare de la même façon; mais en lui donnant un quart d'heure de cuisson.

Potage de riz à la tomate

Dans une casserole mettre un morceau de beurre, une gousse d'ail, un oignon coupé mince, cinq ou six tomates épluchées, coupées en morceaux, salez, poivrez, ajoutez un brin de thym, un bouquet de persil. Ajoutez de l'eau chaude salée, laissez cuire quatre heures, passez. Faites blanchir à part 125 grammes de riz caroline et ajoutez-le au potage, une demi-heure avant de servir. Faites cuire doucement, servez sans pain.

Potage maigre aux œufs pochés

Opérez comme pour le *Potage gras aux œufs pochés*, en remplaçant le consommé par du *bouillon de légumes*.

Potage à la Sévigné

Délayez huit jaunes d'œufs dans un demi-litre de bouillon; passez et faites prendre au bain-marie. Cette crème étant refroidie, coupez-la par petites tranches. Versez le bouillon chaud dans la soupière; placez-y ensuite les tranches de crème destinées à remplacer le pain et servez.

Potage aux quenelles, au maigre

Préparez de la farce à quenelles de poisson (Voyez Quenelles); moulez-les dans une cuiller à café. Faites-les pocher dans du *consommé de poisson*. Egouttez-les et placez-les dans une soupière; versez dessus du *consommé de poisson* bouillant et servez.

Soupe au lait

Faites bouillir du lait; mettez-y quelques grains de sel; sucrez selon le goût. Versez bouillant sur du pain grillé, coupé en tranches minces, puis servez.

Avant de verser le lait sur le pain grillé on peut à volonté y ajouter une liaison d'œufs; 3 jaunes par litre de lait.

Soupe au lait sarthoise

Faites noircir gros comme un œuf de beurre frais, ajoutez du lait un peu de sel, versez sur des tranches de pain et servez.

Bouillie

Prenez une casserole dans laquelle vous mettez de la farine que vous délayez soigneusement avec du lait froid, de façon à éviter les grumeaux. Ajoutez une pincée de sel et un peu de sucre.

Laissez bouillir pendant vingt minutes, en remuant avec la cuiller, afin d'éviter que la bouillie attache. Si elle est trop épaisse, éclaircissez-la avec du lait bouillant.

Cuite, la bouillie doit avoir assez de consistance, pour masquer la cuiller.

Bouillie de farine de maïs

Remplacez la farine de gruau par de la farine de maïs et opérez comme il est dit ci-dessus.

Ce potage se prépare également avec de l'eau, mais, lorsque la bouillie est cuite, on y ajoute du bon beurre très frais.

Soupe à l'oignon, au lait

Coupez plusieurs oignons en tranches très minces; faites-les jaunir dans le beurre, à feu très doux jusqu'à ce qu'ils soient bien dorés; mouillez d'un verre d'eau, ajoutez un peu de sel, et laissez cuire pendant un quart d'heure; ajoutez alors le lait nécessaire à la quantité de soupe que vous voulez obtenir; faites bouillir et versez à travers la passoire sur du pain coupé en tranches minces et grillé.

Potage au potiron

Ayez du potiron bien jaune, supprimez-en la peau et les pépins, coupez la chair en gros dés, ajoutez un peu de sel et faites sauter à la casserole pendant quelques minutes sur feu très doux; couvrez hermétiquement et laissez cuire. Lorsque le potiron peut facilement se mettre en purée, égouttez-le, jetez l'eau, puis passez au tamis; mettez la purée dans la casserole avec un bon morceau de beurre et tournez vivement pour le faire fondre et rendre la purée plus légère, puis ajoutez le lait nécessaire et sucrez selon le goût. Au premier bouillon, versez sur du pain coupé en tranches minces et ajoutez une pincée de poivre blanc.

On peut remplacer le pain par du riz ou des croûtons de pain frits au beurre ou servir sans pain.

Potage au potiron à la bordelaise

Dans une casserole, mettez gros comme un œuf de beurre, coupez cinq ou six tomates épluchées, sans pépins, un oignon, un brin de thym, une demi feuille de laurier, salez poivrez, faites revenir, mouillez avec de l'eau chaude. Mettez des morceaux de potiron épluché, des haricots blancs frais. Remettez de l'eau, faites cuire quatre heures à feu doux. Une demi-heure avant de servir ajoutez une poignée de riz blanchi séparément. Se sert sans pain.

Soupe bretonne aux maquereaux

Prenez des maquereaux très frais, nettoyez-les, coupez-les en gros morceaux, mettez-les dans une marmite avec de l'eau salée. Ajoutez un chou-fleur nettoyé, deux poireaux, des carottes, deux oignons blancs, du cerfeuil. Laissez bouillir deux heures à petit feu, retirez le poisson, servez avec les légumes sur des tranches de pain bis. Poivrez légèrement.

Potage à la tortue

Ce potage exige beaucoup de soins et s'emploie peu dans la cuisine ordinaire, en raison de son prix de revient.

Prenez une tortue; attachez-la par les nageoires de derrière; coupez-lui la tête et laissez-la saigner pendant une douzaine d'heures, avant de commencer votre potage. Séparez la carapace; évitez de toucher aux intestins et au fiel, qui doivent être jetés. Coupez la tortue en quatre morceaux; séparez-en la chair et la graisse; faites blanchir, ainsi que les nageoires et les ailerons. Le tout blanchi, remettez sur le feu, avec eau, légumes, aromates et un peu de vin blanc, de façon à former un bouillon. Laissez cuire pendant quatre heures et passez.

D'autre part, prenez une poule, un jarret de veau, un morceau de jambon; coupez le tout en morceaux dans une casserole, avec petits oignons, beurre, et faites revenir; saupoudrez d'une cuillerée de farine; mouillez avec du consommé; assaisonnez de sel, poivre, piment, clous de girofle, muscade, épices, persil, thym, laurier, romarin, basilic et marjolaine. Laissez bouillir pendant trois heures; dégraissez, passez, et mélangez à la cuisson de tortue, en y ajoutant du vin de Madère.

Au moment de servir, mêlez au bouillon une pointe de Cayenne; versez sur les chairs de la tortue, coupées en filets, et servez.

Potage fausse tortue

Prenez de la tête de veau, nettoyée et blanchie, faites-la cuire avec eau, légumes, aromates, vin blanc et vin de Madère. Laissez à peu près refroidir dans la cuisson; égouttez.

Coupez en petits morceaux le cuir seul, en ayant soin de ne laisser ni chair ni graisse; et tenez au chaud.

Avec poule, jambon, légumes et aromates, faites un bouillon, comme il est dit au *Potage à la tortue.* Mélangez ce bouillon avec une partie de la cuisson de la tête de veau, et passez sur les morceaux tenus au chaud. Saupoudrez d'une pointe de Cayenne et servez.

Potage aux nids d'hirondelles

C'est seulement à titre de curiosité que nous mentionnons ce potage fort coûteux.

Amollissez les nids en les trempant dans l'eau pendant huit ou neuf heures; égouttez-les et faites-les mijoter pendant deux heures, au bain-marie, dans du *consommé de volaille.* Egouttez-les, posez-les dans la soupière, puis versez dessus de l'excellent *consommé de volaille* afin de relever le goût des nids et servez.

Olla Podrida

Potage national des Espagnols, se prépare comme suit :

Mettez de l'eau dans une marmite, une livre et demie de mouton, une livre et demie de pois chiches, du jambon maigre, des morceaux de volaille, puis écumez. Ajoutez : lard, légumes, et laisser cuire à petit feu. Un peu avant la fin de la cuisson, ajoutez un morceau de boudin noir, passez le bouillon, préparez-en un potage au riz ou à la semoule, et servez en envoyant la viande et les légumes séparément sur un plat.

Potage à la bisque d'écrevisses

Prenez deux douzaines de petites écrevisses; mettez-les sur le feu avec une demi-bouteille de bon vin blanc, quelques légumes émincés, un bouquet d'aromates, sel, poivre. Laissez cuire dix minutes et faites sauter les écrevisses afin qu'elles cuisent également; puis ôtez les queues de la moitié des écrevisses; épluchez-les et mettez-en les chairs de côté pour être coupées en dés et déposées dans la soupière.

Mettez dans le mortier les coquilles, les pattes, le reste des écrevisses entières, ainsi que les légumes provenant de la cuisson, après y avoir ajouté environ 125 grammes de pain coupé en tranches minces séchées au four. Pilez finement. Mettez le tout dans une casserole avec un litre d'eau, une cuillerée de purée de tomates, laissez cuire pendant une demi-heure et passez à l'étamine. Remettez sur le feu en ajoutant la cuisson des écrevisses et une pointe de Cayenne; faites une liaison avec beurre et jaunes d'œufs et versez dans la soupière sur les queues d'écrevisses coupées.

Potage à la bisque et au riz

Préparez comme ci-dessus, mais en tenant le potage un peu plus clair et en y incorporant un peu de riz cuit.

Potage à la Bagration

Dépouillez deux soles, levez-en les chairs, faites-les cuire dans le beurre et coupez-les en filets minces. Emincez des légumes et faites-les cuire également dans le beurre, à feu doux. Posez le tout dans une soupière. Faites bouillir du consommé de poisson, liez-le avec de la crème, ajoutez un peu de kari en poudre, versez dans la soupière et servez.

Bouillabaisse

Pour faire une bouillabaisse devant servir à huit ou dix personnes, prenez dix tronçons de gros merlans, trois rascasses, quatre tranches de daurade, quatre ou cinq petits rougets, une sole moyenne, un petit Saint-Pierre et deux petites langoustes, le tout coupé en morceaux. *Tous ces poissons doivent être absolument frais, sinon votre plat ne vaudra rien.*

Prenez une casserole large et mince; versez un demi-verre d'huile d'olive dans le fond, assaisonnez avec un bouquet de persil garni de laurier, une tomate coupée, du safran, du fenouil, un zeste d'orange séché, trois gousses d'ail. Mettez le poisson par couches, et mouillez-le jusqu'à hauteur avec de l'eau chaude et un bon verre de vin blanc. Posez la casserole sur un feu vif. Après un quart d'heure d'ébullition très forte, le poisson doit être cuit, et le bouillon réduit de moitié et de belle couleur. Enlevez le bouquet de persil et remplacez-le par une forte pincée de persil haché fin; retirez la casserole du feu, versez le liquide sur des tranches de pain un peu épaisses et rangées dans un plat creux. Dressez les morceaux de poisson sur un plat, servez en même temps la soupe et le poisson.

Bourride (potage provençal)

Préparez une bouillabaisse comme il est dit ci-dessus; pour six personnes, mélangez six jaunes d'œufs à six cuillerées d'ailloli et délayez d'abord avec un peu d'eau froide; avec cette préparation, liez le bouillon de poisson avant de le verser sur les tranches de pain. Servez comme il est dit à la bouillabaisse.

Potage à la reine

Pour six ou huit couverts, faites cuire un poulet tendre dans du consommé de volaille; passez la cuisson, puis dégraissez-là avec soin; supprimez au poulet la peau, les nerfs, les os et la graisse. Mettez les chairs dans un mortier et pilez-les finement avec une douzaines d'amandes douces mondées et 100 grammes de mie de pain trempée dans un peu de cuisson; lorsque le tout est réduit en pâte fine, délayez avec la cuisson, puis passez au chinois; faites chauffer le potage soit au bain-marie, soit sur le feu mais sans le laisser bouillir; lorsqu'il est très chaud, liez-le avec quelques cuillerées de crème bouillie; versez dans la soupière sur de très petites quenelles de volaille, et servez.

Potage aux trois filets

Faites bouillir du consommé; mettez-y du tapioca; laissez cuire pendant vingt minutes, sur le côté du fourneau, à casserole couverte.

Coupez en petits filets du blanc de volaille, de la langue à l'écarlate et des truffes.

Mettez le tout dans la soupière, puis versez dessus le tapioca, après l'avoir écumé, et servez.

Soupe à la farine

Mettez deux cuillerées de farine dans une poêle et faites-lui prendre une légère couleur blonde en ayant soin de toujours la remuer afin qu'elle ne brûle pas; ajoutez un litre de lait bouilli en remuant jusqu'à ébullition; laissez cuire très doucement pendant un quart d'heure, ajoutez un peu de sucre, une petite pincée de cannelle en poudre et versez sur des croûtons de pain frits au beurre.

Ce potage peut à volonté se lier avec des jaunes d'œufs; dans ce cas, on ajoute un peu plus de lait.

Soupe au sagou au vin

Faites cuire votre sagou pendant une heure, avec de l'eau, de la cannelle, et l'écorce d'un citron.

Lorsque l'eau est réduite de moitié, remplacez-la par autant de bon vin rouge; ajoutez du sucre, des tranches de citron, et laissez finir la cuisson.

Ceci fait, servez le potage, en le saupoudrant de cannelle et de sucre.

Soupe à la bière

Faites bouillir un litre de bière avec 100 grammes de sucre; ajoutez des jaunes d'œufs bien délayés et un verre de crème aigre; passez et versez sur des tranches de pain grillé.

HORS-D'ŒUVRE

HORS-D'ŒUVRE

HORS-D'ŒUVRE FROIDS

Les hors-d'œuvre froids se dressent sur des petits bateaux de porcelaine appelés hors-d'œuvriers. — On les place sur la table au début du repas. — Ils conviennent surtout dans les déjeuners à la fourchette. — On sert moins généralement les hors-d'œuvre dans les dîners.

Beurre frais

Le beurre que l'on sert pour hors-d'œuvre doit être bien frais et très fin. — On lui donne généralement la forme de coquilles, chose très facile à faire en grattant la motte de beurre avec un couteau à lame arrondie. On détache le beurre en plongeant le couteau dans l'eau froide. On peut également lui donner d'autres formes, telles que fleurs, poissons, etc., en se servant de moules spéciaux.

Le beurre se sert dans un ravier avec des fragments de glace.

Radis roses

Les radis, que l'on se procure presque en toute saison, doivent être servis frais. — On les débarrasse des grosses feuilles; on les gratte et on les lave. — On les range ensuite avec soin dans un hors-d'œuvrier et on les arrose avec un peu d'eau, afin de leur conserver leur fraîcheur.

Radis noirs

Enlevez la peau des radis noirs. — Coupez-les en tranches minces et saupoudrez-les de sel fin, afin de les faire dégorger. Egouttez, et assaisonnez avec huile, vinaigre et poivre.

Olives

Servez-les dans un hors-d'œuvrier, avec de l'eau fraîche, de façon à ce qu'elles baignent, sans cela elles deviendraient noires.

Sardines à l'huile

Retirez-les de la boîte à conserves. — Rangez dans un hors-d'œuvrier, arrosez-les avec leur huile.

Saucissons et mortadelles

Se coupent en tranches fines que l'on dresse dans le hors-d'œuvrier, dont on a garni le tour avec du persil en branches.

Artichauts frais

Prenez-les bien tendres. — Coupez par quartiers; enlevez les grosses feuilles et le foin et mettez les quartiers dans un hors-d'œuvrier avec de l'eau fraîche. Faites une vinaigrette que vous servez à part dans une saucière. Se mangent en général simplement avec du beurre frais.

Crevettes

Les crevettes rouges, ou *bouquet*, forment un hors-d'œuvre très estimé, et d'autant plus facile à servir, qu'elles se vendent généralement cuites. — Il suffit de les prendre très fraîches. — Mettez-les dans un hors-d'œuvrier, avec du persil en branches; en été, entourez-les de glace. — A défaut de *bouquet*, servez des petites crevettes grises, très fraîches, en opérant de la même manière.

Au bord de la mer on doit faire cuire les crevettes sitôt pêchées en les faisant bouillir dans de l'eau de mer avec un bouquet garni. Il faut environ 20 minutes de cuisson, après quoi on les égoutte.

Jambon

Cuit ou cru, le jambon doit être servi en tranches très minces. — Mettez-les dans un hors-d'œuvrier avec du persil en branches et des cornichons.

Melon

Placez sur un plat rond et découpez par tranches. Le cantaloup convient le mieux comme hors-d'œuvre. — Mettez à la portée des convives sucre en poudre, sel fin et poivre.

Melon à l'américaine

Prendre un melon bien mûr, l'ouvrir autour de la queue, enlever les pépins. Placer sur un lit de glace. Mettre dans le melon de la glace pilée, du sucre en poudre, du porto ou du champagne sec. Découper sur la table. Si l'on peut, il est préférable de préparer ainsi les petits melons-ananas. On en sert un par convive. On les mange alors sans les couper, en les creusant avec une petite cuiller.

Huîtres fraîches

Les huîtres forment un excellent hors-d'œuvre. Les huîtres d'Ostende, de Marennes, de Cancale, d'Arcachon et les huîtres armoricaines sont les plus estimées. — On les sert ouvertes, dressées dans une assiette, par six, avec un demi-citron, et on présente une assiette à chaque convive. On peut servir, à part, dans une saucière, une sauce composée d'échalotes coupées menu, de mignonnette et de vinaigre, avec sel et poivre.

Se mangent aussi avec du pain de seigle et du beurre frais.

Les américains les mangent avec quelques gouttes de sauce tomate aromatisée froide.

Oursins

Avec la pointe d'un couteau enlever un rond de la coquille, sur le centre des oursins, et les servir dressés en pyramide sur un plat.

Thon mariné à l'huile

Egouttez les morceaux; dressez-les dans un hors-d'œuvrier, avec œufs durs et persil hachés, et arrosez avec de l'huile sans goût.

Anchois

Faites dessaler les anchois. — Epongez-les; enlevez les filets de l'arête. — Placez les filets dans un hors-d'œuvrier, avec persil et œufs durs hachés, câpres, le tout arrosé d'huile d'olive fine.

Sandwichs au jambon, au foie gras, etc.

A vrai dire ce ne sont pas des hors-d'œuvre. On les sert dans les goûters et lunchs. Les sandwichs sont des tartines que vous faites avec du pain de mie coupé aussi mince que possible. Etendez sur chaque tartine du beurre bien frais, puis, sur le beurre, une tranche de jambon très mince, et accolez-les deux à deux, de façon à ce qu'elles semblent ne plus faire qu'une seule tartine. Dans les grandes villes on trouve chez les boulangers un pain dit de cuisine, à forme carrée, dont la mie est unie, blanche et très serrée; on l'emploie généralement à la confection des sandwichs. On peut remplacer les tranches de jambon par du foie gras, de la volaille, des anchois, du fromage de gruyère avec un brin de laitue, du caviar, etc. On les fait aussi avec du pain brioché.

Pommes de terre en salade

On met dans un hors-d'œuvrier, des rondelles de pommes de terre à chair jaune cuites à l'eau, épluchées et froides. Assaisonnez comme une salade avec persil ou cerfeuil ou avec une mayonnaise.

On donne de la même manière des tomates crues en salade, des rondelles de betterave rouge cuite, des lentilles, des haricots blancs, des haricots verts.

Autres hors-d'œuvre

On peut servir comme hors-d'œuvre des rillettes, des œufs durs en salade, des œufs durs sauce mayonnaise, du foie gras, du pâté de foie, des andouillettes de Vire, de la langue de bœuf fumée, du museau de bœuf en salade, etc.

Œufs en surprise

Prenez une demi-livre de crevettes grises, épluchez-les. Prenez six œufs cuits durs. Enlevez la coquille. Coupez chaque œuf par le milieu dans le sens de la longueur. Enlevez le jaune. Ecrasez en pâte, au mortier, les jaunes d'œuf avec les crevettes épluchées. Garnissez de cette pâte l'intérieur des blancs durcis. Dressez dans un hors-d'œuvrier. Recouvrez d'une mayonnaise. Prenez un jaune d'œuf dur, frottez-le dans une passoire pour parsemer le dessus du plat.

Saumon fumé

Le meilleur est celui qui a une teinte rosée. Coupez-le en tranches minces, que vous rangez dans un hors-d'œuvrier, après les avoir passées légèrement sur le gril. — Garnissez avec du persil en branches.

Canapés d'anchois, de caviar, de thon, etc.

Les canapés sont des espèces de sandwichs; faites-les en coupant des tranches de pain de cuisine et beurrez-les sur une surface, garnissez-les de filets d'anchois, de caviar, de thon mariné, de saumon fumé, etc.

Harengs saurs

Ne conservez que les filets de harengs saurs; lavez à l'eau bouillante et essorez, puis coupez en filets que vous rangerez dans le hors-d'œuvrier; couvrez d'huile d'olive.

Harengs saurs marinés

Prenez plusieurs harengs saurs, épluchez-les et rangez-les dans un hors-d'œuvrier; ajoutez: huile, persil, clou de girofle, thym, laurier et beaucoup d'oignon en rondelles. Laissez mariner deux jours.

Harengs salés

Lavez les harengs à l'eau froide pour les débarrasser de leur saumure, puis supprimez les têtes et faites dessaler dans du lait froid pendant trois ou quatre heures, égouttez, supprimez l'arête du milieu, et rangez les filets dans un hors-d'œuvrier; servez-les assaisonnés de vinaigre, huile, moutarde et gros poivre.

Concombre mariné

Épluchez un concombre; fendez-le en quatre morceaux; retirez les pépins et coupez par tranches minces que vous saupoudrez de sel pour le faire dégorger pendant une heure; égouttez; mettez les tranches dans un hors-d'œuvrier et assaisonnez d'huile, de vinaigre et fines herbes, ou, mieux, recouvrez-les simplement de crème fraîche avec un semis de persil.

Cerneaux

Les cerneaux, ou moitiés de noix non encore arrivées à maturité, seront retirés de leurs coquilles et jetés dans de l'eau additionnée de vinaigre. Au moment de servir, égouttez; mettez dans le hors-d'œuvrier avec verjus ou vinaigre, sel et poivre.

Céleri-rave

Otez les feuilles vertes du céleri ; épluchez, lavez et essuyez avec soin ; coupez-le en tranches minces ou en filets ; dressez-le dans un hors-d'œuvrier et versez dessus une sauce moutarde.

Chou rouge cru

Ayez un chou rouge bien ferme; supprimez-en les grosses côtes, et coupez-le en tranches fines comme pour la julienne. Laissez macérer deux jours avec du sel; égouttez et servez dans un hors-d'œuvrier en assaisonnant avec vinaigre, huile, poivre.

Piments verts et rouges

Lorsque les piments sont frais, fendez-les en quatre sur leur longueur sans les détacher complètement. Servez-les dans un hors-d'œuvrier.

Champignons à la russe

Prenez des champignons de Paris, pas trop gros, épluchez-les. Mettez-les dans de l'eau froide avec du vinaigre, pendant une demi-heure. Egouttez. Remettez dans de l'eau salée, faites bouillir doucement pendant une demi-heure. Egouttez, laissez refroidir. Dressez dans un hors-d'œuvrier, salez légèrement et recouvrez d'une sauce mayonnaise.

Moules Vatel

Faites cuire au court-bouillon de grosses moules bien nettoyées, environ vingt minutes. Laissez refroidir. Enlevez les coquilles. Mettez les mollusques dans un hors-d'œuvrier et servez après avoir assaisonné avec une vinaigrette et quelques gouttes de citron, ou mieux avec une sauce mayonnaise.

HORS-D'ŒUVRE CHAUDS

Sardines fraîches grillées

Videz et essuyez avec soin vos sardines. Frottez-les avec de l'huile et faites-les légèrement griller de chaque côté et servez en accompagnant d'un hors-d'œuvrier de beurre frais, et des pommes de terre à chair jaune bouillies et épluchées.

On peut également les faire griller à la poêle dans un peu de beurre et les servir comme ci-dessus.

Andouillettes

Prenez des andouillettes de Paris ou de Troyes, ciselez-les et faites-les griller à feu doux; servez-les bien chaudes.

Boudin noir et boudin blanc

Ciselez le morceau de boudin avec la pointe d'un couteau; mettez-le sur le gril, à feu doux, et servez très chaud.

Crépinettes ou saucisses plates

Les crépinettes se panent, se font cuire dans la poêle, dans un peu de beurre ou de graisse, ou griller à feu doux. On les sert lorsqu'elles ont pris une belle couleur.

Saucisses longues

Les saucisses longues se font simplement cuire à la poêle avec beurre ou graisse, ou grillées. Dans ces deux cas, avoir soin de les piquer avec l'aiguille à brider, avant de les faire cuire.

Saucisses dites Chipolata

Se préparent comme celles ci-dessus.

Œufs à la coque

Prenez des œufs absolument frais, et opérez comme il est dit plus loin.

Servez soit dans une serviette spéciale, soit dans une coquetière.

Pieds de porc grillés

Flambez des pieds de porc, grattez-les bien, puis enveloppez-les séparément avec un ruban de fil blanc large de deux à trois centimètres afin qu'ils ne se déforment pas à la cuisson.

Faites cuire pendant cinq heures dans un court-bouillon additionné d'un peu de vin blanc au lieu de vinaigre et dans lequel vous mettrez des débris de porc frais, os, couennes, etc.

La cuisson terminée, développez-les avec précaution et posez-les dans une terrine en les couvrant de leur cuisson passée qui, refroidie, formera gelée.

Au moment de vous en servir, débarrassez-les de leur gelée, fendez-les en deux sur leur longueur, enduisez chaque partie de saindoux ou de beurre fondu, roulez-les dans la mie de pain assaisonnée de sel, poivre et épices, et faites griller de belle couleur à feu doux. Dressez-les sur un plat chaud et servez.

Pieds de porc à la Sainte-Menehould

Sciez des pieds de porc en deux par le milieu dans le sens de la longueur, flambez-les et grattez-les avec soin. Placez-les dans une marmite sur un lit d'oseille fraîche, interposez une couche épaisse d'oseille entre les rangées de pieds posés à plat. Remplissez d'eau, salez et faites bouillir pendant cinq heures. Laissez refroidir dans la marmite. Retirez les pieds délicatement, mettez-les dans du vin blanc et donnez-leur un bouillon de quelques minutes. Reprenez les pieds, laissez-les refroidir, frottez-les de saindoux et roulez-les dans de la chapelure. Poivrez. Ils peuvent se conserver deux ou trois jours, ou plus si on les met dans une glacière. Quand on veut les manger, on les met sur un plat à *feu doux* pendant vingt minutes. Servez très chaud avec de la bonne moutarde de Dijon.

Pieds de porc farcis aux truffes

Préparez et faites cuire comme il est dit à *Pieds de porc grillés,* en donnant une heure de plus de cuisson.

Avant que les pieds soient complètement refroidis dans leur cuisson, désossez-les complètement, puis laissez refroidir.

Etendez sur la table un morceau de crépine d'environ 15 centimètres de long sur 6 à 7 de large, couvrez-la d'une couche de chair à saucisse truffée (préparée comme il est dit plus loin), puis de pied cuit et coupé en morceaux; roulez en forme de poire un peu aplatie ayant à peu près 2 centimètres d'épaisseur; trempez dans le beurre fondu, panez et faites griller à feu doux, servez très chaud.

Cette préparation sera plus délicate en remplaçant la chair à saucisse par de la farce de volaille et, dans ce cas, avant d'étendre la farce, on dispose sur la crépine des truffes cuites coupées en rondelles minces et on termine comme il est dit ci-dessus.

Rognons de mouton brochette

Fendez en deux les rognons de moutons, sans toutefois les séparer

entièrement. Enlevez la peau qui les recouvre. Enfilez-les sur une brochette. Assaisonnez-les de sel et de poivre. Placez-les sur le gril, du côté où vous les avez fendus, avec une noisette de beurre dans le creux ; cuits de ce côté, mettez-les de l'autre. La cuisson terminée, vous les dressez sur un plat, en enlevant les brochettes, et vous servez bien chaud, avec le jus, sur un lit de cresson et des pommes de terre paille.

Coquilles

Pour tous les mets préparés en coquilles, on peut se servir de la partie concave des coquilles Saint-Jacques, dites coquilles Pèlerines, après les avoir soigneusement brossées et lavées.

Coquilles de volaille

Hachez fin des restes de volaille rôtie (poulet, dinde, canard etc.) avec des champignons cuits à l'eau, le quart d'un oignon, un peu de persil, un brin d'estragon, poivre, sel, muscade râpée. D'autre part, préparez une béchamel dans laquelle on mettra du fromage de gruyère râpé. Mettez votre hachis dans la sauce, mélangez. Garnissez les coquilles et terminez en saupoudrant de fromage de gruyère rapé. Mettre au four à feu doux pendant vingt minutes.

On peut supprimer la muscade et mettre en place des rondelles de truffe.

On peut employer la même recette en remplaçant la volaille par du poisson cuit, des moules ou du homard.

Coquilles Saint-Jacques ou Ricardes

Lavez et brossez les coquilles avec soin; déposez-les dans une casserole d'eau salée et vinaigrée; au premier bouillon, retirez du feu et enlevez la coquille plate sans détacher le mollusque de la coquille concave ; repassez-les à l'eau fraîche et égouttez-les. Remplissez chaque coquille d'un hachis de champignons crus, échalotes, ciboules, persil et un peu d'ail, ajoutez un peu de glace de viande ou de bon jus; saupoudrez de chapelure, arrosez de beurre fondu et cuisez au four à feu doux pendant dix à quinze minutes.

Coquilles Saint-Jacques au gratin

Prenez une ricarde par convive ; ouvrez-les et détachez-les de la coquille; ne conservez que la partie charnue qui adhère à la coquille et le foie ; jetez le reste du poisson qui devient coriace à la cuisson; lavez à l'eau fraîche plusieurs fois renouvelée, puis faites blanchir dans l'eau bouillante salée, ou mieux encore dans du vin blanc; égouttez et coupez en salpicon. Faites revénir dans du beurre, et à feu vif, un hachis composé de persil, d'échalotes et de champignons; bien coloré, joignez-y les ricardes et des queues de crevettes décortiquées ; salez et poivrez et laissez cuire ce mélange à feu doux pendant quelques minutes, puis liez-le avec un peu de sauce Béchamel bien réduite.

Lavez et brossez avec soin les coquilles concaves, remplissez-les, saupoudrez-les de mie de pain, arrosez avec du beurre fondu et faites prendre une belle couleur en passant au four pendant quelques minutes.   •

On peut varier la préparation des coquilles Saint-Jacques en y mélangeant quelques truffes cuites, coupées en petits dés ou en filets, ou bien du fromage de parmesan râpé. La sauce peut aussi être liée au beurre de crevettes ou au beurre de homard.

Coquilles d'huîtres

Après avoir fait blanchir quelques douzaines d'huîtres et les avoir parées, coupez-les en salpicon, ainsi que leur même volume de champignons cuits. Liez le tout avec une Béchamel réduite, assaisonnez, remplissez des coquilles dites Pèlerines, recouvrez légèrement de mie de pain fraîche, arrosez avec du beurre fondu, et faites prendre une belle couleur en passant au four pendant quelques minutes.

Coquilles de moules

Lavez et nettoyez soigneusement des moules; faites-les ouvrir sur le feu avec un verre de vin blanc; retirez-les de leurs coquilles; mêlez-les à une bonne Béchamel; ajoutez des champignons coupés en petits morceaux, assaisonnez, remplissez des coquilles dites Pèlerines, recouvrez légèrement de mie de pain fraîche, arrosez avec du beurre fondu, et faites prendre une belle couleur, en passant au four pendant quelques minutes.

Coquilles de homard

Coupez la chair d'un homard et des champignons en petits carres; mélangez-les avec un velouté maigre que vous ferez réduire et que vous lierez au beurre de homard. Assaisonnez; remplissez des coquilles dites Pèlerines, recouvrez légèrement de mie de pain fraîche; arrosez avec du beurre fondu et faites prendre une belle couleur, en passant au four pendant quelques minutes.

Coquilles de crevettes

Préparez comme il est dit pour les *Coquilles de homard*, en ayant soin de lier avec du beurre de crevettes; finissez comme ci-dessus.

Coquilles de laitances de harengs

Prenez quelques harengs laités et bien frais; videz et nettoyez avec soin; retirez les laitances que vous faites pocher à l'eau bouillante vinaigrée; puis égouttez-les. D'autre part, enlevez les arêtes des harengs; mettez les chairs dans un mortier avec de la mie de pain, du sel et du poivre blanc, pilez finement, puis mélangez avec persil, champignons et échalotes hachées; passez le tout au beurre à feu doux pendant quelques minutes.

Beurrez des coquilles, remplissez-les avec la farce préparée et posez une laitance au milieu de chacune d'elles, masquez avec une sauce Béchamel très assaisonnée, saupoudrez de mie de pain, arrosez de beurre fondu et passez au four pendant quelques minutes.

On peut varier la préparation de ces coquilles en remplaçant la sauce Béchamel par une sauce au beurre de homard ou de crevettes, un coulis d'écrevisses, une sauce italienne, etc.

Coquilles de laitances de carpes

Prenez des laitances de carpes; faites-les dégorger, puis blanchir dans de l'eau, avec sel et vinaigre.

Retirez-les; coupez-les en morceaux; mélangez-les avec un velouté maigre réduit, des champignons et liez au beurre. Mettez dans les coquilles dites Pélerines, et finissez comme pour des coquilles de moules, de homard, etc.

Caisses d'escalopes de perdreau

Prenez des caisses semblables au modèle ci-contre; huilez-les, et passez-les au four pendant quelques minutes.

Levez des escalopes de filets de perdreau et faites-les sauter au beurre avec des truffes coupées en tranches minces. Remplissez les caisses, et saucez avec un jus de viande ou de perdreau rôti. Servez chaud.

Caisses d'escalopes de faisan

Opérez comme ci-dessus, en remplaçant le perdreau par des filets de faisan et saucez avec un jus de faisan rôti.

Caisses de mauviettes

Prenez une douzaine de mauviettes, nettoyez et flambez, désossez. Râpez du lard gras, mélangez-le avec quelques foies de volailles, les intestins de vos mauviettes, truffes, champignons, persil, échalotes; assaisonnez de sel, poivre, et ajoutez une pointe de muscade. Faites revenir à feu vif, et pilez finement au mortier. Emplissez chaque mauviette de cette farce, et joignez-y un morceau de truffe de la grosseur d'une petite olive. Ficelez chaque mauviette de façon à lui donner à peu près sa forme primitive. Placez-les dans une casserole dite *sauteuse*, avec quelques bardes de lard, mouillez avec un peu de madère et de bouillon et faites cuire pendant quelques minutes, en tenant la casserole couverte. Déficelez les mauviettes. Après avoir huilé de petites caisses rondes, semblables au modèle, garnissez-les d'un peu de la farce que vous avez conservée à cet effet; posez une mauviette sur cette farce. Passez-les au four pendant une douzaine de minutes. Lorsqu'elles sont cuites, retirez-les et saucez chaque caisse avec une Périgueux réduite au fumet de mauviettes.

Caisses d'ortolans

Opérez comme pour les *Caisses de mauviettes*.

Caisses de foies gras

Coupez du foie gras en tranches d'un centimètre d'épaisseur ; passez quelques minutes au beurre, avec sel et poivre. Mélangez à des truffes cuites au vin de Madère, coupées en petits morceaux, et à une espagnole réduite à l'essence de truffes. Garnissez les caisses et servez immédiatement.

Caisses de ris de veau

Faites blanchir, égouttez et laissez refroidir des ris de veau. Coupez-les en morceaux proportionnés aux caisses que vous avez à remplir. Placez-les dans des caisses (voir caisses pour escalopes de perdreau), huilées à l'extérieur, et garnies au préalable dans le fond d'une couche de garniture flamande. Recouvrez chaque morceau de ris d'une autre couche de garniture flamande, saupoudrez avec un peu de chapelure. Les caisses ainsi remplies, recouvrez-les avec des bardes de lard coupées très minces ; passez-les au four, à feu doux, pendant vingt minutes; lorsqu'elles sont bien dorées, retirez du four et servez bouillant.

Croquettes de volaille

Prenez du poulet rôti ou de la dinde de desserte. Enervez, ôtez les peaux et coupez en petits dés.

Hachez avec persil, sel et poivre. Dans une casserole, faire fondre, gros comme un œuf de beurre avec une cuillerée de farine, tournez, puis quand le mélange est bien fait ajoutez un demi verre d'eau. Après quoi, vous mettez votre viande hachée, quelques champignons crus épluchés et hachés. Faites cuire doucement pendant 3/4 d'heure, sans mettre de couvercle. Il faut que la préparation soit presque sèche. Mettre à refroidir, puis ajouter un jaune d'œuf frais. On fait alors des petites boulettes roulées dans la farine. Battre un œuf frais, comme une omelette, mélanger un peu d'huile. Tremper les boulettes dans ce mélange, puis roulez-les dans de la mie de pain. On fait frire dans la friture chaude.

Croquettes de veau

Les croquettes de veau se préparent comme les *Croquettes de volaille*. Remplacez la chair de volaille par de la chair de veau rôtie.

Croquettes de faisan ou de perdreau

Préparez ces croquettes comme celles de volaille.

Croquettes de lapereau

Préparez ces croquettes comme celles de faisan ou de perdreau, et finissez de même.

Croquettes d'agneau

Ces croquettes se préparent exactement comme les *Croquettes de volaille*.

Croquettes de palais de bœuf

Prenez du palais de bœuf blanchi et cuit dans un *blanc*; égouttez-le, coupez-le en salpicon, saucez avec une Béchamel et laissez refroidir, puis opérez comme pour les *Croquettes de volaille*.

Croquettes de bœuf

Prenez du bœuf de la desserte; parez et énervez-le avec soin. Hachez fin et mélangez avec un tiers de chair à saucisse et un peu de mie de pain trempée dans du lait ou du bouillon; assaisonnez de sel, poivre, épices, persil haché et liez avec quelques jaunes d'œufs. Formez des croquettes de la grosseur d'un fort bouchon; roulez-les dans la farine étendue sur la table; passez-les dans des œufs battus, panez à la mie de pain. Plongez dans la friture; laissez prendre une belle couleur; retirez et égouttez. Dressez sur un plat avec une garniture de persil frit, et servez chaud. On peut servir aussi avec une sauce tomate ou une sauce piquante.

Croquettes de turbot

Pour utiliser les restes d'un turbot, coupez les chairs en dés et mélangez-les à une Béchamel bien réduite. Laissez refroidir. Formez des croquettes de la grosseur d'un fort bouchon; panez-les; passez dans des œufs battus et panez à nouveau; plongez dans la friture; laissez prendre une belle couleur; retirez et égouttez. Dressez sur un plat avec une garniture de persil frit et servez très chaud.

Croquettes de brochet

Se préparent comme les *Croquettes de turbot*; mais il faut en retirer soigneusement la peau et toutes les arêtes.

Croquettes de homard

Hachez des chairs cuites de homard ou de langouste, ajoutez-y moitié de mie de pain trempée dans du lait; assaisonnez avec beurre frais, trois ou quatre œufs crus, persil, champignons, échalotes, pointe d'ail, le tout haché finement; sel, poivre et muscade râpée. Mélangez bien le tout et formez des croquettes de la grosseur d'un fort bouchon; panez-les; passez-les dans des œufs battus; panez à

1 — Bouchée à la Reine.
2 — Timbale Italienne.
3 — Petit Gnocchi
4 — Vol-au-Vent
5 — Grand Gnocchi
6 — Petit pâté des voyageurs
7 — Grand pâté des voyageurs.

nouveau et plongez dans la friture. Lorsqu'elles ont pris une belle couleur, retirez et égouttez; dressez sur un plat avec du persil frit et servez.

Petits pâtés au jus

Préparez de la pâte brisée; coupez-la en rondelles de la grandeur d'une soucoupe, et foncez-en de petits moules à pâtés, en ayant soin de laisser déborder la pâte autour. Garnissez-les d'abord à l'intérieur avec du papier frotté de beurre frais, rempli de son ou de farine. Couvrez chaque pâté d'un petit couvercle de feuilletage, faites cuire à four modéré. La cuisson terminée, démoulez; retirez le remplissage; garnissez avec des quenelles de godiveau, de ris de veau et de champignons coupés en dés, le tout lié d'un bon jus. Recouvrez et servez très chaud.

Petits pâtés au salpiçon

Préparez comme pour les *Petits pâtés au jus;* remplissez les pâtés avec un salpicon de godiveau, de foie de volailles et de truffes, lié avec une gelée de viande.

Petits pâtés à la Monglas

Préparez la pâte à dresser; foncez-en des moules et faites cuire comme pour les *Pâtés au jus*. Remplissez avec du foie gras et des truffes liés d'une sauce au madère.

Petits pâtés chauds financière

Préparez de la pâte brisée; faites cuire comme pour les *Petits pâtés au jus*, garnissez d'une financière coupée en petits dés, réduite au madère.

Petites bouchées au naturel

Découpez avec le coupe-pâte cannelé un certain nombre de rondelles de pâte feuilletée. Prenez-en la moitié; placez-les sur un plafond; garnissez-les de quenelles de godiveau; couvrez-les avec l'autre moitié des rondelles de pâte; mouillez légèrement la pâte du bas, de façon à ce que celle du haut puisse adhérer. Ceci fait, passez-les au four ; dorez-les. La cuisson terminée, retirez-les ; détachez-les du plafond; dressez sur un plat et servez très chaud.

Bouchées à la Reine

Préparez 250 grammes de feuilletage à six tours; abaissez-le à un demi-centimètre d'épaisseur. Découpez-le avec un emporte-pièce festonné, de cinq centimètres de diamètre; mettez ces petites bouchées sur une tourtière, dorez-les avec de l'œuf battu; prenez un autre emporte-pièce uni et plus petit d'un centimètre que le pre-

mier; imprimez-le sur la pâte pour former le couvercle de la bouchée. Mettez-les au four, enlevez le couvercle et la mie. Garnissèz
les bouchées de blancs de volaille hachés fins et saucés avec une
bonne Béchamel; servez très chaud.

Bouchées au salpicon

Préparez et opérez comme il est dit ci-dessus et garnissez d'un
salpicon de filets de volaille, de foie gras et de truffes, lié d'une
sauce madère ou d'une gelée de viande.

Bouchées de homard

Préparez et opérez comme il est dit à *Bouchées à la Reine*, et
garnissez de chair de homard coupée en petits dés, mélangée avec
une sauce blonde réduite et liée avec du beurre de homard.

Bouchées de crevettes, dites Bouquet

Préparez et opérez comme il est dit à *Bouchées à la Reine*, et
garnissez de queues de crevettes mélangées avec une sauce blonde
réduite liée au beurre de crevettes.

Bouchées d'écrevisses

Préparez et opérez comme il est dit à *Bouchées à la Reine*, et
garnissez de queues d'écrevisses mélangées avec une sauce blonde
réduite liée avec du beurre d'écrevisses.

Bouchées de filets de sole

Faites cuire des filets de soles avec beurre, sel et jus de citron :
laissez refroidir et coupez-les en dés, chauffez-les dans une Béchamel
bien réduite, et garnissez-en des bouchées préparées et cuites au
four comme il est dit à *Bouchées à la Reine*.

Rissoles de volaille, de gibier, de poisson

Les rissoles se préparent avec des volailles, gibiers ou poissons
de desserte. Faites un salpicon auquel vous joindrez des champignons, liez avec une Béchamel bien réduite et laissez refroidir.
Préparez du feuilletage que vous aplatissez en bandes minces
de 4 à 5 centimètres de largeur. Mouillez la pâte et posez au milieu
gros comme une noix de chair du salpicon. Repliez en donnant à
la pâte la forme de *chausson.* Saupoudrez de farine; faites frire de
belle couleur ; égouttez et servez très chaud.
On peut faire des rissoles plus économiques et très bonnes en
préparant un hachis, comme il est dit pour les *Croquettes de bœuf,
de veau ou de volaille.* Mettre une noix de hachis sur une feuille de
pâte et préparez comme ci-dessus.
Les rissoles peuvent se manger avec une sauce tomate.

Friture à l'Italienne

Le fonds de la friture à l'italienne se compose de foies de volailles, de tranches minces de foies de veau et de pain perdu. Le mieux est de la composer des substances les plus variées, telles que : cervelles, ris de veau, foie d'agneau, amourettes de bœuf, courgerons, croquettes, rissoles, moules, huîtres, artichauts, œufs-durs, le tout cuit et assaisonné. Passez dans la pâte, faites frire de belle couleur et servez bouillant. On peut accompagner d'une sauce tomate.

Cette friture peut se faire en maigre, mais en choisissant des substances maigres et en faisant frire dans de l'huile ou dans du beurre.

Amourette de veau frite

L'amourette ou moelle épinière du veau se fait dégorger dans l'eau fraîche, plusieurs fois renouvelée. Egouttez et mettez dans une casserole avec eau, sel, vinaigre, carottes et oignons coupés en tranches. Faites cuire, égouttez et laissez refroidir, puis coupez en morceaux; passez dans la pâte à frire et plongez ces morceaux dans la friture bouillante jusqu'à ce qu'ils aient pris une belle couleur; égouttez et dressez sur un plat, avec du persil frit.

Faites cuire une cervelle de veau, comme il est dit à cet article, égouttez-la et laissez-la refroidir; coupez en morceaux; trempez-les dans la pâte à frire; plongez dans la friture bouillante jusqu'à ce qu'ils aient pris une belle couleur; retirez, égouttez et servez avec du persil frit.

Fraise de veau frite

Lorsque la fraise de veau est cuite, blanchie et refroidie, coupez-la en morceaux. Trempez ces morceaux dans la pâte, plongez-les dans la friture bouillante et laissez prendre une belle couleur; égouttez-les et dressez-les sur un plat, avec du persil frit.

Pour la cuisson, voyez *Fraise de veau à la vinaigrette*.

Pieds de veau frits

Lorsque les pieds de veau sont cuits, blanchis et refroidis, coupez-les en morceaux. Faites mariner ces morceaux pendant une heure, avec sel, poivre, jus de citron ou vinaigre. Retirez et essuyez avec un linge.

Trempez chaque morceau dans la pâte; plongez dans la friture bouillante et laissez prendre une belle couleur; égouttez et dressez sur un plat avec du persil frit.

Pour la cuisson, voyez *Pieds de mouton à la vinaigrette*.

Pieds de mouton et Pieds d'agneau frits

Se préparent exactement comme les *Pieds de veau frits*.

Jambon à la poêle

Coupez du jambon de Bayonne en tranches d'un demi-centimètre d'épaisseur; faites frire à la poêle, avec du beurre, sur un feu vif, quelques instants seulement, pour faire prendre couleur de chaque côté.

Dressez sur un plat. Mettez un peu de vin blanc au beurre resté dans la poêle; faites jeter deux ou trois bouillons et versez sur le jambon, puis servez chaud. (Le vin blanc se remplace souvent par un filet de vinaigre ou par du porto ou du madère.)

Aubergines grillées

Prenez des aubergines violettes. Fendez-les en deux sur leur longueur, retirez les pépins; laissez mariner une demi-heure environ avec sel, poivre, huile et fines herbes. Faites cuire sur le gril, en arrosant avec la marinade, puis servez chaud.

Aubergines à la Provençale

Prenez des aubergines violettes. Fendez-les en deux sur leur longueur, supprimez les pépins et retirez une partie des chairs, que vous hacherez avec lard râpé, champignons, persil, échalotes, quelques gousses d'ail, un peu d'huile d'olive, sel, poivre, le tout manié avec du beurre frais. Remplissez les aubergines avec cette farce; panez-les et faites cuire doucement avec feu dessus et dessous, e' servez.

Escargots de Bourgogne

Blanchissez et cuisez comme il est dit pour les *Escargots à la poulette.* — Pour cent escargots, mélangez à 400 grammes de beurre frais, 20 grammes de sel fin, une forte pincée de poivre frais moulu, 20 grammes de persil haché fin et 15 grammes d'ail pilé; amalgamez bien le tout et mettez un peu de ce hachis au fond de chaque coquille, replacez l'escargot dans la coquille, recouvrez-le de hachis. Rangez avec soin vos escargots dans un plat allant au feu. Passez au four et servez bien chaud dans le plat.

Cuisses de grenouilles frites

Prenez des cuisses de grenouilles auxquelles on a enlevé la peau; faites-les dégorger pendant deux heures à l'eau fraîche et mettez-les mariner pendant deux heures avec du vinaigre, persil, thym, laurier, sel et poivre. Retirez et essuyez avec soin, passez dans la farine, puis plongez dans la friture bouillante jusqu'à ce qu'elles aient pris une belle couleur. Retirez-les; égouttez et servez sur un plat avec du persil frit.

On remplace avec avantage le vinaigre par le jus de citron.

POISSONS

POISSONS

Alose

L'alose se prépare de diverses manières, mais principalement grillée, à l'oseille. Elle est également très bonne à la maître d'hôtel, à la sauce aux câpres, à la sauce hollandaise.

Alose à l'oseille

L'alose grillée à l'oseille demande une pièce de moyenne grosseur, autant que possible laitée. Videz, écaillez et lavez soigneusement; ciselez le poisson des deux côtés, laissez-le macérer pendant quelques minutes avec sel, poivre, le jus d'un citron, muscade et estragon haché, mettez-le dans un papier huilé ou tout simplement frottez avec la main enduite d'huile sans goût et faites cuire sur le gril à feu doux. Retirez le papier; posez l'alose sur un plat avec un peu de beurre frais, et servez avec une farce d'oseille préparée au maigre.

Alose à la maître d'hôtel

Se prépare comme ci-dessus. La cuisson terminée, dressez et servez sur une maître d'hôtel.

Alose sauce aux câpres

Se prépare comme ci-dessus. La cuisson terminée, servez et accompagnez d'une sauce aux câpres, dans une saucière à part.

Alose sauce hollandaise

Se prépare comme ci-dessus. La cuisson terminée, servez et accompagnez d'une sauce hollandaise, dans une saucière à part.

Alose à la broche

Choisir une grosse alose, la vider par la tête, sans lui faire aucune autre ouverture, la laver avec soin et la remplir d'un beurre à la maître d'hôtel; faire quelques incisions de chaque côté du dos, l'envelopper de bardes de lard gras ou de crépine et lui donner

12 à 15 minutes de cuisson, à la broche. Arroser souvent pendant la cuisson avec le beurre qui tombe dans la lèche-frite et qu'au moment de servir vous liez avec un peu de jus de citron.

Anguille

Il y a deux espèces d'anguille : l'anguille de mer et l'anguille d'eau douce :

1° *L'anguille de mer*, a un goût de marée assez prononcé, que l'on fait passer en coupant ce poisson par tronçons (après l'avoir préalablement dépouillé) et en le faisant cuire au court-bouillon.

Lorsque les tronçons sortent du court-bouillon, on les met sur le gril, et on peut les servir de diverses manières; c'est-à-dire à la tartare, aux câpres, à la maître d'hôtel et au beurre noir.

Anguille de mer à la Tartare

Préparée comme ci-dessus, et cuite sur le gril, l'anguille de mer se sert accompagnée d'une sauce tartare dans une saucière à part.

Anguille de mer à la sauce aux câpres

Préparée comme ci-dessus, et cuite sur le gril, l'anguille de mer se sert accompagnée d'une sauce aux câpres, dans une saucière à part.

Anguille de mer à la maître d'hôtel

Préparée comme ci-dessus, et cuite sur le gril, l'anguille de mer se sert sur une sauce maître d'hôtel.

Anguille de mer au beurre noir

Préparée comme ci-dessus, sans être mise sur le gril, en sortant du court-bouillon, l'anguille de mer s'accommode très bien d'une sauce au beurre noir.

Anguille d'eau douce

2° *L'anguille d'eau douce* est surtout préférable lorsqu'elle a été pêchée en eau vive; elle n'a plus alors un goût de vase, comme celle prise dans les étangs, les canaux, etc. On reconnaît l'anguille de rivière à son ventre blanc et à son dos noir à reflets bleutés.

On fait mourir l'anguille en lui frappant la tête sur un corps dur. Pour la dépouiller, on fait une incision légère autour du cou, et on tire la peau de la tête à la queue. On vide. On coupe le bout de la tête et le bout de la queue.

L'anguille possède une seconde peau qui est huileuse, et par conséquent indigeste pour quelques personnes. Pour l'enlever, il suffit d'échauder le poisson, ou de le griller quelques instants sur des braises rouges.

L'anguille se, prépare de diverses manières : à la Tartare, en matelote, à la minute, à la poulette, grillée, frite, à la broche.

Anguille à la Tartare

Après avoir tué, dépouillé une grosse anguille, coupez-la en tronçons de six à huit centimètres. Rangez les tronçons dans une casserole; mouillez avec du vin blanc ou rouge; salez et poivrez; mettez un bouquet garni, et cuisez sur un feu doux. Laissez refroidir dans la cuisson avant d'égoutter les tronçons; puis épongez-les avec un linge.

Battez ensuite quelques jaunes d'œufs avec du beurre fondu ou de l'huile; trempez-y les tronçons et panez avec de la mie de pain; faites griller sur un feu modéré, en les retournant. Dressez sur un plat chaud et accompagnez d'une sauce tartare.

L'anguille à la Tartare peut être aussi préparée entière. On lui donne alors la forme d'une couronne, en l'arrondissant, c'est-à-dire en lui fourrant la queue dans le ventre.

Anguille en matelote

Pour une bonne matelote d'anguilles, deux ou trois anguilles de grosseur moyenne sont suffisantes. Après les avoir tuées, préparées comme il est dit plus haut, coupez-les en tronçons de six à huit centimètres de longueur. Garnir le fond d'une casserole en terre avec des petits oignons, quelques petites échalotes, deux gousses d'ail, un bouquet garni, deux œufs de beurre frais. Disposez par dessus en rond les tronçons d'anguille. Remettez par dessus du beurre et saupoudrez d'une bonne cuillerée à soupe de farine, salez, poivrez. Mettez à feu doux. Aussitôt que le plat commence à chauffer et que le beurre chante, verser un demi-verre de bon cognac, mettre le feu et laissez flamber. Dans une autre casserole, faire chauffer une bouteille de bourgogne rouge vieux. Verser ce vin sur l'anguille. Couvrir. Laissez cuire 3 ou 4 heures très doucement. Dressez le poisson avec sa sauce sur un plat chaud ; garnissez-en les bords de croûtons frits, alternés si l'on veut avec de belles écrevisses. L'assaisonnement doit être relevé par une pointe de Cayenne.

Anguille à la minute

L'anguille dépouillée et nettoyée, coupez-la en tronçons; faites cuire pendant un quart d'heure dans l'eau bouillante salée; égouttez les tronçons et placez-les sur un plat chaud, contenant une bonne maître d'hôtel; entourez de pommes de terre bouillies et servez.

Anguille à la poulette

Dépouillez et coupez l'anguille par tronçons; mettez-les dans la casserole et recouvrez-les de vin blanc et d'eau mélangés par moitié; assaisonnez de sel, poivre en grains, de deux ou trois gousses d'ail et d'un bouquet garni; donnez cinq à six minutes d'ébullition.

Prenez une seconde casserole; faites-y fondre un morceau de beurre manié de farine, mais ne laissez pas roussir; mouillez de suite avec la cuisson de l'anguille, ajoutez des champignons blanchis, et laissez cuire doucement pendant une demi-heure. Ajoutez les tronçons d'anguille et laissez cuire encore pendant dix minutes. Dressez les tronçons sur un plat, et alternez-les avec des croûtons de pain frits; liez la sauce avec deux ou trois jaunes d'œufs et un bon morceau de beurre frais. Joignez-y le jus d'un citron, versez sur l'anguille et servez.

On peut à volonté ajouter des huîtres ou des moules préalablement pochées.

Anguille grillée

Dépouillez et coupez l'anguille par tronçons ; sautez avec du beurre pendant deux minutes; versez dans un plat creux; mettez : sel, poivre, échalote, ciboule, persil, le tout haché menu, un peu d'huile (une cuillerée), et laissez mariner deux ou trois heures. Panez, mettez cuire sur le gril et servez sur une sauce piquante.

Anguille frite

Dépouillez et coupez l'anguille par tronçons; mettez-la dans une casserole avec une demi-bouteille de vin blanc, oignons en tranches, carottes, thym, laurier, bouquet garni, sel et épices.

L'anguille une fois cuite, égouttez-la, et passez la cuisson au tamis; mettez un bon morceau de beurre dans la casserole avec deux cuillerées de farine ; tournez sans laisser prendre couleur ; mouillez avec la cuisson et laissez cuire un quart d'heure, liez avec trois jaunes d'œufs, chauffez l'anguille un instant dans cette sauce, et versez dans un plat. Une fois refroidie, passez à la mie de pain et faites frire. Dressez sur un plat garni de persil frit, avec une sauce rémoulade ou une sauce tomate.

Pour les très petites anguilles, trempez-les dans du lait, roulez-les dans la farine et faites frire; servez sur un plat garni de persil frit.

Anguille à la broche

Prenez une grosse anguille, que vous dépouillez comme à l'ordinaire. Coupez-la en tronçons de dix centimètres; piquez-la de lard coupé très fin, et mettez-la dans la marinade pendant trois heures. Retirez ensuite les tronçons; attachez-les à un attelet, en les séparant par un morceau de pain; fixez l'attelet à la broche; faites rôtir pendant vingt minutes devant un feu clair, en arrosant de temps en temps avec du beurre. Quand la cuisson est presque terminée, saupoudrez de panure; débrochez; dressez sur un plat et servez avec une sauce piquante ou une sauce poivrade dans une saucière à part.

Pâté d'anguilles

Voyez *Entrées de four.*

Anguilles de sable

L'anguille de sable, appelée aussi lançon ou équille, est un petit poisson de mer qui se prend dans le sable lorsque la mer se retire.

Il se fait frire comme l'éperlan et le goujon. Il est plus délicat frit dans le beurre.

Bar

Le *bar* est un poisson de mer très délicat; on le nomme également *loup* et *loubine*. La chair en est blanche et savoureuse.

Le bar s'accommode comme suit :

Bar au beurre

Ecaillez, videz *soigneusement et complètement;* attachez la tête avec une ficelle, afin qu'elle ne se détache pas pendant la cuisson, et mettez dans la poissonnière (voyez ustensiles), avec un court-bouillon bien assaisonné, et qu'à volonté vous pouvez mélanger de moitié vin blanc. Le liquide doit être en quantité suffisante pour recouvrir le poisson. Au premier bouillon, retirez la poissonnière sur le coin du fourneau, et laissez cuire sans ébullition, pendant une demi-heure et plus si le poisson est très gros.

Avant de servir, égouttez, déficelez la tête, et mettez le bar sur un plat à poisson. Entourez-le de persil en branches, et de pommes de terre cuites à l'anglaise, et accompagnez d'une saucière de beurre fondu assaisonné de sel, poivre blanc, un peu de muscade et de jus de citron.

Bar à la sauce aux câpres

Préparez le bar comme ci-dessus. La cuisson terminée. dressez sur le plat à poisson; servez en accompagnant d'une sauce aux câpres, dans une saucière à part.

Bar à la sauce hollandaise

Préparez et cuisez comme il est dit ci-dessus; servez avec une sauce hollandaise à part dans une saucière. Entourez le plat de pommes de terre cuites à l'anglaise.

Bar sauce homard

Préparez et cuisez comme il est dit ci-dessus; servez en accompagnant d'une sauce homard.

Bar à la sauce Tartare

Prenez un petit bar; écaillez, videz, lavez et essuyez avec soin; cisclez-le; salez et frottez-le entièrement avec de l'huile sans goût. Cuisez de chaque côté sur le gril à feu doux. La cuisson terminée, déballez et dressez sur un plat; servez en accompagnant d'une sauce tartare dans une saucière à part.

Petit bar grillé à la maître d'hôtel

Opérez comme ci-dessus. La cuisson terminée, servez sur une maître d'hôtel.

Barbeau

La chair du barbeau est délicate, mais un peu fade. Elle est meilleure en été qu'en hiver, mais il est indispensable qu'*elle* soit bien relevée.

Il faut choisir le barbeau gros, gras et pris en eau claire. Plus il est âgé, meilleure est sa chair. *Ses œufs sont un violent purgatif, aussi faut-il le vider très soigneusement et avoir bien soin de n'en point laisser..*

Barbeau à la sauce aux câpres

Après l'avoir soigneusement vidé et nettoyé, faites-le dégorger pendant une heure, dans de l'eau additionnée de vinaigre. Faites cuire dans un court-bouillon fortement assaisonné. Retirez, égouttez, dressez sur le plat à poisson; servez en accompagnant d'une sauce aux câpres, dans une saucière à part.

Barbeau à l'étuvée

Après avoir nettoyé et préparé votre poisson comme il est dit ci-dessus, coupez-le en tronçons. Faire revenir dans du beurre une douzaine de petits oignons; lorsqu'ils ont pris une belle couleur, saupoudrez-les d'une pincée de farine, et laissez cuire deux minutes. Mouillez de moitié bouillon et moitié vin rouge; assaisonnez d'un bouquet garni, d'une pointe d'ail et d'un peu de muscade râpée; ajoutez les tronçons du barbeau et laissez cuire à petit feu. La cuisson terminée, retirez et dressez votre poisson sur un plat bien chaud; masquez avec la sauce que vous avez laissé réduire à point et liée avec un morceau de beurre fin. Servez.

Barbillon

Le barbillon est un des meilleurs poissons d'eau douce. Il a la chair délicate et est d'une digestion facile.

On l'écaille, on le vide avec soin, *on retire bien tous les œufs qui sont malsains.* Mêlé à une matelote d'anguille ou de carpe, le barbillon est excellent. Il faut le prendre alors d'une bonne grosseur.

Il se mange également frit, et dans ce cas, le prendre petit. Une quinzaine peuvent composer un plat moyen. Ils doivent être roulés dans la farine, plongés dans la friture bouillante, et demandent à être servis très chauds.

Barbue

La barbue qui est plus petite que le turbot, lui est généralement préférée, pour la blancheur et la finesse de sa chair. Nombreuses sont les manières de préparer cet excellent poisson de mer. Toutes les préparations indiquées pour la sole et les filets de sole peuvent lu' être appliquées.

Barbue à la sauce hollandaise

Ecaillez, videz, lavez et nettoyez soigneusement. Fendez la barbue jusqu'au milieu du corps; enlevez un morceau de l'arête, ce qui la rendra souple et empêchera qu'elle ne se fende. Mettez la barbue dans votre *turbotière*, le ventre au dessus et frotté de citron.

D'autre part, vous aurez fait un court-bouillon que vous aurez laissé refroidir et passé au tamis. Versez-le dans la turbotière de façon à ce que la barbue y baigne. Au premier bouillon, retirez sur le côté du feu, et laissez mijoter *sans bouillir* pendant une demi-heure, et plus, si le poisson dépasse sept à huit livres.

Retirez, égouttez et glissez dans un plat sur une serviette; garnissez de persil et de pommes de terre cuites à l'eau, et servez en envoyant à part une sauce hollandaise.

On remplace souvent le court-bouillon par un mélange d'eau et de lait.

Barbue à la Béchamel

Préparez comme il est dit ci-dessus. Mettez dans la turbotière et laissez cuire à l'eau et au sel. Egouttez, enlevez soigneusement les peaux et les arêtes; divisez la chair en parties égales que vous rangez sur un plat, en les alternant avec une couche de Béchamel, et en finissant avec cette sauce.

La Béchamel s'emploie le plus souvent pour de la barbue de desserte, après avoir fait chauffer cette dernière dans l'eau salée, *sans laisser bouillir.*

Barbue à la Mornay

Désossez une barbue et levez-en les chairs que vous coupez en escalopes régulières et que vous placez les unes à côté des autres dans un sautoir préalablement beurré; mouillez d'un peu de bon vin blanc, salez et poivrez. Faites cuire doucement en arrosant avec la cuisson, puis dressez-les sur un plat allant au feu, masquez-les d'une sauce Béchamel liée de jaunes d'œufs et mélangée de fromage râpé, passez au feu pour faire prendre belle couleur et servez.

On peut facilement faire servir ainsi la barbue de desserte.

Barbue au gratin

Préparez soigneusement comme il est dit à *Barbue à la sauce hollandaise.* Prenez un plat à gratin; beurrez-en le fond; saupoudrez avec échalotes, oignons hachés, champignons frais; ajoutez un **verre** de vin blanc, et déposez la barbue sur son côté noir. Salez et saupoudrez avec les mêmes fines herbes, de la mie de pain, et arrosez avec du beurre fondu. Mettez au feu; au premier bouillon, passez le plat au four, à feu doux, pendant une demi-heure. Servez sur le même plat.

Barbue au vin blanc

Préparez comme il est dit à *Barbue à la sauce hollanda.se*, déposez la barbue sur son côté noir, dans un plat à gratin, dont le fond sera bien beurré; mouillez avec une bouteille de vin blanc. Salez et mettez au feu. Tenez le liquide en ébullition pendant quelques minutes, et laissez au coin du feu pendant vingt minutes. Le poisson cuit, dressez-le sur un plat et tenez au chaud. Faites réduire la sauce; liez-la avec trois jaunes d'œufs, passez, ajoutez persil haché, une pointe de muscade, un jus de citron, et finissez en y incorporant un bon morceau de beurre que vous amalgamez à la sauce, par petits morceaux. Masquez-en votre poisson et servez.

Barbue sauce aux câpres

Préparez et opérez comme il est dit à *Barbue à la sauce hollandaise*, mais accompagnez d'une sauce aux câpres servie à part.

Barbue grillée

Choisir une petite barbue, la préparer comme il est dit à *Barbue sauce hollandaise*, l'huiler de chaque côté et la faire griller; servir sur une sauce tomate, une sauce ravigote, une maître d'hôtel, etc.

Brême

Ce poisson d'eau douce a beaucoup de ressemblance avec la carpe. Sa chair est blanche, ferme et de bon goût. On l'accommode comme la carpe, ou bien comme suit :

Brême grillée sauce aux échalotes

Après avoir écaillé, vidé et ébarbé la brême, lavez-la et essuyez-la soigneusement. Ciselez-la légèrement de chaque côté; laissez-la mariner pendant une heure, dans de l'huile assaisonnée de sel et de poivre.

Retirez et faites cuire sur le gril à feu doux. La cuisson terminée, servez sur une sauce aux échalotes.

Brême sauce aux câpres

Après avoir écaillé, vidé et ébarbé votre brême, mettez-la dans la poissonnière, et couvrez-la d'un court-bouillon. Au premier bouillon, retirez sur le côté du feu et laissez mijoter *sans bouillir* pendant un quart d'heure, et plus si le poisson est gros. La cuisson terminée, retirez, égouttez et dressez sur le plat à poisson; garnissez-le de persil, et servez en envoyant à part une sauce aux câpres.

Brochet

Le brochet est un poisson d'eau douce. Il faut préférer celui des rivières, à dos vert et argenté, à celui des eaux dormantes qui est plus brun. *Les œufs et la laitance ne doivent pas être mangés, car ce sont des purgatifs, et même des vomitifs plus ou moins violents.*

Les gros brochets s'apprêtent au court-bouillon; les moyens entrent dans la composition de la matelote à la marinière; les brochetons se font frire.

Brochet au court-bouillon

Prenez un beau brochet; retirez-en les ouïes avec précaution afin d'éviter les piqûres, et videz avec soin. Faites cuire au court bouillon; égouttez et dressez sur le plat à poisson, avec une garniture de persil en branches, puis servez en accompagnant d'une sauce aux câpres, dans une saucière à part, ou mieux d'une sauce hollandaise. On peut le laisser refroidir et le manger froid avec une mayonnaise.

Brochet au bleu

Prenez un beau brochet, et préparez-le comme il est dit au *Brochet au court-bouillon*. Faites cuire de la même façon, mais dans un court-bouillon de vin rouge; laissez refroidir dans la cuisson. Egouttez, dressez sur un plat garni d'une bordure de persil en branches, puis servez froid en accompagnant d'une sauce mayonnaise ou d'une sauce verte, d'une sauce tartare ou d'une sauce tango.

Brochet à la Chambord

Se prépare comme il est dit au *Brochet au court-bouillon*. Opérez exactement comme pour la *Truite à la Chambord*.

Brochet à la broche

Préparez un beau brochet, nettoyez, videz et épongez soigneusement; enlevez la peau d'un côté; piquez-le avec des lardons fins; assaisonnez de sel, poivre, muscade, fines herbes; frottez-le d'huile; mettez à la broche et laissez cuire en arrosant avec un mélange de vin blanc, de jus de citron et de beurre fondu. La cuisson terminée, débrochez et posez le brochet sur un plat long. Ecrasez deux ou trois anchois, que vous mettez avec le jus de la lèchefrite; assaisonnez de sel et poivre, si besoin en est; passez et servez dans une saucière.

Si vous voulez servir ce plat en maigre, opérez de la même façon, mais en remplaçant le lard par des filets d'anguille ou d'anchois.

Brochetons à la maître d'hôtel

Les brochetons s'accommodent comme les maquereaux cuits sur le gril et se servent sur une maître d'hôtel.

Brochetons frits

On fait frire les brochetons comme tout autre poisson, c'est-à-dire en les saupoudrant de farine et en les plongeant dans la friture bouillante; cette friture, très estimée, demande à être mangée en sortant de la poêle.

Cabillaud

Le cabillaud ou morue fraîche, que nous mangeons en France, est pêché dans la Manche et dans la mer du Nord. Ce poisson est plus agréable au goût et moins indigeste frais que salé. Le meilleur cabillaud est court et rond. On en reconnaît la fraîcheur à l'œil qui alors est saillant.

Cabillaud à la Hollandaise

Faites cuire au court-bouillon, dressez ensuite sur un plat, avec pommes de terre à l'anglaise, et une sauce hollandaise dans une saucière à part.

Le cabillaud peut se préparer de toutes les façons indiquées pour la morue.

Carpe

Les carpes provenant des eaux vives sont les plus recherchées, car elles n'ont pas le goût de vase que l'on trouve dans celles provenant des étangs.

Pour faire passer ce goût de vase, faites avaler à la carpe, aussitôt pêchée, un verre de vinaigre d'Orléans ou de rhum. Cela amène sur le corps une transpiration que vous enlevez avec le couteau, en écaillant le poisson. Faites dégorger pendant deux heures dans l'eau fraîche, avec du vinaigre, les chairs reprendront leur fermeté, et la carpe sera aussi agréable au goût que si elle sortait de l'eau vive.

Les carpes laitées sont préférables aux carpes œuvées. La laitance et les œufs sont fort appréciés. On doit de préférence choisir une carpe laitée et bien dorée, car c'est aux côtés dorés, au ventre blanc et au dos brun que l'on reconnaît celle qui provient des rivières.

Ne pas oublier d'enlever la pierre jaune qui se trouve à l'extrémité du palais, car sans cela le poisson deviendrait amer à la cuisson.

Carpe frite

Ecaillez, videz, fendez le dos de la tête à la queue, mais sans séparer les deux parties; essuyez, saupoudrez de farine et plongez

1 — Anguille.
2 — Truite de rivière.
3 — Tanche.
4 — Carpe cuirasse.
5 — Perche commune
6 — Gardon.
7 — Brochet commun.

dans la friture bouillante. Retirez et laissez égoutter. Dressez ensuite et servez avec persil frit et citron.

Carpe grillée, sauce aux câpres

Videz, fendez, etc., comme pour la *Carpe frite.* Mettez mariner pendant une heure, avec huile, sel, poivre, oignons, laurier, thym et persil en branches. Egouttez ensuite, mettez sur le gril du côté ouvert; retournez. La cuisson terminée, posez sur un plat, et couvrez d'une sauce blanche aux câpres.

Carpe grillée à la maître d'hôtel

Préparez comme il est dit pour la *Carpe grillée sauce aux câpres,* et servez très chaud sur une maître d'hôtel.

Carpe à la Chambord

Procédez comme il est dit pour la *Truite à la Chambord,* mais en ayant soin de choisir une carpe de bonne grosseur.

Carpe à la Provençale

Prenez une grosse carpe; après l'avoir nettoyée, coupez-la par tronçons et mettez-les dans une casserole avec de l'huile, une ou deux cuillerées de farine, selon la grosseur du poisson. Tournez le tout un instant sur le feu en ayant soin de ne pas laisser prendre couleur. Ajoutez alors du vin rouge, sel, poivre, ail, échalotes, ciboules, champignons, persil, le tout haché. Laissez cuire. La sauce réduite, dressez sur un plat et servez très chaud.

Carpe au bleu

Prenez une très grosse carpe et opérez comme il est dit pour le *Brochet au bleu.*

Marinade de carpes ou d'autres poissons d'eau douce

Coupez carpe, tanche, brochet, anguille, en tronçons, et faites-les mariner avec sel, poivre, thym, laurier, clous de girofle, oignons, un jus de citron; remuez pour faire prendre goût. Laissez mariner pendant une heure; égouttez; passez vos tronçons dans la farine, et faites frire de belle couleur. Servez avec une garniture de persil frit.

Carpe à l'étuvée

Opérez comme il est dit pour l'*Anguille en matelote.*

Matelote à la marinière

Prenez anguille, carpe, brochet, barbillon, de grosseur moyenne. Nettoyez en procédant comme à l'ordinaire, et coupez par tronçons. Après quoi, procédez comme il est dit pour l'anguille en matelote.

Matelote au vin blanc

Prenez anguille, carpe, brochet, barbillon, de grosseur moyenne. Nettoyez en procédant comme à l'ordinaire, et coupez par tronçons. Rangez-les au fond d'un chaudron. Joignez un bouquet garni, une ou deux gousses d'ail, sel, poivre, muscade et un morceau de beurre. Couvrez le poisson avec de bon vin blanc. Faites partir à grand feu, laissez bouillir quelques minutes, puis retirez sur le côté du fourneau.

D'autre part, sautez au beurre des petits oignons et des champignons; saupoudrez-les de deux ou trois cuillerées de farine et mouillez avec le vin de la cuisson. Quand la sauce est cuite, liez-la avec des jaunes d'œufs, et masquez-en le poisson, que vous aurez égoutté avant de le dresser dans le plat. On peut garnir le plat avec des écrevisses et des croûtons frais alternés.

Carrelet

Le carrelet est un poisson plat, à chair blanche, mais peu délicate. Il est souvent d'assez grosse taille, on peut alors le préparer des diverses manières indiquées pour la sole. Le vider, le gratter avec soin des deux côtés pour enlever les écailles, le laver et supprimer la tête.

Carrelet à la Hollandaise

Opérez comme pour la *Barbue à la Hollandaise*, en ayant soin de tenir le court-bouillon très relevé.

Carrelet au gratin

Opérez comme pour la *Barbue au gratin*.

Carrelet à la maître d'hôtel

Faites cuire comme pour la *Barbue à la Hollandaise* et servez une sauce maître d'hôtel.

Carrelet frit

Les petits carrelets se font frire comme les soles et les limandes.

Daurade

La daurade est un poisson abondant dans la Méditerranée; la chair en est délicate et d'une digestion très facile.

On la prépare comme la carpe ou la brème.

Daurade au court-bouillon

Se fait cuire au court-bouillon, comme les autres gros poissons, et se sert accompagnée d'une sauce aux câpres ou d'une sauce hollandaise.

Daurade à l'eau de sel

Se fait cuire simplement à l'eau de sel, ce qui lui conserve toute sa saveur, et dans ce cas se sert également accompagnée d'une sauce aux câpres ou d'une sauce hollandaise.

Daurade au four

Après avoir vidé, écaillé, lavé et essuyé avec soin une daurade de moyenne grosseur, ciselez-la de chaque côté, salez et poivrez, surtout l'intérieur. Enduisez de beurre sur les deux faces. Roulez dans la farine. Mettez dans le ventre un bouquet garni. Dressez le poisson sur un plat avec un hachis d'échalotes, champignons, œufs durs, crevettes, puis des moules sorties de leur coquille, un verre de vin blanc et mettez à cuire au four doux pendant une heure et demie environ. Servez chaud.

Le même plat se fait plus économiquement sans champignons, ni œufs durs, crevettes, ni moules.

Daurade à l'espagnole

Préparez une daurade comme il est dit pour la *Daurade au gratin*. Ajouter en plus de la garniture des rondelles de tomates, du parmesan râpé, du safran. A part cet assaisonnement supplémentaire, c'est la même recette que la daurade au four.

Daurade grillée

Après avoir vidé, écaillé, lavé et essuyé avec soin une daurade de moyenne grosseur, ciselez-la de chaque côté; salez et laissez mariner dans l'huile pendant une demi-heure. Retirez et faites cuire sur le gril à feu doux, en faisant prendre une belle couleur de chaque côté. Ainsi préparée, la daurade peut se servir sur une sauce tomate, sur une sauce maître d'hôtel, ou sur une sauce hollandaise avec des pommes de terre à l'anglaise.

Eglefin ou Aigrefin

Ce poisson est de la famille de la morue ou cabillaud; sa chair s'effeuille comme celle du cabillaud, et on le prépare exactement de la même manière que ce dernier. Voir *Morue.*

Eperlan

L'éperlan se tient dans la mer; généralement à l'embouchure des fleuves. Sa chair est peu nourrissante, mais elle est d'une digestion très facile.

Éperlans frits

Après avoir nettoyé comme d'usage, embrochez par les yeux avec des brochettes en métal en mettant les éperlans par six; trempez dans le lait froid, plongez dans la farine et ensuite dans la friture bouillante. Enlevez, égouttez et servez dans un plat garni d'une serviette, en les mettant par rangées et entourés de persil frit et de quartiers de citron.

Eperlans au gratin

Nettoyez, enlevez la tête; placez dans un plat à gratin préalablement beurré, en saupoudrant avec des fines herbes, oignons et champignons hachés; ajoutez un verre de vin blanc, couvrez d'une légère couche de chapelure, arrosez avec du beurre fondu, mettez au four; cuisez pendant un quart d'heure et servez dans le plat.

Esturgeon

L'esturgeon se pêche dans la mer et les grands fleuves. Il est célèbre par sa grosseur. Sa chair est ferme et ressemble à celle du bœuf dans certaines parties, et à celle du veau dans d'autres. Avec ses œufs, les Russes font le *Caviar*.

L'esturgeon, en raison de sa taille, se prépare généralement par tranches ou darnes.

Esturgeon sauce italienne

Prenez un esturgeon de l'espèce dite sterlet, beaucoup plus petit que l'esturgeon commun; enlevez la peau, videz, lavez et faites cuire dans la poissonnière dans un court-bouillon, auquel vous mélangerez une bouteille de vin, en ayant soin que le poisson baigne entièrement.

La cuisson terminée, retirez, égouttez et dressez sur le plat à poisson, ou sur une planche, garni d'une serviette; entourez d'une bordure de persil en branches, et accompagnez d'une sauce hollandaise ou maître d'hôtel. On peut le manger froid avec une mayonnaise ou une sauce tartare ou une sauce tango.

Esturgeon sauce aux câpres

Opérez comme ci-dessus. La cuisson terminée, dressez sur un plat à poisson, avec une garniture de persil en branches et de pommes de terre cuites à l'eau salée. Accompagnez d'une sauce aux câpres dans une saucière à part.

Esturgeon sauce provençale

Prenez un petit esturgeon : enlevez la peau, videz, lavez et mettez-le dans une poissonnière, où vous le laisserez mariner pendant deux heures avec une bouteille de vin blanc, un peu d'huile, sel, épices et citron coupé en tranches. Placez la poissonnière dans le four et faites cuire en arrosant de temps en temps avec la marinade. Laissez prendre une belle couleur, retirez et dressez sur un plat. Passez et mélangez une petite partie de la cuisson avec une sauce provençale; envoyez le poisson et la sauce dans une saucière à part.

Esturgeon rôti sauce poivrade

Prenez une darne ou tranche d'esturgeon. Retirez-en la peau. Piquez du lard; salez, poivrez et mettez dans une marinade pendant deux heures. Retirez, égouttez, passez dans la mie de pain; faites griller à feu doux; arrosez de temps en temps avec de l'huile. (La darne d'esturgeon se fait également rôtir à la broche.)

La cuisson terminée, dressez la darne sur un plat; servez et accompagnez d'une sauce poivrade ou d'une sauce tartare, dans une saucière à part.

Esturgeon à l'estragon

Prenez une darne d'esturgeon, supprimez la peau et les arêtes et coupez la chair en escalopes que vous placez dans une sauteuse préalablement beurrée; salez, poivrez et faites cuire au four en arrosant fréquemment avec le beurre fondu mélangé d'un peu de vin blanc. La cuisson terminée, dressez vos escalopes sur un plat, ajoutez à la sauce une cuillerée d'estragon haché, un jus de citron et un peu de bon beurre; faites fondre le beurre en tournant la sauce sans la laisser bouillir; versez sur les escalopes et servez.

Esturgeon à la sauce piquante

Enlevez la peau et les parties osseuses. Bardez de lard et ficelez. Mettez dans une casserole; mouillez avec un verre de vin blanc, et braisez comme pour le fricandeau. Retirez, dégraissez, enlevez la barde de lard et égouttez, dressez sur un plat et masquez avec une sauce piquante.

Goujon

Petit poisson de fleuve et de rivière, à chair agréable et délicate.

Faites une incision sur le ventre; enlevez les intestins; essuyez et passez dans la farine; puis plongez dans la friture bouillante, car ce poisson ne se mange que frit. Retirez, égouttez, salez et servez en pyramide, avec persil frit et citron.

Avant de les rouler dans la farine, on peut les passer dans du lait, ou bien encore, après les avoir essuyés, les plonger dans une pâte à frire.

Grondin

Le grondin, que l'on confond avec le rouget, se trouve généralement dans la Méditerranée. La chair en est blanche et très bonne.

Grondin sauce aux câpres

Ecaillez, videz, lavez et faites cuire quelques instants dans un court-bouillon. La cuisson terminée, égouttez, enlevez la cuirasse de la tête; dressez sur un plat avec garniture de persil en branches, et accompagnez d'une sauce aux câpres dans une saucière à part.

Grondin sauce ravigote

Opérez comme ci-dessus. La cuisson terminée, égouttez, enlevez la cuirasse de la tête; dressez sur un plat avec garniture de persil en branches, et accompagnez d'une sauce ravigote, dans une saucière à part.

Grondin sauce tartare

Opérez comme ci-dessus. La cuisson terminée, égouttez, enlevez la cuirasse de la tête; laissez refroidir, et dressez sur un plat, avec une garniture de persil en branches, et accompagnez d'une sauce tartare, dans une saucière à part.

Grondin grillé

Ecaillez, videz, lavez, essuyez avec soin et frottez d'huile. Coupez les nageoires; salez, poivrez et placez sur le gril ou au four dans un plat allant au feu. Quand le poisson sera cuit, servir avec dans une saucière du beurre fondu, du sel et un jus de citron.

Grondin au vin blanc

Ecaillez, videz, lavez et préparez comme il est dit pour la *Daurade au four et au vin blanc.*

Hareng

Le hareng frais est un bon poisson, mais si commun qu'il est peu recherché; la laite en est très délicate, il faut donc la laisser dans le poisson ou la réserver pour la confection de hors-d'œuvre chauds.

Le hareng salé est d'une digestion plus difficile; on le dit *pec* lorsqu'il est à mi-sel.

Le hareng saur ou fumé est bon lorsqu'il est salé depuis peu; vieux, il perd sa qualité, et les chairs deviennent piquantes.

Harengs frais grillés sauce moutarde

Videz, écaillez et essuyez avec soin; ciselez très légèrement de chaque côté, et salez-les à l'intérieur. Posez-les sur un gril chauffé à l'avance, pour éviter qu'ils attachent; faites griller de chaque côté sur un feu vif. La cuisson terminée, retirez et servez sur du beurre mélangé avec sel, poivre, moutarde et un filet de vinaigre ou le jus d'un citron.

Cette sauce doit se préparer dans un plat chaud et non sur le feu, afin d'éviter qu'elle tourne.

Pour remplacer cette sauce, quelques personnes préfèrent une sauce blanche à laquelle on a mélangé une cuillerée de moutarde et du jus de citron.

Harengs frais grillés sauce blanche

Opérez comme ci-dessus. La cuisson terminée, placez les harengs dans un plat chaud, sur une sauce blanche.

Harengs frais grillés à la maître d'hôtel

Opérez comme ci-dessus. La cuisson terminée, placez les harengs dans un plat chaud, sur une maître d'hôtel, à laquelle vous aurez ajouté un peu de jus de citron.

Harengs frais grillés à la sauce tomate

Opérez comme ci-dessus. La cuisson terminée, servez les harengs sur une sauce tomate.

Filets de harengs frais à la Tartare

Après avoir écaillé et essuyé soigneusement des harengs frais, levez-les en filets. Laissez mariner pendant une heure avec sel, poivre, huile, persil, ciboules, échalotes, oignons coupés en rouelles; égouttez, panez et faites griller. La cuisson terminée, dressez les filets sur une sauce tartare et servez.

Filets de harengs frais à l'huile

Après avoir écaillé, vidé et essuyé des harengs frais, faites-les cuire un instant dans un court-bouillon très relevé. Retirez, égouttez, enlevez-en les filets avec soin; dressez-les dans un plat, et lorsqu'ils sont complètement froids, assaisonnez-les d'huile, de vinaigre et de fines herbes, puis servez.

Harengs frais frits

Videz, écaillez, ôtez la tête et essuyez soigneusement. Passez-les dans la farine; plongez-les dans la friture bouillante. Retirez, égouttez, saupoudrez de sel fin, et dressez sur un plat, avec une garniture de persil frit.

Harengs salés ou pecs, à la marinade

Prenez des harengs salés; lavez-les; laissez-les dégorger pendant trois heures dans du lait froid. Retirez, égouttez, enlevez la tête et levez les filets. Placez-les dans un plat; entourez-les avec des cornichons confits au vinaigre, un oignon émincé très fin et des câpres; arrosez avec de l'huile et du vinaigre, puis servez.

Harengs frais marinés

Après avoir écaillé, vidé et essuyé des harengs frais, les mettre dans une marinade composée de vin blanc, sel, poivre, clous de girofle, laurier, persil, thym, estragon, un oignon coupé en rondelles, un filet de vinaigre et une goutte d'huile. Laissez deux jours. Puis mettre la marinade au feu pendant une demi-heure, ajoutez les harengs, laissez cuire 20 minutes à feu doux, laissez refroidir et servir comme hors-d'œuvre arrosé d'huile.

Harengs frais à la bordelaise

Écaillez, videz, essuyez des harengs. Dans un plat avec un bon morceau de beurre, on les range. Salez, poivrez, bouquet garni. Arrosez d'un verre de vin blanc, un peu de moutarde et faites cuire au four vingt minutes. Un peu avant de servir mettez un hachis d'ail et d> persil.

Harengs saurs grillés

Supprimez la tête, incisez le dos de façon à ouvrir le hareng dans la longueur; faites griller quelques instants seulement, et servez en accompagnant d'un huilier et d'un hors-d'œuvrier de beurre frais, avec des pommes de terre cuites à l'eau.

Harengs saurs à l'huile

Opérez comme nous l'avons indiqué aux *Hors-d'œuvres*.

Lamproie

Poisson d'eau douce reconnaissable à sa bouche ronde, à son corps rond et allongé, et aux sept trous qui se trouvent placés sur les côtés du corps, après les yeux. La chair en est très délicate.

Avant toute préparation, la lamproie se plonge dans l'eau bouillante pour en enlever la peau. Le nerf du milieu se retire en faisant une incision en dessous, de la tête au ventre; ensuite on sépare la tête.

La lamproie se prépare comme l'anguille.

Lamproie à l'Italienne

Préparez comme il est dit plus haut; enlevez la tête. Coupez en tronçons que vous placez dans une casserole. Faites cuire dans une sauce italienne; laissez-la suffisamment réduire; dressez votre poisson, et masquez-le avec la sauce.

Lamproie à l'étuvée

Opérez comme il est dit pour l'*Anguille en matelote*.

Lamproie à la Tartare

Opérez comme il est dit pour l'*Anguille à la Tartare.*

Lamproie à la poulette

Opérez comme il est dit pour l'*Anguille à la poulette.*

Limande

La limande est un poisson plat, à chair blanche, agréable au goût. On la prépare comme la sole, à moins qu'elle ne soit trop petite; dans ce cas on la fait frire.

Lotte

La lotte est un excellent poisson d'eau douce ressemblant un peu à la lamproie et dont le foie est fort apprécié, mais dont il faut toujours jeter les œufs qui sont très laxatifs.

La lotte se *limone* et ne se dépouille pas. On la limone en la plongeant dans l'eau bouillante. On la vide en conservant précieusement le foie, puis on la lave à l'eau froide.

Les foies de lotte peuvent s'apprêter comme les laitances de carpes ou les laitances de harengs, en ayant soin de donner un peu plus de cuisson. Ces foies doivent être examinés soigneusement car ils contiennent parfois des parasites très dangereux pour l'homme.

Lotte à la poulette

Nettoyez, coupez par tronçons, et opérez comme pour l'*Anguille à la poulette,* en ayant soin d'ajouter les foies dix minutes avant de servir.

Lotte en matelote

Prenez plusieurs petites lottes; nettoyez, remettez le foie dans le corps, ciselez, farinez et plongez dans la friture bouillante. Egouttez et servez rapidement.

Lotte en matelote

Prenez trois ou quatre lottes; nettoyez, coupez par tronçons; mettez dans une casserole avec du beurre, et faites revenir vivement. Mouillez avec du vin blanc; ajoutez les foies, sel, poivre, bouquet garni, oignons, champignons, et faites cuire doucement. Une fois cuits, retirez les poissons; dressez-les sur un plat, et couvrez avec la sauce bien réduite. Servez de suite.

Lotte au beurre

Nettoyez et limonez la lotte, ciselez-la légèrement et passez la queue dans la bouche pour la faire ressortir par une des ouïes en l'accrochant aux dents afin qu'elle reste en forme de cercle, puis opérez comme il est dit à la *Truite meunière*, mais en donnant un peu plus de cuisson.

Maquereau

Le maquereau est un poisson de mer que l'on recherche surtout au printemps à cause de sa laitance. On le trouve en quantité sur les marchés. Sa chair est nourrissante, mais quelque peu indigeste; les laitances se préparent comme les *laitances de harengs ou les laitances de carpes*.

Maquereau grillé à la maître d'hôtel

Videz soigneusement par les ouïes, essuyez bien l'extérieur, puis ciselez légèrement de chaque côté du dos. Salez, poivrez, dessus et dessous, et faites griller sur un feu vif; retournez et laissez quinze minutes environ pour la cuisson. Retirez et mettez dans un plat chaud, sur une bonne maître d'hôtel, en en réservant une partie que vous glissez à l'intérieur du maquereau.

Maquereau grillé au beurre noir

Opérez comme pour le précédent. Une fois grillé, posez sur le plat, et versez dessus un beurre noir que vous aurez préparé pendant la cuisson.

Maquereau à l'huile

Cuit au court-bouillon, vous le laissez refroidir et le servez alors à l'huile et au vinaigre.

Maquereau sauce tomate

Opérez comme ci-dessus, et en retirant de la cuisson égouttez et servez sur une sauce tomate.

Maquereau à la sauce tartare

Opérez comme il est dit pour le *Maquereau grillé à la maître d'hô-tel*. La cuisson terminée, servez sur une sauce tartare.

Maquereau à la sauce moutarde

Opérez comme il est dit pour le *Maquereau grillé à la maître d'hô-tel*, mais servez sur une sauce moutarde.

Maquereau à la Bretonne

Videz, essuyez, fendez le dos, salez, poivrez. Faites chauffer du beurre frais dans un plat ovale, allant au feu; placez le maquereau dessus, la chair en dessous; cuisez à feu vif; retournez et laissez mijoter un quart d'heure, mais ne laissez pas roussir le beurre. Ajoutez un jus de citron.

Maquereau en filets

Détachez soigneusement les filets et faites-les revenir dans le beurre, saupoudrez-les de sel, poivre, et ajoutez un jus de citron. Cuits d'un côté, retournez-les de l'autre, avec précaution, et servez ensuite avec sauce ravigote, tartare, tomate, etc.

Maquereau à l'Anglaise

Videz, essuyez, fendez le dos, salez, poivrez et faites griller. La cuisson terminée, posez le maquereau sur une sauce aux groseilles à maquereau, et servez. Avec cette sauce, on peut également servir un maquereau cuit à l'eau de sel.

Maquereau au gratin

Opérez comme pour la *Sole au gratin*. La chair du maquereau demande cependant un peu de beurre.

Filets de maquereau vénitienne

Levez les filets de maquereau, et opérez comme pour les *Filets de sole à la Vénitienne*.

Maquereau salé

On le prépare et on le sert comme il est dit pour les *Harengs salés ou pecs*.

Maquereau à la bordelaise

On le prépare et on le sert comme il est dit pour les *Harengs à la bordelaise*.

Merlan

Poisson de mer que l'on trouve en quantité sur les côtes de France. Sa chair délicate et légère le recommande tout particulièrement aux malades ou aux estomacs délicats.

Merlans frits

Videz, grattez; laissez le foie, la laitance ou les œufs; incisez légèrement en plusieurs endroits de chaque côté. Farinez et plongez dans la friture bien chaude. Retirez, égouttez et servez avec persil frit et quartier de citron.

Merlans au gratin

Videz, grattez, etc., et opérez comme pour la *Barbue au gratin*.

Merlans grillés à la maître d'hôtel

Videz, grattez, grillez et servez sur une maître d'hôtel.

Merlans grillés sauce câpres

Videz, grattez, incisez légèrement de chaque côté, et faites mariner, pendant une heure, en les retournant, avec sel, poivre, huile, persil, ciboules, échalotes oignons coupés en rouelles; puis faites griller à feu vif. Servez-les sur une sauce blanche aux câpres.

Merlans au vin blanc

Choisissez de gros merlans, videz, grattez, essuyez et placez-les dans un plat ovale préalablement bien beurré: mouillez de bon vin blanc; salez, poivrez et ajoutez une pointe d'échalote hachée menu.

Laissez bouillir pendant trois ou quatre minutes; retournez les merlans et finissez de cuire en ayant soin d'arroser avec la cuisson; faites réduire la sauce en tenant le plat sur le côté du feu. Au moment de servir, amalgamez un bon morceau de beurre fin, mais petit à petit, en arrosant constamment le poisson. Ajoutez un jus de citron, et servez dans le même plat, ou en faisant glisser les merlans dans un plat chaud.

Merlans aux fines herbes

Opérez exactement comme ci-dessus, mais au moment d'amalgamer le beurre, saupoudrez vos merlans avec une cuillerée de persil haché fin.

Filets de merlans à la Orly

Opérez comme pour les *Filets de sole à la Orly.*

Turban de merlans

Videz, grattez et nettoyez des merlans. Levez-les en filets; prenez-en quelques-uns (les moins beaux) et pilez-les au mortier, avec de la mie de pain, du beurre frais en égale quantité, sel, poivre, fines herbes hachées, une pointe de muscade, et mélangez le tout à quelques jaunes d'œufs crus de façon à former une farce que vous dressez en couronne, sur un plat rond en métal; masquez-la avec les filets de merlans en les plaçant avec symétrie pour leur faire prendre la forme d'un turban. Entourez la farce d'un papier beurré. Couvrez le vide laissé au milieu du plat, avec un morceau de pain, afin de bien maintenir la forme donnée. Arrosez avec du beurre, et cuisez à four doux pendant une demi-heure. La cuisson terminée, retirez du four; enlevez le papier, le pain, et égouttez avec soin. Versez du beurre fondu au milieu, et servez très chaud.

Merluche

Voyez *Morue.*

Meunier

Poisson qui vit dans les rivières claires et rapides. La chair en est blanche et d'un goût agréable, mais ce poisson doit être cuit aussitôt pêché.

Nettoyez-le comme la brême; coupez en tronçons; mettez dans une casserole avec bouquet garni. Mouillez de vin blanc. Mettez un peu de beurre manié, sel, poivre, champignons, et faites bouillir sur un feu vif. Au premier bouillon, ajoutez eau-de-vie et enflammez. La sauce réduite, le poisson est cuit. Servez chaud.

Morue

La morue se pêche principalement sur les côtes de Terre-Neuve, où elle est séchée et salée. On la fait dessaler dans l'eau froide, pendant 24 heures, en ayant soin de changer l'eau plusieurs fois.

Morue à la maître d'hôtel

Prenez une grande casserole ; mettez-y la morue dessalée avec assez d'eau pour qu'elle baigne et du gros poivre concassé. Au moment de l'ébullition, écumez et retirez du feu, couvrez et laissez ainsi pendant une demi-heure. Retirez la morue, égouttez et débarrassez-la de la peau noire et des arêtes, servez dans un plat sur une bonne maître d'hôtel.

Morue aux pommes de terre

La morue cuite et dressée comme il est dit ci-dessus, entourez-la de pommes de terre cuites à l'eau de sel, puis couvrez d'une sauce maître d'hôtel bien liée, et servez.

Autre manière :

Prenez un plat à sauter; beurrez-le bien, et saupoudrez le beurre d'une petite échalote hachée très menu et de poivre frais moulu. Rangez dans le plat des pommes de terre crues et épluchées, et toutes à peu près de même grosseur. Placez votre morue sur ces pommes de terre, la peau en dessus; couvrez le tout d'un papier beurré, et fermez hermétiquement avec un couvercle. Faites cuire à feu très doux pendant une demi-heure. Les pommes de terre étant cuites, retirez du feu; ôtez la peau de la morue; dressez-la sur un plat chaud avec les pommes de terre en garniture. D'autre part, tenez au bain-marie un saladier ou un plat creux; mettez-y un fort morceau de beurre maître d'hôtel très peu ou point salé; faites fondre ce beurre en lui mélangeant petit à petit le jus de cuisson de la morue, battez fortement afin que ce beurre et ce jus forment une espèce de crème avec laquelle vous masquez le plat préparé, et servez.

Morue à la Béchamel

Opérez comme pour la *Morue à la maître d'hôtel*, et masquez-la d'une sauce Béchamel.

Morue aux câpres

La morue cuite et préparée comme pour la maître d'hôtel, couvrez-la avec une sauce blanche aux câpres et servez le plus chaud possible.

Morue au gratin

La morue cuite et préparée comme pour la *Morue à la maître d'hôtel*, égouttez, enlevez les arêtes et séparez les feuillets. Faites sauter dans une Béchamel, en ajoutant: beurre, champignons hachés, persil, poivre, un peu de muscade. Mettez dans un plat à gratin; couvrez de mie de pain, arrosez avec du beurre fondu; faites gratiner au four, et servez.

Morue au fromage

La morue cuite et préparée comme pour la *Morue à la maître d'hôtel*, mélangez les feuillets de morue à une sauce Béchamel, en ajoutant gruyère et parmesan râpés, une pointe de muscade. Beurrez un plat à gratin; versez-y la morue; saupoudrez d'une couche de fromage râpé, d'une couche de mie de pain; arrosez avec du beurre fondu; mettez au four, faites prendre une belle couleur et servez.

Morue à la Provençale

La morue cuite comme il est indiqué pour la *Morue à la maître d'hôtel*, égouttez-la. Dans un plat allant au feu, mettez persil, oignons, ail, échalotes hachés, poivre et une ou deux cuillerées d'huile d'olive. Mettez les morceaux de morue et ajoutez les mêmes assaisonnements par-dessus. Passez au four. La cuisson terminée, enlevez et servez chaud.

Morue frite

La morue une fois cuite à l'eau, retirez, égouttez et laissez refroidir. Coupez-la en morceaux d'égale grosseur; trempez-les dans une pâte à frire, et plongez dans la friture. Laissez prendre une belle couleur; retirez, égouttez et servez avec une belle garniture de persil frit.

Brandade de morue

La morue dessalée et cuite comme il est indiqué pour la *Morue à la maître d'hôtel*, ôtez-en la peau et les arêtes; coupez-la en petits morceaux; pilez au mortier avec plus ou moins d'ail selon le goût, et convertissez en pâte. Mettez cette pâte dans la casserole, en la travaillant fortement avec une cuiller de bois, et en y versant, goutte à goutte, de bonne huile d'olive. Cette huile absorbée, travaillez encore la pâte pendant quelques instants; puis mêlez peu à peu le jus d'un citron et un verre d'huile. A ce moment, la pâte doit être bien liée et crémeuse. Au cas où elle serait trop épaisse, deux ou trois cuillerées de crème suffiraient pour l'éclaircir. Joignez quelques truffes coupées en tranches minces, un peu de persil haché, puis dressez en dôme sur un plat, et servez bien chaud.

Une chose importante à observer, c'est que la morue ne doit pas bouillir, quoique tenue bien chaude, et qu'elle doit être travaillée à la cuiller, fortement, et en tournant toujours dans le même sens.

Mulet

Le mulet a la chair ferme, grasse, blanche et de bon goût; cependant il est un peu inférieur comme qualité au bar; il s'accommode de la même manière.

Orphie

Poisson de mer que l'on trouve surtout sur les côtes de Normandie; quand il est très frais, les arêtes en sont d'un beau vert. Il se prépare comme l'anguille, ou, lorsqu'il est gros, au court-bouillon avec une sauce blanche, une sauce hollandaise, une sauce aux câpres, ou toute autre sauce se servant avec les poissons au court-bouillon.

Ombre

Poisson de mer rappelant le saumon par sa forme et sa grosseur; la chair en est blanche, délicate et de facile digestion; il s'accommode comme le saumon.

Ombre chevalier

Plus petit que l'ombre et habitant les lacs, se rapproche de la truite, dont on peut lui appliquer tous les modes de cuisson.

Perche

La perche est un poisson d'eau douce, à chair fine et délicate. Celle de bonne qualité se reconnaît aux nageoires et à la queue qui sont d'un rouge vif.

Il faut la tremper dans l'eau chaude pour pouvoir l'écailler facilement, et couper les aiguillons avec soin, car la piqûre en est dangereuse.

Perches au court-bouillon

Prenez une belle perche, écaillez, videz, retirez les ouïes; lavez avec soin, et faites cuire dans un court-bouillon moitié eau moitié vin blanc. La cuisson terminée, retirez, égouttez et servez avec une sauce à l'huile que vous envoyez dans une saucière à part.

Autre manière: (*Waterzoie*)

Ecaillez, videz, nettoyez deux ou trois perches de moyenne grosseur. Ciselez-les; coupez en tranches le blanc d'une racine de céleri, un oignon, un panais, un poireau, une branche d'estragon et mettez-les en couche au fond d'une casserole. Posez les perches sur cette couche. Mouillez à hauteur moitié eau moitié vin blanc; ajoutez: sel, thym, clous de girofle, piment rouge. Couvrez la casserole et au premier bouillon retirez-la sur le coin du fourneau pendant 20 à 25 minutes. Enlevez et dressez les perches sur un plat chaud. Passez la cuisson, faites-en réduire une partie que vous liez avec du beurre légèrement manié de farine; versez sur les perches et servez aussi chaud que cela vous sera possible.

Perche à la Hollandaise

Opérez comme il est dit ci-dessus. La cuisson terminée, retirez, égouttez et servez sur un plat garni de persil en branches et de pommes de terre cuites à l'eau de sel. Accompagnez d'une sauce hollandaise dans une saucière à part.

Perche bouillie sauce aux câpres

Opérez comme il est dit ci-dessus. La cuisson terminée, servez et accompagnez d'une sauce aux câpres, dans une saucière à part.

Filets de perche en mayonnaise

Prenez une belle perche; préparez-la comme il est dit à *Perches au court-bouillon*. Retirez, égouttez, laissez refroidir et levez-en les filets; assaisonnez avec sel, poivre, huile, vinaigre, puis dressez-les sur un plat; masquez d'une sauce mayonnaise que vous décorerez avec des œufs durs, anchois, cornichons, cœurs de laitue, etc.; puis servez.

Perches à la maître d'hôtel

Videz, nettoyez et ébarbez deux ou trois perches de moyenne grosseur; lavez-les; épongez-les avec soin. Faites mariner pendant une heure avec huile, sel, poivre, bouquet garni, une gousse d'ail, oignon coupé en rouelles. Retirez, égouttez et faites griller à feu vif en faisant prendre couleur de chaque côté. La cuisson terminée, enlevez la peau des perches, et dressez-les dans un plat chaud sur une maître d'hôtel.

Perches à la sauce rémoulade

Opérez comme il est dit ci-dessus, et servez avec une sauce rémoulade.

Perches à la Bretonne

Videz, écaillez, ébarbez et lavez de petites perches; essuyez avec soin, et ciselez, puis opérez comme il est dit pour les *Maquereaux à la Bretonne*.

Perches sauce tomate, sauce ravigote, sauce tartare, etc.

Opérez comme ci-dessus; supprimez le jus de citron, et servez sur telle sauce qu'il vous conviendra.

Perche au gratin

Videz, écaillez, ébarbez, lavez et essuyez avec soin des perches de moyenne grosseur, et opérez comme il est dit à la *Barbue au gratin*.

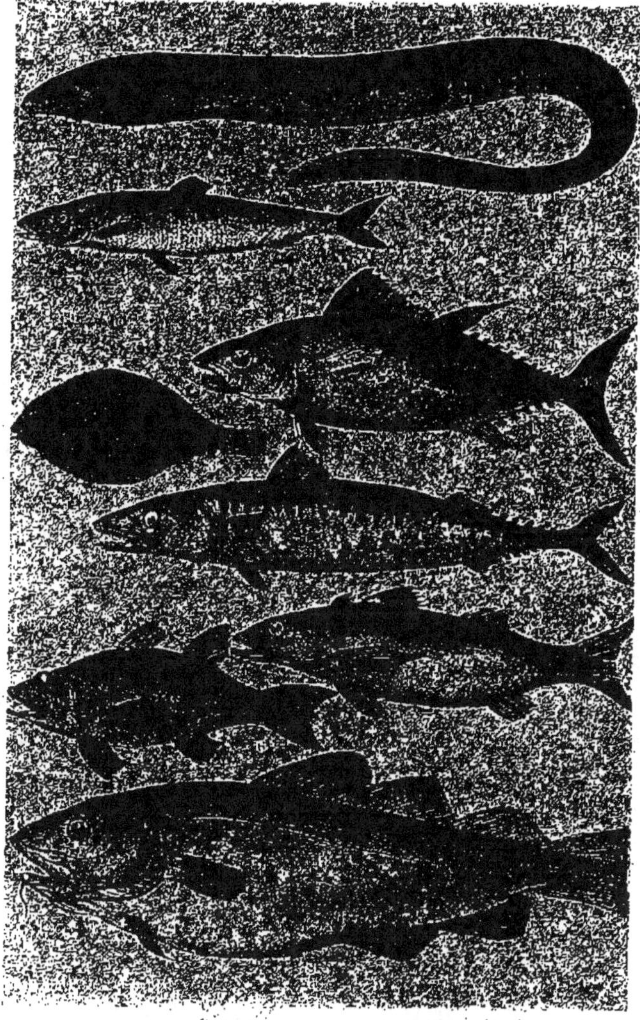

1 — Anguille de mer
2 — Hareng commun
3 — Sole
4 — Thon commun
5 — Maquereau vulgaire.
6 — Apogon, roi des rougets
7 — Bar commun.
8 — Murène

Perches frites

Videz, écaillez, ébarbez, lavez et épongez de petites perches. Trempez-les dans la farine, et plongez-les dans la friture bouillante. Retirez, égouttez, saupoudrez de sel fin et dressez sur un plat, avec une garniture de persil frit.

Plie

La plie ressemble à la limande, quoique un peu plus épaisse. La chair en est fade et peu appréciée; cependant on peut en rehausser le goût en l'accommodant au gratin comme la sole. Petite, on la fait frire.

Raie

Préférez la raie bouclée, plus petite que la raie blanche, mais infiniment plus délicate et plus tendre; les parties réellement bonnes dans la raie sont les deux ailes, les deux noix blanches qui se trouvent de chaque côté de la bouche et le foie dont il faut supprimer le fiel avec soin.

Raie au beurre noir

Prenez une aile de raie et coupez-la en deux ou trois morceaux selon la grosseur du poisson, lavez-les à plusieurs eaux en les brossant fortement de chaque côté et mettez-les dans un chaudron avec assez d'eau pour qu'ils baignent. Ajoutez: vinaigre, sel, poivre, persil, laurier et carottes, laissez cuire pendant 5 à 10 minutes selon l'épaisseur du poisson, ajoutez alors le foie, puis laissez la casserole pendant une demi-heure sur le coin du fourneau afin que la raie achève de cuire sans bouillir. Retirez les morceaux à l'aide de l'écumoire et, avec le dos d'un couteau, enlevez la peau de chaque côté. Egouttez et dressez sur un plat chaud; assaisonnez avec poivre et sel fin; couvrez d'une sauce au beurre noir.

Raie au beurre blanc

Opérez comme il est dit ci-dessus. La cuisson terminée, dressez sur un plat chaud; assaisonnez avec poivre et sel fin; couvrez avec du beurre fondu au bain-marie; ajoutez un jus de citron, et servez.

Raie à la maître d'hôtel

Opérez comme ci-dessus. La cuisson terminée, dressez sur un plat chaud, assaisonnez et couvrez d'une maître d'hôtel.

Raie à la sauce ravigote

Opérez comme ci-dessus. La cuisson terminée, laissez refroidir. Dressez sur un plat, et servez accompagné d'une sauce ravigote froide, dans une saucière à part.

Raie frite

Opérez comme ci-dessus. La cuisson terminée, égouttez et laissez refroidir; coupez les chairs en gros filets; mettez mariner dans du vinaigre avec sel, poivre, persil, oignons en rouelles. Au bout d'une heure, retirez, égouttez, passez dans la farine; plongez dans la friture bouillante. Retirez, égouttez, servez sur un plat chaud, et accompagnez d'une sauce poivrade, d'une sauce piquante ou d'une sauce tartare, à votre choix, dans une saucière à part.

Prenez les ailes de très petites raies, lavez, grattez, puis plongez chaque morceau dans l'eau bouillante pour enlever la peau noire; essuyez, passez dans la farine et faites frire de belle couleur; garnissez le plat de persil frit, de citron et servez très chaud.

Rouget

Il y a deux sortes de rougets: celui de la Méditerranée et celui de l'Océan. Le rouget de la Méditerranée est de beaucoup plus savoureux que l'autre; il est plus petit, et la couleur rouge en est plus vive.

Quelques personnes le mettent au court-bouillon, mais nous le préférons grillé, à la maître d'hôtel.

Rouget maître d'hôtel

Coupez les nageoires, ôtez les ouïes, essuyez et marinez une heure dans l'huile d'olive, sel et poivre. Grillez. La cuisson terminée, dressez-le dans un plat sur une maître d'hôtel.

***

Le rouget-barbet, qui est plus petit, et dont la chair est plus délicate encore que celle du rouget ordinaire, s'accommode et se sert exactament de la même façon que ce dernier.

Rouget en papillote

Coupez les nageoires et la queue d'un rouget moyen, enlevez les ouïes, essuyez-le et enduisez-le de beurre fondu. Mélangez de la panure avec du fenouil haché et un peu de sel; mettez une partie de ce mélange à l'intérieur du rouget, saupoudrez-le avec le reste; enveloppez-le de papier beurré et faites cuire doucement pendant 20 minutes soit dans un sautoir, soit sur le gril.

Servez au naturel.

Sardine

La sardine est un petit poisson de mer que l'on trouve en grande quantité sur les bords de l'Océan. Les sardines de l'Atlantique sont supérieures à celles de la Manche. On en conserve à l'huile des quantités considérables, dans des boîtes de fer-blanc. Les plus renommées sont celles que l'on pêche à l'embouchure de la Gironde; on leur donne le nom de Royans.

Les sardines se font frire ou griller. Voyez *Sardines fraîches*.

Saumon

Le saumon est un poisson de mer qui remonte fleuves et rivières. La pêche en est défendue d'octobre à fin janvier. Son prix est très variable et on ne sert guère un saumon entier que dans un grand dîner. Il faut, de préférence, choisir un saumon à corps court et rond. Lorsque un saumon est ferme au toucher, qu'il a l'œil brillant et l'ouïe bien rouge, la cuisinière peut être certaine qu'il est frais.

Saumon à la Hollandaise

Retirez les ouïes; videz par ces ouvertures ou par une petite incision sous le ventre; ébarbez; passez à l'intérieur un petit goupillon afin de nettoyer soigneusement. Lavez à grand eau. Placez le saumon ensuite sur la grille d'une poissonnière, en l'attachant avec une ficelle fine, ou mieux avec un ruban de fil. Mettez-le dans la poissonnière avec un court-bouillon mélangé de vin blanc. Posez sur le feu; laissez venir à ébullition; retirez et laissez frissonner pendant une heure. Enlevez, égouttez, défaites la ficelle et glissez sur un plat long garni d'une serviette. Entourez de persil en branches et de pommes de terre bouillies à l'eau de sel; accompagnez d'une sauce hollandaise dans une saucière

Saumon à la sauce genevoise

Opérez comme pour le *Saumon à la Hollandaise* ci-dessus. La cuisson terminée et le saumon placé sur un plat long garni de persil en branches, accompagnez d'une sauce genevoise dans une saucière.

Saumon à la sauce aux câpres

Opérez comme ci-dessus, et accompagnez d'une sauce aux câpres, dans une saucière.

Saumon à la sauce aux crevettes

Opérez comme ci-dessus, et accompagnez d'une sauce crevette, dans une saucière.

Saumon à la sauce ravigote

Opérez comme ci-dessus, et accompagnez d'une sauce ravigote chaude, dans une saucière.

Saumon à la Chambord

Se prépare exactement comme la *Truite à la Chambord*.

Saumon froid à la mayonnaise

Opérez comme ci-dessus, mais laissez refroidir dans la cuisson, retirez, égouttez. Dressez sur un plat avec garniture de persil en branches, et servez accompagné d'une sauce mayonnaise, dans une saucière.

Saumon froid à la sauce verte

Opérez comme ci-dessus, mais accompagnez d'une sauce verte dans une saucière.

Saumon froid à la sauce tango

Opérez comme ci-dessus mais accompagnez d'une sauce tango dans une saucière.

Saumon froid au beurre de Montpellier

Opérez comme ci-dessus, mais accompagnez d'une saucière de beurre de Montpellier.

Les darnes ou tranches de saumon se préparent de la même façon que les saumons entiers, et se font cuire sur le gril ou à l'eau salée et vinaigrée; dans ce dernier cas, les darnes doivent être mises dans le liquide froid; si on les plongeait dans l'eau bouillante, le poisson perdrait sa couleur rose si appétissante et prendrait une vilaine teinte grise.

Darne de saumon à la maître d'hôtel

Choisissez une belle darne de saumon bien frais de 3 à 5 centimètres d'épaisseur; de préférence entre le ventre et la queue. Lavez à l'eau fraîche; essuyez soigneusemnt; déposez dans un plat, et laissez une demi-heure avec huile d'olive, sel fin, oignon, persil, jus de citron. Mettez sur le gril en frottant de beurre ou d'huile, et lorsque la tranche est cuite à point, dressez-la dans un plat chaud, sur une maître d'hôtel.

Darne de saumon sauce aux câpres

Préparez une darne ou tranche de saumon comme ci-dessus. Faites griller; dressez dans un plat, et servez avec une sauce blanche aux câpres, dans une saucière à part.

Darnes de saumon à la marinière

Prenez deux darnes de saumon que vous préparez comme il est dit plus haut. Lorsqu'elles sont cuites, posez-les sur un plat long, et entourez d'une garniture composée de champignons et de quenelles, que vous placez en bouquets alternés avec des écrevisses.

Masquez avec une sauce crevette et servez chaud.

Filets de saumon à la Montreuil

Préparez vos filets de saumon de la grandeur d'un filet de sole;
mettez-les dans un plat à sauter sur du beurre clarifié; saupoudrez-
les de sel fin; faites cuire au feu vif; retournez, et la cuisson terminée
dressez les filets en couronne sur un plat; remplissez le milieu avec
des pommes de terre cuites au beurre, sans avoir pris couleur; masquez avec une sauce hollandaise et servez très chaud.

Escalopes de saumon à l'Italienne

Prenez du saumon bien frais; coupez-le en escalopes et enlevez
la peau. Mettez-les dans une casserole avec du beurre frais, sel et poivre et faites-les sauter; ajoutez du persil haché et laissez cuire. Dressez
sur un plat et servez sur une sauce maître d'hôtel avec un jus de
citron.

Saumon salé

Faites dessaler et cuire comme la morue salée. Accommodez de
la même manière, ou accompagnez d'une des sauces employées pour
les darnes de saumon frais.

Saumon fumé

Voir *Hors-d'œuvre froids.*

Sole

La sole, que la qualité exceptionnelle de sa chair a fait surnom-
mer *perdrix de mer,* se trouve dans la Manche, dans la Méditerranée,
dans l'Atlantique et dans presque toutes les mers.

La sole à dos grisâtre doit être préférée à celle à dos noir. *La
peau du dos doit toujours être enlevée.* Cette opération se fait en inci-
sant légèrement la peau vers la queue, et en tirant de la queue à la
tête.

Sole frite

Prenez une sole de moyenne grosseur; videz-la; coupez la tête
en biseau; ôtez les deux peaux
et ébarbez conformément au
dessin ci-contre. Passez dans
la farine; plongez dans la friture bouillante. Retirez, égouttez, saupoudrez de sel fin, et
servez sur un plat garni de
persil frit et de quartiers de
citron.

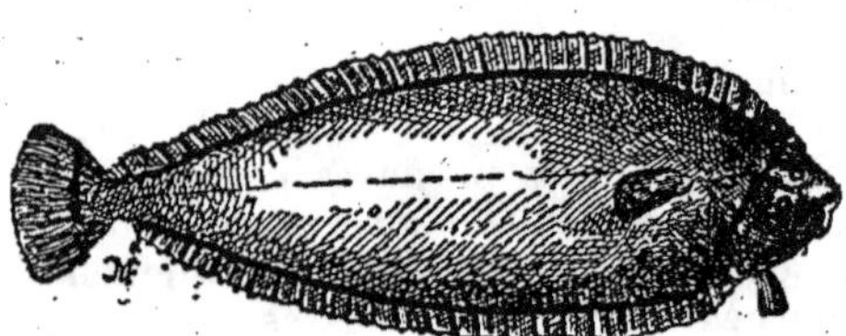

Sole à la Colbert

Prenez une sole que vous préparez comme d'habitude pour la friture. Brisez l'arête à chaque extrémité, farinez et plongez en friture. Egouttez, faites une incision au milieu du dos et enlevez l'arête du milieu, pour y introduire une maître d'hôtel en son lieu et place. Servez sur un plat bien chaud. Ayez soin de dresser l'incision en dessus afin que la maître d'hôtel ne s'échappe pas.

Sole au vin blanc

Prenez une belle sole; videz-la; coupez la tête en biseau, arrachez la peau du dos; écaillez la peau du ventre; lavez à l'eau froide et essuyez. — Opérez ensuite comme il est dit pour les *Merlans au vin blanc.*

Sole aux fines herbes

Prenez une belle sole; apprêtez-la comme ci-dessus et opérez comme il est dit aux *Merlans aux fines herbes.*

Sole Bercy

Apprêtez la sole comme il est dit à *Sole au vin blanc;* faites une incision sur le dos, de chaque côté de l'arête, afin de soulever les filets sans cependant les détacher de la sole; introduisez par cette ouverture du sel, du poivre et du beurre; beurrez un plat à gratin, saupoudrez le beurre d'une forte pincée d'échalotes hachées fin, posez la sole dans le plat, l'ouverture en dessus, ajoutez un verre de bon vin blanc sec et faites cuire en ayant soin d'arroser fréquemment avec la cuisson, puis tenez le plat sur le coin du fourneau en le soulevant légèrement afin de faire réduire une partie de la cuisson; au moment de servir, amalgamez à la sauce un bon morceau de beurre fin, mais petit à petit, en arrosant constamment le poisson; ajoutez des fines herbes hachées fin, et servez.

Soles à la Normande

Prenez une grosse sole; apprêtez-la comme la *Sole au vin blanc.* Placez-la ensuite dans un plat ovale beurré. Mouillez avec un verre de vin blanc; ajoutez sel et persil en branches; posez sur le feu. Retirez aussitôt la sole cuite; tenez-la au chaud sur son plat. Passez la cuisson; faites-la bouillir en ajoutant du beurre manié de farine. Retirez du feu et liez avec trois jaunes d'œufs et un jus de citron; passez à l'étamine. Garnissez le plat où se trouve la sole, avec moules et huîtres blanchies, champignons cuits au beurre; masquez le tout avec la sauce; passez quelques instants au four pour glacer; ornez votre plat avec écrevisses, éperlans frits, croûtons frits au beurre, et servez bien chaud.

Sole au gratin

Préparez une belle sole comme il est dit à la *Sole au vin blanc.*

Mettez dans un plat long, la sole ou simplement les filets, parsemez de farine, étalez du beurre, hachez des champignons, une échalote, du persil, en faire une quantité suffisante pour couvrir tout le poisson; mouillez d'un verre de vin blanc, salez, poivrez. Faites cuire une heure à four doux.

Sole à la Hollandaise

Prenez une grosse sole; apprêtez-la comme la *Sole au vin blanc*; faites-la cuire comme il est dit aux *Perches waterzoie*. Egouttez et servez en accompagnant d'une sauce hollandaise.

Sole aux moules

Apprêtez comme pour la *Sole au vin blanc*. Placez la sole dans un plat ovale préalablement bien beurré; mouillez de bon vin blanc, salez, poivrez et ajoutez une pointe d'échalote hachée menu. Laissez bouillir doucement pendant trois ou quatre minutes; retournez la sole et finissez de cuire en ayant soin d'arroser avec la cuisson. La cuisson terminée, dressez la sole sur un plat que vous tiendrez chaudement. Passez la cuisson; mélangez-la avec l'eau d'une quarantaine de moules que vous aurez fait ouvrir. Faites réduire de moitié et liez avec du beurre frais, trois jaunes d'œufs et un jus de citron. Dressez les moules autour de la sole. Passez la sauce à l'étamine, et masquez-en la sole et la garniture; passez au four pour glacer légèrement. Servez très chaud.

Sole à la marinière

Apprêtez comme pour la *Sole au vin blanc*. Beurrez un plat ovale et saupoudrez de sel, poivre, trois ou quatre échalotes, des champignons et du persil hachés menu. Placez votre sole; couvrez d'un verre de vin blanc. Laissez cuire et dressez sur un plat que vous tenez au chaud. Mélangez à la cuisson un peu de sauce hollandaise; faites réduire la cuisson; liez d'un morceau de beurre, de jaunes d'œufs et d'un jus de citron; passez à l'étamine; garnissez le plat avec moules et champignons; masquez le tout avec la sauce, passez quelques minutes au four et servez.

Sole dieppoise

Apprêtez comme pour la *Sole au vin blanc*. Beurrez un plat ovale, saupoudrez le beurre de sel, poivre, ciboulettes et champignons hachés fins et préalablement blanchis; posez votre sole, couvrez-la d'un verre de vin blanc, laissez cuire et dressez-la sur un plat que vous tenez au chaud; faites réduire la cuisson, liez-la d'un morceau de beurre fin, de jaunes d'œufs, ajoutez un jus de citron, puis entourez la sole de moules et queues de crevettes grises, masquez le tout avec la sauce, mettez quelques minutes au four et servez.

Sole aux crevettes

Apprêtez comme pour la *Sole au vin blanc*. Beurrez un plat ovale; placez-y la sole; couvrez-la d'un verre de vin blanc; assaisonnez de sel et poivre: et faites cuire en arrosant fréquemment; dressez la sole sur un plat avec une garniture de queues de crevettes dites *bouquet*, faites réduire la cuisson, puis liez-la avec des jaunes d'œufs et du beurre de crevettes; masquez la sole avec cette sauce, et servez.

Filets de sole au gratin

Prenez des soles moyennes, videz, retirez la peau des deux côtés; levez les quatre filets en les détachant avec un couteau mince; assaisonnez-les de sel et poivre et rangez-les sur un plat préalablement beurré et saupoudré avec échalotes, oignons hachés, champignons frais. Finissez comme la *Barbue au gratin*.

Sole à la Chauchard

Apprêtez comme la *Sole au vin blanc*. Beurrez un plat à poissons, placez quelques rondelles d'oignons, un brin de thym, ½ feuille de laurier, un peu de persil en branches; placez la sole sur cet assaisonnement, poivrez, salez, arrosez avec une ½ bouteille de bon Chablis; ajouter un fort morceau de beurre, couvrir le plat et mettre au four très chaud. Il faut à peine douze minutes de cuisson. Retirez la sole, reprenez la sauce, faites-la réduire vivement à feu vif, passez, mettez encore du beurre pour lier la sauce.

D'autre part on fait cuire à l'eau des pommes de terre épluchées. On les coupe en long, on les pose sur un plat autour de la sole, on arrose avec la sauce et on met un instant au four pour que le plat soit bien doré et glacé.

Filets de sole à la Orly

Levez des filets de sole comme il est dit aux *Filets de sole au gratin;* parez-lés; faites-les mariner pendant deux heures avec sel, poivre, persil en branches, oignons coupés en rouelles, jus de citron; Retirez, égouttez; trempez dans la pâte à frire; plongez dans la friture bouillante; laissez prendre une belle couleur; retirez; dressez sur un plat avec persil frit, et accompagnez d'une sauce tomate à laquelle vous aurez mélangé un peu de piment en poudre.

Filets de sole à l'Italienne

Levez les filets de sole comme il est dit aux *Filets de sole au gratin;* parez-les; mettez-les dans une casserole avec du beurre frais, sel, poivre et persil haché; faites-les sauter et laissez cuire à feu vif. La cuisson terminée, dressez en couronne sur un plat chaud, et versez au milieu une sauce italienne à laquelle vous aurez mélangé une réduction faite d'un peu de vin blanc dans lequel vous aurez fait cuire les parures et les arêtes des soles.

Filets de sole à la Vénitienne

Levez des filets de sole comme il est dit aux *Filets de sole au gratin;* parez-les dans un plat à sauter avec du beurre frais; assaisonnez de sel et poivre et d'un jus de citron; faites sauter. La cuisson terminée, dressez en couronne sur un plat et saucez d'une sauce vénitienne.

Filets de sole en demi-deuil

Levez des filets de sole comme il est dit aux *Filets de sole au gratin*, et faites-les sauter comme ci-dessus. La cuisson terminée dressez en couronne sur un plat; garnissez en alternant avec lames de truffes et champignons cuits à l'avance. Versez au milieu de la couronne une sauce hollandaise liée de son beurre, et servez.

Filets de sole aux moules

Levez des filets de sole, comme il est dit aux *Filets de sole au gratin,* et opérez comme il est dit à la *Sole aux moules.*

Filets de sole à la Mornay

Levez des filets de sole, et opérez comme il est dit aux *Filets de sole au gratin.* Placez les filets dans un sautoir préalablement bien beurré; mouillez d'un peu de bon vin blanc, salez et poivrez, ajoutez une pointe d'échalote hachée menu. Laissez cuire doucement en arrosant avec la cuisson. La cuisson terminée, dressez-les sur un plat allant au feu, masquez-les avec une Béchamel liée de jaunes d'œufs et mélangée de gruyère rapé, ajoutez un peu de piment en poudre, des champignons blanchis, des crevettes épluchées et des moules cuites à l'eau sorties de leur coquille. On peut, si l'on veut, mettre quelques rondelles de truffes; saupoudrez de gruyère rapé; passez au four, pour faire prendre belle couleur, et servez.

Filets de sole sauce crevettes

Levez des filets de sole comme il est dit aux *Filets de sole au gratin;* parez-les et opérez comme pour la *Sole aux crevettes.*

Filets de sole à la mayonnaise

Levez des filets de sole comme il est dit aux *Filets de sole au gratin;* parez-les; faites un bouillon d'un verre d'eau et d'un verre de vin blanc; joignez-y les parures et les arêtes; assaisonnez avec sel, poivre, bouquet de persil et jus de citron; laissez réduire de moitié; rangez les filets dans un plat à sauter préalablement beurré; versez la réduction et laissez cuire. La cuisson terminée, retirez, égouttez; laissez refroidir. Rangez les filets sur des cœurs de laitue assaisonnés de sel, poivre et vinaigre; masquez le tout d'une sauce mayonnaise. Garnissez le plat avec des filets d'anchois, des olives, des câpres, des œufs durs coupés par quartiers, etc.

Tanche

La tanche est un poisson d'eau douce. Il y a deux sortes de tanches: celle qui se nourrit dans les eaux vives, et celle qui vit dans les eaux fangeuses. La tanche d'eau vive est d'un jaune beaucoup plus vif que l'autre, qui a le dos d'un vert noir, les côtés jaunes et le ventre blanchâtre.

Il faut toujours limoner la tanche, c'est-à-dire la plonger dans l'eau bouillante, et la retirer aussitôt pour enlever les écailles et le limon avec un couteau; on la vide ensuite et on la lave à l'eau froide.

Tanches frites

Prenez plusieurs petites tanches, que vous nettoyez comme nous venons de l'indiquer. Ciselez-les, et plongez-les dans une friture bouillante. Laissez cinq à six minutes; enlevez et servez sur un plat chaud, avec persil frit et citron en tranches.

Tanches à la diable

Prenez deux ou trois tanches de moyenne grosseur. Nettoyez, salez et passez dans l'huile. Panez et mettez sur le gril. La cuisson terminée, retirez, dressez sur un plat et servez sur une sauce à la diable.

Tanches à la poulette

Prenez deux belles tanches que vous nettoyez. Ensuite vous les coupez par morceaux et les mettez au feu, dans une casserole, avec un morceau de beurre. Le beurre une fois fondu, vous remuez avec une cuiller de bois et saupoudrez de farine; vous mouillez moitié eau moitié vin blanc, et remuez jusqu'à ébullition. L'ébullition obtenue, retirez la casserole sur le côté du feu; ajoutez bouquet garni, sel, poivre, oignons, champignons. Couvrez la casserole, et laissez cuire doucement. Dressez les tronçons sur un plat. Retirez du feu, liez votre sauce avec deux jaunes d'œufs, un filet de vinaigre ou un jus de citron, du beurre frais; couvrez avec la sauce et servez bien chaud.

Tanches grillées sauce tomate

Prenez des tanches de moyenne grosseur; nettoyez-les comme nous l'avons indiqué; mettez-les dans une marinade composée d'huile, de ciboules, échalotes et persil hachés, thym, laurier, sel et poivre. Laissez mariner pendant une demi-heure. Retirez et faites griller. La cuisson terminée, servez sur une sauce tomate.

Tanches grillées aux fines herbes

Prenez des tanches de moyenne grosseur; nettoyez-les comme nous l'avons indiqué; mettez-les dans une marinade faite d'huile, de ciboules, échalotes et persil hachés, thym, laurier, sel et poivre. Laissez-les pendant une demi-heure. Retirez, égouttez et faites griller à feu doux; retournez-les. La cuisson terminée, servez-les sur une maître d'hôtel.

Tanches à l'étuvée

Nettoyez les tanches comme il est dit et faites cuire comme *Anguille en matelote.*

Thon

Le thon est un poisson de la Méditerranée, à chair agréable, quoi-qu'un peu indigeste; on l'accommode frais, ou on le mange mariné à l'huile comme hors-d'œuvre.

Thon frais, sauce aux câpres

Ecaillez, videz et nettoyez très soigneusement. Coupez en tronçons et mettez dans une casserole avec assez d'eau pour les faire baigner ajoutez sel, poivre et vinaigre. Placez sur un feu vif. Dès que l'eau frémit, retirez sur le coin du feu et laissez cuire sans bouillir. Enlevez, égouttez et dressez les tronçons sur un plat entouré de persil en branches. Accompagnez d'une sauce blanche aux câpres.

Thon frais à la Provençale

Prenez une darne de thon frais, de six à huit centimètres d'épais-seur, et, après l'avoir nettoyée soigneusement, préparez-la comme il est dit pour la *Carpe à la Provençale*, en remplaçant le vin rouge par du vin blanc.

Thon frais grillé

Prenez une darne de thon frais de six à huit centimètres d'épais-seur, et, après l'avoir nettoyée soigneusement, mettez-la dans une marinade pendant deux ou trois heures avec huile d'olives, ciboules, échalotes, persil haché, thym, laurier, sel, poivre, jus de citron. Retirez égouttez, et faites griller à feu doux. La cuisson terminée, servez, soit sur une sauce maître d'hôtel, une sauce tomate, une sauce ravigote, etc., ou sur une farce d'oseille.

Thon frais rôti

Retirez la peau à un morceau de thon; piquez-le de lard, faites-le mariner comme ci-dessus et embrochez. Faites cuire à feu doux; arrosez avec de la marinade. La cuisson terminée, dressez sur un plat, et envoyez avec une sauce à part, que vous aurez faite avec un roux brun et le jus de la lèchefrite, bien dégraissé.

Truite

La truite appartient au même genre de poisson que le saumon.

Elle vit surtout dans les lacs élevés et dans les eaux vives qui descendent des montagnes. La truite saumonnée a la peau tachetée de noir, et la chair rose comme le saumon. La fraîcheur de la truite se reconnaît à l'éclat des écailles et au brillant de l'œil.

Truite à la Hollandaise

Ecaillez, videz, lavez une forte truite saumonnée. Coupez les nageoires et le bout de la queue. Opérez ensuite comme au *Saumon à la Hollandaise.*

Truite à la sauce genevoise

Préparez comme ci-dessus, et opérez ensuite comme pour le *Saumon à la Genevoise.* Servez avec une sauce genevoise.

Truite à la sauce aux câpres

Préparez comme ci-dessus, et opérez ensuite comme pour le *Saumon à la Hollandaise.* Servez avec une sauce aux câpres.

Truite à la sauce ravigote

Préparez comme ci-dessus, et opérez ensuite comme pour le *Saumon à la Hollandaise.* Servez avec une sauce ravigote chaude.

Truite froide à la Mayonnaise

Préparez comme ci-dessus, et opérez ensuite comme pour le *Saumon à la Hollandaise,* mais laissez refroidir dans la cuisson, et servez avec une sauce mayonnaise.

Truite à la sauce verte

Préparez comme ci-dessus, et opérez ensuite comme pour le *Saumon à la Hollandaise,* mais laissez refroidir dans la cuisson, et servez avec une sauce verte.

Truite à la Chambord

Ecaillez, videz, lavez une forte truite saumonnée. Coupez les nageoires et le bout de la queue. Enlevez la peau d'un côté. Piquez ce côté avec des truffes taillées en forme de clous. Recouvrez la partie piquée avec une barde de lard, et mettez dans la poissonnière, avec moitié eau, moitié vin blanc, de façon à ce que le poisson ne soit pas couvert. Couvrez le poisson d'un papier beurré, et mettez au four pendant une heure, en arrosant de temps en temps avec la cuisson.

Retirez, égouttez le poisson, enlevez la barde de lard. Mettez sur un plat long. Garnissez de morceaux de ris de veau piqués, cuits au jus et bien glacés; de tronçons d'anguille cuits au beurre et glacés; de gros champignons, de quenelles de poisson, de truffes cuites et de belles écrevisses. Vous arrangez cette garniture avec goût, et vous servez en accompagnant d'une *sauce financière,* dans une saucière à part.

Les darnes ou tranches de truites se préparent de la même façon que les truites entières.

Darne de truite à la maître d'hôtel

Préparez et opérez comme pour la *Darne de saumon à la maître d'hôtel.*

Darne de truite à la sauce aux câpres

Préparez et opérez comme pour la *Darne de saumon à la sauce aux câpres.*

Darne de truite à la marinière

Préparez et opérez comme pour la *Darne de saumon à la maître d'hôtel;* garnissez et servez comme pour la *Darne de saumon à la marinière.*

Petites truites frites

Ecaillez, videz et essuyez. Passez dans la farine et plongez dans la friture. Retirez, égouttez, rangez sur un plat, saupoudrez de sel et ajoutez quelques ronds de citron en bordure.

Truites grillées

Prenez des truites moyennes; écaillez, videz, lavez et essuyez. Ciselez les deux côtés, assaisonnez, arrosez avec de l'huile et placez sur le gril. Faites griller à feu vif. Retournez. Enlevez, dressez ensuite dans un plat chaud, sur une maître d'hôtel.

Truites à la meunière

Prenez de petites truites, une par convive; écaillez, videz, lavez et essuyez. Ciselez légèrement les deux côtés; passez dans la farine. Mettez-les dans la poêle, dans du beurre très chaud, sans cependant le laisser noircir; salez et poivrez. La cuisson terminée, c'est-à-dire les truites bien dorées des deux côtés, retirez-les et dressez-les sur un plat chaud. Au beurre resté dans la poêle, ajoutez un petit morceau de beurre frais, une cuillerée à bouche de persil haché fin et le jus d'un citron. Tournez à la cuiller de bois pour faire fondre, et versez sur les truites

Truites à la sauce poivrade

Prenez de petites truites; écaillez, videz par les ouïes; lavez et essuyez. Introduisez dans chaque truite un peu de beurre manié de fines herbes hachées menu, sel, poivre. Trempez dans l'huile et faites griller de chaque côté. La cuisson terminée, dressez sur un plat chaud. Servez en accompagnant d'une sauce poivrade, dans une saucière à part.

Truites à la sauce tomate

Préparez et opérez comme ci-dessus. Servez en accompagnant d'une sauce tomate.

Turbot

Le turbot est certainement un des meilleurs poissons de mer.

La chair en est blanche, grasse, d'un goût parfait. Il s'accommode de bien des façons comme la Barbue.

Turbot à la Hollandaise

Préparez et opérez comme il est dit à la *Barbue à la sauce hollandaise,* mais en donnant plus de cuisson.

Turbot à la Béchamel

Préparez et opérez comme il est dit à la *Barbue à la Béchamel.*

Turbot au gratin

Prenez un petit turbot. Préparez et opérez comme il est dit à la *Barbue au gratin.*

Turbot au vin blanc

Prenez un petit turbot. Préparez et opérez comme il est dit à la *Barbue au vin blanc.*

Turbot sauce aux câpres

Préparez et opérez comme pour la *Barbue à la sauce hollandaise,* accompagnez d'une sauce aux câpres servie à part.

Turbots à la Normande

Prenez un petit turbot que vous videz, lavez et essuyez. Placez-le dans une casserole plate, dans laquelle vous aurez mis deux cuillerées d'oignons hachés. Mouillez à hauteur avec du vin blanc ou avec de très bon cidre; ajoutez persil, sel, et posez sur un feu vif. Laissez bouillir et retirez sur le coin du fourneau pendant quinze ou vingt minutes. La cuisson terminée, enlevez le turbot et dressez-le sur un plat en ayant soin de le tenir chaudement. Passez la cuisson, faites-la réduire de moitié; ajoutez des champignons, des huîtres, et liez le tout avec du beurre frais et deux jaunes d'œufs, en tournant constamment la sauce. Dressez la garniture, masquez le tout avec la sauce; faites vivement colorer au four, et servez.

Petits turbots frits

Prenez de très petits turbots; nettoyez-les; passez-les dans la farine; plongez-les dans la friture bouillante. Retirez, dressez sur un plat avec une garniture de persil frit et de citron. Servez.

Vive

La vive se trouve dans le sable de la Méditerranée et de l'Atlantique. La chair en est blanche et délicate. *Il faut toujours couper les aiguillons avec des ciseaux afin de ne pas se piquer, la piqûre étant très douloureuse et longue à guérir.*

Vives grillées

Ecaillez, videz et ciselez des deux côtés. Déposez dans un plat; assaisonnez, arrosez d'huile d'olive et faites griller en les retournant. Enlevez et mettez sur un plat avec une maître d'hôtel fondue, ou sur une sauce tartare.

Vives frites

Nettoyez comme il est dit ci-dessus. Ciselez de chaque côté, panez et plongez dans une friture bien chaude. Egouttez et servez sur un plat, en saupoudrant de sel fin, et entourez de persil frit et de citron coupé en tranches.

La vive peut se faire également au court-bouillon, mais, dans ce cas, il faut choisir une vive d'une bonne grosseur. Accompagnez d'une sauce aux câpres ou d'une sauce ravigote, d'une sauce italienne, ou d'une maître-d'hôtel, etc.

La vive s'accommode aussi des mêmes façons que la perche. On peut aussi enlever les filets et lui faire subir les mêmes préparations qu'aux filets de sole.

Conservation du poisson

Nous ne terminerons pas le chapitre spécial aux poissons sans indiquer le moyen de les conserver frais pendant quelques jours:

Faites-leur jeter un bouillon dans un peu d'eau salée. Laissez-les dans cette eau deux ou trois jours; ils tomberont au fond du vase, et ne se corrompront pas, étant recouverts complètement par l'eau salée. *Un vase de terre est surtout recommandé pour cette opération. Il faut également se servir d'un plat de terre pour faire la marinade de poisson.*

COQUILLAGES
Crustacés, etc.

COQUILLAGES
CRUSTACÉS, ETC.

Clovisse

Coquillage abondant dans la Méditerranée. Plus délicat que la moule, il s'accommode de la même façon. (Voyez *Moule*).

Crabes

Lorsqu'ils ont atteint une certaine grosseur, on les fait cuire comme les homards, en tenant le court-bouillon beaucoup plus relevé. On les égoutte; on les laisse refroidir, et on enlève les chairs que l'on mélange avec la crème de laitance qui se trouve à l'intérieur du crabe; on y joint: sel, poivre, persil, échalotes hachés; huile d'olive et vinaigre. On retourne comme une salade et on dresse dans un plat.

Crevettes

Il y a deux espèces de crevettes: la grise et la rouge ou *bouquet* (voir *Hors-d'œuvre*). Elles se pêchent en abondance dans la Manche. La chair de la crevette grise est douce et tendre; celle du *bouquet* est ferme. On cuit les crevettes au court-bouillon, comme les homards. On ne les sale qu'après la cuisson, afin que la chair se détache plus facilement. Au bord de la mer, il est préférable de les faire cuire dans de l'eau de mer. On laisse refroidir, et on dresse en pyramide, sur un plat entouré de persil, ou on les met dans les hors-d'œuvriers également avec du persil. On reconnaît que les crevettes que l'on achète cuites sont fraîches, à leur bonne odeur et à la fermeté de la queue.

Ecrevisses

L'écrevisse est un des meilleurs crustacés.
Celle à pattes rouges en dessous est plus estimée.
Les écrevisses de la Meuse et du Rhin jouissent d'une véritable renommée.

Pour les conserver vivantes, mettez les écrevisses dans une corbeille sur un lit d'orties souvent humectées. Elles ont besoin d'air, aussi faut-il ne pas couvrir la corbeille, et la mettre au frais, soit à la cave, soit dans le cellier.

Ecrevisses au court-bouillon

Prenez un certain nombre d'écrevisses vivantes. Lavez-les à grand eau. Videz en tordant et en arrachant la petite nageoire du milieu de la queue et en ayant bien soin d'amener en même temps le boyau noir.

Faites un court-bouillon ordinaire bien relevé; laissez-le cuire pendant une heure, puis plongez-y les écrevisses. Laissez-les dix minutes, et faites-les refroidir dans la cuisson. Les écrevisses ainsi préparées, conservez-les pour garnitures.

Buisson d'écrevisses

Préparez vos écrevisses comme ci-dessus. Faites un court-bouillon moitié eau moitié vin blanc, et opérez comme pour les *Ecrevisses au court-bouillon.*

Dix minutes avant de servir, égouttez et prenez un socle à gradins (voyez *Ustensiles)* dont vous cachez la charpente avec du persil en branches. Garnissez chaque gradin avec des écrevisses que vous piquez par la queue, la tête en bas. Couronnez le tout par un attelet garni de la plus belle de vos écrevisses.

Ecrevisses à la bordelaise

Prenez un certain nombre d'écrevisses vivantes. Lavez-les à grande eau; détachez l'écaille du milieu de la queue et tirez le boyau noir.

Prenez carottes, oignons; coupez-les en petits dés avec échalotes, persil, un peu de thym et de laurier, beurre, sel et poivre. Faites bien cuire au beurre à feu doux, mais sans laisser prendre couleur; mouillez avec du vin blanc; au premier bouillon, ajoutez-y vos écrevisses et deux cuillerées de cognac; faites-le brûler, et faites sauter les écrevisses jusqu'à entière cuisson. Egouttez les écrevisses, dressez-les dans un légumier et tenez-les au chaud.

Laissez réduire la cuisson aux deux tiers; liez d'un bon morceau de beurre; ajoutez une pointe de cayenne; versez sur les écrevisses et servez.

Ecrevisses au vin

Emincez dans de bon vin blanc les légumes et condiments employés ordinairement pour court-bouillon; assaisonnez de bon goût, et faites cuire pendant une demi-heure; ajoutez alors des écrevisses lavées et châtrées comme il est dit ci-dessus, donnez dix minutes de cuisson et servez-les chaudes en les faisant accompagner de beurre frais.

On peut également les servir froides; dans ce cas, les laisser refroidir dans la cuisson.

Ecrevisses à la marinière

Préparer les écrevisses et les faire cuire comme il est dit ci-dessus; la cuisson terminée, les dresser et les tenir au chaud; faire réduire une partie de la cuisson, ajouter un peu de piment en poudre et lier en incorporant petit à petit de bon beurre frais; terminer par un jus de citron et verser la sauce sur les écrevisses.

Escargots

Les escargots se trouvent communément au printemps et en automne, dans les vignes, les champs et les prés.

Les escargots de vigne, et surtout ceux de Bourgogne, sont les plus estimés.

On doit, avant d'accommoder les escargots, les laisser jeûner au moins pendant un mois.

Escargots à la poulette

Prenez des escargots ayant jeûné, mettez-les dans une grande terrine avec du gros sel et du vinaigre, remuez-les avec les mains pour leur faire jeter leur limon et lavez-les à plusieurs eaux. Mettez-les dans une casserole; versez de l'eau froide dessus, en quantité suffisante pour les couvrir; salez. Au premier bouillon, retirez du feu. Otez les escargots de leurs coquilles, et jetez-les au fur et à mesure dans une terrine d'eau tiède. Lavez les escargots soigneusement et à plusieurs eaux afin qu'il ne reste plus aucun limon. Remettez-les au feu avec eau, sel, poivre, oignons, thym, persil, laurier, ail, échalotes, et laissez cuire à feu doux pendant trois heures. Retirez, égouttez.

Hachez un oignon et faites-le revenir dans le beurre, sans jaunir; saupoudrez avec une pincée de farine; cuisez deux minutes, et mouillez moitié vin blanc, moitié cuisson; ajoutez un bouquet garni. Laissez cuire une demi-heure; ajoutez les escargots, couvrez la casserole. Un quart d'heure après, liez votre sauce avec deux ou trois jaunes d'œufs, un morceau de beurre, un jus de citron. Dressez sur un plat, et servez.

Escargots à la mode de Bourgogne

Voyez *Hors-d'œuvres chauds*.

Grenouilles

La grenouille se mange préférablement en automne. — *On ne doit jamais employer que le dos et les cuisses.*

Cuisses de grenouilles à la poulette

Prenez plusieurs brochettes de cuisses de grenouilles, auxquelles on a enlevé la peau, et faites-les dégorger dans l'eau froide pendant deux heures. Egouttez et mettez-les dans une casserole avec de bon beurre et une échalote coupée très fin; faites sauter pendant quelques instants sans laisser prendre couleur; saupoudrez de farine, sel, poivre; mouillez de moitié eau, moitié vin blanc, et faites réduire à petit feu. Liez votre sauce avec deux jaunes d'œufs et un peu de beurre, ajoutez un jus de citron. Dressez sur un plat, masquez avec la sauce et servez.

Grenouilles sautées aux herbes fines

Préparez et faites mariner comme il est dit à *Grenouilles frites*, Les égoutter de la marinade et les faire sauter dans le beurre assez chaud pour les dorer légèrement; aussitôt cuites, les mettre dans un plat tenu au chaud; mélanger au beurre resté dans le sautoir, un bon morceau de beurre frais manié de persil et de civette; ajoutez un jus de citron et versez sur les grenouilles.

Cuisses de grenouilles frites

Préparez et opérez comme il est dit aux *Hors-d'œuvres chauds*.

Homard

Ce crustacé, dont la chair est quelque peu indigeste, est cependant recherché. — On en reconnaît la fraîcheur, lorsqu'on l'achète cuit, s'il ne dégage pas une odeur de marée trop prononcée. Lorsqu'il est lourd en proportion de sa grosseur, on est certain qu'il est bien en chair. Il est toujours préférable d'acheter un homard vivant, et de le faire cuire soi-même dans un court-bouillon.

Homard au court-bouillon

Le homard vivant, ficelez-le en l'attachant de la tête à la queue et en prenant les pattes de manière à les maintenir sous le corps; faites un court-bouillon très relevé, et lorsqu'il est bien cuit et de bon goût, plongez-y le homard et donnez 20 à 30 minutes de cuisson selon la grosseur; retirez, laissez refroidir; frottez-le avec de l'huile pour lui donner du brillant, et servez-le sur un plat avec du persil en branches.

Pour découper un homard, fendez-le sur le dos, dans toute sa longueur.

Au cas où on voudrait faciliter le service à table, on peut opérer comme suit:

Fendez sur le ventre, de l'extrémité de la queue à la jointure de la tête. Glissez avec précaution une cuiller entre la carapace et la chair du homard; soulevez celle-ci de façon à amener la queue d'un seul morceau ; posez-le sur le plat. Coupez alors en tranches, sans déformer. Retirez les œufs et la partie crémeuse de la tête;

après les avoir pilés et passés, mêlez-les à une sauce mayonnaise. Remettez ensuite la carapace sur le homard découpé.

Homard à la sauce rémoulade

Le homard cuit comme nous l'indiquons ci-dessus, et refroidi, dressez-le sur un plat entouré d'une garniture de persil en branches, et servez en accompagnant d'une sauce rémoulade, dans une saucière à part.

Homard à l'Américaine

Prenez deux petits homards vivants; retirez-leur les pinces; détachez les queues que vous divisez en quatre ou cinq tronçons; cassez les pattes sans les déformer, et jetez vivement chaque morceau dans une casserole contenant du beurre très chaud, sans couleur; faites revenir à feu vif en saupoudrant de sel et de poivre. Une fois revenus, mêlez-y des échalotes, hachées fin, et une ou deux gousses d'ail écrasées, que vous aurez au préalable fait cuire dans le beurre pendant quelques minutes. Saupoudrez de farine, laissez cuire dix minutes à feu doux dans la casserole couverte.

Mouillez d'un verre de vin blanc, d'un demi-verre de cognac et faites brûler; ajoutez deux cuillerées de sauce tomate ou mieux quatre ou cinq tomates coupées en morceaux, un bouquet garni. Faites cuire pendant trois heures à feu très doux.

La cuisson terminée, dressez les tronçons sur un plat chaud. Relevez le goût par une pointe de cayenne. Versez la sauce sur les tronçons et servez chaud.

Homard grillé

Prenez de petits homards, faites-les cuire au court-bouillon, coupez-les en deux dans la longueur. Dressez-les dans un plat avec sel, poivre, du beurre frais et faites cuire au four. On les sert après avoir brisé les pinces au casse-noisettes, et avec une sauce composée de beurre frais ramolli au feu mélangé d'un hachis de persil.

Homard à la Bordelaise

Prenez deux petits homards vivants et préparez-les comme le homard à l'américaine. Opérez ensuite comme nous l'avons indiqué aux *Ecrevisses à la Bordelaise.*

Homard Thermidor

Faites cuire au court-bouillon de petits homards. Il faut compter un homard pour deux convives. Laissez-les refroidir. Coupez-les en deux dans le sens de la longueur. Coupez (et non pas arrachez) les pattes, les pinces, enlevez les chairs. Vous avez deux moitiés de carapace, que vous garnissez avec la préparation suivante: Prenez les chairs, des pattes et de la queue, coupez-les en fragments, ajoutez une Béchamel au fromage de gruyère râpé, des champignons revenus au beurre, saupoudrez de gruyère et faites cuire au four comme les coquilles St-Jacques. On peut ajouter des rondelles de truffes. Cette recette peut se faire avec des restes de poisson et des carapaces d'un repas précédent.

Salade de homard

Prenez un homard cuit au court-bouillon et refroidi. Coupez les chairs en tranches; pilez et passez au tamis l'intérieur du homard avec le corail et mélangez-les avec huile, vinaigre, sel, poivre et moutarde blanche, ajoutez les chairs du homard, remuez le tout, dressez sur un plat et servez ainsi ou garnissez avec des œufs durs coupés en tranches, des cœurs de laitue, des olives, des câpres et des cornichons.

On peut également faire cette salade avec des chairs de homard de desserte.

Escalopes de homard à la Parisienne

Prenez un homard cuit au court-bouillon et refroidi. Beurrez un plat à sauter; rangez-y les chairs de la queue coupées en escalopes et faites prendre vivement une légère couleur de chaque côté.

D'autre part, cassez et épluchez les pattes, dont vous pilez les chairs au mortier et que vous mélangez à une purée de tomates, à laquelle vous aurez incorporé un bon morceau de beurre et une ou deux cuillerées de cognac. Cuisez et tournez ce mélange, sur feu doux, pendant quelques minutes. Dressez et servez les escalopes sur la purée de tomates que vous aurez relevée d'une pointe de cayenne.

Les diverses préparations que nous venons d'indiquer s'appliquent également à la langouste.

Huîtres

Les huîtres (voyez *Hors-d'œuvres froids*), se mangent surtout au déjeuner. Elles doivent être ouvertes au moment de les servir ; pour cela, il faut se servir du couteau fabriqué à cet effet, ou couteau à lame épaisse. On doit se protéger les mains avec des torchons épais. On glisse la lame à la jointure, entre les coquilles et on ouvre en faisant levier.

Huîtres cuites

Les huîtres cuites perdent bien certainement de leur qualité, et le plus souvent on ne les fait cuire que pour servir de garniture à un poisson entier; cependant, elles servent aussi à préparer des coquilles. (Voir *Hors-d'œuvres chauds*.)

Huîtres frites

Prenez de grosses huîtres, ouvrez-les et détachez-les avec soin, parez-les et faites-les blanchir dans leur eau mélangée avec du vin blanc, égouttez, passez dans des œufs battus, panez; passez dans la pâte à frire et plongez dans la friture bouillante. Lorsque la pâte a pris une belle couleur, retirez, égouttez et dressez dans un plat, avec une garniture de persil frit.

Langouste

La langouste diffère du homard par l'absence des pinces, elle renferme plus de chair et est d'une digestion plus facile.

On l'accommode comme le homard et aussi comme suit :

Langouste en Belle-Vue

Prenez une très belle langouste et faites cuire comme il est dit au *Homard au court-bouillon*. La cuisson terminée, retirez et laissez refroidir.

Enlevez ensuite la chair entière sans abîmer la coquille, ce qui s'obtient en fendant sous le ventre de l'extrémité de la queue à la jointure de la tête, et en glissant avec précaution une cuiller entre la carapace et la chair de la langouste, pour soulever celle-ci, de façon à amener la queue d'un seul morceau. Coupez la chair en escalopes un peu en biais.

Dressez et allongez la carapace sur un plat long, en appuyant la tête à une des extrémités du plat, sur une croûte de pain masquée de beurre et taillée en carré long, de cinq centimètres carrés environ. Rangez les escalopes en escalier tout le long de la carapace, en ayant soin de mettre les plus grosses du côté de la tête.

Garnissez le plat de cœurs de laitue, d'œufs durs, persil, grosses crevettes et sauce mayonnaise; placez des bouquets de légumes cuits à l'eau de sel, tels que: pois, haricots, pointes d'asperges, carottes en dés, etc. Servez en accompagnant d'une sauce verte ou d'une sauce mayonnaise ou d'une sauce tango, dans une saucière à part.

Moules

Les moules abondent sur toutes les côtes d'Europe; c'est un aliment agréable, mais indigeste, ce qui n'empêche pas que l'on en fasse une consommation considérable. Nous recommandons de ne manger les moules qu'en hiver, et surtout bien fraîches, car au cas où elles ne le seraient pas absolument, elles pourraient causer un empoisonnement.

Pour débarrasser les moules de toute impureté, il faut les faire dégorger dans de l'eau fraîche, additionnée d'un peu de vinaigre.

Moules à la marinière

Nettoyez et lavez vos moules très soigneusement; mettez-les dans une casserole avec persil et oignons hachés, thym, ail, sel et poivre et un morceau de beurre. Faites cuire à feu vif; couvrez la casserole et, lorsque les moules commencent à s'ouvrir, sautez-les constamment et retirez une coquille à chacune d'elles. La cuisson terminée, enlevez-les avec une écumoire et placez-les sur un plat chaud; couvrez avec le jus de la cuisson que vous aurez laissé déposer et passé au tamis.

Autre manière :

Nettoyez et lavez vos moules avec soin. Mettez-les dans une casserole; lorsque les moules commencent à s'ouvrir, découvrez et sautez. Au fur et à mesure qu'elles s'ouvrent, placez les moules dans un plat, en leur retirant une des deux coquilles.

D'autre part, faites cuire dans du beurre une cuillerée d'échalotes hachées, mais sans laisser prendre couleur; mouillez d'un verre de vin blanc, poivre et bouquet garni. Laissez cuire vingt minutes; ajoutez un demi-verre de la cuisson des moules et faites réduire d'un tiers. Retirez le bouquet garni. Liez cette sauce d'un bon morceau de beurre et d'un jus de citron. Versez sur vos moules que vous aurez saupoudrées d'une cuillerée de persil haché.

Moules à la roulette

Préparez et opérez comme ci-dessus pour faire ouvrir les moules; puis faites un roux blanc, et mouillez de moitié vin blanc moitié cuisson des moules; mettez un bouquet garni, peu de sel et du poivre; laissez cuire pendant vingt minutes. Liez cette sauce avec des jaunes d'œufs, un bon morceau de beurre et un jus de citron. Servez chaud.

Moules au gratin

Préparez et opérez comme ci-dessus pour faire ouvrir les moules. Beurrez un plat à gratin; rangez-y les moules serrées les unes contre les autres; saupoudrez-les de fines herbes hachées, de poivre et de très peu de sel. Recouvrez de chapelure et arrosez avec du beurre fondu. Passez au four, à feu modéré, et laissez prendre couleur. Retirez et servez.

Moules à la Bordelaise

Nettoyez des moules. Faites-les ouvrir en les mettant sur le feu dans une casserole; faites sauter. Enlevez une coquille. Retirez les moules pour qu'elles soient bien sèches. Dans une poêle mettez de la bonne huile; quand elle est chaude jetez-y les moules, faites sauter; ajoutez une bonne poignée de pain rassis en miettes, faites sauter, enfin parsemez d'un fort hachis d'ail et de persil. Servez.

Ricardes

Les ricardes ou coquilles de St-Jacques se ramassent en février, mars et avril.

Accommodez-les comme il est dit aux *Hors-d'œuvres chauds*.

RELEVÉS

RELEVÉS

Les relevés se divisent en cinq parties: Boucherie, Porc, Gibier, Volaille et Poisson.

BOUCHERIE

RELEVES DE BŒUF

Le bœuf est la base fondamentale de la cuisine. La viande la meilleure est d'un rouge vif, légèrement marbrée d'une graisse d'un blanc jaunâtre.

Le filet, l'aloyau et les côtes couvertes, dont on tire les entrecôtes, sont les morceaux les plus délicats et destinés à être rôtis ou grillés. L'aloyau se fait aussi braiser, ainsi que le gîte à la noix et la culotte. La tranche grasse se fait braiser et s'emploie notamment pour la préparation du bœuf à la mode. Le paleron, le gîte, le plat de côtes, la poitrine, la queue et la tête servent à la confection des jus et du bouillon. Si on désire servir sur table le bœuf du pot-au-feu, il sera bon d'adjoindre à la viande de basse catégorie un morceau de gîte à la noix ou de culotte.

Bœuf bouilli

Le morceau de bœuf bouilli doit toujours être accompagné d'une garniture, non de persil, car elle est absolument inutile, mais bien de légumes du pot-au-feu. On sert en même temps de la moutarde de Dijon, des cornichons et du gros sel.

Culotte de bœuf à la Flamande

Prenez un morceau de culotte de bœuf, que vous désossez et ficelez; mettez dans la marmite, comme il est dit au *Pot-au-feu* et laissez cuire pendant deux heures (ce laps de temps s'applique à une pièce de 2 à 3 kilos).

Retirez de la marmite et placez dans une casserole; mouillez avec un peu d'eau-de-vie, un verre de vin blanc et même quantité de bouillon de la cuisson; salez et laissez mijoter pendant une heure ou deux, en arrosant plusieurs fois avec le fond.

D'autre part, faites blanchir de petits choux coupés en quatre, égouttez-les soigneusement. Foncez une casserole avec carottes et bardes de lard; placez-y les choux avec un morceau de lard de poitrine, un saucisson et des saucisses; assaisonnez de sel et de poivre, et couvrez avec du bouillon. Laissez cuire à feu doux, en ayant soin de retirer le saucisson et les saucisses aussitôt qu'ils seront cuits, et de les tenir chaudement. La cuisson terminée, dressez la culotte de bœuf sur un plat, garnissez avec les choux, les saucisses, le saucisson et le lard coupés en tranches. Passez au tamis le fond de la cuisson de la culotte et versez-le sur le tout.

On peut également garnir ce plat avec des carottes et oignons glacés.

Culotte de bœuf braisée

Prenez un morceau de culotte de bœuf que vous désossez et ficelez. Prenez une cocotte en fonte, mettez un bon morceau de beurre, ajoutez la viande, faites revenir à feu vif jusqu'à ce que le bœuf soit bien doré également en surface. Salez, poivrez. Ajoutez 4 ou 5 oignons blancs de belle taille, un bouquet garni, une gousse d'ail, couvrez et laissez cuire à petit feu pendant cinq heures, en surveillant avec soin. Mettre de l'eau sur le couvercle, mais n'ajoutez rien dans la casserole, ni vin, ni eau, ni bouillon. Pour être bon, le bœuf braisé doit être cuit uniquement dans son propre jus.

La cuisson terminée, retirez et dressez sur un plat; dégraissez soigneusement la cuisson. Se sert nature avec de la moutarde, ou accompagné, sur un autre plat, de pommes de terre sautées, de nouilles, ou de crêpes morvandelles.

Bœuf à la mode

Prenez un morceau de tranche grasse; piquez-la de gros lardons et ficelez. Mettez dans une cocotte un bon morceau de beurre. Faites dorer la viande à feu vif. Ajoutez oignons, ail, bouquet garni, salez, poivrez. Placez deux pieds de veau coupés en deux, des couennes, couvrez avec le couvercle. Après trois heures de cuisson, ajoutez des carottes coupées en rondelles. Laissez cuire encore 2 heures. Ajoutez du rhum ou du vin blanc, ou du madère, un petit verre. Laissez cuire à feu très doux. Il faut compter au total six heures pour un morceau de 2 kilos au moins. La cuisson terminée, retirez, débridez et dressez sur un plat; entourez la viande avec les légumes, les pieds de veau et les couennes; dégraissez soigneusement la cuisson; versez le jus sur le tout, et servez.

Le bœuf peut aussi se faire mariner avant la cuisson; dans ce cas, on le larde, on l'assaisonne de sel, gros poivre, thym, laurier et un peu d'ail; on l'arrose de vin blanc et on le laisse macérer pendant 24 heures; on le fait cuire alors comme il est dit ci-dessus en se servant du vin de la marinade.

Aloyau à l'Anglaise

Prenez un aloyau contenant tout le filet. Enlevez les os de l'échine; parez en forme de carré long; ficelez et posez sur un plat à rôtir garni de beurre et d'un verre d'eau; salez, puis mettez au four. Arrosez de temps en temps avec le jus de la cuisson. La cuisson terminée (un quart d'heure par livre), retirez du four; déficelez et dressez sur un plat, avec une garniture de pommes de terre cuites à l'eau de sel. Servez en accompagnant de la sauce, dans une saucière à part.

Aloyau à la Bordelaise

Préparez et opérez comme ci-dessus. La cuisson terminée, déficelez et dressez sur un plat que vous garnissez de croquettes de pommes de terre. Servez en accompagnant d'une sauce bordelaise dans une saucière à part.

Aloyau à la sauce Robert

Préparez et opérez comme pour l'*Aloyau à l'Anglaise*. La cuisson terminée, déficelez et dressez sur un plat. Servez en accompagnant d'une sauce Robert, dans une saucière à part.

En ajoutant à la sauce Robert quelques tranches de langue de bœuf à l'écarlate, on obtient l'aloyau à la *Saint-Florentin*.

Aloyau à la Chateaubriand

Préparez et opérez comme pour l'*Aloyau à l'Anglaise*. La cuisson terminée, déficelez et dressez sur un plat. Servez en accompagnant d'une sauce Chateaubriand, dans une saucière à part.

Aloyau à l'Italienne

Préparez et opérez comme pour l'*Aloyau à l'Anglaise*. La cuisson terminée, déficelez et dressez sur un plat. Servez en accompagnant d'une sauce italienne, dans une saucière à part.

Aloyau aux cromesquis de volaille

Préparez et opérez comme pour l'*Aloyau à l'Anglaise*. La cuisson terminée, déficelez et dressez sur un plat. Garnissez-en les extrémités avec des *Cromesquis de volaille*, et servez en accompagnant d'une sauce Périgueux, dans une saucière à part.

Aloyau aux rissoles de volaille

Préparez et opérez comme pour l'*Aloyau à l'Anglaise*. La cuisson terminée, déficelez et dressez sur un plat. Garnissez-en les extrémités avec des *Rissoles de volaille*, et servez en accompagnant d'une sauce Périgueux, dans une saucière à part.

Aloyau braisé

Prenez un aloyau contenant tout le filet. Enlevez les os de l'é-chine; parez en forme de carré long; ficelez et posez dans une brai-sière. Faites comme il est dit à la *Culotte de bœuf braisé.*

Aloyau braisé aux tomates et champignons farcis

Préparez et opérez comme ci-dessus, mais garnissez votre plat de *Tomates et de Champignons farcis.* Servez avec la sauce dans une saucière à part.

Aloyau braisé aux choux

Préparez et opérez comme pour l'*Aloyau braisé,* mais garnissez votre plat de *Choux préparés pour garnitures.* Servez avec la sauce dans une saucière à part.

Aloyau braisé aux laitues farcies

Préparez et opérez comme pour l'*Aloyau braisé,* mais garnissez votre plat de *Laitues farcies.* Servez avec la sauce dans une saucière à part.

Aloyau braisé à la Nivernaise

Préparez et opérez comme pour l'*Aloyau braisé,* mais garnissez votre plat de *Carottes à la Nivernaise.* Servez avec la sauce dans une saucière à part.

Aloyau braisé aux oignons

Préparez et opérez comme pour l'*Aloyau braisé,* mais garnissez votre plat de *Petits oignons glacés.* Servez avec la sauce dans une saucière à part.

Aloyau braisé au céleri

Préparez et opérez comme pour l'*Aloyau braisé,* mais garnissez votre plat de *Céleri* préparé pour garniture. Servez avec la sauce dans une saucière à part.

Aloyau braisé à la chipolata

Préparez et opérez comme pour l'*Aloyau braisé,* mais garnissez votre plat de *Chipolata.* Servez avec la sauce d'une saucière à part.

Filet de bœuf braisé

Prenez un filet de bœuf, ou un beau milieu de filet pesant au moins quatre ou cinq livres: parez-le, piquez-le de lardons fins et ficelez-le. Foncez une braisière avec des bardes de lard, quelques tranches de carottes, des oignons coupés en rouelles, un bouquet

1 - VEAU
1. Tête.
2. Cou.
3. Flanc.
4. Dos.
5. Côtes.
6. Carré.
7. Cuisse.
8. Épaule.
9. Carré de poitrine.
10. Ventre.
11. Cuisse.
12. Pieds.

2 - PORC
1. Tête.
2. Dos.
3. Carré.
4. Côtelettes.
5. Jambon.
6. Jambonneau.
7. Ventre, bas.
8. Pieds.

3 - MOUTON
1. Tête.
2. Cou.
3. Collier.
4. Dos.
5. Côtes.
6. Côtes.
7. Gigot.
8. Épaule.
9. Ventre.
10. Pieds.
11. Poitrine.

4 - BŒUF
1. Tête et joues.
2. Collier.
3. Côtes découvertes.
4. Côtes couvertes (entrecôte)
5. Faux-filet.
6. Carré.
7. Rumsteck.
8. Culotte.
9. Gîte à la noix.
10. Quasi.
11. Franc.
12. Gîte ou trumeau.
13. Plates-côtes et poitrine.
14. 15. 16. Flanchet.
17. Crosse.

garni. Placez-y le filet; salez et mouillez avec un demi-verre d'eau-de-vie Laissez cuire au four à feu doux pendant trois heures, en arrosant de temps en temps avec la cuisson. La cuisson terminée, retirez, déficelez et dressez sur un plat. Servez avec le jus de la cuisson passé au chinois.

Filet de bœuf madère

Préparez et opérez comme ci-dessus. Mouillez avec un verre de madère, au lieu d'eau-de-vie. Laissez cuire pendant le même temps, et servez de la même façon.

Filet de bœuf à la Portugaise

Prenez et parez un filet de bœuf; cuisez comme il est dit au *Filet de bœuf braisé*. La cuisson terminée, garnissez votre plat de tomates farcies.

Filet de bœuf à la Jardinière

Prenez et parez un filet de bœuf; cuisez comme il est dit au *Filet de bœuf braisé*. La cuisson terminée, garnissez votre plat avec une jardinière. Servez avec le jus de la cuisson passé au tamis, ou au linge mouillé.

Filet de bœuf à la Macédoine

Prenez et parez un filet de bœuf; cuisez comme il est dit au *Filet de bœuf braisé*. La cuisson terminée, garnissez votre plat avec une *Macédoine de légumes*. Servez avec le jus de la cuisson passé au tamis, ou au linge mouillé

Filet de bœuf à la choucroute

Prenez et parez un filet de bœuf; cuisez comme il est dit au *Filet de bœuf braisé*. La cuisson terminée, garnissez votre plat avec de la *Choucroute*. Servez avec le jus de la cuisson passé au tamis ou au linge mouillé.

Filet de bœuf à la Financière

Préparez et opérez comme pour le *Filet de bœuf Madère*. La cuisson terminée, dressez le filet sur un plat et garnissez avec *des petits pâtés chauds financière*. Faites réduire le fond de la cuisson, et mélangez-le à un ragoût financière que vous envoyez dans une saucière à part.

Filet de bœuf à la Régence

Préparez et opérez comme pour le *Filet de bœuf braisé*, mais en remplaçant l'eau-de-vie par une demi-bouteille de bon vin blanc La cuisson terminée, dressez le filet sur un plat, et garnissez avec ris de veau piqués et glacés, grosses truffes cuites au madère, champignons, écrevisses et crêtes de coq, le tout arrangé avec goût.

Faites réduire la cuisson que vous passez. Envoyez dans une saucière à part.

Filet de bœuf à la Bordelaise

Préparez et opérez comme pour le *Filet de bœuf braisé*, mais remplacez l'eau-de-vie par une demi-bouteille de bon vin rouge. Faites cuire de même. La cuisson terminée, dressez le filet sur un plat et garnissez-le avec des tranches de moelle de bœuf, préalablement cuite dans du bouillon. Faites bien réduire la cuisson que vous passez et mélangez à une sauce bordelaise. Masquez avec cette sauce et servez très chaud.

Filet de bœuf aux pommes duchesse

Préparez et opérez comme pour le *Filet de bœuf braisé*. La cuisson terminée, dressez le filet sur un plat et garnissez avec des *Pommes duchesse*. Faites réduire le jus, passez-le au linge mouillé et envoyez dans une saucière à part.

RELEVES DE VEAU

La chair du veau doit être blanche, ainsi que la graisse; on doit éviter la chair et la graisse rougeâtres. Les veaux de Pontoise sont renommés pour leur bonne qualité. Les morceaux destinés à la table sont : le cuisseau, la noix, le carré, la longe, le quasi, le ris, la tête, la cervelle, les pieds et la langue.

Tête de veau au naturel

Voici un célèbre plat de vieille cuisine française. Pour suivre la tradition, on doit servir la tête de veau entière, ornée de persil frais cueilli et le maître de maison doit la découper à table, ce qui est facile si elle est bien cuite.

Prenez une tête de veau échaudée, bien blanchie et très propre. Faites-la dégorger deux heures dans de l'eau froide vinaigrée. Faites couler le jet du robinet de cuisine dans chaque narine et les oreilles. Enveloppez la tête dans un linge blanc noué aux quatre coins. Mettez dans une marmite avec plein d'eau, du sel, du persil, ail, oignons, bouquet garni. Laissez cuire cinq heures et servez bouillant avec un huilier et dans les soucoupes, de l'échalote hachée, du persil haché et de la moutarde blanche. Chaque convive pourra ainsi faire la sauce à son goût.

Tête de veau à la Financière

Préparez et opérez comme pour la *Tête de veau au naturel*. La cuisson terminée, servez chaud avec une garniture financière dans une saucière.

Tête de veau tortue

Quand la tête de veau est cuite, la désosser, prendre la cervelle, couper les chairs en morceaux et faites donner un tour de cuisson dans une sauce tomate où l'on aura mis des olives débarrassées de leur noyau. Ordinairement on se sert de cette recette pour accommoder les restes de la desserte d'une tête de veau.

Epaule de veau à la Bourgeoise

Prenez une épaule de veau. Désossez-la, assaisonnez de sel et poivre; roulez et ficelez; mettez-la dans une braisière avec du beurre et des tranches de lard de poitrine; faites-lui prendre une belle couleur de chaque côté. Mouillez avec un petit verre de cognac; ajoutez un pied de veau coupé en quatre, carottes, oignons, bouquet garni, sel et poivre; faites cuire à feu doux pendant quatre heures. La cuisson terminée, retirez l'épaule, dressez-la sur un plat; masquez-la du jus de la cuisson et garnissez le plat avec les carottes et les oignons après avoir enlevé le bouquet garni.

Fricandeau au jus

Prenez la moitié d'une noix de veau qui aura été coupée en deux sur son épaisseur. Parez et piquez d'un côté de lardons fins et très serrés, mettez un bon morceau de beurre et faites saisir à four chaud; lorsque le fricandeau a pris une belle teinte dorée, mettez des oignons, un bouquet garni, sel, poivre, faites revenir et mouillez de trois cuillerées de vin blanc, mettez des carottes. Laissez cuire au four du fourneau, ou avec feu dessus et dessous, pendant deux heures et demie, en arrosant fréquemment avec le jus de la cuisson, de façon à ce que le fricandeau soit bien glacé. La cuisson terminée, dressez-le sur un plat bien chaud avec le jus bien dégraissé, puis servez.

Le fricandeau se prépare aussi avec la sous-noix de veau également coupée en deux, ou encore avec un autre morceau dépendant aussi du cuisseau et appelé semelle.

Fricandeau à l'oseille

Préparez et opérez comme ci-dessus. La cuisson terminée, dressez le fricandeau dans un plat chaud, sur une purée d'oseille à laquelle vous aurez mélangé le jus de la cuisson, et servez.

Fricandeau à la chicorée

Préparez et opérez comme il est dit au *Fricandeau au jus*. La cuisson terminée, dressez le fricandeau dans un plat chaud, sur une purée de chicorée, à laquelle vous aurez mélangé le jus de la cuisson, et servez.

Fricandeau aux épinards

Préparez et opérez comme il est dit au *Fricandeau au jus*. La cuisson terminée, dressez le fricandeau dans un plat chaud, sur une purée d'épinards, à laquelle vous aurez mélangé le jus de la cuisson, et servez.

Fricandeau à la sauce tomate

Préparez et opérez comme il est dit au *Fricandeau au jus*. La cuisson terminée, dressez le fricandeau dans un plat chaud, sur une sauce tomate et servez.

Longe de veau braisée au jus

Prenez une longe de veau, c'est-à-dire la moitié de la selle coupée sur sa longueur; dégraissez-la du côté du rognon; coupez court la bavette; roulez et ficelez. Mettez dans une braisière avec du beurre, et faites prendre une belle couleur de chaque côté; assaisonnez de sel, poivre, un bouquet garni, deux oignons; couvrez et laissez mijoter pendant trois heures. La cuisson terminée, retirez la viande; dressez-la sur un plat et couvrez-la du jus de la cuisson.

Longe de veau braisée à la Jardinière

Préparez et opérez comme ci-dessus. La cuisson terminée, dressez sur un plat avec une *Garniture jardinière*, et accompagnez du jus de la cuisson passé dans une saucière à part.

Longe de veau braisée à la Financière

Préparez et opérez comme pour la *Longe braisée au jus*. La cuisson terminée, retirez et dressez sur un plat avec une *Garniture financière* à laquelle vous aurez mêlé le jus de la cuisson bien réduit.

Longe de veau braisée aux tomates et aux champignons farcis

Préparez et opérez comme pour la *Longe braisée au jus*. La cuisson terminée, retirez et dressez sur un plat avec des *tomates farcies* et des *champignons farcis* alternés. Accompagnez du jus de la cuisson passé et bien réduit, dans une saucière à part.

Longe de veau braisée aux petits pois

Préparez et opérez comme pour la *Longe braisée au jus*. La cuisson terminée, retirez et dressez sur un plat avec une *garniture de petits pois*. Accompagnez du jus de la cuisson, passé et bien réduit, dans une saucière à part.

Longe de veau braisée aux épinards

Préparez et opérez comme pour la *Longe braisée au jus*. La cuisson terminée, retirez et dressez sur un plat avec une *garniture d'épinards*, à laquelle vous aurez mélangé le jus de la cuisson bien réduit.

Longe de veau braisée à la chicorée

Préparez et opérez comme pour la *Longe braisée au jus*. La cuisson terminée, retirez et dressez sur un plat avec une *garniture de chicorée*, à laquelle vous aurez mélangé le jus de la cuisson bien réduit.

Longe de veau braisée à l'oseille

Préparez et opérez comme pour la *Longe braisée au jus*. La cuisson terminée, retirez et dressez sur un plat avec une *garniture d'oseille*, à laquelle vous aurez mélangé le jus de la cuisson bien réduit.

Longe de veau braisée à l'Italienne

Préparez et opérez comme pour la *Longe braisée au jus*. La cuisson terminée, retirez et dressez sur un plat avec une *garniture de macaroni à l'Italienne*, à laquelle vous mélangerez deux cuillerées de sauce tomate ainsi que le jus de la cuisson bien réduit et passé.

Longe de veau rôtie à la Macédoine

Préparez comme pour la *Longe de veau braisée au jus*. Salez, garnissez de beurre, et faites rôtir à feu vif pendant une heure un quart au moins, en ayant soin de l'arroser avec le jus. La cuisson terminée, débrochez et dressez sur un plat. Entourez d'une *garniture Macédoine de légumes*, et servez en accompagnant du jus de la cuisson.

Rouelle de veau à la Bourgeoise

Parez un morceau de rouelle de veau. Mettez-le dans une casserole à sauter, avec du beurre et des tranches de lard de poitrine et faites revenir. Lorsqu'il a pris une belle couleur, joignez-y des petits oignons, des carottes tournées, un bouquet garni, la moitié d'un pied de veau blanchi et coupé en morceaux. Couvrez la casserole et laissez cuire à petit feu pendant deux heures, en arrosant fréquemment avec le jus de la cuisson. La cuisson terminée, dressez la rouelle dans un plat chaud; garnissez le plat avec les carottes et les oignons; dégraissez et passez le jus de la cuisson, versez sur le tout, puis servez.

Quasi de veau aux oignons

Prenez un quasi de veau; désossez-le; ficelez-le et faites-le revenir dans une casserole avec du beurre. Lorsqu'il a pris une belle couleur de chaque côté, salez, poivrez. Mettez dans la casserole une quinzaine de gros oignons émincés; couvrez et laissez cuire à feu doux, pendant deux heures. La cuisson terminée, retirez le quasi, dressez-le dans un plat chaud, et garnissez avec les oignons tombés en purée. Servez.

Quasi de veau à la Pèlerine

Prenez un quasi de veau; désossez-le, piquez-le de gros lardons; ficelez et faites revenir dans l'huile d'olive; lorsqu'il a pris une belle couleur, mouillez-le avec un peu de vin blanc; assaisonnez de sel, poivre, clou de girofle, bouquet garni. Faites cuire à feu doux, avec feu dessus et dessous, pendant quatre heures.

D'autre part, faites jaunir une quinzaine d'oignons dans du beurre; mouillez-les d'un peu de vin blanc et laissez-les cuire à feu doux. Dix minutes avant de vous en servir, ajoutez une quinzaine de beaux champignons tournés. Les cuissons terminées, dressez le quasi sur un plat chaud; garnissez le plat avec les oignons et les champignons alternés; dégraissez le jus de la cuisson du quasi; masquez-en le plat et servez.

Quasi de veau à la Nivernaise

Prenez un quasi de veau; désossez-le; piquez-le de gros lardons; ficelez-le et faites-le cuire comme il est dit à la *Longe de veau au jus*. La cuisson terminée, dressez le quasi dans un plat chaud, entourez-le d'une *garniture de carottes à la Nivernaise*, et servez.

Quasi de veau aux salsifis

Prenez des salsifis bien frais et bien noirs; râtissez-les, coupez-les en deux et mettez-les au fur et à mesure dans de l'eau fraîche acidulée. Retirez, égouttez et mettez-les dans une casserole avec du beurre, une pointe d'échalote hachée fin, du sel et du poivre; tournez-les pendant une dizaine de minutes à feu très doux sans leur laisser prendre de couleur.

D'autre part, ayez un quasi de veau que vous désossez et ficelez. Faites-le revenir dans une casserole avec du beurre; lorsqu'il a pris une belle couleur, joignez-y les salsifis, un bouquet garni, couvrez et laissez cuire à petit feu pendant une heure et demie. Assurez-vous de la cuisson des salsifis et dressez le quasi sur un plat chaud; mettez autour les salsifis en garniture, dégraissez le jus et versez-le sur le tout.

RELEVES DE MOUTON

La chair du mouton est succulente, et on estime surtout les petits moutons des Ardennes et les moutons de *Pré Salé* qui proviennent des pâturages des bords de la Manche. Il faut toujours choisir un mouton à chair d'un rouge vif, et à graisse très blanche, résistante au toucher.

Epaule de mouton à la casserole

Prenez une épaule de mouton. Otez-en l'os sans déchirer les chairs. Assaisonnez les chairs de sel et de poivre; ficelez en donnant une forme ronde. Mettez du beurre dans une cocotte. Faites dorer à feu vif. Ajoutez sel, poivre, oignons, ail, bouquet garni, les parures et les os. Faites cuire doucement pendant quatre heures, avec de l'eau sur le couvercle. La cuisson terminée, retirez, déficelez et dressez sur un plat. Dégraissez la cuisson, passez-la, versez-la sur la viande et servez.

Gigot de mouton

Cette viande succulente ne se mange que rôtie. Il serait dommage de l'accommoder autrement. Pour les diverses préparations à la casserole, il vaut mieux prendre l'épaule de mouton.

On doit faire cuire à feu vif ou au four très chaud en comptant 15 à 20 minutes par livre (Voir aux généralités).

Epaule de mouton à la Conti

Préparez et opérez comme à l'*Epaule de mouton à la casserole*. La cuisson terminée, déficelez et dressez sur un plat avec une *garniture de lentilles* dite à la *Conti*, mélangées au jus de la cuisson.

Epaule de mouton à la Bretonne

Préparez et opérez comme à l'*Epaule de mouton à la casserole*. La cuisson terminée, déficelez et dressez sur un plat avec une *garniture de Haricots à la Bretonne* auxquels vous mélangez le jus de la cuisson.

Epaule de mouton à la purée de marrons

Préparez et opérez comme à l'*Epaule de mouton à la casserole*, mais sans mettre d'ail. La cuisson terminée, déficelez et dressez sur un plat avec une *garniture de Purée de marrons*. Servez le jus de la cuisson, dégraissé dans une saucière à part.

Epaule de mouton à la purée de navets

Préparez et opérez comme à l'*Epaule de mouton à la casserole*, mais sans mettre d'ail. La cuisson terminée, déficelez et dressez sur un plat avec une *garniture de Purée de navets*. Servez le jus de la cuisson, dégraissé, dans une saucière à part.

Epaule de mouton à la Flamande

Préparez et opérez comme à l'*Epaule de mouton à la casserole*, mais sans mettre d'ail. La cuisson terminée, déficelez et dressez sur un plat avec une *garniture de Carottes flamandes*. Servez le jus de la cuisson dégraissé, dans une saucière à part.

Epaule de mouton à la Macédoine

Préparez et opérez comme à l'*Epaule de mouton à la casserole*. La cuisson terminée, déficelez et dressez sur un plat avec une *Macédoine de légumes*. Servez le jus de la cuisson dégraissé, dans une saucière à part.

Gigot bouilli à l'Anglaise

Préparez et parez un bon gigot ; ficelez-le de façon à le maintenir dans sa forme. Plongez-le dans une marmite d'eau bouillante de façon à ce qu'il baigne; salez et laissez cuire un quart d'heure par livre. La cuisson terminée, retirez, déficelez et dressez sur un plat, avec une garniture de pommes de terre cuites à l'eau. Servez en accompagnant d'une sauce aux câpres, dans une saucière à part. On peut également garnir le plat avec une purée de navets préparée pour garniture. En Angleterre on sert en même temps une sauce faite de menthe verte hachée dans de l'eau sucrée avec un filet de vinaigre et préparée à froid.

Carbonade de mouton piquée au jus

Prenez un filet de mouton; parez-le en supprimant la graisse et la peau; aplatissez un peu et rognez la bavette. Piquez les chairs avec du lard; assaisonnez l'intérieur avec sel et poivre; roulez et ficelez. Foncez une casserole avec des bardes de lard, les parures, carottes, oignons, ail et un bouquet garni. Posez le filet; mouillez-le avec quelques cuillerées d'eau-de-vie. Faites cuire doucement pendant deux heures avec feu dessus et dessous, mais en arrosant de temps en temps avec la cuisson.

La cuisson terminée, retirez, déficelez et dressez sur un plat. Dégraissez la cuisson, masquez-en le filet et servez.

Carbonade de mouton sauce tomate

Préparez et opérez comme ci-dessus. Servez le filet sur une sauce tomate à laquelle vous aurez mélangé le jus de la cuisson bien réduit.

Carbonade de mouton à la Nivernaise

Préparez et opérez comme pour la *Carbonade de mouton piquée au jus.* Servez le filet avec une *garniture de Carottes à la Nivernaise,* Envoyez le jus de la cuisson dégraissé dans une saucière à part.

Selle de mouton à la printanière

Prenez une selle de mouton, parez-la; aplatissez et rognez la bavette; assaisonnez l'intérieur avec sel et poivre; roulez et ficelez. Opérez ensuite comme pour la *Carbonade piquée au jus.* La cuisson terminée et la selle dressée sur un plat, entourez d'une *Garniture printanière* et accompagnez du jus de la cuisson dégraissé, dans une saucière à part.

Selle de mouton à la chicorée

Préparez et opérez comme ci-dessus. La cuisson terminée, dressez la selle sur *Chicorée pour garniture* à laquelle vous aurez mélangé le jus de la cuisson bien dégraissé.

Selle de mouton aux laitues braisées

Préparez et opérez comme pour la *Selle à la Printanière.* La cuisson terminée, entourez la selle d'une *Garniture de laitues braisées,* et servez en accompagnant d'une saucière de jus de la cuisson bien dégraissé.

Selle de mouton aux pommes duchesse

Préparez et opérez comme pour la *Selle à la Printanière.* La cuisson terminée, entourez la selle d'une *Garniture de pommes duchesse,* et servez en accompagnant d'une saucière de jus de la cuisson bien dégraissé.

Selle de mouton aux croquettes de pommes de terre

Préparez et opérez comme pour la *Selle à la Printanière.* La cuisson terminée, entourez la selle de *Croquettes de pommes de terre* et servez en accompagnant d'une saucière de jus de la cuisson bien dégraissé.

Selle de mouton aux rissoles de volailles

Préparez et opérez comme pour la *Selle à la Printanière.* La cuisson terminée, garnissez les extrémités du plat où vous avez dressé la selle, avec des *Rissoles de Volaille;* accompagnez d'une sauce Périgueux, dans une saucière à part.

RELEVES D'AGNEAU

L'agneau et le chevreau se préparent de la même manière. Pour que l'agneau soit bon, il faut qu'il ait tété pendant trois mois au moins. La chair doit être blanche et le rognon doit être couvert de graisse.

Agneau rôti, dit agneau pascal

Ayez un agneau entier; enlevez le collet, bridez les épaules et les cuisses; attachez-le sur la broche en évitant de le percer; salez, couvrez-le de bardes de lard et faites rôtir. La cuisson terminée, débrochez, dressez sur un plat, et servez en accompagnant d'un hachis de jeunes pousses d'ail nouveau.

Quartier d'agneau au naturel

Ayez un quartier d'agneau; enduisez-le de beurre, salez, poivrez, ficelez et mettez-le à la broche. Mettez deux cuillers à soupe d'eau dans la lèchefrite. Arrosez de temps en temps avec le jus de cuisson.

La cuisson terminée, débrochez et servez avec le jus de cuisson.

Quartier d'agneau à la sauce poivrade

Opérez comme ci-dessus. La cuisson terminée, dressez sur un plat, et servez en accompagnant d'une sauce poivrade dans une saucière à part.

Quartier d'agneau à la sauce tomate

Opérez comme au *Quartier d'agneau au naturel*. La cuisson terminée, dressez sur un plat, et servez en accompagnant d'une sauce tomate dans une saucière à part.

Quartier d'agneau aux croquettes de pommes de terre

Opérez comme au *Quartier d'agneau au naturel*. La cuisson terminée, dressez sur un plat que vous entourez de *Croquettes de pommes de terre*, et servez en accompagnant d'une saucière de jus de la lèchefrite que vous aurez bien dégraissé.

Quartier d'agneau aux tomates farcies

Opérez comme il est dit au *Quartier d'agneau au naturel*. La cuisson terminée, servez avec une *Garniture de tomates farcies* et envoyez le jus à part.

Quartier d'agneau printanière

Opérez comme il est dit au *Quartier d'agneau au naturel*. La cuisson terminée, servez avec une *Garniture printanière*, et envoyez le jus à part.

Selle d'agneau printanière

Prenez une selle d'agneau; salez, poivrez, frottez de beurre, piquez d'un peu d'ail et mettez-la à la broche, arrosez de temps en temps avec le jus de la lèchefrite. La cuisson terminée, débrochez et entourez la selle d'agneau d'une *Garniture printanière*. Servez en accompagnant d'une saucière du jus de la lèchefrite, que vous aurez bien dégraissé.

Selle d'agneau à la chicorée

Opérez comme à la *Selle d'agneau printanière;* la cuisson terminée, entourez d'une *Garniture de chicorée*, et servez en accompagnant d'une saucière du jus de la lèchefrite.

Selle d'agneau aux petits pois

Opérez comme à la *Selle d'agneau printanière;* la cuisson terminée, entourez d'une *Garniture de petits pois*, et servez en accompagnant d'une saucière du jus de la lèchefrite, bien dégraissé.

Selle d'agneau aux laitues braisées

Opérez comme à la *Selle d'agneau printanière;* la cuisson terminée, entourez d'une *Garniture de laitues braisées*, et servez en accompagnant d'une saucière du jus de la lèchefrite.

RELEVES DE PORC

On doit toujours choisir la viande de porc rouge, ferme, sans aucune tache blanche (*ladrerie*). La graisse, lorsqu'elle est fondue, peut remplacer le beurre, et dans certains cas elle le remplace avec avantage.

Filet de porc frais rôti

Prenez un filet de porc frais, parez-le en n'y laissant que l'épaisseur d'un doigt de graisse; ciselez la graisse, piquez d'une gousse d'ail et mettez la viande dans une terrine avec une demi-livre de gros sel, un bouquet garni et un clou de girofle, laissez ainsi pendant vingt-quatre heures en ayant soin de retourner de temps en temps. Retirez, essuyez, et mettez à la broche à feu vif pendant une heure et demie au moins. La cuisson terminée, débrochez et dressez sur un plat. Dégraissez le jus de la lèchefrite, versez-le sur la viande, puis servez.

Filet de porc frais à la sauge

Préparez et opérez comme il est dit ci-dessus, mais mettez dans la lèchefrite une branche de sauge sèche lorsque le porc y aura déjà jeté un peu de sa graisse; en l'arrosant, la viande s'imprègnera du goût de la sauge qui lui donne un parfum très agréable. (En ce cas, on ne mettra ni ail ni clou de girofle.)

Filet de porc frais à la sauce Robert

Prenez un filet de porc, préparez-le et faites-le cuire comme ci-dessus. La cuisson terminée, débrochez et dressez sur un plat. Accompagnez d'une sauce Robert, à part dans une saucière.

Filet de porc frais à la sauce tomate

Opérez comme pour le *Filet de porc frais rôti*. La cuisson terminée, débrochez et dressez dans un plat, sur une sauce tomate, et servez en accompagnant du jus de la cuisson.

Filet de porc frais à la purée de pommes de terre

Opérez comme pour le *Filet de porc frais rôti*. La cuisson terminée, dressez dans un plat, sur une *garniture de purée de pommes de terre*, à laquelle vous aurez mélangé le jus de la cuisson, et servez.

Le filet de porc frais peut également être servi sur une purée de pois cassés, de lentilles, etc.

Jambon frais à la sauce poivrade

Prenez un petit jambon frais; sciez le manche. Mettez-le mariner, pendant cinq ou six jours, dans une *marinade* composée d'une demi-bouteille de vin blanc, une cuiller à soupe d'huile, ail, oignons crus, bouquet garni, clou de girofle et d'un bouquet de sauge. Retournez deux fois par jour. Retirez, égouttez. Faites rôtir à la broche, en l'arrosant de temps en temps avec un peu de la marinade. Laissez cuire pendant deux heures et demie. La cuisson terminée, débrochez, dressez le jambon sur un plat, ornez le manche d'une papillote, et servez en accompagnant d'une sauce poivrade faite avec la marinade à laquelle vous aurez mélangé le jus de la cuisson.

Jambon frais à la sauce Robert

Opérez comme ci-dessus. La cuisson terminée, débrochez, dressez le jambon sur un plat, ornez le manche d'une papillote, et servez en accompagnant d'une sauce Robert, à part dans une saucière.

Jambon à la sauce Madère

Prenez un jambon salé; parez-le et faites-le dessaler à grande eau pendant deux jours. Ceci fait, enveloppez-le dans une serviette et placez-le dans une casserole; couvrez-le avec de l'eau additionnée d'une bouteille de vin blanc; ajoutez des aromates. Laissez cuire doucement pendant trois ou quatre heures. Retirez, déballez, enlevez les deux tiers de la couenne, laissez la partie entourant le manche, mettez le jambon dans un plafond avec une demi-bouteille de madère; cuisez au four pendant une demi-heure, pour faire prendre couleur, en l'arrosant de temps en temps avec le madère. Retirez, dressez sur un plat garnissez le manche d'une papillote, et servez en accompagnant d'une sauce madère, à part dans une saucière.

Jambon à l'Italienne

Préparez et opérez comme ci-dessus. La cuisson terminée, dressez le jambon sur un plat; entourez avec une *garniture de macaroni à l'italienne,* mélangée à deux cuillerées de sauce tomate.

Jambon aux épinards

Préparez et opérez comme au *Jambon sauce madère.* La cuisson terminée, dressez le jambon sur une *garniture d'épinards sautés au beurre,* mélangés d'une cuiller de crême fraîche.

Jambon à la Macédoine de légumes

Préparez et opérez comme au *Jambon sauce madère.* La cuisson terminée, dressez le jambon sur un plat, entourez-le d'une *Macédoine de légumes,* et servez en accompagnant de la sauce madère, à part dans une saucière.

RELEVÉS DE GIBIER

Chevreuil

Le chevreuil et le cerf se préparent de la même façon: la chair du chevreuil est cependant plus délicate, surtout celle de la femelle qui doit toujours être préférée au mâle; celui-ci, comme le cerf, cesse d'être comestible dans le mois de septembre.

L'âge du chevreuil se reconnaît au nombre d'andouillers qu'il porte à ses bois, et il n'est bon que jusqu'à l'âge de trois ans.

Cuissot de chevreuil à la sauce poivrade

Prenez un cuissot de chevreuil; parez-le, piquez-le et mettez-le dans une marinade cuite, pendant une demi-journée. Retirez, égouttez, embrochez et faites cuire à feu vif, en arrosant avec la marinade. La cuisson terminée, débrochez et dressez sur un plat; ornez le manche d'une papillote, et servez en accompagnant d'une sauce poivrade dans une saucière à part. Le cuissot de chevreuil, comme le gigot de mouton, demande à être mangé presque saignant. Lorsque l'on veut servir un cuissot avec le pied, il faut avoir soin d'envelopper celui-ci avec un fort papier huilé que l'on enlève au moment de servir.

Selle de chevreuil à la sauce poivrade

Préparez comme il est dit à la *Selle de mouton*. Piquez de lard fin; mettez pendant une demi-journée dans une marinade cuite. Retirez, égouttez et finissez comme il est dit ci-dessus.

Sanglier

Le sanglier, ou porc sauvage, se prépare comme le porc domestique; la chair en est plus ferme, aussi est-il presque toujours nécessaire de faire mariner pendant 3 ou 4 jours, dans une marinade cuite, la pièce que l'on veut faire braiser ou rôtir. La hure, les pieds, la cuisse, le filet et les côtelettes sont les meilleurs morceaux de cet animal.

Le *Marcassin*, ou jeune sanglier, est un bon manger lorsqu'il est gras, et qu'il n'a pas plus de huit à dix mois; dans ce cas, on peut faire rôtir le filet sans le faire mariner.

Jambon de sanglier à la venaison

Prenez un jambon de sanglier; enlevez la peau; parez-le, piquez-le de lard fin, et mettez-le dans une marinade cuite pendant quatre jours. Retirez, égouttez et embrochez; faites rôtir à feu vif, en arrosant de temps en temps avec la marinade. (La cuisson demande un quart d'heure par livre.) La cuisson terminée, débrochez, dressez un plat, garnissez le manche avec une papillote, et servez en accompagnant d'une sauce venaison, à part dans une saucière.

Lorsque l'on veut servir le jambon avec le pied, il faut envelopper celui-ci avec un fort papier huilé, que l'on enlève au moment de servir.

Faisan

Le faisan n'est réellement estimé que jeune, ce qui se reconnaît aux ergots à peine formés. Il faut le manger suffisamment mortifié, c'est-à-dire *faisandé*, et ne le plumer que le jour où il doit être servi. Il se mange rôti, cuit comme un poulet.

Faisan à la bohémienne

Prenez un jeune faisan; plumez et videz; remplissez le corps avec un salpicon composé de la chair d'une bécasse, de truffes et de foie gras; assaisonnez avec sel et poivre, puis bridez les pattes en dedans et bardez.

D'autre part, cassez la carcasse de la bécasse; faites-la revenir dans du beurre, avec le foie et les intestins, les parures de truffes, une échalote hachée menu; assaisonnez de sel et poivre; mouillez d'un bon verre de madère. Laissez cuire pendant une demi-heure; pilez, passez au tamis et relevez le tout d'une pointe de Cayenne.

Mettez le faisan à la broche; garnissez le fond de la lèchefrite d'une belle tranche de pain qui servira à dresser le faisan; arrosez avec du beurre. La cuisson terminée, débrochez, dressez dans un plat, sur le pain de la lèchefrite. Entourez le plat *d'une garniture de truffes, de tranches de foie gras, de crêtes de coq et de rognons alternés;* masquez avec la sauce, et servez en envoyant le surplus à part dans une saucière.

Faisan à la choucroute

Prenez un faisan, plumez, videz, piquez les cuisses, bardez et bridez les pattes en dedans. Préparez de la choucroute pour garniture et une heure avant la fin de la cuisson, ajoutez-y un verre de bon vin blanc et le faisan que vous aurez préalablement fait revenir dans une casserole avec des tranches de lard de poitrine jusqu'à ce qu'il ait pris une belle couleur. La cuisson terminée, dressez la choucroute sur un plat long; placez le faisan dessus et servez.

Faisan à la Financière

Prenez un faisan, plumez, videz, piquez les cuisses, bardez et bridez les pattes en dedans. Placez-le dans une braisière foncée de bardes de lard, de carottes et d'oignons; assaisonnez avec sel et poivre. Laissez cuire dans son jus à feu doux, pendant environ trois quarts d'heure. La cuisson terminée, retirez, dressez sur une tranche de pain frite au beurre, et entourez le plat d'une *garniture financière.* Envoyez une saucière de *ragoût financière.*

Faisan à la purée de marrons

Prenez un faisan; plumez, videz; piquez de lardons fins les cuisses et les filets; bridez et faites rôtir comme un poulet rôti. La cuisson terminée, retirez, débridez et dressez sur une *garniture de purée de marrons.* Servez en accompagnant de la cuisson dégraissée et passée à part dans une saucière.

Faisan aux choux à la paysanne

Préparez un faisan pour la broche. Mettez dans une cocotte un bon morceau de beurre, faites dorer le faisan à feu vif, mettez trois petits oignons, salez, poivrez, laissez cuire une heure, couvert, à feu doux. D'autre part, faites blanchir dans une marmite, à l'eau salée, deux beaux choux, égouttez-les, mettez-les dans la casserole autour du faisan. Ajoutez bouquet garni; muscade (très peu), un saucisson de campagne, des saucisses. Laissez cuire très doucement pendant quatre heures. Un quart d'heure avant de servir, ajoutez des tranches de jambon de Bayonne. Au moment de servir, saupoudrez d'un très léger hachis d'ail et de persil. Dressez dans un plat le faisan, sur un lit de choux et de jambon, entouré de la garniture. Ce plat bien français est absolument exquis.

RELEVES DE VOLAILLE

Les volailles à peau blanche et fine sont les meilleures; on reconnaît qu'elles sont jeunes et tendres aux jointures des pattes, qui doivent être grosses, et à la grosseur du cou. Les vieilles volailles ont toujours le cou maigre.

On doit plumer une volaille aussitôt tuée et la vider avec soin, par une incision que l'on fait sous la cuisse. *Lorsque accidentellement, l'on crève l'amer, il faut laver de suite à l'eau chaude l'intérieur du corps, afin d'enlever le mauvais goût.*

La volaille plumée et vidée, il faut la flamber, brûler ou échauder les pattes pour en enlever la peau; couper le petit bout des ailes et le dessous du bec. — *La poularde et le poulet gras s'accommodent comme le chapon.*

Chapon au gros sel

Prenez un chapon; plumez, videz, flambez et bridez avec les pattes en dedans; ficelez et faites cuire pendant deux heures et demie dans une casserole avec de l'eau bouillante salée; ajoutez : le cou et le gésier, jambon, carottes, deux clous de girofle, un poireau, un peu de cerfeuil.

La cuisson terminée, retirez, débridez et dressez sur un plat. Accompagnez de gros sel dans une soucoupe.

Chapon au riz

Préparez le chapon comme ci-dessus. Laissez cuire pendant deux heures et demie. Passez à la passoire. Mettez crever une demilivre de riz dans le bouillon.

La cuisson terminée, égouttez le riz, dressez-le sur un plat; posez le chapon dessus et garnissez le plat avec des carottes.

Chapon à la financière

Prenez un gros chapon; plumez, videz, flambez et bridez les pattes en dedans. Piquez les filets de lard fin, et couvrez de bardes de lard les parties non piquées. Mettez le chapon dans une braisière avec un bon morceau de beurre et faites dorer à feu clair. Ajoutez: petits oignons, bouquet garni, salez, poivrez et laissez cuire à feu doux pendant deux heures et demie, dans la casserole couverte.

La cuisson terminée, retirez, dressez sur un plat que vous ornez d'un *ragoût financière*. Servez en accompagnant d'une sauce financière à part dans une saucière.

Chapon à la Godard

Faites dégorger, pendant 24 heures, un ris de veau dans l'eau vinaigrée. Enlevez les parties non comestibles, essuyez-le soigneusement. D'autre part, vous avez préparé un chapon comme il est dit précédemment. Faites dorer au beurre à la casserole, en même temps, le chapon et le ris de veau. Ajoutez six petits oignons, un bouquet garni. Poivrez, salez, laissez cuire une heure et demie à feu doux dans la casserole couverte.

D'autre part, faites blanchir une demi-livre de champignons, égouttez-les soigneusement. Mettez-les autour du chapon quand il a cuit une heure et demie. Ajoutez à ce moment des quenelles de volailles, des truffes, des rognons et des crêtes de coq. Cette dernière garniture coûteuse n'est pas indispensable. Laissez encore cuire une demi-heure à feu doux. Au moment de servir, ajoutez un jus de citron. Servez chaud sur un plat le chapon dressé, entouré de sa garniture et recouvert du jus de cuisson.

Chapon à l'Anglaise

Préparez comme le *Chapon à la financière*, mais sans piquer les filets. La cuisson terminée, retirez le chapon; dressez-le sur un plat avec une *garniture de carottes, haricots verts, choux-fleur, points d'asperges* cuites à l'eau salée. Servez en accompagnant d'une Béchamel, à part, dans une saucière.

Chapon au naturel (rôti)

C'est la meilleure manière d'accommoder ce mets si fin et dont la saveur se passe de condiments. Il faut parer un chapon comme il a été dit précédemment, mais sans mettre de lard. Frottez-le de beurre et faites-le cuire à la broche en l'arrosant sans cesse du jus de la lèchefrite. Il faut compter environ deux heures et demie de cuisson. On le sert sur un lit de cresson frais accompagné d'un saladier de laitue ou de salade de saison.

Dinde

La femelle, ou dinde, est préférable au dindon, pour la finesse de sa chair; on les accommode tous deux de la même façon; ils sont surtout appréciés lorsqu'ils sont jeunes et gras. On reconnaît la jeunesse du dindon ou de la dinde aux pattes, qui doivent être d'un beau noir; dès que cette volaille atteint deux ans, les pattes deviennent rougeâtres et ensuite écailleuses; dès lors, la chair en est coriace.

Dinde braisée au jus

Prenez une belle dinde bien grasse; plumez, videz, flambez, échaudez les pattes, enlevez le cou; aplatissez le bréchet; bardez et bridez.

Foncez une braisière avec des tranches de lard de poitrine, salez, poivrez, faites revenir dans le beurre, jusqu'à ce que la dinde ait pris une belle couleur; ajoutez un bouquet garni, carottes, oignons, coupés en rouelles. Laissez cuire à feu doux pendant deux heures; retournez la dinde une fois pendant ce temps.

La cuisson terminée, retirez, débridez et dressez sur un plat.

Dégraissez et passez le jus de la cuisson que vous aurez fait réduire; mélangez-le à un peu de madère, saucez la dinde, et envoyez le restant à part dans une saucière.

Dinde braisée à la Périgueux

Choisissez une dinde bien grasse; plumez, videz, flambez, échaudez les pattes, enlevez le cou dont vous laissez la peau et supprimez le bréchet.

Prenez deux ou trois livres de truffes, que vous brossez et lavez soigneusement; épluchez-les, et hachez finement les parures. Arrosez les truffes avec un peu d'eau-de-vie et laissez-les macérer quelques instants.

Râpez et faites fondre à feu doux une livre et demie de lard gras. Mettez-y les truffes, soit entières, soit coupées en morceaux; ajoutez les parures et assaisonnez de sel, poivre, thym, laurier. Laissez, *sans bouillir*, pendant un quart d'heure sur le coin du fourneau et versez dans une terrine pour faire refroidir.

Remplissez la dinde avec les truffes; troussez et bridez comme pour entrée. Conservez-la pendant trois à six jours, selon la saison, afin qu'elle s'imprègne du parfum des truffes.

Le jour où vous devez employer la dinde, bardez-la et mettez-la dans une braisière foncée de lard et faites cuire doucement pendant deux heures avec feu dessus et dessous.

La cuisson terminée, retirez, égouttez et dressez sur un plat. Saucez avec une sauce Périgueux, et envoyez le restant de la sauce à part dans une saucière.

Dinde braisée chipolata

Préparez et opérez comme il est dit à *Dinde braisée au jus*.

La cuisson terminée, dressez sur un plat et entourez d'une *garniture de chipolata*. Mouillez avec le jus de la cuisson; laissez réduire pendant dix minutes et envoyez-la à part dans une saucière.

Dinde en daube

Lorsque vous avez des doutes sur la tendreté d'une dinde, mettez-la en daube, en opérant comme suit: Plumez, videz, flambez et piquez de lardons.

Faites une farce avec chair à saucisse et mie de pain trempée dans du lait; assaisonnez-la de sel, poivre, pointe de muscade, persil et échalotes hachés; ajoutez deux jaunes d'œufs, et mêlez bien le tout ensemble.

Emplissez le corps de la dinde avec cette farce, cousez et bridez. Foncez une daubière avec des tranches de lard de poitrine; faites revenir la dinde avec du beurre de façon qu'elle prenne une belle couleur; ajoutez une douzaine de petits oignons, carottes, pied de veau, bouquet garni et couennes de lard. Faites cuire doucement pendant quatre ou cinq heures, selon la grosseur. Une heure avant de servir, ajoutez un verre de vin blanc et un petit verre d'eau-de-vie. La cuisson terminée, retirez, débridez et servez sur un plat chaud; saucez la dinde et envoyez le restant de la sauce à part dans une saucière.

Dinde à la Jardinière

Préparez et opérez comme pour la *Dinde braisée au jus*. La cuisson terminée, dressez la dinde sur un plat que vous entourez d'une *garniture jardinière*, et servez en accompagnant du jus de la cuisson, à part dans une saucière.

Dinde aux laitues braisées

Préparez et opérez comme pour la *Dinde braisée au jus*. La cuisson terminée, dressez la dinde sur un plat que vous entourez d'une *garniture de laitues braisées*, et servez en accompagnant du jus de la cuisson, à part dans une saucière.

Dinde aux marrons

Plumez, videz, flambez. Prenez une livre de chair à saucisse; assaisonnez-la de sel, poivre. muscade. échalotes hachées finement, mélangez à cette chair à saucisse la valeur d'un litre de marrons grillés à feu doux sans qu'ils aient pris couleur. Garnissez le corps de la dinde avec ce mélange; cousez et bridez. Faites cuire à la broche ou au four du fourneau, pendant trois heures, en ayant soin d'arroser de temps en temps.

La cuisson terminée, débrochez, débridez et dressez sur un plat. Passez et dégraissez le jus de la cuisson, et envoyez-le à part dans une saucière.

La dinde peut également se farcir avec des marrons cuits à l'eau.

Oie

L'oie ne figure pas dans les dîners d'apparat; cependant, lorsqu'elle est jeune et grasse, elle est bien accueillie sur les tables bourgeoises. Le foie de l'oie sert à faire les pâtés si justement renommés, et la graisse peut être conservée pour remplacer le beurre dans la préparation de certains légumes.

Oie à la choucroute

Préparez et opérez comme il est dit au *Faisan à la choucroute*, Ne pas piquer et donner une heure de cuisson en plus. Servir de même.

Oie aux marrons

Préparez et opérez comme il est dit à la *Dinde aux marrons*, et servez de même.

Oie en daube

Préparez et opérez comme il est dit à la *Dinde en daube,* et servez de même.

Oie à la paysanne

Préparez et opérez comme il est dit au *Faisan aux choux à la paysanne.*

RELEVÉS DE POISSON

On sert comme relevés de poisson toutes les grosses pièces qui en général se cuisent au court-bouillon et se servent avec sauce à part, tels que saumon, grosse truite, sterlet, gros brochets, etc. (Voir aux *Poissons*).

ENTRÉES et RÔTS

ENTRÉES

Les entrées se divisent en sept parties: Entrées de boucherie, de porc, de gibier, de volaille, de poisson; entrées froides et entrées de four.

BOUCHERIE

ENTREES DE BŒUF

Bifteck au naturel

Le faux-filet et le rumsteck peuvent être employés pour faire les biftecks, mais le meilleur morceau est le filet.

Prenez un bifteck de trois centimètres d'épaisseur, coupé sur le travers du filet de bœuf; parez-le; salez et poivrez. Faites cuire sur le gril à feu vif, pendant quatre ou cinq minutes de chaque côté. La cuisson terminée, mettez sur un plat chaud avec un morceau de beurre et servez.

Saler et poivrer avant la cuisson donne plus de goût à la viande; mais si on veut éviter la perte du jus, *il faut saler et poivrer seulement après la cuisson.*

Bifteck au cresson

Préparez et opérez exactement comme pour le *Bifteck au naturel.* La cuisson terminée, mettez le bifteck sur un plat et entourez-le d'une *garniture de cresson* assaisonnée de sel et de vinaigre.

Bifteck à la Bordelaise

Préparez et faites cuire comme pour le *Bifteck au naturel.* La cuisson terminée, dressez-le dans un plat chaud, mettez un bon morceau de beurre, un hachis d'échalote et de persil, ciselez la viande de quelques entailles au couteau, recouvrez d'une assiette creuse chaude et laissez le jus se faire ainsi pendant trois minutes, découvrez et servez.

Cette grillade est parfaite sur un feu de bois clair et mieux de sarments de vigne.

Bifteck à la poêle

Mettre du beurre dans une poêle. Dès qu'il chante, placer le bifteck, le retourner et le servir sur un plat chaud parsemé d'un hachis de persil et arrosé du jus de cuisson.

Bifteck aux pommes de terre frites

Préparez et faites cuire comme pour le *Bifteck au naturel* ou le *Bifteck à la poêle*. La cuisson terminée, dressez-le dans un plat chaud et entourez-le d'une *garniture de pommes de terres frites*.

Bifteck aux pommes de terre frites soufflées

Préparez et faites cuire comme pour le *Bifteck au naturel*. La cuisson terminée, dressez-le dans un plat chaud, sur une maître-d'hôtel, et entourez-le d'une *garniture de pommes de terre frites soufflées*.

Bifteck aux pommes de terre sautées au beurre

Préparez et faites cuire comme pour le *Bifteck au naturel*. La cuisson terminée, dressez-le dans un plat chaud, sur une maître-d'hôtel, et entourez-le d'une *garniture de pommes de terre sautées au beurre*.

Bifteck au beurre d'anchois

Préparez et faites cuire comme pour le *Bifteck au naturel*. La cuisson terminée, dressez-le dans un plat chaud sur un beurre d'anchois.

Bifteck sauce Colbert

Préparez et faites cuire comme pour le *Bifteck au naturel*. La cuisson terminée, dressez-le dans un plat chaud; saucez avec une sauce Colbert et servez.

Chateaubriand

Prenez un morceau de filet de cinq à six centimètres d'épaisseur; faites cuire comme il est dit au *Bifteck au naturel* ou à la poêle. Se sert avec *garniture de pommes soufflées* et sur un lit de cresson.

Filet à la Béarnaise

Prenez un morceau de filet de trois centimètres d'épaisseur; parez-le, salez, poivrez et faites griller à feu vif pendant quatre à cinq minutes de chaque côté. La cuisson terminée, dressez sur un plat chaud; masquez le filet avec une sauce Béarnaise, que vous décorez avec quelques feuilles d'estragon, puis servez.

Filet aux truffes sauce Madère

Prenez un morceau de filet de quatre à cinq centimètres d'épaisseur; parez-le, salez et poivrez; mettez-le dans une casserole à sauter, avec du beurre chaud et faites-lui prendre une belle couleur de chaque côté. Retirez le filet et faites un roux léger avec un peu de farine et le beurre de la cuisson; mouillez avec du vin de Madère. Laissez cuire pendant quelques minutes; remettez le filet avec des truffes coupées en larmes; faites mijoter pendant quatre ou cinq minutes et, la cuisson terminée, liez votre sauce d'un petit morceau de beurre frais. Dressez sur un plat chaud; masquez avec la sauce et servez.

Filet sauté aux champignons

Prenez un morceau de filet de cinq à six centimètres d'épaisseur; parez, salez et poivrez; mettez-le dans une casserole à sauter, avec du beurre chaud et faites-lui prendre une belle couleur de chaque côté. Retirez le filet et faites un roux léger avec un peu de farine et le beurre de la cuisson; mouillez-le d'un peu de vin blanc, mettez des champignons et laissez cuire un quart d'heure. Remettez le filet; faites mijoter pendant cinq ou six minutes et, la cuisson terminée, liez votre sauce d'un peu de beurre frais; ajoutez un peu de persil haché, un jus de citron et dressez sur un plat chaud; masquez avec la sauce; garnissez le plat avec des champignons et servez chaud.

Filet sauté aux olives

Préparez et opérez comme ci-dessus, mais en supprimant les champignons. Cinq minutes avant la fin de la cuisson, ajoutez des olives. La cuisson terminée, dressez le filet sur un plat chaud, entourez-le avec des olives. Terminez votre sauce en lui amalgamant un petit morceau de beurre fin; versez sur le filet et servez.

Filet Rossini

Prenez un morceau de filet; parez-le et coupez-le en biftecks de trois centimètres d'épaisseur, donnez-leur une forme ronde et pas trop grande, de façon à pouvoir en servir un à chaque convive. Opérez ensuite comme il est dit au *Filet sauce Madère*. La cuisson terminée, dressez les filets dans un plat chaud, en disposant sur chacun d'eux une escalope de foie gras, de la même forme, mais un peu plus petite; ces escalopes seront préalablement sautées au beurre. Posez sur chaque escalope la moitié d'une belle truffe cuite au madère; masquez le tout avec la sauce et servez.

Filet sauté à la Portugaise

Prenez un morceau de filet de cinq à six centimètres d'épaisseur; parez-le, salez et poivrez; mettez-le dans une casserole à sauter, avec du beurre chaud et faites-lui prendre une belle couleur de chaque côté et laissez mijoter pendant quatre ou cinq minutes.

La cuisson terminée, dressez le filet dans un plat chaud; entourez-le d'une *garniture de tomates farcies*, et servez en accompagnant d'une saucière de sauce tomate, à laquelle vous aurez mélangé le jus de la cuisson

Tourne-dos

Prenez un morceau de filet de bœuf, et coupez-le en tranches minces; donnez-leur une forme égale, et mettez-les mariner, dans une marinade cuite, pendant cinq ou six heures. Retirez, égouttez, épongez et faites sauter à feu vif. Dressez-les en couronne, dans un plat chaud, et versez au milieu, soit une sauce poivrade, une sauce piquante, une sauce Béarnaise, etc.

Grenadins, sauce poivrade

Prenez un morceau de filet de bœuf et coupez-le sur la longueur en tranches minces d'un centimètre d'épaisseur; parez-les soigneusement en leur donnant une forme ovale. Piquez-les de lard fin et mettez-les dans une marinade pendant cinq ou six heures. Retirez, égouttez et faites sauter à feu vif dans du beurre; passez au four pendant quelques minutes pour glacer légèrement les grenadins.

La cuisson terminée, dressez en couronne sur un plat chaud, et versez au milieu une sauce poivrade.

Grenadins aux truffes sauce Madère

Préparez des grenadins comme ci-dessus et faites cuire de même, mais sans faire mariner, en piquant les grenadins de truffes et de lardons fins alternés.

La cuisson terminée, dressez en couronne sur un plat chaud, et versez au milieu une sauce madère aux truffes.

Grenadins aux olives

Préparez les grenadins et opérez comme pour les *Grenadins sauce poivrade*. Faites cuire de même, sans faire mariner, piquez de lardons fins. La cuisson terminée, dressez en couronne sur un plat chaud et placez au milieu des olives préparées pour garniture; saucez avec du jus de viande et servez.

Grenadins aux champignons

Préparez les grenadins et opérez comme pour les *Grenadins sauce poivrade*. Faites cuire de même, sans faire mariner, piquez de lardons fins. La cuisson terminée, dressez en couronne sur un plat chaud et placez au milieu des champignons préparés pour garniture. Saucez avec une sauce Colbert et servez.

Filets mignons de bœuf aux tomates farcies

Prenez des filets mignons d'un centimètre et demi d'épaisseur. Faites-les sauter à feu vif; salez, poivrez; passez au four pendant quelques minutes pour glacer légèrement. La cuisson terminée, dressez en couronne sur un plat chaud, en alternant avec un filet une tomate farcie. Saucez du jus de cuisson et servez.

Filets mignons de bœuf aux fonds d'artichauts

Préparez et opérez comme ci-dessus. La cuisson terminée, dressez en couronne sur un plat chaud, en alternant un filet avec un fond d'artichaut. Saucez du jus de cuisson mélangé à du jus de citron et servez.

Plus économiquement, on peut remplacer les fonds d'artichauts par des topinambours blanchis à l'eau salée.

Emincé de filet de bœuf

Lorsque vous voulez utiliser une desserte de filet de bœuf, coupez-le en morceaux d'un demi-centimètre d'épaisseur, et faites chauffer *sans bouillir*, dans une sauce piquante, une sauce tomate, une sauce Robert, etc. Dressez sur un plat chaud et servez.

Paupiettes ou Roulades de bœuf

Coupez des tranches minces et longues de filet de bœuf; parez-les, salez et poivrez; couvrez-les d'une couche de farce faite avec des restes de desserte de viande et roulez-les en forme de paupiettes; ficelez et faites revenir dans une casserole avec du beurre fondu et des oignons Lorsqu'elles ont pris une belle couleur, laissez cuire doucement pendant vingt minutes. La cuisson terminée, déficelez, dressez les paupiettes sur un plat; laissez réduire le jus de la cuisson, dégraissez-le et mélangez-le à une sauce aux anchois. Couvrez les paupiettes avec cette sauce et servez chaud. Il est plus simple encore de mettre les paupiettes sans anchois dans une sauce tomate ou une sauce piquante.

Entrecôte à la maître d'hôtel

Prenez un entrecôte de trois centimètres d'épaisseur. On le fait cuire et on le prépare comme il a été dit pour les biftecks.

Entrecôte aux pommes de terre frites

Préparez et opérez exactement comme ci-dessus. La cuisson terminée, dressez dans un plat chaud, sur une maître d'hôtel, et entourez de pommes de terre frites, ou frites soufflées.

Entrecôte Bordelaise

Préparez et opérez comme il est dit au *Bifteck à la bordelaise.*

Autre manière:

Broyez et amalgamez cent grammes de moelle de bœuf ramollie dans l'eau bouillante et cent grammes de beurre fin; assaisonnez, poivre et sel, persil haché et un jus de citron. D'autre part, faites griller un entrecôte ou un bifteck. Quand la viande est cuite, dressez-la sur un plat chaud et recouvrez-la du mélange beurre et moelle. Faites passer au four et servez chaud.

Entrecôte Bercy

Préparez et opérez comme pour le *Bifteck à la poêle.* La cuisson terminée mettez dans un plat chaud. Ajoutez des échalotes, puis du bourgogne rouge. Liez avec du beurre. Versez sur la viande. Mettez un hachis de persil et servez chaud.

Entrecôte Béarnaise

Préparez et opérez comme pour l'*Entrecôte à la maître d'hôtel.* La cuisson terminée, mettez dans un plat chaud et masquez d'une sauce béarnaise.

Entrecôte au beurre de Provence

Prenez un entrecôte de trois centimètres d'épaisseur, parez-le et trempez-le dans l'huile, salez et poivrez. Faites cuire sur le gril pendant quatre ou cinq minutes de chaque côté, à feu vif. La cuisson terminée, mettez dans un plat chaud gros comme une noix de beurre de Provence ou *ailloli;* placez votre entrecôte dessus et servez chaud.

Entrecôte braisé

Prenez un entrecôte de quatre à cinq centimètres d'épaisseur; parez-le et faites-le revenir dans une casserole à sauter foncée de lard de poitrine. Lorsqu'il a pris une belle couleur de chaque côté, assaisonnez avec sel, poivre, bouquet garni, oignons, carottes et arrosez le tout d'un petit verre d'eau-de-vie. Couvrez et laissez cuire à feu doux pendant trois heures. La cuisson terminée, retirez, dressez sur un plat chaud; dégraissez et passez le jus de la cuisson; arrosez l'entrecôte et servez.

Entrecôte aux oignons

Parez et opérez comme il est dit ci-dessus, mais une heure et demie avant la fin de la cuisson, retirez bouquet, oignons, carottes, et remplacez-les par une trentaine de petits oignons jaunis au beurre. La cuisson terminée, garnissez le plat avec les oignons, dégraissez le jus et versez-le sur l'entrecôte.

Entrecôte mariné

Prenez et parez un entrecôte, comme il est dit ci-dessus. Faites-le mariner pendant douze heures, dans un peu d'eau-de-vie, avec sel, poivre, oignons, thym, laurier, muscade, un clou de girofle. Retirez, égouttez et mettez l'entrecôte dans une casserole à sauter avec du beurre chaud; faites prendre une belle couleur de chaque côté; arrosez avec la marinade et laissez cuire doucement pendant une demi-heure avec feu dessus et dessous.

La cuisson terminée, retirez et servez dans un plat chaud sur une purée de pois, de lentilles, de champignons, d'oignons, etc.

Entrecôte sauté aux champignons

Préparez un entrecôte comme il est dit à l'*Entrecôte braisé*. Faites-le revenir dans une casserole à sauter, avec du beurre chaud et laissez prendre une belle couleur de chaque côté; retirez l'entrecôte et faites un roux léger avec le beurre de la cuisson, puis remettez l'entrecôte; mouillez d'un peu de vin blanc et laissez cuire doucement pendant une heure. Dix minutes avant la fin de la cuisson, ajoutez les champignons. La cuisson terminée, dressez l'entrecôte sur un plat chaud; entourez-le avec les champignons et finissez la sauce en y amalgamant un petit morceau de beurre frais et un jus de citron. Servez chaud.

Entrecôte sauté aux olives

Préparez et opérez comme ci-dessus. Cinq minutes avant la fin de la cuisson, ajoutez des olives dont les noyaux ont été enlevés. La cuisson terminée, dressez l'entrecôte sur un plat chaud, entourez-le d'olives et finissez la sauce avec un peu de beurre frais. Servez chaud.

Entrecôte à la Provençale

Préparez un entrecôte de trois à quatre centimètres; faites-lui prendre couleur, à feu vif, avec quelques cuillerées d'huile d'olive, assaisonnez avec sel, poivre et laissez cuire à feu doux.

D'autre part, faites revenir, dans quelques cuillerées d'huile, des oignons coupés en tranches minces; laissez-leur prendre une belle couleur blonde; mettez un peu de vinaigre; ajoutez une pointe d'ail et laissez cuire la sauce pendant un quart d'heure.

La cuisson de l'entrecôte terminée, mettez-le dans un plat chaud et versez la sauce dessus.

Côte de bœuf braisée

Prenez une côte de bœuf; enlevez l'os de l'échine; rognez la bavette à quelques centimètres au-dessus de la noix. Ficelez et opérez ensuite comme il est dit à l'*Aloyau braisé*. Servez de même.

La côte de bœuf préparée ainsi peut se servir accompagnée d'une *garniture de croquettes*, de *pommes de terre*, de *navets glacés*, de *carottes à la Nivernaise*, de *purée de légumes*, de *nouilles*, macaroni, etc.

Bœuf à la Bourguignonne

Prenez un morceau de faux-filet ou de rumsteck bien mortifié. Coupez-le en morceaux de la grosseur d'un petit œuf. Faites-les revenir à feu vif, avec cinq ou six oignons et, lorsqu'ils seront d'une belle couleur, saupoudrez-les de farine. Remuez pendant quelques instants avec une cuiller de bois; faites cuire doucement une demi-heure; mouillez d'un verre de bon vin rouge; assaisonnez de sel, poivre, bouquet garni; ajoutez des champignons; laissez cuire pendant deux heures à feu doux. La cuisson terminée, dressez les morceaux dans un plat chaud, garnissez avec les oignons et les champignons, saucez avec la sauce, puis servez.

Bœuf bouilli de desserte

Le bœuf bouilli de desserte s'utilise en le coupant par tranches et en le faisant chauffer soit dans une sauce piquante, tomate, Robert, rémoulade, tartare, cornichons, matelote, italienne, etc.

Mironton de bœuf

Prenez un morceau de bœuf bouilli. Coupez-le en dés et rangez-les dans une casserole à sauter.

D'autre part, faites revenir dans la poêle, avec du beurre, des oignons coupés en tranches. Lorsqu'ils commencent à prendre une belle couleur, saupoudrez d'une cuillerée de farine, mouillez d'un verre de bouillon et d'un demi-verre de vin blanc; assaisonnez de sel et de poivre et laissez cuire pendant un quart d'heure, en tournant avec la cuiller de bois. Versez alors sur les tranches de bœuf, remettez au feu et laissez cuire à feu très doux pendant une demi-heure, avec un bouquet garni.

La cuisson terminée, dressez les tranches en couronne; ajoutez un filet de vinaigre au ragoût d'oignons, et versez celui-ci au milieu du plat, puis servez.

Bœuf bouilli en persillade

Prenez un morceau de bœuf bouilli. Coupez-le en tranches minces. Faites fondre du beurre dans la poêle et faites-y chauffer les tranches de bœuf, en ayant soin de les retourner une fois; salez et poivrez. Dressez les tranches de bœuf dans un plat chaud et saupoudrez-les d'une cuillerée de persil haché. Ajoutez deux cuillerées de vinaigre au beurre resté dans la poêle, et laissez bouillir une minute. Versez sur le bœuf, puis servez. On peut, si l'on veut, délayer un peu de moutarde dans le vinaigre.

Hachis de bœuf bouilli

Prenez un morceau de bœuf bouilli, hachez-le très fin. Coupez des oignons très menu; faites-les cuire au beurre et, lorsqu'ils auront pris une belle couleur, saupoudrez-les d'un peu de farine; remuez pendant quelques minutes avec une cuiller en bois; mouillez d'un verre de vin blanc et d'autant de bouillon. Faites réduire de moitié et ajoutez le bœuf haché, avec persil haché, sel et poivre. Laissez cuire pendant un quart d'heure; renversez le hachis sur le plat et servez. *Au moment de servir, la sauce doit être complètement amalgamée au bœuf.*

Croquettes de bœuf

Préparez et opérez comme il est dit aux *Hors-d'œuvre chauds,* et servez sur une sauce piquante, une sauce tomate, etc., etc.

Grillades de bœuf bouilli

Prenez des tranches de lard de poitrine; faites-les revenir à la poêle, dans du beurre et laissez-leur prendre une légère couleur; retirez-les dans un plat et tenez-les chaudement.

Remplacez le lard dans la poêle par des tranches de bœuf bouilli; faites-les jaunir, et dressez-les avec les tranches de lard alternées. Servez chaud.

Bœuf au gratin

Coupez du bœuf bouilli en tranches minces; rangez-les dans un plat à gratin, préalablement beurré et saupoudré d'une pointe d'échalote hachée. Recouvrez le bœuf de persil et de champignons hachés; salez, poivrez et saupoudrez de chapelure; mouillez de moitié bouillon moitié vin blanc. Mettez de place en place de petits morceaux de beurre et faites cuire doucement avec feu dessus et dessous. La cuisson terminée, servez dans le plat.

Bœuf en ragoût

Prenez du lard de poitrine; ôtez-en la couenne, coupez-le en petits morceaux et faites-le revenir. Lorsqu'il a pris une belle couleur, mouillez avec du bouillon; assaisonnez de poivre, peu de sel, bouquet garni et ajoutez des pommes de terre coupées en morceaux. Lorsqu'elles sont cuites, et quelques minutes avant de servir, ajoutez-y, pour le faire chauffer, votre bœuf bouilli coupé par tranches; retirez le bouquet garni et servez.

Bœuf à la poulette

Préparez une sauce poulette; coupez en tranches du bœuf bouilli dont vous supprimez les parties trop grasses et les nerfs; faire chauffer dans la sauce doucement, sans laisser bouillir.

Queue de bœuf grillée

Prenez un morceau de queue de bœuf; coupez par morceaux aux joints et faites cuire dans le pot-au-feu. Lorsqu'ils sont cuits, retirez et laissez refroidir. Trempez les morceaux dans du beurre fondu; panez et faites griller. Servez dans un plat chaud, et accompagnez d'une saucière de sauce piquante, tartare, Robert, etc., ou avec une *garniture de choux ou de purée de pois.*

Queue de bœuf en daube

Faites blanchir, écumer et égoutter un morceau de queue de bœuf, coupé en morceaux. Pour la cuisson, opérez et finissez comme au *Bœuf à la mode*.

Queue de bœuf en hochepot

Prenez un morceau de queue de bœuf, faites blanchir, écumez et égouttez. Foncez une casserole avec du lard de poitrine, quelques tranches de jambon et un cervelas; placez les morceaux de queue et ajoutez carottes, navets, panais, oignons et deux cœurs de choux blanchis. Mouillez à hauteur avec du bouillon et un peu de vin blanc; laissez cuire doucement pendant cinq heures. La cuisson terminée, dressez les morceaux de queue sur un plat chaud et garnissez avec les légumes, le jambon, le lard et le cervelas coupés en tranches. Faites réduire le jus de la cuisson; dégraissez et versez sur le plat, puis servez chaud.

Bœuf à l'écarlate

Désossez une culotte de bœuf ou un morceau de culotte de bœuf, bien mortifié. Frottez-la de sel fin et de salpêtre; mettez-la dans une terrine et assaisonnez avec épices, sel, poivre, ail, thym, laurier, clou de girofle, genièvre, basilic, carottes et oignons coupés en tranches. Couvrez la viande d'un linge blanc, puis, d'un plat ou couvercle qui ferme hermétiquement. Au bout de huit jours, retournez et laissez encore huit jours.

Au moment de vous en servir, ficelez et enveloppez votre viande dans un linge blanc; plongez-la dans l'eau bouillante, assaisonnée de persil, oignons, carottes; laissez cuire et refroidir dans l'assaisonnement. Coupez par tranches, faites chauffer et servez avec un plat de choux ou une purée de légumes.

Le bœuf à l'écarlate se sert également froid, coupé en tranches minces.

Bœuf fumé

Opérez et faites mariner comme ci-dessus, mais ajoutez un peu de cassonnade à l'assaisonnement. Au bout de quinze jours, retirez la viande, laissez-la égoutter pendant douze heures; ficelez-la et faites sécher et fumer en l'accrochant dans la cheminée.

Huit jours après, on peut l'employer en la faisant dégorger cinq ou six heures dans l'eau tiède, puis cuire comme ci-dessus et servir de même, ou avec une garniture de choucroute. ⌐

Rognon de bœuf sauté au vin blanc

Prenez un rognon de bœuf. Fendez-le en quatre morceaux dans sa longueur; enlevez complètement la partie grasse et nerveuse du

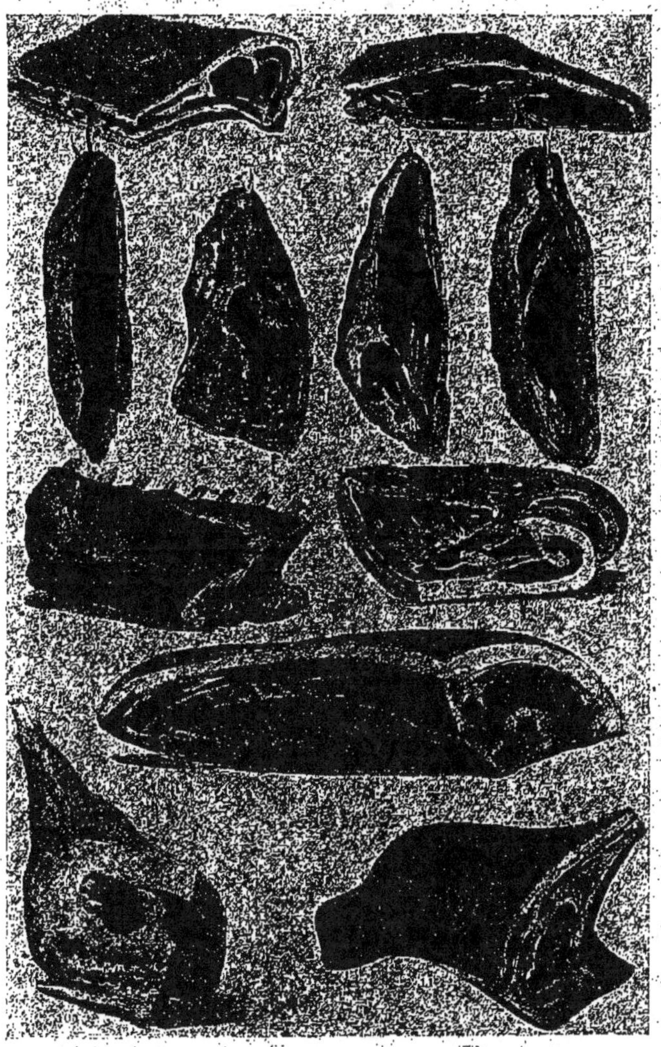

1. Carré de Bœuf
2. Entrecôte
3. Tranche.
4. Filet.
5. Aloyau
6. Rumsteack.
7. Côtelettes de Veau
8. Poitrine de Porc.
9. Carré de Mouton.
10. Gigot de Mouton
11. Côtelettes de Porc.

milieu; coupez chaque morceau en tranches minces d'un demi-centimètre d'épaisseur.

Faites revenir dans la poêle, à feu vif, pendant trois minutes. Salez et poivrez, saupoudrez de farine, tournez pendant quelques instants avec la cuiller de bois; mouillez d'un verre de vin blanc, laissez cuire pendant une minute ou deux, retirez le rognon sans la sauce; dressez-le sur un plat chaud. Ajoutez à la sauce restée dans la poêle quelques champignons blanchis; laissez cuire cinq minutes, puis mêlez-y une cuillerée de persil haché finement, un petit morceau de beurre fin que vous faites fondre sans laisser bouillir. Versez sur le rognon et servez chaud. Si l'on ne met pas de champignons, on mettra de l'échalote hachée et une pointe d'ail.

Rognon de bœuf sauté au beurre

Préparez comme ci-dessus. Faites revenir dans la poêle pendant cinq minutes avec sel, poivre, une pointe d'échalote hachée finement. Liez d'un bon morceau de beurre que vous faites fondre *sans laisser bouillir*, et finissez avec un peu de persil haché et un jus de citron. Dressez sur un plat chaud et servez.

Cœur de bœuf à la bourgeoise

Prenez un cœur de bœuf bien frais; fendez-le en deux morceaux, sans les séparer; faites dégorger à l'eau froide; enlevez soigneusement le sang et les nerfs, lavez et essuyez.

Piquez ensuite avec du lard gras; ficelez et placez dans une casserole foncée de lard de poitrine, entourez de quelques oignons et carottes, et finissez comme il est dit au *Bœuf à la mode*.

Cœur de bœuf à l'étuvée

Préparez un cœur de bœuf comme il est dit ci-dessus; coupez-le en morceaux et faites mariner pendant six heures avec sel, poivre, aromates et vinaigre : égouttez de la marinade, et opérez ensuite comme il est dit à *Mou de veau à la matelote*, en ayant soin de donner cinq heures de cuisson à feu très doux.

Foie de bœuf grillé

Prenez un morceau de foie de bœuf et coupez-le en tranches minces, saupoudrez-les de sel et de poivre; faites-les cuire sur le gril, pendant quelques minutes seulement, en ayant soin de les retourner. Servez dans un plat chaud sur une maître d'hôtel.

Foie de bœuf à la minute

Avec des tranches de foie de bœuf, opérez comme il est dit à *Foie de veau à la minute*.

Gras-double (Cuisson du).

Prenez du gras-double, grattez-le et lavez-le soigneusement à plusieurs eaux; faites-le blanchir, rafraîchissez-le à l'eau froide en ayant soin de le brosser fortement et laissez-le dégorger à l'eau froide pendant vingt-quatre heures en renouvelant l'eau plusieurs fois. Coupez-le ensuite en bandes de huit à dix centimètres de largeur. Placez-le dans une marmite en terre, couvrez-le d'eau, assaisonnez de sel, poivre, aromates, bouquet garni; couvrez et laissez cuire à feu doux pendant six ou sept heures. Retirez, égouttez et épongez.

Gras-double à la Lyonnaise

Préparez et faites cuire comme ci-dessus. Le gras-double étant bien égoutté, coupez-le en petits carrés longs de trois centimètres de largeur sur quatre de longueur. Coupez quelques gros oignons en tranches minces; faites-les revenir dans la poêle avec beaucoup de beurre et lorsqu'ils sont d'une belle couleur blonde, enlevez-les de la poêle sans retirer le beurre. Remplacez les oignons par le gras-double et faites cuire en retournant fréquemment les morceaux jusqu'à ce qu'ils soient tous bien dorés; mettez alors les oignons, mélangez le tout et finissez avec un filet de vinaigre et un peu de persil haché. Versez sur un plat et servez très chaud. On ajoute souvent un peu de sauce tomate.

Gras-double au fromage

Faites cuire comme il est dit à la *Cuisson du gras-double*. Coupez en petits carrés longs de trois centimètres de largeur sur quatre de longueur. Prenez un plat à gratin; beurrez-le et mettez une couche de gras-double, une couche de fromage de gruyère râpé et assaisonné avec poivre et pointe de muscade, une couche de gras-double et continuez jusqu'à ce que votre plat soit rempli, en ayant soin de terminer par une couche de fromage. Arrosez de quelques cuillerées de crème et d'un peu de beurre fondu; passez au four doux, pendant quelques minutes, pour faire prendre une belle couleur et servez.

Gras-double à la poulette

Faites cuire comme il est dit à la *Cuisson du gras-double*. Coupez en carrés longs de trois centimètres de largeur sur quatre de longueur. Coupez très menu un gros oignon que vous passez dans du beurre à feu très doux afin qu'il ne jaunisse pas. Au bout de quelques minutes, ajoutez les morceaux de gras-double; assaisonnez-les de sel et poivre et tournez-les sur le feu, à la cuiller de bois, pendant quelques instants. Ajoutez un bouquet garni et laissez cuire doucement pendant une demi-heure. Liez la sauce avec de la crème, trois jaunes d'œufs, un bon morceau de beurre et un jus de citron, ajoutez un peu de muscade râpée et servez dans un plat chaud.

La sauce doit être suffisamment épaisse pour rester adhérente au gras-double.

Gras-double à la Lorraine

Faites cuire comme il est dit à la *Cuisson du gras-double.* Coupez en morceaux larges. Faites-les griller à feu vif. Poivrez, mettez dans un plat allant au four, couvrez de crème, versez-y un filet de vinaigre et faites glacer au four.

Gras-double grillé

Faites cuire comme il est dit à la *Cuisson du gras-double.* Coupez en morceaux de dix centimètres de longueur sur cinq de largeur. Arrosez-les avec du beurre fondu, panez-les et faites-les griller à feu doux. Servez-les sur une sauce ravigote, une sauce tartare, une sauce tomate, etc.

Gras-double ou Tripes à la mode de Caen

Prenez du gras-double; grattez-le et lavez-le soigneusement à plusieurs eaux, faites-le blanchir et laissez-le dégorger à l'eau froide pendant vingt-quatre heures, en ayant soin de renouveler l'eau plusieurs fois. Coupez-le en morceaux de quatre centimètres de largeur sur huit centimètres de longueur, Placez-les dans une marmite de terre foncée de carottes, oignons, un gros bouquet garni, clous de girofle, trois ou quatre gousses d'ail, quelques bandes de lard de poitrine, un pied de bœuf coupé en morceaux. Mouillez à hauteur avec moitié eau, moitié vin blanc ou mieux avec du cidre, assaisonnez de sel et de gros poivre. Couvrez le tout de bardes de lard; posez le couvercle de la marmite et fermez-le hermétiquement avec de la pâte. Cuisez au four et à feu doux pendant sept ou huit heures. La cuisson terminée, retirez de la marmite, versez dans un plat chaud, avec le jus de la cuisson et servez très chaud.

La marmite doit être proportionnée à la quantité de tripes à faire cuire car elle doit être absolument pleine.

Gras-double ou Tripes à la mode de Coutances

Prenez du gras-double; préparez-le comme ci-dessus; coupez-le en bandes de quinze centimètres de longueur sur six centimètres de largeur. Posez sur ces bandes des bardes de lard de poitrine moitié moins grandes; assaisonnez de sel, poivre, muscade et fines herbes hachées. Roulez ces bandes en forme de *paupiettes;* attachez-les et rangez-les dans une casserole que vous aurez foncée avec oignons, carottes, bouquet garni. Mouillez à hauteur avec moitié cidre, moitié eau, et laissez cuire pendant cinq heures à feu très doux. La cuisson terminée, retirez et dressez dans un plat chaud. Arrosez avec une partie de la cuisson réduite dégraissée, puis servez très chaud.

Cervelle de bœuf frite

Prenez une cervelle de bœuf, plongez-la dans l'eau tiède pour la débarrasser de la petite peau qui l'enveloppe; mettez-la dégorger à l'eau fraîche avec sel et vinaigre pendant une heure au moins. Faites-la cuire au court-bouillon. La cuisson terminée, retirez, égouttez et laissez refroidir. Coupez en morceaux, trempez-les dans la pâte à frire, plongez-les dans la friture bouillante jusqu'à ce qu'ils aient pris une belle couleur. Retirez, égouttez et dressez dans un plat chaud avec persil frit. Servez en accompagnant d'une sauce tomate, d'une sauce ravigote, d'une sauce piquante, etc.

Cervelle de bœuf à la vinaigrette

Préparez et faites cuire comme ci-dessus. La cuisson terminée, retirez, égouttez, coupez en deux morceaux et servez sur un plat chaud, entouré d'une garniture de persil en branches. Accompagnez d'un huilier et de persil, cerfeuil et oignon hachés, placés en bouquet sur une assiette.

Cervelle de bœuf au beurre noir

Préparez et faites cuire comme la *Cervelle de bœuf frite*. La cuisson terminée, retirez, égouttez, dressez sur un plat chaud, couvrez d'une sauce au beurre noir, et servez très chaud.

Cervelle de bœuf à la poulette

Préparez et nettoyez comme il est dit à la *Cervelle de bœuf frite* Faites blanchir à l'eau acidulée pendant dix minutes, retirez et égouttez. D'autre part, coupez très mince un gros oignon que vous passez dans le beurre à feu très doux afin qu'il ne jaunisse pas. Au bout de quelques minutes, ajoutez un bouquet garni, mettez la cervelle et laissez cuire doucement pendant une demi-heure. Dix minutes avant de servir, ajoutez des champignons passés au beurre. La cuisson terminée, dressez la cervelle sur un plat chaud; liez la sauce avec deux jaunes d'œufs, de la crème, un bon morceau de beurre et un jus de citron; masquez-en la cervelle et servez.

Cervelle de bœuf en matelote

Préparez et faites blanchir comme ci-dessus; retirez et égouttez. Faites jaunir dans du beurre une quinzaine de petits oignons. Lorsqu'ils auront pris une belle couleur, saupoudrez d'une cuillerée de farine que vous laissez cuire pendant quelques minutes, en ayant soin de remuer constamment. Mouillez de moitié bouillon ou eau chaude salée, moitié vin rouge; salez, poivrez, ajoutez une gousse d'ail, un bouquet garni et faites bouillir. Mettez la cervelle et laissez-la cuire pendant une demi-heure. La cuisson terminée, dressez-la sur un plat chaud, que vous garnissez avec les petits oignons.

Liez la sauce d'un peu de bon beurre, masquez-en la cervelle et servez très chaud.

Langue de bœuf braisée

Prenez une langue de bœuf; retirez-en le cornet. Faites-la dégorger pendant cinq ou six heures; blanchissez-la à l'eau bouillante afin de pouvoir en enlever la peau; piquez-la de gros lardons. Placez-la dans une braisière foncée avec du lard de poitrine, quelques tranches de jambon, carottes et oignons coupés en rouelles, poivre un peu de sel, un bouquet garni. Mouillez avec moitié bouillon moitié vin blanc et ajoutez un petit verre d'eau-de-vie; couvrez hermétiquement et laissez cuire à feu doux pendant quatre heures. La cuisson terminée, retirez, dressez sur un plat chaud, garnissez avec les tranches de lard et de jambon et servez en arrosant avec la sauce bien dégraissée et passée au linge fin.

Langue de bœuf aux choux

Préparez et opérez comme ci-dessus. La cuisson terminée, dressez sur un plat chaud, avec une *garniture de choux*, et arrosez avec le jus de la cuisson bien dégraissé et passé.

Ainsi préparée, la langue de bœuf peut aussi se servir sur une purée de pommes de terre, de pois cassés, etc.

Langue de bœuf à la sauce piquante

Prenez une langue de bœuf; retirez-en le cornet; faites-la dégorger pendant cinq ou six heures, et mettez-la cuire comme un pot-au-feu pendant trois heures. La cuisson terminée, retirez, égouttez, enlevez la peau blanche qui la recouvre, et servez dans un plat chaud sur une sauce piquante.

La langue de bœuf cuite comme ci-dessus peut également se servir sur une sauce tomate, une sauce ravigote, une sauce pauvre homme, une sauce Robert, etc.

Langue de bœuf rôtie

Prenez une langue de bœuf, et préparez-la comme il est dit à la *Langue de bœuf braisée*. Faites-la braiser ou cuire dans le pot-au-feu pendant trois heures. Laissez-la refroidir; piquez-la de gros lardons et faites rôtir à la broche pendant une heure, en l'arrosant avec du jus de la cuisson mélangé de beurre.

La cuisson terminée, débrochez et servez dans un plat chaud, envoyez le jus dans une saucière à part.

Ainsi préparée, la langue de bœuf peut se servir avec une sauce tomate, une sauce piquante, une sauce ravigote, etc., avec une garniture de purée de pommes de terre, de pois cassés; du macaroni, des nouilles, etc.

Langue de bœuf au gratin

Nettoyez et préparez une langue de bœuf, comme il est dit ci-dessus. Faites-la cuire comme il est dit à la *Langue de bœuf braisée*, ou comme un pot-au-feu; la cuisson terminée, retirez, égouttez et laissez refroidir, coupez ensuite en tranches d'un centimètre d'épaisseur.

Hachez fin des champignons, persil, échalotes, ciboules, et mélangez-les avec de la mie de pain trempée dans du lait froid; assaisonnez de sel et poivre et maniez le tout d'un peu de bon beurre. Garnissez le fond d'un plat à gratin avec la moitié de cette farce; placez dessus les tranches de langue; recouvrez du restant de la farce; mouillez avec un peu de vin blanc; saupoudrez de chapelure; arrosez de beurre fondu et mettez au four pendant quinze ou vingt minutes. La cuisson terminée, retirez du four et servez.

Langue de bœuf en papillote

Prenez une langue de bœuf; supprimez-en le cornet et les fagoues; faites-la dégorger pendant cinq ou six heures. Faites-la cuire comme il est dit à la *Langue braisée* ou dans le bouillon du pot-au-feu; la cuisson terminée, retirez, égouttez et laissez refroidir; coupez ensuite en tranches de deux centimètres d'épaisseur. Recouvrez chaque tranche d'une farce composée de gras de jambon, de champignons et de persil hachés finement. Enveloppez chaque tranche dans un papier huilé, et faites griller à feu doux. La cuisson terminée, retirez le papier, dressez les tranches dans un plat chaud, en les arrosant d'un jus de citron et servez.

Langue de bœuf écarlate à la choucroute

Prenez une langue de bœuf; enlevez-en les cornets et les fagoues; faites griller sur un feu vif pour retirer la peau. Frottez-la ensuite avec du salpêtre et du poivre; mettez-la dans un pot de terre, sur un lit de sel fin; ajoutez clous de girofle, thym, laurier, recouvrez d'une couche de sel fin et fermez hermétiquement. Retournez-la tous les jours dans le sel, et ajoutez-en au fur et à mesure qu'il fond. Laissez-la dans cette saumure pendant quinze jours; retirez-la, mettez-la dans un boyau, et faites-la sécher pendant trois jours dans la cheminée.

Au moment de vous en servir, mettez-la dégorger pendant deux heures et faites cuire doucement et à grande eau pendant six heures, avec oignons, thym, laurier, clous de girofle. La cuisson terminée, dressez-la dans un plat chaud sur une *garniture de choucroute* et servez.

A défaut de choucroute, on sert la langue de bœuf écarlate sur des choux préparés comme il est dit au *Faisan aux choux à la paysanne.*

Langue de bœuf à la purée de pommes de terre

Préparez et opérez comme ci-dessus, mais en retirant la langue de la saumure, faites-la dégorger et cuire doucement à grande eau pendant six heures, avec oignons, thym, laurier, clous de girofle. La cuisson terminée, dressez la langue dans un plat chaud, sur une purée de pommes de terre, à laquelle vous aurez mélangé deux ou trois cuillerées de jus de viande, puis servez.

Palais de bœuf

Prenez des palais de bœuf et mettez-les dans l'eau bouillante pendant dix minutes. Rafraîchissez-les, égouttez-les et enlevez la peau avec soin. Coupez-les en morceaux et faites-les cuire dans l'eau salée avec carottes, poireaux, bouquet garni, pendant cinq heures. La cuisson terminée, dressez-les dans un plat chaud, et masquez-les avec une sauce poulette, une sauce italienne, une sauce Robert.

Palais de bœuf au gratin

Préparez et faites cuire comme ci-dessus. La cuisson terminée, égouttez et opérez comme pour la *Langue de bœuf au gratin*.

Palais de bœuf aux oignons

Préparez et faites cuire, comme il est dit au *Palais de bœuf*. La cuisson terminée, égouttez et coupez en filets. Faites cuire dans le beurre cinq ou six gros oignons coupés en tranches; lorsqu'ils commencent à prendre une belle couleur, placez-y les palais, tournez pendant deux minutes, mouillez d'un verre de bouillon, ajoutez un bouquet garni, sel, poivre et laissez cuire doucement pendant une demi-heure. Servez en ajoutant un filet de vinaigre.

ENTREES DE VEAU

Côtelettes de veau au jus

Prenez des côtelettes de veau un peu épaisses; parez-les. Faites-les revenir dans le beurre; salez et poivrez; lorsqu'elles ont pris une belle couleur de chaque côté, finissez de cuire à petit feu. La cuisson terminée, dressez-les sur un plat chaud et masquez-les avec le jus de la cuisson. Mettez une papillote à chaque manche, et servez, avec un citron coupé en deux.

Côtelettes de veau aux fines herbes

Préparez et opérez comme ci-dessus. La cuisson terminée, dressez les côtelettes sur un plat chaud; mélangez au jus une cuillerée de persil haché, un petit morceau de beurre fin et du jus de citron. Masquez-en les côtelettes, mettez une papillote à chaque manche et servez.

Côtelettes de veau à l'oseille

Préparez et opérez comme pour les *Côtelettes de veau au jus*. La cuisson terminée, dressez les côtelettes dans un plat chaud sur une purée d'oseille, à laquelle vous aurez mélangé le jus de la cuisson des côtelettes. Mettez une papillote à chaque manche et servez.

Côtelettes de veau à la chicorée

Préparez et opérez comme pour les *Côtelettes de veau au jus*. La cuisson terminée, dressez les côtelettes dans un plat chaud, sur une purée de chicorée, à laquelle vous aurez mélangé le jus de la cuisson des côtelettes. Mettez une papillote à chaque manche et servez.

Côtelettes de veau aux épinards

Préparez et opérez comme pour les *Côtelettes de veau au jus*. La cuisson terminée, dressez les côtelettes dans un plat chaud, sur une purée d'épinards à laquelle vous aurez mélangé le jus de la cuisson des côtelettes. Mettez une papillote à chaque manche et servez.

Côtelettes de veau aux tomates

Préparez et opérez comme pour les *Côtelettes de veau au jus*. La cuisson terminée, dressez les côtelettes dans un plat chaud, sur une sauce tomate, à laquelle vous aurez mélangé le jus de la cuisson des côtelettes. Mettez une papillote à chaque manche et servez.

Côtelettes de veau à la purée

Prenez et parez de belles côtelettes de veau; mettez-les dans une casserole plate; faites-les revenir légèrement dans le beurre. Couvrez la casserole et laissez cuire doucement. La cuisson terminée, dressez les côtelettes dans un plat, sur une purée de pommes de terre, de navets, de champignons, de pois frais, de céleri, de cardons, etc. Mettez une papillote à chaque manche et servez.

Côtelettes de veau à l'Italienne

Prenez et opérez comme pour les *Côtelettes de veau au jus*. Lorsqu'elles sont cuites, ajoutez au jus des truffes et du jambon maigre coupé en filets; laissez cuire pendant quelques minutes; dressez les côtelettes sur un plat chaud. Mettez une papillote à chaque manche et servez.

Côtelettes de veau à la Milanaise

Prenez et parez des côtelettes de veau, en les tenant un peu minces; passez-les dans du beurre fondu; assaisonnez-les de sel et poivre; roulez-les dans du parmesan ou du gruyère râpé; trempez-les dans des œufs battus et panez-les à la mie de pain. Faites-les cuire dans un plat à sauter, avec du beurre, en ayant soin qu'elles soient d'une belle couleur de chaque côté. La cuisson terminée, dressez-les en couronne dans un plat chaud, garnissez le centre du plat de macaroni à l'Italienne auquel vous aurez mélangé des truffes, du jambon et, si l'on veut, de la langue à l'écarlate, coupés en filets: versez sur la garniture une sauce tomate et servez.

Côtelettes de veau à la Zingara

Prenez et parez de belles côtelettes de veau, mais sans faire de manche. Piquez-les d'un côté seulement avec du jambon maigre et du lard gras alternés. Faites-leur prendre une belle couleur de chaque côté, en les mettant dans du beurre; retirez-les.

Foncez la casserole avec un bouquet garni, quelques carottes et oignons coupés en rouelles, des bardes de lard et autant de petites tranches de jambon que vous avez de côtelettes. Placez les côtelettes dessus, recouvrez-les de bardes de lard; mouillez avec du vin blanc et faites cuire à feu doux, avec feu dessus et dessous. La cuisson terminée, dressez les côtelettes en plaçant l'os de côté vers le centre du plat, et en intercalant une tranche de jambon entre chacune d'elles. Faites réduire le jus de la cuisson, dégraissez-le et masquez-en les côtelettes, puis servez.

Côtelettes de veau à la Financière

Prenez et parez de belles côtelettes de veau; piquez-en les noix, sur le travers, avec des truffes taillées en forme de clous. Mettez-les dans une casserole plate; mouillez avec du beurre fondu et un peu de madère. Couvrez la casserole et laissez cuire doucement. La cuisson terminée, retirez et dressez les côtelettes en couronne dans un plat chaud; faites réduire la cuisson et mélangez-la à un *ragoût financière;* versez-le au milieu des côtelettes; mettez une papillote à chaque manche et servez.

Côtelettes de veau à la Périgueux

Préparez et opérez comme ci-dessus. La cuisson terminée, retirez et dressez les côtelettes en couronne, dans un plat chaud; faites réduire la cuisson et mélangez-la à une sauce Périgueux que vous versez au milieu des côtelettes; mettez une papillote à chaque manche et servez.

Côtelettes de veau à la Bordelaise

Prenez et parez de belles côtelettes de veau; assaisonnez-les de sel et poivre Couvrez-les d'une légère couche de *farce* maniée de sel, poivre, échalotes et persil hachés; passez-les dans des œufs battus et panez-les à la mie de pain. Beurrez une casserole à sauter; placez-y les côtelettes; faites-les cuire à feu doux, avec feu dessus et dessous. La cuisson terminée, dressez-les en couronne sur un plat et versez au milieu le jus de cuisson ou une sauce tomate. Mettez une papillote à chaque manche et servez.

Côtelettes de veau sautées aux champignons

Prenez et parez de belles côtelettes de veau, opérez et servez ensuite comme il est dit au *Filet de bœuf sauté aux champignons* mais en donnant un peu plus de cuisson à la viande, le veau ne devant jamais se servir saignant.

Côtelettes de veau aux carottes

Prenez et parez deux grosses côtelettes de veau; faites-les revenir avec du beurre et une douzaine de petits oignons, dans un plat à sauter; salez, poivrez; mettez un bouquet garni. Couvrez la casserole et laissez cuire doucement pendant une heure. Ajoutez une trentaine de petites carottes et laissez cuire encore une heure.

La cuisson terminée, dressez les côtelettes dans un plat chaud; garnissez avec les carottes et les oignons; dégraissez le jus de la cuisson et masquez-en le tout. Mettez une papillote à chaque manche et servez.

Côtelettes de veau grillées

Prenez et parez des côtelettes de veau, de 150 à 200 grammes chacune. Assaisonnez-les de sel et de poivre; enduisez-les de beurre fondu et faites-les griller à feu doux, pendant cinq ou six minutes de chaque côté. La cuisson terminée, dressez-les dans un plat chaud, mettez une papillote à chaque manche et servez.

Côtelettes de veau panées et grillées

Prenez et parez des côtelettes de veau, comme il est dit ci-dessus. Assaisonnez-les de sel et poivre; trempez-les dans le beurre fondu, roulez-les dans la mie de pain, faites-les griller à feu doux, pendant cinq ou six minutes de chaque côté. La cuisson terminée, dressez-les dans un plat chaud, mettez une papillote à chaque manche et servez.

Côtelettes de veau à la maître d'hôtel

Prenez et parez des côtelettes de veau de 150 à 200 grammes chacune. Faites-les cuire comme il est dit aux *Côtelettes de veau grillées*, ou aux *Côtelettes de veau panées et grillées*, selon le goût. La cuisson terminée, dressez-les en couronne dans un plat chaud, sur une maître-d'hôtel à laquelle vous aurez ajouté le jus d'un citron. Mettez une papillote à chaque manche et servez.

Côtelettes de veau à la sauce piquante

Prenez et parez des côtelettes de veau de 150 à 200 grammes chacune. Faites-les cuire comme il est dit aux *Côtelettes de veau grillées*, ou aux *Côtelettes de veau panées et grillées*, selon le goût. La cuisson terminée, dressez-les en couronne dans un plat chaud, sur une sauce piquante. Mettez une papillote à chaque manche et servez.

Côtelettes de veau en papillotes

Prenez et parez de belles côtelettes de veau de 200 à 250 grammes chacune. Faites fondre un morceau de beurre dans une casserole à sauter; passez-y, pendant quelques minutes seulement, du jambon coupé en tranches très minces et de la grandeur des noix des côte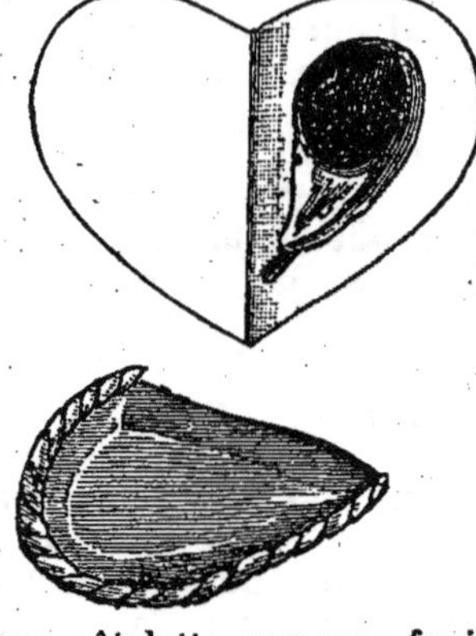lettes (deux fois autant de tranches de jambon que de côtelettes). Retirez-les du feu et remplacez - les par les côtelettes que vous laissez cuire à feu doux pendant un quart d'heure, en ayant soin de les retourner une fois. Au bout de ce temps, retirez-les et mettez-les de côté avec le jambon. Détachez le fond de la cuisson avec une ou deux cuillerées d'eau chaude; mélangez-y une farce composée de mie de pain, lard râpé, ciboules, champignons et persil hachés fin; assaisonnez de sel, poivre et épices; tournez un instant sur le feu et couvrez les côtelettes sur chaque côté, d'abord avec une couche de cette farce, puis d'une tranche de jambon. Placez chaque côtelette sur une feuille de fort papier huilé, et de la forme du dessin ci-contre. Pliez le papier tout autour, comme il est indiqué, de façon à envelopper complètement la côtelette. Faites cuire sur le gril pendant dix minutes, retirez, dressez les côtelettes sur un plat et servez-les dans leur papillote.

Escalopes de veau aux fines herbes

Prenez un morceau de noix de veau; coupez-le en escalopes de cinq centimètres de largeur sur un centimètre et demi d'épaisseur. Aplatissez les escalopes avec la batte; parez-les et donnez-leur une forme ronde; faites-les sauter dans le beurre à feu vif jusqu'à ce qu'elles aient pris une légère couleur blonde de chaque côté; salez et poivrez. Retirez-les et dressez-les en couronne dans un plat chaud. Détachez le fond de la casserole avec deux ou trois cuillerées d'eau chaude. Finissez en ajoutant une cuillerée de persil haché, le jus d'un citron. Ajoutez-y le jus que les escalopes auront pu rendre dans le plat, versez le tout sur les escalopes et servez.

Escalopes de veau sautées à la purée

Préparez comme ci-dessus. Faites jaunir les escalopes dans une sauteuse, avec beurre; salez et poivrez. La cuisson terminée, dressez les escalopes en couronne dans un plat chaud, soit sur une purée de pommes de terre ou de navets, de champignons, de cardons, de céleri, d'artichauts, etc., à laquelle vous aurez mélangé le jus de la cuisson. On peut également les servir avec des petits pois ou des pointes d'asperges.

Escalopes de veau au jambon

Préparez comme pour les *Escalopes de veau aux fines herbes.*
Faites fondre un morceau de beurre dans une casserole à sauter;
passez-y pendant quelques instants seulement du jambon coupé en
tranches très minces, de la grandeur et de la forme des escalopes.
Retirez-les du feu et remplacez-les par les escalopes que vous faites
cuire à feu vif en leur faisant prendre une légère couleur blonde de
chaque côté; salez peu et poivrez; enlevez les escalopes que vous tenez au chaud avec le jambon. Egouttez le beurre de cuisson, détachez le fond de la casserole avec deux ou trois cuillerées de jus de
viande, dressez les escalopes en couronne dans un plat chaud en les
alternant avec une tranche de jambon, versez le jus et servez.

Escalopes de veau aux champignons

Préparez et faites cuire comme pour les *Escalopes de veau aux
fines herbes.* La cuisson terminée, dressez les escalopes en couronne,
dans un plat chaud, en les alternant avec des croûtons de pain frit.
Placez au milieu des champignons sautés au beurre. Versez sur les
champignons la sauce que vous avez terminée comme celle des *Escalopes de veau aux fines herbes,* mais en supprimant la cuillerée de
persil haché.

Escalopes de veau à la Provençale

Taillez et parez des escalopes, comme il est dit aux *Escalopes
de veau aux fines herbes.* Mettez l'huile d'olive dans un plat à sauter; faites-y revenir les escalopes à feu vif; lorsqu'elles ont pris une
belle couleur de chaque côté, retirez-les et égouttez-les. Enlevez
l'huile chaude et remettez-en d'autre, dans laquelle vous faites jaunir cinq ou six gros oignons émincés; lorsqu'ils sont bien jaunes,
saupoudrez-les d'un peu de farine; mouillez de vin blanc et d'un filet de vinaigre, ajoutez une pointe d'ail et laissez cuire pendant un
quart d'heure. Remettez alors les escalopes, donnez dix minutes de
cuisson et dressez en couronne, sur un plat chaud; versez la sauce
et le ragoût d'oignons au milieu et servez.

Escalopes de veau à l'Italienne

Taillez et parez des escalopes, comme il est dit aux *Escalopes
aux fines herbes.* Opérez et servez comme il est dit aux *Côtelettes
de veau à l'Italienne.*

Escalopes de veau à la Milanaise

Taillez et parez des escalopes, comme il est dit aux *Escalopes
aux fines herbes,* puis opérez et servez comme il est dit aux *Côtelettes de veaux à la milanaise.*

Escalopes panées

Taillez et parez des escalopes, comme il est dit aux *Escalopes aux fines herbes*. Passez-les dans des œufs battus, puis roulez-les dans la mie de pain assaisonnée de sel, de poivre et d'un peu de muscade. Faites fondre du beurre dans la casserole à sauter; placez-y les escalopes que vous faites cuire à feu vif, en les retournant pour qu'elles prennent une belle couleur de chaque côté. La cuisson terminée, dressez-les en couronne dans un plat chaud, versez au milieu soit une sauce tomate, soit une sauce piquante, soit une sauce ravigote, etc., ou servez simplement avec un hachis de persil et du citron coupé.

Paupiettes de veau

Prenez de la noix de veau; coupez-la en tranches d'un centimètre d'épaisseur au plus; aplatissez et battez bien afin de rompre les fibres; étendez sur chaque tranche une couche de *farce à quenelle*, relevez par une pointe d'échalote, de muscade et de persil haché. Roulez et enveloppez chaque paupiette avec une barde de lard. Foncez une casserole avec du lard de poitrine; placez-y les paupiettes; recouvrez et faites cuire au four à feu doux, ou avec feu dessus et dessous La cuisson terminée, égouttez, déficelez et servez les paupiettes dans un plat chaud, sur telle sauce que vous voudrez.

Filets mignons de veau à la Jardinière

Prenez des filets mignons de veau; supprimez-en la peau et les parties nerveuses; coupez-les en deux parties sur le travers et parez-les en forme de poire. Piquez-les de lard fin; faites-les sauter dans le beurre à feu vif jusqu'à ce qu'ils aient pris une légère couleur blonde de chaque côté; salez et poivrez. Retirez-les et dressez-les en couronne dans un plat chaud. Versez au milieu une *garniture jardinière* et servez.

Filets mignons de veau à la Nivernaise

Préparez et opérez comme ci-dessus. La cuisson terminée, dressez les filets en couronne dans un plat chaud. Versez au milieu une *garniture de carottes à la Nivernaise*, et servez.

On peut également servir les filets mignons du veau avec une *garniture de pointes d'asperges ou de petits pois*.

Filets mignons de veau à la financière

Prenez et parez quatre filets mignons de veau; piquez-en deux avec du lard fin et cloutez les deux autres avec des truffes. Mettez-les dans une casserole plate avec un morceau de beurre. Couvrez la casserole et laissez cuire doucement. La cuisson terminée, dressez-les dans un plat chaud, entourez-les d'une *garniture financière*. Faites vivement réduire le jus de la cuisson; dégraissez-le, passez-le et mélangez-le à un *ragoût financière,* que vous envoyez à part dans une saucière.

Carré de veau au jus

Prenez un carré de veau dans la partie des côtes couvertes; enlevez l'os de l'échine; désossez le haut du carré et sciez les os des côtes à deux centimètres de la noix, roulez cette bavette en dessous; parez-le dessus du carré et piquez-le de lard fin. Ficelez et mettez dans une braisière avec du beurre, des oignons et un bouquet garni ; salez, poivrez et faites cuire à petit feu pendant une heure. Ajoutez des carottes et laissez cuire encore une heure et demie.

Retirez, dressez dans un plat chaud et servez couvert du jus de la cuisson.

Carró de veau à l'oseille

Préparez et opérez comme ci-dessus. La cuisson terminée, dressez-le dans un plat chaud, sur une purée d'oseille, à laquelle vous aurez mélangé le jus de la cuisson.

Carré de veau aux épinards

Préparez et opérez comme au *Carré de veau au jus.* La cuisson terminée, dressez-le dans un plat chaud, sur une purée d'épinards, à laquelle vous aurez mélangé le jus de la cuisson.

Carré de veau à la chicorée

Préparez et opérez comme au *Carré de veau au jus.* La cuisson terminée, dressez-le dans un plat chaud, sur une purée de chicorée, à laquelle vous aurez mélangé le jus de la cuisson.

Carré de veau aux laitues braisées

Préparez et opérez comme au *Carré de veau au jus.* La cuisson terminée, dressez-le dans un plat chaud; entourez-le *d'une garniture de laitues braisées et servez.*

Carré de veau aux oignons glacés

Préparez et opérez comme au *Carré de veau au jus.* La cuisson terminée, dressez-le dans un plat chaud; entourez-le *d'une garniture d'oignons glacés,* et servez.

Carré de veau à la Nivernaise

Préparez et opérez comme au *Carré de veau au jus.* La cuisson terminée, dressez-le dans un plat chaud; entourez-le *d'une garniture de carottes à la Nivernaise,* et servez.

Noix de veau au jus

Prenez une noix de veau; parez-la et piquez-la de lardons fins. Mettez-la dans une braisière foncée et faites cuire comme il est dit au carré de veau au jus.

Noix de veau à l'oseille

Préparez et opérez comme ci-dessus. La cuisson terminée, dressez la noix dans un plat chaud, sur une purée d'oseille, à laquelle vous aurez mélangé le jus de la cuisson.

Noix de veau aux épinards

Préparez et opérez comme à la *Noix de veau au jus*. La cuisson terminée, dressez la noix dans un plat chaud, sur une purée d'épinards, à laquelle vous aurez mélangé le jus de la cuisson.

Noix de veau à la chicorée

Préparez et opérez comme à la *Noix de veau au jus*. La cuisson terminée, dressez la noix dans un plat chaud, sur une purée de chicorée, à laquelle vous aurez mélangé le jus de la cuisson.

Noix de veau aux laitues braisées

Préparez et opérez comme à la *Noix de veau au jus*. La cuisson terminée, dressez la noix dans un plat chaud; entourez-la d'une *garniture de laitues braisées*, et servez.

Noix de veau aux oignons glacés

Préparez et opérez comme à la *Noix de veau au jus*. La cuisson terminée, dressez la noix dans un plat chaud; entourez-la d'une *garniture d'oignons glacés*, et servez.

Noix de veau à la Nivernaise

Préparez et opérez comme à la *Noix de veau au jus*. La cuisson terminée, dressez la noix dans un plat chaud; entourez-la d'une *garniture de carottes à la Nivernaise*, et servez.

Noix de veau à la jardinière

Préparez et opérez comme à la *Noix de veau au jus*. La cuisson terminée, dressez la noix dans un plat chaud; entourez-la d'une *garniture jardinière*, et servez.

Tendrons de veau aux petits pois

Prenez un morceau de poitrine de veau ; coupez-le en morceaux carrés de six centimètres environ. Prenez des petits oignons. Faites-les jaunir dans le beurre, viande et oignons, lorsqu'ils ont pris une belle couleur, salez, poivrez et tournez avec la cuiller de bois; ajoutez un bouquet garni et laissez cuire à petit feu pendant une heure et demie. Trois quarts d'heure avant la fin de la cuisson, ajoutez des petits pois frais. La cuisson terminée, dressez en couronne dans un plat chaud, et garnissez le milieu avec les petits pois.

Tendrons de veau aux pointes d'asperges

Préparez et opérez comme ci-dessus. La cuisson terminée, dressez les tendrons en couronne dans un plat chaud, et versez dans le milieu une *garniture de pointes d'asperges* Faites réduire la cuisson, versez-la sur le tout et servez.

Tendrons de veau à la bourgeoise

Prenez un morceau de poitrine de veau; coupez-le en morceaux carrés de six centimètres environ. Faites-les jaunir dans le beurre et, lorsqu'ils ont pris une belle couleur, salez, poivrez, mouillez avec un peu d'eau chaude, ajoutez un bouquet de persil, une vingtaine de petites carottes tournées, autant d'oignons. Laissez cuire à feux doux pendant deux heures environ. La cuisson terminée, dressez les tendrons en couronne, dans un plat chaud; placez au milieu les carottes et les oignons, dégraissez le jus de la cuisson, versez-le sur le tout et servez.

Tendrons de veau aux salsifis

Prenez un morceau de poitrine de veau; coupez-le en morceaux carrés de six centimètres environ. Faites-les jaunir dans le beurre avec des petits oignons; lorsqu'ils ont pris une belle couleur, salez, poivrez et tournez pendant deux minutes avec la cuiller de bois; mouillez d'un peu d'eau chaude et de vin blanc; ajoutez un bouquet garni et des salsifis préparés et passés au beurre comme il est dit au *Quasi de veau aux salsifis*. La cuisson terminée, dressez les tendrons en couronne dans un plat chaud et placez les salsifis au milieu. Faites réduire la cuisson, versez-la sur le tout et servez.

Tendrons de veau à la Marengo

Prenez un morceau de poitrine de veau; coupez-le en morceaux carrés de six centimètres environ. Faites-les revenir dans une casserole, et à feu vif, dans quatre ou cinq cuillerées d'huile d'olive. Lorsqu'ils ont pris une belle couleur, salez, poivrez, saupoudrez d'une petite pincée de farine, que vous laissez jaunir en tournant pendant quelques minutes avec la cuiller de bois; ajoutez ail, échalote, un bouquet garni, quelques petits oignons, des tomates coupées en morceaux ou de la sauce tomate. Couvrez la casserole et laissez cuire à petit feu pendant deux heures. Ajoutez un demi verre de vin blanc chaud, des champignons coupés en quatre et laissez cuire encore une heure à feu doux. La cuisson terminée, retirez le bouquet garni, dressez les tendrons dans un plat chaud, versez la sauce avec les oignons sur le tout et servez.

Tendrons de veau en matelote

Prenez un morceau de poitrine de veau; coupez-le en morceaux de six centimètres environ. Prenez des petits oignons. Faites revenir dans le beurre; lorsque le tout a pris une belle couleur, saupoudrez d'une cuillerée de farine, que vous laissez jaunir, en tournant pendant quelques minutes avec la cuiller de bois ; ajoutez sel, poivre, ail, bouquet garni, échalotes. Couvrez la casserole et laissez cuire à petit feu pendant une heure. Ajoutez un verre de vin rouge chaud et des champignons coupés en quatre. Faites cuire encore deux heures. La cuisson terminée, retirez le bouquet garni, dressez les tendrons en couronne dans un plat chaud ; placez les oignons et les champignons au milieu. Dégraissez le jus de la cuisson, versez-le sur le tout et servez.

Tendrons de veau aux champignons

Prenez un morceau de poitrine de veau; coupez-le en morceaux de six centimètres environ. Ajoutez des petits oignons. Faites revenir viande et oignons dans le beurre ; lorsqu'ils ont pris une belle couleur, saupoudrez-les d'une pincée de farine, que vous laissez jaunir, en tournant pendant quelques minutes avec la cuiller de bois ; mouillez de vin blanc, ajoutez sel, poivre, bouquet garni, échalotes hachées. Couvrez la casserole et laissez cuire à petit feu pendant trois heures, mais une demi-heure avant la fin de la cuisson, ajoutez une trentaine de gros champignons tournés. La cuisson terminée, retirez le bouquet garni, dressez les tendrons en couronne dans un plat chaud, placez les champignons au milieu, versez-le sur le tout et servez.

Tendrons de veau aux oignons

Préparez et opérez comme ci-dessus. Une demi-heure avant la fin de la cuisson, ajoutez des petits oignons jaunis au beurre. La cuisson terminée, retirez le bouquet garni, dressez les tendrons en couronne dans un plat chaud, placez les oignons au milieu, dégraissez le jus de la cuisson, versez-le sur le tout et servez.

Poitrine de veau farcie

Prenez une poitrine de veau couverte de toute sa peau ; glissez un couteau entre les côtes et les chairs, afin de les séparer et de former une poche, que vous assaisonnez intérieurement et que vous emplissez d'une farce préparée avec du lard gras râpé, du maigre de veau haché, de la mie de pain trempée dans du lait et assaisonnée de sel, poivre, fines herbes, une petite échalote, oignons, œufs durs, tomates et champignons hachés fin ; le tout étant bien amalgamé avec deux ou trois jaunes d'œufs crus. Cousez les chairs afin que la farce ne s'échappe pas et posez la poitrine de veau dans une braisière avec beurre et oignons coupés en rouelles; ajoutez un bouquet garni, couvrez et laissez cuire pendant quatre heures, en ayant soin de la retourner. La cuisson terminée, dressez la poitrine dans un plat chaud; arrosez-la du jus de la cuisson bien dégraissé, et servez.

Ainsi préparée, la poitrine de veau peut se servir avec des légumes préparés pour garniture.

Blanquette de veau

Prenez un kilo de poitrine de veau ; coupez en morceau de trois centimètres environ et mettez-les dans une casserole; couvrez-les d'eau, salez, écumez ; laissez bouillir pendant dix minutes. Retirez et égouttez les morceaux de viande, passez-les pendant quelques minutes dans une casserole avec du beurre, sans laisser prendre couleur, salez, poivrez avec du poivre blanc, saupoudrez d'une cuillerée de farine et mouillez de suite avec un peu d'eau chaude. Ajoutez une quinzaine de petits oignons, autant de champignons, un bouquet garni; couvrez la casserole et laissez cuire pendant une heure. La cuisson terminée, dressez les morceaux dans un plat chaud, et finissez la sauce en la liant avec trois jaunes d'œufs, un morceau de beurre, un jus de citron. Retirez le bouquet garni, versez la sauce sur la viande et servez.

Autre manière :

La façon suivante de préparer la blanquette fait certainement perdre à la sauce une partie de sa blancheur, mais elle en rehausse le goût et le plat est bien plus fin.

Prenez un kilo de poitrine de veau; coupez en morceaux de trois centimètres environ, et mettez-les dans une casserole avec du beurre, sel, poivre; tournez pendant dix minutes sur feu très doux, afin de ne pas laisser prendre couleur. Ajoutez alors quelques petits oignons, un bouquet garni, une pincée de farine ; couvrez hermétiquement et laissez cuire très doucement pendant une heure au moins. Ajoutez un verre d'eau chaude avec un peu de jus de citron ou du vinaigre. Mettez des champignons coupés en quatre. Laissez cuire encore à feu doux, une heure et demie, dans la casserole bien couverte. Au moment de servir, mélangez dans un bol deux jaunes d'œuf et de la crème fraîche. Versez dans la blanquette, tournez, retirez du feu sans laisser bouillir, enlevez le bouquet garni et servez. On peut aussi enlever les oignons avant de servir.

Autre manière :

Prenez du veau rôti provenant de la desserte ; parez en supprimant les chairs et les peaux grillées; coupez en tranches, passez-les dans le beurre pendant quelques instants, sans laisser jaunir ; saupoudrez de farine, assaisonnez de sel, poivre, persil haché. Laissez cuire cette sauce pendant dix minutes environ et finissez comme il est dit à l'article précédent.

Tête de veau à la poulette

Faites cuire une demi-tête de veau, comme il est dit à la *Tête de veau au naturel*, ou prenez de la tête de veau de desserte. Coupez-la en morceaux d'environ quatre centimètres carrés; mettez les morceaux dans une sauce poulette, à laquelle vous ajoutez une cuillerée à bouche d'estragon et de persil hachés; dressez dans un plat chaud et servez.

Tête de veau frite

Faites cuire une demi-tête de veau, comme il est dit à la *Tête de veau au naturel*, ou prenez de la tête de veau de desserte; procédez comme pour les *Pieds de veau frits*, et servez sur une sauce tomate.

Tête de veau au Kari

Préparez et faites cuire comme il est dit à la *Tête de veau au naturel*, ou prenez de la tête de veau de desserte réchauffée dans le court-bouillon. La cuisson terminée, dressez dans un plat chaud, et versez dessus une sauce au Kari et servez.

Langue de veau braisée

Préparez et opérez comme il est dit à la *Langue de bœuf braisée*, mais ne donnez que deux heures de cuisson au lieu de quatre. Servez de même.

Langue de veau à la sauce piquante

Préparez et opérez comme il est dit à la *Langue de bœuf braisée*, mais ne donnez que deux heures de cuisson. La cuisson terminée, dressez-la, dans un plat chaud, sur une sauce piquante, à laquelle vous aurez mélangé le jus de la cuisson. Servez.

Langue de veau rôtie

Préparez et opérez comme il est dit à la *Langue de bœuf rôtie*, mais en ne donnant que la moitié moins de temps à chacune des deux cuissons. Servez de même.

Langue de veau à l'Indienne

Faites cuire une langue de veau comme un pot au feu. Mettez dans une casserole une vingtaine d'oignons, une gousse d'ail, un bouquet garni, du beurre, faites prendre couleur, mettez un verre et demi de vin blanc sec, faites cuire deux heures et demie, passez au tamis. Mettez dans une autre casserole un morceau de beurre, une cuillerée à café de farine, mélangez sans faire prendre couleur ; ajoutez la sauce puis des cornichons, coupés en morceaux, un peu de moutarde blanche, une pointe de Kari. Servez cette sauce avec la langue bouillie.

Langue de veau au gratin

Préparez et opérez comme il est dit à la *Langue de bœuf au gratin*, mais en ne donnant que la moitié moins de temps pour la cuisson. Servez de même.

Langue de veau en papillote

Préparez et opérez comme il est dit à la *Langue de bœuf en papillote*, mais en ne donnant que la moitié moins de temps pour la cuisson. Servez de même.

Langue de veau en daube

Préparez et opérez comme il est dit à la *Langue de bœuf braisée*, mais en remplaçant les carottes et les oignons coupés en rouelles par une vingtaine de carottes tournées et autant d'oignons jaunis au beurre. La cuisson terminée, dressez la langue de veau dans un plat chaud ; garnissez-la avec les carottes, les oignons, le jambon et le lard, puis dégraissez le jus de la cuisson, versez-le sur le tout et servez.

Langue de veau à la Soubise

Prenez et parez une langue de veau : faites-la cuire comme la *Tête de veau au naturel*, mais en donnant seulement deux heures de cuisson. La cuisson terminée, dressez la langue dans un plat chaud, sur une sauce Soubise.

Cervelle de veau à la vinaigrette

Faire dégorger la cervelle dans l'eau et la débarrasser de la peau qui l'enveloppe et du sang, puis la plonger dans un court-bouillon et donner dix à quinze minutes de cuisson selon la grosseur. Egouttez et servez accompagné d'un huilier et de persil, cerfeuil et oignons hachés placés en bouquets sur une assiette.

Cervelle de veau au beurre noir

Préparez et faites cuire comme il est dit ci-dessus ; égouttez, dressez dans un plat avec persil fin et couvrez d'une sauce au beurre noir ; servez très chaud.

Cervelle de veau à la poulette

Passez une cervelle de veau à l'eau tiède pour la dépouiller de la petite peau qui l'entoure, faites dégorger une heure dans l'eau fraîche vinaigrée, puis cuisez et faites comme il est dit pour la cervelle de bœuf à la poulette.

Cervelle de veau sautée

Préparez comme il est dit ci-dessus. Mettez du beurre fin dans une casserole, placez la cervelle, laissez-la cuire une heure doucement en la retournant de temps à autre. Au moment de servir mettez du persil haché, arrosez d'un jus de citron et salez.

Cervelle de veau en matelote

Prenez une cervelle de veau; nettoyez comme ci-dessus; cuisez, opérez et servez comme il est dit à la *Cervelle de bœuf en matelote.*

Cervelle de veau à la ravigote

Prenez une cervelle de veau, préparez-la et faites-la cuire, comme il est dit à la cervelle de veau à la vinaigrette, égouttez et dressez dans un plat chaud, masquez avec une sauce ravigote chaude et servez.

Cervelle de veau à la sauce tomate

Préparez et opérez comme il est dit ci-dessus ; servez en masquant la cervelle avec une sauce tomate.

Cervelle de veau en mayonnaise

Prenez une cervelle de veau et faites-la cuire comme il est dit à la *Cervelle de veau à la vinaigrette.* La cuisson terminée, retirez, égouttez et laissez refroidir. Coupez-la ensuite par tranches que vous dressez dans un plat, avec cœurs de laitues, œufs durs, cornichons, câpres, truffes, etc. Couvrez le tout d'une sauce mayonnaise, et servez.

Ris de veau au jus

Faites dégorger des ris de veau pendant douze heures dans de l'eau froide, vinaigrée et salée. Enlevez les cornets. Essuyez les ris soigneusement, piquez-les de lard. Mettez, dans une cocotte, un bon morceau de beurre, et les ris. Faites dorer doucement. Mettez ensuite une dizaine de petits oignons, sel, poivre, bouquet garni, couvrez hermétiquement. Faites cuire une heure à feu doux. Ajoutez alors des champignons blanchis entiers. Couvrez et laissez cuire une heure et demie. Servez sur des croûtons passés au beurre.

Ris de veau à l'oseille

Préparez, comme ci-dessus. La cuisson terminée, dressez les ris dans un plat chaud, sur une purée d'oseille. Masquez le tout avec le jus de la cuisson et servez. Dans ce cas on ne met pas de champignons.

Ris de veau à la chicorée

Préparez et opérez comme pour les *Ris de veau au jus.* La cuisson terminée, dressez les ris dans un plat chaud sur une purée de chicorée; masquez le tout avec le jus de la cuisson et servez. Dans ce cas, on ne met pas de champignons.

Ris de veau aux épinards

Préparez et opérez comme pour les *Ris de veau au jus.* La cuisson terminée, dressez dans un plat chaud, sur une purée d'épinards; masquez le tout avec le jus de la cuisson et servez. Dans ce cas on ne met pas de champignons.

Ris de veau aux petits pois

Préparez et opérez comme pour les *Ris de veau au jus.* La cuisson terminée, dressez les ris dans un plat chaud, sur une *garniture de petits pois* ; masquez avec le jus de la cuisson et servez. Dans ce cas, on ne met pas de champignons.

Ris de veau aux pointes d'asperges

Préparez et opérez comme pour les *Ris de veau au jus.* La cuisson terminée, dressez les ris dans un plat chaud, sur une *garniture de pointes d'asperges* ; masquez avec le jus de la cuisson et servez. Dans ce cas, on ne met pas de champignons.

Ris de veau à la jardinière

Préparez et opérez comme pour les *Ris de veau au jus.* La cuisson terminée, dressez les ris dans un plat chaud, sur une *garniture jardinière* ; masquez avec le jus de la cuisson, et servez. Dans ce cas, on ne met pas de champignons.

Ris de veau aux fines herbes

Préparez comme pour les *Ris de veau au jus.* Foncez une casserole avec des bardes de lard ; mettez-y les ris avec un bon morceau de beurre manié de persil et de champignons hachés fin ; assaisonnez avec sel, poivre, une gousse d'ail et une échalote hachée fin ; mouillez avec un demi-verre de vin blanc, autant d'eau chaude, et laissez cuire à très petit feu. La cuisson terminée, retirez les bardes de lard, dressez les ris dans un plat chaud, dégraissez le jus auquel vous ajoutez le jus d'un citron, versez-le sur les ris et servez.

Ris de veau à la Villeroi

Préparez comme pour les *Ris de veau au jus.* Coupez un gros oignon que vous émincez et passez au beurre, sans lui laisser prendre couleur ; mouillez avec de l'eau chaude, un verre de vin blanc ; ajoutez un bouquet garni, sel, poivre blanc ; mettez les ris et laissez-les cuire à feu doux. La cuisson terminée, retirez et laissez refroidir. Coupez-les en deux ou trois tranches sur leur longueur. Passez-les au beurre fondu, panez-les à la mie de pain ; plongez-les dans la friture bouillante, ou mettez-les sur le gril à feu vif. Servez-les accompagnés du jus de cuisson réchauffé ou d'une sauce tomate, à part dans une saucière.

Ris de veau en papillote

Préparez comme pour le *Ris de veau au jus*. Faites cuire comme ci-dessus ; retirez et laissez refroidir. Coupez les ris en deux ou trois tranches sur leur longueur ; finissez et servez comme il est dit aux *Côtelettes de veau en papillotes*.

Ris de veau à la purée

Préparez et faites cuire comme il est dit à *Ris de veau à la Villeroi*, et servez sur une purée de légumes frais : pois, artichauts, champignons, oignons Soubise, etc.

Ris de veau à la sauce tomate

Préparez et opérez comme pour les *Ris de veau au jus*. La cuisson terminée, dressez dans un plat chaud ; masquez avec une sauce tomate à laquelle vous mélangez le jus de la cuisson.

Ris de veau à la financière

Préparez, piquez et opérez comme pour les *Ris de veau au jus*, ajoutez un peu de vin de Madère. La cuisson terminée, dressez les ris dans un plat chaud, entourez-les d'une *garniture financière*, et servez en accompagnant d'un *ragoût financière*, à part dans une saucière.

Ris de veau à la Périgueux

Préparez, piquez et opérez comme pour les *Ris de veau au jus*, mais en ajoutant un peu de vin de Madère et les parures des truffes. La cuisson terminée, dressez les ris dans un plat chaud, masquez-les avec une sauce Périgueux et servez.

Ris de veau au gratin

Préparez et cuisez comme les *Ris de veau à la Villeroi* ; passez la sauce et liez-la de jaunes d'œufs ; beurrez un plat à gratin. versez-y une partie de la sauce liée, puis placez dessus les ris coupés en escalopes, ajoutez le restant de la sauce, couvrez d'une couche de gruyère râpé, mélangé d'une prise de muscade en poudre, arrosez de beurre fondu, et passez au four pendant quelques minutes.

Ris de veau à la Toulouse

Préparez, piquez et opérez comme pour les *Ris de veau au jus*, mais en ajoutant un peu de vin de Madère et les parures des truffes. La cuisson terminée, dressez les ris dans un plat chaud ; entourez-les d'une *garniture à la Toulouse*.

Faites un petit roux dans une casserole ; mouillez-le avec le fond de la cuisson, tournez pendant quelques instants sur le feu, et masquez votre plat avec cette sauce.

Ris de veau en blanquette

Prenez des ris de veau ; préparez comme pour les *Ris de veau au jus.* Passez-les dans le beurre sans leur faire prendre couleur. Salez, poivrez, ajoutez deux oignons, bouquet garni, quelques champignons, couvrez hermétiquement. Laissez cuire deux heures et demie. Au moment de servir ajoutez un jus de citron Dans un bol à part, mélangez deux jaunes d'œuf et de la crème fraîche. Dressez le ris sur un plat. Versez la crème dans la casserole, retirez le bouquet garni, mêlez avec le jus de cuisson et versez le tout sur le ris dans le plat.

Les ris de veau préparés comme ci-dessus peuvent également se servir avec des truffes, mais, dans ce cas, il faut mettre cuire dans la sauce, en même temps que les champignons, quelques truffes coupées en tranches. On peut aussi clouter les ris de veau avec des truffes.

Rognons de veau sautés au vin blanc

Prenez des rognons de veau. Préparez et faites cuire comme il est dit au *Rognon de bœuf sauté au vin blanc.* Servez de même.

Rognons de veau sautés au beurre

Prenez des rognons de veau. Préparez et faites cuire comme il est dit au *Rognon de bœuf sauté au vin blanc.* Servez de même.

Rognons de veau à la maître d'hôtel

Prenez des rognons de veau ; fendez-les en deux sur leur longueur ; salez, poivrez ; arrosez-les de beurre fondu et faites-les griller. La cuisson terminée, servez-les dans un plat chaud sur une maître d'hôtel

Rognons de veau au gratin

Prenez du rognon de desserte, c'est-à-dire celui qui a rôti avec le carré de veau. Coupez-le ainsi qu'un jambon, en tranches très minces ; placez ces tranches dans un plat à gratin, préalablement bien beurré ; salez, poivrez, recouvrez d'une farce composée de champignons, de gras de jambon, une petite échalote et persil haché. Mouillez de jus et d'une cuillerée de vin blanc ; saupoudrez de mie de pain, arrosez de beurre fondu et passez au four pour faire prendre une belle couleur, puis servez dans le plat.

Fraise de veau à la vinaigrette

Prenez une fraise de veau ; faites-la dégorger à l'eau fraîche pendant trois heures, puis blanchir à l'eau acidulée pendant quelques instants. Ratissez-la et lavez-la soigneusement. Rafraîchissez-la à l'eau fraîche, retirez, égouttez.

Mettez-la dans une casserole avec de l'eau en quantité suffisante pour qu'elle y baigne, assaisonnez avec sel, poivre, oignons, carottes, ail, bouquet garni et un verre de vinaigre. Faites cuire à petit feu pendant deux heures et demie. La cuisson terminée, retirez, égouttez. Mettez la fraise dans un plat chaud, servez en accompagnant d'un huilier et d'oignons, de persil, de cerfeuil, civette, le tout haché fin et placé en bouquet sur une assiette.

Fraise de veau en blanquette

Préparez et faites cuire comme ci-dessus, mais en donnant une heure de moins de cuisson. La cuisson terminée, retirez, égouttez, coupez par morceaux ; passez-les dans le beurre pendant quelques minutes, à feu doux, afin qu'ils ne prennent pas couleur. Après avoir salé et poivré, opérez comme il est dit au *Ris de veau blanquette*, Servez de même.

Fraise de veau frite

Préparez et faites cuire comme à la *Fraise de veau à la vinaigrette*. La cuisson terminée, retirez, égouttez, coupez par morceaux ; trempez les morceaux dans la pâte à frire ; plongez-les dans la friture bouillante. Lorsqu'ils ont pris une belle couleur, retirez, égouttez et dressez dans un plat chaud avec une garniture de persil frit.

Ainsi préparée, la fraise de veau se sert sur une sauce tomate, une sauce piquante, une sauce ravigote, etc.

Foie de veau à la minute

Coupez du foie de veau en tranches d'un centimètre d'épaisseur ; faites-le jaunir avec du beurre, dans la poêle, à feu vif ; salez. Lorsqu'il a pris une belle couleur de chaque côté, ce qui ne doit pas demander plus de cinq à six minutes, dressez-le sur un plat chaud et saupoudrez d'une cuillerée de persil haché fin, poivre et une pointe d'échalote hachée fin ; détachez le fond de la poêle avec un petit morceau de beurre frais et deux cuillerées de vinaigre ; laissez cuire deux minutes, versez sur le foie et servez dans un plat chaud.

On peut, si on le préfère, remplacer le vinaigre par le jus d'un citron.

Foie de veau sauté

Coupez du foie de veau en tranches d'un centimètre d'épaisseur; faites-le jaunir avec du beurre, dans la poêle, à feu vif; salez, poivrez. Lorsqu'il a pris une belle couleur de chaque côté, ce qui ne doit pas demander plus de cinq à six minutes, retirez-le et tenez-le au chaud.

Mettez dans la poêle du beurre, une échalote et une pointe d'ail, hachées fin ; saupoudrez d'un peu de farine pour faire un roux léger ; mouillez d'un verre de vin blanc, et laissez cuire. Remettez alors le foie quelques instants (le temps de le chauffer sans laisser bouillir) avec une cuillerée de persil haché fin, un peu de jus de citron, et servez dans un plat chaud.

Foie de veau à la maître d'hôtel

Coupez du foie de veau en tranches d'un centimètre d'épaisseur ; enveloppez chaque tranche dans un papier beurré ou huilé, et faites cuire sur le gril, pendant trois à quatre minutes de chaque côté. La cuisson terminée, déballez, dressez dans un plat chaud, sur une maître d'hôtel à laquelle vous aurez ajouté un peu de jus de citron, et servez.

On peut également servir, sur une maître d'hôtel, des tranches de foie de veau revenues au beurre.

Foie de veau à la sauce piquante

Coupez du foie de veau en tranches de deux centimètres d'épaisseur ; salez, poivrez et mettez cuire ces tranches avec du beurre, dans une casserole plate. Lorsqu'elles ont pris une belle couleur de chaque côté, dressez-les dans un plat chaud, sur une sauce piquante, et servez.

Foie de veau à la Napolitaine

Mettez de l'huile d'olives dans une poêle. Quand elle est chaude, jetez-y des morceaux de foie de veau coupés en long, assez épais, retournez-les vivement et retirez-les dans une assiette. Il est très important de ne laisser le foie que juste le temps de blanchir. Mettez ensuite dans l'huile chaude une douzaine d'oignons hachés fin. Faites revenir, ajoutez alors une sauce tomate, un brin de thym, une demi-feuille de laurier, une gousse d'ail. Salez, poivrez le foie, et remettez-le dans la sauce. Laissez cuire doucement vingt minutes et servez chaud.

Foie de veau à l'Italienne

Coupez du foie de veau en petites tranches d'un centimètre d'épaisseur. Faites une farce avec lard râpé, persil, échalotes et champignons hachés fin ; foncez un plat à gratin avec une couche de cette farce, placez-y une partie des tranches de foie ; remettez une couche de farce, puis une couche de foie ; finissez par une couche de farce, recouvrez soigneusement et faites cuire au four à feu doux. La cuisson terminée, si la sauce est trop longue, posez la casserole un instant sur un feu vif pour la faire réduire, dégraissez et servez dans le plat.

Foie de veau à la sauce tomate

Coupez du foie de veau en tranches d'un centimètre d'épaisseur, trempez-les dans des œufs battus et panez-les à la mie de pain. Faites frire, et de préférence dans une friture à l'huile. Lorsque les tran-

ches de foie ont pris une belle couleur, retirez et égouttez ; dressez-
les dans un plat chaud sur une sauce tomate et servez.

Foie de veau en papillote

Coupez du foie de veau en tranches d'un centimètre d'épaisseur ;
faites-les mariner avec huile, sel, poivre et muscade. Mélangez à un
peu de mie de pain des fines herbes et des champignons hachés fin.
Couvrez chaque tranche de foie d'une couche de cette farce et mettez-
la dans une feuille de fort papier huilé, conforme au modèle donné,
en ayant soin de placer la tranche de foie entre deux tranches de
lard de poitrine de même dimension. Pliez le papier tout autour
et faites cuire sur le gril et à feu doux. Lorsque les papillotes ont pris
une belle couleur de chaque côté, retirez et dressez les tranches de
foie, dans leur papillote, sur un plat chaud.

Foie de veau à la purée

Coupez du foie de veau en tranches d'un centimètre d'épaisseur
et de six ou sept centimètres de longueur. Faites revenir dans du
beurre, pendant une minute de chaque côté, autant de tranches de
jambon de la même dimension. Retirez-les et remplacez-les par les
tranches de foie, auxquelles vous faites également prendre une belle
couleur de chaque côté. La cuisson terminée, dressez en couronne
dans un plat chaud, en alternant une tranche de foie de veau avec
une tranche de jambon. Versez au milieu soit une purée de pommes
de terre, soit une purée d'oignons, et servez.

Foie de veau sauté aux oignons

Coupez du foie de veau en tranches d'un centimètre d'épaisseur.
Mettez du beurre dans une casserole plate et faites-y jaunir quelques
gros oignons émincés; lorsqu'ils ont pris une légère couleur blonde,
ajoutez les tranches de foie préalablement assaisonnées et saupoudrées
d'un peu de farine. Laissez cuire les tranches de foie deux ou trois
minutes de chaque côté ; la cuisson terminée, dressez dans un plat
chaud, saupoudrez les oignons d'une pincée de persil haché, joignez-y le jus d'un citron, un peu de beurre, versez sur le foie et servez.

Foie et rognon de veau en brochette

Prenez un morceau de foie et un rognon de veau ; coupez-les en
petits carrés plats de 0ᵐ,05 de largeur et 0ᵐ,01 d'épaisseur ; salez, poivrez ; ayez autant de carrés de lard de poitrine coupés très minces et
de même grandeur ; enfilez ces morceaux sur des brochettes de métal, en les alternant ; serrez-les légèrement les uns contre les autres,
arrosez-les de beurre fondu, et saupoudrez-les de mie de pain. Faites
griller à feu doux pendant une dizaine de minutes ; d'autre part faites
jaunir au beurre des carrés de mie de pain de même grandeur que
les viandes en brochette, dressez le tout en alternant sur du beurre
à la maître d'hôtel.

Foie de veau à la bourgeoise

Prenez un morceau de foie de veau de deux à trois livres ; piquez-le de gros lardons assaisonnés de sel et poivre ; enveloppez-le dans une toilette de porc ; faites-le revenir dans du beurre. Lorsqu'il a pris une belle couleur de chaque côté, retirez-le. Foncez une casserole avec du lard de poitrine, carottes, oignons, sel, poivre ; posez le foie et mouillez avec une demi-bouteille de vin blanc ; ajoutez un bouquet garni, et laissez cuire à feu doux pendant trois heures. La cuisson terminée, dressez le foie dans un plat chaud en le garnissant avec les carottes et les oignons. La sauce devant être courte, faites-la réduire s'il en est besoin ; lorsqu'elle est à point, dégraissez-la, passez-la sur le plat et servez.

Foie de veau aux oignons

Préparez, piquez et enveloppez un morceau de foie de veau comme ci-dessus, faites-le jaunir dans du beurre chaud et, lorsqu'il a pris une belle couleur de tous côtés, ajoutez une trentaine de petits oignons, salez, poivrez, ajoutez un bouquet garni et laissez cuire à petit feu pendant trois heures. La cuisson terminée, ajoutez cinq ou six cuillerées d'eau-de-vie. Laissez cuire cinq minutes. Dressez le foie dans un plat chaud, en l'entourant des oignons, et servez.

Foie de veau à la broche

Prenez un foie de veau ; piquez-le de lard fin, bien serré et assaisonné de sel, poivre, une pointe d'ail et de fines herbes. Enveloppez dans une crépine de porc et faites rôtir à feu doux, pendant une heure et demie environ ; arrosez de temps en temps avec le jus de la cuisson. La cuisson terminée, déballez, dressez dans un plat chaud, arrosez le foie de veau avec son jus dégraissé et mélangé à un jus de citron. Servez.

On peut faire rôtir un foie de veau, de la même façon, après l'avoir fait mariner pendant quelques heures dans de l'huile d'olive, avec sel, poivre, thym, laurier, persil.

Foie de veau haché en crépinettes

Prenez une livre de foie de veau, 125 grammes de rouelle de veau, 125 grammes de porc frais, 100 grammes de lard râpé, un oignon, une échalote, du persil, hachez le tout finement ; mélangez à cette farce un peu de mie de pain, assaisonnez de sel, poivre, une pointe de muscade ; mélangez le tout et formez-en des crépinettes que vous envelopperez dans des morceaux de crépine de porc ; roulez-les dans du beurre fondu, panez-les à la mie de pain et faites griller à feu doux, pendant un quart d'heure. Lorsqu'elles ont pris une belle couleur de chaque côté, retirez-les, dressez-les dans un plat chaud et servez.

Cœur de veau à la bourgeoise

Prenez un cœur de veau bien frais ; fendez-le en deux morceaux sans les séparer ; faites dégorger à l'eau froide ; enlevez soigneusement le sang, lavez et essuyez.

Piquez ensuite avec du lard gras ; ficelez et placez dans une casserole foncée de lard de poitrine, quelques oignons et quelques carottes, et finissez comme il est dit au *Bœuf à la mode*.

Cœur de veau aux oignons

Prenez un cœur de veau ; préparez et piquez comme ci-dessus. Ficelez-le et faites-le revenir dans du beurre. Lorsqu'il a pris une belle couleur, saupoudrez-le de très peu de farine ; mouillez avec un verre de vin blanc, deux ou trois cuillerées d'eau-de-vie; ajoutez une trentaine de petits oignons, couvrez la casserole et laissez cuire à petit feu. La cuisson terminée, dressez dans un plat chaud, garnissez avec les oignons, dégraissez la sauce et versez sur le plat préparé.

Cœur de veau grillé

Apprêtez un cœur de veau, comme il est dit au *Cœur de veau à la bourgeoise*, et divisez-le en tranches ; arrosez avec du beurre fondu ; salez, poivrez et faites griller de chaque côté à feu vif. La cuisson terminée, dressez les tranches dans un plat chaud, sur une maître d'hôtel ou sur une sauce piquante et servez.

Cœur de veau en brochette

Prenez un cœur de veau et fendez-le par tranches ; faites-le dégorger à l'eau froide, enlevez soigneusement le sang, lavez et essuyez.

Procédez et faites cuire comme il est dit au *Foie de veau en brochette*, mais sans paner et en ayant soin de faire griller à feu plus vif. Supprimer les croûtons de pain frit.

Mou de veau en matelote

Prenez un mou de veau ; faites-le dégorger à l'eau froide, égouttez-le et coupez-le en carrés de cinq à six centimètres. Faites revenir ,dans du beurre, une demi-livre de lard de poitrine, coupé en petits morceaux, ainsi qu'une quinzaine de petits oignons. Lorsqu'ils sont jaunis, retirez-les et remplacez-les par les morceaux de mou, auxquels vous faites également prendre une belle couleur ; saupoudrez alors d'une cuillerée de farine, tournez pendant quelques minutes à la cuiller de bois ; mouillez à hauteur avec de bon vin rouge; assaisonnez de peu de sel, poivre, un bouquet garni, une gousse d'ail et laissez cuire pendant une heure et demie. Un demi-heure avant la fin de la cuisson, remettez le lard, les oignons et une quinzaine de champignons. La cuisson terminée, retirez le bouquet garni, versez dans un plat chaud et servez.

Mou de veau aux petits oignons

Prenez un mou de veau ; faites-le dégorger à l'eau froide, égouttez-le et coupez-le en carrés de cinq à six centimètres. Faites revenir dans du beurre une trentaine de petits oignons ; lorsqu'ils sont d'une belle couleur, retirez-les et remplacez-les par les morceaux de mou ; saupoudrez d'une cuillerée de farine, tournez pendant quelques minutes à la cuiller de bois ; mouillez à hauteur avec du vin blanc et une ou deux cuillerées d'eau-de-vie ; assaisonnez de sel, poivre, un bouquet garni et laissez cuire pendant une heure et demie. Une demi-heure avant la fin de la cuisson, remettez les oignons. La cuisson terminée, retirez le bouquet garni, versez dans un plat chaud et servez.

Mou de veau à la poulette

Prenez et préparez un mou de veau comme il est dit ci-dessus ; coupez-le de même ; mettez-le dans une casserole avec de l'eau froide afin de le blanchir, Au premier bouillon, retirez, égouttez et opérez ensuite comme il est dit au *Gras-double à la poulette*, et servez de même.

On peut également, un quart d'heure avant la fin de la cuisson, ajouter une quinzaine de beaux champignons.

ENTREES DE MOUTON

Côtelettes de mouton grillées

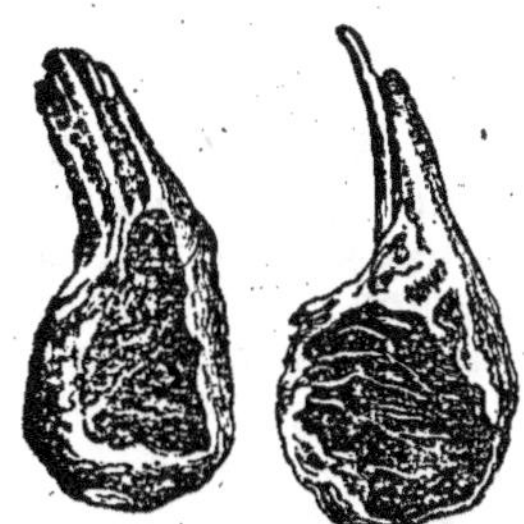

Prenez un beau carré de mouton suffisamment mortifié. Coupez les côtelettes comme l'indique le dessin n° 1 ; enlevez la peau et le nerf, aplatissez légèrement avec le couperet, en un mot parez-les de façon à leur donner la forme du dessin n° 2.

Ainsi préparées, mettez-les sur le gril et faites-les cuire à feu vif, environ trois minutes de chaque côté. La cuisson terminée, posez sur chaque côtelette un morceau de beurre, salez, poivrez, dressez-les en couronne sur un plat chaud, mettez une papillote à chaque manche et servez.

Côtelettes de mouton aux pommes de terre frites

Préparez et faites cuire comme il est dit aux *Côtelettes de mouton grillées*. La cuisson terminée, dressez les côtelettes en couronne dans un plat chaud ; placez une papillote à chaque manche ; mettez au milieu une *garniture de pommes de terre frites* et servez.

Côtelettes de mouton aux pommes de terre frites soufflées

Préparez et faites cuire comme il est dit aux *Côtelettes de mouton grillées*. La cuisson terminée, dressez les côtelettes en couronne dans un plat chaud ; placez une papillote à chaque manche ; mettez au milieu une *garniture de pommes de terre frites et servez.*

Côtelettes de mouton aux pommes de terre sautées au beurre

Préparez et faites cuire comme il est dit aux *Côtelettes de mouton grillées.* La cuisson terminée, dressez les côtelettes en couronne dans un plat chaud; placez une papillote à chaque manche; mettez au milieu une *garniture de pommes de terre sautées au beurre,* et servez.

Côtelettes de mouton à la purée de pommes de terre

Préparez et faites cuire comme il est dit aux *Côtelettes de mouton grillées.* La cuisson terminée, dressez-les en couronne dans un plat chaud, sur une purée de pommes de terre, à laquelle vous aurez mélangé un bon jus de viande. Mettez une papillote à chaque manche et servez.

Côtelettes de mouton aux haricots verts

Préparez et faites cuire comme il est dit aux *Côtelettes de mouton grillées.* La cuisson terminée, dressez-les en couronne dans un plat chaud, avec une papillote à chaque manche, et mettez au milieu une *garniture de haricots verts.* Servez en accompagnant d'une saucière de demi-glace.

Ainsi préparées, les côtelettes peuvent également se servir avec une *garniture de haricots flageolets, de petits pois, pointes d'asperges,* ou tous autres légumes frais.

Côtelettes de mouton panées et grillées

Préparez les côtelettes de mouton, comme il est dit aux *Côtelettes de mouton grillées.* Trempez-les dans du beurre fondu, passez-les dans la mie de pain assaisonnée de sel et de poivre. Mettez-les sur le gril et faites-les cuire à feu doux, pendant quatre minutes, de chaque côté. La cuisson terminée, dressez-les en couronne sur un plat chaud, avec une papillote à chaque manche, et servez.

Côtelettes de mouton à la maître d'hôtel

Préparez et faites cuire comme il est dit ci-dessus. La cuisson terminée, dressez les côtelettes en couronne, dans un plat chaud, sur une maître d'hôtel. Mettez une papillote à chaque manche, et servez.

Côtelettes de mouton à la sauce tomate

Préparez et faites cuire, comme il est dit aux *Côtelettes de mouton panées et grillées.* La cuisson terminée, dressez-les en couronne dans un plat chaud ; accompagnez d'une sauce tomate, à part dans une saucière. Mettez une papillote à chaque manche et servez.

Côtelettes de mouton à la sauce piquante

Préparez et faites cuire, comme il est dit aux *Côtelettes de mouton panées et grillées*. La cuisson terminée, dressez les côtelettes en couronne, dans un plat chaud, sur une sauce piquante. Mettez une papillote à chaque manche et servez.

Côtelettes de mouton à la chicorée ou aux laitues

Préparez et faites cuire, comme il est dit aux *Côtelettes de mouton panées et grillées*. La cuisson terminée, dressez les côtelettes en couronne, dans un plat chaud, sur une *garniture de chicorée* ou *de laitue*, à laquelle vous aurez mélangé un jus de viande. Mettez une papillote à chaque manche, et servez.

Côtelettes de mouton à l'Italienne

Préparez et parez des côtelettes comme il est dit aux *Côtelettes de mouton grillées*. Après les avoir imprégnées de beurre tiède, panez-les avec de la mie de pain mélangée de fromage de Gruyère râpé et assaisonnée de sel et de poivre; trempez-les dans des œufs battus et panez-les à nouveau avec le même mélange. Faites-les cuire sur le gril à feu doux. La cuisson terminée, dressez-les en couronne, dans un plat chaud, sur une sauce tomate. Mettez une papillote à chaque manche, et servez.

Côtelettes de mouton sautées

Préparez des côtelettes de mouton, comme il est dit aux *Côtelettes de mouton grillées*. Faites fondre du beurre dans une sauteuse ; placez-y les côtelettes assaisonnées de sel et de poivre ; faites cuire à feu doux, pendant deux ou trois minutes de chaque côté.

La cuisson terminée, dressez-les en couronne dans un plat chaud, versez dessus le fond de la cuisson; ajoutez un peu de persil haché. Mettez une papillote à chaque manche, et servez.

Ainsi préparées, les côtelettes peuvent se servir avec garniture de légumes ou sur une purée.

Côtelettes de mouton à la financière

Opérez comme ci-dessus. La cuisson terminée, dressez les côtelettes en couronne dans un plat chaud ; versez au milieu *un ragoût financière*. Mettez une papillote à chaque manche, et servez.

Côtelettes de mouton à la Chateaubriand

Opérez comme pour les *Côtelettes de mouton sautées*. La cuisson terminée, dressez les côtelettes en couronne dans un plat chaud ; saucez-les d'une sauce Chateaubriand; mettez au milieu une *garniture de pommes de terre tournées en noisettes et sautées au beurre*. Mettez une papillote à chaque manche, et servez.

Côtelettes de mouton à la jardinière

Opérez comme pour les *Côtelettes de mouton sautées*. La cuisson terminée, dressez les côtelettes en couronne dans un plat chaud : versez au milieu une *garniture jardinière*, à laquelle vous mélangerez le fond de la cuisson. Mettez une papillote à chaque manche, et servez.

Côtelettes do mouton à la purée de marrons

Opérez comme pour les *Côtelettes de mouton sautées*. La cuisson terminée, dressez les côtelettes en couronne dans un plat chaud ; versez au milieu une purée de marrons, à laquelle vous aurez mélangé le fond de la cuisson. Mettez une papillote à chaque manche, et servez.

Côtelettes de mouton sautées à la poêle

Préparez des côtelettes de mouton comme il est dit aux *Côtelettes de mouton grillées*. Faites chauffer, sans laisser noircir, du beurre dans une poêle; placez-y les côtelettes, faites-les revenir à feu vif et prendre une belle couleur de chaque côté ; assaisonnez de sel, poivre. La cuisson terminée, dressez-les en couronne dans un plat chaud. Mettez une papillote à chaque manche, et servez.

Côtelettes de mouton à la Provençale

Préparez et parez des côtelettes de mouton, puis faites cuire et servez comme il est dit à l'*Entrecôte à la Provençale*.

Côtelottes de mouton à la victime

Prenez et parez des côtelettes de mouton ; attachez-en trois ensemble, la plus belle au milieu, après l'avoir salée et poivrée; faire cuire sur le gril, retournez-les fréquemment afin que le jus puisse se concentrer dans celle du milieu. Lorsque les deux côtelettes du dessus sont très cuites, retirez-les et servez seulement celle du milieu, avec une papillote au manche.

Côtelettes de mouton en chevreuil

Prenez et parez des côtelettes de mouton ; mettez-les mariner pendant deux jours dans une marinade cuite. Une heure avant de vous en servir, égouttez et laissez essorer dans un linge. Faites cuire ensuite comme il est dit aux *Côtelettes de mouton sautées*. La cuisson terminée, dressez les côtelettes en couronne sur un plat chaud ; mettez une papillote à chaque manche ; et servez en accompagnant d'une saucière de sauce poivrade chaude, que vous faites avec la marinade.

Filet de mouton braisé

Prenez un filet de mouton, désossez-le, roulez la bavette et ficelez-le. Mettez-le dans une casserole avec du beurre, et faites-le revenir ; salez, poivrez. Lorsqu'il a pris une belle couleur de tous côtés, ajoutez un bouquet garni, un gros oignon piqué de deux clous de girofle. Faites cuire à feu doux, pendant deux heures, avec feu dessus et dessous, en ayant soin d'arroser souvent. La cuisson terminée, retirez, déficelez et dressez le filet dans un plat chaud ; dégraissez le jus de la cuisson, versez-le sur le filet et servez.

Filet de mouton braisé aux haricots verts

Préparez et opérez comme ci-dessus. Un quart d'heure avant la fin de la cuisson, ajoutez les haricots verts, préalablement blanchis à l'eau très peu salée, et bien égouttés. La cuisson terminée, retirez, déficelez et dressez le filet dans un plat chaud, garnissez avec les haricots verts, puis servez.

Filet de mouton braisé aux choux

Prenez et parez un filet de mouton, comme il est dit au *Filet de mouton braisé*. Une heure avant la fin de la cuisson, ajoutez des petits cœurs de choux blanchis et bien jaunis dans le beurre. La cuisson terminée, retirez, déficelez et dressez le filet dans un plat chaud, garnissez avec les choux, dégraissez le jus de la cuisson, versez-le dessus et servez.

Filet de mouton braisé garni de légumes

Préparez et opérez comme il est dit au *Filet de mouton braisé*. La cuisson terminée, retirez, déficelez, et dressez dans un plat chaud ; entourez le plat soit d'une *garniture de pommes de terre sautées au beurre*, d'oignons glacés, de navets glacés ou d'une purée d'oseille, de chicorée, d'épinards, etc., et servéz en envoyant le jus de la cuisson à part dans une saucière.

Filets mignons de mouton grillés à la Colbert

Prenez des filets mignons ; coupez-les en tranches de deux centimètres d'épaisseur, parez et aplatissez. Passez-les dans le beurre fondu, panez-les à la mie de pain assaisonnée de sel et de poivre ; faites griller à feu doux pendant trois ou quatre minutes de chaque côté et dressez-les dans un plat chaud, sur une sauce Colbèrt, puis servez.

Filets mignons de mouton à la Périgueux

Prenez et parez des filets mignons de mouton, piquez-les de lardons fins. Faites-les mariner pendant vingt-quatre heures avec du sel, poivre, vin blanc, parures de truffes. Une heure avant de vous en servir, égouttez et laissez essorer dans un linge.
Faites fondre du beurre dans une sauteuse, placez-y les filets et faites-les revenir. Lorsqu'ils ont pris une belle couleur de chaque côté, mouillez-les de deux ou trois cuillerées de demi-glace, d'une cuille-

rée de Madère, ajoutez quelques truffes coupées en lames très min-
c's, et laissez cuire ainsi pendant quelques minutes. La cuisson terminée, retirez et dressez les filets dans un plat chaud ; versez les truffes et la sauce au milieu, puis servez en accompagnant d'une sauce
Périgueux, à part dans une saucière.

Filets mignons de mouton sauce piquante

Prenez et parez des filets mignons de mouton, piquez-les de lardons fins ; faites-les mariner pendant vingt-quatre heures avec sel,
poivre, vinaigre, vin blanc, carottes et oignons coupés en tranches,
persil, thym, ail, échalotes. Une heure avant de vous en servir, égouttez et laissez essorer dans un linge. Faites cuire ensuite comme il est
dit aux *Côtelettes de mouton sautées.* La cuisson terminée, dressez les
filets en couronne dans un plat chaud, sur une sauce piquante, et
servez.

Filets mignons de mouton en chevreuil

Prenez des filets mignons ; coupez-les en tranches de deux centimètres d'épaisseur ; piquez-les de lardons fins et faites-les mariner
pendant deux jours, avec sel, poivre, vinaigre, vin blanc, carottes et
oignons coupés en tranches, persil, thym, laurier, ail, échalotes. Une
heure avant de vous en servir, égouttez et laissez essorer dans un
linge. Faites cuire ensuite, comme il est dit aux *Côtelettes de mouton
sautées.* La cuisson terminée, dressez les filets en couronne dans
un plat chaud, et servez en accompagnant d'une sauce poivrade
chaude, que vous avez faite avec la marinade.

Poitrine de mouton braisée

Prenez une poitrine de mouton, désossez-la et coupez-la en morceaux égaux que vous placerez dans une casserole foncée de bardes
de lard, de parures de jambon, carottes et oignons coupés en tranches.
Ajoutez un bouquet garni, sel, poivre, et laissez cuire à feu doux, avec
feu dessus et dessous pendant trois heures. La cuisson terminée, dressez les morceaux de poitrine en couronne dans un plat chaud, et garnissez le milieu avec une purée d'épinards, d'oseille, de chicorée, de
pommes de terre, de pois cassés, de lentilles, etc.

Poitrine de mouton panée et grillée

Prenez une poitrine de mouton, ficelez-la et faites-la cuire dans
dans le bouillon du pot-au-feu ou braisée, comme il est dit ci-dessus
jusqu'à ce que, les os se détachant facilement, vous puissiez les supprimer ; laissez refroidir et mettez en presse. Coupez ensuite en morceaux égaux; passez-les dans du beurre fondu, panez à la mie de pain,
et faites griller à feu doux. Ainsi préparée, la poitrine de mouton se
sert accompagnée d'une sauce tomate piquante, poivrade, Béarnaise,
Robert, Chateaubriand, etc., ou sur une purée de légumes secs.

Haricot de mouton

Prenez de la poitrine de mouton, de l'épaule ou des côtelettes découvertes, coupez en morceaux, et faites revenir au beurre, à feu vif, en ayant soin de ne pas laisser noircir ; salez et poivrez. Lorsque les morceaux ont pris une belle couleur, saupoudrez-les d'une cuillerée de farine et tournez à la cuiller de bois, pendant quatre ou cinq minutes ; mouillez avec de l'eau chaude ; ajoutez un bouquet garni, une gousse d'ail, un oignon piqué d'un clou de girofle, et laissez cuire à feu doux pendant trois heures. Trois quarts d'heure avant la fin de la cuisson, ajoutez des flageolets ou des haricots blancs que vous aurez fait cuire à l'eau salée avec un oignon, un peu de laurier et de thym. La cuisson terminée, retirez l'oignon et le bouquet garni, dégraissez la sauce, versez le ragoût dans un plat chaud, et servez le plus chaudement possible.

Navarin aux pommes

Préparez et procédez absolument comme ci-dessus, mais en supprimant les haricots. Une heure avant la fin de la cuisson, ajoutez une vingtaine de petites pommes de terre, une dizaine de petits oignons jaunis au beurre. La cuisson terminée, enlevez les pommes de terre et les oignons avec soin, dégraissez la sauce, versez le ragoût dans un plat chaud, mettez autour les oignons et les pommes de terre, et servez le plus chaudement possible.

Navarin printanier

Préparez et procédez comme il est dit au *Haricot de mouton*. Une heure avant la fin de la cuisson, ajoutez quelques petits oignons, des carottes et des navets taillés de la grosseur d'un œuf de pigeon et préalablement passés au beurre, une poignée de petits pois et de haricots verts blanchis ; un quart d'heure après, ajoutez quelques petites pommes de terre nouvelles.

La cuisson terminée, retirez le bouquet garni, dégraissez la sauce, versez le ragoût dans un plat chaud et servez le plus chaudement possible.

Ragoût de mouton aux haricots blancs

Prenez de la poitrine de mouton, de l'épaule ou des côtelettes découvertes ; coupez en morceaux et faites revenir au beurre à feu vif, en ayant soin de ne pas laisser noircir ; salez et poivrez. Lorsque les morceaux ont pris une belle couleur, saupoudrez-les d'une cuillerée de farine et tournez à la cuiller de bois pendant quatre ou cinq minutes. Mouillez avec de l'eau chaude, ajoutez un bouquet garni, une gousse d'ail, un oignon piqué d'un clou de girofle et laissez cuire à feu doux pendant trois heures. Une heure avant la fin de la cuisson, ajoutez des haricots blancs frais. La cuisson terminée, retirez le bouquet, l'oignon, dégraissez la sauce et versez le ragoût dans un plat chaud. Servez le plus chaudement possible.

On peut également se servir de haricots secs préalablement cuits à l'eau.

Ragoût de mouton aux haricots verts

Préparez et opérez comme pour le *Ragoût de mouton aux haricots blancs*. Une heure avant la fin de la cuisson, ajoutez des haricots verts. La cuisson terminée, retirez le bouquet, l'oignon, dégraissez la sauce et versez le ragoût dans un plat chaud. Servez le plus chaudement possible.

Ragoût de mouton aux petits pois

Préparez comme pour le *Ragoût de mouton aux haricots blancs*, une heure avant la fin de la cuisson, ajoutez des pois verts moyens.

Epaule de mouton braisée

Prenez une épaule de mouton ; désossez-la ; assaisonnez-la de sel et poivre ; ficelez en donnant une forme ronde, et faites cuire comme il est dit à l'*Epaule de mouton à la casserole*.

Epaule de mouton printanière

Prenez une épaule de mouton ; désossez-la sans retirer l'os du manche ; assaisonnez-la de sel et poivre ; piquez-la à l'intérieur avec de gros lardons, et ficelez-la en lui donnant une forme ronde. Placez-la ensuite dans une braisière foncée avec du lard de poitrine, des carottes et des oignons coupés en rouelles, les os et parures de l'épaule ; mouillez d'un verre d'eau chaude, ajoutez un bouquet garni et faites cuire à petit feu pendant deux heures et demie. La cuisson terminée, égouttez, déficelez, dressez sur un plat chaud que vous entourez d'une *garniture printanière;* dégraissez le jus de la cuisson, passez-le et versez-le sur l'épaule, puis servez.

Ainsi préparée, *l'épaule de mouton* peut se servir sur une garniture de navets ou d'oignons glacés, de choux, de choux de Bruxelles, de salsifis, de haricots Bretonne ; ou sur un ragoût de champignons, une purée de pommes de terre, d'artichauts, de tomates, etc.

Epaule de mouton farcie

Prenez une épaule de mouton : désossez-la; assaisonnez-la de sel et de poivre; garnissez-la à l'intérieur avec une farce faite de lard râpé, de noix de veau, de mie de pain mouillée de lait, le tout pilé finement; assaisonnez cette farce avec sel, poivre, et finissez en la liant avec deux jaunes d'œufs crus; cousez les chairs afin que la farce ne s'échappe pas. Faites revenir l'épaule dans une casserole, avec un morceau de beurre; lorsqu'elle a pris une belle couleur de tous côtés, ajoutez un bouquet garni, carottes et oignons coupés en rouelles, et laissez cuire à petit feu, pendant une heure et demie, en ayant soin de la retourner et de l'arroser fréquemment. La cuisson terminée, dressez l'épaule dans un plat chaud, dégraissez le jus de la cuisson, versez-le sur l'épaule et servez.

Ainsi préparée, l'épaule de mouton peut se servir sur une sauce tomate, une sauce piquante, etc., ou avec des légumes préparés pour garniture.

Hachis de mouton

Prenez de la viande de mouton provenant de la desserte (*la viande braisée doit être préférée à la viande rôtie*), enlevez-en les parties nerveuses ; hachez fin avec échalotes et persil, salez, poivrez. Hachez fin un gros oignon, faites-le cuire à feu doux, dans le beurre, sans lui laisser prendre couleur ; mettez le hachis dans la casserole, en y ajoutant deux ou trois cuillerées d'eau, de façon à bien mouiller le tout sans faire une trop longue sauce ; faites chauffer doucement. Lorsque le tout est suffisamment chaud, versez dans un plat chaud et servez en entourant avec des œufs pochés (un par personne) et des croûtons de pain frits alternés.

Hachis de mouton Portugaise

Préparez et opérez comme ci-dessus. Lorsque le tout est suffisamment chaud, versez dans un plat chaud, servez en entourant d'une garniture d'œufs frits (un par personne) et accompagnez d'une sauce tomate, dans une saucière à part.

Emincé de gigot

Prenez de la viande de mouton provenant de la desserte : enlevez-en les parties nerveuses ; coupez en tranches minces, et faites chauffer, *sans laisser bouillir*, dans une sauce piquante ou dans une sauce poivrade ; versez dans un plat et servez chaud.

Emincé de gigot en miroton

Prenez de la viande de mouton provenant de la desserte ; opérez comme il est dit au *Miroton de bœuf*. Ne versez les oignons sur la viande que lorsqu'ils sont bien cuits, de façon à n'avoir qu'à laisser chauffer le mouton sans laisser bouillir. La cuisson terminée, dressez les tranches en couronne ; ajoutez un filet de vinaigre au ragoût d'oignons, et versez celui-ci au milieu du plat, puis servez.

Croquettes de mouton

Prenez de la viande de mouton provenant de la desserte, et opérez comme il est dit aux *Croquettes de bœuf*. La cuisson terminée, dressez les croquettes dans un plat chaud, et servez en accompagnant d'une sauce tomate, à part dans une saucière.

Rognons de mouton sautés au vin blanc

Prenez des rognons de moutons ; préparez-les et faites-les cuire comme il est dit au *Rognon de bœuf sauté au vin blanc*. Servez de même.

Rognons de mouton sautés au vin de Champagne

Prenez des rognons de mouton; préparez-les et faites-les cuire comme il est dit au *Rognon de bœuf sauté au vin blanc,* mais en remplaçant le vin blanc par du vin de Champagne. Servez de même.

Rognons de mouton sautés au beurre

Prenez des rognons de mouton; fendez-les en deux; enlevez les parties nerveuses. Faites revenir dans la poêle, pendant cinq minutes, avec sel, poivre, une pointe d'échalote hachée finement. Liez d'un bon morceau de beurre que vous faites fondre *sans laisser bouillir,* et finissez avec un peu de persil haché et un jus de citron.

Dressez sur un plat chaud et servez.

Cœur de mouton

Le cœur de mouton se prépare et se sert comme le *Cœur de veau.*

Cervelle de mouton

La cervelle de mouton se prépare et se sert comme la *Cervelle de veau.*

Langues de mouton braisées

Prenez des langues de mouton, supprimez les cornets et faites dégorger pendant deux heures dans l'eau froide; mettez-les dans l'eau bouillante jusqu'à ce que la peau puisse s'enlever facilement. Foncez une braisière avec lard de poitrine, carottes, oignons, coupés en tranches; mouillez avec moitié vin blanc et moitié eau; ajoutez un bouquet garni, sel, poivre et laissez cuire à feu doux pendant une heure et demie environ.

La cuisson terminée, dégraissez, laissez réduire le jus, fendez les langues en deux sur leur longueur; dressez-les en couronne sur un plat chaud, versez dessus le jus de la cuisson et servez.

Ainsi préparées, les langues de mouton peuvent être servies sur une sauce tomate, une sauce piquante, etc.

Langues de mouton piquées et braisées

Préparez des langues comme ci-dessus. La peau supprimée, égouttez, laissez refroidir; piquez-les avec des lardons fins, mettez-les dans une braisière et faites cuire comme ci-dessus.

La cuisson terminée, dressez-les en couronne sur un plat chaud, versez au milieu une purée de pois, de lentilles, de haricots rouges, etc., à laquelle vous aurez mélangé le jus de la cuisson bien dégraissé et passé, puis servez.

Langues de mouton en papillote

Préparez et faites cuire comme il est dit aux *Langues de mouton braisées*. La cuisson terminée, retirez, égouttez et laissez refroidir; fendez ensuite les langues en deux, dans leur longueur; recouvrez chaque tranche d'une farce composée de gras de jambon, de champignons et de persil hachés finement. Enveloppez chaque tranche dans un papier huilé, et faites griller à feu doux. La cuisson terminée, retirez le papier, dressez les tranches dans un plat chaud, en les arrosant d'un jus de citron et servez.

En supprimant le jus de citron, on peut servir avec sauce piquante, sauce tomate etc.

Pieds de mouton à la vinaigrette

Prenez une douzaine de pieds de mouton; flambez, échaudez, rafraîchissez et faites cuire, pendant cinq heures, dans un court-bouillon, comme il est dit à la *Tête de veau au naturel*. Retirez, égouttez, fendez la fourchette afin d'enlever la touffe de poils qui se trouve enlevez le gros os et dressez les pieds dans un plat chaud, entourez-les d'une garniture de persil en branches. Accompagnez d'un huilier et de persil, cerfeuil et oignons hachés placés en bouquet sur une assiette.

Pieds de mouton à la poulette

Prenez une douzaine de pieds de mouton préparés comme il est dit ci-dessus.

Après les avoir égouttés, fendez la fourchette afin d'enlever la touffe de poils qui s'y trouve; enlevez le gros os. Faites fondre du beurre dans une casserole; ajoutez-y une forte cuillerée de farine que vous tournez à la cuiller de bois, pendant une minute, sans laisser prendre couleur; mouillez avec du vin blanc chaud; salez, poivrez, ajoutez un bouquet garni; laissez cuire la sauce pendant une demi-heure; retirez le bouquet garni, mettez les pieds de mouton dans cette sauce avec une douzaine de champignons. Un quart d'heure après, liez la sauce avec deux ou trois jaunes d'œufs, du beurre et un jus de citron. Versez le tout dans un plat chaud et servez.

Cette sauce doit être suffisamment liée pour adhérer aux pieds de mouton.

Pieds de mouton à la sauce tomate

Préparez et faites cuire comme il est dit ci-dessus, puis, assaisonnez avec sel poivre, et laissez refroidir; passez les pieds dans des œufs battus auxquels vous aurez mélangé un peu de persil haché, panez-les, arrosez-les d'un peu de beurre fondu et faites griller à feu doux. La cuisson terminée, dressez-les dans un plat chaud sur une sauce tomate un peu épaisse, et servez.

Les pieds de mouton ainsi préparés peuvent se servir sur une sauce ravigote, une sauce tartare, une sauce Robert.

Pieds de mouton au gratin

Préparez et faites cuire comme il est dit aux *Pieds de mouton à la vinaigrette*. Enlevez les os, et coupez les pieds en deux ou trois morceaux chacun; mettez-les dans une casserole avec un peu de beurre et de gruyère râpé. Tournez sur le feu pendant quelques minutes, sans leur laisser prendre couleur.

Hachez fin des champignons, persil, échalotes, ciboules, et mélangez-les à de la mie de pain trempée dans du lait; assaisonnez de sel et de poivre, et maniez le tout d'un peu de bon beurre. Garnissez le fond d'un plat à gratin avec la moitié de cette farce, placez dessus les pieds de mouton, recouvrez du restant de la farce, mouillez avec une ou deux cuillerées de vin blanc; saupoudrez d'une couche de gruyère râpé, d'un peu de chapelure; arrosez avec du beurre fondu et faites cuire au four pendant un quart d'heure. La cuisson terminée, retirez et servez.

ENTREES D'AGNEAU

Côtelettes d'agneau panées et grillées

Prenez et parez des côtelettes d'agneau, en opérant comme il est dit aux *Côtelettes de mouton*. Trempez-les dans du beurre fondu, panez-les à la mie de pain assaisonnée de sel et de poivre. Mettez-les sur le gril et faites-les cuire à feu doux pendant trois minutes de chaque côté. La cuisson terminée, dressez-les en couronne sur un plat chaud, avec une papillote à chaque manche, et servez.

Côtelettes d'agneau à la chicorée ou aux laitues

Procédez comme ci-dessus. La cuisson terminée, dressez les côtelettes en couronne dans un plat chaud, sur une *garniture de chicorée ou de laitues braisées;* placez une papillote à chaque manche et servez.

Côtelettes d'agneau à l'Italienne

Procédez comme pour les *Côtelettes de mouton à l'Italienne*, et servez de même.

Côtelettes d'agneau à la sauce piquante

Procédez comme pour les *Côtelettes de mouton à la sauce piquante,* et servez de même.

Côtelettes d'agneau à la purée

Procédez comme il est dit aux *Côtelettes d'agneau panées et grillées*. La cuisson terminée, dressez les côtelettes en couronne dans un plat chaud, sur une purée de céleri, de cardons, d'artichauts, de champignons, etc. Mettez une papillote à chaque manche, et servez.

Côtelettes d'agneau à la Maréchale

Prenez et parez des côtelettes d'agneau; salez, poivrez, faites-les sauter au beurre pendant quelques minutes; retirez-les, trempez-les dans de l'œuf battu, panez-les et faites-les frire de belle couleur. Dressez-les en couronne dans un plat chaud, sur tels légumes qu'il vous plaira, ou envoyez une sauce tomate dans une saucière à part; mettez une papillote à chaque manche, et servez.

Côtelettes d'agneau sautées

Prenez et parez des côtelettes d'agneau comme il est dit aux *Côtelettes de mouton sautées*. Faites fondre du beurre dans une sauteuse, placez-y les côtelettes assaisonnées de sel et de poivre; faites cuire à feu vif pendant deux ou trois minutes de chaque côté; mettez une papillote à chaque manche, et servez.

Côtelettes d'agneau sautées à la financière

Procédez comme il est dit ci-dessus. La cuisson terminée, dressez les côtelettes en couronne dans un plat chaud; versez au milieu un *ragoût financière*; mettez une papillote à chaque manche et servez.

Côtelettes d'agneau sautées à la Jardinière

Procédez comme pour les *Côtelettes d'agneau sautées*. La cuisson terminée, dressez les côtelettes en couronne dans un plat chaud; mettez au milieu une *garniture jardinière*; placez une papillote à chaque manche et servez.

Côtelettes d'agneau sautées à la Chateaubriand

Procédez comme pour les *Côtelettes d'agneau sautées*. La cuisson terminée, dressez les côtelettes en couronne dans un plat chaud; saucez-les d'une sauce Chateaubriand; versez au milieu une *garniture de pommes de terre tournées en noisettes et sautées au beurre*. Mettez une papillote à chaque manche et servez.

Côtelettes d'agneau sautées à la purée de marrons

Procédez comme pour les *Côtelettes d'agneau sautées*. La cuisson terminée, dressez les côtelettes en couronne dans un plat chaud, mettez au milieu une purée de marrons à laquelle vous avez mélangé le jus de la cuisson. Mettez une papillote à chaque manche et servez.

Côtelettes d'agneau sautées aux pointes d'asperges

Procédez comme pour les *Côtelettes d'agneau sautées*. La cuisson terminée, dressez-les en couronne dans un plat chaud, mettez au milieu une *garniture de pointes d'asperges;* placez une papillote à chaque manche et servez.

Côtelettes d'agneau sautées aux petits pois

Procédez comme aux *Côtelettes d'agneau sautées.* La cuisson terminée, dressez en couronne dans un plat chaud; mettez au milieu une garniture de petits pois; placez une papillote à chaque manche et servez.

Côtelettes d'agneau en demi-deuil

Procédez comme il est dit aux *Côtelettes d'agneau sautées.* La cuisson terminée, dressez les côtelettes en couronne dans un plat chaud; versez au milieu une sauce madère à laquelle vous aurez mélangé des truffes et des champignons coupés en lames; placez une papillote à chaque manche et servez.

Côtelettes d'agneau sautées à la Soubise

Procédez comme il est dit aux *Côtelettes d'agneau sautées.* La cuisson terminée, dressez les côtelettes en couronne dans un plat chaud; versez au milieu une purée d'oignons dite *Soubise,* mettez une papillote à chaque manche et servez.

Côtelettes d'agneau en papillote

Préparez et faites cuire comme il est dit aux *Côtelettes de veau en papillote,* mais en donnant seulement six ou sept minutes de cuisson. Servez de même.

Epaule d'agneau braisée

Prenez une épaule d'agneau; désossez-la; assaisonnez-la de sel et de poivre, ficelez-la en lui donnant une forme ronde et faites cuire comme il est dit au *Gigot dans son jus,* mais en donnant seulement une heure et demie de cuisson. Servez de même.

Epaule d'agneau printanière

Préparez et faites cuire comme il est dit à l'*Epaule de mouton printanière,* mais en donnant seulement une heure et demie de cuisson. Servez de même, c'est-à-dire sur une *garniture printanière.* Cuite ainsi, l'épaule d'agneau peut aussi se servir sur une garniture de navets glacés, d'oignons glacés, de choux, de choux de Bruxelles, de salsifis, de haricots bretonne, ou bien encore sur un ragoût de champignons, une purée de pommes de terre, d'artichauts, de tomates, etc.

Filets d'agneau à la Maréchale

Prenez des filets d'agneau, coupez-les en escalopes; salez, poivrez, passez dans de l'œuf battu, panez à la mie de pain, et plongez dans la friture chaude. Lorsqu'ils ont pris une belle couleur, retirez, égouttez, dressez en couronne dans un plat chaud et garnissez le milieu avec telle garniture de légumes qu'il vous plaira, ou bien servez en accompagnant d'une sauce tomate, dans une saucière à part.

Blanquette d'agneau

Prenez un quartier d'agneau; coupez en morceaux de trois centimètres environ et opérez comme il est dit à la *Blanquette de veau,*

Emincé d'agneau

Prenez de la viande d'agneau provenant de la desserte; enlevez les parties nerveuses; coupez en tranches minces et faites chauffer, *sans laisser bouillir,* dans une sauce piquante ou dans une sauce poivrade; versez dans un plat et servez chaud.

Pieds d'agneau à la poulette

Préparez et opérez comme il est dit aux *Pieds de mouton à la poulette.* Servez de même.

Pieds d'agneau à la sauce tomate

Préparez et opérez exactement comme il est dit aux *Pieds de mouton à la sauce tomate.* Servez de même.

Pieds d'agneau au gratin

Préparez et opérez comme il est dit aux *Pieds de mouton au gratin.* Servez de même.

Pieds d'agneau à la Périgueux

Préparez et faites cuire comme il est dit aux *Pieds de mouton à la vinaigrette.* Faites une farce composée de lard râpé, d'un petit morceau de noix de veau et de maigre de porc; ajoutez-y des truffes hachées, et assaisonnez de bon goût ; coupez les pieds en deux dans leur longueur, couvrez chaque moitié d'une couche de cette farce et enveloppez-la dans un morceau de crépine. Passez au beurre fondu, panez et faites griller à feu doux. Dressez dans un plat chaud et servez en accompagnant d'une sauce Périgueux, à part dans une saucière.

Pieds d'agneau au kari

Préparez et faites cuire comme il est dit aux *Pieds de mouton à la vinaigrette.* La cuisson terminée, égouttez-les, dressez-les dans un plat chaud, versez dessus une sauce au kari et servez.

Fressures d'agneau

Prenez des fressures d'agneau, c'est-à-dire le cœur, le foie et le mou; faites-les dégorger à l'eau fraîche, égouttez-les et coupez-les en carrés. Faites-les revenir dans le beurre avec quelques tranches minces de lard de poitrine; assaisonnez de sel et de poivre; mouillez avec moitié vin blanc, moitié eau; ajoutez un bouquet garni, un petit oignon, une pointe d'ail hachée très fin et faites cuire à feu vif. La cuisson terminée, dressez les morceaux dans un plat chaud; faites réduire la sauce et terminez-la en y incorporant un petit morceau de beurre, une cuillerée de persil, ciboules et estragons hachés fin, un peu de jus de citron et une pointe de muscade; versez sur les morceaux de fressure et servez.

Issues d'agneau

Prenez le cœur, le foie et le mou d'un agneau; rafraîchissez-les à l'eau froide, coupez-les en carrés et faites-les blanchir; égouttez. Faites fondre du beurre dans une casserole, ajoutez-y une forte cuillerée de farine que vous tournez à la cuiller de bois pendant une minute, sans laisser prendre couleur, mouillez avec de l'eau chaude, salez, poivre, ajoutez un bouquet garni. Laissez cuire la sauce pendant une demi-heure, retirez le bouquet, mettez les morceaux d'issues dans cette sauce et laissez cuire à feu doux. La cuisson terminée, liez la sauce avec deux ou trois jaunes d'œufs, du beurre et un jus de citron.

Ris d'agneau

Les ris d'agneau se préparent et se font cuire exactement comme les *Ris de veau*. Ils se servent de même.

ENTREES DE PORC

Côtelettes de porc frais, panées et grillées

Prenez un beau carré de porc frais; sciez l'os de l'échine, coupez les côtelettes un peu minces, en laissant une épaisseur de graisse d'un demi-centimètre, aplatissez-les, assaisonnez de sel, poivre et épices, passez-les dans le beurre fondu et panez-les. Faites-les cuire sur le gril, pendant cinq minutes, de chaque côté. Lorsqu'elles ont pris une belle couleur, dressez-les dans un plat que vous garnissez avec des cornichons coupés, puis servez.

Côtelettes de porc frais sautées

Préparez comme ci-dessus. Faites jaunir vos côtelettes dans la poêle, avec du beurre, puis retirez-les. Faites un roux léger; ajoutez aromates, oignons, carottes, échalotes, sel, poivre; mouillez d'un peu de vin rouge; cuisez à feu doux pendant deux heures. Passez cette sauce et faites-y chauffer les côtelettes pendant quelques minutes.

Servez le tout dans un plat chaud avec quelques cornichons coupés en tranches minces.

Côtelettes de porc frais à la sauce tomate

Préparez et opérez comme il est dit aux *Côtelettes de porc frais panées et grillées*. La cuisson terminée, dressez les côtelettes dans un plat chaud, sur une sauce tomate, et servez.

Côtelettes de porc frais à la sauce ravigote

Préparez et opérez omme il est dit aux *Côtelettes de porc frais panées et grillées*. La cuisson terminée, dressez-les dans un plat chaud et servez en accompagnant d'une sauce ravigote dans une saucière à part.

Côtelettes de porc frais à la sauce piquante

Prenez et parez des côtelettes de porc frais; aplatissez-les, puis mettez-les avec du beurre dans un plat à sauter, faites-les revenir; assaisonnez-les de sel, de poivre et de muscade, et faites-leur prendre une belle couleur de chaque côté, dressez-les dans un plat chaud sur une sauce piquante à laquelle vous ajouterez le jus de la cuisson bien dégraissé et servez.

Côtelettes de porc frais à la sauce Robert

Préparez et opérez comme ci-dessus. La cuisson terminée, dressez les côtelettes dans un plat chaud, sur une sauce Robert, et servez.

Côtelettes de porc frais aux fines herbes

Prenez et parez de belles côtelettes de porc frais; aplatissez-les, mettez-les avec du beurre, dans un plat à sauter; faites-les revenir, assaisonnez-les de sel, poivre, muscade; et faites-leur prendre une belle couleur de chaque côté. La cuisson terminée, dressez-les en couronne dans un plat chaud; dégraissez le jus, mélangez-y une cuillerée de persil haché et le jus d'un citron; versez sur les côtelettes et servez.

Côtelettes de porc frais à la purée

Préparez et opérez comme il est dit aux *Côtelettes à la sauce piquante*. La cuisson terminée, dressez-les dans un plat chaud, sur une purée de pommes de terre, de pois ou d'oignons, a laquelle vous mélangerez le jus de la cuisson, puis servez.

Filets de porc aux oignons

Prenez un morceau de porc frais, de deux à trois livres, dans le filet ou dans l'échinée; faites-le revenir dans du beurre, salez, poivrez et, lorsqu'il a pris une belle couleur de tous côtés, ajoutez une quinzaine de gros oignons émincés, couvrez hermétiquement et faites cuire à très petit feu, pendant trois heures. La cuisson terminée, dressez le morceau de filet dans un plat chaud, entourez-le des oignons qui doivent être réduits en purée, et servez.

Filets mignons de porc frais braisés

Prenez et parez des filets mignons de porc frais; piquez-les de lard fin et ficelez-les en leur donnant une forme ronde, mettez-les dans une casserole avec du beurre et des oignons coupés en tranches; assaisonnez de sel, de poivre, d'un peu de muscade; ajoutez un bouquet garni, un ou deux clous de girofle et faites cuire au four du fourneau, et à feu doux, pendant une heure. La cuisson terminée, dressez les filets dans un plat chaud; faites réduire la cuisson, dégraissez-la, passez-la sur les filets et servez.

Ainsi préparés, on peut servir les filets de porc frais sur une purée de pommes de terre, d'oignons, de lentilles, de pois cassés, de céleri, de chicorée, etc. ou sur une sauce piquante, ravigote, Robert, tomate, etc.

Filets mignons de porc frais au jus

Prenez et parez des filets mignons de porc frais; coupez-les en tranches de trois centimètres d'épaisseur, aplatissez-les. Mettez-les dans un plat à sauter préalablement garni de beurre; salez, poivrez, ajoutez un bouquet garni et faites cuire au four du fourneau, et à feu doux, en arrosant fréquemment afin de glacer les filets. La cuisson terminée, dressez les filets en couronne, dans un plat chaud, et servez comme ci-dessus.

Filets mignons de porc frais panés et grillés

Prenez et parez des filets mignons de porc frais; coupez-les en tranches de deux centimètres d'épaisseur; passez-les dans le beurre fondu; assaisonnez-les de sel, de poivre; panez-les et faites-les griller, pendant cinq ou six minutes, de chaque côté. La cuisson terminée, dressez-les en couronne, dans un plat chaud, sur une sauce tomate ou sur une sauce poivrade, et servez.

Carré de porc frais

Le carré de porc frais s'apprête comme il est dit au *Filet de porc frais rôti*, ou aux *Filets mignons braisés*, mais sans piquer. Servez de même.

Grillades de porc frais

Coupez des tranches de filet de l'épaisseur du doigt. Mettez dans la poêle un morceau de beurre, ajoutez les grillades, faites dorer des deux côtés, retirez-les, mettez-les dans un plat avec sel, poivre, un hachis d'ail et de persil. Détachez le fond de la poêle avec un filet de vinaigre, versez sur les grillades. Mettez le plat au four pendant dix minutes en arrosant et servez chaud.

Jambon aux oignons

Faites revenir dans la poêle, avec du beurre, deux gros oignons coupés en tranches minces; lorsqu'ils ont pris une belle couleur, retirez-les et remplacez-les dans la poêle par quelques tranches de jambon d'un demi-centimètre d'épaisseur; faites cuire sur un feu vif pendant quelques instants seulement, pour faire prendre couleur de chaque côté. Dressez les tranches en couronne dans un plat chaud; remettez les oignons dans la poêle avec une forte cuillerée de vinaigre, tournez pendant une minute, sur le feu, avec la cuiller de bois, versez au milieu du plat et servez.

Jambon à la choucroute

Prenez de la choucroute bien blanche; lavez-la avec soin. Mettez dans une casserole de la bonne graisse de porc, la choucroute, un morceau de poitrine fumée et un morceau de jambon cru; mouillez de vin blanc, couvrez hermétiquement la casserole et laissez cuire à feu doux pendant cinq ou six heures. La cuisson terminée, coupez en tranches le jambon et le lard et posez-les sur la choucroute que vous aurez dressée dans un plat chaud, puis servez avec une *garniture de pommes de terre cuites à l'anglaise.*

Petit salé

Prenez de la poitrine de porc salée, faites-la dégorger à l'eau fraîche pendant deux heures; retirez et faites cuire à petit feu pendant deux heures dans une marmite avec assez d'eau pour que le morceau soit couvert. La cuisson terminée, retirez, égouttez et dressez dans un plat chaud, soit seul, soit avec une *garniture de choux, de choucroute, de pommes de terre ou de pois cassés.*

Queues de porcs braisées

Prenez des queues de porc ; faites-les blanchir, mettez-les dans une casserole foncée de lard de poitrine, de carottes, d'oignons coupés en rouelles, d'un bouquet garni; salez, poivrez, mouillez de moitié bouillon, moitié vin blanc et faites cuire à feu doux. La cuisson terminée, égouttez et passez les queues pendant quelques instants au four, afin de les sécher ; dressez-les dans un plat chaud, sur une purée de pois, de lentilles, une garniture de choux, etc.

Queues de porcs bouillies

Prenez des queues de porc salées; faites-les dégorger à l'eau fraîche; attachez-les et mettez-les cuire dans la marmitte avec de l'eau, des lentilles ou des pois cassés; ajoutez un bouquet garni, un gros oignon piqué de clous de girofle. La cuisson terminée, retirez les queues de porc, passez les légumes afin d'en former une purée; dressez les queues dans un plat chaud, sur la purée, et servez.

Saucisses

Prenez 250 grammes de porc frais maigre et autant de lard frais, dont vous aurez retiré la couenne et les nerfs; hachez très menu; assaisonnez avec épices, sel et poivre; mouillez et mélangez bien avec une cuillerée à bouche d'eau et une cuillerée de madère. Pour les saucisses plates ou *crépinettes*, vous divisez la chair hachée en petites parts, vous aplatissez et enveloppez de crépine de porc frais.

Pour les saucisses longues et les saucisses courtes, dites *chipolata*, vous introduisez la chair dans un boyau de mouton, bien propre, et vous attachez de façon à former des saucisses longues ou courtes; dix centimètres pour les longues et cinq centimètres pour les courtes. Aux saucisses longues, on peut ajouter des truffes hachées menu, et aux saucisses plates, des truffes coupées en lames minces. Les truffes doivent être préalablement cuites au vin blanc. Pour la cuisson des saucisses, voyez aux *Hors-d'œuvres chauds*.

Saucisses à la purée

Prenez des saucisses longues; piquez-les avec la fourchette ou une aiguille à brider et faites les cuire sur feu vif, dans un plat à sauter, avec un peu de beurre, ou sur le gril. La cuisson terminée, dressez-les dans un plat, sur une purée de pommes de terre, de pois, de lentilles, etc. à laquelle vous mélangerez le beurre de la cuisson.

Saucisses à la purée de pommes

Prenez des pommes de reinette, épluchez-les, coupez-les par quartiers et supprimez les pépins ; mettez les pommes au feu avec un peu d'eau, très peu de sucre, et faites cuire doucement jusqu'à ce qu'elles tombent en purée.

Piquez des saucisses longues, faites-les cuire dans du beurre, à feu vif, et dressez-les dans un plat, sur la purée de pommes de reinette.

Saucisses au vin blanc

Prenez des saucisses longues; piquez-les et faites-les cuire dans un plat à sauter avec du beurre. Lorsqu'elles ont pris une belle couleur, retirez-les et tenez-les au chaud. Ajoutez au beurre resté dans la casserole un oignon haché très fin; mettez-le sur un feu très doux, lorsqu'il commence à jaunir, saupoudrez-le d'un peu de farine, tournez deux minutes à la cuiller de bois et mouillez d'un verre de bon vin blanc, salez, poivrez; laissez cuire pendant quinze ou vingt minutes, c'est-à-dire jusqu'à ce que la sauce soit bien liée. Versez sur les saucisses et servez très chaud.

Boudin blanc à la Richelieu

Mélangez à une *farce de volaille* des truffes hachées fin, tenez la farce très ferme; donnez-lui la forme de boudin et enveloppez-la de toilette de porc; panez et faites griller à feu doux. Servez et envoyez à part une sauce Périgueux.

Ce boudin peut également se préparer avec des chairs de faisan, de perdreau ou de lapereau.

Il se mange aussi grillé et sans sauce, simplement avec de la moutarde.

Cervelas aux choux

Prenez des cervelas, avec ou sans ail, selon le goût; faites-les cuire pendant trois heures dans de l'eau assaisonnée de sel, d'un fort bouquet garni, de carottes et d'oignons. La cuisson terminée, égouttez les cervelas et dressez-les sur une *garniture de choux ou de choucroute,* et servez.

Foie de porc au madère

Prenez un beau foie de porc. Piquez-le de lard. Enveloppez-le d'une toilette de porc et ficelez. Mettez dans une cocotte un bon morceau de beurre. Faites dorer le foie à feu doux. Ajoutez six petits oignons, un bouquet garni, une gousse d'ail. Faites cuire à feu doux, deux heures, dans la casserole bien fermée. Puis, prenez des champignons blanchis, ajoutez-les avec un verre de madère ou de porto; laissez cuire encore deux heures. Enlevez la ficelle et servez chaud. Ce plat est excellent et aussi bon chaud que froid.

Tête de porc à la purée

Prenez une tête de porc ou un morceau de tête de porc; désossez et mettez dans la saumure pendant douze heures. Faites tremper ensuite pendant deux heures dans de l'eau fraîche, et mettez dans une marmite; couvrez entièrement avec de l'eau; ajoutez des pois cassés ou des lentilles; assaisonnez de poivre, d'un bouquet garni, d'un gros oignon et laissez cuire à feu doux. La cuisson terminée, retirez la tête ou les morceaux de tête.

Passez les pois cassés ou les lentilles pour en faire une purée; remettez-la au feu pour lui faire prendre la consistance nécessaire, mais en ayant soin de tourner à la cuiller de bois, pour qu'elle n'attache pas. Versez la purée dans un plat et disposez dessus la tête ou les morceaux de tête, puis servez.

Tête de porc aux choux

Prenez une tête de porc ou des morceaux de tête, comme il est dit ci-dessus. Mettez-les dans la marmite, couvrez entièrement avec de l'eau, assaisonnez de poivre, d'un bouquet garni, d'un gros oignon et laissez cuire à feu doux. La cuisson terminée, retirez et servez sur une *garniture de choux ou de choucroute.*

Oreilles de porc braisées

Prenez des oreilles de porc; nettoyez, flambez et échaudez. Mettez-les dans une casserole foncée de bardes de lard, de carottes et d'oignons coupés en rouelles; salez, poivrez, mouillez avec du bouillon et faites cuire à feu doux. La cuisson terminée, dressez les oreilles dans un plat chaud, sur telle purée de légumes qu'il vous plaira; ajoutez à la purée le jus de la cuisson dégraissé et passé.

Oreilles de porc panées et grillées

Prenez des oreilles de porc; nettoyez, flambez et échaudez. Faites-les cuire comme ci-dessus. La cuisson terminée, laissez-les refroidir. Passez-les dans le beurre fondu, panez-les à la mie de pain; faites-leur prendre une belle couleur, en les passant au four. La cuisson terminée, servez-les dans un plat chaud, sur un jus de viande, une sauce tomate, une sauce rémoulade, etc.

Oreilles de porc à la Lyonnaise

Opérez et faites cuire comme pour les *Oreilles de porc braisées*, puis coupez-les en filets. Coupez quelques gros oignons en tranches minces, faites-les revenir dans la poêle avec du beurre; lorsqu'ils sont d'une belle couleur blonde, saupoudrez-les de farine, mouillez avec un peu de bouillon et autant de vin blanc; laissez cuire doucement pendant un quart d'heure, mettez les filets d'oreilles, laissez au feu pendant quelques minutes, ajoutez une cuillerée de vinaigre et servez dans un plat chaud.

Oreilles de porc au fromage

Opérez et faites cuire comme pour les *Oreilles de porc braisées*. Laissez refroidir, passez-les dans le beurre fondu, panez-les dans la mie de pain assaisonnée de gruyère ou de parmesan râpé; faites-leur prendre couleur en les passant au four. La cuisson terminée, dressez-les dans un plat chaud et servez.

Rognons de porc sautés au vin blanc

Prenez des rognons de porc; fendez-les en deux sur leur longueur, enlevez complètement la partie grasse et nerveuse du milieu, coupez-les en tranches minces d'un demi-centimètre d'épaisseur, puis opérez et servez comme il est dit au *Rognon de bœuf sauté au vin blanc*.

ENTREES DE GIBIER

Côtelettes de chevreuil à la sauce poivrade

Prenez un carré de chevreuil; préparez et parez les côtelettes comme il est dit aux *Côtelettes de mouton grillées*; piquez-les de lard et faites-les mariner pendant quelques heures. Retirez-les et laissez-les égoutter complètement. Faites-les sauter dans le beurre, à feu vif. La cuisson terminée, dressez-les en couronne dans un plat chaud, mettez une papillote à chaque manche, et servez en accompagnant d'une sauce poivrade, à part.

Côtelettes de chevreuil sautées

Préparez et faites cuire comme ci-dessus. La cuisson terminée, retirez les côtelettes et tenez-les au chaud. Au beurre resté dans le plat à sauter, mêlez un peu de farine, tournez une minute à la cuiller de bois, salez, poivrez, mouillez avec un peu de vin blanc et d'eau chaude, une échalote hachée fin, une cuillerée de persil haché et laissez cuire doucement pendant un quart d'heure. Lorsque la sauce est bien réduite et de bon goût, mettez-y les côtelettes pendant quelques instants. Dressez-les dans un plat chaud, masquez-les avec la sauce et servez.

Côtelettes de chevreuil sauce Colbert

Parez des côtelettes de chevreuil et faites-les mariner pendant une heure ou deux, avec sel, poivre concassé, muscade râpée et jus de citron; égouttez-les et faites-les cuire à la poêle à feu vif; saucez-les d'une sauce Colbert, et servez.

Côtelettes de chevreuil à la Maréchale

Prenez des côtelettes de chevreuil; parez-les et faites-les cuire comme il est dit aux *Côtelettes d'agneau à la Maréchale*. Dressez-les en couronne dans un plat chaud, mettez une papillote à chaque manche et servez en accompagnant d'un jus de viande, relevé d'un jus de citron et d'une pointe de cayenne.

Côtelettes de chevreuil à la Périgueux

Prenez des côtelettes de chevreuil, parez, piquez et faites cuire comme il est dit aux *Côtelettes d'agneau sautées*. La cuisson terminée, dressez en couronne dans un plat chaud, mettez une papillote à chaque manche et servez en accompagnant d'une sauce Périgueux, à part dans une saucière.

Côtelettes de chevreuil chasseur

Parez et piquez des côtelettes de chevreuil; faites-les mariner pendant deux jours avec du vin blanc, un peu d'eau-de-vie, sel, poivre, muscade, thym, laurier, persil quelques ronds de citron. Retirez, égouttez, faites revenir dans du beurre à feu vif; lorsqu'elles ont pris une belle couleur, retirez-les; mélangez au beurre resté dans la casserole une forte pincée d'échalote hachée fin, mouillez avec la marinade passée, faites cuire à feu vif pendant dix minutes; mettez les côtelettes dans cette sauce, laissez-les cuire à feu doux pendant quatre ou cinq minutes, dressez-les en couronne sur un plat chaud, liez la sauce avec un petit morceau de beurre fin, relevez le tout d'une pointe de cayenne, versez-le sur les côtelettes, mettez une papillote à chaque manche et servez.

Filets de chevreuil à la sauce poivrade

Prenez une selle de chevreuil; enlevez-en les filets; coupez-les en tranches de trois centimètres d'épaisseur; parez-les et piquez-les de lard fin; faites-les mariner pendant deux jours. Retirez, égouttez, faites sauter dans le beurre, à feu vif. La cuisson terminée, dressez-les en couronne dans un plat chaud, et servez en accompagnant d'une sauce poivrade, à part dans une saucière.

Filets de chevreuil aux truffes, sauce madère

Prenez une selle de chevreuil; enlevez-en les filets; coupez-les en tranches de trois centimètres d'épaisseur; parez-les et piquez-les de lard fin; faites-les mariner pendant quelques heures avec un verrre de madère et les parures de truffes. Egouttez et faites sauter dans le beurre à feu vif; lorsqu'ils ont pris une belle couleur de chaque côté, faites un roux léger avec le beurre de la cuisson, mouillez avec la marinade passée, et laissez cuire pendant quelques minutes. Remettez les filets avec des truffes coupées en lames; faites mijoter pendant quatre ou cinq minutes. La cuisson terminée, dressez les filets en couronne dans un plat, versez le ragoût de truffes au milieu et servez.

Filets de chevreuil chasseur

Préparez et opérez comme il est dit aux *Côtelettes de chevreuil chasseur*. Servez de même.

Emincé de chevreuil à la sauce piquante

Prenez de la viande de chevreuil de desserte, provenant soit d'un cuissot, soit d'une selle; enlevez-en les parties nerveuses; coupez en tranches minces, faites chauffer, *sans laisser bouillir*, dans une sauce piquante et servez.

Emincé de chevreuil à la sauce poivrade

Prenez de la viande de chevreuil de desserte, provenant soit d'un cuissot, soit d'une selle; enlevez-en les parties nerveuses; coupez en tranches minces, faites chauffer, *sans laisser bouillir*, dans une sauce poivrade et servez chaud.

Émincé de chevreuil à la sauce venaison

Prenez de la viande de chevreuil de desserte, provenant soit d'un cuissot, soit d'une selle; enlevez-en les parties nerveuses; coupez en

tranches minces et faites chauffer, *sans laisser bouillir,* dans une
sauce venaison.

Hachis de chevreuil

Prenez de la viande de chevreuil de desserte, provenant soit d'un
cuissot, soit d'une selle; enlevez-en les parties nerveuses; hachez
finement la chair avec une échalote. Faites chauffer, *sans laisser
bouillir,* dans une sauce poivrade, relevée d'une pointe de cayenne;
dressez en dôme dans un plat chaud. Entourez le plat d'une *garniture
d'œufs frits et de croûtons frits au beurre* et servez.

Civet de chevreuil

Prenez de l'épaule ou de la poitrine de chevreuil; coupez en
morceaux de cinq à six centimètres. Faites jaunir, dans du beurre, une
vingtaine de petits oignons avec une demi-livre de lard de poitrine
coupé en morceaux. Retirez-les et remplacez-les par les morceaux
de chevreuil; lorsque ceux-ci ont également pris une belle couleur,
salez peu, poivrez; ajoutez une pointe d'ail et d'échalote hachées fin;
saupoudrez d'une cuillerée de farine et tournez à la cuiller de bois
pendant deux ou trois minutes. Mouillez avec du bon vin rouge; faites
partir à feu vif; au premier bouillon, ajoutez un petit verre d'eau-
de-vie et faites brûler. Lorsque le feu est éteint, ajoutez un peu d'eau,
un bouquet garni et faites cuire à petit feu pendant une heure et demie.
Une heure avant la fin de la cuisson, remettez le lard, les petits oignons
avec une douzaine de beaux champignons. La cuisson terminée, retirez
les morceaux à la fourchette pour les dresser dans un plat chaud,
garnissez avec les oignons et les champignons; passez la sauce, versez-
la sur le tout et servez.
On peut servir avec une purée de marrons.

Epaule de chevreuil farcie

Prenez une épaule de chevreuil; désossez-la; enlevez des chairs
sur les parties les plus épaisses; hachez-les finement avec leur même
volume de lard gras et mélangez avec un peu de mie de pain trempée dans du bouillon; ajoutez deux œufs, sel, poivre, muscade, échalote et persil hachés; mélangez bien le tout et garnissez-en l'intérieur de l'épaule; ajoutez à volonté des truffes et du jambon coupés
en filets, roulez et ficelez avec soin de façon à ce que la farce ne
s'échappe pas. Mettez l'épaule dans une casserole foncée de carottes et
d'oignons, coupés en rouelles, les parures des truffes, du jambon et
de l'épaule; salez, poivrez et mouillez avec du vin blanc, ajoutez un
bouquet garni, ail, clous de girofle; couvrez hermétiquement, faites
cuire au four pendant deux heures ou avec feu dessus et dessous.
Une demi-heure avant la fin de la cuisson, faites un petit roux léger
dans une autre casserole, mouillez-le avec le jus de la cuisson, et
laissez jeter un bouillon. Remettez cette sauce sur l'épaule avec des
champignons blanchis. La cuisson terminée, déficelez, dressez dans

un plat chaud, mettez les champignons autour; dégraissez la sauce, versez-la sur le tout et servez.

Quartier de chevreuil braisé

Prenez un quartier de chevreuil ou un morceau de quartier de chevreuil; piquez-le de lard gras; faites mariner pendant deux jours dans une marinade cuite. Retirez, égouttez. D'autre part, mettez dans une casserole du beurre et la viande; faites dorer. Ajoutez alors six oignons, mouillez avec moitié vin blanc, moitié eau, salez, poivrez; ajoutez un bouquet garni, clous de girofle, muscade; couvrez et faites cuire à feu doux pendant cinq heures. La cuisson terminée, dressez le quartier de chevreuil dans un plat chaud; faites vivement réduire la cuisson, passez-la et versez-la sur le chevreuil, envoyez à part une saucière de sauce poivrade et servez.

Côtelettes de sanglier à la Saint-Hubert

Prenez et parez des côtelettes de sanglier; salez, poivrez; mettez-les dans une sauteuse, avec du beurre, et faites-les revenir à feu vif. Lorsqu'elles ont pris une belle couleur de chaque côté, dressez-les en couronne dans un plat chaud. Avec le beurre resté dans la casserole, faites un petit roux, tournez à la cuiller de bois pendant deux ou trois minutes, mouillez avec un verre de vin blanc, faites réduire et versez sur les côtelettes. Mettez une papillote à chaque manche et servez.

Côtelettes de sanglier à la sauce Robert

Prenez et parez des côtelettes de sanglier; piquez-les de lard fin et faites-les mariner pendant une journée. Retirez, égouttez et faites cuire comme ci-dessus. La cuisson terminée, dressez-les en couronne dans un plat chaud, sur une sauce Robert; mettez une papillote à chaque manche et servez.

Filets mignons de sanglier à la sauce piquante

Prenez et parez des filets mignons de sanglier; piquez-les de lard fin et faites-les mariner pendant vingt-quatre heures. Retirez, égouttez et mettez-les dans une casserole foncée de bardes de lard, de parures de jambon, de carottes, d'oignons coupés en rouelles; mouillez de vin blanc, ajoutez un bouquet garni, sel, poivre, et laissez cuire à feu doux pendant deux heures; arrosez fréquemment. La cuisson terminée, dressez les filets en couronne dans un plat chaud, sur une sauce piquante et servez.

Filets mignons de sanglier à la sauce poivrade

Prenez et parez des filets mignons de sanglier; piquez-les de lard fin et faites-les mariner pendant vingt-quatre heures. Retirez, égouttez et faites cuire comme ci-dessus. La cuisson terminée, dressez les filets en couronne dans un plat chaud, sur une sauce poivrade, et servez.

Civet de sanglier

Préparez et opérez comme il est dit au *Civet de chevreuil* et servez de même.

Quartier de sanglier braisé

Préparez et opérez comme il est dit au *Quartier de chevreuil braisé* et servez de même.

Saucisses de sanglier

Opérez comme il est dit à l'article *Saucisses*, mais en ayant soin d'employer plus de maigre que de gras, et en remplaçant le vin de Madère par un peu d'eau-de-vie ou de rhum.

Saucisses de sanglier à la sauce madère

Opérez comme il est dit à l'article *Saucisses*, mais en ayant soin d'employer plus de maigre que de gras. Faites griller à feu doux, et servez sur une sauce madère.

Lièvre

Le lièvre de montagne est toujours préférable au lièvre de plaine. Les jeunes lièvres ou levrauts se reconnaissent aux pattes de devant, qui ont, au-dessus du joint et en dehors, un petit durillon gros comme une lentille.

Civet de lièvre

Prenez un lièvre, dépouillez-le, videz-le, mettez de côté le foie ainsi que le sang, auquel vous mélangez un filet de vinaigre ou du sel pour qu'il reste liquide; enlevez les quatre membres, séparez-les en deux ; séparez le cou de la tête, coupez celle-ci en deux dans sa longueur, les côtes en quatre morceaux et le râble en morceaux égaux.

Faites revenir avec du beurre, dans une casserole, deux cents grammes de lard de poitrine coupé en dés; lorsqu'il est d'une belle couleur, retirez-le et remplacez-le dans la casserole par les morceaux de lièvre, pour les faire jaunir. Ceci fait, salez légèrement, poivrez. Versez un verre de cognac et faites flamber. Saupoudrez de farine, mettez un bouquet garni et une dizaine de petits oignons. Laissez cuire un quart d'heure à feu doux. Ajoutez ensuite un verre d'eau bouillante; laissez cuire deux heures. Faites chauffer une demi-bouteille de bon vin, versez dans le civet. Remettez les lardons et ajoutez des champignons blanchis. Laissez cuire encore deux heures. Ecrasez alors le foie dans le sang avec un demi-verre de cognac.

Faites chauffer ce mélange, sans le laisser bouillir, et incorporez-le au civet un quart d'heure avant de servir. Veillez à ne pas laisser bouillir. Dressez vos morceaux dans un plat chaud, recouvrez avec la sauce et ornez avec des croûtons sautés au beurre et des ronds de citron.

Il arrive souvent que le lièvre a perdu trop de sang pour qu'il soit possible d'en recueillir pour faire la liaison comme nous l'indiquons ; dans ce cas, lorsque les morceaux de lièvre sont jaunis au beurre, on les saupoudre d'une forte cuillerée de farine qu'on laisse cuire pendant quelques minutes en tournant à la cuillère de bois, puis on mouille comme il est dit ci-dessus. On fait cuire le foie dans la sauce, seulement quelques minutes avant la fin de la cuisson.

On peut aussi faire un civet de lièvre en n'employant que les cuisses et le devant de l'animal; dans ce cas on réserve le râble ou train de derrière pour le faire rôtir.

On sert souvent le lièvre accompagné, dans un plat à part, d'une purée de marrons.

Râble de lièvre à la sauce poivrade

Prenez un râble de lièvre; piquez-le de lardons fins et faites-le mariner pendant vingt-quatre heures dans du vin blanc et des aromates. Retirez et égouttez. Faites jaunir dans du beurre des bardes de lard de poitrine; lorsqu'elles sont de belle couleur, retirez-les et faites jaunir également le râble; mouillez avec quelques cuillerées de marinade; remettez le lard et quelques oignons coupés en rouelles, couvrez d'un couvercle; laissez cuire à feu doux pendant une heure et demie. La cuisson terminée, dressez le râble dans un plat chaud, versez dessus le jus de la cuisson et servez en accompagnant d'une sauce poivrade, à part dans une saucière, et préparée avec la marinade.

Râble de lièvre à la sauce Robert

Préparez et opérez comme ci-dessus. La cuisson terminée, dressez le râble dans un plat chaud, versez dessus le jus de la cuisson et servez en accompagnant d'une sauce Robert, à part dans une saucière.

Lièvre rôti à la broche

Prenez un jeune lièvre; laissez-le suffisamment mortifier. Dépouillez-le en laissant adhérer les oreilles que vous échaudez pour en enlever le poil. Videz en ayant soin de conserver le sang, auquel vous ajoutez un filet de vinaigre pour qu'il reste liquide. Passez le lièvre sur une braise ardente, pour le raffermir ; piquez-le de lardons fins, bien assaisonnés et bridez-le conformément au dessin ci-dessus.

Embrochez et laissez cuire pendant une heure ou une heure et demie, selon la grosseur du lièvre; arrosez fréquemment avec du beurre; salez. La cuisson terminée, débrochez, dressez dans un plat chaud et servez en accompagnant d'une sauce poivrade, liée avec le sang, à part dans une saucière.

Ainsi préparé, on peut servir un lièvre avec une sauce venaison ou une sauce pauvre homme, ou avec une purée de marrons.

Lièvre mariné, rôti à la broche

Prenez un jeune lièvre; dépouillez-le en laissant adhérer les oreilles, que vous échaudez pour enlever le poil; videz en ayant soin de conserver le foie et le sang auquel vous ajoutez un filet de vinaigre pour qu'il reste liquide. Supprimez la peau nerveuse qui recou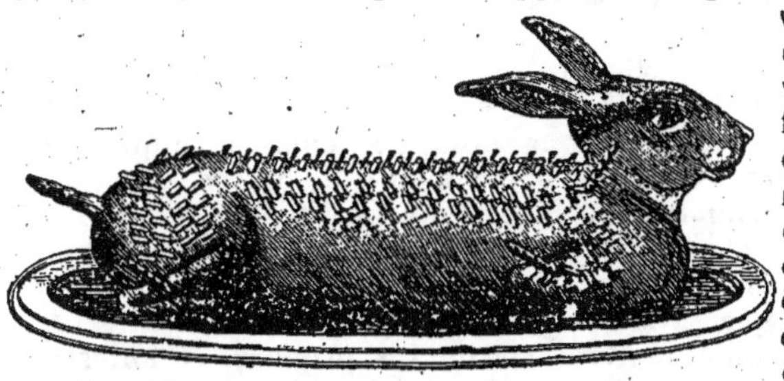vre les filets et les cuisses; piquez le lièvre de lard fin, et faites-le mariner pendant vingt-quatre heures dans une marinade cuite additionnée d'un peu de vin blanc, et refroidie. Retirez, égouttez, bridez le conformément au dessin ci-contre et embrochez. Faites cuire pendant une heure et demie, selon la grosseur du lièvre; arrosez souvent avec quelques cuillerées de la marinade mélangée de beurre. Pendant la cuisson du lièvre, préparez la sauce comme suit : mettez un peu de beurre dans une casserole, passez-y le foie pendant quelques minutes, retirez-le et pilez-le en le mélangeant au sang, passez et réservez. Faites réduire la marinade, mélangez-y le jus de la léchefrite, dégraissez et liez avec le sang réserve *sans laisser bouillir* ; ajoutez un peu de bon beurre et un jus de citron. Dressez le lièvre dans un plat chaud et servez. Envoyez la sauce à part dans une saucière.

On peut accompagner d'une purée de marrons.

Lièvre en daube

Lorsque l'on n'est pas certain de la tendreté d'un lièvre, il faut le mettre en daube.

Dépouillez, videz, coupez la tête et le cou, désossez complètement le lièvre et mettez de côté le foie, les poumons, le cœur et les rognons. Piquez-le de lard gras assaisonné et faites-le mariner pendant vingt-quatre heures avec du vin blanc, sel, poivre et aromates. Retirez, égouttez, roulez de façon à placer les chairs minces sous le râble; ficelez et placez dans une braisière foncée avec les os et la fressure du lièvre, des carottes et des oignons coupés en rouelles; couvrez avec des bardes de lard, versez dessus toute la marinade, puis couvrez hermétiquement. Laissez cuire à feu doux pendant quatre heures. La cuisson terminée, dressez le lièvre dans un plat chaud, dégraissez le jus de la cuisson, faites réduire si besoin est, et servez.

Filets de lièvre à la sauce poivrade

Après avoir dépouillé et vidé un lièvre, levez-en les filets; piquez-les de lardons fins et faites-les mariner pendant quelques heures avec vin blanc, aromates et épices. Retirez, égouttez et mettez-les dans un plat à sauter, avec un peu de beurre et des bardes de lard; mouillez avec un peu de la marinade. Faites cuire au four du fourneau en arrosant fréquemment pour faire prendre une belle couleur. La cuisson terminée, dressez les filets dans un plat chaud; dégraissez le jus de la cuisson, versez-le sur les filets, en accompagnant d'une sauce poivrade à part dans une saucière.

Filets de lièvre sauce au sang

Après avoir dépouillé et vidé un lièvre, mettez le sang de côté, ajoutez-y un filet de vinaigre pour le rendre liquide. Levez les filets, coupez-les en escalopes ainsi que la noix des cuisses; piquez ces escalopes de lardons fins; assaisonnez-les avec sel, poivre, épices, et arrosez-les d'un peu d'eau-de-vie. Faites revenir dans le beurre les os et les débris du lièvre avec des parures de lard, un oignon coupé, une échalote ; assaisonnez avec sel, poivre, muscade ; mouillez avec de bon vin rouge, laissez réduire de moitié et passez. Mettez les filets dans le plat à sauter, couvrez-les du jus préparé, et faites-les cuire au four du fourneau en les arrosant fréquemment, pour leur faire prendre une belle couleur.

La cuisson terminée, dressez les filets en couronne dans un plat chaud; liez votre sauce avec le sang, *sans la laisser bouillir*, ajoutez-y une pointe de cayenne, versez-la sur les filets et servez.

Filets de lièvre contisés

Après avoir dépouillé et vidé un lièvre, mettez le sang de côté, et ajoutez-y un filet de vinaigre pour qu'il reste liquide. Levez les filets et contisez-les, c'est-à-dire faites de distance en distance des entailles dans lesquelles vous introduisez à moitié des tranches de truffes coupées minces, de façon à ce qu'elles dépassent sur les filets (on peut également contiser avec de minces tranches de langue à l'écarlate).

Les filets ainsi préparés, salez, poivrez; mettez-les avec du beurre, dans un plat à sauter, le côté contisé en dessus; couvrez-les de bardes de lard et faites cuire avec feu dessus et dessous. La cuisson terminée, dressez-les dans un plat chaud et couvrez-les d'une sauce préparée comme celle indiquée ci-dessus, puis servez.

Pain de lièvre sauce poivrade

Prenez un lièvre ; dépouillez, videz, lavez les chairs, parez-les, émincez-les. Faites fondre une même quantité de lard coupé en dés, puis passez-y les chairs du lièvre pendant quelques minutes à feu vif et laissez refroidir; avec les os du lièvre et les parures du lard, préparez un jus au fumet de lièvre. Faites une panade avec de la mie de pain, saucez-la du fumet; mélangez le tout et assaisonnez de sel, poivre, muscade; travaillez la farce avec une cuiller en y amalgamant quatre jaunes d'œufs, l'un après l'autre. Passez au tamis, versez dans un moule à cylindre préalablement beurré et faites pocher

au bain-marie pendant une demi-heure ou trois quarts d'heure, selon
la grosseur.

La cuisson terminée, démoulez, renversez sur un plat, masquez
avec une sauce poivrade liée au sang et servez.

On peut également servir un pain de lièvre avec une sauce venaison.

Levraut sauté

Prenez un levraut, dépouillez, videz et coupez-le en morceaux
comme il est dit au *Civet de lièvre*. Mettez du beurre dans une sauteuse, faites-y jaunir 125 grammes de lard coupé en morceaux, retirez-le, remplacez-le par des morceaux de levraut auxquels vous
laissez prendre une belle couleur. Assaisonnez de peu de sel, poivre et
épices. Saupoudrez d'une pincée de farine que vous faites roussir en
remuant à la cuiller de bois pendant quelques minutes; mouillez d'un
verre de vin blanc et de deux ou trois cuillerées à bouche d'eau
chaude; ajoutez persil et champignons hachés, une pointe d'échalote; laissez cuire pendant un quart d'heure. Dressez dans un plat
chaud, masquez avec la sauce que vous terminez avec un peu de
beurre fin et un jus de citron.

Levraut sauté aux truffes

Prenez un levraut, dépouillez, videz et coupez-le en morceaux,
comme il est dit au *Civet de lièvre*. Mettez les morceaux dans une
sauteuse avec du beurre; faites-les revenir, salez, poivrez; lorsqu'ils
ont pris une belle couleur, retirez-les. Ajoutez au beurre resté dans
la sauteuse une petite pincée de farine, faites un roux léger; mouillez
avec vin blanc. Au premier bouillon, remettez les morceaux de levraut
avec des truffes coupées en tranches; laissez-les cuire pendant un
quart d'heure. Dressez dans un plat chaud, masquez avec la sauce et
servez.

Levraut chasseur

Prenez le train de derrière ou râble d'un levraut, faites-le mariner pendant vingt-quatre heures avec un peu d'huile, sel, poivre,
thym, laurier, persil et jus de citron. Retirez, égouttez et rompez les
reins sans les détacher. Faites revenir dans la casserole à sauter
des tranches de lard de poitrine, ajoutez-y le râble que vous faites
jaunir; lorsqu'il a pris une belle couleur de tous les côtés, mouillez
d'un petit verre d'eau-de-vie et de quelques cuillerées de bouillon;
laissez cuire à petit feu. Dix minutes avant la fin de la cuisson, ajoutez la marinade, en ayant soin de retirer le thym, le laurier et le
persil. La cuisson terminée, dressez sur un plat, masquez avec la
sauce et servez.

Lapin

Il y a deux espèces de lapin : le lapin domestique et le lapin
sauvage ou de garenne. Ces deux espèces se préparent de la même
façon. Nous devons dire cependant que le lapin de garenne a la
chair plus délicate et doit être employé de préférence, surtout dans

les préparations à courte sauce et qui ne s'additionnent d'aucun légume.

Lorsque vous tuez un lapin domestique, videz-le tout de suite pour le garnir à l'intérieur de thym, laurier, persil, sel et poivre, que vous retirerez au moment de l'accommoder; cela donne un bon fumet à la viande.

Lapin en gibelotte

Votre lapin dépouillé et vidé, enlevez les quatre membres, séparez-les en deux; détachez le cou de la tête, coupez celle-ci en deux dans la longueur, les côtes en quatre morceaux et le râble en morceaux égaux. Faites revenir dans une casserole une demi-livre de lard de poitrine coupé en morceaux; dès qu'ils ont pris une belle couleur blonde, retirez-les et remplacez-les par le lapin auquel vous faites également prendre une belle couleur; ajoutez peu de sel et du poivre; saupoudrez d'une cuillerée de farine que vous laissez jaunir en la tournant pendant quelques minutes à la cuiller de bois; mouillez d'un verre d'eau chaude, remettez le lard, ajoutez un bouquet garni, une vingtaine de petits oignons jaunis au beurre, laissez cuire pendant deux heures et demie. Une heure avant la fin de la cuisson, ajoutez des champignons blanchis et un verre de vin blanc chaud. La cuisson terminée, dressez dans un plat chaud, retirez le bouquet garni et servez.

Lapin en gibelotte aux pommes de terre

Votre lapin dépouillé, vidé et coupé en morceaux comme ci-dessus, faites revenir dans une casserole une demi-livre de lard de poitrine, coupé en gros dés. Dès qu'ils ont pris une belle couleur blonde, retirez-les et remplacez-les par des oignons que vous faites jaunir puis ajoutez le lapin auquel vous faites également prendre une belle couleur; ajoutez un peu de sel et du poivre; saupoudrez d'une cuillerée de farine que vous laissez jaunir en la tournant à la cuiller de bois; mouillez de vin rouge; remettez le lard, ajoutez un bouquet garni, une vingtaine de petites pommes de terre jaunies au beurre et laissez cuire pendant une demi-heure. La cuisson terminée, dressez dans un plat chaud, retirez le bouquet garni et servez.

Lapin farci à la paysanne

Videz et nettoyez un lapin. Prenez le foie, 200 grammes de lard, trois oignons, deux gousses d'ail, du persil, de l'estragon, une tomate (dans la saison), une demi-livre de champignons. Hachez le tout très fin. Mélangez avec une demi-livre de chair à saucisse, une poignée de pain trempée dans du lait, deux œufs entiers, salez, poivrez, une pincée de muscade. Bourrez le lapin avec cette farce. Cousez le ventre avec du fil blanc pour que la farce ne s'échappe pas. Le lapin farci se cuit à la broche ou à la casserole.

A la broche, mettez de l'eau dans la lèchefrite, mettez le lapin devant un feu vif, tournez, surveillez, arrosez souvent et servez avec le jus. Il faut environ deux heures de cuisson.

A la casserole, mettez du beurre, faites dorer votre lapin. Ajoutez quelques oignons, bouquet garni, couvrez, laissez cuire deux heures et demie à feu doux.

Lapin en matelote

Préparez et coupez un lapin, comme il est dit au *lapin en gibelotte*. Faites jaunir une vingtaine de petits oignons dans cent grammes de beurre; lorsqu'ils sont de belle couleur, retirez-les et, avec le beurre resté dans la casserole, faites un roux en y tournant une cuillerée de farine. Mettez les morceaux de lapin, tournez-les dans le roux jusqu'à ce qu'ils aient pris une belle couleur. Mouillez avec de bon vin rouge ; salez, poivrez; ajoutez un bouquet garni, deux ou trois gousses d'ail et faites partir à grand feu. Au premier bouillon, ajoutez un petit verre d'eau-de-vie, mettez-y le feu et laissez brûler. Lorsque le feu est éteint, remettez les oignons et laissez cuire à feu doux pendant une demi-heure. La cuisson terminée, dégraissez, dressez les morceaux dans un plat chaud, masquez-les avec la sauce et servez.

Civet de lapin

Préparez et opérez exactement comme il est dit au *Civet de lièvre*. Servez de même.

Lapin sauté

Dépouillez, videz et coupez un jeune lapin en morceaux comme il est dit au *Lapin en gibelotte*. Mettez dans une sauteuse du beurre avec 125 grammes de lard coupé en morceaux, et faites-les revenir; lorsqu'ils sont jaunis, retirez-les; remplacez-les par les morceaux de lapin auxquels vous laissez prendre une belle couleur; assaisonnez d'un peu de sel, poivre et épices. Saupoudrez d'une pincée de farine que vous faites roussir en remuant à la cuiller de bois pendant quelques minutes, mouillez d'un verre de vin blanc et de deux ou trois cuillerées à bouche d'eau chaude, ajoutez persil et champignons hachés, une pointe d'échalote et laissez cuire pendant vingt minutes. Dressez dans un plat chaud, masquez avec la sauce que vous terminez avec un jus de citron. Servez.

Autre manière :

Préparez, faites revenir et saupoudrez de farine, comme il est dit ci-dessus. Mouillez avec quatre cuillerées à bouche d'eau-de-vie; enflammez-la et, pendant qu'elle brûle, remuez toujours à la cuiller de bois. Lorsque le feu est éteint, ajoutez un verre d'eau. Ajoutez des champignons, un demi-verre de vin blanc; laissez cuire une heure et demie. La cuisson terminée, dressez les morceaux dans un plat chaud et finissez la sauce avec une cuillerée de persil haché et un jus de citron; tournez sans laisser bouillir, versez sur le lapin et servez.

Lapin Balthazard

Prenez un lapin tué, dépouillé et vidé de la veille; coupez-le comme il est dit au *Lapin en gibelotte;* faites revenir à grand feu dans une sauteuse, avec deux gousses d'ail; salez, poivrez et épicez assez fortement. Lorsque le lapin a pris une couleur brune foncée, mouillez avec de l'eau chaude, ajoutez un bouquet garni et faites partir à grand feu pendant une ou deux minutes, puis finissez de cuire à tout petit feu. La cuisson terminée, dressez dans un plat chaud, en saupoudrant d'une cuillerée de persil haché et servez.

Lapin au père Douillet

Dépouillez, videz un lapin; coupez-le comme il est dit au *Lapin en gibelotte.* Mettez les morceaux dans une sauteuse avec du beurre et du lard coupé en gros dés, faites-les revenir à feu vif. Mouillez d'un verre de vin blanc, salez, poivrez; ajoutez un bouquet garni, clous de girofle, ciboules, échalotes, une carotte et la moitié d'un panais coupés en tranches et faites cuire deux heures et demie. La cuisson terminée, dressez le lapin dans un plat chaud, dégraissez la sauce, passez-la, masquez-en le lapin et servez.

Lapin chasseur

Préparez et opérez comme il est dit au *Levraut chasseur.* Servez de même.

Autre manière :

Dépouillez, videz et coupez un lapin en morceaux comme il est dit au *Lapin en gibelotte.* Mettez les morceaux dans une sauteuse et faites-les revenir dans le beurre à feu vif, avec du lard coupé en dés. Lorsque le tout a pris une belle couleur, ajoutez un petit verre d'eau-de-vie, enflammez-la, remuez à la cuiller de bois pendant qu'elle brûle ; assaisonnez avec un peu de sel, de poivre et des épices; saupoudrez d'une petite pincée de farine, mouillez avec un verre de vin blanc, ajoutez un bouquet garni, une pincée d'échalote hachée, une petite gousse d'ail également hachée. Faites partir à grand feu et lorsque le vin a jeté deux ou trois bouillons, retirez sur le côté du fourneau et laissez cuire doucement pendant deux heures et demie. La cuisson terminée, dressez dans un plat chaud et servez à courte sauce.

Lapin braisé

Dépouillez, videz et désossez un lapin. Mélangez à du lard râpé le foie, des champignons, du persil, du serpolet, une échalote, le tout haché fin, sel, poivre et épices. Etendez une couche de cette farce sur le lapin désossé; roulez-en les chairs, enveloppez-le de crépine et placez-le dans une casserole foncée de lard de poitrine, oignons coupés en rouelle, un bouquet garni. Mouillez moitié vin blanc, moitié eau; laissez cuire à feu doux. La cuisson terminée, dressez le lapin dans un plat chaud; dégraissez et passez le jus de la cuisson, versez-le sur le lapin et servez.

Lapin en fricandeau

Dépouillez et videz un jeune lapin; supprimez-en la tête et les intérieurs; piquez-le de lard fin; mettez-le dans une casserole plate foncée avec les parures du lapin, du lard de poitrine, des oignons coupés en tranches, un bouquet garni; salez, poivrez, mouillez d'un verre d'eau et de deux ou trois cuillerées de vin blanc. Laissez cuire au four du fourneau, ou avec feu dessus et dessous, pendant deux heures, en arrosant fréquemment avec le jus de la cuisson, de façon à ce que le lapin soit bien glacé. La cuisson terminée, dressez-la dans un plat chaud; dégraissez le jus de la cuisson, passez-le sur le lapin et servez.

Lapereau sauté à la marengo

Dépouillez, videz et coupez un lapereau en morceaux comme il est dit au *Lapin en gibelotte*. Faites revenir les morceaux dans une casserole et à feu vif, dans trois ou quatre cuillerées d'huile d'olive, avec sel, poivre, ail, bouquet garni; faites sauter jusqu'à moitié cuisson.

A ce point, ajoutez les chairs de deux ou trois tomates hachées, et quelques champignons émincés; finissez de cuire à petit feu. La cuisson terminée, retirez le bouquet, l'ail, et dressez les morceaux dans un plat chaud. Servez.

Lapereau sauté à la minute

Dépouillez, videz et coupez un lapereau en morceaux comme il est dit au *Lapin en gibelotte*. Supprimez la tête, le cou, le foie, le mou. Faites chauffer du beurre dans une sauteuse, mettez-y les morceaux, salez, poivrez et épicez. Faites partir à feu vif; lorsque la viande est atteinte, ajoutez des échalotes hachées finement. La cuisson terminée, détachez le fonds de la casserole avec un peu de beurre fin et le jus d'un citron, dressez les morceaux dans un plat chaud et servez.

Lapereau sauté aux fines herbes

Préparez et opérez comme ci-dessus. La cuisson terminée, ajoutez une cuillerée de persil et civette hachés fin, un jus de citron, un petit morceau de beurre fin; dressez les morceaux dans un plat chaud et servez.

Lapereau chasseur

Préparez et opérez comme il est dit au *Levraut chasseur*. Servez de même.

On peut encore préparer le lapereau au chasseur comme il est indiqué au *Lapin chasseur*.

Lapereau à la Tartare

Dépouillez et videz de jeunes lapereaux; fendez-les dans leur longueur; supprimez la tête, le foie, le mou, parez les poitrines et aplatissez; faites mariner les lapereaux pendant quelques heures, avec huile, sel, poivre, persil, ciboule, échalotes, le tout haché. Retirez, égouttez, parez-les, enlacez les pattes de derrière, maintenez les cuisses et les épaules avec des brochettes, passez les lapereaux dans des œufs battus, panez-les à la mie de pain, et faites-les cuire sur le gril à feu modéré, en arrosant de temps en temps avec la marinade. La cuisson terminée, dressez-les dans un plat chaud et envoyez à part une sauce Tartare.

Coupé par morceaux, le lapereau se prépare comme ci-dessus et se sert également avec une sauce Tartare.

Lapereau en papillote

Préparez et faites mariner comme ci-dessus.

Retirez, égouttez, parez les lapereaux; enlacez les pattes de derrière, maintenez les cuisses et les épaules avec des brochettes. Mélangez des aromates hachés avec un peu de lard râpé, des champignons hachés et de la mie de pain; couvrez le lapereau d'une couche de cette farce, enveloppez-le d'un papier huilé et faites cuire sur le gril à feu doux. La cuisson terminée, dressez dans un plat chaud et dans sa papillote et servez.

Un lapereau un peu fort peut être servi comme ci-dessus mais coupé en morceaux; on peut aussi ne se servir que du râble.

Lapereau à l'Anglaise

Prenez et parez un lapereau, comme il est dit au *Lapereau à la Tartare*. Salez, poivrez, enveloppez d'un papier huilé et faites cuire sur le gril à feu modéré.

La cuisson terminée, déballez et dressez dans un plat chaud, soit sur une sauce maître d'hôtel additionnée d'un jus de citron, une sauce piquante, une sauce tomate, ou sur un beurre d'anchois, et servez.

Lapereau farci à la broche

Prenez un beau lapereau; dépouillez et videz-le. Mélangez à du lard râpé, le foie, des truffes, du persil et du serpolet haché fin, sel, poivre et épices. Emplissez le corps du lapereau avec cette farce et cousez les chairs avec soin afin qu'elle ne s'échappe pas; enveloppez-le de crépine et faites cuire à petit feu, à la broche; arrosez avec du beurre fondu. La cuisson terminée, servez le lapereau accompagné de son jus ou d'une sauce poivrade, à part dans une saucière.

Lapereau à la crapaudine

Prenez un jeune lapereau, dépouillez-le, videz-le et fendez-le sur la longueur; aplatissez, passez dans le beurre fondu, salez, poivrez et panez à la mie de pain. Faites cuire sur le gril, à feu modéré. La cuisson terminée, dressez dans un plat chaud; servez avec le jus de la cuisson, bien dégraissé et additionné d'un jus de citron, ou sur une sauce piquante.

Filets de lapereaux sautés

Dépouillez et videz plusieurs lapereaux; levez-en les filets que vous parez et piquez de lard fin. Mettez-les dans une casserole à sauter avec du beurre; salez, poivrez et faites-les revenir de belle couleur.

D'autre part, faites revenir dans le beurre les os, les débris et les fressures des lapereaux, avec des parures de lard, un oignon coupé, une échalote hachée; mouillez avec du vin blanc; laissez réduire de moitié et passez.

Lorsque les filets ont pris une belle couleur, mouillez-les de quelques cuillerées de ce jus, et finissez de cuire à petit feu en les arrosant souvent. La cuisson terminée, dressez les filets dans un plat chaud, dégraissez le jus, passez-le sur les filets et servez.

Salmis de faisan

Prenez un faisan; plumez, videz et faites rôtir. La cuisson terminée, débrochez et laisser refroidir. Enlevez et tenez de côté les membres et filets; pilez le foie avec un peu de beurre et réservez-le. Cassez la carcasse en morceaux; mettez-la dans une casserole avec le cou, le gésier, un bouquet garni, une échalote, des parures de jambon et de lard gras, salez, poivrez; faites revenir le tout de belle couleur; mouillez d'un verre de vin blanc. Faites réduire de moitié et passez. Faites chauffer les morceaux de faisan, *sans les laisser bouillir*, puis dressez-les sur un plat chaud. Liez la sauce avec le foie réservé, versez-la sur le faisan et servez.

Faisan farci

Prenez un faisan; plumez et videz. Faites une farce avec du lard râpé, le foie, des parures de truffes, sel, poivre, le tout haché fin et bien amalgamé. Emplissez le corps du faisan avec cette farce, et cousez afin qu'elle ne s'échappe pas; enveloppez-le de bardes de lard et de papier beurré, puis faites rôtir à la broche.

La cuisson terminée, dressez le faisan dans un plat chaud et envoyez à part une sauce Périgueux.

Préparé ainsi, le faisan peut se servir sur une sauce poivrade ou sur une sauce piquante. Dans ce cas, on supprime les truffes.

Filets de faisan à la financière

Levez des filets et des filets mignons de faisan comme il est dit aux *Filets de poulet à la financière*; parez les gros filets en forme de poire; battez-les au couteau; humectez les filets mignons pour les assembler deux par deux et parez-les de même forme que les gros filets. Placez tous les filets dans un plat à sauter, avec du beurre fondu, salez, poivrez et couvrez. Faites sauter.

Dressez les filets en couronne dans un plat chaud; versez au milieu un *ragoût financière* et servez en accompagnant d'une sauce financière réduite au fumet du faisan.

Filets de faisan à la Toulouse

Préparez comme il est dit aux *Filets de faisan à la financière.* Avec les parures des filets et le restant des chairs bien énervées, faites des quenelles grosses comme des olives. Faites sauter les filets. La cuisson terminée, dressez-les en couronne dans un plat chaud, versez au milieu les quenelles préparées, des truffes, des crêtes et des rognons de coq, *préparés pour garnitures*, puis saucez-les avec une sauce Toulouse et servez.

Croustades de faisan

Préparez et opérez comme il est dit aux *Croustades à la purée de perdreaux.* Servez de même.

Pintade

Préparez et opérez comme il est indiqué aux différentes manières d'accommoder le faisan.

Coq et poule de bruyère

Préparez et opérez comme il est dit aux différentes manières d'accommoder le faisan.

Gélinotte

Préparez et opérez comme il est dit aux différentes manières d'accommoder le faisan.

Perdrix

Il y a deux espèces de perdrix: la perdrix grise et la perdrix rouge. Les jeunes perdreaux gris ont un léger duvet sous les ailes, dont la première plume est pointue. Les jeunes perdreaux rouges ont l'aile marquée de petites plumes blanches.

La bartavelle, que l'on ne trouve en France que dans les Pyrénées, est une espèce de perdrix plus grosse que la perdrix ordinaire; la chair en est plus délicate; la préparation culinaire absolument la même.

Perdrix braisées

Plumez, videz et flambez des perdrix; bridez les pattes en dedans; piquez-les de lardons, recouvrez-les de bardes de lard et placez-

les, la poitrine en dessus, dans une casserole foncée de lard de poitrine et d'oignons coupés en rouelles; mouillez à hauteur des cuisses avec vin blanc, ajoutez un petit verre de madère, un bouquet
garni; salez, poivrez et faites cuire à feu doux. La cuisson terminée,
dressez les perdrix dans un plat chaud, passez le jus de la cuisson,
dégraissez-le, ajoutez-y le jus d'un citron, et couvrez-en les perdrix.
Servez chaud.

*Cette façon d'opérer peut être employée pour les perdrix sur la
tendreté desquelles on a des doutes, mais en ayant soin de mouiller
un peu plus et de donner un peu plus de temps de cuisson.*

Perdrix aux choux

Plumez, videz, flambez et bridez des perdrix. Entourez-les d'une
barde de lard attachée par un fil. Mettez, dans une cocotte, gros
comme un œuf de beurre. Faites dorer les perdrix. Salez, poivrez.
Ajoutez six petits oignons, un bouquet garni. Laissez cuire à feu doux
une heure et demie. Puis, ajoutez deux beaux choux blanchis et bien
égouttés. Laissez cuire encore une heure et demie dans la casserole
couverte, sur feu doux. Faites revenir dans une poêle des saucisses.
Mettez-les sur les choux qu'elles cuisent avec pendant une demi-
heure. Au moment de servir, ajoutez une pincée de muscade, une
gousse d'ail hachée, du persil haché et servez chaud.

Perdrix à la choucroute

Préparez de la choucroute, comme il est dit au *Jambon à la
choucroute.* Deux heures avant la fin de la cuisson, enlevez la moitié
de la choucroute; sur celle qui reste dans la casserole, placez les perdrix que vous aurez préalablement fait revenir dans le beurre, avec
des tranches de lard de poitrine, et remettez sur les perdrix la choucroute enlevée. La cuisson terminée, dressez la choucroute dans un
plat chaud, garnissez avec les perdrix au milieu, les tranches de lard
et de jambon autour, et servez.

Chartreuse de perdrix

Plumez, videz, flambez et bridez des perdrix, les pattes en dedans.
Faites-les revenir en les passant au beurre dans une casserole; lorsqu'elles ont pris une belle couleur, retirez-les. Foncez la même cas-

serole avec des carottes coupées
en rouelles ; placez un lit de
choux de Milan préalablement
blanchis et bien égouttés ; découpez les perdrix et posez les
membres et les filets sur les
choux ; entourez-les avec un
petit saucisson cru, un morceau
de lard de poitrine bien maigre;
remettez un lit de choux couvrant entièrement les viandes,

assaisonnez avec du poivre et un bouquet garni ; mouillez avec de l'eau et quelques cuillerées de vin blanc. Laissez cuire à petit feu, pendant une heure, puis versez le tout sur le plat.

D'autre part, épluchez des carottes bien rouges et taillez-les en bâtonnets de cinq centimètres de longueur; préparez de même des navets, mais moitié de quantité. Faites les cuire à moitié, à l'eau de sel ; laissez-les refroidir. Appliquez au fond et autour d'un moule à timbale un papier beurré des deux côtés. Coupez le saucisson en rondelles minces et foncez-en le fond de votre moule en alternant avec les carottes coupées en rouelles, puis garnissez les côtés du moule, conformément au dessin, avec les carottes et les navets coupés en bâtonnets. Egouttez les choux en les pressant dans une serviette; posez-en une partie dans le fond du moule; rangez dessus les morceaux de perdrix, puis recouvrez avec le reste des choux. Coupez en bandes le lard de poitrine, posez ces bandes sur le dessus des choux, foulez un peu le tout de façon à faire prendre consistance, puis placez le moule dans un bain-marie et laissez cuire pendant une heure. La cuisson terminée, démoulez avec précaution, en renversant la chartreuse dans un plat chaud. Pendant la cuisson de la chartreuse, faites un petit roux, dans lequel vous faites revenir un peu de jambon coupé en dés, les carcasses des perdrix après les avoir concassées; mouillez avec un peu d'eau, ajoutez une carotte, un oignon, un bouquet garni, salez, poivrez et laissez réduire de moitié. Passez, dégraissez et servez à part dans une saucière.

Perdreaux aux choux

Prenez de jeunes perdreaux; plumez, videz, flambez et bridez les pattes en dedans. Faites-les cuire comme il est dit pour la *Perdrix aux choux*, mais deux heures de cuisson suffisent.

Perdreaux à la Catalane

Prenez de jeunes perdreaux; plumez, videz, flambez et bridez les pattes en dedans. Faites-les revenir à la casserole avec du beurre; lorsqu'ils ont pris une belle couleur, retirez-les. Ajoutez au beurre resté dans la casserole un peu de farine, pour faire un roux; tournez pendant quelques minutes à la cuiller de bois, mouillez avec un peu de vin blanc; remettez les perdreaux; salez, poivrez, ajoutez un bouquet garni et laissez cuire à petit feu. Vingt minutes avant la fin de la cuisson, ajoutez un peu de jambon cru coupé en dés, une vingtaine de gousses d'ail préalablement blanchies, une orange amère également blanchie et coupée par tranches. La cuisson terminée, retirez le bouquet garni, dressez les perdreaux dans un plat chaud, mettez la garniture autour et servez.

Perdreaux à la crapaudine

Prenez de jeunes perdreaux; plumez, videz, flambez et troussez-les pattes en dedans. Fendez les perdreaux par le dos, sans les séparer complètement, aplatissez-les légèrement et assaisonnez de sel et poivre. Mettez-les dans un plat à sauter avec du beurre et cuisez-les pendant cinq minutes de chaque côté, sans leur laisser prendre couleur. Retirez et laissez à peu près refroidir. Au beurre resté dans la casserole, ajoutez une pincée d'échalotes hachées; tournez pendant quelques instants sur feu doux, sans laisser jaunir; mouillez avec un peu d'eau chaude, faites réduire.

Lorsque les perdreaux sont refroidis, passez-les à la mie de pain et faites-les cuire sur le gril à feu doux. La cuisson terminée, dressez-les dans un plat chaud, finissez la sauce avec un jus de citron, versez-la sur les perdreaux et servez.

Salmis de perdreaux

Prenez des perdreaux; plumez, videz, flambez et troussez les pattes en dedans. Faites-les rôtir pendant un quart d'heure. Retirez et laissez refroidir; levez les membres et les filets; mettez dans une casserole la carcasse concassée et les foies écrasés; faites revenir au beurre toutes ces parures avec une ou deux gousses d'ail, échalotes, thym, laurier ,et, lorsqu'elles ont pris une belle couleur, ajoutez une petite pincée de farine, tournez pendant quelques minutes à la cuiller de bois, mouillez avec du vin blanc et un peu de consommé; laissez cuire pendant trois quarts d'heure; passez la sauce à l'étamine et remettez-la sur le feu; lorsqu'elle est prête à bouillir, mettez-y les morceaux de perdreaux et faites chauffer *sans laisser bouillir*. Dressez les morceaux de perdreaux dans un plat chaud, sur des croûtons de pain frits au beurre; masquez avec la sauce à laquelle vous avez ajouté un jus de citron, et servez.

On peut également préparer un salmis avec du vin rouge.

Autre manière :

Prenez des perdreaux; plumez, videz, flambez et troussez les pattes en dedans. Faites-les rôtir pendant un quart d'heure.

Retirez et laissez refroidir; levez les membres et les filets, réservez les foies, mettez dans une casserole les carcasses concassées. Faites revenir au beurre toutes ces parures, avec une ou deux gousses d'ail, échalotes, thym, laurier; lorsqu'elles ont pris une belle couleur, mouillez moitié vin blanc, moitié eau; laissez cuire pendant trois quarts d'heure; passez la sauce à l'étamine et remettez-la sur le feu. Lorsqu'elle est prête à bouillir, mettez-y les morceaux de perdreaux et faites chauffer *sans laisser bouillir*. Dressez les morceaux de perdreaux dans un plat chaud, sur des croûtons de pain frits au beurre. Pilez et passez au tamis les foies que vous avez réservés; ajoutez-y un peu de beurre manié de farine, un jus de citron; liez la sauce avec ce mélange; masquez-en les morceaux de perdreaux et servez.

Le perdreau de desserte s'accommode très bien en salmis.

Salmis de perdreaux aux truffes

Prenez des perdreaux; plumez, videz, flambez et troussez les pattes en dedans. Faites-les rôtir pendant un quart d'heure. Retirez et laissez refoidir; levez les membres et les filets; réservez les foies;

mettez dans une casserole les carcasses concassées. Faites revenir au beurre toutes ces parures avec échalotes, thym, laurier, parures de truffes. Lorsqu'elles ont pris une belle couleur, mouillez avec du vin de Madère sec, un peu d'eau, et laissez réduire aux trois quarts. Passez la sauce à l'étamine, remettez-la sur le feu avec des truffes coupées en lames; laissez cuire pendant quelques minutes, retirez la casserole sur le coin du fourneau, ajoutez-y les morceaux de perdreaux, faites-les chauffer *sans laisser bouillir*. Dressez-les dans un plat chaud sur des croûtons de pain frits au beurre; pilez et passez au tamis les foies que vous avez réservés; ajoutez-y un peu de beurre manié de farine, un jus de citron; liez la sauce avec ce mélange; masquez-en les morceaux de perdreaux et servez.

Soufflé de perdreaux

Préparez et opérez comme il est dit au *Soufflé de bécasses*, Servez de même.

Filets de perdreaux à la Financière

Préparez et opérez comme il est dit aux *Filets de faisan à la financière*. Servez de même.

Filets de perdreaux à la Périgueux

Préparez et opérez comme il est dit aux *Filets de faisan à la financière*. La cuisson terminée, dressez les filets en couronne dans un plat chaud; versez au milieu des truffes coupées en lames et préparées pour garnitures ; saucez-les avec une Périgueux réduite au fumet de perdreau, et servez en accompagnant d'une saucière de même sauce.

Filets de perdreaux à la Montglas

Préparez et opérez comme il est dit aux *Filets de faisan à la financière*. La cuisson terminée, dressez les filets en couronne dans un plat chaud, versez au milieu une garniture Montglas, saucez-les d'une saucé madère réduite au fumet de perdreaux, et servez.

Filets de perdreaux à la Toulouse

Préparez et opérez comme il est dit aux *Filets de faisan à la financière*. Avec les parures des filets et le restant des chairs bien énervées, faites des quenelles grosses comme des olives. Faites sauter les filets. La cuisson terminée, dressez-les en couronne dans un plat chaud ; versez au milieu les quenelles, des truffes, des crêtes et des rognons de coq, préparés pour garnitures, puis saucez-les avec une sauce Toulouse et servez.

Bécasse

La bécasse est un oiseau de passage, à long bec, et à peu près de même grosseur que la perdrix. Elle vient en France au mois d'octobre et elle en repart au mois de février. La chair de la bécasse, comme celle du faisan, a besoin d'être mortifiée, sans quoi elle n'aurait pas l'arôme qui lui est propre. Il ne faut plumer la bécasse que le jour où on la fait cuire.

Pour savoir si une bécasse est assez faisandée et bonne à manger, les avis sont partagés. Pour rester dans les limites raisonnables, on se basera sur le procédé suivant : Suspendez la bécasse à un clou, par les pattes, la tête en bas, dans un endroit frais. Surveillez-la. Au bout de quelques jours, quand vous voyez apparaître au bout du bec une goutte de sang, c'est que l'oiseau est bon à manger.

Salmis de bécasses

Plumez, fendez la peau du cou, enlevez la poche et le gésier par cette même ouverture; flambez et bridez en traversant les cuisses avec le bec des bécasses; attachez-les sur un attelet que vous fixez à la broche et faites rôtir à feu vif pendant quinze minutes, après avoir eu soin de placer de minces tranches de pain dans la lèchefrite. Pendant la cuisson, arrosez les bécasses avec du beurre et salez-les. La cuisson terminée, retirez, laissez refroidir, puis levez les membres et les filets. Concassez les carcasses, mettez-les dans une casserole avec le cou, un bouquet garni, une échalote, des parures de jambon et du lard gras, les tranches de pain de la lèchefrite, salez, poivrez; faites revenir le tout de belle couleur; mouillez de bon vin rouge; laissez réduire aux trois quarts et passez. Remettez ce jus sur le feu et faites chauffer les morceaux de bécasses, *sans laisser bouillir*. Dressez un plat chaud sur des croûtons de pain frits au beurre; finissez la sauce en la liant avec un morceau de beurre fin et un jus de citron. Masquez-en les morceaux de bécasse et servez.

Le salmis se prépare aussi avec la bécasse de desserte.

Salmis de bécasses aux truffes

Préparez et opérez comme il est dit ci-dessus, mais en remplaçant le vin rouge par du vin de Madère et en ajoutant les parures des truffes à la préparation de la sauce. Lorsque la sauce est réduite aux trois-quarts, passez-la, ajoutez des truffes coupées en lames; laissez cuire les truffes pendant quelques minutes, puis retirez la casserole sur le coin du fourneau et faites-y chauffer les morceaux de bécasses, *sans laisser bouillir*. Dressez sur des croûtons de pain frits au beurre, finissez la sauce en la liant avec un morceau de beurre fin et un jus de citron; versez sur les bécasses et servez.

Bécasses farcies et braisées

Plumez, flambez, videz les bécasses par le dos, supprimez le gésier, emplissez le corps d'une farce faite avec les intestins, un peu de porc frais gras et maigre, champignons, échalotes, le tout haché fin et assaisonné de sel et de poivre. Cousez les bécasses, bridez-les en traversant les cuisses avec le bec, puis placez-les dans une casse-

1 — Bécasse.
2 — Alouette
3 — Grive.
4 — Bec-figue.
5 — Coq de Bruyère.
6 — Pintade.
7 — Pluvier.

role foncée de bardes de lard. Couvrez et laissez cuire à petit feu. La cuisson terminée, dressez les bécasses dans un plat chaud, arrosez-les avec le jus de la cuisson auquel vous mélangez un jus de citron, puis servez.

Bécasses sautées

Plumez, fendez la peau du cou, enlevez la poche et le gésier par cette même ouverture; flambez et bridez en traversant les cuisses, avec les becs des bécasses. Faites-les revenir à feu vif, dans du beurre; lorsqu'elles ont pris une belle couleur, mouillez d'un peu de vin blanc et de jus de citron; laissez bouillir pendant quelques minutes. La cuisson terminée, dressez les bécasses dans un plat chaud; finissez la sauce en lui amalgamant un petit morceau de beurre fin, versez-la sur les bécasses et servez.

Bécassine

La bécassine est un oiseau de la même famille que la bécasse, mais un peu plus petit; il s'accommode de la même façon.

Pluvier

Il y a deux espèces de pluvier : le pluvier doré et le pluvier gris ou argenté. Cet oiseau, qui est à peu près de la même grosseur que le pigeon, est surtout bon à manger au moment des gelées. Il s'accommode comme la bécasse, et on *ne le vide pas, lorsqu'on le fait rôtir.*

Guignard

Le guignard est un oiseau de passage, que l'on trouve en grande quantité dans la Beauce, en septembre et octobre. Il est un peu moins gros que le pluvier. La chair en est délicate et digestive et sert surtout à confectionner les pâtés de Chartres. Le guignard se met en salmis ou se fait rôtir.

Vanneau

Le vanneau a beaucoup de ressemblance avec le pluvier; son plumage seul diffère. On prépare le vanneau de la même façon que le pluvier. Les œufs de vanneau sont très recherchés.

Caille

La caille est un oiseau de passage fort estimé. La chair en est tendre et délicate, surtout à la fin de l'été. La caille demande à être mangée *fraîche.*

Cailles braisées

Plumez, videz, flambez, remettez le foie dans le corps avec du beurre assaisonné de sel et de poivre et placez les cailles dans une casserole foncée de parures de lard et un oignon émincé, un bouquet garni; mouillez à moitié de hauteur avec vin blanc, ajoutez un peu de madère, couvrez de bardes de lard et faites cuire avec feu dessus et dessous, en arrosant de temps en temps, de façon à glacer les cailles. La cuisson terminée, dressez-les dans un plat chaud, sur une *garniture de laitues glacées, de petits pois, une garniture jardinière, macédoine*, etc. Dégraissez le jus de la cuisson, mélangez-le à la garniture et servez.

Cailles à la financière

Préparez et opérez comme ci-dessus, mais en supprimant le vin blanc et en mettant un peu plus de madère. Joignez au fonçage de la casserole les parures des truffes. La cuisson terminée, dressez les cailles dans un plat chaud, sur une *garniture financière,* à laquelle vous aurez ajouté le jus de la cuisson bien dégraissé.

Cailles à la Périgueux

Plumez, videz, flambez; écrasez les foies, mélangez-les avec du lard râpé et les parures de truffes hachés fin; salez, poivrez et emplissez le corps des cailles avec ce mélange, puis opérez comme il est dit aux *Cailles braisées,* mais en supprimant le vin blanc et en mettant un peu plus de madère. La cuisson terminée, dressez les cailles dans un plat chaud, versez au milieu un ragoût de truffes et saucez avec une sauce Périgueux bien réduite, puis servez.

Cailles aux choux

Préparez et opérez comme il est dit à la *Perdrix aux choux,* et servez de même.

Cailles au chasseur

Plumez, videz, flambez et fendez les cailles par le dos; aplatissez-les légèrement; passez-les au beurre fondu et pannez-les à la mie de pain assaisonnée de sel, de poivre et d'une pointe de muscade. Faites cuire sur le gril. D'autre part, faites cuire dans le beurre, sans laisser jaunir, quelques échalotes hachées très fin, salez, poivrez. ajoutez une cuillerée de persil haché, finissez la sauce avec un morceau de beurre frais et le jus d'un citron. La cuisson des cailles terminée, dressez-les en couronne, versez la sauce au milieu et servez.

Cailles à la Provençale

Plumez, videz, flambez; pilez les foies avec lard gras râpé, une échalote, persil, sel, poivre, un peu de mie de pain trempée dans du consommé; mélangez à cette farce un jaune d'œuf cru, et emplissez-en les cailles. Bridez-les, les pattes en dedans, enveloppez chacune d'elles d'une feuille de vigne et d'une barde de lard; faite-les cuire à la broche, versez la graisse de la lèchefrite dans une casserole, faites-y cuire une échalote hachée très fin sans la laisser jaunir et mouillez d'un verre de vin blanc; faites réduire de moitié, ajoutez une cuillerée de sauce tomate. La cuisson des cailles terminée, dressez-les en couronne, versez la sauce au milieu et servez.

Cailles au gratin

Plumez, videz, flambez. Préparez une farce avec l'intérieur des cailles, quelques foies de volailles, du lard râpé et une ou deux truffes hachées fin, salez et poivrez. Mettez un peu de cette farce dans chacune des cailles, que vous faites jaunir dans une casserole foncée de bardes de lard. Beurrez un plat à gratin, placez-y les restants de la farce en la disposant en couronne, enfoncez les cailles dans cette farce, couvrez chacune d'elles d'une barde de lard, et saupoudrez-les d'un peu de mie de pain. Couvrez le vide laissé au milieu du plat avec un morceau de pain, arrosez le tout avec du beurre fondu et faites cuire à feu doux. Lorsque les cailles ont pris une belle couleur, retirez le morceau de pain, remplacez-le par un ragoût de truffes, et servez.

Cailles en caisse

Préparez et opérez comme il est dit aux *Caisses de Mauviettes*, Servez de même.

Râle

Il y a deux espèces de râle : le râle genêt et le râle d'eau. Le râle arrive et émigre en même temps que les cailles; on lui fait subir les mêmes préparations culinaires qu'à ces dernières. La chair du râle d'eau est moins estimée que celle du râle de genêt.

Grive

La grive est meilleure en automne qu'à toute autre époque de l'année. Elle se nourrit alors de raisins et devient très grasse. *La grive ne se vide pas;* on enlève seulement le gésier; elle peut subir les mêmes préparations culinaires que la bécasse. Il n'est cependant pas interdit de la vider si l'on éprouve quelque répugnance.

Grives au genièvre

Plumez, fendez la peau du cou, enlevez la poche et le gésier par cette même ouverture; flambez et troussez. Enveloppez chaque grive dans une barde de lard et faites-les revenir dans une casserole. D'autre part, mélangez un petit verre de cognac avec un grand verre de vin blanc; ajoutez du sel, une pincée de grains de genièvre, le jus d'un citron et laissez bouillir jusqu'à moitié de réduction. Quelques minutes avant la fin de la cuisson des grives, ajoutez-y cette sauce; laissez mijoter le tout pendant quelques minutes, dégraissez et servez dans un plat chaud.

Salmis de grives

Préparez et opérez comme il est dit au *Salmis de bécasses,* mais en remplaçant le jus de citron par le jus d'une bigarade. Servez de même.

Salmis de grives aux truffes

Préparéz et opérez comme il est dit au *Salmis de bécasses aux truffes*. Servez de même.

Grives sautées

Plumez, fendez la peau du cou, enlevez la poche et le gésier par cette ouverture, flambez, bridez et faites revenir les grives à feu vif, dans du beurre; salez, poivrez. Lorsqu'elles ont pris une belle couleur, mouillez d'un peu d'eau-de-vie, faites flamber.

Lorsque la flamme est éteinte, mouillez avec un peu d'eau, ajoutez un bouquet garni, quelques grains de genièvre, des truffes coupées en lames et laissez mijoter jusqu'à entière cuisson. La cuisson terminée, dressez les grives dans un plat chaud, dégraissez le jus, versez-le sur les grives et servez.

Filets de grives en papillotes

Plumez, flambez; levez les filets des grives; faites une farce avec leur intérieur (moins le gésier et la poche, bien entendu), lard râpé, foie de volaille, truffes, champignons, sel, grains de genièvre écrasés; liez avec jaune d'œuf cru. Couvrez chaque filet de grive avec cette farce; placez-les dans un papier huilé et faites cuire sur le gril. Retirez, dressez les grives dans un plat, servez-les dans leur papillote, envoyez à part une sauce madère réduite au fumet de grives et préparée avec les carcasses concassées et les parures des truffes.

Merles

Le merle est moins estimé que la grive, cependant on lui fait subir les mêmes préparations culinaires. La chair du jeune merle est assez délicate.

Alouette ou Mauviette

L'alouette ou mauviette est surtout recherchée en automne et en hiver, car alors elle est grasse et en possession de toutes les qualités qui la recommandent aux gourmets.

Mauviettes à la casserole

Plumez, flambez, et troussez. Préparez autant de minces tranches de lard de poitrine et autant de croûtons de pain de cinq centimètres de longueur sur deux centimètres de largeur que vous avez de mauviettes à faire cuire. Faites fondre du beurre dans une casserole plate et large; rangez-y, à côté les uns des autres, le lard, le pain et les mauviettes, salez et faites revenir de belle couleur, en ayant soin de retourner à la fourchette. La cuisson terminée, dressez les mauviettes sur les croûtons de pain alternés avec les morceaux de lard; dégraissez la sauce, détachez le fond de la casserole avec le jus d'un citron, versez sur les mauviettes et servez.

Mauviettes à la minute

Plumez, videz, flambez et troussez. Faites sauter les mauviettes dans une casserole avec du beurre; lorsqu'elles ont pris une belle couleur, salez, poivrez et mouillez d'un verre de vin blanc, ajoutez champignons, échalotes, persil, le tout haché fin, et laissez cuire pendant quelques minutes. Dressez les mauviettes dans un plat chaud, masquez-les avec la sauce bien réduite terminée par un jus de citron.

Mauviettes au chasseur

Plumez, videz, flambez et troussez. Faites revenir les mauviettes dans du beurre, avec du lard de poitrine coupé en gros dés. Lorsqu'elles ont prit une belle couleur, saupoudrez-les de farine; mouillez d'un verre de vin blanc, salez peu, poivrez et laissez cuire pendant quelques minutes. Dressez les mauviettes dans un plat chaud, masquez-les avec la sauce bien réduite, à laquelle vous aurez ajouté une cuillerée de fines herbes hachées.

Mauviettes au gratin

Plumez, videz, flambez et troussez. Préparez une farce avec quelques foies de volaille, du lard râpé et une ou deux truffes hachées fin, salez et poivrez. Mettez un peu de cette farce dans chacune des mauviettes, que vous faites jaunir dans une casserole foncée de bardes de lard. Beurrez un plat à gratin, placez-y le restant de la farce en la disposant en couronne, enfoncez les mauviettes dans cette farce, couvrez chacune d'elles d'une barde de lard, et saupoudrez-les d'un peu de mie de pain. Couvrez le vide laissé au milieu du plat avec un morceau de pain, arrosez le tout avec du beurre fondu et faites cuire à feu doux. Lorsque les mauviettes ont pris une belle couleur, retirez le morceau de pain, remplacez-le par un ragoût de truffes et servez chaud.

Salmis de mauviettes

Plumez, videz, flambez et troussez. Enveloppez les mauviettes de bardes de lard, faites-les rôtir en les attachant sur la broche, arrosez-les de beurre fondu, après avoir mis des tranches de pain dans la lèchefrite; six minutes suffisent pour la cuisson. Retirez et laissez refroidir. Coupez les mauviettes en deux parties, sur leur longueur; enlevez-en l'intérieur, les têtes et les cous, et faites un petit fumet avec ces parures et les tranches de pain de la lèchefrite, terminez comme il est dit au *Salmis de bécasses*. Servez de même.

On peut également, pour un salmis, se servir de mauviettes provenant de la desserte.

Ortolan

L'ortolan est un oiseau de passage que l'on ne trouve qu'en août et septembre, dans le Midi de la France. A cette époque, il est gras et constitue un met exquis. L'ortolan se sert généralement rôti ou en caisses; on peut cependant lui faire subir toutes les mêmes préparations qu'à la mauviette.

Becfigue, rouge-gorge, etc.

Ces oiseaux subissent les mêmes préparations culinaires que les mauviettes.

Canard sauvage

La chair du canard sauvage est plus agréable au goût que celle du canard domestique. Lorsqu'il est jeune, on donne au canard sauvage le nom de *hälbran*.

Salmis de canard sauvage

Plumez, videz, flambez et bridez un canard sauvage; faites-le rôtir à la broche; aux trois quarts de la cuisson, retirez et laissez refroidir. Levez les membres et les filets, puis opérez comme il est dit au *Salmis de perdreaux*, mais en remplaçant le vin blanc par du vin rouge. Servez de même.

Canard sauvage sauce pauvre homme

Prenez un canard sauvage; plumez, videz, flambez. Pilez le foie avec du lard gras, un petit oignon, du persil haché; assaisonnez de sel, poivre et emplissez le corps du canard avec cette farce, bridez et faites cuire à la broche. La cuisson terminée, dressez le canard dans un plat chaud, et servez en accompagnant d'une sauce pauvre homme à laquelle vous aurez mélangé le jus de la lèchefrite.

Filets de canards sauvages à la bigarade

Prenez des canards sauvages, plumez, videz, flambez, bridez et faites rôtir à la broche. Lorsqu'ils sont vert-cuits, débrochez et levez les filets, dressez-les en couronne dans un plat chaud. Au jus de la cuisson ajoutez le jus de deux bigarades, versez sur les filets et servez.

Filets de canards sauvages sauce poivrade

Préparez et opérez comme ci-dessus. La cuisson terminée, levez les filets, dressez-les en couronne dans un plat chaud, saucez-les avec une sauce poivrade à laquelle vous mélangez le jus de la cuisson.

Filets de canards sauvages aux olives

Préparez et faites cuire comme il est dit aux *Filets de canards sauvages à la bigarade*. La cuisson terminée, levez les filets, dressez-les en couronne dans un plat chaud; entourez le plat d'un *ragoût d'olives* et servez en accompagnant du jus de la cuisson dégraissé et mis à part dans une saucière.

Sarcelle

La sarcelle est plus petite que le canard sauvage; la chair en est plus fine, on lui fait subir les mêmes préparations culinaires qu'au canard sauvage.

Macreuse

La macreuse est un gibier d'eau offrant une grande ressemblance extérieure avec le canard sauvage La chair en est noire, maigre et dure. La macreuse est considérée comme un mets de carême; aussi trouve-t-on, dans les recettes laissées par les couvents, plusieurs préparations bizarres appliquées à la cuisson de cet oiseau; notamment la macreuse au chocolat et la macreuse au jus de poisson. On peut l'accommoder de même façon que le canard sauvage, mais on arrive difficilement à enlever à sa chair le goût de poisson qui la rend si désagréable.

Pour éviter ce goût de poisson, il ne faut pas plumer l'oiseau mais l'*écorcher*, le dépouiller comme un lapin.

ENTRÉES DE VOLAILLE

Les poulardes et les poulets gras s'accommodent comme les chapons, ainsi que nous l'avons dit aux *Relevés de volaille*.

Poularde au blanc

Prenez une belle poularde; plumez, videz, flambez et frottez-la de citron; assaisonnez l'intérieur avec un morceau de beurre manié de sel, poivre et jus de citron; mettez-la dans une casserole avec du beurre. Faites-la dorer. Ajoutez huit oignons, un bouquet garni, du persil, salez et poivrez. Saupoudrez de farine et laissez cuire deux heures bien couvert. Faites blanchir des champignons, ajoutez-les avec une demi-cuillerée à café de vinaigre ou de citron. Laissez cuire encore une heure. Au moment de servir, mélangez dans un bol une tasse de crême, trois jaunes d'œuf. Retirez la poularde, ajoutez le mélange de crême au jus de cuisson, tournez sans laisser bouillir et masquez la poularde avec cette sauce.

Poularde à la Grimod de la Reynière

Prenez une belle poularde; plumez, videz, flambez et troussez pour entrée. Aplatissez-la le plus possible; remplissez le corps d'une farce de foies de volailles, de truffes, de champignons, persil, ciboule, sel, gros poivre, moelle de bœuf, beurre et lard, le tout bien amalgamé. Après avoir passé la poularde dans le beurre pendant quelques minutes, embrochez-la, couvrez-la de larges tranches de pain, sur lesquelles vous assujettisez des tranches de jambon; enveloppez le tout d'un papier beurré et faites cuire. La cuisson terminée, déballez, dressez la poularde dans un plat chaud et servez.

Poularde à la Montmorency

Prenez une belle poularde; plumez, videz, flambez et troussez les pattes en dedans. Piquez-les de lard fin ; emplissez le corps avec des foies de volaille, du jambon gras et maigre, le tout haché menu. Mettez la poularde dans une braisière foncée de lard de poitrine, oignons coupés en tranches, un bouquet garni; sel et poivre; mouillez d'un peu d'eau et de deux ou trois cuillerées de vin blanc. Laissez cuire au four du fourneau, ou avec feu dessus et dessous, pendant une heure et quart, en arrosant fréquemment avec le jus de la cuisson, de façon à ce que la poularde soit bien glacée. La cuisson terminée, dressez-la dans un plat chaud; masquez-la avec le jus de la cuisson, bien dégraissé et passé.

Poularde en fricandeau

Préparez et opérez comme ci-dessus, mais en supprimant la farce. La cuisson terminée, dressez la poularde soit sur un ragoût de champignons, de chicorée, de laitue, préparé pour garniture. Mélangez à cette garniture le jus de la cuisson bien dégraissé et passé.

Poularde en demi-deuil

Troussez et bardez une belle poularde pour entrée.

Placez-la dans une braisière; ajoutez un oignon, un bouquet garni et mouillez à moitié de hauteur avec eau chaude et un verre de vin blanc, couvrez et laissez cuire pendant trois quarts d'heure en ne le retournant qu'une seule fois. La cuisson terminée, débridez, dressez la poularde sur un plat et tenez au chaud.

Avec dix grammes de farine et vingt grammes de beurre faites un roux blanc, mouillez-le avec le jus de la cuisson que vous aurez bien dégraissé, et laissez réduire. Lorsque la sauce masque la cuiller, retirez la casserole sur le coin du fourneau, liez-la *sans laisser bouillir* avec 125 grammes de beurre, 3 jaunes d'œufs et un demi-verre de crème, passez à la passoire fine au-dessus de la poularde que vous décorez de lames de truffes cuites au madère. Entourez le plat de champignons, crêtes et rognons de coq préparés pour garniture et servez.

Poularde à la Régence

Prenez une belle poularde; plumez, videz et flambez. Coupez en dés des truffes, des champignons et du foie gras, faites-les sauter au beurre, salez, poivrez, ajoutez un jus de citron et laissez refroidir ce mélange. Emplissez-en le corps de la poularde et bridez les pattes en dedans. Mettez-la dans une casserole foncée de bardes de lard, de jambon, d'oignons émincés, de parures de truffes; mouillez d'un verre d'eau chaude et d'un verre de bon vin de Bordeaux blanc; couvrez et laissez cuire à feu doux pendant une heure et quart. La cuisson terminée, dressez la poularde dans un plat chaud; entourez-la de tranches de foie gras sautées au beurre, de truffes, quenelles, champignons, crêtes et rognons de coq, le tout préparé pour garniture. Faites fondre du beurre dans une casserole, ajoutez-y une cuillerée de farine pour en faire un roux blanc, mouillez avec le jus de la cuisson passé et bien dégraissé, liez cette sauce avec jaunes d'œufs et beurre fin, masquez-en le plat et servez le plus chaud possible.

Poularde à la Périgueux

Prenez une belle poularde; plumez, videz, flambez. Epluchez une livre de truffes, hachez-en finement les parures. Arrosez les truffes avec un peu d'eau-de-vie et laissez-les macérer pendant quelques instants.

Faites fondre à feu doux une demi-livre de lard gras râpé; mêlez-y des truffes entières ou coupées en morceaux; ajoutez les parures, sel, poivre, un peu d'épices; tournez ce mélange, et laissez-le *sans bouillir* pendant un quart-d'heure sur le coin du fourneau. Versez-le dans une terrine et laissez refroidir, puis remplissez-en la poularde que vous troussez et bridez les pattes en dedans. Conservez-la de deux à quatre jours, selon la saison, afin qu'elle s'imprègne du parfum des truffes.

Le jour où vous devez employer la poularde, bardez-la et mettez-la dans une braisière foncée de bardes de lard; mouillez avec un demi-litre de mirepoix, un bon verre de madère et laissez cuire doucement pendant une heure et quart, avec feu dessus et dessous. La cuisson terminée, retirez, égouttez, dressez dans un plat chaud; saucez avec le jus de la cuisson dégraissé et bien réduit, et envoyez une sauce Périgueux, à part dans une saucière.

Poularde braisée

Prenez une belle poularde; plumez, videz, flambez et bridez les pattes en dedans. Mettez la poularde dans une braisière foncée de bardes de lard; ajoutez oignon, persil, bouquet garni, et laissez cuire doucement pendant une heure et quart, avec feu dessus et dessous. Ajoutez un verre de madère et laissez cuire encore une heure. La cuisson terminée, dressez la poularde dans un plat chaud, entourez-la d'une *garniture Macédoine*, ou d'une *garniture de pointes d'asperges*, de *petits pois*, etc., dégraissez la sauce, versez-la sur un plat et servez.

Poularde à la chipolata

Prenez une belle poularde; plumez, videz, flambez et troussez les pattes en dedans. Faites cuire comme il est dit à la *Poularde braisée*. Quinze minutes avant la fin de la cuisson, ajoutez des petites saucisses *chipolata* et des marrons cuits à l'eau. La cuisson terminée, dressez la poularde dans un plat chaud, entourez-la des chipolata et des marrons, dégraissez la sauce, versez-la sur le plat et servez.

Poule en daube

Préparez et opérez come il est dit à la *Dinde en daube*, mais en donnant seulement trois heures de cuisson. Servez de même.

Poule au pot

Plumez, videz, flambez et bridez les pattes en dedans. Mettez la poule dans une marmite avec eau et légumes comme pour un pot-au-feu. Laissez cuire doucement jusqu'à entière cuisson. Débridez, dressez dans un plat chaud, saupoudrez de sel et servez.

Poule au riz

Préparez et opérez comme il est dit au *Chapon au riz,* mais en donnant trois heures de cuisson. Servez de même.

Poule aux oignons

Préparez et opérez comme il est dit au *Chapon aux oignons,* mais en donnant trois heures de cuisson. Servez de même.

Poulet aux salsifis

Prenez des salsifis bien frais et bien noirs; râtissez-les, coupez-les en deux et mettez-les au fur et à mesure dans de l'eau fraîche acidulée. Retirez, égouttez et mettez-les dans une casserole avec du beurre et une pointe d'échalote hachée fin; tournez-les pendant une dizaine de minutes, à feu très doux, sans leur laisser prendre couleur.

D'autre part, préparez un poulet, pour entrée, faites-le revenir dans une casserole avec du beurre. Lorsqu'il a pris une belle couleur, mouillez d'un verre d'eau, joignez-y les salsifis et un bouquet garni; couvrez et laissez cuire à petit feu pendant une heure et demie. Ajoutez un verre de vin blanc et laissez cuire encore une heure. Assurez-vous de la cuisson des salsifis. La cuisson terminée, dressez le poulet dans un plat chaud; dégraissez la cuisson, mettez les salsifis en garniture autour du plat, versez le jus de la cuisson sur le tout et servez.

Abatis de poulet aux salsifis

Prenez plusieurs abatis de poulet, préparez-les, puis opérez et servez comme il est dit ci-dessus.

Poulet à l'estragon

Plumez, videz, flambez; mettez dans le corps du poulet du beurre manié de sel, de poivre et de quelques feuilles d'estragon haché; cousez l'ouverture, troussez et bridez les pattes en dedans. Frottez le poulet avec un morceau de citron, enveloppez-le d'une barde de lard et mettez-le dans une casserole foncée de jambon gras et maigre, du gésier, du cou, d'oignons coupés en rouelles et d'un bouquet d'estragon; mouillez à moitié de hauteur avec de l'eau et un verre de vin blanc. Laissez cuire pendant trois quarts d'heure à feu doux, en ayant soin de le retourner pendant la cuisson. La cuisson terminée, retirez, égouttez, dressez dans un plat et tenez au chaud.

Faites un petit roux, dans une autre casserole, mouillez avec le jus de la cuisson bien dégraissé; laissez cuire pendant dix minutes; finissez en liant avec deux jaunes d'œufs et en ajoutant une petite pincée de feuille d'estragon blanchi; versez cette sauce sur le poulet et servez.

Poulet sauce ravigôte

Plumez, videz, flambez et mettez dans le corps du poulet du beurre manié de sel, poivre et fines herbes; cousez l'ouverture, bridez les pattes en dedans.

Enveloppez le poulet avec une barde de lard, placez-le dans une casserole foncée de jambon gras et maigre, du gésier, du cou, et d'oignons coupés en rouelles; mouillez à moitié de hauteur avec de l'eau et un verre de vin blanc; laissez cuire pendant trois quarts d'heure à feu doux, en ayant soin de retourner une fois pendant la cuisson.

La cuisson terminée, retirez, égouttez, dressez dans un plat et tenez au chaud. Faites un petit roux dans une casserole, mouillez-le avec le jus de la cuisson bien dégraissé, ajoutez une petite cuillerée de vinaigre, du gros poivre et de la muscade; laissez cuire pendant un quart d'heure; terminez la sauce en lui incorporant un petit morceau de beurre fin avec oseille, estragon, cerfeuil, pimprenelle, le tout haché fin; tournez la sauce, *sans la laisser bouillir;* versez-la sur le poulet et servez.

Poulet aux fines herbes

Plumez, videz, flambez; mettez dans le corps du poulet du beurre manié de sel, poivre et fines herbes; cousez l'ouverture, bridez les pattes en dedans. Enveloppez le poulet avec une barde de lard, placez-le dans une casserole foncée de jambon gras et maigre, du gésier, du cou et d'oignons coupés en rouelles; mouillez à moitié de hauteur avec de l'eau et un verre de vin blanc; laissez cuire pendant trois quarts d'heure à feu doux, en ayant soin de le retourner une fois pendant la cuisson.

La cuisson terminée, retirez, égouttez, dressez dans un plat chaud; dégraissez et faites réduire le jus de la cuisson, liez-le avec un morceau de beurre fin manié de civette, estragon, cerfeuil, pimprenelle, le tout haché fin; tournez un instant à la cuiller de bois, *sans laisser bouillir;* versez la sauce sur le poulet et servez.

Poulet cinq clous

Plumez, videz, flambez; hachez fin des parures de truffes, mélangez-les à du lard râpé et emplissez-en le corps du poulet, bridez les pattes en dedans; piquez chaque filet de cinq truffes taillées en forme de clous. Mettez le poulet dans une braisière foncée de bardes de lard, de tranches de veau, de carottes et d'oignons coupés en rouelles, un bouquet garni; salez, poivrez et mouillez avec du consommé et du vin blanc. Laissez cuire à feu doux pendant une demi-heure. La cuisson terminée, retirez, égouttez, dressez dans un plat et tenez au chaud.

Passez et dégraissez la cuisson; faites-la bien réduire; ajoutez-y quelques truffes coupées en lames, liez la sauce avec un morceau de beurre manié de farine, versez-la sur le poulet et servez.

Poulet à la tomate

Plumez, videz, flambez. Salez et poivrez l'intérieur. Faites dorer dans une casserole avec un morceau de beurre. Ajoutez des petits oignons, un bouquet garni. Saupoudrez d'une cuillerée de farine. Couvrez, laissez cuire un quart d'heure. Ajoutez des tomates coupées en morceaux, des champignons blanchis et laissez cuire une heure. Ajoutez un verre de vin blanc chaud, laissez cuire une heure et servez chaud.

Poulet aux olives

Plumez, videz, flambez, bridez les pattes en dedans. Mettez le poulet avec du lard de poitrine coupé en petits morceaux, dans une casserole, avec du beurre et faites revenir de belle couleur; salez peu et poivrez. Retirez le lard et le poulet et, au beurre resté dans la casserole, ajoutez un peu de farine et tournez à la cuiller de bois pendant quelques minutes; mouillez d'un grand verre d'eau, ajoutez un bouquet garni, remettez le poulet, le lard et laissez cuire pendant deux heures. Cinq minutes avant la fin de la cuisson, ajoutez des olives préparées pour garniture. La cuisson terminée, dressez le poulet dans un plat chaud, entourez-le des olives, dégraissez la sauce, versez-la sur le poulet et servez.

Poulet aux petits oignons

Préparez et opérez comme il est dit au *Chapon aux oignons,* mais en donnant moitié moins de temps de cuisson. Servez de même.

Poulet aux champignons

Préparez et opérez comme il est dit au *Chapon aux oignons,* mais en donnant moitié moins de temps de cuisson et en supprimant les oignons que vous remplacerez par des champignons préalablement blanchis, et que vous joindrez au poulet un quart d'heure seulement avant la fin de la cuisson.

Poulet farci aux champignons

Plumez, videz et flambez un beau poulet. Faites blanchir une livre et demie de champignons; hachez les queues avec le foie du poulet, du lard gras et maigre, persil, échalotes; salez, poivrez, ajoutez une pointe de muscade et les champignons; mélangez bien le tout, passez-le au feu pendant quelques minutes en mouillant avec une cuillerée d'eau-de-vie ou de madère; laissez refroidir et emplissez-en le corps du poulet, bridez, enveloppez d'une barde de lard ou de crépine et faites rôtir à la broche, en arrosant avec du beurre et le jus de la lèchefrite. La cuisson terminée, débridez et dressez dans un plat chaud; dégraissez le jus de la lèchefrite, envoyez-le à part dans une saucière.

Poulet à l'Anglaise

Préparez et opérez comme il est dit au *Chapon à l'Anglaise*, Servez de même.

Poulet au riz

Préparez et opérez comme il est dit au *Chapon au riz*. Servez de même.

Poulet aux nouilles

Préparez et opérez comme il est dit au *Chapon aux nouilles*, Servez de même.

Poulet à la diable

Plumez, videz, flambez un jeune poulet; fendez-le par le dos dans toute sa longueur; aplatissez-le et assaisonnez-le de sel et de poivre de Cayenne. Mettez-le dans une casserole avec du beurre, faites-le raidir de chaque côté, pendant quelques minutes, sans lui laisser prendre couleur; passez-le dans la mie de pain et faites-le cuire sur le gril, à feu doux, en ayant soin de l'arroser avec le beurre resté dans la casserole. La cuisson terminée, dressez le poulet dans un plat chaud et servez en accompagnant d'une sauce à la diable, à part dans une saucière.

Poulet à la crapaudine

Préparez et opérez comme ci-dessus. La cuisson terminée, dressez le poulet dans un plat chaud, sur un morceau de beurre fin manié de persil et d'échalote hachés très fin, auquel vous ajoutez un jus de citron.

Pour préparer le *Poulet à la crapaudine*, on peut aussi, après l'avoir passé au beurre, le laisser refroidir et le mettre en presse avant de le paner.

Poulet à la Tartare

Préparez et opérez comme il est dit au *Poulet à la diable*. La cuisson terminée, dressez le poulet dans un plat chaud et servez en accompagnant d'une sauce Tartare, à part dans une saucière.

Fricassée de poulet

La fricassée de poulet, qui est un des mets le plus connu de la cuisine française, est une chose facile à exécuter, en suivant exactement les indications que nous allons donner. *On ne doit jamais employer que des volailles tendres et blanches*; cependant, si on avait à préparer une volaille moins fine, après l'avoir découpée, on la ferait dégorger à l'eau tiède pendant une demi-heure afin de lui enlever le goût de basse-cour.

Prenez un jeune poulet bien en chair, sans être gras; plumez, videz, flambez. Découpez-le ensuite en morceaux en ayant soin de laisser adhérer la peau à chacun des morceaux que vous frottez ensuite avec du citron.

Mettez les morceaux de poulet dans une casserole et préparez comme il est dit à la *Poularde au blanc.*

Autre manière :

Préparez comme il est dit ci-dessus. Mettez les morceaux dans une casserole avec un bon morceau de beurre, sel, poivre blanc; tournez pendant dix minutes sur *feu très doux,* afin de ne pas laisser prendre couleur. Ajoutez alors une vingtaine de petits oignons, un bouquet garni, un demi-verre de vin blanc et autant d'eau; couvrez hermétiquement la casserole de son couvercle. Laissez cuire très doucement pendant une heure. Retirez, passez le jus de la cuisson et tenez au chaud le poulet et les oignons. Faites un roux blanc, dans une autre casserole; mouillez-le avec le jus de la cuisson; ajoutez une quinzaine de beaux champignons, laissez cuire pendant dix minutes en remuant constamment à la cuiller de bois. Remettez les morceaux de poulet dans la sauce, pendant un instant, afin qu'ils soient bien chauds. Dressez ensuite comme il est dit ci-dessus, garnissez de même avec les champignons et les oignons qui sont restés entiers. Finissez la sauce en la liant avec trois jaunes d'œufs, un morceau de beurre bien frais et un jus de citron; masquez-en les morceaux de poulet et servez.

On peut également garnir le plat avec des croûtons de pain frits au beurre.

Friture de poulet

Prenez de la fricassée de desserte; panez à la mie de pain chaque morceau enduit de sa sauce; faites frire de belle couleur. Retirez, égouttez et dressez dans un plat chaud avec une garniture de persil frit. Servez.

Blanquette de poulet

Prenez du poulet rôti de desserte; passez les morceaux dans le beurre, sans laisser jaunir; saupoudrez de farine, mouillez immédiatement avec moitié eau, moitié vin blanc; assaisonnez de sel, poivre, persil haché; ajoutez des champignons. Laissez cuire cette sauce pendant dix minutes environ et finissez en ajoutant un mélange de crème fraîche avec 3 jaunes d'œuf.

Hachis de poulet

Prenez du blanc de poulet rôti, provenant de la desserte; hachez très fin; mélangez-y une béchamel bien réduite, ajoutez une pointe de muscade, puis faites chauffer sans laisser bouillir. Dressez dans un plat chaud que vous garnissez de croûtons de pain frits au beurre, d'œufs frits et servez.

Fricassée de poulet à la minute

Préparez et découpez deux très jeunes poulets, en opérant comme il est dit à la *Fricassée de Poulet*. Faites fondre 150 grammes de beurre dans une casserole, mettez-y les morceaux de poulet et faites les cuire jusqu'à ce qu'ils aient pris une belle couleur blonde, en évitant de laisser noicir le beurre; salez, poivrez et retirez les morceaux de poulet; tenez-les au chaud. Au beurre resté dans la casserole, ajoutez une pincée de farine, un bouquet garni, des champignons, une petite échalote hachée fin, tournez un instant à la cuiller de bois et mouillez d'un verre de vin blanc; faites partir à feu vif pour réduire la sauce d'un tiers; retirez le bouquet, liez la sauce avec un petit morceau de beurre fin, un jus de citron, versez sur les poulets et servez.

Poulet à la bonne femme

Préparez et découpez un poulet comme il est dit à la *Fricassée de poulet*. Faites fondre du beurre dans une casserole plate; faites-y revenir du lard coupé en petits dés, puis des oignons émincés; ajoutez ensuite les morceaux de poulet et assaisonnez de sel, poivre et muscade. Lorsqu'ils ont pris une belle couleur, retirez-les, dressez-les dans un plat et tenez-les au chaud. Au lard et aux oignons restés dans la casserole, ajoutez une pincée de farine, tournez pendant deux minutes à la cuiller de bois, mouillez d'un verre d'eau et d'un demi-verre de vin blanc; mettez un bouquet garni, une gousse d'ail et faites partir à feu vif. Lorsque la sauce est réduite à point, retirez le bouquet garni, ajoutez une cuillerée de persil haché, masquez les morceaux de poulet avec la sauce et servez.

Poulet à la Bourguignonne

Prenez un poulet vivant, tuez-le et réservez le sang, en y mélangeant quelques gouttes de vinaigre afin de le conserver liquide. Préparez et découpez, comme il est dit à la *Fricassée de poulet*. Faites fondre du beurre dans une casserole; faites-y revenir du lard de poitrine coupé en petits dés, puis les morceaux de poulet; salez et poivrez; lorsqu'ils ont pris une belle couleur, mouillez avec une demi-bouteille de vin rouge, ajoutez un bouquet garni, une gousse d'ail, une quinzaine de petits oignons, préalablement jaunis au beurre. Faites partir à feu vif; au premier bouillon, retirez la casserole sur le coin du fourneau, couvrez-la et laissez cuire à très petit feu pendant trois quarts d'heure. La cuisson terminée, dressez les morceaux de poulet dans un plat chaud, liez la sauce, avec un morceau de beurre et le sang réservé masquez-en le plat et servez.

Poulet sauté

Prenez un jeune poulet, préparez-le et découpez-le comme il est dit à la *Fricassée de poulet*. Faites fondre un bon morceau de beurre dans un plat à sauter : rangez-y les morceaux de poulet, sans qu'ils se touchent, et faites-les jaunir de tous côtés; salez, poivrez

Lorsque tous les morceaux ont pris une belle couleur blonde, saupoudrez-les d'une cuillerée de farine; tournez à la cuiller de bois pendant deux ou trois minutes, puis mouillez d'un verre de vin blanc. Ajoutez des champignons, laissez cuire à petit feu pendant un quart d'heure. La cuisson terminée, dressez les morceaux dans un plat chaud; finissez la sauce en y ajoutant une cuillerée de persil, un peu de jus de citron, masquez en le plat et servez.

Poulet sauté aux morilles

Préparez, comme il est dit à la *Fricassée de poulet* et opérez exactement comme ci-dessus, mais en remplaçant les champignons par des morilles.

Poulet sauté aux fines herbes

Préparez comme il est dit à la *Fricassée de poulet*. Faites fondre un morceau de beurre, dans un plat à sauter; rangez-y les morceaux de poulet, sans qu'ils se touchent, et faites-les jaunir de tous côtés; salez, poivrez. Lorsque tous les morceaux ont pris une belle couleur blonde, retirez-les et tenez-les au chaud. Ajoutez au beurre resté dans la casserole une petite gousse d'ail, une échalote et quelques champignons, le tout haché fin; laissez cuire pendant deux minutes: mouillez d'un demi-verre de vin blanc, donnez un bouillon et remettez votre poulet ; laissez mijoter pendant dix minutes. Dressez le poulet dans un plat chaud; finissez la sauce en lui incorporant un petit morceau de beurre fin, une cuillerée de persil et civette hachés, un peu de jus de citron; tournez sur le feu sans laisser bouillir et masquez-en les morceaux de poulet. La sauce doit être courte.

Poulet sauté à la Marengo

Préparez comme il est dit à la *Fricassée de poulet*. Faites cuire les morceaux dans une casserole, et à feu vif, dans quatre ou cinq cuillerées d'huile d'olive, salez, poivrez, ajoutez un bouquet garni, une gousse d'ail et une échalote non épluchées. Lorsque les morceaux sont presque cuits et de belle couleur, saupoudrez-les d'une petite pincée de farine, et tournez pendant quelques minutes à la cuiller de bois; mouillez d'un verre de vin blanc, de deux cuillerées de sauce tomate; ajoutez des champignons blanchis à l'avance, et donnez quelques bouillons. Dressez les morceaux de poulet dans un plat chaud, retirez ail et échalote; versez la sauce sur le plat que vous garnissez avec des croûtons de pain frits. En saison il vaut mieux mettre des tomates épluchées coupées en quartiers.

Poulet sauté aux tomates

Préparez comme il est dit à la *Fricassée de poulet*. Faites fondre un morceau de beurre, dans un plat à sauter; rangez-y les morceaux de poulet, et faites-les jaunir de tous côtés; salez, poivrez, ajoutez oignons hachés, une gousse d'ail, un bouquet garni.

Pendant cette cuisson, prenez de belles tomates, supprimez-en la semence; coupez-les en quatre dans un peu d'huile chauffée dans une poêle, faites-les sauter pendant quelques instants à feu vif, égouttez-les, ajoutez-les au poulet; mouillez le tout d'un demi-verre de vin blanc; laissez cuire doucement pendant dix minutes. La cuisson terminée, dressez les morceaux de poulet dans un plat chaud; garnissez-le avec les tomates; ajoutez à la sauce une cuillerée de persil haché, versez-la sur le plat et servez.

Poulet sauté chasseur

Préparez comme il est dit à la *Fricassée de poulet*. Faites sauter les morceaux dans une poêle, avec du gras de jambon haché, le maigre coupé en dés et quelques oignons émincés; salez, poivrez. Lorsque le poulet est cuit, dressez-le dans un plat chaud, détachez le fond de la poêle avec un peu d'eau et de vin blanc ou de cognac, ajoutez une cuillerée de persil haché et le jus d'un citron; versez sur le plat et servez.

Autre manière :

Préparez comme il est dit à la *Fricassée de poulet*. Faites cuire les morceaux dans une casserole, et à feu vif, avec quatre ou cinq cuillerées d'huile d'olive; salez, poivrez. Lorsque les morceaux ont pris une belle couleur, saupoudrez-les d'une petite pincée de farine, tournez pendant quelques minutes à la cuiller de bois; ajoutez des champignons et une pincée d'échalote, le tout haché; mouillez d'un verre de bon vin rouge et laissez mijoter pendant une dizaine de minutes. Dressez les morceaux de poulet dans un plat chaud, masquez-les avec la sauce, saupoudrez d'une cuillerée de persil haché et relevez le goût par une pointe de cayenne.

Poulet sauté aux cèpes

Préparez comme il est dit à la *Fricassée de poulet*, et opérez comme ci-dessus, mais en remplaçant les champignons et l'échalote par des cèpes et de l'ail, et le vin rouge par du vin blanc. Servez de même.

Poulet sauté aux fonds d'artichauts

Préparez comme il est dit à la *Fricassée de poulet*. Faites fondre un bon morceau de beurre dans un plat à sauter, rangez-y les morceaux de poulet sans qu'ils se touchent, et faites-les jaunir de tous côtés; salez, poivrez. Lorsque tous les morceaux ont pris une belle couleur blonde, retirez-les et tenez-les au chaud. Remplacez-les dans la casserole par des fonds d'artichauts, coupés en quatre et préalablement blanchis à l'eau acidulée; lorsqu'ils ont également pris une belle couleur, retirez-les. Détachez le fond de la casserole avec un verre de vin blanc; ajoutez une pointe d'échalote hachée fin. Au premier bouillon, remettez le poulet et les artichauts, et laissez cuire doucement pendant un quart d'heure; dressez les morceaux de poulet et les fonds d'artichauts comme garniture; finissez la sauce avec un jus de citron et une cuillerée de persil haché, masquez-en le plat et servez.

On peut remplacer les fonds d'artichauts par des topinambours ou des salsifis.

Poulet sauté au karl

Préparez comme il est dit à la *Fricassée de poulet*. Faites fondre un bon morceau de beurre dans un plat à sauter; rangez-y les morceaux de poulet, salez; lorsqu'ils commencent à jaunir, ajoutez deux oignons hachés fin; et quand ils sont de belle couleur, mettez une petite pincée de farine, une cuillerée de poudre de kari, tournez à la cuiller de bois pendant deux minutes, mouillez avec un verre de vin blanc et quelques cuillerées d'eau; laissez cuire à feu doux pendant dix minutes. La cuisson terminée, dressez les morceaux de poulet dans un plat chaud; masquez-les avec la sauce, et servez en envoyant à part un plat de riz cuit à l'eau salée et desséché à la bouche du four.

Poulet en matelote

Préparez comme il est dit à la *Fricassée de Poulet*. Faites jaunir une vingtaine de petits oignons dans cent grammes de beurre; lorsqu'ils sont de belle couleur, retirez-les, et avec le beurre resté dans la casserole faites un roux en y tournant une cuillerée de farine. Mettez les morceaux de poulet, tournez-les dans le roux jusqu'à ce qu'ils aient pris une belle couleur. Mouillez avec de bon vin rouge; salez, poivrez; ajoutez un bouquet garni, deux ou trois gousses d'ail et faites partir à grand feu. Au premier bouillon, ajoutez un petit verre d'eau-de-vie, mettez-y le feu et laissez brûler; lorsque le feu est éteint, remettez les oignons et laissez cuire à feu doux pendant une demi-heure. La cuisson terminée, dégraissez la sauce, dressez les morceaux dans un plat, masquez-les avec la sauce et servez.

Poulet sauté aux truffes

Préparez comme il est dit à la *Fricassée de Poulet*. Faites fondre un bon morceau de beurre dans un plat à sauter; rangez-y les morceaux de poulet sans qu'ils se touchent; faites-les jaunir de tous côtés; salez, poivrez. Lorsque tous les morceaux ont pris une couleur blonde, retirez-les et tenez-les au chaud. Ajoutez au beurre resté dans la casserole une petite pincée de farine dont vous faites un roux très léger ; mouillez d'un demi-verre de madère; ajoutez une ou deux cuillerées d'eau, des truffes coupées en lames, et les parures hachées très fin. Donnez quelques bouillons, remettez les morceaux de poulet, laissez cuire encore pendant quelques minutes. La cuisson terminée, dressez le poulet dans un plat chaud, masquez-le avec la sauce et servez.

Poulet à la Demidoff

Préparez comme il est dit à la *Fricassée de poulet*. Mettez un bon morceau de beurre dans une casserole; foncez-la de carottes et d'oignons émincés et de feuilles de persil; ajoutez un peu de thym et de laurier. Placez les morceaux de poulet sur ce fonçage, assaisonnez de sel, poivre, muscade, couvrez avec une barde de lard, et faites cuire très doucement avec feu dessus et dessous. A moitié de la cuisson, retournez à la fourchette chaque morceau de poulet. La cuisson terminée, dressez les morceaux dans un plat, et tenez-les au chaud. Retirez le thym et le laurier, mélangez aux légumes une ou deux cuillerées d'eau, autant de vin blanc, donnez quelques bouillons afin de bien détacher la cuisson, versez sur le plat et servez.

Poulet à la Provençale

Préparez comme il est dit à la *Fricassée de poulet*. Mettez un bon morceau de beurre dans une casserole ainsi que les morceaux de poulet ; tournez sur le feu doux sans leur laisser prendre couleur. Retirez-les. Ajoutez au beurre resté dans la casserole deux oignons hachés fin, quelques tomates, crues et coupées en dés, après en avoir retiré la peau et les graines; mélangez-y une demi-livre de riz préalablement blanchi; assaisonnez avec du sel, un peu de safran et une pointe de cayenne. Foncez un moule uni avec bardes de lard, tranches de jambon, un bouquet garni ; placez sur ce fonçage une partie du poulet, couvrez d'une couche de riz préparé, placez le restant du poulet, puis une seconde couche de riz que vous couvrez de bardes de lard; mouillez avec de l'eau chaude. Faites cuire à feu doux, soit au four du fourneau, soit avec du feu dessus et dessous, pendant une heure. La cuisson terminée, démoulez dans un plat chaud et servez.

Poulet à la Orly

Préparez comme il est dit à la *Fricassée de Poulet*. Faites mariner les morceaux de poulet pendant deux heures avec huile, sel, poivre, persil en branches, oignons coupés en rouelles, jus de citron. Retirez, égouttez, trempez dans la pâte à frire; mettez dans la friture chaude; laissez prendre une belle couleur en activant le feu au fur et à mesure de la cuisson; retirez, trempez dans la farine des oignons coupés en rouelles, faites-les frire, retirez et égouttez. Dressez les morceaux de poulet dans un plat chaud, placez les oignons par-dessus et servez en accompagnant d'une sauce tomate à part dans une saucière.

Poulet aux petits pois

Préparez comme il est dit à la *Fricassée de poulet*. Mettez du beurre dans une casserole, faites-y revenir 125 grammes de lard, puis le poulet. Lorsque le tout a pris une belle couleur blonde, ajoutez des petits oignons; couvrez la casserole et laissez cuire à feu doux pendant une heure un quart. Ajoutez des petits pois frais crus, laissez cuire encore une heure et servez.

Filet de poulet à la Financière

Levez les filets et les filets mignons d'un poulet, c'est-à-dire fendez la peau de l'estomac, écartez-la afin de découvrir les filets, puis passez la lame d'un couteau de chaque côté du bréchet, afin de dégager les chairs des filets et des filets mignons; séparez les filets mignons, enlevez-leur le nerf intérieur. Coupez les gros filets sur une table, appuyez la main gauche dessus. Parez-les en forme de poire; battez-les au couteau; humectez les filets mignons pour les assembler deux par deux et parez-les de même forme que les gros filets. Placez-les tous dans un plat à sauter, avec du beurre fondu, salez, poivrez, couvrez d'une barde de lard. Faites cuire avec feu dessus et feu dessous. La cuisson terminée, dressez les filets en couronne dans un plat chaud; versez au milieu un *ragoût financière*, et servez en accompagnant d'une sauce financière à part, dans une saucière.

Ailes de dinde braisées

Prenez des ailes de dinde; mettez-les dans une casserole foncée de bardes de lard et d'oignons émincés; couvrez-les de vin blanc; ajoutez un bouquet garni, salez, poivrez; couvrez et faites cuire avec feu dessus et dessous; arrosez de temps en temps avec le jus de la cuisson. La cuisson terminée, retirez les ailes, dégraissez le jus de la cuisson, faites-le réduire, puis remettez-y les ailes afin qu'elles prennent une belle couleur; dressez-les dans un plat chaud, masquez-les avec le jus passé et dégraissé, puis versez.

Les ailes de dinde ainsi préparées peuvent également se servir sur une purée de marrons, d'oseille, de chicorée, etc.

Abatis de dinde aux navets

Ayez deux abatis de dinde; supprimez-en les têtes; échaudez les cous et les ailerons, plumez et flambez; coupez les cous en quatre morceaux et les ailerons en deux ; ouvrez les gésiers pour en supprimer la poche ; échaudez-les, coupez-les en quatre ; réservez les foies.

Mettez dans une casserole un peu de beurre avec 125 grammes de lard coupé en morceaux et faites-le revenir à feu vif; retirez le lard et remplacez-le par des abatis; lorsque ceux-ci ont pris une belle couleur, assaisonnez de peu de sel, de poivre et d'épices; saupoudrez d'une cuillerée de farine et laissez cuire pendant deux minutes en tournant à la cuiller de bois; mouillez ensuite avec de l'eau et deux cuillerées d'eau-de-vie; ajoutez un oignon piqué de deux clous de girofle, un bouquet garni et laissez cuire pendant une heure et demie.

Trois quarts d'heure avant la fin de la cuisson, remettez le lard et ajoutez les navets que vous aurez préalablement fait jaunir dans la poêle avec du beurre et saupoudrés d'un peu de sucre en poudre. Dix minutes avant la fin de la cuisson ajoutez le foie que vous avez réservé. La cuisson terminée, dégraissez avec soin, retirez le bouquet garni et l'oignon, dressez les abatis dans un plat chaud, avec les navets autour; passez la sauce sur le tout et servez.

Abatis de dinde aux légumes

Préparez et opérez comme ci-dessus. Trois quarts d'heure avant la fin de la cuisson, ajoutez: navets, oignons, carottes, préalablement jaunis au beurre, et quelques pommes de terre. Servez de même.

Abatis de dinde à la chipolata

Préparez comme il est dit aux *Abatis de dinde aux navets*. Mettez dans une casserole avec du beurre 125 grammes de lard coupé en morceaux et 250 grammes de saucisses dites chipolata. Lorsque le tout est de belle couleur, retirez et remplacez par les abatis. Lorsque ceux-ci ont pris une belle couleur, assaisonnez de peu de sel, de poivre et d'épices; saupoudrez d'une cuillerée de farine et laissez cuire pendant deux minutes en tournant à la cuiller de bois; mouillez ensuite avec de l'eau et deux cuillerées d'eau-de-vie; ajoutez un oignon piqué de deux clous de girofle, un bouquet garni et laissez cuire pendant une heure et demie. Une demi-heure avant la fin de la cuisson, remettez le lard avec des petits oignons, des carottes et des navets tournés de la grosseur des oignons et préalablement jaunis au beurre; dix minutes avant la fin de la cuisson, remettez les saucisses et le foie réservé. La cuisson terminée, dégraissez avec soin, retirez le bouquet garni et l'oignon piqué, dressez les abatis dans un plat chaud; garnissez le plat avec les légumes et les saucisses, passez la sauce sur le tout et servez.

Les abatis de dinde se préparent également en supprimant le lard.

Abatis de dinde en fricassée de poulet

Préparez comme il est dit aux *Abatis de dinde aux navets*, et opérez comme pour la *Fricassée de poulet*.

Dinde en blanquette

Levez et émincez les chairs d'une dinde provenant de la desserte, puis opérez et servez comme il est dit à la *Blanquette de poulet*.

Hachis de dinde

Préparez et opérez comme il est dit au *Hachis de poulet*. Servez de même.

Cuisses d'oie à la Lyonnaise

Prenez des cuisses d'oie provenant de la desserte, soit rôties, soit en daube, et faites-les chauffer dans leur graisse. D'autre part, émincez quelques gros oignons et faites-les frire de belle couleur, dans de la graisse ou du saindoux; retirez, égouttez, dressez sur un plat les cuisses d'oie et les oignons; servez en masquant avec une sauce poivrade ou d'une sauce piquante. On peut se servir également de cuisses d'oie confite.

Cuisses d'oie panées et grillées

Prenez des cuisses d'oie provenant de la desserte; enduisez-les d'un peu de leur graisse; panez-les à la mie de pain; mettez-les sur le gril. Lorsqu'elles ont pris une belle couleur de chaque côté, servez-les sur une purée de pois verts ou de lentilles, ou sur une sauce tomate ou une sauce rémoulade. On peut se servir des cuisses d'oie confite.

Oie en salmis

Prenez une oie; plumez, videz, flambez. Faites rôtir pendant trois quarts d'heure; retirez et laissez refroidir. Terminez comme il est dit au *Salmis de perdreaux*, en remplaçant le vin blanc par du vin rouge, et servez de même.
Le salmis d'oie se fait également avec l'oie de desserte.

Abatis d'oie aux navets

Préparez et opérez comme il est dit aux *Abatis de dinde aux légumes*, mais en remplaçant le beurre par de la graisse d'oie fondue. Servez de même.

Abatis d'oie aux légumes

Préparez et opérez comme il est dit aux *Abatis de dinde aux navets* mais en remplaçant le beurre par de la graisse d'oie fondue. Servez de même.

Abatis d'oie aux marrons

Préparez et opérez comme il est dit aux *Abatis de dinde aux navets* mais en remplaçant le beurre par de la graisse d'oie fondue, et les navets par de beaux marrons grillés. Servez de même.

Foie gras sauté

Prenez un foie gras; escalopez-le en tranches d'un centimètre d'épaisseur, parez-les, assaisonnez-les, de sel et de poivre; passez-les dans la farine. Faites chauffer du beurre clarifié, dans une casserole plate; placez-y les tranches de foie et faites-leur prendre une belle couleur de chaque côté, ce qui ne doit demander que quelques minutes; retirez, égouttez et dressez dans un plat; ajoutez un jus de citron, versez sur le foie et servez.

Foie gras sauté aux truffes

Préparez et opérez comme ci-dessus. La cuisson terminée, dressez en couronne sur un plat; versez au milieu une sauce madère, avec des truffes coupées en lames préparées pour garniture, et servez.

Foie gras à la Périgueux

Prenez un beau foie gras entier; piquez-le avec des truffes taillées en forme de clous; assaisonnez de sel, de poivre et enveloppez le de bardes de lard.

Placez-le sur un plafond avec les parures des truffes, mouillez d'un verre de madère, puis faites cuire au four et à feu doux, pendant une demi-heure; arrosez fréquemment avec du beurre fondu. La cuisson terminée, déballez le foie, dressez-le sur un plat en l'entourant de truffes entières préparées pour garniture; masquez le tout d'une sauce Périgueux et servez.

Se fait également sans truffes avec des champignons.

Foie gras à la Toulouse

Préparez et opérez comme ci-dessus, mais en mouillant avec du vin blanc au lieu de vin de Madère. La cuisson terminée, déballez le foie, dressez-le sur un plat en l'entourant d'un ragoût Toulouse, puis servez.

Canard domestique

Il est essentiel de n'employer que de jeunes canards ou *canetons*. Le caneton de Rouen est le plus renommé, la chair en est blanche et délicate; on doit donc le préférer à tout autre.

Canard braisé

Après avoir plumé, flambé un beau canard, troussez-le pour l'entrée, enlevez le bréchet et rentrez le croupion dans le corps afin de lui donner une forme ronde. Placez le canard dans une casserole, faites-le revenir avec du beurre; lorsqu'il a pris une belle couleur de tous côtés, ajoutez oignons, un bouquet garni, sel et poivre; couvrez et faites cuire doucement au moins deux heures et demie. La cuisson terminée, retirez, égouttez, débridez, dressez le canard dans un plat chaud, dégraissez la sauce, versez-la dessus et servez.

Ainsi préparé, le canard peut se servir avec une *garniture financière*, ou avec des légumes préparés pour garniture.

Canard braisé à la purée de marrons

Préparez et opérez comme ci-dessus. La cuisson terminée, retirez, égouttez, débridez et dressez le canard dans un plat chaud sur une purée de marrons à laquelle vous aurez mélangé le jus de la cuisson bien dégraissé.

Canard braisé à la purée de pois

Préparez et opérez comme il est dit au *Canard braisé*. La cuisson terminée, retirez, égouttez, débridez et dressez le canard sur une purée de gros pois verts, à laquelle vous aurez mélangé le jus de la cuisson bien dégraissé.

On peut également servir le canard sur une purée de navets, de céléri, d'oignons, etc.

Canard aux navets

Plumez, videz, flambez un beau canard; troussez-le pour entrée, enlevez le bréchet et rentrez le croupion dans le corps pour lui donner une forme ronde. Faites comme il est dit au canard braisé. Une heure avant la fin de la cuisson, ajoutez des navets tendres et laissez cuire. La cuisson terminée, retirez l'oignon et le bouquet garni, dressez le canard dans un plat chaud, entourez-le des navets, dégraissez la sauce, versez le tout et servez.

Canard aux olives

Préparez et opérez comme ci-dessus, mais en supprimant les navets. Cinq minutes avant la fin de la cuisson, ajoutez des olives tournées. La cuisson terminée, retirez l'oignon et le bouquet garni, dégraissez la sauce, dressez le canard dans un plat chaud, entourez-le des olives et de la sauce et servez.

Canard aux petits pois

Préparez comme il est dit au *Canard aux navets*. Ajoutez des petits pois verts à la place des navets.

On sert également le canard rôti sur des petits pois sautés au beurre, mais le plat est moins délicat.

Canard farci

Plumez, videz, flambez un canard; enlevez le bréchet; réservez le foie et le gésier que vous hachez finement avec un peu de lard gras, des fines herbes, des olives sans noyaux, deux oignons, deux œufs durs, de la mie de pain trempée dans du lait, salez, poivrez, un peu de muscade. Pétrissez votre farce et mettez-la dans le canard. Recousez les chairs avec du fil blanc. Ensuite faites cuire le canard soit comme il est dit au canard braisé, soit rôti au four ou rôti à la broche. On peut ajouter des olives sans noyaux dans la sauce vingt minutes avant de servir.

Canard à la sauce bigarade

Plumez, videz, flambez et troussez un jeune caneton. Placez-le ensuite dans une casserole foncée de carottes, oignons, parures et os de veau, un bouquet garni, sel et poivre; mouillez de moitié d'eau, moitié vin blanc; couvrez de bardes de lard, faites cuire à petit feu sans laisser prendre couleur. La cuisson terminée, retirez le canard, égouttez-le et tenez-le au chaud. Passez le jus de la cuisson. Faites un roux léger avec un peu de beurre et une pincée de farine que vous laissez jaunir en tournant à la cuiller de bois pendant quelques minutes; mouillez avec la cuisson préalablement bien dégraissée, lais-

1 Faisan.
2 Tête de veau
3 Perdrix aux olives.
4 Bécassine..
5 Lièvre.

sez cuire pendant dix minutes, ajoutez à cette sauce le jus d'une bigarade, versez-la sur le canard et servez.

Canard en salmis

Plumez, videz, flambez et troussez un canard. Faites-le rôtir à la broche. Aux trois quarts de la cuisson, retirez-le et laissez-le refroidir. Levez les membres et les filets, puis opérez comme il est dit au *Salmis de perdreaux*, mais en remplaçant le vin blanc par du vin rouge. Servez de même. *Le salmis peut également se faire avec du canard de desserte.*

Filets de canetons à la bigarade

Préparez et opérez comme il est dit aux *Filets de canard sauvage à la bigarade*. Servez de même.

Filets de canetons sauce poivrade

Préparez et opérez comme il est dit aux *Filets de canard sauvage à la sauce poivrade*. Servez de même.

Filets de canetons aux olives

Préparez et opérez comme il est dit aux *Filets de canard sauvage aux olives*. Servez de même.

Filets de canetons aux petits pois

Prenez des canetons, plumez, videz, flambez, bridez et faites rôtir à la broche. Lorsqu'ils sont vert-cuits, débrochez et levez les filets; dressez-les en couronne dans un plat chaud, sur une garniture de petits pois au lard. Servez.

Pigeon

Il y a trois espèces de pigeons: le pigeon ramier qui ne se mange guère que rôti lorsqu'il est très jeune, le pigeon biset ou sauvage que l'on n'emploie qu'à défaut de pigeon de volière qui est le meilleur de tous. Le plus beau des pigeons de volière est le pigeon *Romain*, ceux du pays de Caux et du Mâconnais sont aussi très estimés.

Pigeons en compote

Prenez des pigeons de volière; plumez, videz, flambez et troussez les pattes en dedans. Pour quatre pigeons, par exemple, faites revenir une demi-livre de lard de poitrine coupé en petits dés; lorsqu'il est jaune, retirez-le et remplacez-le par les pigeons auxquels vous faites également prendre une belle couleur. Retirez les pigeons et tenez-les de côté avec le lard. Au beurre resté dans la casserole, ajoutez une cuillerée de farine; tournez à la cuiller de bois pendant quelques minutes, puis mouillez avec de l'eau. *On peut également mouiller avec moitié eau moitié vin blanc.* Remettez les pigeons et le lard, ajoutez un bouquet garni, assaisonnez de poivre et laissez cuire pendant trois quarts d'heure. Une demi-heure avant la fin de la cuisson, ajoutez une vingtaine de petits oignons revenus au beurre et autant de champignons blanchis. La cuisson terminée, retirez le bouquet, dégraissez la sauce et servez.

Pigeons à la chipolata

Préparez et opérez comme ci-dessus. Dix minutes avant la fin de la cuisson, ajoutez une garniture de saucisses *chipolata*, préalablement jaunies au beurre. Servez de même.

Pigeons braisés

Prenez quatre pigeons; préparez-les comme ci-dessus et entourez-les d'une barde de lard. Mettez dans une cocotte du beurre; faites dorer les pigeons. Ajoutez des oignons, un bouquet garni, salez, poivrez, couvrez la casserole et laissez cuire à feu doux pendant deux heures.

Ainsi préparés, les pigeons braisés peuvent se servir avec une garniture jardinière ou tous autres légumes préparés pour garnitures.

Pigeons à la financière

Préparez et opérez comme ci-dessus. La cuisson terminée, dressez les pigeons dans un plat chaud; versez au milieu un *ragoût financière*, et envoyez à part une *sauce financière*.

Pigeons aux petits pois

Préparez et opérez comme pour le *Canard aux petits pois*, mais en donnant moins de temps de cuisson. Servez de même.

Pigeons aux pointes d'asperges

Préparez et opérez comme pour le *Canard aux petits pois*, mais en remplaçant les petits pois par des pointes d'asperges préalablement blanchies à l'eau de sel, et en ne les ajoutant aux pigeons qu'un quart d'heure avant la fin de la cuisson.

Pigeons à l'Anglaise

Préparez, opérez et servez comme il est dit au *Chapon à l'Anglaise*, en donnant seulement trois quarts d'heure de cuisson.

Pigeons farcis aux champignons

Préparez et opérez comme il est dit au *Poulet farci aux champignons*. Servez de même.

Pigeons aux petits oignons

Préparez et opérez comme il est dit au *Chapon aux oignons*, mais en diminuant de moitié le temps de la cuisson. Servez de même

Pigeons à la Provençale

Plumez, videz, flambez quatre pigeons; faites-les revenir dans de l'huile d'olive avec quelques petits oignons, ail (*selon le goût*), un bouquet de persil, salez, poivrez. Lorsque le tout est de belle couleur, mouillez d'un peu de vin blanc, couvrez la casserole et laissez cuire doucement en ayant soin de retourner les pigeons de temps en temps. Un quart d'heure avant la fin de la cuisson, ajoutez une tomate coupée en petits morceaux et débarrassée de la peau et des pépins. La cuisson terminée, retirez le bouquet garni, dressez les pigeons dans un plat chaud, entourez-les de légumes; dégraissez la cuisson, versez-la sur le tout et servez.

Pigeons à la Bourguignonne

Prenez de jeunes pigeons vivants. Etouffez-les en les serrant au-dessous des ailes. Plumez, videz, flambez. Coupez-les en morceaux pendant qu'ils sont encore chauds. Dans une poêle mettez un bon morceau de beurre, des oignons en rouelle et du lard maigre coupé en dés. Faites dorer les pigeons. Saupoudrez d'un peu de farine. Mettez un peu d'eau, salez, poivrez. Ajoutez un hachis de persil et laissez cuire une demi-heure à feu vif.

Servez sur une garniture de croutons de pain sautés au beurre.

Pigeons sauce ravigote

Prenez quatre pigeons; plumez, videz, flambez et opérez comme il est dit aux *Pigeons braisés*. La cuisson terminée, dressez-les dans un plat chaud et servez en les masquant avec une sauce ravigote chaude.

Pigeons au blanc

Préparez et opérez comme il est dit à la *Poularde au blanc*, mais en donnant moins de temps pour la cuisson. Servez de même.

Pigeons à la Périgueux

Préparez et opérez comme il est dit aux *Perdreaux à la Périgueux*. Servez de même.

Pigeons en matelote

Prenez quatre pigeons; plumez, videz, flambez et bridez pour entrée; faites-les revenir dans le beurre et finissez comme il est dit aux *Tendrons de veau en matelote*, mais en donnant seulement une heure de cuisson. Servez de même.

Pigeons à la Sainte-Menehould

Préparez et opérez comme il est dit aux *Pigeons braisés*. La cuisson terminée, retirez, égouttez et laissez-les refroidir. Trempez-les ensuite dans des œufs battus, panez-les à la mie de pain et faites-les frire ou griller de belle couleur. Dressez-les dans un plat chaud avec une garniture de persil frit et servez en envoyant à part une sauce tomate, une sauce rémoulade ou une sauce piquante.

Chartreuse de pigeons

Préparez et opérez comme il est dit à la *Chartreuse de perdrix*, Servez de même.

Pigeons aux choux

Lorsque l'on a des doutes sur la tendreté d'un pigeon, la meilleure façon de l'utiliser est de le mettre aux choux, et, dans ce cas, on opère comme il est dit aux *Perdrix aux choux*.

Pigeonneaux à la maître d'hôtel

Préparez et opérez comme il est dit aux *Perdreaux à la maître d'hôtel*. Servez de même.

Pigeonneaux à la poêle

Plumez, videz, flambez de jeunes pigeonneaux; coupez-les en deux morceaux; faites-les cuire à la poêle avec un morceau de beurre en ayant soin de les retourner pour qu'ils cuisent bien également; salez, poivrez. La cuisson terminée, dressez-les sur un plat. Ecrasez leurs foies avec la fourchette, mélangez-les à un peu de beurre manié de persil et mettez un peu de ce mélange sur chacun des pigeonneaux. Ajoutez, au beurre resté dans la poêle, le jus d'un citron, tournez une seconde sur le feu, versez sur les pigeonneaux et servez.

Pigeonneaux à la crapaudine

Prenez des pigeonneaux; plumez, videz, flambez et troussez les pattes en dedans. Fendez les pigeonneaux par le dos, sans les séparer complètement; aplatissez-les légèrement et assaisonnez de sel et de poivre. Mettez-les dans un plat à sauter avec du beurre et cuisez-les pendant cinq minutes de chaque côté, sans leur laisser prendre couleur.

Retirez et laissez à peu près refroidir. Au beurre resté dans la casserole, ajoutez une pincée d'échalotes hachées; tournez pendant quelques instants sur feu doux, sans laisser jaunir; mouillez avec un peu d'eau chaude, faites réduire. Lorsque les pigeonneaux sont refroidis, panez-les à la mie de pain et faites-les cuire sur le gril à feu doux. La cuisson terminée, dressez-les dans un plat chaud, finissez la sauce avec un jus de citron et un peu de piment en poudre, versez-la sur les pigeonneaux et servez.

Pigeonneaux à la Diable

Préparez et opérez comme il est dit au *Poulet à la Diable*, Servez de même.

Pigeonneaux à la Tartare

Préparez et opérez comme il est dit au *Poulet à la Diable*, mais en accompagnant les pigeonneaux d'une sauce tartare, à part dans une saucière.

Pigeonneaux en papillotes

Plumez, videz, flambez de jeunes pigeonneaux; coupez-les en deux morceaux sur leur longueur; aplatissez-les, assaisonnez-les avec sel et poivre. Mettez-les ensuite dans une casserole avec du beurre en ayant soin de les retourner de temps en temps. Retirez, laissez refroidir et mettez en presse. Détachez le fond de la cuisson avec une ou deux cuillerées d'eau; mélangez-y une farce composée des foies cuits, de mie de pain, lard râpé, ciboule, champignons et persil hachés fin; assaisonnez de sel, poivre et épices; tournez un instant sur le feu et couvrez les pigeonneaux sur chaque côté avec une couche de cette farce. Placez chaque pigeonneau sur une feuille de fort papier huilé; pliez le papier tout autour de façon à envelopper complètement le pigeonneau. Faites cuire sur le gril pendant dix minutes; retirez, dressez les pigeonneaux dans un plat et servez-les enveloppés de leur papillote.

On peut donner plus d'élégance à ce plat, en simulant des côtelettes, c'est-à-dire en désossant complètement chaque moitié de pigeon, en ne leur laissant que la cuisse et la patte qui simulent alors le manche de la côtelette.

Côtelettes de pigeons garnies de légumes

Plumez, videz, flambez et coupez en deux morceaux, sur leur longueur, les pigeons que vous ayez à préparer. Coupez les ailerons et le bout des pattes; retirez les os de l'estomac et celui du gras de cuisse; pratiquez une légère ouverture au joint de la patte pour y faire passer l'extrémité de cette dernière. Assaissonnez avec sel et poivre, mettez dans une casserole avec du beurre, en ayant soin de les retourner de temps en temps. Retirez, laissez refroidir et mettez en presse. Parez-les pour leur donner autant que possible la forme d'une côtelette; enduisez-les de beurre fondu, puis panez-les à la mie de pain. Mettez-les sur le gril et, lorsqu'elles ont pris une belle couleur de chaque côté, dressez-les en couronne sur un plat chaud; mettez au milieu une *garniture de pois, de haricots verts, de champignons*, etc., servez-les accompagnées d'une sauce relevée, telle que sauce diable, sauce piquante, sauce tartare, etc.

ENTRÉES DE POISSON

Tous les poissons se servent comme entrées (Voir le chapitre: *Poissons*).

ENTREES FROIDES

Noix de bœuf à la gelée

Prencz deux ou trois kilos de noix de bœuf; piquez de gros lardons et placez dans une casserole avec du lard de poitrine. Faites dorer. Mettez huit oignons entiers, cinq carottes en rouelles, un bouquet garni, salez, poivrez, une gousse d'ail, un pied de veau (on peut mettre un pied de bœuf mais le plat est moins fin). Laissez cuire trois heures, sous couvercle. Puis ajoutez un verre de vin blanc, un verre d'eau et laissez cuire encore trois heures.

Versez alors dans une terrine en retirant les oignons, le bouquet garni et laissez refroidir. Quand la gelée est prise, vous pouvez renverser sur un plat et servir accompagné de moutarde, pickles, cornichons ou salade russe.

Côtes de bœuf à la gelée

Prenez trois côtes de bœuf en un seul morceau; supprimez deux os de côtes et réservez seulement celui du milieu; parez et sciez l'os de façon à former un manche; piquez les chairs avec de gros lardons et faites cuire comme il est dit ci-dessus.

Bœuf à la mode froid

Préparez et opérez comme il est dit au *Bœuf à la mode* mais en ayant soin de n'employer que de petites carottes tournées. La cuisson terminée, déposez le morceau de bœuf dans un saladier. Rangez autour les bardes de lard et les carottes en les alternant; dégraissez le jus de la cuisson, passez-le sur le bœuf et laissez refroidir. Renversez sur un plat lorsque le jus est en gelée, et servez.

Bœuf froid à l'écarlate

Préparez et opérez comme il est dit au *Bœuf à l'écarlate*. Lorsque le bœuf a refroidi dans la cuisson, retirez, égouttez, parez et dressez dans un plat entouré de persil ou de petits croûtons de gelée de viande alternés avec des petits cornichons, des oignons confits, etc.

Filet de bœuf à la gelée

Parez et piquez de lard fin un beau filet de bœuf, faites-le cuire et préparez comme il est dit au filet de bœuf à la gelée.

Langue de bœuf à la gelée

Préparez et opérez comme il est dit à la *Langue de bœuf à l'écarlate*. Lorsqu'elle est cuite, laissez refroidir dans la cuisson, retirez, égouttez; dressez sur un plat avec de la gelée hachée et servez.

Longe de veau farcie

Prenez une longe de veau, c'est-à-dire la moitié de la selle cou-pée sur sa longueur; désossez la, coupez court la bavette, tenez le rognon de côté et faites une farce comme il est dit à la *Poitrine de veau farcie*; mélangez à cette farce un salpicon fait de langue à l'écarlate et du rognon que vous avez réservé, puis étalez-la sur les chairs de la longe, roulez et ficelez en donnant une forme longue; mettez dans une braisière avec oignon et bouquet garni, mouillez à hauteur de moitié eau, moitié vin blanc, ajoutez un petit verre d'eau-de-vie, couvrez la casserole de son couvercle. Faites partir à feu vif, et au premier bouillon, retirez la casserole sur le coin du fourneau; laissez mijoter pendant trois ou quatre heures. Laissez refroidir dans la cuisson. Dressez sur un plat.

Poitrine de veau farcie

Préparez et farcissez une poitrine de veau comme il est dit à la *Poitrine de veau farcie*. Après avoir cousu les chairs, faites cuire comme il est indiqué. La cuisson terminée, laissez refroidir dans la cuisson. Dressez sur un plat.

Veau piqué à la gelée

Désossez un morceau de cuisseau de veau; piquez-le de gros lar-dons, assaisonnez de sel, poivre, persil et échalotes hachés. Placez-le dans une braisière foncée de bardes et couennes de lard, parures de veau, carottes, oignons, bouquet garni; mouillez aux trois quarts avec moitié eau moitié vin blanc; faites cuire doucement pendant trois heures, en arrosant avec le jus de la cuisson. La cuisson ter-minée, dressez le morceau de veau dans un plat froid.

Veau à la bourgeoise, à la gelée

Préparez et opérez comme il est dit à la *Rouelle de veau à la bourgeoise*, mais en ayant soin de n'employer que de petites carottes tournées. La cuisson terminée, déposez le morceau de veau dans un saladier; rangez autour les bardes de lard et les carottes, en les alter-nant; dégraissez le jus de la cuisson, passez-le sur le veau et laissez refroidir. Renversez sur un plat lorsque le jus est en gelée et servez.

Foie de veau à la gelée

Préparez et opérez comme il est dit au *Foie de veau à la bour-geoise*. La cuisson terminée, passez le jus de la cuisson sur le foie de veau et laissez refroidir. Servez lorsque la gelée a pris consistance.

Pain de foie de veau à la gelée

Coupez et faites fondre 500 grammes de panne; assaisonnez-la de sel, poivre, muscade, échalotes et persil. Lorsque la panne est fondue, faites-y revenir, pendant quelques minutes, un kilo de foie de veau, coupé par morceaux. Laissez refroidir, pilez le tout avec 500 grammes de pain trempé dans du lait. Travaillez fortement et mélangez le tout en y amalgamant, l'un après l'autre, deux œufs entiers, puis quatre jaunes. Passez au tamis et versez dans un moule uni à cylindre préalablement beurré et faites pocher au bain-marie pendant une heure environ. Démoulez le pain en le renversant sur un plat, et laissez refroidir. Glacez et garnissez le plat de gelée hachée.

Aspic de ris et de cervelle de veau

Prenez une cervelle de veau, faites-la cuire comme il est dit à la *Tête de veau au naturel,* et laissez refroidir. Faites cuire un ris de veau comme il est dit au *Ris de veau au jus,* et laissez également refroidir. Coupez le tout en tranches régulières, ainsi qu'un peu de langue à l'écarlate et des truffes préparées pour garniture.

Enterrez un moule à cylindre dans la glace pilée; mettez également un peu de glace dans l'intérieur du cylindre; versez dans le fond du moule une couche de gelée tiède d'un demi-centimètre d'épaisseur; laissez prendre, puis rangez systématiquement, et en les alternant, les tranches de cervelle, de ris, de langue à l'écarlate et de truffes en ayant soin de ne pas leur laisser toucher les bords du moule, la glace seule devant y adhérer. Posez doucement avec une cuiller une autre couche de gelée à peine fondue, laissez prendre à nouveau et continuez ainsi jusqu'à ce que le moule soit plein. Laissez glacer pendant une heure, puis trempez vivement le moule dans l'eau chaude; retirez, essuyez, renversez l'aspic sur un plat bien froid et servez.

Cervelle de veau mayonnaise

Préparez et opérez comme il est dit à la *Cervelle de veau mayonnaise.* Servez de même.

Ris de veau en mayonnaise

Préparez et blanchissez des ris de veau comme il est dit aux *Ris de veau au jus.* Mettez dans une casserole un peu de beurre avec une forte cuillerée de farine; mouillez de suite avec du bouillon sans couleur et un demi-verre de vin blanc; ajoutez quelques oignons, un bouquet garni, sel, poivre. Au premier bouillon, mettez les ris et laissez cuire pendant une heure environ. La cuisson terminée, égouttez et laissez refroidir.

Coupez ensuite par tranches que vous dressez en couronne dans un plat froid; masquez la couronne avec une sauce mayonnaise, décorez avec cornichons, œufs durs coupés en filets, câpres, truffes cuites au vin blanc, etc., et placez des cœurs de laitue au milieu de la couronne.

Ainsi préparés, les ris de veau peuvent se servir avec une ravigote froide ou une sauce verte.

Fromage de tête de porc

Prenez une tête de porc. Nettoyez-la avec soin à l'eau bouillante. Coupez-la en quatre. Mettez dans une marmite de terre avec bouquet garni, cinq échalotes, deux gousses d'ail, huit carottes moyennes, un brin de céleri en branche, deux clous de girofle, cinq grains de poivre, une pointe de muscade, trois oignons, un brin de thym, salez, couvrez de vin blanc de façon que la viande baigne entièrement. Mettez le couvercle et posez sur le feu. Laissez cuire à feu doux pendant six à sept heures. Enlevez les os, le bouquet garni et versez dans des terrines en terre. Laissez refroidir. Se sert froid, démoulé et coupé en tranches.

Fromage d'Italie

Hachez et pilez un foie de porc, avec son même poids de gras de gorge. (Le tout doit être haché assez fin pour former une espèce de pâte liquide). Mélangez à cet appareil une cuillerée de farine, deux ou trois jaunes d'œufs, deux cuillerées d'eau-de-vie: assaisonnez avec sel, poivre, épices, une échalote hachée et pilée : amalgamez bien le tout; ayez un moule en fer-blanc ou une terrine à pâté; garnissez-en le fond avec des lardons de la longueur du moule; entourez les parois d'une crépine, emplissez avec l'appareil, recouvrez d'une crépine ou de lardons et faites cuire à four doux pendant une heure et demie ou deux heures. La cuisson terminée, laissez refroidir, démoulez et servez.

Hure de cochon

Désossez une tête de porc en évitant d'abîmer la peau, puis placez-la dans une terrine, avec sel, poivre, épices, thym, laurier, persil, échalotes. Ajoutez-y un morceau de porc frais et la langue après l'avoir blanchie et en avoir supprimé la peau, laissez macérer pendant vingt-quatre heures. Retirez, égouttez et placez la tête sur une serviette blanche; coupez en gros lardons le porc, la langue, du lard gras et du jambon maigre. Disposez tous ces lardons sur la longueur de la tête de façon à bien mélanger les couleurs; posez aussi de place en place des filets de truffes et des pistaches, bourrez la tête de façon à bien lui conserver sa forme primitive; enveloppez dans une serviette que vous maintenez et ficelez à l'aide d'un ruban de fil. Placez la tête dans une braisière. Foncez avec les os de tête, les parures de lard et de jambon, carottes, oignons, clous de girofle, persil, thym, laurier, ail, échalotes; mouillez plus qu'à couvert avec de l'eau mélangée à une bouteille de vin blanc. Laissez cuire à feu doux pendant six ou sept heures, puis retirez la braisière sur le coin du fourneau et laissez refroidir aux trois quarts; retirez, pressez légèrement et laisser refroidir. Déballez, dressez sur un plat long, que vous pouvez décorer avec la gelée faite avec la cuisson, comme nous l'indiquons, à la *Gelée de viande*. On peut, si l'on veut, ne pas mettre de truffes.

Jambon à la gelée

Choisissez un jambon de Bayonne de bonne qualité; rognez le manche et faites dessaler pendant vingt-quatre heures, enveloppez-le dans un linge, placez-le dans une marmite avec persil, thym, ail, échalotes, oignons, carottes, clous de girofle; couvrez d'eau; ajoutez une bouteille de vin blanc et laissez cuire à très petit feu pendant quatre à six heures, selon la grosseur du jambon. Laissez refroidir aux trois quarts dans la cuisson, retirez, égouttez et supprimez l'os du quasi. Enveloppez-le à nouveau dans un linge blanc et laissez refroidir sous presse. Déballez, parez en enlevant les deux tiers de la couenne et en laissant seulement la partie entourant le manche. Dressez-le dans un plat froid que vous entourez de gelée hachée et servez.

Hure de sanglier

Préparez et opérez comme il est dit à la *Hure de cochon*. Dans la préparation de cette hure, on peut avantageusement remplacer la chair de porc frais par de la noix de veau et des filets de lapin de garenne, et le vin blanc par du madère. Servez de même.

Chaud-froid de faisan à la gelée

Prenez un faisan; plumez, videz, flambez et faites rôtir à la broche. La cuisson terminée, débridez et laissez refroidir, puis découpez-le et, à l'aide d'une fourchette, trempez les morceaux dans une gelée de viande; rangez-les au fur et à mesure sur une plaque de façon que les morceaux ne se touchent pas. Posez cette plaque sur de la glace. Lorsque le chaud-froid est bien pris, dressez le faisan en roche sur un plat, garnissez le tour de gelée hachée et servez.

Ce chaudfroid peut être également servi avec des truffes que l'on nappera avec la gelée.

Chaud-froid de perdreaux

Prenez des perdreaux, préparez-les comme il est dit ci-dessus. Trempez les morceaux dans une gelée de viande; finissez et servez de même.

Chaud-froid de bécasses

Prenez des bécasses, préparez-les et faites-les cuire comme il est dit au *Chaud-froid de faisan*.

Chaud-froid de grives

Prenez des grives et faites-les cuire comme il est dit au *Chaud-froid de faisan*.

Chaud-froid de mauviettes

Prenez des mauviettes; plumez, videz, flambez et faites-les cuire comme il est indiqué aux *Caisses de mauviettes*. Laissez-les parfaitement refroidir, puis trempez chacune d'elles dans une gelée de viande. Rangez-les au fur et à mesure, sur une plaque, de façon à ce qu'elles ne se touchent pas. Posez cette plaque sur de la glace; lorsque le chaud-froid est bien pris, dressez les mauviettes en pyramide sur un plat froid, que vous garnissez de gelée hachée, et servez.

Galantine de faisan

Ayez un beau faisan, plumez, videz, flambez et désossez comme il est dit à la *Galantine de dinde à la gelée*. Coupez en forme de gros lardons les filets du faisan, du jambon maigre, du lard gras, de la langue à l'écarlate et des truffes. Hachez fin: le foie du faisan, de la noix de veau, du lard gras et les parures des truffes; salez, poivrez, faites avec ce mélange une farce très fine, étendez-en une couche à l'intérieur du faisan; rangez sur cette farce un lit des lardons préparés, en ayant soin d'en alterner les couleurs; recouvrez d'une couche de farce, d'une couche de lardons, et ainsi jusqu'à ce que la peau du faisan soit bien remplie, mais terminez par une couche de farce. Cousez la peau du dos, enveloppez le faisan d'une barde de lard, puis d'un linge blanc que vous ficelez comme il est indiqué à la *Galantine de dinde à la gelée*.

Placez la galantine dans une casserole foncée des parures du lard, du veau et du jambon que vous avez employés, un morceau de jarret de veau, carottes, oignons, bouquet garni, les os du faisan, mouillez de vin blanc et laissez cuire à petit feu pendant trois heures. La cuisson terminée, retirez du feu, laissez à moitié refroidir dans la cuisson, puis posez la galantine sur un plat, l'estomac en dessus. Lorsque la galantine est complètement froide, déballez du linge et de la barde de lard; ôtez le fil qui a servi à la coudre; posez sur un plat, l'estomac en dessus, et décorez-la de gelée de viande.

Galantine de paon

Prenez un jeune paon, puis préparez et opérez comme ci-dessus. Servez de même.

Galantine de perdrix

Prenez des perdrix, plumez, videz, flambez et faites avec chacune d'elles de petites galantines, en opérant comme nous l'indiquons à *Galantine de faisan*, mais en réduisant le temps de cuisson à 1 h. 1/2. Dressez-les en couronne dans un plat froid et versez au milieu de la gelée hachée préparée avec le jus de la cuisson.

Mayonnaise de perdreaux

Préparez et opérez comme il est dit à la *Mayonnaise de poulet,* servez de même.

Salade de perdreaux

La salade de perdreaux peut se faire avec des perdreaux de desserte. Enlevez les peaux rôties; coupez les chairs en filets, mélangez-les à des filets de jambon cuit, ajoutez des cornichons coupés, des olives tournées, cerfeuil, civette et estragon hachés fin; peu de sel, poivre, huile et vinaigre; remuez bien le tout, puis versez dans un saladier que vous entourerez de quartiers d'œufs et de cœurs de laitues préalablement assaisonnés séparément avec sel, poivre, huile et vinaigre.

Pain de volaille à la gelée

Préparez une farce à quenelle de volaille à laquelle vous mélangez des truffes hachées; beurrez un moule à cylindre, emplissez-le de cette farce et faites-la pocher au bain-marie. La cuisson terminée, démoulez, renversez sur un plat et laissez complètement refroidir. Le pain bien refroidi, mettez de la gelée hachée au milieu et décorez les bords du plat avec des croûtons de gelée, puis servez.

Galantine de dinde à la gelée

Plumez et, à l'aide d'un crochet et par l'ouverture du croupion, tirez les gros boyaux de la dinde, flambez; coupez les ailerons et les pattes. Fendez la peau sur toute la longueur du dos, en partant du croupion jusqu'à la tête; dégagez le cou pour enlever la poche, puis

coupez-le sans toucher à la peau.

Passez un petit couteau entre la carcasse et la peau, afin de la mettre à nu des deux côtés; détachez le moignon des ailes sans toucher aux filets mignons; dégagez l'estomac; désossez ensuite et énervez avec soin le gras de cuisse et le pilon, puis coupez la carcasse à la jointure du croupion; fendez alors la carcasse par le dos, retirez le gésier et le foie que vous tenez de côté après en avoir enlevé l'amer.

Coupez en forme de gros lardons les filets et les chairs de la dinde, du jambon maigre, du lard gras. Hachez fin de la noix de veau, du lard gras ainsi que le foie de la dinde; assaisonnez de sel, poivre et épices; faites avec ce mélange une farce très fine, étendez-en une couche à l'intérieur de la dinde; rangez sur cette farce un lit des lardons préparés, en ayant soin d'en alterner les couleurs. Recouvrez, d'une couche de farce, d'une couche de lardons et ainsi jusqu'à ce que la peau de la dinde soit bien remplie, en terminant par une couche de farce. Cousez la peau du dos; enveloppez la dinde dans un linge blanc, conformément au modèle ci-dessus. Placez la galantine dans une braisière foncée des parures du lard, veau et jambon que vous avez employés; un ou deux pieds de veau préalablement blanchis, les carcasses et les abatis de la dinde, carottes, oignons, un bouquet garni; mouillez à hauteur de vin blanc et laissez cuire à feu doux pendant quatre heures. La cuisson terminée, retirez du feu, laissez à moitié refroidir dans la cuisson, puis posez la galantine sur un plat, l'estomac en dessus. Lorsque la galantine est complètement froide, déballez du linge, ôtez le fil qui a servi à coudre le dos, posez sur un plat, l'estomac en dessus, et décorez-la de la cuisson qui, refroidie, se prend en gelée.

Salade de dinde

La salade de dinde peut se faire avec de la dinde de desserte. Enlevez les peaux rôties, coupez les chairs en filets, mélangez-les à des filets d'anchois et à de minces filets de jambon cuit, ajoutez cornichons coupés, olives tournées, cerfeuil, civette et estragon hachés fin; peu de sel, poivre, huile et vinaigre; remuez bien le tout, puis versez dans un saladier que vous entourez de quartiers d'œufs et de cœurs de laitues préalablement assaisonnés séparément, avec sel, poivre, huile et vinaigre.

Galantine de poulet à la gelée

Prenez un beau poulet, préparez et opérez comme à la *Galantine de dinde à la gelée*. Servez de même.

Galantine de pigeons

Prenez des pigeons, plumez, videz, flambez et faites avec chacun d'eux de petites galantines, en opérant comme nous l'indiquons pour la *Galantine de faisan*, en donnant seulement 1 h. ½ de cuisson. Dressez les galantines en couronne, dans un plat froid, et versez au milieu de la gelée hachée préparée avec le jus de la cuisson.

Dans la préparation des galantines, les pigeons de volière peuvent être avantageusement remplacés par des pigeons ramiers.

Chaud-froid de poulets

Prenez deux petits poulets de grain; plumez, videz, flambez. Frottez-les avec un morceau de citron, enveloppez-les d'une barde de lard et mettez-les dans une casserole foncée de jambon gras et maigre, des abatis préalablement blanchis, de carottes et d'oignons coupés en rouelles; mouillez à hauteur avec eau et vin blanc. Laissez cuire pendant une demi-heure à feu doux, en ayant soin de les retourner une fois. Au bout de ce temps, laissez refroidir dans la cuisson, égouttez, découpez et trempez les morceaux dans une sauce chaud-froid de volaille préparée avec le fond de la cuisson; rangezles au fur et à mesure sur une plaque, de façon à ce qu'ils ne se touchent pas. Posez cette plaque sur la glace. Lorsque la sauce chaud-froid est bien prise, dressez les morceaux de poulets en rocher sur un plat, garnissez le tour de gelée hachée et servez. On peut également faire ce chaud-froid avec des poulets rôtis, bardés de façon à ce qu'ils ne puissent prendre aucune couleur; dans ce cas, supprimez la peau des morceaux de poulet avant de les tremper dans la sauce chaud-froid.

Mayonnaise de poulet

La mayonnaise de poulet sert à utiliser le poulet de desserte. Après avoir coupé les restes en morceaux, dressez-les dans un plat froid; décorez-le avec des œufs durs et des cœurs de laitues alternés. Masquez les morceaux de poulet avec une sauce mayonnaise et servez.

Salade de poulet

La salade de poulet peut se faire avec du poulet de desserte. Enlevez les peaux rôties; coupez les chairs en filets; mélangez-les à des filets d'anchois, à de minces filets de jambon cuit; ajoutez cornichons coupés, olives tournées, cerfeuil, civette, estragon hachés fin; peu de sel, poivre, huile et vinaigre; remuez bien le tout, puis versez dans un saladier que vous entourerez de quartiers d'œufs et de cœurs de laitues préalablement assaisonnés séparément avec sel, poivre, huile et vinaigre.

Aspic de poulet

Plumez, videz, flambez un ou plusieurs poulets, levez-en les filets; frottez-les de citron, puis faites-les braiser comme il est dit au *Chaud-froid de poulets*. Escalopez les filets, ainsi que quelques belles truffes préparées pour garniture; ayez des crêtes et des rognons de coq cuits et bien blancs, de petites escalopes de langue à l'écarlate. Entourez un moule à cylindre de glace pilée, terminez et servez comme il est dit à l'*Aspic de ris et de cervelle de veau*.

Il faut avoir soin de disposer les crêtes de coq, la tête en bas afin qu'elles se trouvent bien placées lorsque l'aspic sera démoulé.

Mayonnaise de lapereau

Préparez et opérez comme il est dit à la *Mayonnaise de poulet*. Servez de même.

Salade de lapereau

La salade de lapereau peut se faire avec du lapereau de desserte. Enlevez les peaux rôties; coupez les chairs en filets; mélangez des filets d'anchois à de minces filets de jambon cuits, cornichons, olives tournées; cerfeuil, civette et estragon hachés fin; peu de sel, poivre, huile et vinaigre; remuez bien le tout, puis versez dans un saladier que vous entourez de quartiers d'œufs durs et de cœurs de laitues

préalablement assaisonnés séparément, avec sel, poivre, huile et vi_
naigre.

Pain de foie gras à la gelée

Préparez et opérez absolument comme il est dit au *Pain de foie de veau à la gelée*. Ayez en plus des escalopes de foie gras et des truffes coupées en lames, que vous passez au beurre pendant deux minutes et sur un feu très doux.

Versez dans un moule à cylindre, préalablement beurré, une couche de farce; placez dessus un rang d'escalopes de foie gras et de truffes, puis une autre couche de farce, et ainsi jusqu'à ce que le moule soit plein; finissez par une couche de farce, puis terminez comme il est dit au *Pain de foie de veau à la gelée*.

Terrine de foie gras

Prenez un beau foie gras bien blanc. Retirez-en l'amer ainsi que les parties qui y touchent. Coupez-le en deux ou trois parties; décorez chaque morceau d'un gros filet de truffe. Prenez par parties égales, gras et maigre de porc frais, pesant ensemble le tiers du poids du foie employé, coupez-le par morceaux que vous faites revenir à feu doux pendant quelques minutes dans un peu de panne fondue, ainsi que les parures des truffes et du foie gras, sel, poivre, épices, persil en branches, thym et laurier. Laissez refroidir ce mélange, re_tirez thym, laurier et persil, pilez et passez au tamis. Prenez une terrine à pâté, rangez dans le fond de minces bardes de lard gras, mettez par-dessus un lit de la farce préparée, placez un morceau de foie gras, quelques truffes entières, une autre couche de farce, et ainsi jusqu'à ce que la terrine soit remplie et finissez par une couche de farce, en ayant soin de ne laisser aucun vide. Recouvrez d'une barde de lard, couvrez la terrine de son couvercle, lutez-en les bords avec de la pâte et faites cuire au four pendant une heure et demie. Lorsque la terrine est à moitié refroidie, découvrez-la pour la rem_plir de panne fondue, si la graisse de cuisson ne la remplissait pas entièrement. Ne se servir de cette terrine que lorsqu'elle est com_plètement refroidie.

Foie gras sur glace

Préparez et opérez comme ci-dessus, mais en prenant un moule ayant la forme d'un carré long. Lorsque le pâté sera complètement refroidi, posez le moule pendant une heure ou deux sur glace, dé_moulez, enlevez soigneusement toute la graisse qui entoure le pâté. Posez sur un plat un morceau de glace de 10 à 15 centimètres d'épais_seur, et un peu plus long et un peu plus large que le pâté à servir; posez celui-ci sur la glace et servez.

Terrine de lièvre

Prenez un bon lièvre; dépouillez, videz et tenez de côté le foie et le sang. Levez les filets en supprimant la peau nerveuse; coupez-les en plusieurs morceaux que vous piquez de lard gras assaisonné. Détachez les cuisses et énervez-les soigneusement. Piquez-en également les plus beaux morceaux et avec un peu de lard gras râpé et fondu, passez au feu pendant quelques minutes sans laisser prendre couleur; assaisonnez avec sel, poivre, épices, une feuille de laurier, persil en branches. Avec les parures des cuisses, les chairs des épaules, le foie, du maigre de porc et du lard gras, faites un hachis que vous pilez et passez au tamis en y mélangeant trois jaunes d'œufs, le sang du lièvre, deux cuillerées de bon cognac et quatre de vin de madère; assaisonnez avec sel, poivre et épices.

Foncez une terrine à pâté avec une barde de lard gras, couvrez d'une partie de la farce, placez les morceaux de lièvre, puis le restant de la farce en ayant soin de ne laisser aucun vide. Recouvrez la farce avec des bardes de lard; couvrez la terrine de son couvercle; lutez-en les bords avec de la pâte et faites cuire à four modéré, pendant trois heures. Lorsque la terrine est à moitié refroidie, enlevez le couvercle, remplacez-le par un plus petit couvercle ou par un morceau de bois de même forme, mais plus petit, de façon à pouvoir presser les viandes en mettant un poids dessus; ajoutez-y de la gelée de lièvre faite à part de la façon suivante: Mettez dans une casserole les os, les restes du lièvre avec trois oignons, un bouquet garni, quatre carottes, sel, poivre, un verre de vin blanc, deux verres d'eau, une cuillerée à soupe de cognac. Laissez cuire quatre heures, passez dans un linge fin, recueillez le jus, versez-le sur le pâté, de façon à bien remplir toutes les cavités, et laissez refroidir. Recouvrez d'un papier blanc, remettez le couvercle dessus après l'avoir bien nettoyé, lutez les bords du couvercle avec une bande de papier, et tenez au frais. On peut ajouter des truffes et, dans ce cas, il faut hacher les parures et les joindre à la farce.

Lorsque la terrine est faite pour être consommée immédiatement, en la retirant du feu, égouttez-la de sa graisse et remplissez-la avec un petit fumet de lièvre préparé avec les os. Laissez refroidir et servez.

Autre manière :

Prenez un bon lièvre; dépouillez, videz, tenez de côté le foie et le sang; désossez, énervez avec soin; ajoutez 500 grammes de lard gras, autant de maigre de porc, 250 grammes de foie de veau; hachez le tout, avec le foie du lièvre, assaisonnez de sel, poivre, épices, laurier, thym, échalote, ajoutez le sang que vous avez réservé, 3 jaunes d'œufs, 2 cuillerées à bouche de bon cognac et 4 de vin de madère, pilez finement le tout et passez au tamis. Foncez une terrine avec des bardes de lard gras, entourez-en également les côtés avec des bardes de lard, emplissez-la avec le hachis, en plaçant de place en place quelques gros lardons de lard gras, recouvrez de bardes de lard; couvrez la terrine de son couvercle; lutez-en les bords avec de la pâte et faites cuire à feu modéré pendant trois heures. Lorsque la terrine est à moitié refroidie, enlevez le couvercle, remplacez par un petit couvercle ou par un morceau de bois de même forme que la terrine, mais plus petit, de façon à pouvoir presser les viandes en mettant un poids dessus, ajoutez-y de la gelée, comme il est dit précédemment, de façon à bien remplir les cavités et laissez refroidir. Recouvrez d'un papier blanc, remettez le couvercle dessus après l'avoir bien nettoyé, lutez les bords du couvercle avec une bande de papier et tenez frais.

On peut ajouter des truffes à ce pâté, en mélangeant les parures hachées avec le hachis et en coupant les truffes en tranches que l'on place en les alternant avec les gros lardons.

On fait de la même manière d'excellents pâtés avec du lièvre mariné, mais on ne prend pas le sang et on fait la gelée en se servant du jus de la marinade en place d'eau et de vin blanc.

Terrine de lapereau

Préparez et opérez comme il est dit à la *Terrine de Lièvre*. Servez de même. A la terrine de lapereaux il peut également être ajouté des truffes.

Terrine de veau et de jambon

Prenez un kilogr. de noix de veau; coupez en tranches de trois centimètres d'épaisseur les parties les plus blanches, sans peaux ni nerfs; assaisonnez de sel, poivre et épices; énervez les parures avec soin; hachez-les avec du lard gras et du jambon maigre cuit à l'avance; assaisonnez cette farce avec poivre et épices, 2 cuillerées de cognac et deux ou trois jaunes d'œuf. Foncez le fond et le tour d'une terrine à pâté, avec de minces bardes de lard gras; placez ensuite un lit des morceaux de veau préparés, un lit de jambon cuit, également coupé par morceaux, et ainsi de suite, mais en ayant soin que le tout soit recouvert par une couche de farce. Couvrez le tout d'une barde de lard; lutez les bords du couvercle avec de la pâte et faites cuire à four modéré pendant trois heures. Lorsque la terrine est à moitié refroidie, enlevez le couvercle et finissez comme il est dit à la *Terrine de lièvre*, mais on fera la gelée avec des os et restes de veau.

Terrine de dinde

Prenez une dinde bien en chair; plumez, videz, flambez et désossez. Détachez les filets; piquez-les de lard gras et de jambon maigre; détachez également les cuisses; énervez-les soigneusement; piquez aussi les plus beaux morceaux. Assaisonnez ces viandes avec sel, poivre, épices; arrosez-les d'un peu d'eau-de-vie. Avec les parures des cuisses, les chairs des moignons des ailes, un morceau de rouelle de veau bien énervé, le double de son poids de lard gras sans couenne, faites une farce que vous pilez et passez au tamis. Si le foie de la dinde est bien blond, vous pourrez également le piler pour le joindre à cette farce.

Placez des bardes de lard gras au fond et autour d'une terrine à pâté; mettez-y une partie de la farce préparée; disposez par-dessus un partie des morceaux de dinde, mettez une couche de farce, une couche de morceaux de dinde, une couche de farce et finissez en couvrant de bardes de lard; couvrez la terrine de son couvercle, lutez-en les bords avec de la pâte et faites cuire à feu modéré, pendant trois heures. Lorsque la terrine est à moitié refroidie, enlevez le couvercle, remplacez-le par un plus petit couvercle ou par un morceau de bois de même forme que la terrine, mais plus petit, de façon à pouvoir presser les viandes en mettant un poids dessus. Ajoutez-y de la gelée faite comme il est dit à la *Terrine de lièvre*, mais avec les os et restes de dinde, de façon à bien remplir les cavités et laissez refroidir. Recouvrez d'un papier blanc, remettez le couvercle dessus après l'avoir bien nettoyé, lutez les bords du couvercle avec une bande de papier et tenez au frais.

On peut ajouter des truffes à cette terrine, en mélangeant les parures hachées, avec le hachis, et en coupant les truffes en tranches que l'on place en les alternant avec les lardons.

Terrine de poulet

Prenez un beau poulet, ou deux jeunes poulets, plumez, videz, flambez; désossez et opérez comme ci-dessus, mais en donnant un peu moins de temps de cuisson.

Terrine d'oie

Préparez et opérez comme il est dit à la *Terrine de dinde* mais, lorsque la terrine est à moitié refroidie, ajoutez-y de la graisse d'oie fondue, au lieu de panne. Finissez de même.

Terrine de canard

Préparez et opérez comme il est dit à la *Terrine de dinde.*

Terrine de perdreaux

Prenez plusieurs perdreaux et préparez chacun d'eux comme il est dit à la *Galantine de faisan.* Une fois que la peau de chaque perdreau est bien remplie, roulez-les, foncez une terrine à pâté avec des bardes de lard gras, puis de farce conservée à cet effet. Placez chaque petite galantine et remplissez la terrine avec de la farce de façon à ce qu'il ne reste aucun vide, finissez par une couche de farce que vous recouvrez de bardes de lard. Couvrez la terrine de son couvercle, lutez-en les bords avec de la pâte, et faites cuire à feu modéré, pendant deux heures. Retirez du four, ôtez le couvercle, remplacez-le par un plus petit couvercle ou par un morceau de bois, de même forme que la terrine, mais plus petit afin de pouvoir presser les viandes en mettant un poids par-dessus. Lorsque la terrine est presque refroidie, ajoutez-y de la gelée faite comme il est dit à la *Terrine de lièvre*, mais avec les os et restes des perdreaux, de façon à bien remplir les cavités et laissez refroidir. Recouvrez d'un papier blanc, remettez le premier couvercle dessus, lutez les bords avec une bande papier et tenez au frais.

Paté de veau et de jambon

Préparez du veau, du jambon et faites une farce comme il est dit à la *Terrine de veau et de jambon*. Placez un moule à pâté froid sur une plaque de tôle ; beurrez-le à l'intérieur, puis foncez-le avec de la pâte à dresser ayant environ deux centimètres d'épaisseur; laissez un peu dépasser la pâte en dehors du moule que vous garnissez comme il est dit à la *Terrine de veau et de jambon*, mais en ayant soin de monter cette garniture en dôme. Couvrez d'une pâte à dresser très mince; mouillez légèrement la pâte dépassant le moule, et roulez-la en bourlet en la soudant au couvercle que vous recouvrez d'une abaisse en pâte feuilletée. Décorez le dessus, puis dorez avec un œuf entier battu. Réservez au milieu du couvercle une petite ouverture formant cheminée, maintenue béante par un cornet de papier qui sert à laisser sortir la vapeur et aussi à introduire dans les pâtés, après la cuisson, des jus réduits et des fumets destinés à les corser. Mettez au four chaud et laissez cuire pendant une heure et demie environ; assurez-vous de la cuisson en entrant une aiguille à brider par l'ouverture du couvercle; si elle pénètre sans résistance, la cuisson est à point. Introduisez par la cheminée un peu de bon jus réduit mélangé à une cuillerée d'eau-de-vie et laissez refroidir.

Pâté de volaille

Ayez un bon poulet; plumez, videz, flambez, désossez. Enervez les cuisses avec soin, réservez-en les plus beaux morceaux ainsi que les filets. Ajoutez jambon cru, rouelle de veau et lard gras que vous coupez en gros lardons; assaisonnez toutes ces viandes avec sel, poivre et épices et arrosez-les d'un peu d'eau-de-vie. Avec les parures des cuisses, les chairs des moignons des ailes, un peu de rouelle de veau, du lard gras et maigre, faites une farce que vous pilez finement. Foncez un moule à pâté, garnissez et finissez comme il est dit au *pâté de veau et de jambon*. Prenez la carcasse et les abatis de la volaille, les couennes du lard dont vous vous êtes servi, des carottes, de l'oignon, très peu d'ail, un bouquet garni, deux verres d'eau, un verre de vin blanc. Faites cuire à feu doux pendant quatre heures, passez dans un linge blanc. Ainsi vous préparez une gelée que vous introduirez dans l'ouverture du pâté, une demi-heure après que vous l'aurez retiré du four.

On peut ajouter des truffes à ce pâté, en mélangeant au hachis les parures hachées, et en coupant les truffes en morceaux que l'on place en les alternant avec les lardons.

Pâté de foie gras

Préparez du foie gras et une farce comme il est dit à la *Terrine de foie gras*, puis foncez un moule à pâté avec une pâte à foncer; garnissez et opérez comme il est dit au *Pâté de veau et de jambon*.

Pâté de lièvre

Prenez un lièvre, dépouillez, videz et préparez comme il est dit à la *Terrine de lièvre.* Foncez un moule à pâté avec une pâte à dresser; garnissez et opérez comme il est dit au *pâté de veau et de jambon.* Une demi-heure après avoir retiré le pâté du four, introduisez par l'ouverture une gelée faite avec les os et restes du lièvre, comme il est dit au *pâté de volaille.*

Pâté de lapereau

Prenez deux beaux lapereaux de garenne, dépouillez, videz et préparez comme il est dit à la *Terrine de lièvre.* Foncez un moule à pâté avec une pâte à dresser; garnissez et opérez comme il est dit au *Pâté de veau et de jambon.* Une demi-heure après avoir retiré le pâté du four, introduisez par l'ouverture une gelée faite comme il est dit au *Pâté de volaille,* mais avec les restes du lapereau.

Pâté de canard

Préparez comme il est dit à la *Terrine de dinde.* Foncez un moule à pâté avec une pâte à dresser; garnissez et opérez comme il est dit au *Pâté de veau et de jambon.* Une demi-heure après avoir retiré le pâté du four, introduisez par l'ouverture une gelée de viande faite comme il est dit au *Pâté de volaille,* mais avec les restes du canard.

Pâté de perdreaux

Prenez plusieurs perdreaux et préparez chacun d'eux comme il est dit à la *Galantine de faisan,* mais en supprimant la langue à l'écarlate. Foncez un moule à pâté avec de la pâte à foncer; garnissez et opérez comme il est dit au *Pâté de veau et de jambon.* Une demi-heure après avoir retiré le pâté du feu, introduisez par l'ouverture une gelée de viande faite comme il est dit au *Pâté de volaille,* mais avec les restes des perdreaux.

Pâté de bécasses

Prenez plusieurs bécasses, épochez-les et préparez chacune d'elles comme il est dit à la *Galantine de faisan,* mais en supprimant la langue à l'écarlate et en ajoutant l'intérieur des bécasses à la farce. Foncez un moule à pâté avec de la pâte à foncer; garnissez et opérez comme il est dit au *Pâté de veau et de jambon.* Une demi-heure après avoir retiré le pâté du four, introduisez par l'ouverture une gelée de viande faite comme il est dit au *Pâté de volaille,* mais avec les restes des bécasses.

Pâté de mauviettes

Prenez deux douzaines de mauviettes, préparez-les et faites une farce comme il est dit aux *Caisses de mauviettes,* et réservez une partie de cette farce. Foncez un moule à pâté avec de la pâte à foncer; garnissez-le de la farce réservée et des mauviettes, en opérant comme il est dit au *Pâté de veau et de jambon*, et en finissant de même. Une demi-heure après avoir retiré le pâté du four, introduisez par l'ouverture une gelée de viande faite comme il est dit au *pâté de volailles*, mais avec les restes des mauviettes.

Brochet au bleu

Préparez et opérez comme il est dit précédemment.

Carpe au bleu

Préparez et opérez comme il est dit au *Brochet bleu*.

Grondins sauce tartare

Préparez et opérez comme il est dit précédemment.

Maquereau à l'huile

Préparez et opérez comme il est dit précédemment.

Filets de perche en mayonnaise

Préparez et opérez comme il est dit précédemment.

Raie à la sauce ravigote

Préparez et opérez comme il est dit précédemment.

Saumon frais à la mayonnaise

Préparez et opérez comme il est dit au *Saumon à la Hollandaise*, laissez refroidir dans la cuisson; retirez, égouttez. Dressez dans un plat sur une garniture de persil en branches et servez en accompagnant d'une sauce mayonnaise à part dans une saucière.

Ce plat peut être garni avec des écrevisses ou avec des légumes préparés pour garnitures et arrangés en bouquet.

Saumon froid à la sauce verte

Préparez et opérez comme il est dit au *Saumon à la Hollandaise*, laissez refroidir dans la cuisson; retirez, égouttez. Dressez dans un plat sur une garniture de persil en branches, et servez en accompagnant d'une sauce verte, à part, dans une saucière.

Darnes de saumon au beurre de Montpellier

Prenez trois belles darnes de saumon et faites-les cuire à l'eau de sel.

La cuisson terminée, égouttez-les, laissez-les refroidir, dressez-les dans un plat, sur un socle de beurre de Montpellier et servez.

Truite froide à la mayonnaise

Préparez, opérez et servez comme il est dit au *Saumon froid à la mayonnaise.*

Truite froide à la sauce verte

Préparez, opérez et servez comme il est dit au *Saumon froid à la sauce verte.*

Filet de sole à la mayonnaise

Préparez et opérez comme il est dit précédemment.

Turbot à la mayonnaise

Prenez du turbot de desserte; ôtez-en les peaux et les arêtes; dressez et servez comme il est dit aux *Filets de sole à la mayonnaise.*

Crabes

Préparez et opérez comme il est dit précédemment.

Buisson d'écrevisses

Préparez et opérez comme il est dit précédemment.

Buisson de coquillages

Se prépare avec petits homards, écrevisses et crevettes, comme il est indiqué au *Buisson d'écrevisses.*

Homard à la sauce mayonnaise

Préparez et opérez comme il est dit au *Homard au court-bouillon.*

Homard à la sauce rémoulade

Préparez et opérez comme il est dit précédemment.

Salade de homard

Préparez et opérez comme il est dit précédemment.

Langouste en belle vue

Préparez et opérez comme il est dit précédemment.

ENTREES CHAUDES DE FOUR

Pâté chaud financière

Préparez et foncez un moule comme il est dit au *Pâté de veau et de jambon*, garnissez-le de son ou de farine, en ayant soin de mettre un papier bien beurré entre la pâte et la farine. Recouvrez d'une pâte feuilletée de la grandeur du pâté; avant de mettre au four, dorez avec un œuf, blanc et jaune mélangés. Quand la croûte est cuite, retirez le couvercle et la farine de l'intérieur, puis remettez au four pendant cinq minutes. Préparez une garniture financière composée de rognons et de crêtes de coq, champignons, quenelles truffées, olives énoyautées et truffes coupées en lames. Garnissez-en l'intérieur du pâté; saucez avec une *sauce financière* et servez très chaud.

Pâté chaud de cailles

Foncez avec de la pâte à dresser un moule à pâté chaud, comme il est dit ci-dessus. Préparez les cailles (une demie par personne); coupez-les en deux et rangez-les dans un plat à sauter, sur du beurre clarifié. Assaisonnez de sel et poivre et faites revenir à feu vif pendant dix minutes. Faites égoutter sur une grille. Préparez une farce composée de 250 grammes de foie de veau et de 250 grammes de lard, hachez bien le tout séparément. Faites revenir le lard pendant trois minutes dans un plat à sauter, ajoutez-y le foie de veau et laissez revenir encore pendant cinq minutes. Assaisonnez de sel et de poivre, pilez bien cette farce au mortier et passez à l'étamine. Garnissez la croûte avec les cailles et la farce pilée, en intercalant. Mettez au milieu de la croûte du pâté une colonne de pain trempée dans du beurre afin d'obtenir, en la retirant, un vide au milieu; couvrez avec de la pâte à dresser, pincez le couvercle, dorez-le ; pour six cailles, faites cuire pendant une heure à four chaud. Enlevez le couvercle et retirez le pain du milieu du pâté; faites une glace de viande, ajoutez-y quatre à cinq truffes, quelques rognons et crêtes de coq, versez le tout dans l'intérieur du pâté, recouvrez et servez.

Pâté chaud de bécasses

Préparez et opérez comme pour le *Pâté chaud de cailles*. Coupez les bécasses en quatre et pilez-en l'intérieur avec la farce indiquée;

Pâté chaud de perdreaux

Foncez un moule à pâté comme il est dit au *Pâté chaud de cailles*. Faites revenir dans du beurre les perdreaux coupés en quatre. Laissez-les refroidir. Préparez une farce comme pour les cailles. Garnissez le pâté comme il est indiqué et faites cuire pendant une heure et demie à four chaud; finissez et servez de même.

Pâté chaud de mauviettes

Préparez une croûte comme pour le *Pâté chaud financière*, et faites cuire de même. Nettoyez les mauviettes; supprimez le cou, les pattes et le gésier. Faites-les revenir dans un plat à sauter avec du beurre, assaisonnez de sel et de poivre, laissez cuire pendant vingt minutes. Garnissez ensuite la croûte avec les mauviettes, et versez une glace de viande au fumet de mauviettes et de champignons.

Pâté chaud d'anguilles

Préparez une croûte comme il est dit au *Pâté chaud financière.* Prenez une belle anguille, enlevez la peau et coupez-la sur sa longueur afin de supprimer l'arête principale, puis faites des tronçons de deux à trois centimètres; faites-la cuire à feu doux avec du vin blanc assaisonné de sel, poivre, oignons, persil, thym et laurier. Quand le poisson sera cuit, retirez-le du feu et faites-le égoutter; laissez bouillir la cuisson pendant un quart d'heure, versez-la dans une glace de viande, et laissez réduire, jusqu'à ce que la sauce masque bien la cuiller. Mettez les tronçons d'anguilles dans une casserole et versez dessus la sauce passée au chinois. Laissez cuire encore pendant deux minutes sur un feu doux. Mettez l'anguille dans la croûte avec des champignons tournés et préparés pour garniture, versez la sauce sur le tout et servez.

On peut, à volonté, remplacer la gelée de viande par un coulis d'écrevisses, de homard, etc.

Pâté de pigeons à l'Anglaise

Prenez deux pigeons plumés et vidés. Coupez-leur les pattes, le cou et les ailerons; mettez-les dans une casserole avec leurs abatis, les foies, gésiers, etc. Assaisonnez-les de gros sel, d'échalote et de poivre, d'une petite pincée de basilic, 100 grammes de petit lard coupé en lames et un peu de beurre. Mouillez le tout avec un litre de bouillon, faites cuire les pigeons pendant une demi-heure à feu doux, retirez-les du feu et laissez-les refroidir. Mettez-les dans un vase creux, en terre à feu, avec tout l'assaisonnement et six jaunes d'œufs durcis. Couvrez le vase avec de la pâte à dresser, dorez-la fortement à l'œuf, plantez sur ce couvercle les pattes des pigeons et remettez au four pendant un quart d'heure, pour faire cuire la pâte du couvercle. Servez en sortant du four.

Pâté de gibelettes à l'Anglaise

Préparez et opérez comme il est dit ci-dessus, mais en remplaçant les pigeons par des abatis d'oies, de dindons, etc.

Timbale milanaise

Prenez de la pâte à dresser. Foncez un moule à timbale en opérant comme pour le *Pâté chaud financière*. Préparez une garniture composée de rognons et de crêtes de coqs, jambons, ris de veau, champignons tournés, blanc de volailles, truffes et un peu de macaroni, faites pocher le macaroni dans de l'eau chaude salée ; égouttez-le, assaisonnez-le de sel, poivre et gruyère râpé; faites une sauce tomate et mettez toutes les garnitures dans la sauce, donnez un bouillon et servez dans la timbale.

Timbale chasseur

Préparez une timbale comme il est dit ci-dessus, faites cuire à four chaud. Levez les filets d'un beau lapereau de garenne, escalopez-les et faites-les sauter dans du beurre sur un feu ardent.

Faites une gelée avec le reste du lapereau, comme il est dit à la terrine de lièvre. Laissez réduire sur un feu doux pendant une heure; émincez deux belles truffes, faites-les cuire dans du madère que vous ajoutez à la réduction du fumet. Garnissez la timbale d'escalopes de lapereaux, de champignons et de truffes émincées ; saucez avec la réduction. Servez aussitôt.

Timbale de saumon

Foncez une timbale comme il est dit à la *Timbale milanaise,* et faites cuire à four chaud. Préparez plusieurs petites escalopes de saumon que vous ferez sauter dans un beurre fin clarifié. Faites cuire dans un peu de madère des truffes émincées; mélangez cette cuisson avec un peu de glace de viande et faites réduire. Garnissez la timbale avec les escalopes de saumon et les truffes ; saucez et servez.

Les timbales peuvent se varier à l'infini selon la garniture qu'on emploie : gibier, volailles, filets de poisson, écrevisses, crevettes, homard, macaroni, nouilles, etc. (*Voir au chapitre des garnitures.*)

Vol-au-vent

Préparez 250 grammes de pâte à feuilletage, donnez-lui six tours. Abaissez la pâte à un centimètre d'épaisseur, découpez-la de la grandeur du plat dans lequel vous voulez mettre le vol-au-vent. Posez votre abaisse sur une tourtière et dorez-la dessus, sans dorer les bords. Pour former le couvercle, faites tout autour, et à trois centimètres du bord, une incision d'un demi-centimètre de profondeur, mettez au four chaud pendant une demi-heure, selon la grosseur du vol-au-vent. Quand il sera cuit, enlevez le couvercle et la mie, remettez la croûte pendant trois minutes au four, retirez, posez sur le plat et garnissez comme suit :

On garnit les vol-au-vent, selon les goûts, avec une *garniture financière,* une garniture à la béchamelle ou à la sauce tomate, ou toute autre garniture comme ci-dessous.

Une garniture financière comporte des champignons, du ris de veau et de la cervelle de veau, des quenelles de volaille et, si l'on veut, des truffes en rondelles, des crêtes de coq et des rognons de coq. C'est toujours une sauce brune.

Pour une garniture à la béchamelle: mettez dans une casserole du beurre, les champignons, les ris de veau, la cervelle nettoyée comme il est dit à la cervelle de veau, les crêtes et rognons de coq, quelques oignons, bouquet garni, salez, poivrez. Laissez cuire à très petit feu une heure et demie, *sans laisser prendre couleur*. Retirez les oignons et le bouquet garni. A part, mélangez dans un bol de la crème avec trois jaunes d'œuf. Pressez du jus de citron sur la garniture. Versez le mélange de crème, sans laisser bouillir et garnissez la croûte du vol-au-vent, au moment de servir, en ajoutant les quenelles.

Pour avoir une garniture financière, faites dorer votre ris de veau, saupoudrez d'une cuillerée de farine, et faites une sauce financière.

Pour une garniture à la sauce tomate, ajoutez la sauce tomate en place de crème sur la garniture préparée comme pour un roux.

Si l'on désire ajouter des truffes, il faut couper en rondelles des truffes cuites dans du madère qu'on ajoute dix minutes avant de servir.

Vol-au-vent, filets de soles Joinville

Faites un vol-au-vent comme il est indiqué ci-dessus.

Levez les filets de quatre grosses soles, garnissez-les de farce à quenelles maigre, roulez-les en forme de bouchon, posez-les dans un plat, couvrez-les de quatre cuillerées à soupe de cuisson de champignons et faites-les pocher au four pendant dix minutes.

Préparez un beurre de crevettes et réservez les queues. Faites cuire un litre de moules, débarrassez-les de leurs coquilles et tenez-les au bain-marie avec les queues de crevettes; les filets de soles et des truffes émincées cuites au vin blanc.

Avec les arêtes des soles, faites un fumet en mouillant avec une bouteille de vin de Chablis; salez, poivrez et faites réduire pendant un quart d'heure à feu doux; mélangez-y la cuisson des filets de soles, laissez cuire pendant quelques minutes, passez cette sauce, liez-la avec le beurre de crevettes, mélangez-la aux garnitures préparées et servez dans la croûte.

Vol-au-vent à la béchamel d'œufs

Faites une croûte de vol-au-vent comme il est dit au *Vol-au-vent financière*. Faites cuire une douzaine d'œufs durs, coupez-les par petites tranches d'un demi-centimètre d'épaisseur. Faites une sauce béchamel et mélangez-la aux œufs, remuez légèrement avec une spatule, afin de ne pas briser les œufs. Garnissez le vol-au-vent, remettez le couvercle et servez aussitôt.

Vol-au-vent de turbot

Préparez une croûte de vol-au-vent comme il est dit au *Vol-au-vent financière*. Escalopez des filets de turbot et faites-les pocher pendant un quart d'heure dans une sauce béchamel maigre; garnissez le vol-au-vent avec les escalopes et la sauce, mettez dessus quel-

ques écrevisses préparées pour garniture, remettez le couvercle et
servez.

Vol-au-vent de quenelles de lapin

Faites une croûte de vol-au-vent comme il est dit au *Vol-au-vent
financière.*

Préparation des quenelles : Levez les filets et les cuisses du
lapin, énervez les chairs avec soin, puis pilez-les au mortier de marbre; en pilant, mélangez d'abord un œuf, puis une même quantité
de mie de pain frais et deux œufs l'un après l'autre ; si la pâte
était un peu ferme, ajoutez encore un œuf. Passez cette préparation au tamis à quenelles, pesez-la, remettez-la dans le mortier avec
un quart de beurre par 500 grammes de pâte ; mélangez fortement
avec le pilon, assaisonnez de sel, poivre, muscade et un peu d'aromates pilées, puis faites-en de petites quenelles que vous faites pocher dans une casserole d'eau salée ; retirez, égouttez, mélangez-les
à une gelée faite comme il est dit à la terrine de lièvre, mais en
utilisant les os et les restes du lapin; ajoutez 250 grammes de champignons préalablement blanchis, laissez chauffer le tout, versez dans
la croûte et servez.

Vol-au-vent de morue

Faites une croûte de vol-au-vent. Prenez des filets de morue bien
dessalés. Faites les cuire au court-bouillon. Enlevez les peaux et les
arêtes. Préparez une sauce béchamel; ajoutez-y des câpres. Versez
sur la morue chaude, mettez dans la croûte chaude et servez.

Tourte financière

Abaissez de la pâte brisée de la grandeur de votre plat; placez
cette pâte sur une tourtière de la même grandeur; mettez un peu de
farine au milieu de cette abaisse. Recouvrez ce fond d'une même
abaisse de pâte brisée et ayez soin de coller cette dernière sur la première en mouillant le bord de celle-ci. Remettez sur ces abaisses une
couronne en pâte à feuilletage de façon à laisser un couvercle au
milieu, dorez feuilletage et couvercle et faites cuire à four chaud pendant vingt minutes. Enlevez le couvercle et mettez à l'intérieur la
même garniture que celle indiquée pour le *Vol-au-vent financière,*
Remettez le couvercle et servez.

La tourte est généralement beaucoup plus large que le vol-au-
vent et moins élevée, ce qui donne l'avantage de servir plus facilement, la garniture étant plus étalée.

Tourte de godiveau au blanc

Faites une tourte comme il est dit ci-dessus; mettez dans un bain-
marie même quantité de cervelles, ris de veau, champignons, quenelles de veau; versez dessus une sauce béchamel et servez dans la
croûte.

Tourte au roux

Faites une croûte comme il est dit à la *Tourte financière*. Préparez la garniture comme il est dit au vol-au-vent. On peut ajouter un verre de madère et des olives sans noyau.

Pâté chaud de rognons de bœuf

Fendez un rognon de bœuf, enlevez-en les parties nerveuses, nettoyez-le à l'eau chaude et émincez-le menu. Mettez dans un plat à sauter un bon morceau de beurre; quand il sera très chaud, ajoutez-y le rognon émincé, avec persil, échalotes hachées et champignons; assaisonnez de sel, poivre, un peu de muscade râpée; faites sauter à feu ardent pour que les rognons ne jettent pas leur jus. Liez avec une cuillerée de farine et mouillez avec un peu de vin blanc; ajoutez deux truffes émincées et un bon morceau de beurre. Retirez du feu et mettez dans une croûte de pâté chaud, que vous aurez faite comme il est dit au *pâté chaud financière*.

Petits pâtés au rognon de veau

Préparez de petites croûtes comme il est dit à *Pâté au jus* (hors-d'œuvre chauds). Emincez très fin un rognon de veau et faites-le revenir dans le beurre avec sel, poivre et muscade; mélangez-le à des champignons sautés au beurre et coupés en dés; liez le tout d'une sauce Colbert bien liée et garnissez au moment de servir.

Ces petits pâtés peuvent s'apprêter avec des rognons de desserte.

Bouchées à la Reine

Préparez 250 grammes de feuilletage à six tours; abaissez-le à un demi-centimètre d'épaisseur. Découpez-le avec un emporte-pièce festonné de cinq centimètres de diamètre; mettez ces petites bouchées sur une tourtière, dorez-les avec de l'œuf battu; prenez un autre emporte-pièce uni et plus petit d'un centimètre que le premier; imprimez-le sur la pâte pour former le couvercle de la bouchée. Mettez-les au four chaud pendant un quart d'heure, retirez du four, enlevez le couvercle et la mie. Mélangez à une sauce béchamel un salpicon de champignons, truffes, quenelles de volailles et garnissez les bouchées. Servez très chaud.

Les bouchées peuvent se varier à l'infini selon les garnitures que l'on y emploie.

Voir aux *Garnitures et aux hors-d'œuvre chauds.*

Cassoulet à la Toulousaine

Voici un célèbre plat qui n'est pas difficile à préparer. Il demande seulement de la surveillance. Pour le réussir, il faut suivre strictement cette recette, donnée par un fameux cuisinier toulousain.

Prendre un litre de haricots flageolets de première qualité. S'ils sont secs, les faire tremper depuis la veille. Les faire cuire à l'eau salée avec bouquet garni. Egoutter. Faire revenir dans une casserole *en terre*, une perdrix découpée, avec 250 grammes de couenne de porc en dés, 250 grammes de mouton maigre. Dés que ces viandes ont pris couleur, mettre les haricots puis 250 grammes de jarret de porc sale, 400 grammes de confit d'oie ou de canard, 250 grammes de saucisson de Toulouse ou de campagne, salez, poivrez (méfiez-vous des salaisons déjà employées), mettez 2 oignons garnis de clous de girofle, 2 carottes et un bouquet de persil avec un petit morceau d'ail.

Certains ajoutent un jus de tomate. Faire cuire longtemps, à feu doux, dans la casserole de terre bien bouchée. Quand tout est à point, on répartit viandes et haricots dans des petits plats de terre allant au feu, puis on met gratiner au four. Servez chaud.

A défaut de perdrix on fait le cassoulet en se servant de gigot ou d'épaule de mouton.

RÔTS

Les rôts se font soit à la broche, soit au four. On doit y apporter beaucoup d'attention et bien saisir le moment où la pièce est cuite à point. On ne peut pas cependant fixer d'une manière exacte le temps nécessaire à la cuisson des rôtis, cela dépendant de l'intensité du feu, de la tendreté des viandes, de la disposition d'une cuisine exposée à plus ou moins de courants d'air, etc. Nous prenons comme base d'emploi devant la coquille de la cuisinière, cette façon d'opérer étant la plus répandue.

Les viandes noires (bœuf et mouton) qui doivent être servies saignantes, demandent à être saisies par un feu clair ; lorsqu'elles ont pris une belle couleur dorée, on peut diminuer un peu l'intensité du feu et les arroser avec la graisse de la lèche-frite mélangée à un peu d'eau chaude.

Pour un rôti de bœuf de 2 kg., il faut environ une heure de cuisson ; un gigot de mouton de même poids demande le même temps. On compte, en moyenne, un quart d'heure à vingt minutes de cuisson par livre.

Les viandes blanches (veau, agneau, porc frais) ne doivent être servies que parfaitement atteintes et demandent à être rôties devant un feu modéré, quoique soutenu. Le veau, l'agneau, le porc frais s'arrosent avec un peu d'eau mélangée à la graisse de la lèchefrite.

Pour un rôti de veau de 2 kg., il faut une heure et demie ; pour un gros quartier d'agneau, une heure ; un gigot d'agneau une demiheure ; pour un filet de porc frais, de 2 kg., il faut deux heures.

Les volailles demandent un soin particulier et le temps de la cuisson ne peut en être réellement déterminé que par leur grosseur ; ainsi, par exemple, une forte dinde nécessitera au moins une heure et demie de cuisson ; pour un jeune dindonneau, une heure suffira ; une grosse poularde ou un beau chapon, une heure ; un poulet gras, trois quarts d'heure ; un petit poulet de grain, vingt à vingt-cinq minutes.

Toutes les volailles blanches mises à la broche devront être enduites avec du beurre. On mettra trois cuillerées à soupe d'eau dans le fond de la lèchefrite.

Les volailles à chair noire peuvent être cuites à feu vif. Pour une grosse oie, une heure et demie de cuisson suffira ; il faudra avoir soin de ne l'arroser qu'avec sa graisse, afin de pouvoir utiliser celle-ci pour la préparation de différents légumes. Un beau canard domestique ou un beau canard sauvage demandera une demi-heure de cuisson ; vingt minutes suffiront pour un caneton. Les pigeons devront être bardés et leur cuisson demandera vingt minutes.

Le faisan demande trente-cinq à quarante minutes, selon la grosseur. Il devra être bardé de lard.

Les perdrix, perdreaux, bécasses, gélinottes, etc., devront être bardés avant d'être mis à la broche ; quinze à vingt minutes au plus suffiront pour la cuisson.

Les cailles, grives, merles, pluviers, guignards, vanneaux, mauviettes, ortolans, becfigues, etc., devront toujours être bardés et subir huit à dix minutes de cuisson à feu vif.

Les pièces de gros gibier à poil : sanglier, cerf, chevreuil, etc., demandent de deux heures à deux heures et demie de cuisson.

Un beau lièvre trois quarts, bardé et rôti, demande une heure à une heure un quart de cuisson ; pour un levraut, trois quarts d'heure suffiront.

Pour un fort lapin, bardé et rôti, donnez une heure de cuisson et quarante minutes pour un lapereau.

Tous les rôtis cuits au four, viande de boucherie, volaille ou gibier doivent être préalablement enduits de graisse ou de beurre et ne jamais être mouillés avant d'avoir été parfaitement saisis. On doit toujours mettre un peu d'eau dans le fond du plat, avant de placer dans le four.

ROTIS DE BOUCHERIE

Aloyau rôti

Prenez un aloyau contenant tout le filet. Enlevez les os de l'échine ; parez en forme de carré long, salez, ficelez et embrochez : mettez deux cuillerées d'eau dans la lèchefrite. Faites saisir devant un feu vif, et lorsque le rôti a pris belle couleur, arrosez-le souvent avec le jus de la lèchefrite. Servez en accompagnant du jus de la cuisson passé et bien dégraissé.

Roastbeef rôti à l'Anglaise

Préparez et opérez comme il est dit-ci-dessus. La cuisson terminée, débrochez, dressez dans un plat chaud entouré d'une *garniture de pommes de terre cuites à l'eau de sel*. Servez en accompagnant du jus de la cuisson, à part dans une saucière.

Filet de bœuf rôti

Prenez un filet de bœuf et piquez-le de lardons fins, comme il est dit au *Filet de bœuf braisé*. Ficelez, mettez à la broche et faites cuire, en arrosant de temps en temps avec le jus de la lèche-frite. Quelques minutes avant la fin de la cuisson, salez, débrochez et dressez dans un plat chaud. Servez en accompagnant du jus de la cuisson à part dans une saucière.

Filet de bœuf mariné et rôti

Prenez un filet de bœuf; piquez-le de lardons fins et faites-le mariner pendant quelques heures avec huile, vin blanc, sel, poivre, oignons coupés en rouelles, persil en branches. Retirez, égouttez, embrochez et faites saisir à feu vif, puis arrosez de temps en temps avec la marinade et le jus de la cuisson. La cuisson terminée, débrochez, dressez le filet dans un plat chaud et envoyez le jus de la cuisson bien dégraissé, à part dans une saucière.

Rumsteck mariné et rôti

Prenez un morceau de rumsteck; faites-le mariner pendant vingt-quatre heures, comme il est dit ci-dessus; faites cuire et servez de même.

Carré de veau rôti

Prenez un carré de veau dans la partie des côtes couvertes, enlevez l'os de l'échine; désossez le haut du carré et sciez les os des côtes à deux centimètres de la noix, roulez la bavette en dessous, parez le dessus du carré et piquez-le de lardons fins. Mettez en broche, et faites rôtir en arrosant de temps en temps avec du beurre et le jus de la cuisson. Un quart d'heure avant la fin de la cuisson, salez, puis débrochez, et dressez dans un plat chaud. Servez en accompagnant du jus de la cuisson, à part dans une saucière.

Carré de veau aux fines herbes

Prenez et préparez un morceau de carré de veau, comme il est dit ci-dessus. Faites-le mariner pendant quelques heures avec un peu d'huile, sel, poivre et persil, échalote, thym, laurier, champignons, estragon, hachés très fin. Retournez la viande dans la marinade. Couvrez la viande avec l'assaisonnement et beurrez, embrochez et faites cuire à feu doux. La cuisson terminée, mettez l'assaisonnement dans une casserole avec le jus de la cuisson, le jus d'un citron, du beurre manié de farine, sel, poivre, et liez bien le tout; versez dans un plat chaud, dressez le carré de veau dessus et servez.

Longe de veau rôtie

Prenez une longe de veau, c'est-à-dire la moitié de la selle coupée sur sa longueur, désossez-la, roulez la bavette de façon à en couvrir le rognon et ficelez en donnant à la longe une forme de carré long. Embrochez, faites cuire et servez comme il est dit au *Carré de veau rôti.*

Gigot de mouton rôti

Prenez un bon gigot suffisamment mortifié; parez-le, supprimez l'os du quasi; glissez une ou deux gousses d'ail entre les chairs et l'os du manche; embrochez et faites rôtir à feu vif. Lorsque le gigot a pris une belle couleur, arrosez-le de temps en temps avec le jus de la cuisson. La cuisson terminée, salez, débrochez, dressez dans un plat chaud et servez en accompagnant du jus de la cuisson bien dégraissé, à part dans une saucière.

Selle de mouton rôtie

Prenez une selle de mouton; parez-la, supprimez la graisse et la peau, aplatissez et rognez la bavette, ficelez et faites cuire comme il est dit ci-dessus. La cuisson terminée, débrochez, salez, retirez la ficelle, dressez dans un plat chaud et servez en accompagnant du jus de la cuisson bien dégraissé, à part dans une saucière.

Quartier d'agneau rôti

Ayez un quartier d'agneau; sciez le manche du gigot, embrochez et faites rôtir, en arrosant de temps en temps avec un peu de beurre mélangé au jus de la cuisson. La cuisson terminée, salez, débrochez, dressez dans un plat chaud, sur une *garniture de cresson,* et servez en accompagnant du jus de la cuisson ou d'une sauce poivrade, à part dans une saucière.

Selle d'agneau rôtie

Prenez une selle d'agneau, parez-la en supprimant la graisse et la peau; aplatissez et rognez la bavette; ficelez et mettez à la broche; arrosez avec un peu de beurre mélangé au jus de la cuisson. La cuisson terminée, salez, débrochez, retirez la ficelle, dressez dans un plat chaud et servez en accompagnant du jus de la cuisson bien dégraissé, à part dans une saucière.

ROTIS DE PORC

Porc frais rôti

Préparez et opérez comme il est dit au *Filet de porc frais rôti.*

Jambon à la sauce madère

Préparez et opérez comme il est dit au *Jambon à la sauce madère*. Ce jambon peut encore être mis à la broche, et dans ce cas arrosé avec le jus de la cuisson auquel il faut ajouter un verre de madère; il doit être servi sur le jus de la cuisson bien dégraissé.

ROTIS DE JAMBON

Jambon de sanglier

Préparez et opérez comme il est dit précédemment. Servez de même.

Cuissot de chevreuil à la sauce poivrade

Préparez et opérez comme il est dit précédemment, car le cuissot de chevreuil peut se servir soit comme entrée, soit comme rôti.

Lièvre rôti à la broche

Préparez et opérez comme il est dit précédemment, le lièvre entier et rôti pouvant se servir soit comme entrée, soit comme rôti.

Lièvre mariné, rôti à la broche

Préparez et opérez comme il est dit précédemment.

Lapin rôti à la broche

Préparez et opérez comme il est dit au *Lièvre rôti à la broche*. Servez de même.

Lapin mariné, rôti à la broche

Préparez et opérez comme il est dit au *Lièvre mariné, rôti à la broche*. Servez de même.

Faisan rôti

Prenez un jeune faisan; détachez le cou, les ailes et la queue que vous réservez pour habiller le faisan avant de le mettre sur table; plumez, videz, flambez, enveloppez d'une barde de lard et mettez à la broche; garnissez le fond de la lèchefrite d'une belle tranche de pain qui servira à dresser le faisan; arrosez avec du beurre. La cuisson terminée, salez, débrochez, dressez dans un plat, sur le pain de la lèchefrite, rajustez la tête, les ailes et la queue à l'aide de brochettes en fil de fer; garnissez le plat avec du cresson assaisonné, un citron coupé par quartiers et servez en accompagnant du jus de la cuisson à part, dans une saucière.

Il n'est pas indispensable de dresser le faisan rôti.

En ce cas, on ne met pas de tranche de pain et on sert la bête comme un poulet.

Paon rôti

Prenez un jeune paon, détachez le cou, les ailes et la queue que vous réservez pour habiller le paon avant de le mettre sur table, plumez, videz, flambez et mettez à la broche, puis finissez comme il est dit à *Faisan rôti* et servez de même.

Faisan rôti, aux truffes

Préparez comme il est dit au *Faisan rôti*. Hachez, pilez et passez au tamis le foie du faisan, du lard gras et les parures des truffes; assaisonnez de sel et poivre; mélangez à cette farce des truffes coupées en morceaux et préalablement passées dans un peu de lard fondu. Emplissez le corps du faisan; piquez les filets de truffes en clous; embrochez, garnissez le fond de la lèchefrite d'une belle tranche de pain et faites cuire pendant 40 à 45 minutes, en arrosant avec du beurre; salez, débrochez; dressez dans un plat sur le pain de la lèchefrite; habillez le faisan comme il est dit au *Faisan rôti* et servez de même.

Pintade rôtie

Prenez une belle pintade; plumez, videz, flambez, couvrez d'une barde de lard et mettez à la broche; arrosez avec du beurre. La cuisson terminée, salez, débrochez, dressez dans un plat chaud sur le pain de la lèchefrite; garnissez le plat avec du cresson assaisonné, un citron coupé par quartiers, et servez en accompagnant du jus de la cuisson à part dans une saucière.

Pintade rôtie, aux truffes

Préparez comme ci-dessus. Hachez, pilez et passez au tamis le foie de la pintade avec du lard gras, les parures des truffes assaisonnées de sel et de poivre; mélangez à cette farce des truffes coupées en lames et préalablement passées dans un peu de lard fondu. Emplissez le corps de la pintade; embrochez et faites cuire pendant trois quarts d'heure, en arrosant avec du beurre. Salez, débrochez, dressez dans un plat chaud, et servez en accompagnant du jus de la cuisson, à part dans une saucière.

Coq ou Poule de bruyère et Gélinotte rôtis

Préparez et opérez exactement comme il est indiqué ci-dessus pour la *Pintade rôtie.*

Perdreaux rôtis

Plumez, videz et flambez des perdreaux; mettez à l'intérieur un peu de beurre et de sel, enveloppez chaque perdreau d'une barde de lard très mince, embrochez et donnez quinze à vingt minutes de cuisson; salez et arrosez avec un peu de beurre et le jus de la lèchefrite; dressez chaque perdreau sur un croûton de pain frit au beurre.

Perdreaux rôtis et truffés

Plumez, videz, flambez. Hachez, pilez et passez au tamis les foies des perdreaux avec du lard gras, les parures des truffes, assaisonnez de sel et de poivre; mélangez à cette farce des truffes coupées en lames et préalablement passées dans un peu de lard fondu. Emplissez-en le corps de vos perdreaux, piquez-les de truffes coupées en clous et faites-les cuire à la broche pendant vingt-cinq minutes, en les arrosant avec du beurre. Salez, débrochez, dressez dans un plat chaud et servez en accompagnant du jus de la cuisson, à part dans une saucière.

Bécasses et Bécassines rôties

Préparez comme il est dit au *Salmis de bécasse*. Bardez et faites cuire à la broche en donnant quinze minutes de cuisson. Garnissez le fond de la lèchefrite d'une tranche de pain qui servira à dresser les bécasses; arrosez avec du beurre. La cuisson terminée, salez, débrochez, dressez dans un plat chaud sur le pain de la lèchefrite, et servez en accompagnant du jus de la cuisson, à part, dans une saucière.

Pluviers, Guignards et Vanneaux rôtis

Plumez, fendez la peau du cou pour enlever la poche et le gésier par cette même ouverture; flambez, bardez et faites cuire à la broche, en donnant huit à dix minutes de cuisson, et en opérant comme il est dit à l'article précédent.

Cailles, Grives et Merles rôtis

Plumez, videz, flambez les cailles et les merles, mais ne videz pas les grives, ôtez seulement la poche et le gésier, salez; enveloppez le corps de chaque oiseau d'une feuille de vigne et d'une barde de lard, puis faites cuire à la broche en donnant dix minutes de cuisson et finissant d'opérer comme il est dit ci-dessus à *Bécasses* et *Bécassines rôties*.

Mauviettes, Ortolans, Becfigues rôtis

Plumez, videz et flambez, entourez chaque oiseau d'une barde de lard, faites cuire à la broche en donnant huit ou dix minutes de

cuisson, et finissez comme il est dit ci-dessus à *Bécasses* et *Bécassines*
rôties.

Canard sauvage, Sarcelle, Macreuse

Plumez, videz et flambez, remettez le foie dans le corps et salez.
Embrochez et faites cuire en donnant une demi-heure de cuisson.
La cuisson terminée, débrochez, dressez dans un plat chaud garni de
quartiers de citron ou de bigarade, et servez en accompagnant du
jus de la cuisson bien dégraissé, à part, dans une saucière.

ROTIS DE VOLAILLE

Poularde ou chapon rôti

Plumez, videz, flambez et bridez les pattes en dehors, remettez
le foie dans le corps, salez. Enbrochez et donnez trois quarts d'heure
à une heure de cuisson, selon la grosseur. La cuisson terminée, débrochez, dressez dans un plat sur une *garniture de cresson*. Servez, en
accompagnant du jus de la cuisson, à part, dans une saucière.

Poularde ou chapon rôti, aux truffes

Prenez une belle poularde ou un beau chapon; plumez, faites un
petit crochet en fil de fer pour extraire les boyaux sans faire d'incision. Fendez la peau du cou pour retirer la poche, le gésier et
le foie par cette ouverture. Réservez le foie après en avoir ôté l'amer;
pilez-le finement. Prenez une livre de truffes, que vous brossez et lavez soigneusement; épluchez-les, et hachez finement les parures. Arrosez les truffes avec un peu d'eau-de-vie et laissez-les macérer pendant quelques instants. Râpez et faites fondre à feu doux trois cents
grammes de lard gras; mettez-y les truffes, soit entières, soit coupées
en morceaux; réservez-en deux des plus belles sans les couper, ajoutez les parures et assaisonnez de sel, poivre, thym, laurier. Laissez,
sans bouillir, pendant un quart d'heure sur le coin du fourneau et
versez dans une terrine pour faire refroidir. Coupez en lames les deux
truffes réservées, parez-en les filets de la poularde ou du chapon, en
glissant ces lames de truffe entre la peau et la chair; remplissez le
corps avec les truffes préparées, mélangées au foie pilé; troussez et
bridez les pattes en dehors. Conservez ainsi la volaille de deux à quatre jours, selon la saison, afin qu'elle s'imprègne du parfum des truffes. Le jour où vous devez employer la volaille, bardez-la et faites-
la cuire à la broche en lui donnant une heure et demie de cuisson.
La cuisson terminée, débrochez, dressez dans un plat chaud et servez
en accompagnant du jus de la cuisson, à part, dans une saucière.

Poulets de grain rôtis

Ayez deux ou trois petits poulets de grain; plumez, videz, flambez, troussez les pattes en dehors et recouvrez-les d'une barde de lard. Mettez-les en broche et donnez-leur vingt à vingt-cinq minutes de cuisson, en les arrosant de temps en temps avec du beurre mélangé au jus de la lèchefrite. La cuisson terminée, débrochez, dressez dans un plat sur une *garniture de cresson* et servez en accompagnant du jus de la cuisson, à part, dans une saucière.

Dinde rôtie

Prenez une belle dinde; plumez, videz, flambez et bridez les pattes en dehors, salez à l'intérieur et embrochez; donnez une heure et demie de cuisson. La cuisson terminée, débrochez, dressez dans un plat sur une *garniture de cresson*. Servez en accompagnant du jus de la cuisson, à part, dans une saucière.

Dinde rôtie et truffée

Prenez une belle dinde; plumez, retirez les boyaux avec un petit crochet en fil de fer, sans faire d'incision. Fendez la peau du cou pour retirer la poche, le gésier et le foie par cette ouverture, puis opérez comme il est dit à la *Poularde ou Chapon rôti aux truffes*, mais en augmentant de deux tiers les truffes et le lard employés, et en donnant de deux heures à deux heures et demie de cuisson.

Oie rôtie

Prenez une jeune oie; plumez, videz, flambez, salez et poivrez l'intérieur et embrochez. Donnez une heure et demie de cuisson, en arrosant avec la graisse de la lèchefrite; salez. La cuisson terminée, débrochez, dressez l'oie dans un plat chaud et servez en accompagnant du jus de la cuisson bien dégraissé, à part, dans une saucière.

Canard rôti

Prenez un beau canard; plumez, videz, flambez et opérez comme il est dit à l'*Oie rôtie*, mais, en ne donnant qu'une demi-heure de cuisson. Servez de même.

Canetons rôtis, à la Rouennaise

Prenez de jeunes canetons, plumez, videz, réservez le foie et faites rôtir à la broche, en donnant vingt minutes de cuisson. Pendant la cuisson, pilez finement le foie que vous avez réservé; faites-en une farce avec du beurre, une pointe d'échalote hachée, sel, poivre et épices; mettez cette farce dans un plat de métal placé sur un réchaud à l'esprit-de-vin. La cuisson des canetons terminée, levez les filets et les filets mignons; posez-les sur la farce, puis à l'aide d'un presse-viande, extrayez le jus des carcasses, versez ce jus sur les filets, ajoutez un jus de citron, laissez chauffer pendant une ou deux minutes, puis servez. *Cette dernière opération se fait ordinairement sur table.*

Pigeons rôtis

Prenez plusieurs pigeons; plumez, videz, flambez, salez à l'intérieur, troussez les pattes en dehors; couvrez d'une barde de lard et mettez en broche pendant vingt minutes. La cuisson terminée, débrochez, dressez dans un plat sur une garniture de cresson et servez en accompagnant du jus de la cuisson, à part dans une saucière.

ROTIS DE POISSON

Tous les poissons se mangent rôtis au four ou grillés. C'est même ainsi, lorsqu'ils sont bien frais, qu'ils ont la saveur la plus fine. D'une manière générale, le poisson rôti doit être cuit à feu vif. Après l'avoir nettoyé, on le sèche dans des linges propres, puis on le frotte d'huile sur toute sa surface. On sale l'intérieur du ventre et on met la bête dans un plat au four ou sur le gril. Le temps de cuisson dépend de la grosseur de la bête. On peut compter, en moyenne, vingt minutes pour un poisson d'une livre. Après avoir retiré le poisson lorsqu'il est cuit, on le met sur un plat chaud, on le couvre d'un bon morceau de beurre qui fondra à la chaleur du rôti, on ajoutera un hachis de persil, on salera et, si l'on veut, on arrosera d'un peu de citron.

ŒUFS

ŒUFS

Œufs à la coque

Prenez des œufs absolument frais; plongez-les dans l'eau bouillante et laissez-les bouillir pendant deux minutes; retirez la casserole  sur le coin du fourneau, couvrez-la et laissez encore les œufs pendant deux minutes afin qu'ils fassent leur lait. Retirez, égouttez et servez sur un plat dans la serviette à œufs ou dans une coquetière, en les accompagnant d'un hors-d'œuvrier contenant du beurre très frais.

2ᵉ manière :

 Rangez les œufs dans une casserole ou dans une coquetière semblable au modèle ci-contre, couvrez-les d'eau froide, mettez la casserole sur un feu vif ; au premier bouillon retirez la casserole du feu, couvrez-la, au bout de deux minutes retirez les œufs et servez comme il est dit ci-dessus.

Cette méthode n'est pratique que pour cuire peu d'œufs à la fois.

3ᵉ manière :

Lorsque l'eau bout y plonger les œufs et retirer immédiatement la casserole du feu, la couvrir et laisser les œufs pendant cinq à six minutes selon la grosseur; cette dernière façon de cuire les œufs les conserve absolument moelleux.

Œufs durs

Plongez des œufs frais dans une casserole remplie d'eau bouillante et donnez-leur dix minutes d'ébullition, retirez-les, plongez-les vivement dans l'eau froide et débarrassez-les de leur coquille.

Si ces œufs doivent être employés froids pour garniture de salade, mayonnaise ,etc., il faut avoir soin de les laisser refroidir complètement avant de les dépouiller de leur coquille.

Œufs durs à l'oseille

Faites cuire les œufs et dépouillez-les de leur coquille comme il est dit ci-dessus; partagez chaque œuf en deux morceaux sur la longueur, dressez-les en couronne sur une purée d'oseille préparée pour garniture et servez.

Œufs durs à la maître d'hôtel

Préparez une *maître d'hôtel*, mettez-la fondre à feu doux dans un plat allant au feu; coupez dedans, par quartiers, des œufs durs que vous aurez eu soin de tenir chaudement; arrosez-les avec la maître-d'hôtel et servez dans le plat.

Œufs à la Béchamel

Faites cuire les œufs et débarrassez-les de leur coquille comme il est dit aux *Œufs durs* ; coupez-les en rouelles un peu épaisses, mettez-les dans une *Béchamel* réduite et faites-les chauffer sans les laisser bouillir; lorsqu'ils sont chauds, terminez la sauce avec un peu de beurre fin, versez le tout sur un plat chaud et servez.

Œufs durs à la gelée

Prenez un jarret de jambon, un pied de veau, salez, poivrez, mettez une carotte, un oignon, une branche d'estragon, mouillez d'eau. Laissez cuire à feu doux pendant quatre ou cinq heures. Passez dans un linge blanc. Saupoudrez ce jus d'une pincée d'estragon haché gros.

Mettez, dans des caisses, des œufs durs entiers, un par caisse ou des œufs mollets, c'est-à-dire des œufs pochés froids. Remplissez avec votre jus. Mettez à refroidir au frais et servez froid.

On peut, si on veut, ajouter une petite tranche de jambon d'York, sous l'œuf, ou encore une rondelle de truffe cuite au madère.

Œufs durs en mayonnaise

Dressez, dans un plat, des œufs durs coupés par la moitié dans le sens de la longueur et couvrez d'une sauce mayonnaise.

Œufs durs en salade

Prenez des œufs durs. Coupez-les par le milieu dans le sens de la longueur.

Réservez un jaune. Dressez, dans un saladier, avec sel, poivre.

Ecrasez le jaune réservé dans une cuiller, salez, poivrez, délayez-le avec le vinaigre, ajoutez de la moutarde blanche que vous délayez de même, en arrosant les œufs du saladier. Arrosez d'huile à salade. Ajoutez du persil et de l'estragon hachés. Remuez la salade en prenant garde à ne pas écraser les œufs.

On peut ajouter, selon les goûts, soit du piment coupé en morceaux ou bien des anchois en filets, ou des filets de harengs à l'huile, ou des rondelles de cervelas.

Il est bon de verser sur les œufs un peu de vin blanc avant de mettre l'assaisonnement.

Œufs farcis

Faites cuire six œufs et dépouillez-les de leur coquille comme il est dit aux *Œufs durs* ; coupez-les un peu au-dessus de la moitié sur la longueur pour en retirer les jaunes; mélangez ces jaunes avec une égale quantité de beurre, ajoutez un peu de mie de pain, un jaune d'œuf cru et du persil haché; assaisonnez de sel poivre; pilez le tout et passez au tamis; remplissez de cette farce les parties les plus grandes des blancs d'œufs; ajustez dessus les parties les plus petites de façon à rendre aux œufs leur première forme, rangez sur un plat à gratin foncé du restant de la farce, arrosez avec du beurre fondu, faites cuire à feu doux pendant un *quart d'heure* et servez dans le même plat.

Œufs farcis aux anchois

Préparez et opérez comme il est dit ci-dessus mais en supprimant le sel, et en pilant avec la farce trois anchois bien nettoyés. Servez de même.

Œufs farcis au gratin

Préparez et opérez comme il est dit aux *Œufs farcis,* mais en coupant les œufs juste à moitié. Avec une partie de la farce emplissez chaque moitié de blanc d'œuf; avec le reste, foncez un plat à gratin et rangez-y les œufs, les parties coupées en dessus, lissez-les avec une lame de couteau humectée; saupoudrez-les de mie de pain, arrosez-les de beurre fondu et cuisez-les au four ou avec feu dessous et dessus; lorsqu'ils ont pris une belle couleur, servez.

Œufs à la tripe

Émincez cinq ou six gros oignons passez-les au beurre dans une casserole à sauter; lorsqu'ils commencent à prendre une belle couleur blonde, saupoudrez-les d'une cuillerée de farine, puis mouillez-les avec de l'eau, assaisonnez de sel, poivre, et laissez cuire à petit feu jusqu'à ce que les oignons soient presque réduits en purée; ayez des œufs cuits comme il est dit à *Œufs durs,* coupez-les en rouelles d'un centimètre d'épaisseur, faites-les chauffer dans la sauce *sans laisser bouillir,* versez le tout sur un plat chaud et servez.

Œufs à l'aurore

Faites cuire les œufs et débarrassez-les de leur coquille comme il est dit aux *Œufs durs,* fendez-les en deux sur la longueur pour séparer les blancs des jaunes; réservez la moitié des jaunes, émincez les autres avec les blancs, mettez-les dans une *Béchamel* réduite et versez-les dans un plat allant au feu. Arrosez de beurre tiède les jaunes que vous avez réservés, pilez-les au-dessus du plat préparé afin de l'en masquer entièrement; passez au four pendant quelques minutes et servez lorsque les œufs sont légèrement dorés.

Œufs durs au gratin

Faites cuire six œufs durs. Coupez-les par la moitié dans le sens de la longueur. Mettez-les dans un plat long. Faites une sauce Béchamel; ajoutez-y du gruyère râpé. Versez cette sauce dans le plat sur vos œufs, saupoudrez de gruyère râpé et faites cuire au four. On peut, si on veut, ajouter des rondelles de truffes.

Œufs sur le plat

Faites fondre du beurre dans un plat allant au feu et de grandeur proportionnée au nombre d'œufs à cuire, cassez les œufs avec précaution et rangez-les dans un plat les uns à côté des autres, lorsque le beurre est chaud faites-y glisser doucement les œufs, saupoudrez-les de sel et de poivre, et faites-les cuire à petit feu pendant quatre ou cinq minutes en ayant soin de soulever deux ou trois fois les blancs avec une fourchette. Lorsqu'ils sont cuits, servez-les de suite. Les jaunes doivent rester mollets. On peut aussi faire cuire les œufs sur le plat avec feu dessus et dessous, ou les passer deux minutes au four.

Œufs aux saucisses

Faites fondre du beurre dans un plat allant au feu; faites-y jaunir autant de petites saucisses longues que vous avez d'œufs à servir; lorsqu'elles sont jaunes, rangez-les autour du plat; cassez les œufs au milieu, assaisonnez-les de poivre et de très peu de sel, laissez-les cuire pendant quatre à cinq minutes en prenant soin de soulever un peu les blancs avec la fourchette. Servez lorsque les blancs sont bien pris.

Œufs au petit lard (Bacon)

Opérez comme il est dit ci-dessus, mais en remplaçant les saucisses par de petites tranches de lard de poitrine ayant un demi-centimètre d'épaisseur et cinq à six centimètres de longueur.

Œufs au beurre noir

Cassez des œufs dans un plat, en ayant soin de ne pas crever les jaunes, assaisonnez-les de sel et de poivre. Faites fondre du beurre à la poêle, et aussitôt qu'il a pris couleur, versez-y les œufs avec précaution, afin qu'ils restent entiers; faites-les cuire à feu modéré pour qu'ils ne s'attachent pas à la poêle; lorsqu'ils sont cuits au même point que des œufs sur le plat, faites-les gliser sur un plat rond; met-

tez dans la poêle deux ou trois cuillerées de vinaigre, laissez réduire
de moitié, versez sur les œufs et servez.

Autre manière :

Faire cuire les œufs dans la poêle avec du beurre, les glisser sur
un plat chaud et les couvrir d'un beurre noir.

Œufs aux croûtons

Faites dorer dans un plat, au beurre, autant de tranches minces
de pain de mie que vous voulez faire d'œufs. Cassez un œuf sur chaque croûton et faites cuire avec feu dessus et dessous.

Œufs au gratin

Faites cuire des œufs au plat. Avant qu'ils soient à point, saupoudrez de gruyère râpé et faites terminer au four.

Œufs à la tomate

Faites cuire les œufs au plat et les servir recouverts d'une sauce
tomate.

Autre manière:

Coupez en largeur de belles tomates en deux. Enlevez les pépins.
Faites-les cuire à la poêle avec du beurre. Quand elles sont à point,
cassez des œufs frais que vous versez dessus et faites cuire comme
des œufs au plat. On peut terminer au four. Salez, poivrez, servez dans
la poêle.

Œufs pochés au jus

Emplissez d'eau un plat à sauter, jusqu'à un centimètre du bord,
ajoutez une pincée de sel, un filet de vinaigre ou mieux le jus d'un
citron et posez sur un bon feu; lorsque l'eau bout, retirez la casserole
sur le côté du feu afin que l'ébullition continue modérément. Cassez
six œufs l'un après l'autre en les tenant aussi près que possible de la
casserole pour qu'ils tombent doucement dans l'eau bouillante; laissez cuire pendant deux à trois minutes, le blanc doit alors être consistant et parfaitement envelopper le jaune de l'œuf; retirez-les avec
l'écumoire et mettez-les tremper dans de l'eau tiède pendant une
dizaine de minutes; retirez, égouttez et parez avec soin. Dressez-les
en couronne sur un plat chaud, arrosez-les avec quelques cuillerées
de bon jus de rôti, ou avec une demi-glace, et servez.

Œufs pochés à la Béchamel

Faites pocher des œufs, comme il est dit ci-dessus; puis dressez-
les en couronne sur un plat; masquez-les avec une sauce béchamel,
et servez chaud.

Œufs pochés, sauce matelote

Mettez du vin rouge dans une casserole avec sel, poivre, des oignons coupés en rouelles, une ou deux gousses d'ail et un bouquet garni; faites partir à feu vif et réduire de moitié; passez, remettez la sauce sur le feu et lorsqu'elle bout, faites-y pocher des œufs comme il est dit aux *Œufs pochés au jus* ; dressez les œufs sur un plat chaud, liez votre sauce avec du beurre fin manié de farine. Versez sur les œufs et servez.

Œufs pochés à la Soubise

Faire pocher les œufs, comme il est dit à *Œufs pochés au jus*, et les dresser sur une sauce Soubise un peu consistante.

On peut remplacer les oignons coupés en rouelles par de petits oignons préalablement jaunis au beurre; dans ce cas, on les dresse autour des œufs avant de couvrir ceux-ci avec la sauce.

Œufs pochés à la chicorée

Faites pocher, comme il est dit aux *Œufs pochés au jus*. Dressez les œufs en couronne dans un plat, sur une *garniture de chicorée* au jus et servez.

Œufs pochés, à l'oseille

Faites pocher des œufs, comme il est dit aux *Œufs pochés au jus*; dressez-les en couronne dans un plat, sur une purée d'oseille préparée pour garniture et servez.

Œufs pochés à la purée de marrons

Faites pocher des œufs, comme il est dit aux *Œufs pochés au jus*, et servez-les sur une purée de marrons préparée pour garniture.

Œufs frits

On ne doit faire frire qu'un œuf à la fois.

Faites fondre dans une petite poêle du beurre en quantité suffisante pour qu'un œuf y baigne; lorsque le beurre est chaud, inclinez la poêle du côté de la queue, cassez un œuf dedans, avec précaution afin de ne pas faire crever le jaune, assaisonnez vivement avec un peu de sel et de poivre fins, roulez le blanc sur le jaune avec une cuiller, retournez l'œuf; lorsque le blanc est légèrement doré de tous côtés, égouttez, tenez au chaud, et continuez ainsi avec le nombre d'œufs que vous avez à cuire.

Ainsi préparés, les œufs servent à garnir les poulets sautés, les poules à la Marengo, les matelotes, etc.

Les œufs se font également frire avec de l'huile fine ou avec du saindoux.

Œufs frits sauce tomate

Faites frire des œufs, comme il est dit ci-dessus; dressez-les en couronne dans un plat chaud, sur une sauce tomate bien réduite et servez.

1 — Vanneaux.
2 — Bécassine.
3 — Faisans dorés
4 — Cailles.
5 — Canard sauvage.
6 — Perdrix grise.

Œufs frits, sauce poivrade, sauce italienne, sauce à la Périgueux ,etc.

Faites frire des œufs, comme il est dit aux *Œufs frits*, dressez-les en couronne sur un plat, versez au milieu quelques cuillerées de sauce poivrade bien réduite, ou une sauce italienne, une sauce à la Périgueux, etc. Dressez chaque œuf sur un croûton de pain frit au beurre.

Œufs brouillés, aux croûtons

Cassez six œufs dans une casserole. Ajoutez 75 grammes de beurre frais coupé en petits morceaux, deux ou trois cuillerées de lait bouilli, du sel, du poivre; puis mettez la casserole sur un feu modéré, sans cesser de tourner le mélange avec une cuiller de bois, ou avec le fouet à œufs; aussitôt que les œufs commencent à prendre, retirez-les du feu, en les remuant toujours jusqu'à ce qu'ils soient un peu épaissis, sans cependant qu'ils cessent d'être moelleux; dressez sur un plat rond, et servez-les bien chauds avec une garniture de croûtons frits au beurre.

Il est plus sûr de mettre la casserole contenant les œufs brouillés à cuire dans un bain-marie. Il faut tourner le mélange tout le temps de la cuisson.

Œufs brouillés, au fromage

Préparez et opérez comme il est dit ci-dessus, mais en ne mettant que très peu de sel, et en mélangeant aux œufs, en commençant la cuisson, 75 grammes de fromage de Parmesan ou de Gruyère râpé. Servez de même que ci-dessus.

Œufs brouillés, aux pointes d'asperges, aux petits pois, aux choux-fleurs, etc.

Préparez et opérez, comme il est dit aux *Œufs brouillés aux croûtons*, mais en y mélangeant deux ou trois cuillerées de pointes d'asperges, de petits pois ou de choux-fleurs émincés, préalablement cuits à l'eau et sautés au beurre. Servez en entourant le plat de croûtons frits au beurre.

Œufs brouillés aux champignons

Préparez et opérez, comme il est dit aux *Œufs brouillés aux croûtons*, mais en y mélangeant deux ou trois cuillerées de champignons émincés, préalablement blanchis et sautés au beurre. Servez en entourant le plat de croûtons frits au beurre.

Œufs brouillés aux morilles

Préparez et opérez comme il est dit ci-dessus, en remplaçant les champignons par des morilles. Servez de même.

Œufs brouillés aux fines herbes

Hacher fin et passer au beurre de la civette, du cerfeuil et du persil et les ajouter aux œufs avant la cuisson; terminer et servir comme il est dit aux *Œufs brouillés aux croûtons.*

Œufs brouillés à l'estragon

Hacher fin deux ou trois pincées de feuilles d'estragon, les mélanger aux œufs avant la cuisson; terminer et servir comme il est dit aux *Œufs brouillés aux croûtons.*

Œufs brouillés au jus

Opérez comme il est dit aux *Œufs brouillés aux croûtons*, mais en remplaçant le lait par deux cuillerées de bon jus. Servez de même.

Œufs brouillés au jambon

Opérez comme il est dit aux *Œufs brouillés aux croûtons*, mais en mélangeant aux œufs deux cuillerées de jambon préalablement cuit à l'eau et coupé en petits dés. Servez de même.

Œufs brouillés aux truffes

Faites cuire une belle truffe dans du vin blanc, coupez-la en petits dés ou en lames très fines, mélangez-la aux œufs et opérez comme il est dit aux *Œufs brouillés aux croûtons.* Servez de même.

Omelette au naturel

Cassez des œufs dans une terrine, ajoutez du sel et du poivre, quelques *gouttes* d'eau et un peu de beurre coupé en petits morceaux, battez avec une fourchette pendant une minute seulement; prenez *une poêle ne servant jamais à un autre usage qu'à la confection des omelettes*, placez-la sur un feu vif, faites-y chauffer, sans le laisser roussir, un morceau de beurre proportionné au nombre d'œufs que vous employez, c'est-à-dire environ 15 grammes par œuf; lorsque le beurre est chaud, versez vivement les œufs battus dans la poêle, agitez-les avec la fourchette pour les faire cuire bien également; lorsqu'ils commencent à prendre, remuez et tournez la poêle en la tenant un peu au-dessus du feu pour colorer l'omelette; lorsque les œufs sont suffisamment pris, repliez-les en deux, en forme de chausson, renversez sur un plat ovale et servez.

Si on veut rendre une omelette plus légère et aussi plus volumineuse, sans employer plus d'œufs, il faut séparer la moitié des blancs, les battre à part, et, lorsqu'ils sont bien mousseux, les mélanger aux œufs préparés avant de les verser dans la poêle.

On ne doit jamais employer plus de douze œufs à la confection d'une omelette, et la poêle ne doit servir à aucun autre usage; il est

*bon aussi de l'essuyer avec soin et de ne jamais la laver, on évitera
ainsi de faire brûler l'omelette.*

Omelette aux fines herbes

Préparez et opérez comme il est dit ci-dessus, mais en ajoutant
aux œufs, avant de les battre, persil et civette hachés fins.

Omelette aux ciboules

Passer au beurre pendant quelques minutes des ciboules finement
ciselées, les ajouter aux œufs battus et finir comme il est dit à *Omelette au naturel.*

Omelette au cerfeuil

Couper fin une bonne quantité de cerfeuil, le mêler aux œufs
battus et terminer comme il est dit à *Omelette au naturel.*

Omelette à l'estragon

Opérer comme il est dit ci-dessus, en remplaçant le cerfeuil par
des feuilles d'estragon.

Omelette aux croûtons

Préparez et opérez comme il est dit à l'*Omelette au naturel*, mais
en versant les œufs dans la poêle, mettez-y en même temps une vingtaine de petits morceaux de mie de pain coupés en dés et préalablement jaunis au beurre.

Omelette au lard

Pour une omelette de douze œufs, coupez en gros dés 150 à 250
grammes de lard de poitrine, plutôt maigre que gras, blanchissez-le
pendant une ou deux minutes à l'eau bouillante, égouttez et épongez
avec soin dans un linge propre; mettez-le dans la poêle, avec du
beurre, et faites-le revenir jusqu'à ce qu'il ait pris une belle couleur
blonde, mélangez alors les œufs et terminez comme il est dit à omelette au naturel.

Avoir soin de ne mettre que très peu de sel en battant les œufs.

En prenant soin de faire blanchir le lard, vous évitez que le sel
s'attache à la poêle, ce qui nuirait à la bonne réussite de l'omelette
et pourrait la faire brûler.

Omelette au jambon

Préparez et opérez comme il est dit ci-dessus, mais versez les
œufs dans la poêle aussitôt que le jambon a chauffé dans le beurre,
sans lui donner le temps de prendre couleur. Terminez et versez de
même.

Omelette au rognon

Faites fondre du beurre dans la poêle, ajoutez-y du rognon de
veau rôti et une très petite partie de la graisse qui lui servait d'enveloppe, le tout coupé en petits dés ou en lames fines. Lorsque le
rognon est simplement chaud, versez dans la poêle les œufs préparés comme il est indiqué à l'*Omelette au naturel*; puis opérez et servez ainsi qu'il est dit à cet article.

Autre manière :

Prenez un rognon de veau cru, débarrassez-le de sa graisse et
coupez-le en petites tranches minces que vous faites sauter dans du
beurre à feu vif; égouttez-le et mettez à part. Faites une omelette
comme il est dit à l'*Omelette aux fines herbes*; avant de la plier, étendez au milieu le ragoût de rognon préparé, pliez l'omelette, renversez-la sur un plat et servez.

Omelette aux pointes d'asperges

Préparez et opérez comme il est dit à l'*Omelette au naturel*, mais
ajoutez aux œufs, avant de les battre, deux ou trois cuillerées de pointes d'asperges cuites au beurre pendant vingt minutes sans laisser
prendre couleur. Avant de plier l'omelette, étendez au milieu des
pointes d'asperges, préparées comme on vient de dire.

Omelette à la jardinière

Préparez et opérez comme il est dit à l'*Omelette au naturel*; avant
de plier l'omelette, étendez au milieu une *garniture Jardinière* cuite
au beurre, pliez l'omelette comme il est dit, renversez sur le plat et
servez.

Omelette aux pommes de terre

Epluchez quatre ou cinq pommes de terre moyennes, coupez-les
en tranches rondes et minces, puis faites-les cuire à la poêle avec du
beurre, assaisonnez-les de sel et de poivre et, lorsqu'elles sont de
belle couleur jaune, versez les œufs préparés dans la poêle, comme
il est dit à l'*Omelette au naturel*, et terminez de même.

Omelette aux truffes

Préparez et operez comme il est dit à l'*Omelette au naturel*;
avant de plier l'omelette, étendez au milieu un petit ragoût de truffes
émincées, cuites au vin de Madère; repliez l'omelette, renversez-la
sur un plat ovale et servez.

Omelette aux champignons

Se fait comme l'omelette aux pointes d'asperges, en remplaçant
celles-ci par des champignons préalablement épluchés, coupés, mis

à tremper dix minutes dans l'eau vinaigrée, puis égouttés et bien secs. Faites cuire dans une poêle avec du beurre et versez les champignons dans les œufs battus

Omelette aux morilles

Préparez comme il est dit ci-dessus, mais en remplaçant le ragoût de champignons par un ragoût de morilles.

Omelette aux câpres

Mélangez aux œufs battus deux ou trois cuillerées de beaux câpres et opérez comme il est dit à l'*Omelette au naturel*.

Omelette aux épinards

Préparez et opérez comme il est dit à l'*Omelette au naturel*. Avant de plier l'omelette, étendez au milieu deux ou trois cuillerées d'épinards préparés pour garniture, roulez-la en forme de chausson, renversez-la sur un plat ovale et servez.

Omelette à l'oseille

Coupez fin une poignée d'oseille. Faites cuire dans une poêle avec du beurre. Ajoutez cette garniture dans les œufs battus comme pour l'omelette au naturel et faites cuire.

Omelette à la sauce tomate

Préparez et opérez comme il est dit à l'*Omelette au naturel*. Avant de plier l'omelette, étendez au milieu deux ou trois cuillerées de sauce tomate bien réduite, roulez-la en forme de chausson, renversez-la sur un plat ovale et servez, arrosée de sauce tomate.

Autre manière :

Supprimez la peau et les graines de deux ou trois belles tomates, coupez-les en gros dés et faites-les sauter à feu vif dans du beurre ou de bonne huile, mélangez-les aux œufs battus et confectionnez une omelette.

Omelette aux laitances

Lavez deux laitances de carpes, faites-les blanchir pendant quelques minutes dans de l'eau bouillante un peu salée, égouttez-les, hachez-les finement avec une échalote et mettez-les dans la poêle avec du beurre; lorsque le beurre est fondu, versez les œufs préparés, comme il est dit à l'*Omelette au naturel*, et terminez l'omelette ainsi qu'il est dit à cet article.

Observation. — A défaut de laitances de carpes, on peut employer des laitances de maquereaux ou de harengs frais.

Omelette au thon

Hachez fin un peu de thon mariné, une échalote et une pointe d'ail, mettez-les dans la poêle avec du beurre et, lorsque le beurre sera fondu, versez dans la poêle des œufs préparés, comme il est dit à l'*Omelette au naturel*. Opérez et servez comme il est dit à cet article.

Omelette au fromage

Préparez comme il est dit à l'*Omelette au naturel*; ne mettez que très peu de sel et, en battant les œufs, ajoutez du parmesan ou du gruyère râpé; opérez et servez de même.

Omelette à l'oignon

Emincez et coupez en dés un gros oignon, faites-le jaunir dans la poêle avec du beurre et, lorsqu'il est de belle couleur blonde, mélangez-y des œufs préparés, comme il est dit à l'*Omelette au naturel*. Opérez et servez de même.

Omelette aux écrevisses

Epluchez des écrevisses cuites au court-bouillon, coupez en dés, mélangez-les à des œufs préparés comme il est dit à l'*Omelette au naturel*, puis faites ainsi qu'il est indiqué; repliez l'omelette, renversez-la sur le plat et servez. On peut, si l'on veut, couvrir d'une sauce tomate.

Omelette aux crevettes

Epluchez des crevettes et faites comme à l'*Omelette aux écrevisses*.

Omelette aux huîtres

Après avoir fait blanchir des huîtres, coupez-les en filets, mélangez-les à des œufs, et faites l'omelette comme il est dit à l'*Omelette au naturel*.

Omelette aux moules

Faites ouvrir des moules, coupez-les en filets, mélangez-les à des œufs et faites l'omelette comme il est dit à l'*Omelette au naturel*.
Pour les omelettes sucrées ou soufflées, voir aux entremets.

FARINAGES

FARINAGES

Riz

Le riz s'emploie pour potages gras ou maigres, pour garnitures entremets ou entremets sucrés. Quel que soit l'usage auquel on le destine, il faut tout d'abord le bien laver plusieurs fois à l'eau froide en le frottant dans les mains jusqu'à ce qu'il soit parfaitement propre; on l'égoutte, puis on le fait cuire *ou crever* à feu doux dans de l'eau, du bouillon ou du lait, en ne le mouillant que petit à petit avec un de ces liquides; il faut éviter de remuer le riz pendant la cuisson, afin que le grain reste bien entier: ce résultat s'obtient aussi en ayant soin de ne mouiller le riz qu'après l'avoir fait cuire pendant quelques minutes à feu doux, dans du beurre ou de la graisse, selon le genre de plat que l'on a à préparer.

Riz au beurre

Faites jaunir dans du beurre un oignon coupé très fin; lorsqu'il commence à prendre une belle couleur blonde, ajoutez du riz bien lavé et mouillez d'eau un peu plus qu'à hauteur, laissez cuire doucement et sans remuer; ajoutez de l'eau chaude à mesure qu'elle tarit; assaisonnez de sel, poivre, muscade et bouquet garni : lorsque le riz est cuit, retirez le bouquet, incorporez au riz un morceau de beurre frais, renversez-le sur un plat chaud et servez.

Riz au gras

Faites jaunir dans du beurre des tranches de lard de poitrine et de petites saucisses longues; retirez et tenez au chaud; mélangez du riz bien lavé au beurre resté dans la casserole, faites cuire comme il est dit ci-dessus en remplaçant l'eau par du bouillon. La cuisson terminée, supprimez le bouquet, versez le riz dans un plat chaud, garnissez avec les saucisses et les tranches de lard et servez.

Se fait également sans lard ni saucisses, simplement passé au beurre et assaisonné avec du bouillon de poule.

Riz au gratin

Faites chauffer un litre de bouillon dans une casserole; lorsqu'il bout, mélangez-y 250 grammes de riz bien lavé et faites-le cuire en ayant soin d'éviter que les grains s'écrasent. La cuisson terminée, mélangez-y du beurre frais, du gruyère et du parmesan râpé et terminez comme il est dit au *Macaroni au gratin*.

Riz à l'Indienne

Faites cuire le riz à l'eau en ayant bien soin d'éviter que les grains s'écrasent, le faire sécher à la bouche du four et le servir accompagné d'une sauce au kari.

Riz aux tomates

Préparez et opérez comme il est dit au *Riz au beurre*; la cuisson terminée, retirez le bouquet, et mélangez au riz quelques cuillerées de purée de tomates et un morceau de beurre fin, un peu de poivre rouge, renversez-le sur plat et servez.

On peut aussi remplacer l'eau par du bouillon.

Subrics de riz

Lavez et faites blanchir du riz, égouttez-le, puis faites-le cuire à petit feu dans du lait; la cuisson terminée, il doit être un peu consistant. Lorsqu'il est à peu près refroidi, mélangez-y quelques jaunes d'œufs crus, un morceau de beurre fin et du gruyère râpé; avec ce mélange, formez de petites galettes que vous faites jaunir dans du beurre; lorsqu'elles ont pris une belle couleur de tous côtés, égouttez-les, puis dressez-les en couronne sur un plat chaud et servez.

Riz à la Milanaise (Rizotto)

Faites dorer dans une poêle, avec un bon morceau de beurre, du beau riz caroline, sans le laver. Versez-le dans une casserole. Mouillez à peine avec du bouillon de poulet chaud, couvrez et laissez cuire doucement sans remuer. Il faut que chaque grain se détache. A part, passez dans le beurre une demi-livre de champignons coupés en morceaux. Quand ils sont revenus, ajoutez-les au riz dans la casserole avec un petit bouquet garni, vingt minutes avant de servir et laissez cuire ensemble doucement, après avoir salé et poivré. Au moment de servir, ajoutez une sauce tomate épaisse, du gruyère râpé, du jambon d'York coupé en dés, un peu de piments rouges en morceaux ou du poivre rouge et servez.

Riz à la roumaine

Faites cuire le riz comme il est dit au *Riz à l'indienne*, mais au lieu d'ajouter une sauce kari, laissez refroidir et assaisonnez-le à l'huile et au vinaigre.

Macaroni à l'Italienne

Ayez de bon macaroni de couleur jaune, transparent et dont la pâte, grenue sous le doigt, soit lisse et serrée en la cassant; plongez-le dans l'eau bouillante salée, laissez cuire à petit feu pendant environ vingt minutes; lorsqu'il est cuit, égouttez-le avec soin; assaisonnez avec poivre et, pour 25 grammes de macaroni, incorporez-y, en le sautant, 50 grammes de beurre fin et 125 grammes de fromage râpé, gruyère et parmesan par parties égales; lorsque le fromage est bien mélangé et bien fondu, renversez sur un plat et servez.

Macaroni au gratin

Préparez et opérez comme il est dit au *Macaroni à l'Italienne;* lorsque le fromage est fondu, beurrez légèrement un plat à gratin, versez-y le macaroni, saupoudrez-le de fromage râpé et d'un peu de chapelure; arrosez avec du beurre fondu et mettez au four, ou placez le plat sur de la cendre chaude et couvrez-le du four de campagne avec feu vif; lorsque le macaroni a pris une belle couleur, servez.

On peut très bien ne pas mettre de chapelure.

Macaroni aux tomates

Préparez et opérez comme il est dit au *Macaroni à l'Italienne;* lorsque le fromage est bien fondu, mélangez quelques cuillerées de purée de tomates et servez.

Macaroni aux truffes

Préparez et opérez comme il est dit au *Macaroni à l'Italienne;* lorsque le fromage est fondu, mélangez au macaroni quelques truffes cuites et coupées en lames minces, et deux ou trois cuillerées de crème, puis servez.

Nouilles

Préparez une pâte à nouilles en procédant comme suit: tamisez de la farine sur la table, rassemblez-la, puis faites au milieu un trou, dans lequel vous cassez six œufs par 500 grammes de farine employée; ajoutez une pincée de sel et deux cuillerées d'eau; mélangez bien le tout pour en former une pâte lisse; laissez-la reposer pendant deux heures, puis divisez-la en quatre morceaux; saupoudrez-les avec un peu de farine afin d'éviter qu'ils s'attachent à la table et, à l'aide du rouleau, abaissez-les à deux ou trois millimètres d'épaisseur; puis divisez chaque morceau en filets très minces, rangez-les sur une serviette et laissez-les sécher dans un endroit un peu chaud; plongez-les à l'eau bouillante peu salée, donnez quelques minutes de forte ébullition et égouttez avec soin. Les nouilles s'apprêtent ensuite soit à l'Italienne, au gratin, aux tomates, aux truffes, etc., comme il est dit aux différentes manières d'apprêter le macaroni. Cependant, il est préférable de mettre dans un légumier, un bon morceau de beurre, poivre, sel et gruyère râpé. Quand les nouilles sont cuites, retirez-les de l'eau bouillante, égouttez-les dans une passoire. Versez-les dans le légumier, remuez avec une cuiller de bois jusqu'à ce que le fromage file et servez chaud.

On apprête de même différentes pâtes italiennes telles que les lazagnes, les tagliatelli, les tagliatti, etc.

Nouilles à l'Alsacienne

Préparez 250 grammes de nouilles et faites-les cuire comme il est dit ci-dessus; lorsqu'elles sont bien égouttées, coupez 125 grammes de jambon maigre en petits dés et passez-le au beurre pendant quelques minutes sans laisser prendre couleur, ajoutez les nouilles, 100 grammes de fromage râpé, gruyère et parmesan par parties égales, assaisonnez de poivre et muscade, mélangez bien le tout en ayant soin de tenir la casserole sur le coin du fourneau; lorsque le fromage est bien fondu, renversez sur un plat et servez.

Noques au fromage. (Gnocchi)

Préparez une pâte à chou, en remplaçant le lait par de l'eau salée et du gruyère et le sucre par une pincée de poivre, une pointe de muscade râpée. Lorsque la pâte est finie et bien lisse, faites-en de petites quenelles, faites-les pocher à l'eau bouillante légèrement salée; lorsqu'elles sont fermes, égouttez-les, mélangez-les à une bonne Béchamel additionnée de parmesan râpé; versez-les dans une casserole à légumes, saupoudrez-les de gruyère râpé et mettez au four pendant quelques minutes; lorsque les noques ont pris une belle couleur, servez.

Knepfels à l'Alsacienne

Préparez une pâte de la manière suivante: Mettez dans une terrine une pincée de sel, un verre de lait, un verre d'eau, une livre et demie de farine de froment, remuez en pâte sans grumeaux. Ajoutez quatre œufs entiers; battez encore pour obtenir une pâte homogène et molle. Ayez sur le feu *deux* marmites d'eau salée bouillante. Prenez une cuiller de fer, trempez-la dans l'eau bouillante. Soulevez votre terrine, pour que la pâte vienne au bord. Avec la cuiller, coupez de petits morceaux de pâte gros comme une noisette; trempez la cuiller dans l'eau bouillante chaque fois et faites tomber la pâte dans la marmite d'eau bouillante Quand les boules de pâte commencent à être plus fermes, retirez-les avec une écumoire et mettez-les dans la deuxième marmite. Au fur et à mesure de la cuisson, retirez les Knepfels avec l'écumoire, égouttez-les bien et mettez-les dans un plat à la bouche du four.

Au moment de servir, arrosez-les de beurre fondu sans couleur. Faites frire au beurre de la mie de pain rassis bien émiettée, en la roulant dans un torchon, saupoudrez-en les Knepfel et servez, après avoir salé et poivré.

On peut préparer ce plat en ajoutant dans la pâte, avant de la faire cuire, des fragments de foie de bœuf ou de veau cuit à l'eau, au préalable et haché.

Soufflé au fromage

Pour 4 œufs, prenez 40 grammes de farine, 100 grammes de beurre, 200 grammes de gruyère râpé ou gruyère et parmesan mélangés, selon le goût, et ½ verre de lait.

Faites fondre le beurre à feu doux en y mélangeant la farine, puis le lait et enfin le fromage, mais en tournant toujours, afin d'obtenir une pâte bien lisse; mettez peu de sel, une petite pincée de poivre; ce mélange fait, ajoutez les jaunes d'œufs, mais un à un, en amalgamant bien chacun d'eux avant d'en ajouter un autre, puis laissez refroidir

Un quart d'heure avant de servir, battez les blancs d'œufs en neige bien serrée, mélangez-les à l'appareil préparé, versez le tout dans une casserole à soufflés et cuisez à four chaud pendant vingt-cinq minutes. Servez aussitôt le soufflé bien monté.

Fondue au fromage

Opérez comme il est dit à *Œufs brouillés au fromage*, mais en ajoutant au fromage râpé une même quantité de fromage coupé en très petits dés.

Tourtiaux (crêpes morvandelles)

Préparez une pâte comme suit:

Mettez dans une terrine un verre d'eau et un verre de lait, du sel, un verre à liqueur de rhum ou d'eau-de-vie, une livre de farine, trois œufs entiers. Mélangez le tout avec soin et laissez reposer deux heures.

Mettez dans une poêle de l'huile ou de la bonne graisse de porc ou d'oie. Prenez une louche à potage de pâte. Versez dans la poêle chaude faites-en une crêpe épaisse comme la moitié du petit doigt. Retournez-la. Quand elle est bien dorée, mettez sur un plat chaud. Faites ainsi plusieurs crêpes, qui se mangent ainsi, au naturel, avec du sel. C'est une excellente garniture pour accompagner le bœuf braisé ou le veau à la casserole.

LÉGUMES & SALADES

1 — Cornichons - 1 bis · Concombre blanc.
2 — Haricots verts.
3 — Petits pois.
4 — Haricots Soissons
5 — Asperges d'Argenteuil.
6 — Chou-fleur
7 — Endives.
8 — Salsifis blancs
9 — Melon Nantais
10 — Piments du Chili.
11 — Artichaut.
12 — Oignons de Nice.
13 — Aubergines.
14 — Navets rouges
15 — Radis roses bout blanc
16 — Chou navet.
17 — Carottes longues
18 — Betteraves rouges (de Covent Gardens)

LÉGUMES

Asperges

Prenez des asperges bien blanches à têtes violettes, coupez-les d'égale longueur, ratissez chaque asperge avec un couteau d'office et jetez-les à mesure dans une grande terrine d'eau froide, lavez-les avec soin, puis liez-les par bottillons de dix ou de douze, selon leur grosseur; plongez-les dans l'eau bouillante légèrement salée, et maintenez l'ébullition pendant dix à douze minutes sur un feu vif. Les asperges sont cuites lorsqu'elles fléchissent sous la pression du doigt; égouttez-les alors sur un linge, détachez-les et dressez-les en pyramide sur un plat ovale.

Les asperges doivent être cuites à très grande eau, dans une casserole spéciale dite boîte à asperges; si on n'emploie pas cette casserole, pour éviter que les têtes d'asperges cassent en cuisant, on peut mettre les bottillons debout, les têtes hors de l'eau, cette partie de l'asperge étant plus tendre que le reste, l'eau qui la recouvre en bouillant suffit pour la cuire à point.

Asperges à la sauce blanche

Préparez et opérez comme il est dit ci-dessus; servez en accompagnant d'une sauce blanche, à part, dans une saucière.

Asperges sauce au beurre

Préparez et opérez comme il est dit à *Asperges;* servez en accompagnant d'une sauce au beurre, à part, dans une saucière.

Asperges à la Hollandaise

Préparez et opérez comme il est dit à *Asperges.* Servez en accompagnant d'une sauce hollandaise, à part, dans une saucière.

Asperges à la Béchamel

Préparez et opérez comme il est dit à *Asperges.* Servez avec une sauce Béchamel, à part, dans une saucière.

Asperges à la Pompadour

Cassez la partie tendre de belles asperges, les attacher par petits bottillons et les faire cuire dans du bouillon de volaille; cuites, les égoutter et les tenir au chaud. Faire réduire une partie de la cuisson, la lier avec des jaunes d'œufs et du beurre frais, terminer par un jus de citron et verser cette sauce sur les asperges.

Asperges au gras

Cassez toute la partie tendre des asperges, lavez et faites blanchir à l'eau bouillante et salée; tenez-les un peu fermes; retirez, égouttez, faites mijoter pendant quelques minutes dans un bon jus de rôti, jus de veau de préférence; lorsque les asperges sont bien cuites, liez-les avec un bon morceau de beurre manié de farine, et servez très chaud.

Asperges au fromage

Préparez et opérez comme il est dit à *Asperges;* lorsqu'elles sont bien égouttées, coupez en petits morceaux les parties tendres; râpez du fromage, gruyère et parmesan par parties égales, assaisonnez-le de poivre. Beurrez un plat à gratin, placez-y une couche d'asperges, puis une couche de fromage, et continuez ainsi jusqu'à ce que le plat soit rempli, mais en terminant par une couche de fromage; arrosez avec du beurre fondu et faites prendre couleur au four du fourneau ou avec feu dessus et dessous. Servez dans le même plat.

Asperges à l'huile

Préparez et opérez comme il est dit à *Asperges;* laissez-les refroidir et servez-les en accompagnant d'un huilier ou d'une sauce préparée comme suit:

Pilez et passez deux ou trois jaunes d'œufs durs; mélangez-les à deux jaunes d'œufs crus et deux cuillerées de bonne moutarde. Ajoutez de l'huile peu à peu et en tournant toujours de façon à ce que la sauce soit bien liée. Assaisonnez avec sel, poivre et deux cuillerées de vinaigre.

Asperges conservées

Les égoutter de leur eau et les ranger dans une casserole plate, les couvrir d'eau bouillante légèrement salée et les tenir ainsi à casserole couverte et sans bouillir pendant 8 à 10 minutes; les dresser ensuite et les servir d'une des façons indiquées aux asperges.

Asperges à la Cardinal

Voici une excellente préparation, facile mais demandant beaucoup de soin et de surveillance. Prenez de grosses asperges, nettoyez-les bien, ne prenez que la partie tendre. Lavez-les, essuyez-les une à une. Prenez un plat long. Enduisez-le de beurre. Rangez les asperges; couvrez le lit de beurre et de gruyère râpé. Remettez une autre couche d'asperges, puis encore beurre et fromage, salez, poivrez, etc. Faites une sauce tomate bien réduite. Arrosez le plat avec la sauce tomate, qu'il soit bien couvert.

Mettez au four assez chaud. Laissez cuire deux heures en arrosant souvent avec le jus de cuisson. Il ne faut pas que le plat prenne couleur. Au moment de servir, saupoudrez encore de gruyère râpé et servez chaud.

Pointes d'asperges en petits pois

Cassez en petits morceaux d'un centimètre à peu près toutes les parties tendres des asperges vertes, faites blanchir pendant quelques minutes seulement à l'eau bouillante et salée, égouttez-les et faites-les cuire comme il est dit à *Petits pois à la Française* ou *Petits pois à la bonne femme.*

Asperges en purée

Préparez et faites blanchir à l'eau salée les parties tendres des asperges cassées en petits morceaux, égouttez-les, mettez-les dans une casserole avec un peu de bon beurre, faites-les revenir à feu doux pendant quelques minutes, puis mélangez-les à une sauce *Béchamel* et finissez la cuisson à feu doux; lorsque ce mélange a acquis la consistance d'une purée, passez à l'étamine, remettez la purée sur le feu pour y faire fondre un morceau de bon beurre, mais *sans laisser bouillir;* servez avec une *garniture de croûtons frits au beurre.*

Artichauts au naturel

Evitez d'employer l'artichaut rond ou artichaut de Bretagne; prenez de préférence celui à feuilles longues et écartées, dit artichaut de Laon; choisissez-le bien vert, à feuilles épaisses et dont le piquant soit peu prononcé; parez le fond en retirant les parties filandreuses, retranchez les deux premières rangées de feuilles et, avec des ciseaux, coupez les autres de deux centimètres à peu près.

Plongez les artichauts à l'eau bouillante, salée et vinaigrée, couvrez la casserole et laissez cuire pendant 40 à 45 minutes; assurez-vous de la cuisson en piquant le fond avec l'aiguille à brider, qui entre sans résistance si l'artichaut est cuit; retirez, égouttez en tenant les artichauts les feuilles en bas; lorsqu'ils sont bien égouttés, soulevez les feuilles du cœur afin de retirer le foin qui se trouve en dessous, replacez le cœur, dressez les artichauts et envoyez-les soit avec une sauce blanche, une sauce au beurre, une sauce hollandaise, une sauce à la crème ou une sauce tomate, à part dans une saucière.

Autre manière :

Parer les artichauts comme il est dit ci-dessus et les placer les feuilles en bas dans une casserole où ils soient assez serrés; verser de l'eau bouillante dessus, seulement au tiers de la hauteur; saler et couvrir d'un linge, puis d'un couvercle fermant hermétiquement; laissez bouillir et s'assurer de la cuisson, en piquant le fond de l'artichaut avec une aiguille à brider; les égoutter et les servir comme il est dit ci-dessus.

Artichauts cuits à l'huile

Préparez et faites cuire comme il est dit ci-dessus; égouttez, laissez refroidir, retirez foin, dressez les artichauts sur un plat et envoyez-les accompagnés d'un huilier ou d'une sauce préparée comme il est dit à *Asperges à l'huile;* ajoutez-y un peu de civette coupée très fin.

Artichauts à la barigoule

Prenez des artichauts moyens et bien tendres, parez-les comme il est dit à *Artichauts* au naturel; faites-les blanchir à l'eau bouillante et salée pendant dix ou quinze minutes; égouttez-les pour en ôter le foin à l'aide d'une cuiller.

Faites une farce fine avec lard râpé, mie de pain, champignons blanchis, un petit oignon une échalote, persil, civette, sel et poivre. Lorsque le tout est bien fin et bien amalgamé, mettez la farce dans une casserole avec un peu de beurre; laissez-la cuire à feu doux pendant quelques minutes, puis laissez-la refroidir et garnissez-en l'intérieur des artichauts; posez sur la farce une petite barde de lard, ficelez les artichauts; placez-les dans une sauteuse foncée de bardes de lard, d'oignons coupés en tranches, ajoutez un bouquet garni, mouillez avec un peu de vin blanc, posez sur feu vif pour laisser prendre couleur et, lorsque le mouillement est réduit, ajoutez un demi-verre d'eau, posez la casserole sur feu très doux, couvrez du four de campagne avec feu vif de façon à faire rissoler les feuilles; la cuisson terminée, retirez les artichauts, déficelez-les et dressez-les sur un plat chaud; dégraissez la cuisson, passez-la sur les artichauts en évitant d'en laisser tomber sur les feuilles.

Artichauts sautés à la Provençale

Prenez des artichauts bien tendres, coupez les feuilles un peu court ; enlevez les parties dures et filandreuses du fond, puis coupez-les en huit et supprimez le foin ; faites chauffer de l'huile dans une sauteuse, rangez-y les artichauts, les fonds en dessous, salez et poivrez; couvrez, laissez cuire à feu doux environ une heure et demie. Au moment de servir, couvrez d'un hachis fin de persil et d'ail.

Artichauts à l'Espagnole

Préparez les artichauts et faites-les cuire comme il est dit ci-dessus; mouillez-les avec un jus de viande et achevez de cuire à feu doux, puis dressez les artichauts autour du plat, versez la cuisson au milieu.

Artichauts à l'Italienne

Préparez les artichauts et faites-les cuire comme il est dit aux *Artichauts sautés à la Provençale;* la cuisson terminée, dressez les artichauts sur un plat, mélangez au jus une ou deux cuillerées de sauce tomate, un peu de persil et d'ail hachés fins; versez la sauce en évitant d'en laisser tomber sur les feuilles.

Artichauts frits

Prenez des artichauts bien tendres, parez les fonds en supprimant les parties filandreuses et les premières rangées de feuilles, coupez les autres très court, fendez les artichauts en quatre parties pour en retirer le foin, puis coupez chaque partie en tranches d'un centimètre d'épaisseur; jetez-les au fur et à mesure dans une terrine d'eau acidulée afin de les empêcher de noircir; égouttez-les, assaisonnez-les de sel et poivre, plongez les morceaux l'un après l'autre dans une pâte à frire, de façon à ce qu'ils en soient bien recouverts, puis faites-les frire dans une friture pas trop chaude; lorsqu'ils ont pris une belle couleur blonde, ils doivent se trouver suffisamment cuits; retirez, égouttez sur un linge; saupoudrez de sel fin; dressez en rocher sur un plat chaud avec garniture de persil frit et servez.

Autre manière :

Prenez des artichauts cuits à l'eau et froids; préparez et opérez ensuite comme il est dit ci-dessus, mais faites frire à friture très chaude, la pâte ayant seule besoin de cuire.

Fonds d'artichauts

Prenez des artichauts moyens, parez-les en en supprimant toutes les feuilles, le foin, et toutes les parties vertes qui resteraient adhérentes au fond, jetez-les dans de l'eau acidulée afin de les empêcher de noircir, puis apprêtez-les d'une des manières indiquées ci-dessus; servez comme garniture ou comme entremets de légumes.

Purée d'artichauts

Prenez de gros artichauts, parez les fonds comme il est dit ci-dessus; faites-les cuire à l'eau bouillante et salée. Lorsqu'ils sont cuits, retirez, égouttez, puis passez au tamis; mettez la purée sur le feu, avec quelques cuillerées de Béchamel, laissez-la réduire en ayant soin de la remuer avec la cuiller de bois; lorsqu'elle est suffisamment épaisse, finissez-la en lui incorporant un bon morceau de beurre que vous faites fondre sans laisser bouillir; dressez la purée sur le plat, garnissez avec des croûtons de pain frits au beurre et servez.

Artichauts crus

Voir aux *Hors-d'œuvre froids*.

Epis de maïs à l'Américaine

Prenez des épis de maïs sucré. Faites-les cuire dans leurs feuilles simplement dans une marmite à l'eau salée. Egouttez-les et servez chaud avec, sur un ravier, du bon beurre frais. . .

Petits pois à l'Anglaise

Ayez des pois verts fraîchement cueillis, et venant d'être écossés; n'employez que les fins, les autres seront réservés pour être apprêtés au gras ou en purée; plongez les pois fins à l'eau bouillante légèrement salée, continuez la cuisson à grand feu; lorsqu'ils sont cuits, retirez, égouttez, dressez-les dans un plat et servez-les en les accompagnant d'une assiette contenant du beurre fin, ou en posant le beurre sur les pois, environ cent grammes par litre.

Petits pois à la Française

Mettez dans une cocotte un bon morceau de beurre, quatre ou cinq petits oignons blancs, un bouquet garni, une pincée de farine, sel, poivre, deux verres d'eau chaude. Laissez cuire une demi-heure. Ajoutez les pois, laissez cuire bien couvert à feu doux.

Petits pois au sucre

Préparez et opérez comme il est dit ci-dessus, mais en ajoutant à l'assaisonnement du sucre selon le goût. La cuisson terminée, supprimez les oignons, puis finissez et servez comme il est dit.

Petits pois à la crème

Préparez et opérez comme il est dit aux *Petits Pois à la Française.* La cuisson terminée, retirez les oignons; mêlez quelques cuillerées de bonne crème avec le jus de cuisson des pois; et en tenant la casserole sur le coin du fourneau, liez-les avec ce mélange, dressez-les en pyramide sur un plat et servez très chaud. On sucre les pois plus ou moins, selon le goût.

Petits pois à la bonne femme

Préparez et opérez comme il est dit aux *Petits Pois à la Française,* en ajoutant à l'assaisonnement une prise de poivre et deux laitues émincées; finissez comme il est dit, et servez.

Pois au lard

Pour un litre de pois, faites revenir dans un peu de beurre cent grammes de lard de poitrine coupé en petits morceaux; lorsqu'il est de belle couleur blonde, retirez-le; ajoutez un peu de farine au beurre resté dans la casserole, tournez pendant quelques minutes à la cuiller de bois pour obtenir un petit roux, mouillez d'un demi-verre d'eau, remettez le lard, les pois, quelques oignons blancs, un bouquet de persil, une prise de poivre, couvrez la casserole et laissez cuire doucement pendant quarante à quarante-cinq minutes. La cuisson terminée, retirez le bouquet, dressez dans un plat chaud et servez.

On peut à volonté supprimer le roux.

Pois au Jambon

Préparez et opérez comme il est dit précédemment en remplaçant, le lard par une même quantité de jambon maigre, mais en ayant soin d'employer plus de beurre.

Petits pois conservés

Prenez des pois conservés au beurre, lavez-les à l'eau bouillante, égouttez-les et assaisonnez-les ensuite comme des petits pois frais.

Autre manière :

Pour les petits pois conservés en bouteilles ou en flacons, on peut opérer comme suit : mettre les petits pois dans la passoire au-dessus d'une casserole, ajouter à leur eau un peu de sel, du sucre, un peu de beurre, une laitue hachée et quelques petits oignons blancs, préalablement blanchis; laisser cuire pendant une demi-heure, puis ajouter les pois; et après un quart d'heure de cuisson, terminer comme il est dit aux *Petits Pois à la Française*.

Pois mange-tout

Ayez des pois mange-tout, frais cueillis, épluchez-les en retirant les barbillons, lavez-les, jetez-les dans l'eau bouillante peu salée et faites cuire à feu vif pendant une demi-heure environ; égouttez-les bien, faites-les sauter dans une casserole avec un bon morceau de beurre, ajoutez un peu de sel; lorsque le beurre est fondu, versez-les dans un plat chaud et servez.

Pois mange-tout à la crème

Préparez et opérez comme il est dit ci-dessus; lorsque le beurre est fondu, tenez la casserole sur le coin du fourneau, et finissez en liant avec deux ou trois cuillerées de bonne crème fraîche. Versez dans un plat chaud et servez.

Pois chiches

N'employez les pois chiches ou pois pointus que lorsque vous êtes certains qu'ils sont de l'année. Plongez-les à l'eau tiède, laissez-les tremper pendant douze heures au moins, afin qu'ils soient gonflés et légèrement attendris; égouttez-les, mettez-les sur le feu dans une casserole d'eau tiède peu salée; couvrez et laissez cuire à petit feu; lorsqu'ils sont cuits, égouttez-les à nouveau, remettez-les dans une casserole avec un bon morceau de beurre, faites-les sauter à feu doux, ajoutez un peu de sel et poivre, et, lorsque le beurre sera fondu, versez-les dans un plat chaud et servez.

Pois secs

Voir aux *Garnitures*.

Haricots verts à l'Anglaise

Ayez des haricots verts fins et frais cucillis; épluchez-les en en cassant les extrémités, lavez-les et plongez-les dans une eau bouillant à gros bouillon et légèrement salée.

Pour que les haricots restent verts, ils doivent être cuits à grande eau (trois à quatre litres par cinq cents grammes), la casserole découverte et à feu très vif, afin que l'eau ne puisse cesser de bouillir lorsqu'on les y plonge. Lorsqu'ils cèdent un peu sous le doigt sans cependant s'écraser, retirez, égouttez, dressez-les sur un plat chaud, saupoudrez-les de sel fin et servez-les en accompagnant d'une assiette de beurre fin, ou en posant le beurre sur les haricots, environ cent grammes par cinq cents grammes.

Haricots verts à la maître d'hôtel

Préparez et opérez comme il est dit ci-dessus; lorsque les haricots sont parfaitement égouttés, chauffez le plat ou le légumier que vous devez servir; mettez-y du beurre préparé comme il est dit à *Beurre maître d'hôtel*, versez vos haricots et remettez par-dessus un autre morceau de même beurre. Servez très chaud.

Haricots verts sautés

Préparez et opérez comme il est dit aux *Haricots verts à l'Anglaise;* lorsque les haricots sont bien égouttés, faites-les sauter à feu vif dans un morceau de beurre chauffé à la poêle; laissez-les légèrement rissoler sans cependant faire noircir le beurre, salez, poivrez, ajoutez un peu de persil haché, un jus de citron et servez sur un plat bien chaud.

Haricots verts à la Landaise

Faites revenir à la poêle, dans de la graisse de porc ou d'oie, des petits dés de jambon de Bayonne cru. Quand ils sont dorés, ajoutez les haricots verts cuits à l'eau comme il est dit aux *Haricots verts à l'anglaise*. Faites sauter à feu vif. Au moment de servir, ajoutez un hachis de persil avec une légère pointe d'ail.

Haricots verts à la Lyonnaise

Faites revenir à la poêle et dans du beurre un ou deux oignons émincés; lorsqu'ils commencent à prendre une belle couleur blonde, opérez comme il est dit aux *Haricots verts à l'anglaise*; remplacez le citron par une cuillerée de vinaigre.

Haricots verts à la poulette

Préparez et opérez comme il est dit aux *Haricots verts à l'Anglaise;* lorsque les haricots sont parfaitement égouttés, mélangez-les à une sauce poulette et servez.

Haricots verts au jus

Préparez et opérez comme il est dit aux *Haricots verts à l'Anglaise*; égouttez avec soin; faites fondre un peu de beurre dans une casserole, sautez-y les haricots pendant quelques minutes, ajoutez quelques cuillerées de bon jus et servez très chaud.

Haricots mange-tout

Epluchez les haricots mange-tout en ayant soin de bien en retirer les fils; lavez-les, puis plongez-les dans l'eau un peu plus que tiède; laissez-les tremper ainsi pendant une demi-heure; égouttez, plongez à l'eau bouillante légèrement salée et faites cuire à découvert et à grand feu; lorsqu'ils sont cuits, égouttez-les et apprêtez-les comme les haricots verts.

Haricots beurre

Préparez et opérez comme il est dit ci-dessus et apprêtez-les comme les haricots verts.

Haricots flageolets à la maître d'hôtel

Prenez des haricots flageolets fraîchement cueillis et venant d'être écossés, faites-les cuire à l'eau bouillante légèrement salée, avec un oignon et un bouquet garni, égouttez ; mettez-les dans une casserole avec un bon morceau de beurre frais, sel, poivre, faites-les sauter à feu doux; lorsque le beurre est fondu, ajoutez une cuillerée de persil haché, un peu de jus de citron et servez.

Haricots blancs à la maître d'hôtel

Ayez des haricots blancs frais, venant d'être écossés; faites-les cuire et apprêtez-les comme il est dit ci-dessus.

Autre manière :

Lorsque les haricots sont égouttés, mettez-les dans une casserole avec un peu de beurre manié de farine, ajoutez quelques cuillerées de la cuisson, faites sauter pendant quelques minutes et lorsque le tout est bien lié, ajoutez une cuillerée de persil haché, un peu de jus de citron et servez.

Haricots blancs au jus

Ayez des haricots blancs frais, venant d'être écossés; faites-les cuire comme il est dit aux *Haricots flageolets à la maître d'hôtel;* mélangez-y quelques cuillerées de bon jus et servez.

Haricots blancs à la Lyonnaise

Lorsque les haricots sont cuits à l'eau comme il est dit aux *Haricots flageolets à la maître d'hôtel*, égouttez et opérez comme il est dit aux *Haricots verts à la Lyonnaise.*

Haricots blancs à la crème

Lorsque les haricots sont cuits à l'eau comme il est dit aux *Haricots flageolets à la maître d'hôtel*, mettez-les dans une casserole avec un peu de beurre manié de farine, ajoutez quelques cuillerées d'eau de cuisson ou quelques cuillerées de lait, une petite ciboule hachée fin, sel, poivre et faites sauter sur feu doux pendant quelques minutes; retirez la casserole sur le coin du fourneau, liez les haricots avec quelques cuillerées de bonne crème et servez.

Haricots blancs à la Bretonne

Faites cuire doucement dans du beurre deux ou trois oignons coupés en très petits dés, remuez à la cuiller de bois pour qu'ils cuisent également et lorsqu'ils commencent à prendre une légère couleur blonde, ajoutez une cuillerée de farine et remuez encore pendant quelques instants; lorsque les oignons et la farine sont un peu jaunis, mouillez avec de l'eau de cuisson, ajoutez un bouquet garni et laissez réduire, ajoutez alors les haricots cuits et égouttés, laissez mijoter pendant quelques minutes et, lorsqu'ils sont bien liés avec la sauce, servez.

Haricots blancs secs

Ayez des haricots blancs secs, mais autant que possible de l'année; mettez-les dans une terrine, couvrez-les d'eau tiède et laissez-les tremper pendant au moins dix ou douze heures; égouttez, mettez-les au feu avec de l'eau froide plus qu'à couvert; salez, poivrez, ajoutez un ou deux oignons, un bouquet garni et laissez cuire à petit feu; lorsque les haricots s'écrasent facilement sous le doigt, égouttez-les et apprêtez-les d'une des différentes manières indiquées pour les haricots blancs frais.

Haricots blancs en purée

Préparez et opérez comme il est dit ci-dessus; lorsque les haricots sont cuits, égouttez-les, puis passez-les à la passoire fine ou au tamis; tenez la purée un peu épaisse; mettez-la dans une casserole avec un bon morceau de beurre, salez, poivrez; lorsque le beurre est bien fondu et la purée très chaude, retirez la casserole sur le coin du fourneau, liez-la avec quelques cuillerées de bonne crème fraîche et servez en garnissant la purée avec des croûtons de pain frits au beurre.

Cette purée se fait également avec des haricots blancs frais.

Haricots panachés à la maître d'hôtel

Faites cuire séparément des haricots verts et des haricots flageolets comme il est dit à chacun de ces articles; lorsque les cuissons sont achevées, égouttez les haricots, mélangez-les et finissez comme il est dit aux *Haricots verts à la maître d'hôtel.*

Haricots rouges étuvés

Prenez des haricots rouges de l'année, faites-les tremper comme il est dit aux *Haricots blancs secs*, mettez-les sur le feu dans une petite marmite de terre, couvrez-les d'eau tiède; ajoutez un morceau de petit-salé blanchi, deux oignons, un bouquet garni augmenté de deux gousses d'ail, poivrez, couvrez et laissez cuire à petit feu; à moitié cuisson, ajoutez deux ou trois verres de bon vin rouge; lorsque les haricots sont bien cuits, supprimez le bouquet et les oignons, retirez le petit-salé pour le couper par tranches, liez les haricots avec du beurre manié de farine, laissez mijoter pendant quelques minutes, dressez les haricots sur un plat bien chaud, entourez-les de tranches de lard et servez.

Haricots rouges à la Mexicaine (Frijoles)

Prenez des haricots rouges de l'année. Ne les faites pas tremper. Mettez-les dans une marmite avec un ou deux oignons, une feuille de laurier, une gousse d'ail, salez, de l'eau, juste pour couvrir. Mettez le couvercle avec un poids dessus ou une grosse pierre pour bien boucher. Faites cuire à bon feu. Quand ils sont presque cuits, égouttez-les en gardant l'eau de cuisson. Mettez dans une poêle de la bonne graisse de porc. Ajoutez les haricots, faites-les revenir, puis, arrosez avec un peu de l'eau de cuisson. Couvrez, laissez cuire à feu doux pendant trente minutes. Pour lier la sauce, il est bon d'écraser quelques haricots avec une fourchette au moment où on mouille. On obtient ainsi des haricots parfaitement moelleux. On peut, avant de les servir, y ajouter du fromage de gruyère râpé et du poivre rouge.

Haricots à l'huile

(Voir aux *Salades*.)

Fèves de marais sautées

Prenez des fèves fraîchement cueillies et venant d'être écossées; si elles sont petites et qu'elles n'aient pas atteint leur maturité, retirez seulement la petite peau noire qui s'allonge sur la tête; dans le cas contraire, débarrassez-les complètement de l'enveloppe qui les recouvre; plongez-les à l'eau bouillante légèrement salée; lorsqu'elles sont tendres sous la pression du doigt, retirez, égouttez, mettez les fèves dans une casserole avec un bon morceau de beurre, ajoutez sel, poivre, persil haché, puis faites-les sauter à feu doux; lorsque le beurre est bien fondu et bien lié avec les fèves, versez dans un plat et servez.

Fèves de marais à la sarriette

Préparez et opérez comme il est dit ci-dessus; lorsque les fèves sont égouttées, mettez dans une casserole un petit morceau de beurre et une cuillerée de farine, faites un petit roux blanc, mouillez avec quelques cuillerées du bouillon de la cuisson, ajoutez les fèves, très peu de sel, laissez mijoter pendant quelques minutes, retirez la casserole sur le coin du fourneau, liez avec un peu de beurre fin mélangé à une cuillerée de sarriette hachée, faites-les fondre sans laisser bouillir, versez sur un plat et servez.

Fèves de marais à la crème

Préparez et opérez comme il est dit ci-dessus; remplacez le bouillon de cuisson par quelques cuillerées de lait; ajoutez à l'assaisonnement deux ou trois grammes de sucre et finissez en liant avec quelques cuillerées de bonne crème; versez sur le plat et servez.

Fèves de marais à la poulette

Préparez et opérez comme il est dit aux *Fèves à la sarriette;* remplacez le bouillon de cuisson par quelques cuillerées de lait; ajoutez à l'assaisonnement deux ou trois grammes de sucre, finissez en liant avec deux jaunes d'œufs et deux ou trois cuillerées de bonne crème; versez sur le plat et servez.

Fèves de marais au lard

Préparez et opérez comme il est dit aux *Fèves de marais sautées;* lorsqu'elles sont bien égouttées, faites revenir dans du beurre du lard de poitrine coupé en petits dés; lorsqu'il est de belle couleur blonde, ajoutez un peu de farine pour faire un petit roux blond, mouillez de quelques cuillerées de bouillon ou d'eau de cuisson; ajoutez les fèves, une branche de sarriette et laissez mijoter pendant une dizaine de minutes; retirez la sarriette, versez sur un plat et servez.

Purée de fèves au gras

Faites jaunir dans le beurre de minces tranches de jambon; ajoutez de grosses fèves bien fraîches dont vous aurez supprimé l'enveloppe; faites-les sauter pendant quelques minutes, mouillez avec un peu d'eau, ajoutez du poivre, une branche de sarriette et laissez cuire à petit feu; lorsque les fèves sont bien cuites, supprimez le jambon, passez les fèves au tamis; mettez cette purée dans une casserole; ajoutez un jus de rôti; finissez avec un peu de beurre frais que vous faites fondre sans laisser bouillir, servez avec *garniture de croûtons frits au beurre.*

Purée de fèves au maigre

Choisissez de grosses fèves bien fraîches, dérobez-les, puis mettez-les au feu avec un morceau de beurre; faites-les sauter pendant quelques minutes, mouillez avec du lait; ajoutez une branche de sarriette, du sel et un très petit morceau de sucre; laissez cuire doucement; lorsque les fèves sont cuites, passez-les au tamis; mettez la purée dans la casserole et lorsqu'elle est bien chaude, retirez la casserole sur le coin du fourneau et finissez en la liant avec quelques cuillerées de bonne crème et un peu de beurre fin. Servez avec une *garniture de croûtons frits au beurre.*

Lentilles

Les lentilles ne s'emploient qu'à l'état sec; si vous devez les servir entières, choisissez-les larges et de belle couleur blonde; si vous les préparez en purée, employer les petites, dites lentilles à la Reine; dans l'un ou l'autre cas, triez les lentilles avec soin, lavez-les et laissez tremper dans l'eau pendant dix à douze heures. Placez-les dans une petite marmite de terre avec de l'eau froide plus qu'à couvert, ajoutez un oignon, un bouquet garni, salez et faites cuire à petit feu; elles sont cuites lorsqu'elles s'écrasent facilement sous le doigt.

Lentilles à la maître d'hôtel

Préparez et opérez comme il est dit ci-dessus; lorsque les lentilles sont cuites égouttez-les et finissez comme il est dit aux *Haricots flageolets à la maître d'hôtel;* supprimez le citron.

Lentilles au jus

Préparez et opérez comme il est dit aux *Lentilles*; lorsqu'elles sont cuites, égouttez et finissez comme il est dit aux *Haricots blancs au jus.*

Lentilles à l'oignon

Préparez et opérez comme il est dit aux *Lentilles*; égouttez et finissez comme il est indiqué aux *Haricots blancs à la Bretonne*; remplacez le bouillon par du bouillon de la cuisson.

Lentilles étuvées

Préparez et opérez comme il est dit aux *Haricots rouges étuvés,* mais en supprimant le vin.

Lentilles à l'huile

Voir aux salades.

Choux-fleurs à la sauce blanche

N'employez que des choux-fleurs bien blancs, très fermes et à grains serrés; coupez les queues, divisez les choux-fleurs en quatre ou huit parties, selon la grosseur, et, à l'aide du couteau d'office, épluchez-les en enlevant la petite peau dure qui recouvre la tige, puis, au fur et à mesure, jetez les morceaux dans une terrine d'eau fortement additionnée de vinaigre afin d'en faire sortir les chenilles ou vers qui seraient restés à l'intérieur des bouquets; égouttez, plongez dans l'eau bouillante, salez et, lorsque les choux-fleurs fléchissent légèrement sous le doigt, retirez, égouttez. Rangez les choux-fleurs la tête en bas, dans un grand bol ou dans un petit saladier; retournez-les sur le plat, masquez-les d'une sauce blanche, ou envoyez la sauce, à part, dans une saucière. Préparés et dressés comme il est dit ci-dessus, les choux-fleurs se servent, soit avec du beurre fondu, une sauce à la crème, une sauce hollandaise, une sauce blonde, une sauce tomate, ou à l'huile. (Voir *Salades*).

Choux-fleurs au gratin

Préparez et opérez comme il est dit aux *Choux-fleurs à la sauce blanche;* égouttez les choux-fleurs, ajoutez du fromage râpé, gruyère et Parmesan par parties égales, du poivre et un bon morceau de beurre; mélangez bien le tout, puis versez dans un plat à gratin; saupoudrez d'un peu de fromage râpé, faites prendre couleur au four du fourneau ou sous le four de campagne; dans ce dernier cas, posez le plat sur de la cendre chaude et faites un feu vif sur le four de campagne.

Choux-fleurs sautés au beurre

Préparez et opérez comme il est dit aux *Choux-fleurs à la sauce blanche;* lorsqu'ils sont égouttés, finissez comme il est dit aux *Haricots verts sautés;* supprimez le jus de citron.

Choux-fleurs au jus

Préparez et faites cuire comme il est dit à *Choux-fleurs à la sauce blanche,* mais en les tenant un peu fermes; égouttez-les, puis remettez-les dans une casserole avec quelques cuillerées de bon jus de rôti, ou à défaut, de consommé; assaisonnez de bon goût et servez lorsqu'ils seront suffisamment cuits.

Choux-fleurs frits

Préparez et opérez comme il est aux *Choux-fleurs à la sauce blanche,* tenez-les un peu croquants, égouttez, laissez refroidir; trempez chaque petit bouquet dans une pâte à frire, puis faites frire de belle couleur; retirez, égouttez, saupoudrez de sel fin, dressez en rocher sur un plat, garnissez d'un bouquet de persil frit et servez.

Chou au lard

Employez de préférence le chou frisé dit chou de Milan; à défaut, choisissez un chou pommé et bien blanc; enlevez les premières feuilles trop vertes et dures, coupez en quatre, lavez avec soin, puis faites blanchir à l'eau bouillante légèrement salée pendant dix à quinze minutes, égouttez, pressez légèrement pour faire sortir l'eau, supprimez toutes les parties dures et les grosses côtes; foncez une casserole avec de bonne graisse, placez-y la moitié de vos choux, puis du salé blanchi, un saucisson et le reste des choux. Ajoutez un oignon piqué d'un clou de girofle, un peu de poivre, laissez cuire à petit feu, pendant deux ou trois heures; enlevez le salé et le saucisson, coupez-les en tranches, dressez-les en dôme sur un plat rond, entourez avec le lard, le saucisson et servez.

Chou farci au gras

Choisissez un beau chou bien sain, ne portant aucune trace de chenilles ou de vers; débarrassez-le des feuilles dures ou trop vertes, faites-le blanchir à l'eau bouillante peu salée; égouttez; préparez de la chair à saucisse. Mélangez-y deux ou trois jaunes d'œufs, un peu de mie de pain trempée dans du lait, une pointe d'échalote et du persil haché fin, écartez les feuilles, étalez un peu de farce sur chacune d'elles, puis ficelez le chou; placez-le dans une casserole foncée de bardes de lard, ajoutez un oignon piqué d'un clou de girofle, poivre, pointe de muscade, couvrez le chou avec des bardes de lard et le couvercle de la casserole, laissez cuire à petit feu pendant trois ou quatre heures ; la cuisson terminée, déficelez et dressez sur un plat chaud. Faites un petit roux brun, mouillez d'un peu de cuisson et de bon jus, faites réduire quelques minutes, versez sur le chou et servez.

Autre manière :

Prenez un bon chou, détachez une à une toutes les feuilles tendres, lavez et faites blanchir à l'eau bouillante peu salée, pendant quelques minutes; égouttez-les sans les briser. Préparez une farce comme il est dit ci-dessus; garnissez de bardes de lard le fond et le tour d'un moule à timbale, placez dessus un lit de farce, des feuilles de chou et ainsi jusqu'à ce que le moule soit rempli; couvrez de bardes de lard et faites cuire au four pendant une heure et demie à deux heures. Egouttez la graisse du moule, renversez le chou sur un plat, arrosez d'un jus de viande et servez.

Chou farci au maigre

Préparez et opérez comme il est dit au *Chou farci au gras*. Remplacez la chair à saucisse par une farce préparée comme suit: faites cuire à feu doux dans du beurre et sans lui laisser prendre couleur, un oignon coupé très fin; lorsqu'il est cuit, mélangez à l'oignon de la mie trempée dans du lait, du persil, des champignons blanchis hachés fin, sel, poivre, une pointe de muscade; liez le tout avec un ou deux jaunes d'œufs crus et laissez refroidir ce mélange; farcissez le chou comme il est dit ci-dessus. Placez-le dans une casserole foncée d'un bon morceau de beurre, de carottes et d'oignons coupés en rouelles; ajoutez un bouquet de persil, sel, poivre, mouillez d'eau mélangée à un verre de vin blanc, couvrez d'un couvercle et laissez cuire à petit feu pendant trois ou quatre heures; la cuisson terminée, déficelez et dressez sur un plat chaud; dégraissez une partie de la cuisson, faites réduire vivement, liez d'un peu de beurre manié de farine, versez sur le chou et servez.

Autre manière :

Préparez et opérez comme il est dit à la seconde manière d'apprêter le chou farci au gras; remplacez la farce par celle indiquée ci-dessus; beurrez le moule, foncez-le de carottes coupées en rouelles, puis finissez comme il est dit en plaçant un peu de beurre entre chaque couche de chou, remplacez le jus de viande par du beurre fondu et servez.

Chou à la crème

Lavez et faites blanchir à grande eau bouillante et salée des cœurs de choux nouveaux; lorsqu'ils fléchissent sous le doigt, égouttez-les, retranchez les parties dures du cœur et les grosses côtes; pressez entre les mains pour en retirer l'eau, puis hachez-les un peu gros, mettez-les dans une casserole avec un peu de beurre, sel, poivre et tournez à la cuiller de bois; lorsque le beurre est bien fondu, ajoutez quelques cuillerées de Béchamel, laissez réduire à feu doux pendant quelques minutes et servez.

Chou brocolis

Ayez des brocolis bien frais et de nuance violette; supprimez les feuilles du bas; lavez, puis faites cuire à l'eau bouillante salée; égouttez et servez comme les asperges, soit avec une sauce au beurre à l'huile, etc., etc.

Chou rouge piqué

Choisissez un beau chou rouge bien ferme; débarrassez-le des premières feuilles dures, lavez et faites blanchir à l'eau bouillante ; égouttez, faites un vide sous le chou en enlevant les parties dures du cœur, emplissez ce vide avec du jus et de la graisse de rôti, piquez le chou avec du lard coupé en gros lardons, enveloppez-le d'une crépine de porc; placez-le dans une casserole, l'ouverture en dessus, ajoutez un bon morceau de beurre, sel, poivre; couvrez la casserole et laissez cuire à feu doux pendant trois à quatre heures; la cuisson terminée, dressez le chou sur un plat chaud, dégraissez la sauce, faites réduire vivement, versez sur le chou et servez.

Chou rouge au lard

Préparez et opérez comme il est dit au *Chou au lard*; servez de même.

Chou rouge mariné

Choisissez un chou bien ferme, ôtez les premières feuilles, coupez-le en quatre, supprimez les côtes et les parties dures du cœur, lavez, égouttez, puis émincez-le en filets menus; faites blanchir pendant dix minutes à l'eau bouillante et salée; égouttez ces émincés, placez-les dans une terrine, arrosez-les de moitié eau, moitié vinaigre, laissez macérer pendant deux ou trois heures, puis égouttez et pressez fortement pour extraire l'eau.

LÉGUMES

1 — Mâche ronde.
2 — Oseille
3 — Cresson de fontaine à larges feuilles
4 — Céleri blanc, plein.
5 — Poirée, dite Bette.
6 — Épinard.
7 — Choux de Bruxelles.
8 — Romaine.
9 — Chou vert

Placez les choux émincés dans une casserole avec un bon morceau de beurre et du jus, couvrez et laissez cuire à feu doux. La cuisson terminée, versez sur le plat et servez.

Choucroute garnie

Ayez de la choucroute bien blanche, lavez-la dans plusieurs eaux froides, ou faites-la blanchir à l'eau bouillante pendant quelques minutes, pressez-la bien pour en extraire l'eau; mettez la moitié de la choucroute dans une casserole avec quelques cuillerées de graisse d'oie ou de graisse de rôti de porc, ajoutez du petit lard fumé, du jambon cru, un saucisson ou deux cervelas, puis le restant de la choucroute; mouillez presque à hauteur avec un verre de vin blanc; terminez par un lit de pommes de terre de Hollande; couvrez hermétiquement et laissez cuire à feu doux pendant cinq à six heures; un peu avant de servir, ajoutez quelques tranches minces de jambon fumé; la cuisson terminée, retirez les viandes avec la fourchette, coupez-les en tranches et garnissez-en la choucroute que vous aurez dressée sur un plat bien chaud, avec les pommes de terre au sommet.

Choux de Bruxelles sautés au beurre

Choisissez-les petits, très fermes et bien verts; épluchez-les en coupant le bout de la queue et en les débarrassant des premières feuilles; faites-les cuire à grande eau bouillante et peu salée pendant douze à quinze minutes; laissez-les bien égoutter; puis, pour une livre de choux, faites chauffer cent grammes de beurre dans une sauteuse, mettez-y vos choux, faites-les sauter à feu vif pendant quelques minutes, assaisonnez-les d'un peu de sel fin, de poivre et servez-les très chaud.

Choux de Bruxelles au jus

Préparez et opérez comme il est dit ci-dessus; employez un peu moins de beurre et, au moment de les servir, ajoutez deux ou trois cuillerées de bon jus de rôti.

Choux de Bruxelles à la crème

Préparez et opérez comme il est dit aux *Choux de Bruxelles sautés au beurre*; employez un peu moins de beurre, et, au moment de servir, liez les choux avec quelques cuillerées de bonne crème, en ayant soin de ne pas les écraser. Servez très chaud.

Pommes de terre au naturel (à l'anglaise ou steam)

Ayez des pommes de terre de Hollande, jaunes, longues, lavez-les avec soin, posez-les sur une plaque à trous s'adaptant à une marmite à double fond contenant de l'eau; laissez une distance d'au moins cinq centimètres entre l'eau et les pommes de terre, couvrez-les d'un torchon blanc mouillé et faites bouillir; lorsqu'elles sont cuites, posez-les sur un plat, dans une serviette; servez en accompagnant d'un hors-d'œuvrier contenant du beurre frais.

Pommes de terre cuites au four

Lavez et essuyez avec soin des pommes de terre de Hollande jaunes, longues; faites-les cuire à four chaud de façon à ce que la peau soit bien rôtie, sans cependant être brûlée; servez en accompagnant de beurre frais.

Pommes de terre à la maître d'hôtel

Prenez des pommes de terre Vitelotte ou de Hollande rouges, lavez-les et faites-les cuire à petit feu dans de l'eau salée ou comme il est dit aux *Pommes de terre au naturel*; épluchez-les et, lorsqu'elles sont un peu refroidies, coupez-les en rouelles d'un demi-centimètre; mettez-les dans une casserole avec quelques cuillerées d'eau, un bon morceau de beurre, sel et poivre, persil haché fin; laissez mijoter pendant quelques minutes; lorsque le tout est bien lié, ajoutez un jus de citron et servez.

Pommes de terre à la sauce blanche

Préparez une sauce blanche, versez-la dans un plat sur des pommes de terre cuites à l'eau et coupées comme il est dit ci-dessus.

Pommes de terre à l'Anglaise

Faites cuire des pommes de terre comme il est dit aux *Pommes de terre à la maître d'hôtel*; coupez-les de même; mettez-les dans une casserole avec un bon morceau de beurre, sel, poivre; tournez sur le côté du feu, et lorsque le beurre est fondu, servez immédiatement afin qu'il ne puisse tourner en huile.

Pommes de terre sautées

Prenez des pommes de terre Vitelotte ou de Hollande rouges, lavez-les, mettez-les dans une casserole; couvrez-les d'eau, salez, et laissez cuire aux trois quarts; égouttez, pelez et coupez en rouelles d'un demi-centimètre d'épaisseur; dans une poêle ou dans une sauteuse, faites chauffer un bon morceau de beurre, ajoutez les pommes de terre; faites-les sauter à feu vif, saupoudrez de sel et poivre; lorsqu'elles sont de belle couleur dorée ajoutez un peu de persil haché; versez-les sur le plat et servez-les très chaudes.

Pommes de terre à la Lyonnaise

Émincez des oignons et faites-les cuire doucement, à la poêle, dans du beurre; remuez à la cuiller de bois pour qu'ils cuisent bien également; lorsqu'ils commencent à prendre une légère couleur blonde, ajoutez des pommes de terre préalablement cuites à l'eau, refroidies et coupées en rondelles; salez, poivrez et faites sauter pendant quelques minutes, ajoutez de la ciboule, coupez fin et terminez par un filet de vinaigre.

Pommes de terre à la pèlerine

Faites cuire des oignons comme il est dit ci-dessus; lorsqu'ils sont d'une belle couleur jaune, ajoutez-y des pommes de terre cuites et coupées comme il est dit aux pommes de terre sautées; mouillez avec un peu de lait, saupoudrez de sucre et poivre, laissez mijoter pendant quelques minutes et servez.

Pommes de terre au lait

Faites cuire et coupez les pommes de terre comme il est dit aux *Pommes de terre sautées*; mettez-les dans une casserole, mouillez-les avec du lait, saupoudrez d'un peu de sel et laissez mijoter jusqu'à entière cuisson des pommes de terre; ajoutez du bon beurre, mais par petits morceaux, et faites-le fondre en remuant la casserole sur le côté du feu; lorsque le beurre est bien fondu, versez dans un plat chaud et servez.

Autre manière :

Préparez une sauce Béchamel, versez-la dans un plat sur des pommes de terre cuites à l'eau et coupées comme il est dit aux *Pommes de terre à la maître d'hôtel.*

Pommes de terre au beurre noir

Préparez une sauce au beurre noir; versez-la dans un plat sur des pommes de terre cuites à l'eau et coupées comme il est dit aux *Pommes de terre à la maître d'hôtel*; garnissez avec du persil frit et servez.

Pommes de terre à la Hollandaise

Choisissez des pommes de terre de Hollande, plutôt petites et autant que possible d'égale grosseur; couvrez-les d'eau, salez et faites cuire à petit feu; égouttez-les, pelez-les toutes chaudes et placez-les dans une casserole avec du beurre frais; faites-les sauter à feu doux pendant quelques instants, saupoudrez-les de sel fin, versez-les sur un plat, masquez-les d'une sauce hollandaise et servez.

Pommes de terre à la Provençale

Faites cuire des pommes de terre aux trois quarts comme il est dit aux *Pommes de terre sautées*; coupez-les, mettez-les dans une casserole avec quelques cuillerées d'huile, du persil, ail et ciboule hachés fin; assaisonnez de sel, gros poivre et d'une pointe de muscade; laissez mijoter jusqu'à entière cuisson des pommes de terre, finissez avec un jus de citron et servez.

On peut au moment de servir, ajouter quelques anchois dessalés; dans ce cas, ne mettez que peu de sel.

Pommes de terre au vin

Préparez une sauce matelote; joignez-y des pommes de terre cuites aux trois quarts et coupées comme il est dit aux *Pommes de terre sautées*; laissez bouillir jusqu'à entière cuisson des pommes de terre et servez à courte sauce.

Pommes de terre à la Parisienne

Coupez quelques oignons en petits dés; faites-les cuire dans du beurre ou dans de bonne graisse; lorsque les oignons sont de belle couleur, mouillez avec du bouillon, ajoutez des pommes de terre crues, coupées en morceaux, assaisonnez de sel, poivre, un bouquet garni, laissez cuire doucement; la cuisson terminée, retirez le bouquet, versez dans un plat et servez.

Pommes de terre au lard

Coupez en gros dés du lard de poitrine plutôt maigre que gras, et des oignons coupés gros; faites revenir dans le beurre; lorsqu'ils sont de belle couleur, ajoutez une cuiller de farine, un verre d'eau, un bouquet garni, une gousse d'ail et laissez cuire une demi-heure. Mettez ensuite des pommes de terre coupées en morceaux égaux, tournez-les quelques minutes à la cuiller de bois, et faites cuire sans remuer afin d'éviter que les pommes de terre s'écrasent; la cuisson terminée, retirez le bouquet garni, versez dans un plat creux ou dans un légumier et servez.

On peut à volonté mouiller de moitié de bouillon, moitié vin blanc; dans ce cas, mettre le vin un quart d'heure avant la fin de la cuisson.

Pommes de terre à la paysanne

Choisissez de bonnes pommes de terre de Hollande, jaunes, lavez, épluchez et coupez par morceaux, mettez-les dans une casserole; mouillez-les à hauteur avec du lait, ajoutez une pincée de sel et laissez cuire doucement; lorsque les pommes de terre s'écrasent facilement, tournez-les à la cuiller de bois afin de les réduire en purée; si la purée est trop claire, tournez-la sur le feu pour la faire réduire; si elle est trop épaisse, ajoutez un peu de lait; lorsqu'elle est à point, retirez la casserole sur le coin du fourneau, ajoutez un bon morceau de beurre coupé en plusieurs parties, tournez vivement pour le faire fondre et servez.

Pommes de terre aux anchois

Choisissez de bonnes pommes de terre de Hollande jaunes, faites-les cuire à la vapeur comme il est dit aux *Pommes de terre au naturel*, épluchez et passez au tamis. Mélangez à cette purée quatre ou cinq jaunes d'œufs et deux blancs par litre de pommes de terre employées, du parmesan râpé et des filets d'anchois taillés en dés; mélangez bien le tout, beurrez un moule, saupoudrez-le de chapelure, versez-y la purée et faites cuire au four avec feu dessus et dessous pendant une demi-heure; renversez sur un plat et servez.

On peut remplacer les anchois par des filets de harengs saurs.

Pommes de terre au gratin

Préparez et opérez comme il est dit ci-dessus; supprimez les anchois, mélangez à la purée du fromage de Gruyère ou de Parmesan râpé, versez-la dans un plat à gratin préalablement beurré, saupoudrez-la de fromage, faites cuire au four; lorsque les pommes de terre ont pris une belle couleur, servez dans le plat.

Croquettes de pommes de terre

Choisissez un kilo de belles pommes de terre de Hollande jaunes; faites-les cuire comme il est dit aux *Pommes de terre au naturel*; épluchez-les, pilez-les avec 100 grammes de beurre, cinq ou six œufs et un peu de sel, battez bien ce mélange, passez-le au tamis, divisez la pâte en petites parties, roulez chacune d'elles en forme de gros bouchons, passez-les dans la farine, puis dans l'œuf battu, panez à la mie de pain et plongez-les dans la friture chaude. Lorsque les croquettes sont de belle couleur, égouttez-les sur un linge, dressez-les en pyramide sur un plat et servez.

On peut, à volonté, ajouter à la purée un peu de persil haché fin et quelques cuillerées de crème ou de bon lait, et aussi remplacer le sel par du sucre en poudre.

Pommes de terre duchesse

Préparez et opérez comme il est dit ci-dessus; avec la purée, préparez de petites tablettes en forme de carré long, ayant deux à trois centimètres d'épaisseur; panez comme il est dit, faites chauffer du beurre dans une sauteuse, rangez-y les tablettes préparées en évitant qu'elles se touchent, faites-leur prendre une belle couleur de chaque côté, égouttez-les, dressez-les en couronne dans un plat et servez.

Gâteau de pommes de terre

Préparez une purée comme il est dit aux *Croquettes de pommes de terre*, ajoutez quelques cuillerées de lait et deux ou trois blancs d'œufs battus en neige; beurrez un moule ou un plat à gratin, versez-y la purée et faites-la cuire au four ou avec feu dessus et dessous; lorsqu'elle est de belle couleur dorée, servez.

On peut remplacer le sel par du sucre en poudre et, en ce cas, on parfume avec de la fleur d'oranger.

Pommes de terre au fromage

Lavez et pelez des pommes de terre qui soient, autant que possible, de même grosseur; coupez-les en rouelles minces, faites-les sauter dans le beurre et à feu doux pendant quelques minutes sans leur laisser prendre la couleur, assaisonnez-les d'un peu de sel, poivre; lorsqu'elles commencent à attendrir, prenez un moule ou un plat à gratin, rangez-y les pommes de terre par lit en les alternant avec un lit de fromage, Gruyère ou Parmesan mélangés; finissez par un lit de fromage, mettez au four ou avec feu dessus et dessous, et lorsque les pommes de terre sont cuites et de belle couleur, renversez-les sur un plat et servez.

Pommes de terre farcies

Epluchez six grosses pommes de terre de Hollande jaunes, lavez-les, essuyez-les avec soin et cuisez-les au four à feu très doux; lorsqu'elles sont cuites, faites sur chacune d'elles une ouverture oblongue de façon à pouvoir en enlever facilement toute la pulpe que vous mettez dans une casserole avec 100 grammes de lard râpé et deux jaunes d'œufs; assaisonnez de sel, poivre, persil et ciboule hachés fin; tournez pendant quelques minutes sur feu doux, puis emplissez les pommes de terre avec cette farce, recouvrez-les du morceau enlevé pour former le couvercle, rangez-les sur une plaque allant au feu, enduisez chaque pomme de terre avec un peu de beurre fondu, mettez au four pendant dix à douze minutes et servez.

Pommes de terre farcies au maigre

Préparez et opérez comme il est dit ci-dessus, remplacez la chair à saucisse par une même quantité de beurre et de fromage râpé, finissez et servez de même.

Pommes de terre à la Dauphinoise

Lavez et pelez des pommes de terre de Hollande à chair jaune. Coupez-les en lamelles longues et très minces. Foncez un plat à gratin avec du beurre. Recouvrez d'une couche de pommes de terre sur laquelle vous disposez une couche de gruyère râpé et de beurre. Remettez un autre lit de pommes de terre, puis un lit de gruyère et de beurre et ainsi de suite. Salez, poivrez, mouillez d'un verre de lait et faites cuire à feu doux au four pendant deux heures en mouillant souvent avec le jus de cuisson.

Pommes de terre à la Dauphine

Préparez un peu de pâte à choux, sans sucre; faites cuire à four doux quelques belles pommes de terre de Hollande jaunes, coupez-les en deux, enlevez toute la pulpe, passez-la au tamis, mettez-la dans une casserole avec un peu de bonne crème, tournez-la sur feu doux pendant quelques minutes, retirez la casserole du feu, mélangez la pâte à choux petit à petit, et toujours en tournant; lorsque la pâte est consistante, divisez-la en petites parties auxquelles vous donnez la forme de bouchons, roulez-les dans la farine et faites frire de belle couleur, égouttez sur une serviette et servez.

Pommes de terre nouvelles sautées au beurre

Prenez des pommes de terre nouvelles, choisissez les petites ou moyennes, mais ne faites cuire ensemble que des pommes de terre de grosseur à peu près égale; grattez-les pour en enlever la peau et essuyez-les avec soin, faites chauffer du beurre dans une sauteuse, placez-y les pommes de terre de façon à ce qu'elles ne soient pas l'une sur l'autre, faites-les sauter sur feu modéré jusqu'à ce qu'elles soient bien dorées; à moitié de la cuisson, saupoudrez-les de sel fin; la cuisson terminée, semez dessus du persil haché fin et servez.

Pommes de terre à la Chateaubriand

Faites cuire, comme il est dit ci-dessus, de toutes petites pommes de terre nouvelles ou des pommes de terre, qu'après avoir épluchées vous tournerez en forme de noisettes ou d'olives; au moment de les servir, égouttez bien le beurre de la cuisson, et servez-les sur un beurre maître d'hôtel.

Pommes de terre frites

Pelez et essuyez avec soin de grosses pommes de terre longues, coupez-les sur leur longueur et donnez-leur un demi-centimètre d'épaisseur, plongez-les dans la friture bouillante, et pendant sept à huit minutes agitez-les avec l'écumoire afin qu'elles cuisent bien également; lorsqu'elles sont cuites et de belle couleur dorée, égouttez-les, saupoudrez-les de sel fin et servez.

On peut donner aux pommes de terre diverses formes agréables à l'œil en se servant, pour les tailler, d'outils spéciaux : les taille-légumes, avec lesquels on obtient la pomme de terre bille, la pomme de terre tire-bouchon, la pomme de terre collerette, etc.

Pommes de terre frites Pont-Neuf

Epluchez de grosses pommes de terre longues, les parer, les couper en carrés longs et les faire frire comme il est dit ci-dessus.

Pommes de terre soufflées

Préparez des pommes de terre comme il est dit ci-dessus, en ayant soin de les pelurer aussi minces que possible, plongez-les dans la friture pas trop chaude et faites cuire sans leur laisser prendre couleur; lorsqu'elles sont bien atteintes, égouttez-les et laissez-les refroidir presque complètement. Remettez-les dans la friture bien bouillante, ayez soin de n'en mettre que peu à la fois; deux ou trois minutes doivent suffire pour que les pommes de terre renflent et se colorent; égouttez, saupoudrez de sel fin et servez.

Pommes de terre paille

Pelez et essuyez avec soin des pommes de terre de Hollande jaunes; coupez-les en tranches minces d'un demi-centimètre d'épais-

seur, puis coupez ces tranches en filets de l'épaisseur d'une paille,
cuisez-les à friture un peu chaude pendant quatre ou cinq minutes
en ayant soin de les agiter avec l'écumoire pour qu'elles cuisent bien
également, égouttez, saupoudrez de sel fin et servez.

Pommes de terre provençales

Pelez et essuyez des pommes de terre de Hollande jaunes, coupez-
les en rondelles minces. Mettez dans une cocotte de l'huile et foncez
avec des bardes de lard gras. Recouvrez avec vos pommes de terre.
Salez, poivrez, bouchez la casserole et laissez cuire à feu doux. Au moment de servir, parsemez d'un hachis d'ail et de persil.

Pommes de terre braisées

Epluchez et essuyez des pommes de terre de Hollande jaunes.
Coupez-les en dés. Mettez dans une cocotte du lard gras et maigre
coupé en dés et un bon morceau de beurre. Ajoutez un petit oignon
entier. Mettez les pommes de terre, un bouquet garni, deux gousses
d'ail, salez, poivrez, laissez cuire deux heures et demie à feu doux sous
couvercle.

Crosnes

Laver les crosnes à l'eau tiède pour les débarrasser de la terre,
les essuyer dans un linge propre, puis les faire sauter à la poêle
dans de bon beurre, les saler, les poivrer et les servir saupoudrés
de persil haché. Dix à quinze minutes suffisent pour cuire ce légume.

Crosnes au Jus

Nettoyés comme il est dit ci-dessus, les faire sauter à la poêle
pendant quelques minutes seulement; puis, pour achever la cuisson,
les mettre dans une casserole avec quelques cuillerées de bon jus de
rôti, les servir seuls ou en garniture autour d'une viande rôtie ou
braisée.

Crosnes frits

Les nettoyer comme il est dit ci-dessus et les blanchir à l'eau
bouillante pendant deux à trois minutes; les égoutter, les tremper
dans la pâte à frire et les servir comme il est dit aux salsifis frits.

Carottes à la crème

Lavez de très petites carottes nouvelles fraîchement cueillies;
parez-les en enlevant la partie verte de la tête et le petit bout de la
queue ; grattez-les et essuyez-les, puis mettez-les dans une casserole
avec du beurre, une pincée de sel et un peu de sucre en poudre; faites
cuire à feu très doux et à casserole couverte; pendant la cuisson
découvrez-les plusieurs fois pour les faire sauter afin qu'elles cuisent

1. Oronge vraie, comestible excellent.
2. Morille ordinaire, excellent.
2 bis. Morille élevée et conique, comestible.
3. Champignon de couche, comestible
4. Tricholome de la Saint-Georges, excellent.
5. Tricholome fumé, comestible.
6. Bolet bronzé, comestible excellent.
7. Cèpe comestible, excellent.

bien également; la cuisson terminée, retirez la casserole sur le coin du fourneau, faites une liaison avec deux ou trois jaunes d'œufs, quelques cuillerées de crème et un morceau de beurre frais; mélangez-la aux carottes sans la laisser bouillir; ajoutez une cuillerée de persil haché fin, versez sur un plat chaud et servez.

Pendant l'hiver, on peut également préparer des carottes à la crème; il faut, dans ce cas, choisir de bonnes carottes rouges, les éplucher, les couper en rouelles d'un demi-centimètre d'épaisseur, et finir comme il est dit ci-dessus.

Carottes à la Vichy

Préparer et faire cuire les carottes comme il est dit ci-dessus; la cuisson terminée, servez-les en ajoutant simplement du beurre frais et du persil haché fin.

Carottes à la Flamande

Choisissez de bonnes carottes rouges et bien tendres, ratissez-les, coupez-les en rouelles d'un demi-centimètre d'épaisseur et faites-les blanchir à l'eau bouillante pendant cinq ou six minutes; égouttez-les, mettez-les dans une casserole avec un peu de beurre, une pincée de sel et un peu de sucre en poudre; faites-les sauter à feu doux pendant quelques minutes, puis mouillez-les avec de l'eau chaude; lorsqu'elles sont cuites et que le mouillement est à peu près réduit, ajoutez-y deux ou trois cuillerées de bon jus, liez-les avec un peu de beurre manié, ajoutez une cuillerée de persil haché fin, versez-les sur un plat, garnissez avec des croûtons de pain frits au beurre et servez.

Carottes à la poulette

Coupez et faites blanchir des carottes comme il est dit ci-dessus; lorsqu'elles sont bien égouttées, mettez-les dans une casserole avec un bon morceau de beurre, faites-les sauter pendant quelques minutes à feu très doux sans leur laisser prendre couleur, saupoudrez-les de farine et mouillez-les immédiatement avec de l'eau chaude salée; ajoutez un oignon et un bouquet garni, laissez cuire à feu doux; la cuisson terminée, retirez oignons et bouquet, ajoutez une ou deux pincées de sucre en poudre, une pointe de muscade, liez la sauce avec deux ou trois jaunes d'œufs, un peu de beurre frais et servez.

Carottes aux fines herbes

Coupez et faites blanchir des carottes comme il est dit aux *Carottes à la Flamande*; laissez-les bouillir jusqu'à entière cuisson; égouttez-les, mettez-les dans une casserole avec un bon morceau de beurre, persil et ciboule hachés fin, un peu de sel et une ou deux pincées de sucre en poudre; faites sauter pendant quelques minutes à feu doux afin d'éviter que le beurre tourne en huile; lorsque le beurre est fondu, versez sur un plat et servez.

Carottes à la paysanne

Émincez quelques gros oignons et faites-les cuire dans le beurre; lorsqu'ils commencent à prendre une belle couleur jaune, ajoutez des carottes blanchies et coupées en rouelles, comme il est dit aux *Carottes à la Flamande*; mouillez avec quelques cuillerées de bonne crème fraîche, ajoutez une pincée de sel, un peu de sucre en poudre, laissez mijoter pendant un quart d'heure et servez.

Navets à la poulette

Prenez des navets de Meaux ou des navets de Freneuse; pelez-les un peu épais, parez-les en les coupant tous de même forme, puis faites blanchir à l'eau bouillante pendant quelques minutes; égouttez et finissez comme il est dit aux *Carottes à la poulette*.

Navets à la sauce blanche

Préparez et faites blanchir des navets comme il est dit ci-dessus, mais laissez-les bouillir jusqu'à entière cuisson; égouttez-les avec soin, saupoudrez-les d'un peu de sucre en poudre, couvrez-les d'une sauce blanche et servez.

Navets à la sauce Béchamel

Préparez et faites cuire comme il est dit ci-dessus et servez-les couverts d'une sauce Béchamel.

Navets au jus

Préparez et faites blanchir des navets comme il est dit aux *Navets à la poulette*; égouttez-les, rangez-les dans une sauteuse avec du beurre, une pincée de sel et un peu de sucre en poudre; mouillez avec de l'eau chaude salée, faites cuire doucement avec feu dessus et dessous; lorsqu'ils sont bien atteints, découvrez la casserole, faites réduire et tomber à glace, dressez les navets sur un plat, détachez le fond de la cuisson avec quelques cuillerées de bon jus, versez sur les navets et servez.

Navets glacés

Epluchez de bons navets de Meaux ou de Freneuse, les couper de façon à les obtenir de même forme et de même grosseur, puis les faire sauter à la poêle dans du beurre en les saupoudrant de sucre en poudre et de peu de sel fin; lorsqu'ils sont de belle couleur blonde, les mettre dans une casserole avec quelques cuillerées de bon jus de bœuf ou de veau; laisser à petit feu jusqu'à entière cuisson.

Oignons farcis

Epluchez de gros oignons doux du Midi; faites-les blanchir à l'eau bouillante, égouttez-les, creusez-les à l'aide d'un vide-pomme, emplissez le vide avec de la chair à saucisse ou de la farce a quenelles, beurrez un plat à sauter, rangez-y les oignons l'ouverture en dessus, saupoudrez-les d'un peu de sel et de sucre en poudre, recouvrez-les de bardes de lard et arrosez le tout d'une cuillerée d'eau-de-vie et de quelques cuillerées de bon jus; faites cuire doucement avec feu dessus et dessous; lorsque les oignons sont bien cuits, dressez-les sur un plat chaud, dégraissez la sauce, versez-la sur les oignons et servez.

Oignons à l'étuvée

Epluchez de petits oignons, mettez-les dans une casserole avec du beurre et un peu de sucre en poudre; lorsqu'ils sont de belle couleur blonde, arrosez-les de quelques cuillerées de jus et d'autant de bon vin rouge, ajoutez un bouquet garni, couvrez et laissez cuire à petit feu; la cuisson terminée, dressez sur un plat les oignons restés bien entiers, retirez le bouquet, finissez la sauce en la liant avec un morceau de beurre manié de farine, donnez-lui quelques bouillons, passez-la sur les oignons et servez avec croûtons de pain frits au beurre.

Poireaux à la sauce blanche

Epluchez et lavez soigneusement de gros poireaux tendres et frais cueillis; supprimez la plus grande partie du vert qui est toujours ferme, attachez-les par petites bottes et faites-les cuire à l'eau salée; lorsqu'ils sont cuits, égouttez-les, dressez-les comme des asperges et envoyez avec une sauce blanche, ou une sauce à l'huile et au vinaigre.

Poireaux au jus

Epluchez de gros poireaux tendres, supprimez la plus grande partie du vert, coupez-les en morceaux de quatre à cinq centimètres et faites-les blanchir comme il est dit ci-dessus; égouttez-les, puis mettez-les dans une casserole avec quelques cuillerées de bon jus dans lequel ils achèveront de cuire; servez-les seuls ou comme garniture de viande braisée ou rôtie.

Salsifis sautés

Prenez des salsifis de l'espèce dite *scorsonère*, dont la peau est noire; ratissez-les avec soin, coupez-les en deux ou trois parties et jetez-les au fur et à mesure dans une terrine remplie d'eau acidulée par un verre de vinaigre. Mettez une cuillerée de farine dans une casserole, délayez-la avec de l'eau froide en quantité suffisante pour que les salsifis y baignent; salez, faites bouillir; retirez les salsifis de l'eau froide, jetez-les dans le liquide bouillant et laissez-les cuire jusqu'à ce qu'ils soient tendres sous la pression du doigt; égouttez, mettez-les dans une casserole avec un bon morceau de beurre, persil haché fin, sel, poivre; faites sauter pour faire fondre le beurre en évitant de le laisser tourner en huile; finissez par un jus de citron et servez.

Salsifis à la sauce blanche

Préparez et opérez comme il est dit ci-dessus; les salsifis bien égouttés, mélangez-les à une sauce blanche et servez.

Salsifis à la sauce Béchamel

Préparez et opérez comme il est dit aux *Salsifis sautés*; les salsifis bien égouttés, mélangez-les à une sauce Béchamel et servez.

Salsifis au fromage

Préparez et opérez comme il est dit aux *Salsifis sautés*; les salsifis bien égouttés, mettez-les dans une casserole avec quelques cuillerées de lait; lorsque le lait est absorbé, retirez la casserole sur le coin du fourneau, mélangez aux salsifis du fromage râpé, gruyère et parmesan par parties égales, ajoutez un peu de poivre blanc, une pointe de muscade, versez-les dans un plat à gratin préalablement beurré, saupoudrez-les de fromage râpé, d'un peu de chapelure, arrosez de beurre fondu et faites gratiner au four ou avec feu dessus et dessous. Lorsqu'ils sont de belle couleur, servez dans le plat.

Salsifis frits

Préparez et opérez comme il est dit aux *Salsifis sautés*; lorsqu'ils sont égouttés, mettez-les dans un plat creux, saupoudrez-les de sel et poivre fins, arrosez-les d'un jus de citron et laissez mariner ainsi pendant une heure; égouttez, trempez-les un à un dans une pâte à frire, plongez-les dans la friture chaude; lorsqu'ils sont de belle couleur, égouttez, salez et servez-les en rocher sur une serviette posée sur un plat.

Salsifis au jus

Ratissez et lavez comme il est dit aux *Salsifis sautés*; retirez-les de l'eau, coupez en deux sur l'épaisseur ceux qui seraient gros, épongez-les dans un linge propre, mettez-les dans une casserole avec un bon morceau de beurre, sel, poivre, couvrez la casserole, posez-la sur un feu très doux, et laissez ainsi une demi-heure environ; découvrez de temps en temps pour faire sauter les salsifis et les empêcher de prendre couleur; arrosez-les de quelques cuillerées de bon jus de rôti; laissez cuire pendant deux heures, et toujours à feu très doux. La cuisson terminée, dégraissez la sauce et servez.

Cardons au velouté

Choisissez des cardons blancs, tendres, et qui ne soient pas creux, supprimez les tiges vertes, coupez les autres en morceaux de six à huit centimètres de longueur, faites blanchir à l'eau bouillante acidulée jusqu'à ce que la peau qui les recouvre se détache; retirez-les, enlevez cette peau en les essuyant avec un linge propre, puis frottez-les de citron afin qu'ils restent très blancs; rangez-les dans une casserole foncée de bardes de lard, mouillez à couvert avec du bouillon de volaille non dégraissé et un verre de vin blanc, ajoutez un oignon, un bouquet garni et quelques ronds de citron sans pépins, ni peau, couvrez la casserole et faites cuire doucement; lorsqu'ils sont cuits, égouttez-les, puis faites-les mijoter pendant cinq ou six minutes avec quelques cuillerées de velouté réduit, versez-les sur un plat et servez.

Cardons à la sauce blanche

Faites cuire comme il est dit ci-dessus, puis égouttez les cardons; avec une cuillerée de farine et du beurre faites un roux blanc que vous mouillez avec la cuisson; suffisamment réduite, liez cette sauce avec beurre, jaunes d'œufs et jus de citron et versez sur les cardons.

Cardons à la moelle

Préparez et opérez comme il est dit ci-dessus. Les cardons bien égouttés, dressez-les sur un plat chaud; garnissez le plat avec des croûtons de pain arrondis, creusés et frits au beurre; dans le vide de chaque croûton, mettez un petit morceau de moelle de bœuf préalablement blanchie, saucez le tout d'une demi-glace et servez.

Cardons à la poulette

Préparez et opérez comme il est dit aux *Cardons au velouté*; une fois cuits et égouttés, faites mijoter les cardons pendant quelques minutes dans une sauce poulette; liez avec un ou deux jaunes d'œufs, du beurre frais, un jus de citron et servez.

Cardons au maigre

Préparez et opérez comme il est dit aux *Cardons au velouté*; mais remplacez le bouillon par du lait, le lard par du beurre et ajoutez du sel et du poivre à l'assaisonnement; lorsque les cardons sont cuits et bien égouttés, dressez-les sur un plat chaud, couvrez-les d'une sauce blanche, ou d'une sauce Béchamel et servez.

Cardons au gratin

Faites cuire comme il est indiqué aux *Cardons au velouté* ou aux *Cardons au maigre*; égouttez, beurrez un plat à gratin, rangez les cardons par couches, alternés avec du fromage râpé, Gruyère et Parmesan par parties égales. Si vous les préparez au gras, arrosez-les de quelques cuillerées de bon jus lié; si vous les préparez au maigre, remplacez le jus par de la Béchamel, saupoudrez de chapelure, arrosez

avec du beurre fondu et faites cuire au four avec feu dessus et dessous. Lorsqu'ils sont de belle couleur, servez dans le même plat.

Cardes

Les cardes ou grosses côtes de la poirée se préparent et se servent comme les cardons, mais la chair en est infiniment moins délicate.

Céleri en branche

Prenez des pieds de céleri frais, blancs et qui ne soient pas creux.
Supprimez les branches vertes, enlevez toute la peau qui recouvre la
racine, coupez cette racine en pointe, tenez tous les pieds de céleri
d'égale longueur; lavez avec soin, faites blanchir à l'eau bouillante
pendant une dizaine de minutes, égouttez. Mettez dans une casserole
avec du jus de viande. Couvrez soigneusement et laissez cuire à feu
doux encore une heure et quart. Ou faites-les cuire dans la casserole
avec la viande qu'ils doivent accompagner, veau, poulet, etc.

Céleri frit

Détachez du pied les branches de céleri, coupez-les en morceaux
de huit à dix centimètres, et faites cuire comme il est dit ci-dessus;
égouttez, trempez chaque morceau dans une pâte à frire et plongez-
les à la friture chaude, lorsqu'ils sont de belle couleur; retirez, égouttez, dressez en rocher sur une serviette et servez.

Céleri-rave

Epluchez la racine en enlevant toute la peau épaisse qui la recouvre, coupez-la selon la grosseur en dix ou douze quartiers, enlevez à l'intérieur les parties molles et creuses; mettez dans une casserole de la graisse d'oie, ou du beurre, ou de l'huile, puis mettez
les quartiers de céleri crus. Faites-les dorer à feu vif, salez. Mettez
le couvercle et laissez cuire à feu doux pendant deux heures et demie.
Au moment de servir, ajoutez poivre et hachis de persil.
Se servent également en garniture, assaisonnés avec du jus de
viande.

Topinambours

Lavez et épluchez les topinambours; faites-les cuire à l'eau salée;
égouttez, coupez par tranches et servez-les à la sauce blanche, à la
maître d'hôtel, à la crème ou au jus. Ils s'apprêtent encore au gratin
ou bien ils se font frire en procédant comme il est indiqué aux salsifis.

Concombres

Pelez des concombres, fendez-les en deux pour en enlever les
graines et coupez-les en morceaux de cinq centimètres; mettez-les
dans une casserole avec un peu de beurre et un bouquet garni, couvrez

d'eau, salez et laissez cuire à petit feu; la cuisson terminée, égouttez-les et servez-les soit avec une sauce blanche, une sauce poulette, une sauce à la crème, ou avec un bon jus lié.

Concombres farcis

Pelez des concombres, faites-les blanchir à l'eau bouillante et salée pendant quelques minutes; égouttez-les, fendez-les en deux sur la longueur, enlevez toutes les graines, remplacez-les par une farce à quenelles mélangée de fines herbes et de champignons hachés fin, remettez l'une sur l'autre les deux parties de chaque concombre afin de leur rendre leur première forme, ficelez avec soin pour que la farce ne s'échappe pas, placez-les dans une casserole foncée de bardes de lard et d'oignons coupés en rouelles, couvrez-les de bardes de lard, faites cuire doucement feu dessus et dessous ou au four du fourneau : arrosez de temps en temps avec le jus de cuisson. La cuisson terminée, dressez les concombres, déficelez et servez après avoir parsemé avec des fines herbes hachées fin.

Betteraves

Prenez des betteraves bien rouges, de moyenne grosseur et à peau lisse; posées sur un gril, faites-les cuire pendant sept ou huit heures à four doux; la cuisson est complète lorsque la peau se ride et semble être carbonisée.

Epluchez, coupez en rondelles minces et apprêtez-les comme les *Carottes à la paysanne*, ou servez-les avec une sauce à la crème ou une sauce blanche.

Tomates farcies au gras

Choisissez de grosses tomates bien rouges et autant que possible d'égale grosseur; fendez-les en deux sur le travers, enlevez les graines à l'aide d'une cuiller à café, saupoudrez-les d'un peu de sel fin et rangez-les sens dessus dessous sur un tamis afin d'en laisser égoutter l'eau; hachez fin du lard gras, un peu de veau rôti et froid, quelques champignons, une échalote, une pointe d'ail et du persil; mettez cette farce dans une casserole avec un peu de beurre, salez, poivrez et tournez à la cuiller de bois pendant quelques minutes et sur feu doux; liez avec quelques cuillerées de bon jus, retirez du feu et garnissez-en l'intérieur des tomates; rangez celles-ci sur un plat à gratin préalablement huilé, saupoudrez-les de mie de pain, arrosez-les d'un peu d'huile ou de beurre fondu et faites cuire doucement avec feu dessous et dessus ou au four du fourneau; la cuisson terminée, dressez-les dans un plat et servez.

Tomates farcies au maigre

Préparez et opérez comme il est dit ci-dessus; remplacez la farce au gras par une farce au maigre préparée comme suit : hachez fin des œufs durs, des champignons, persil, ail, échalotes, ajoutez un peu de panade de lait et de mie de pain, salez, poivrez, mélangez bien le tout et emplissez-en le vide des tomates, finissez et servez comme il est dit ci-dessus.

Tomates au gratin

Plongez les tomates à l'eau bouillante afin d'en enlever facilement la peau qui les recouvre; coupez-les en deux par le travers, ôtez les graines à l'aide d'une cuiller à café; pressez-les légèrement, saupoudrez-les de sel fin et posez-les sens dessus dessous sur un tamis pour les égoutter; lorsqu'elles ont rendu leur eau, faites-les revenir vivement dans quelques cuillerées de bonne huile chaude, posez-les ensuite par couche dans un plat à gratin, saupoudrez chaque couche de mie de pain mélangée avec du sel, du poivre, du persil et de l'ail hachés fin; faites cuire pendant un quart d'heure avec feu dessus et dessous et servez.

Tomates sautées

Préparez comme il est dit ci-dessus; lorsque les tomates sont égouttées de leur eau, coupez-les en deux ou trois morceaux; faites chauffer dans une poêle quelques cuillerées de bonne huile dans laquelle vous faites revenir des oignons ciselés et quelques gousses d'ail coupées fin ; après deux ou trois minutes, ajoutez les tomates et faites sauter le tout à feu vif, assaisonnez de sel, poivre de Cayenne, de fines herbes, hachez et servez très chaud.

Champignons au blanc

Employez des champignons cultivés ou champignons de couche; choisissez-les très frais; dans ce cas, ils sont blancs, fermes et n'ont aucun vide entre la tête et la queue; enlevez les parties terreuses de la queue, lavez vivement les champignons, puis, à l'aide d'un petit couteau d'office, tournez-les pour enlever la peau qui les recouvre; au fur et à mesure qu'ils sont épluchés, jetez-les dans une casserole contenant (pour un kilogramme de champignons épluchés) une cuillerée à bouche de jus de citron ou de vinaigre, couvrez d'eau froide, une pincée de sel; couvrez la casserole; donnez deux à trois minutes d'ébullition et égouttez. Les champignons étant bien égouttés, faites-les sauter dans le beurre pendant quelques minutes et à feu doux afin qu'ils ne prennent pas couleur, salez, poivrez, saupoudrez-les d'un peu de farine et mouillez aussitôt avec du bouillon ou de l'eau; laissez cuire pendant dix minutes, retirez la casserole sur le coin du fourneau, liez la sauce avec un ou deux jaunes d'œufs, finissez avec une cuillerée de persil haché, un peu de beurre fin, un jus de citron et servez.

Croûtes aux champignons

Préparez et opérez comme il est dit ci-dessus.

Ayez un pain rond d'une livre, enlevez la croûte du dessous et

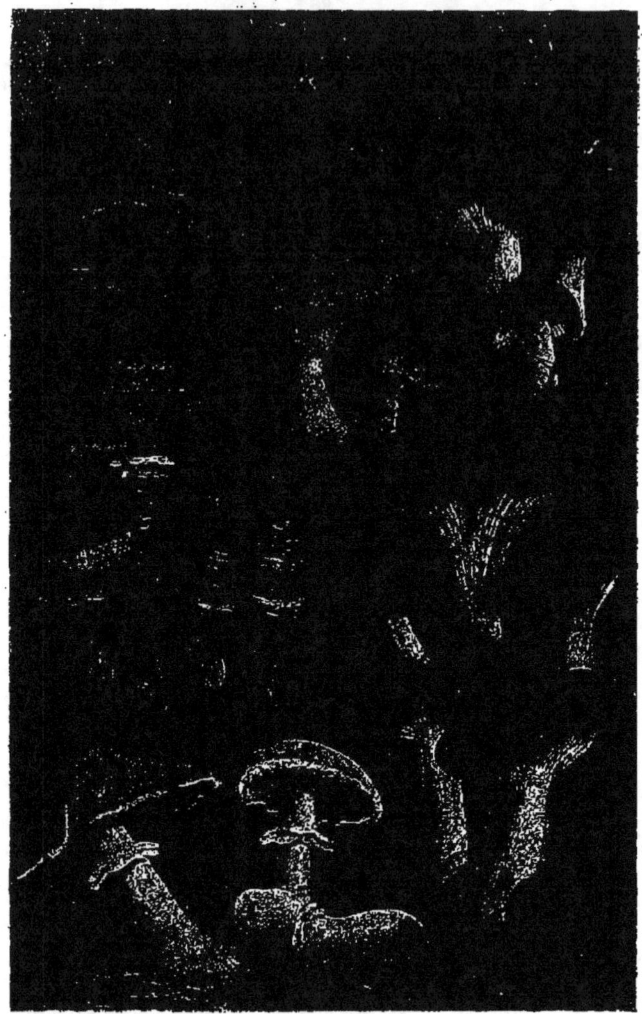

1. Chanterelle (Girolle), comestible
2. Hydne sinué ou frangé, excellent.
3. Russule charbonnière, excellent
4. Lépiote élevée (Coulemelle) très agréable.
5. Pleurote, comestible estimé
6. Psalliote des jachères (Petit-rosé), comestible.
7. Tricholome russule, excellent.
7. Le cèpe.

toute la mie de façon à ne conserver que la croûte du dessus qui est un peu bombée. Râpez le dessus de cette croûte, enduisez-la de beurre dessus et dedans, posez-la sur un gril et faites-la sécher au four; dressez-la ensuite sur un plat, remplissez-la du ragoût de champignons préparé, et servez.

Champignons grillés à la maître d'hôtel

Choisissez de gros champignons, lavez et épluchez, comme il est dit aux *Champignons au blanc*; égouttez et faites cuire sur le gril ou dans le four frottés de beurre; lorsqu'ils sont de belle couleur de chaque côté, dressez-les sur un plat, le côté de la tige en dessus; préparez du beurre à la maître d'hôtel, faites-le fondre sans le laisser chauffer, versez-le sur les champignons et servez. En général, on dresse sur des tranches de pain brioché, ou de mie de pain dorées au beurre.

Champignons à la Provençale

Choisissez de gros champignons, apprêtez-les; coupez-les en deux ou trois parties sur l'épaisseur, faites-les sauter à feu vif dans de bonne huile d'olive; lorsqu'ils commencent à prendre couleur, salez, poivrez, ajoutez du persil haché, une ou deux cuillerées de sauce tomate, autant de jus de viande, laissez bouillir pendant quelques minutes, dressez sur un plat et servez avec une garniture de croûtons de pain frits au beurre.

Champignons farcis

Préparez comme il est dit aux *Garnitures*, dressez les champignons sur un plat et servez.

Coquilles de champignons

Préparez et opérez comme il est dit aux *Champignons au blanc*; tenez la sauce un peu serrée; lavez avec soin des coquilles Saint-Jacques et terminez comme il est dit à cet article.

Champignons en caisse

Préparez et opérez comme il est dit aux *Champignons au blanc*; tenez la sauce un peu serrée, huilez de petites caisses, emplissez-les du ragoût préparé, saupoudrez-les de chapelure, arrosez-les avec du beurre fondu, passez quelques minutes au four et servez.

Champignons au gratin

Choisissez des champignons petits et durs; épluchez-les et mettez-les tremper vingt minutes dans l'eau vinaigrée. Faites-les cuire à l'eau bouillante salée pendant vingt minutes. Egouttez-les avec soin. Mettez dans une casserole un bon morceau de beurre, une cuiller de farine, sel, poivre, mouillez avec du lait pour faire une béchamel, ajoutez 125 grammes de gruyère râpé, un bol de crème et deux jaunes d'œufs délayés. Mélangez le tout. Ajoutez les champignons, mettez-les dans un plat, saupoudrez de gruyère, faites dorer au four et servez chaud.

La même garniture, non gratinée, peut se mettre dans un vol-au-vent.

Cèpes à la Bordelaise

Choisissez des cèpes frais; détachez les queues, lavez-les avec les cèpes, vivement et à grande eau; épongez avec soin afin qu'il ne reste pas d'eau; hachez les queues avec du persil et de l'ail; mettez les cèpes dans une sauteuse avec quelques cuillerées de bonne huile d'olive, faites-les sauter à feu vif pendant dix minutes en y ajoutant le hachis réservé, salez et poivrez, ajoutez un jus de citron et servez brûlant.

Les cèpes s'apprêtent aussi de diverses manières indiquées pour les champignons.

Cèpes au gratin

Lavez les cèpes et hachez les queues comme il est dit ci-dessus, faites revenir ce hachis pendant quelques minutes avec un peu de beurre et réservez-le; hachez fin un oignon, mettez-le dans la poêle avec quelques cuillerées de bonne huile et les têtes des cèpes coupées par tranches; faites revenir à feu vif; lorsque le tout commence à se dorer légèrement, salez, poivrez, ajoutez une pointe de muscade râpée, mouillez d'un demi-verre de vin blanc, finissez la cuisson à feu doux, retirez la casserole du feu, liez le tout avec du beurre manié; puis versez dans un plat à gratin; recouvrez du hachis réservé, arrosez avec un peu d'huile, passez au four pendant quelques minutes et servez.

Morilles, Oronges, Mousserons, Chanterelles, etc.

Toutes ces différentes sortes de champignons s'apprêtent comme les champignons cultivés et les cèpes.

Truffes au naturel

Choisissez des truffes lourdes à la main, fermes, bien noires dessus et marbrées à l'intérieur, lavez-les à plusieurs eaux en les brossant fortement afin d'en bien enlever la terre, essuyez-les, enveloppez chacune d'elles d'une barde de lard, puis d'une feuille de papier blanc; recouvrez de deux ou trois feuilles de papier mouillées; faites cuire sous la cendre chaude pendant une heure; déballez des papiers mouillés, et servez.

Truffes au vin

Choisissez de belles truffes et autant que possible de grosseur égale, nettoyez comme il est dit ci-dessus; faites fondre à feu doux du lard gras haché; lorsqu'il est fondu, ajoutez-y les truffes, un bouquet garni, un peu de sel, mouillez de bon vin blanc, couvrez la casserole et faites cuire vivement pendant dix à quinze minutes selon la grosseur; égouttez, servez-les sous une serviette pliée sur un plat et envoyez beurre frais à part.

Truffes en rocher

Préparez et opérez comme il est dit ci-dessus; égouttez-les, glacez-les au pinceau avec de la glace de viande fondue, dressez les truffes en rocher sur un plat et servez.

Truffes au vin de Champagne

Choisissez de belles truffes régulières, lavez-les comme il est dit aux *Truffes au naturel*, essuyez et faites cuire à la casserole couverte pendant dix à quinze minutes dans une mirepoix mélangée à de bon vin de Champagne; la cuisson terminée, tenez les truffes au chaud dans quelques cuillerés de cuisson, faites réduire le reste de moitié, dressez les truffes dans un plat, couvrez-les de la cuisson réduite passée et dégraissée, et servez.

Truffes à l'Italienne

Nettoyez de belles truffes comme il est dit aux *Truffes au naturel*; pelez-les, coupez-les en tranches minces et faites-les sauter dans le beurre à feu vif, mouillez-les d'un demi-verre de bon vin blanc et d'autant de glace de viande, laissez cuire pendant quelques minutes, retirez la casserole sur le coin du fourneau, liez la sauce avec un peu de beurre fin manié de persil, versez sur le plat, entourez de croûtons de pain frits au beurre, et servez.

Truffes à l'Espagnole

Préparez et opérez comme il est dit ci-dessus; remplacez le vin blanc par du vin de Madère; finissez et servez de même.

Truffes au gratin

Préparez et faites cuire de grosses truffes, comme il est dit aux *Truffes au vin*; d'un côté, parez-les afin qu'elles puissent se tenir bien à plat; de l'autre côté, creusez-les le plus possible sans les casser; hachez gros ces parures et mélangez-les à du foie gras coupé en dés et préalablement cuit dans le beurre, et à quelques cuillerées de jus réduit; emplissez les truffes avec ce mélange, rangez-les sur le plat à gratin, arrosez chacune d'elles de quelques gouttes de madère, saupoudrez-les de mie de pain, arrosez avec un peu de beurre fondu; passez au four pendant quelques minutes, dressez les truffes sur un plat et servez.

Croûte aux truffes

Préparez des truffes comme il est dit aux *Truffes à l'Espagnole* et terminez, comme il est indiqué pour la *Croûte aux champignons,*

Epinards au jus

Préparez et opérez comme il est dit aux *Epinards pour garniture*, au moment de servir, mélangez quelques cuillerées à bouche de bon jus de rôti, versez les épinards sur le plat, entourez-les de croûtons de pain frits au beurre et servez.

Epinards au maigre

Préparez et opérez comme il est dit ci-dessus en remplaçant le bouillon par du lait ou de la crème; entourez les épinards de croûtons de pain frits au beurre et servez.

Epinards au sucre

Préparez, opérez et servez comme il est dit ci-dessus, après y avoir mélangé du sucre en poudre selon le goût.

Epinards au beurre

Préparez les épinards comme il est dit aux *Garnitures;* lorsqu'ils sont hachés, mettez-les dans la casserole avec un bon morceau de beurre, sel, poivre, une pointe de muscade, tournez jusqu'à ce que le beurre soit fondu et servez avec croûtons de pain frits au beurre.

Epinards au gratin

Préparez et opérez comme il est dit aux *Epinards au jus*. Au moment de servir, ajoutez du gruyère râpé et un morceau de beurre, mélangez bien, versez dans un plat. Saupoudrez de gruyère râpé et faites gratiner rapidement au four.

Chicorée au jus

Préparez et opérez comme il est dit aux *Garnitures,* servez en entourant le plat de croûtons de pain frits au beurre.

Chicorée au maigre

Préparez et opérez comme il est dit aux *Garnitures,* remplacez le bouillon et le jus par du lait ou de la crème; entourez le plat de croûtons de pain frits au beurre ou de quartiers d'œufs durs et servez.

Chicorée à la Bruxelloise

Epluchez et lavez la chicorée avec soin; pressez-la pour qu'il ne reste plus d'eau; beurrez un moule, placez-y une couche de feuilles de chicorée, un peu de beurre coupé en petits morceaux, sel, poivre et pointe de muscade, remettez une couche de chicorée, du beurre, et ainsi jusqu'à ce que le moule soit rempli, couvrez du couvercle, faites cuire au four à feu doux pendant une heure et demie; retirez du feu, égouttez avec soin; renversez la chicorée sur un plat, versez dessus soit un peu de beurre fondu, ou quelques cuillerées de bon jus de rôti, entourez avec des croûtons de pain frits au beurre et servez.

Endives au jus

Lavez les endives avec soin, parez-les en les débarrassant des feuilles flétries, puis opérez comme il est dit ci-dessus en ajoutant à l'assaisonnement un jus de citron et du jus de viande.

Endives à la moelle

Opérez et servez comme il est dit à *Cardons à la moelle,* mais sans faire blanchir les endives.

Escaroles ou scaroles

Les escaroles se préparent et se servent comme il est indiqué aux différentes manières d'apprêter la chicorée.

Romaines

Les romaines se préparent et se servent comme il est indiqué aux différentes manières d'apprêter la chicorée.

Laitues

Les laitues se préparent et se servent comme il est indiqué aux différentes manières d'apprêter la chicorée.

Laitues farcies

Préparez et opérez comme il est dit aux *Garnitures.*

SALADES

Haricots verts en salade

Préparez et opérez comme il est dit aux *Haricots verts à l'Anglaise*; égouttez-les et placez-les dans un saladier; assaisonnez de sel, poivre, huile et vinaigre, un peu d'échalote et de persil hachés fin; retournez la salade et servez froid. On peut orner avec des rondelles d'oignon cru.

Haricots mange-tout en salade

Préparez et opérez comme il est dit aux légumes; égouttez et terminez comme il est dit ci-dessus.

Haricots blancs en salade

Faites cuire à l'eau et égouttez des haricots blancs, secs ou frais; assaisonnez-les comme il est indiqué aux *Haricots verts en salade* et servez-les froids.

Haricots panachés en salade

Faites cuire séparément à l'eau salée, comme il est indiqué, des haricots blancs et des haricots verts; égouttez et finissez comme il est dit aux *Haricots verts en salade.*

Lentilles en salade

Préparez et opérez comme il est dit à *Lentilles*; égouttez, mettez dans un saladier et assaisonnez avec sel, poivre, fines herbes hachées fin, huile, vinaigre, remuez le tout et servez froid. On peut ajouter des rondelles d'oignons blancs crus.

Pommes de terre en salade

Préparez et cuisez comme il est dit aux *Pommes de terre à la maître d'hôtel*; coupez-les de même, mettez-les dans un saladier, assaisonnez-les pendant qu'elles sont chaudes avec sel, poivre, vinaigre et quelques cuillerées de vin blanc; laissez refroidir. Au moment de les servir, ajoutez échalotes et fines herbes hachées fin, de l'huile, et servez froid.

Choux-fleurs en salade

Préparez et opérez comme il est dit à *Choux-fleurs à la sauce blanche*; égouttez, laissez plus ou moins refroidir, selon le goût, dressez dans un légumier ou dans un saladier, semez dessus du cerfeuil haché fin, et servez en accompagnant d'un huilier.

Salade de chou rouge

Préparez et blanchissez comme il est dit au *Chou rouge mariné*; rafraîchissez et égouttez avec soin, puis placez-le dans un saladier, sur quelques cuillerées de sauce *Ravigote froide*, préparée sans œufs crus; mélangez bien le tout et servez.

Salade de concombres

Pelez les concombres, fendez-les en deux sur la longueur pour en enlever les graines; émincez en tranches très fines, saupoudrez de sel gris écrasé, laissez macérer ainsi pendant quelques heures, puis égouttez avec soin; ajoutez une pincée de persil haché, assaisonnez de poivre, huile et vinaigre, retournez la salade et servez.

On peut avec avantage remplacer l'huile par de la crème fraîche.

Salade de betteraves

Coupez en tranches des betteraves cuites et bien rouges; ajoutez une pincée de cerfeuil haché fin, assaisonnez de sel, poivre, vinaigre, huile, et servez.

Salade de tomates

Couper les tomates en tranches et supprimer les pépins; les ranger dans un plat en les alternant avec des oignons coupés en rouelles très minces; saupoudrer le tout de sel fin et laisser ainsi pendant six heures au moins; au bout de ce temps, les égoutter de leur eau, supprimer tout ou partie des oignons selon le goût, ajouter des fines herbes hachées fin et assaisonner de poivre, huile et vinaigre.

Salade de légumes

Coupez en dés des carottes, des navets et des fonds d'artichauts; coupez des haricots verts en losanges, cassez des asperges vertes comme pour les mettre en petits pois; épluchez des choux-fleurs de façon à les laisser en petits bouquets; faites cuire ces légumes séparément, à l'eau bouillante et salée; faites cuire également des petits pois et des haricots flageolets; égouttez, laissez refroidir, puis disposez-les par rayons dans un saladier et en alternant les couleurs; placez au milieu le chou-fleur en bouquet; entourez-le de persil haché d'estragon et servez en accompagnant d'un huilier. On peut ajouter à cette salade des filets d'anchois, des olives énoyautées, du céleri-rave, des ronds de betteraves, des salsifis coupés en dés, etc., etc.

1 — Fausse oronge, très vénéneux.
2 bis — Amanite phalloïde, vénéneux mortel.
3 — Amanite citrine, très vénéneux, mortel.
4 — Amanite panthère, très vénéneux
5 — Amanite printanière, très dangereux, mortel.
6 — Russule émétique, vénéneux.
7 — Lactaire aux tranchées, vénéneux
8 — Entolome livide (le Perfide), vénéneux
9 — Bolet Livide et Bolet satan... vénéneux.

On a coutume d'appeler salade russe — à tort d'ailleurs — cette salade de légumes recouverte d'une mayonnaise.

Salade russe

Préparez des légumes comme il est dit ci-dessus; ajoutez des truffes cuites, des qu'r s de crevettes, d'écrevisses, des filets 'anchois. du saumon sauté au beurre et refroidi, des filets de perdreaux et de poulets également sautés au beurre et refroidis, le tout coupé en dés: des câpres, des olives énoyautées et du caviar.; couvrez d'une sauce mayonnaise dont vous aurez relevé le goût par de bonne moutarde, du poivre de Cayenne et du vinaigre aromatisé; mélangez bien cette sauce et servez.

Autre manière :

.Préparez et opérez comme il est dit ci-dessus; nappez l'intérieur l'un moule avec une couche de gelée, mettez ce moule dans une terrine contenant de la glace pilée; lorsque la gelée est prise, mettez une couche de la salade préparée, puis une couche plus mince de_gelée el toujours ainsi en terminant par une couche de gelée; laissez dans la glace assez de temps pour raffermir le mélange; au moment de servir, démoulez, garnissez le plat de croûtons de gelée, de bouquets de truffes et de champignons nappés à la gelée et servez.

Salade de laitues au lard

Choisissez des laitues rouges, bien fermes; supprimez les feuilles vertes, lavez les cœurs et égouttez-les en évitant de trop les briser; coupez-les en quatre ou huit parties, suivant la grosseur, mettez-les dans un saladier et saupoudrez-les de poivre. Au moment de servir, faites cuire à la poêle avec un peu d'huile du lard gras coupé en très petits dés ; lorsqu'il est fondu, versez dans la poêle deux cuillerées de vinaigre, faites bouillir et versez sur la salade, remuez le tout et servez vivement.

Salade de laitues

Choisissez des laitues pommées, bien fraîches, supprimez les feuilles vertes, lavez et égouttez en évitant de les briser; détachez les premières feuilles jaunes, mettez-les dans le saladier avec les cœurs coupés en quatre parties; ajoutez du cerfeuil haché, ciboule, civette et estragon, selon le goût; servez en accompagnant d'un huilier.

Salade de laitues à la crème

Préparez la salade comme il est dit ci-dessus, supprimez la fourniture et assaisonnez avec quelques cuillerées de bonne crème fraîche bien épaisse, vinaigre, poivre et sel.

Salade de laitues aux œufs

Préparez la salade comme il est dit à la *Salade de laitues*; écrasez dans le saladier deux jaunes d'œufs cuits durs; délayez-les avec très peu d'huile; posez votre salade dessus; garnissez-la de quartiers d'œufs cuits dont les jaunes soient pris sans être trop fermes, ajoutez du cerfeuil haché, civette, ciboule et estragon, selon le goût; envoyez avec un huilier.

Salade de romaine

Enlevez toutes les feuilles vertes, ne vous servez que de celles qui sont absolument jaunes; essuyez les feuilles avec soin, fendez-les en deux sur la longueur, supprimez la côte, puis coupez en deux sur la hauteur, servez ensuite comme il est dit à la *Salade de laitues*.

On peut à volonté ajouter des œufs durs.

Salade d'escarole

Prenez des escaroles bien jaunes à feuilles larges; supprimez toutes les feuilles vertes, enlevez les côtes aux feuilles jaunes, lavez et secouez à l'aide du panier à salade; si vous le pouvez, évitez de laver; dans ce cas, essuyez chaque feuille aves soin; mettez-les dans le saladier avec un peu d'échalote hachée fin, de la fourniture également hachée et servez en accompagnant d'un huilier.

Salade de chicorée

Choisissez des chicorées frisées à feuilles fines, dites chicorée rouennaise, et dont le cœur soit très jaune; supprimez toutes les feuilles vertes et les grosses côtes des feuilles jaunes; lavez à grande eau, secouez afin qu'il ne reste pas d'eau et mettez-la dans le saladier sur deux ou trois petits morceaux de croûtes de pain préalablement frottés d'ail; selon le goût, servez avec ou sans fourniture; envoyer huilier à part.

Salade d'endives

Choisissez des endives blondes et bien fermes, coupez-les en 4 ou 8 parties, selon la grosseur; lavez, égouttez avec soin; servez avec fourniture hachée et envoyez avec huilier à part.

On peut ajouter des rondelles de betterave cuite.

Salade de barbe des capucins

Supprimez les racines, coupez les feuilles en deux ou trois parties, lavez à grande eau et secouez afin qu'il ne reste plus d'eau, servez avec betteraves cuites coupées en rouelles, envoyez avec huilier à part.

Salade de pissenlits

Choisissez des pissenlits blancs ou de petits pissenlits verts bien tendres, parez-les en coupant le bout de la racine et aussi le bout des feuilles, supprimez toutes les feuilles flétries, lavez à grande eau, secouez avec soin et servez avec fourniture, selon le goût; envoyez avec huilier à part; on peut ajouter des œufs durs, en procédant comme il est dit à *Salade de laitues aux œufs.*

Salade de pissenlits au lard

Préparez des pissenlits comme il est dit ci-dessus et assaisonnez comme la *Salade de laitues au lard.*

Salade de mâches

Préparez comme il est dit ci-dessus; servez avec betteraves cuites coupées en rouelles; envoyez avec huilier à part.

Salade de raiponces

Epluchez les racines, retranchez toutes les feuilles flétries, coupez en deux sur la longueur et servez comme il est dit à la *Salade de pissenlits.*

Salade de céleri

Choisissez des pieds de céleri courts et bien fermes; retranchez les premières côtes et toutes les feuilles vertes; à l'aide du couteau d'office, retirez la partie filandreuse qui recouvre chaque côte; coupez-les en morceaux de cinq à six centimètres; enlevez la peau épaisse qui recouvre la racine et coupez-la en rouelles minces; lavez le tout à grande eau, égouttez et épongez avec soin; mettez le céleri dans un saladier sur quelques cuillerées de sauce rémoulade et servez.

Salade mélangée

Epluchez une escarole, un pied de céleri, des mâches, des raiponces, lavez le tout avec soin, placez-le dans un saladier; garnissez de betteraves cuites coupées en rouelles, de fourniture selon le goût, et servez en envoyant un huilier à part.

Salade de cresson

Epluchez le cresson en supprimant toutes les racines et les trop grosses côtes, lavez avec soin, secouez et servez en accompagnant d'un huilier.

Cette salade demande peu d'assaisonnement et surtout très peu d'huile.

Cresson alénois

Préparez et servez comme il est dit ci-dessus.

Salade du lion rouge

Ayez des haricots blancs cuits, des pommes de terre cuites à l'eau, épluchées, coupées en rouelles; de la laitue bien blanche. Coupez des œufs durs en rondelles. Mettez dans un saladier. Arrosez avec un peu de vinaigre. Ecrasez un jaune d'œuf dur dans une cuiller avec sel, poivre, moutarde blanche et délayez avec du vin blanc. Ajoutez de l'huile. Retournez un peu. Ajoutez alors des tomates crues épluchées, coupées en morceaux, privées de leurs pépins, de l'estragon en brins, du piment vert et du piment rouge en morceaux, une pincée de poivre de cayenne et de muscade, un petit hachis d'ail, du persil haché. Remuez encore. Ajoutez des anchois ou des filets de hareng marinés à l'huile, retournez et servez.

Salade de champignons

Prenez des champignons de couche, petits et fermes. Epluchezles. Faites-les tremper une heure dans l'eau vinaigrée. Egouttez. Faites-les cuire vingt minutes dans l'eau bouillante salée. Quand ils sont égouttés et froids, assaisonnez-les en salade à l'huile et au vinaigre.

On peut y ajouter des moules cuites à l'eau froide et des crevettes cuites à l'eau, froides et épluchées, puis couvrir d'une mayonnaise.

SAUCES, GARNITURES
Épices

SAUCES

Jus coloré pour sauces brunes

Faites fondre du beurre dans une casserole; ajoutez de la rouelle de veau coupée en gros dés, des parures de bœuf également coupées et sans gras ni nerfs; des carottes et des oignons coupés en rouelles; faites prendre couleur sur feu modéré en évitant de laisser attacher les viandes à la casserole; lorsqu'elles sont bien dorées, mouillez d'un peu de vin blanc et laissez tomber à glace; mouillez ensuite à couvert, avec de l'eau chaude salée, faites bouillir, écumez, ajoutez un bouquet garni, un peu de gros poivre, et laissez cuire très doucement pendant cinq ou six heures; dégraissez ensuite avec soin, passez la cuisson à la serviette et réservez.

Le jus coloré s'emploie pour préparer toutes les sauces brunes.

Roux blond

Faites fondre du beurre frais dans une casserole, ajoutez-y autant de bonne farine qu'il en peut absorber; faites cuire à feu doux en remuant à la cuiller de bois; lorsque le roux a pris une belle couleur noisette, retirez sur le coin du fourneau et laissez cuire à feu doux pendant une heure environ, en le remuant de temps en temps; retirez du feu, versez-le dans une terrine et réservez pour préparer les sauces brunes.

Roux blanc

Opérez comme il est dit ci-dessus, mais cuisez sur de la cendre chaude afin que le roux ne puisse prendre couleur.

Réservez pour préparer le velouté, etc., etc.

Sauce Béchamel

Mettez dans une casserole un bon morceau de beurre, deux cuillères de farine de froment, ne pas faire prendre couleur, remuez; quand le mélange est bien fait, ajoutez la quantité de lait correspondante à la quantité de sauce désirée. Salez, poivrez. Faites cuire à feu doux en remuant toujours, retirez la casserole car le lait ne doit pas bouillir. A part, dans un bol, mélangez de la crème fraîche et deux jaunes d'œuf, puis versez dans la sauce en remuant toujours sans laisser bouillir. Un jus de citron pour finir. La sauce doit masquer la cuiller. Se sert dans une saucière ou bien versée sur un plat de viande, de poisson, de légumes (voir les recettes).

Gelée de viande

Prenez un kilogr. de jarret de veau, autant de gîte de bœuf, le tout désossé et coupé en très gros dés; 500 grammes de jambon maigre, également coupé en dés, une poule ou des abatis en nombre suffisant, et deux pieds de veau; mettez le tout dans une casserole, couvrez d'eau, faites partir à grand feu, écumez, puis ajoutez un peu de sel, du poivre en grains, carottes, poireaux, oignons, un bouquet garni, un clou de girofle, faites cuire à très petit feu; lorsque les viandes sont cuites, retirez-les avec l'écumoire et laissez bouillir doucement jusqu'à entière cuisson des pieds de veau, puis retirez-les, passez et dégraissez avec soin la cuisson, sur laquelle il ne doit rester aucune parcelle de graisse.

Fouettez dans une casserole trois ou quatre blancs d'œufs avec les coquilles, versez-y la cuisson peu à peu et posez la casserole sur le feu toujours en fouettant doucement jusqu'à ébullition; au premier bouillon, retirez la casserole sur le coin du fourneau, couvrez et laissez mijoter jusqu'à entière cuisson du blanc d'œuf qui remontera alors à la surface; ajoutez-y un jus de citron, puis passez dans une serviette humide attachée au-dessus d'une chausse.

Si la gelée ne paraissait pas absolument claire, repassez-la à la chausse une seconde fois pendant qu'elle est encore tiède.

Cette gelée sert à décorer les entrées froides, les galantines, etc.

Prise sur glace, elle sert à préparer les aspics.

Glace de viande

Ayez une certaine quantité de *Jus coloré* préparé comme il est indiqué précédemment et refroidi; ayez soin de supprimer le dépôt qui s'y serait formé; faites réduire le jus à grand feu et sans cesser de le tourner; lorsqu'il a atteint la consistance de sirop épais, versez dans une terrine et réservez pour corser les sauces.

Glace de volaille

Prenez une poule ou des abatis et carcasses de poulets crus, cassez-les, mettez-les dans une casserole avec un peu de rouelle de veau coupée en gros dés, mouillez à hauteur avec de l'eau salée, ajoutez un bouquet garni et laissez cuire à très petit feu; lorsque les viandes sont cuites, passez à la serviette et réservez.

Glace de gibier

Préparez et opérez comme il est dit ci-dessus, mais en remplaçant la volaille par des perdrix et du lapin de garenne, et en ajoutant dans l'eau un demi-verre de vin blanc.

1 — Chevreuil.
2 — Lapin de Garenne.
3 — Lièvre
4 — Sanglier et ses Marcassins.

Fumet de perdreaux

Prenez deux ou trois perdreaux dont vous conserverez les filets pour préparer une entrée; cassez les carcasses et les cuisses en morceaux, mettez-les dans une casserole avec carottes et oignons coupés en rouelles, une pointe de muscade, un clou de girofle et un bouquet garni; mouillez d'un demi-verre de madère, posez la casserole sur feu vif et faites tomber à glace; mouillez à hauteur avec de l'eau salée ou de bon bouillon, faites bouillir, écumez, couvrez la casserole et laissez cuire à petit feu pendant une heure et demie à deux heures, passez à la serviette et réservez.

Fumet de gibier à plumes

Préparez et opérez comme il est dit ci-dessus, en remplaçant les parures et carcasses de perdreaux par des parures et carcasses de faisans, de grives, de bécasses ou de mauviettes, etc., etc.

Fumet de lièvre, de levrauts ou de lapereaux

Prenez un lièvre, un levraut ou un lapereau; levez les filets que vous conservez pour préparer un plat d'entrée; cassez en morceaux le devant, les cuisses et les os du râble, puis opérez comme il est dit au *Fumet de perdreaux*.

Essence de volaille

Prenez deux poulets dont vous réservez les filets pour entrée, préparez-les comme il est dit au *Fumet de perdreaux;* opérez de même en remplaçant le madère par du vin blanc et le bouillon par du *Consommé de volaille.*

Sauce poivrade brune

Faites un roux blond; quand il a pris bonne couleur, ajoutez une cuillerée de vinaigre, échalotes, persil et ciboule hachés, un brin de thym, une demi-feuille de laurier, une bonne pincée de poivre, un peu de muscade. Laissez cuire vingt minutes, servez chaud. S'emploie en général pour les restes de viande, surtout les restes de porc.

Sauce madère

Préparez un roux blond. Mouillez-le avec du bouillon ou de l'eau salée. Ajoutez poivre, sel, un bouquet de persil, thym et laurier. Laissez cuire à feu doux, 20 ou 30 minutes. Au moment de servir, on ajoute deux cuillerées de madère.

Sauce Italienne

Mettez dans une casserole: persil, échalotes, ail et champignons, le tout haché finement. Ajoutez un verre de vin blanc et faites cuire vingt minutes à feu doux. Mettez alors sel et poivre, une petite cuillerée d'huile. Au moment de servir, liez la sauce avec un peu de beurre et de farine.

Sauce aux échalotes

Coupez en morceaux quelques échalotes. Mettez-les dans une casserole avec une ou deux cuillerées de bouillon, autant de vin blanc; un peu de poivre, ajoutez un petit bouquet garni et faites tomber à glace, puis mouillez avec du *Jus coloré;* laissez cuire doucement pendant un quart d'heure et passez à la passoire fine.

Sauce piquante

Mettez dans une casserole un bon morceau de beurre, un oignon haché fin, une demi-cuillerée de farine. Mouillez avec un verre d'eau chaude. Salez, poivrez. Ajoutez un bouquet garni. Laissez cuire vingt minutes. Au moment de servir, on met une cuillerée de bon vinaigre et des cornichons confits coupés en rouelles.

Sauce hachée

Coupez fin cinq ou six échalotes, hachez autant de champignons blanchis, un peu de persil; mettez-les dans une casserole avec du beurre, un peu de poivre et quelques cuillerées de bon vinaigre; faites réduire le vinaigre à feu vif, mouillez avec une cuillerée à pot de bouillon et de jus de viande, mélangez bien le tout à la cuiller de bois, faites mijoter jusqu'à ce que la sauce masque légèrement la cuiller; ajoutez une cuillerée de cornichons hachés, autant de câpres confits, terminez par un peu de beurre d'anchois, et servez très chaud.

Sauce Robert

Coupez en dés cinq ou six oignons, faites-les cuire dans le beurre à feu modéré; lorsqu'ils sont de belle couleur blonde, mouillez-les avec une ou deux cuillerées de vin blanc, faites réduire, ajoutez une cuillerée de farine, mouillez avec du bouillon ou de l'eau chaude salée, ajoutez un peu de poivre et faites mijoter jusqu'à entière cuisson des oignons; retirez du feu, délayez dans la sauce une ou deux cuillerées de bonne moutarde et servez immédiatement. Elle convient pour accompagner les restes de viande.

Sauce Pauvre Homme

Coupez fin cinq ou six échalotes, hachez une ciboule et une pincée de persil; mettez le tout dans une casserole avec une cuillerée à pot de bouillon ou d'eau et un filet de vinaigre, poivrez, faites bouillir jusqu'à entière cuisson des échalotes et servez.

Sauce à la Prunellay

Faites un roux blond avec 125 grammes de beurre et de la farine en quantité suffisante. Mouillez-le avec du bouillon ou du *Jus coloré;* ajoutez-y un filet de vinaigre, une feuille de laurier, une gousse d'ail, un peu de thym, un clou de girofle et une pincée de poivre en grains; faites bouillir cette sauce en la remuant au fond de la casserole avec une cuiller de bois, puis retirez-la sur le côté du feu et laissez-la mijoter pendant un quart d'heure; dégraissez avec soin, passez-la à l'étamine dans une autre casserole; assurez-vous qu'elle est de bon goût et servez.

Sauce portugaise pour gibier

Faites réduire un verre de bon jus avec autant de madère; mélangez-y une ou deux cuillerées de purée de tomates, des piments ciselés et le zeste d'une orange; passez la sauce à l'étamine et terminez-la en la liant avec un peu de beurre fin et une cuillerée de glace de viande.

Sauce genevoise

Mettez dans une casserole un bon morceau de beurre. Faites-le fondre sans prendre couleur. Ajoutez un hachis de champignons, persil, échalotes. Faites cuire une croûte de pain dans le court-bouillon du poisson. Ajoutez-la aux fines herbes cuites. Allongez avec trois cuillerées de court-bouillon. Faites réduire. Passez, salez légèrement. Poivrez. Cette sauce sert à accompagner le poisson.

On peut y ajouter du bon vin rouge de Bourgogne.

Sauce chaud-froid de volaille

Faites un roux au blanc, délayez avec du lait et avec une demi-cuillerée de *Glace de volaille;* pendant la réduction, travaillez fortement la sauce; lorsqu'elle masque la cuiller, liez-la, en tenant la casserole sur le coin du fourneau, avec trois jaunes d'œufs, jus de citron, et passez à l'étamine au-dessus d'une terrine que vous placez sur de la glace pilée; remuez vivement la sauce jusqu'à ce qu'elle soit froide et bien lisse et préparez les chauds-froids.

Sauce chaud-froid de gibier

Faites réduire, et travaillez à la cuiller de bois, une cuillerée de roux blond avec une demi-cuillerée de *Fumet de gibier;* ajoutez ensuite une demi-cuillerée de *Gelée de viande;* passez à l'étamine au-dessus d'une terrine que vous placez sur de la glace pilée; remuez vivement la sauce jusqu'à ce qu'elle soit froide et bien lisse et préparez les chauds-froids de gibier.

Sauce Mousquetaire

Pilez dans le mortier de marbre une échalote, du cerfeuil, cresson de fontaine et estragon de tout, une poignée; ajoutez-y une cuillerée à bouche de *Glace de viande;* du sel, du poivre, une pointe de muscade râpée et une cuillerée à bouche de moutarde; lorsque ce mélange est bien pilé, passez-le au tamis, et délayez-le avec deux cuillerées à bouche d'huile d'olive que vous versez peu à peu et en tournant, ajoutez une cuillerée de vinaigre, et servez cette sauce pour accompagner une entrée froide de volaille ou de poisson.

Sauce aux fines herbes

Faites un roux blond, ajoutez un verre de vin blanc et une forte pincée de persil haché avec un peu de ciboule. Placez la casserole sur feu modéré, et faites bouillir en remuant avec une cuiller de bois jusqu'à ce que la sauce soit lisse et bien liée; puis retirez-la du feu; assurez-vous de l'assaisonnement, et faites-y fondre un peu de beurre fin, en la vannant bien avec la cuiller.

Sauce à l'estragon

Faites un roux blond, ajoutez un peu de *Glace de viande* et un *Jus de citron*, faites bouillir la sauce et remuez-la à la cuiller de bois; au premier bouillon, retirez sur le côté du fourneau et laissez mijoter pendant quelques minutes. Taillez en losanges une forte pincée de feuilles d'estragon, jetez-les dans l'eau bouillante, retirez-les immédiatement, épongez-les avec soin, puis ajoutez-les à la sauce.

Sauce au kari

Mettez un bon morceau de beurre dans une casserole, des oignons émincés, saupoudrez d'une cuillerée de farine. Quand le tout a pris une belle couleur blonde, mouillez avec de l'eau ou du bouillon de poule. Ajoutez un bouquet garni. Laissez cuire vingt minutes. Cinq minutes avant de servir, passez, remettez sur le feu avec un quart de cuillerée à café de poudre de kari (ou carry). Finissez avec une cuillerée à soupe de lait.

Sauce tomate

Prenez une douzaine de tomates bien mûres, coupez-les en deux, pressez-les pour en exprimer le jus et en retirer les graines; mettez les tomates dans une casserole avec sel, poivre, un bouquet garni, 3 gousses d'ail et un oignon coupé en rouelles, faites cuire doucement pendant une heure et passez au tamis; finissez la sauce en y faisant fondre un bon morceau de beurre fin. On peut y ajouter un morceau de sucre.

Sauce Périgueux

Faites un hachis fin avec une belle truffe, des champignons, la moitié d'une gousse d'ail, persil et ciboule. Faites revenir dans une casserole avec un peu d'huile. Saupoudrez d'un peu de farine. Laissez un moment sur feu doux. Ajoutez un peu d'eau, un demi-verre de vin blanc, salez, poivrez, laissez cuire et, au moment de servir, dégraissez.

Sauce Colbert

Faites chauffer une cuillerée à pot de bonne *Glace de viande;* au premier bouillon, retirez la casserole sur le coin du fourneau, incorporez à la sauce, par petites parties et sans cesser de la tourner à la cuiller de bois, 150 grammes de beurre fin; lorsque la sauce est liée et bien lisse, finissez par une pincée de persil haché et le jus d'un citron; servez immédiatement.

Sauce matelote

Mettez dans une casserole un demi-litre de vin rouge avec un peu de sel, une pincée de poivre en grains, un oignon coupé en rouelles, une échalote, une gousse d'ail et un petit bouquet garni; faites réduire le vin de moitié à feu vif; ajoutez un roux blond et laissez cuire à petit feu jusqu'à ce que la sauce masque la cuiller. Finissez la sauce en y faisant fondre un peu de bon beurre, puis passez à l'étamine.

Sauce aux moules

Choisissez de petites moules bien grasses. Faites-les ouvrir comme il est dit à *Moules à la marinière.* Recueillez l'eau qu'elles rendent en cuisant, laissez-la déposer, tirez-la à clair et tenez-la sur le coin du fourneau sans la laisser bouillir; enlevez les moules de leurs coquilles et mettez-les dans l'eau de cuisson afin qu'elles se tiennent chaudes; hachez fin une échalote, faites-la revenir dans le beurre sans lui laisser prendre couleur, saupoudrez une cuillerée de farine que vous mélangez au beurre pour faire un roux blanc, mouillez immédiatement d'un demi-verre de vin blanc, ajoutez de la cuisson des moules, un peu de poivre et laissez réduire jusqu'à ce que la sauce masque la cuiller; faites chauffer les moules sans les laisser bouillir et finissez par un morceau de beurre fin.

Sauce aux huîtres

Ouvrez deux ou trois douzaines de petites huîtres grasses et bien fraîches, recueillez-en l'eau dans une casserole, mélangez-la avec un peu de vin blanc et mettez sur le feu; lorsque le liquide bout, jetez-y les huîtres, laissez-les bouillir pendant une ou deux minutes, égouttez-les, parez-les en en supprimant les barbes et, avec la cuisson, préparez la sauce comme il est dit ci-dessus, ajoutez une pointe de muscade et terminez en liant avec un peu de beurre fin, deux jaunes d'œufs et un jus de citron.

Sauce aux crevettes

Faites un roux blanc avec 125 grammes de beurre fin et une suffisante quantité de farine; mouillez ce roux avec de l'eau chaude salée et un peu de vin blanc; ajoutez-y un peu de gros poivre, une pointe de Cayenne, et faites bouillir cette sauce en ayant soin de la remuer continuellement avec la cuiller de bois. Au premier bouillon, retirez la casserole sur le côté du feu et laissez mijoter la sauce jusqu'à ce qu'elle soit un peu réduite; finissez-la en la liant avec du *Beurre de crevettes*, préparé comme il est dit à cet article. Mêlez ce beurre à la sauce en l'y amalgamant petit à petit et sans laisser bouillir. Cette sauce doit alors être un peu consistante et bien lisse; ajoutez des queues de crevettes et servez.

Lorsque cette sauce doit être servie avec des filets de sole, de turbot, etc., pour le mouillement du roux, on remplace avec avantage l'eau par un bouillon préparé avec les arêtes et parures des poissons employés; dans ce cas, on met ces arêtes et parures dans une casserole avec quelques légumes émincés, une échalote, poivre, sel, pointe de Cayenne; on mouille de deux tiers d'eau, d'un tiers de vin blanc et, la cuisson terminée, on passe avec soin avant de s'en servir.

Sauce aux écrevisses

Préparez et opérez comme il est dit ci-dessus, en remplaçant le *Beurre de crevettes* par du *Beurre d'écrevisses;* coupez les queues d'écrevisses en filets minces ou en petits dés avant de les mettre dans la sauce.

Sauce au homard

Prenez un homard cuit et refroidi, auquel vous enlevez toutes les coquilles, et réservez les œufs pour en composer un *Beurre de homard*, en procédant comme il est indiqué à cet article. Coupez les chairs du homard en petits dés et mettez-les dans une saucière. D'autre part, dans une casserole, faites un roux blanc et ajoutez deux cuillerées à pot de court-bouillon de poisson, faites réduire cette sauce, en la tournant sur le feu jusqu'à ce qu'elle masque la cuiller, puis retirez-la sur le coin du fourneau, ajoutez-y du *Beurre de homard* en quantité suffisante pour que la sauce prenne une belle couleur, remuez avec la cuiller de bois jusqu'à ce que le mélange soit parfait, et versez la sauce sur les chairs du homard.

Sauce diplomate

Mêlez ensemble, dans une casserole, une cuillerée à pot de *Béchamel maigre* et autant de *Coulis d'écrevisses;* faites réduire ce mélange en ayant soin de le remuer avec la cuiller de bois jusqu'à ce que la sauce soit lisse et bien liée. Assurez-vous de l'assaisonnement et terminez par un peu de beurre fin; servez pour accompagner un relevé de poisson.

Sauce au velouté de poisson

Faites un roux blanc, mouillez avec du court-bouillon de poisson et un peu de bon vin blanc sec, ajoutez un bouquet garni, des parures de champignons et de truffes, un peu de muscade râpée; lorsque la sauce masque la cuiller, retirez-la sur le coin du fourneau pour la lier avec deux ou trois jaunes d'œufs, un morceau de beurre fin et du jus de citron; réservez pour servir selon les indications.

Sauce normande

Mettez dans une casserole quatre jaunes d'œufs crus, une pincée de poivre blanc, 125 grammes de beurre fin, un jus de citron et une pointe de muscade râpée; mélangez le tout avec une cuiller de bois, puis ajoutez une cuillerée à pot de court-bouillon de poisson, un peu de cuisson de champignons et tournez la sauce jusqu'à ce qu'elle soit prête à bouillir; retirez alors sur le coin du fourneau, ajoutez-y un bon morceau de beurre fin, et vannez bien votre sauce avec la cuiller pour obtenir un mélange parfait; passez à l'étamine et servez très chaud.

Sauce blanche

Mélangez 50 grammes de beurre fin avec une cuillerée de farine de froment, une pincée de sel et un peu de poivre blanc; posez la casserole sur feu très doux et travaillez vivement le mélange afin d'en former une pâte bien lisse; mouillez petit à petit avec de l'eau bouillante, et en continuant de tourner la sauce faites-lui jeter deux ou trois bouillons; lorsque la sauce est bien liée, retirez-la sur le coin du fourneau, et finissez-la en lui incorporant 150 grammes de beurre divisé en petites parties que vous faites fondre dans la sauce les unes après les autres; ajoutez un jus de citron et servez immédiatement.

Sauce aux câpres

Opérez comme il est dit ci-dessus, remplacez le citron par une cuillerée de câpres confits au vinaigre.

Sauce à la moutarde

Préparez et opérez comme il est dit à *Sauce blanche,* supprimez le citron et remplacez-le par une cuillerée de bonne moutarde que vous mélangez à la sauce au moment de la servir.

Autre manière :

Préparez comme il est dit à *Maître d'hôtel froide;* remplacez le persil par une cuillerée de moutarde.

Sauce hollandaise

Mettez dans une casserole 250 grammes de bon beurre fin, salez, poivrez. Ajoutez quatre jaunes d'œuf.

Placez cette casserole dans une autre contenant de l'eau froide. Le tout sera posé sur le feu, pas trop vif.

Travaillez le mélange à la cuiller de bois jusqu'à ce qu'il ait la consistance d'une sauce mayonnaise. Terminez par un jus de citron, toujours sans cesser de tourner, retirez du feu et servez de suite.

L'eau du bain-marie doit être chaude, mais non bouillante.

Autre manière :

Préparez et opérez comme il est dit à *Sauce blanche*. Mais, au moment de servir, incorporez à la sauce deux ou trois jaunes d'œufs et un jus de citron.

Sauce à la crème

Mettez dans une casserole 100 grammes de beurre bien frais, une cuillerée de farine, un peu de sel fin, un peu de poivre blanc, mélangez le tout avec la cuiller de bois; ajoutez de la crème en quantité suffisante; placez la casserole sur un feu doux, et faites bouillir la sauce pendant quinze ou vingt minutes, en la remuant constamment; lorsqu'elle masque la cuiller, ajoutez une pincée de persil haché, et servez.

Sauce blonde

Préparez et opérez comme il est dit à la *Sauce blanche*, mais en remplaçant l'eau bouillante par du bouilllon chaud, ajoutez une pointe de muscade et supprimez le citron.

Sauce blonde aux câpres

Préparez et opérez comme il est dit ci-dessus; au moment de servir, ajoutez une cuillerée de câpres confits au vinaigre.

Sauce poulette

Préparez une *Sauce blonde*, à laquelle vous ajoutez un bouquet garni et le jus de cuisson de quelques champignons. Liez cette sauce avec des jaunes d'œufs crus, un peu de beurre et un jus de citron.

Sauce béarnaise grasse

Mettez dans une casserole cinq ou six jaunes d'œufs bien frais et 50 grammes de beurre fin; amalgamez le tout sur feu doux ou en tenant la casserole au bain-marie et travaillez cette sauce à la cuiller de bois jusqu'à ce qu'elle soit bien liée, mais en évitant de la laisser bouillir; lorsqu'elle est bien lisse, ajoutez un peu de sel fin, du poivre et sept ou huit belles échalotes hachées; incorporez à la sauce 150 grammes de beurre fin, mais par petits morceaux et en ayant soin de les faire fondre les uns après les autres, et sans cesser de tourner; finissez en ajoutant une pincée de feuilles d'estragon confites au vinaigre.

Sauce au beurre

Mettez dans une petite casserole une pincée de sel, une prise de poivre blanc, deux cuillerées à café de vinaigre et 200 grammes de beurre; plongez la casserole dans une casserole plate contenant de l'eau chaude mais non bouillante; tournez le beurre à la cuiller de

HERBES CULINAIRES

1   Tilleul Sylvestre
2   Persil frisé.
3   Thym.
4   Menthe

5 — Genièvre.
6   Estragon
7 — Angélique officinale.

bois; lorsqu'il est fondu, retirez la casserole de l'eau, travaillez vivement la sauce jusqu'à ce qu'elle soit prise et bien lisse, et servez-la immédiatement.

Sauce au beurre fondu

Faites fondre 250 grammes de bon beurre, retirez-le du feu et laissez-le reposer; au bout de quelques minutes, versez-le dans une casserole en ayant soin de ne pas y laisser tomber le dépôt formé par le beurre; assaisonnez la sauce de sel, poivre, chauffez-la doucement, ajoutez un peu de persil haché, un jus de citron et servez aussitôt.

Beurre noir,

Mettez deux ou trois cuillerées à bouche de vinaigre d'Orléans dans une petite casserole avec un peu de sel et de poivre; faites jeter un bouillon au vinaigre, puis retirez-le du feu. D'autre part, mettez 250 grammes de beurre dans une poêle et faites-le roussir jusqu'au point d'être presque noir; ajoutez-y quelques feuilles de persil et retirez la poêle du feu pour laisser un peu reposer le beurre; versez-le ensuite dans la casserole où est le vinaigre, en ayant soin de ne pas y laisser tomber le dépôt et tenez le beurre toujours bien chaud jusqu'au moment de servir.

Maître d'hôtel froide

Amalgamez avec soin un bon morceau de beurre frais avec une pincée de persil haché, sel, poivre, le jus d'un citron ou un filet de vinaigre. Chauffez un instant au-dessus de l'eau bouillante, afin d'amollir le beurre sans le laisser fondre, servez-vous de cette maître d'hôtel pour les viandes ou pour les poissons grillés.

Maître d'hôtel à la Durand

Hachez deux fortes pincées de persil, avec un peu de cresson alénois, quelques feuilles d'estragon et une échalote; amalgamez bien le tout avec 125 grammes de beurre, sel, poivre, une pointe de muscade râpée; ajoutez-y le jus d'un citron et un jaune d'œuf cru; lorsque le tout est bien mélangé, tenez au frais jusqu'au moment de s'en servir.

Sauce maître d'hôtel liée

Préparez une sauce blanche, comme il est dit à cet article, finissez la sauce avec du beurre maître d'hôtel froide.

Maître d'hôtel bordelaise

Préparez et opérez comme il est dit à la *Maître d'hôtel froide,* mais en employant moitié moins de beurre que l'on remplace par de la moelle de bœuf blanchie, pilée et passée au tamis avec quatre ou cinq échalotes.

Sauce Chateaubriand

Hachez fin quatre ou cinq échalotes, et faites-les revenir dans le beurre sur feu modéré, mouillez de quelques cuillerées de bon vin blanc sec, faites réduire de moitié, retirez la casserole sur le coin du fourneau pour y faire fondre de la glace de viande, ajoutez une pointe de cayenne, une pincée de persil haché et finissez par un morceau de beurre fin et un jus de citron.

Sauce mayonnaise

Mettez dans un bol un ou deux jaunes d'œufs, très frais, sel, poivre et *une goutte de vinaigre;* délayez avec de l'huile que vous laissez tomber en filet, en travaillant fortement la sauce avec une cuiller; lorsque la sauce est suffisamment épaisse, ajoutez-y le jus d'un citron ou, à défaut, un peu de vinaigre. Employez à peu près 100 grammes d'huile par jaune d'œuf, et ayez soin de confectionner cette sauce dans un endroit frais et de la tenir sur glace, si elle ne doit pas être servie immédiatement.

Sauce mayonnaise verte

Préparez et opérez comme il est dit ci-dessus; la mayonnaise finie, mélangez par petites quantités un peu de vert d'épinards ou du cerfeuil et de l'estragon, pilés et passés.

Sauce tango

Préparez une mayonnaise; quand elle est finie, mélangez par petites quantités de la chair de tomates fraîches épluchées, bien égouttées et passées en purée. Terminez par un peu d'estragon haché.

Sauce mayonnaise chaude

Opérez absolument comme il est indiqué à la *Sauce hollandaise,* en remplaçant le beurre par de bonne huile d'olive.

Sauce tartare

Faites une *Sauce mayonnaise,* comme il est dit à cet article; lorsqu'elle est terminée, ajoutez-y une cuillerée de bonne moutarde, du cerfeuil, persil, civette, estragon et une pointe d'échalote, le tout haché fin. On peut y ajouter des câpres confits au vinaigre.

Sauce tartare chaude

Opérez comme il est dit à la *Sauce mayonnaise chaude* et terminez comme il est dit ci-dessus.

Sauce rémoulade

Faites une *Mayonnaise*, comme il est dit à cet article; ajoutez-y une cuillerée de câpres, une de moutarde et même quantité de cornichons confits et d'échalotes, le tout haché fin; mélangez bien la sauce et servez.

Sauce verte chaude

Faites blanchir à l'eau bouillante une pincée de feuilles de persil, avec autant de cerfeuil, un peu de civette, quelques feuilles d'estragon et deux échalotes ; après une ou deux minutes d'ébullition, égouttez avec soin, puis pilez et passez ce mélange au tamis pour en former une espèce de pâte verte que vous mélangez à une *Sauce blanche préparée,* comme il est dit à cet article, et que vous finirez de même.

Sauce verte froide

Faites blanchir des fines herbes, comme il est dit ci-dessus, pilez-les avec des jaunes d'œufs durs et, par deux jaunes d'œufs employés, ajoutez un anchois dessalé; passez ce mélange au tamis à quenelles, puis délayez-le avec de bonne huile que vous versez peu à peu, et en tournant toujours dans le même sens. Lorsque la sauce a pris consistance, ajoutez-y une cuillerée de vinaigre, du sel, du poivre, et servez-la tout de suite ou tenez-la au frais afin qu'elle ne tourne pas.

Sauce ravigote

Faites un roux blanc, mouillez avec un peu d'eau ou de bouillon de poule. Ajoutez une cuillerée à bouche de vinaigre, une pincée de poivre, une pointe de muscade râpée, et laissez bouillir pendant cinq minutes. Retirez la casserole sur le coin du fourneau, et liez la sauce avec un bon morceau de beurre de ravigote.

Sauce ravigote froide

Pilez et passez deux ou trois jaunes d'œufs durs; mélangez-les avec deux jaunes d'œufs crus et deux cuillerées de bonne moutarde. Ajoutez de l'huile peu à peu, et en tournant toujours de façon à ce que la sauce soit bien liée. Assaisonnez avec sel, poivre, deux cuillerées de vinaigre, un peu d'échalote, persil, estragon et civette, cornichons confits, câpres, le tout haché très fin.

Sauce moutarde froide

Mettez dans un bol sel, poivre et une cuillerée à café de moutarde. Délayez avec du vinaigre. Ajoutez de l'huile par filets, tournez sans cesse pour faire une sauce ayant la consistance d'une mayonnaise.

Cette sauce peu coûteuse convient pour les restes de viande froide.

Sauce froide pour huîtres

Faites macérer pendant une heure, dans quelques cuillerées de bon vinaigre, des échalotes hachées très fin ; ajoutez une cuillerée à café de mignonnette et servez avec les huîtres.

Sauce à la menthe

Mettez dans une casserole un verre de vinaigre avec deux cuillerées à bouche de cassonnade ou de sucre en poudre; faites réduire de moitié à feu vif, puis, mouillez avec un grand verre d'eau et faites bouillir; au premier bouillon, mélangez à la sauce une forte pincée de feuilles de menthe hachées et servez.

Cette sauce sert à accompagner le gigot.

Bread-Sauce

Mettez dans une casserole 250 grammes de mie de pain rassis, du lait, un oignon, un peu de sel, quelques grains de poivre, une pointe de muscade râpée et faites bouillir pendant quelques minutes; finissez la sauce en y faisant fondre 100 grammes de beurre fin, passez et servez.

Sauce Victoria

Mettez dans une petite casserole une cuillerée d'échalotes hachées, des aromates et le jus d'un citron; couvrez et faites bouillir pendant deux minutes; ajoutez une cuillerée de glace de viande; faites bouillir et incorporez ensuite du bon beurre, sans laisser bouillir la sauce. Quand celle-ci est bien liée, ajoutez-y une cuillerée de soya, une pincée de feuilles d'estragon et servez.

Liaison à la farine

Soit que vous ayez à lier une sauce ou un potage, délayez une cuillerée à bouche de farine avec un peu du liquide presque bouillant; mélangez en tournant à la cuiller de bois, et faites bouillir pendant deux ou trois minutes.

Autre manière :

Amalgamez une cuillerée de farine avec 100 grammes de beurre; divisez ensuite par petits morceaux, et jetez-les les uns après les autres dans le liquide bouillant, en ayant soin de vanner fortement afin d'opérer un mélange parfait.

Liaison à la fécule

Pour un litre de sauce, délayez trois cuillerées à café de fécule avec un peu d'eau froide; jetez le mélange dans la sauce bouillante et *ôtez au premier bouillon,* sans cela la sauce redeviendrait claire.

Liaison aux œufs

Prenez deux jaunes d'œufs très frais par demi-litre de sauce et un seul pour même quantité de potage. Tenez sur le coin du fourneau pendant une où deux minutes la sauce ou le potage que vous avez à lier; lorsque le liquide est un peu refroidi, prencz-en une ou deux cuillerées à bouche pour délayer les œufs à part dans un bol, versez le mélange dans la casserole en remuant toujours à la cuillerée de bois et enlevez avant qu'il : ait un bouillon; si vous avez lié un potage, versez-le simplement dans la soupière; si c'est une sauce, passez-la avant de la servir. On peut aussi délayer les œufs avec une ou deux cuillerées de crème.

Liaison au sang

Préparez et opérez comme il est dit ci-dessus en remplaçant les jaunes d'œufs par du sang de volaille ou de gibier.

Liaison à la crème

Préparez et opérez comme il est dit à *Liaison aux œufs*, remplacez chaque jaune d'œuf par deux cuillerées à bouche de crème crue.

Liaison au beurre

Retirez le potage ou la sauce sur le coin du fourneau, et, lorsque le liquide a cessé de bouillir, incorporez-y du beurre par petites parties et en tournant à la cuiller de bois; *ne plus remettre sur le feu ou le beurre tournerait en huile.*

Sauce financière

Ou plus exactement, garniture financière:

C'est un ragout en sauce brune fait de ris de veau, champignons, truffes, crêtes et rognons de coq, avec des quenelles de volaille; on met le tout à cuire à feu doux dans une sauce madère après avoir été passé dans le beurre chaud. Par économie on peut se passer de truffes et crêtes de coq. On met en ce cas des olives et de la cervelle de veau cuite à l'eau et coupée en dés.

On peut ajouter, en servant, des croûtons dorés au beurre.

Sauce venaison

Se fait avec la marinade dans laquelle on a mis mariner une pièce de viande. On fait un roux blond qu'on mouille avec la marinade et on laisse réduire à feu doux.

On peut imiter cette sauce en accommodant des restes de viande de la desserte avec une *sauce poivrade brune* (mais le goût est moins fin).

GARNITURES

Ragoût financière

Réunissez dans une casserole des champignons, des escalopes de ris de veau, des crêtes et des rognons de coq, des truffes entières ou coupées en lames, des quenelles de volaille; le tout préparé ainsi qu'il est dit à ces divers articles; joignez-y des escalopes de foie gras préalablement sautées au beurre, et faites chauffer le tout dans une *Sauce financière pour volaille ou pour gibier,* selon ce que vous avez à garnir.

Ragoût financière au maigre

Faites blanchir des champignons, des huîtres et des moules, épluchez des queues de crevettes et des queues d'écrevisses cuites pour garniture; coupez en lames des truffes cuites au vin blanc, ayez des olives farcies au maigre et des quenelles de poisson; faites chauffer le tout, sans laisser bouillir, dans une *Sauce béchamel,* et tenez au bain-marie jusqu'au moment de servir.

Ragoût à la Toulouse

Préparez une garniture comme il est dit au *Ragoût financière,* mettez-la dans une casserole avec quelques cuillerées d'essence de volaille; donnez deux ou trois bouillons; égouttez les garnitures, déposez-les dans une casserole au bain-marie, passez la cuisson; faites-la réduire avec un roux blond, en ayant soin de remuer à la cuiller de bois, versez sur les garnitures et réservez pour servir selon les indications.

Garniture tortue

Préparez les garnitures indiquées au *Ragoût financière,* saucez d'une *Sauce tomate* et tenez au bain-marie jusqu'au moment de vous servir de la garniture.

Ragoût en salpicon

Selon la pièce que l'on veut garnir, volaille, gibier ou poisson, les salpicons se composent de filets de volaillle, de gibier, ou de poisson coupés en dés et mélangés soit à des truffes, des champignons, du foie gras, du jambon, des ris de veau, de la langue à l'écarlate, des crêtes et des rognons de coq, soit à des laitances de poissons, des queues d'écrevisses, de crevettes, soit à un macaroni fin, etc., le tout coupé en dés. Les champignons et les truffes peuvent entrer dans chacun de ces genres de salpicon; ces ragoûts se saucent avec un roux blond mouillé de moitié vin blanc et moitié eau.

Ragoût de laitances

Prenez des laitances de carpes, ou à défaut de celles-ci des lai-tances de harengs ou de maquereaux; faites dégorger avec soin à l'eau fraîche plusieurs fois renouvelée, puis plongez-les dans l'eau bouillante salée et acidulée avec du vinaigre; laissez bouillir pendant quatre ou cinq minutes, égouttez et coupez chaque laitance en deux morceaux; faites-les chauffer sans les laisser bouillir dans un court bouillon de poisson bien réduit et lié à l'œuf; à défaut de court-bouil-lon de poisson, remplacez-le par un roux blond mouillé de moitié vin blanc et moitié eau.

Garniture Joinville

Epluchez des queues de crevettes, coupez en filets des truffes cuites au vin blanc et des chairs d'écrevisses cuites au court-bouil-lon; faites chauffer le tout, sans laisser bouillir, dans un roux blond bien réduit, liez la sauce au beurre d'écrevisses ou au beurre de cre-vettes et réservez pour garnir selon les indications.

Ragoût à la chipolata

Tournez douze carottes et douze navets en forme de petits bou-chons, passez-les dans le beurre sans leur laisser prendre couleur, saupoudrez d'un peu de sucre en poudre et mouillez à hauteur avec de l'eau chaude salée ou du bouillon; laissez cuire doucement; d'au-tre part, ayez douze marrons, faites-les cuire à l'eau ou au four sans leur laisser prendre couleur, faites blanchir douze champignons, tail-lez en forme de bouchons douze morceaux de lard de poitrine et fai-tes-les revenir au beurre ainsi que douze petites saucisses dites chi-polata; lorsque les saucisses sont cuites, débarrassez-les de la petite peau qui les enveloppe; mettez toutes les garnitures dans une casse-role au bain-marie; couvrez-les d'un roux blond et réservez pour garnir selon les indications.

Ragoût de truffes

Préparez et faites cuire des truffes comme il est dit à *truffes au vin;* émincez-les et mettez-les au bain-marie, dans la cuisson réduite soit avec un roux blond mouillé moitié vin blanc, moitié eau, soit avec une béchamel, selon le genre de garniture que l'on désire obtenir.

Ragoût de champignons

Faites blanchir des champignons comme il est dit aux *Champignons blanchis*, égouttez-les et terminez comme il est dit ci-dessus.

Ragoût d'olives

Faites blanchir et énoyautez des olives comme il est dit aux *Olives;* égouttez-les avec soin et mettez-les au bain-marie dans un roux blond, mouillé de moitié vin blanc et moitié eau.

Ragoût de petits oignons

Préparez des oignons comme il est dit à *oignons glacés;* lorsqu'ils sont cuits, tenez-les au bain-marie dans un roux blond mouillé moitié vin blanc et moitié eau.

Garniture Nivernaise

Tournez des carottes en forme d'olive et faites cuire comme il est indiqué à *Carottes à la Flamande,* tenez au chaud pour garnir selon les indications.

Garniture à la Flamande

Ayez un nombre égal de carottes et de navets, taillez-les de même forme et de même grosseur; faites-les glacer comme il est dit à *Carottes glacées;* faites braiser des cœurs de chou comme il est dit à *Choux braisés;* saucez ces différents légumes avec une demi-glace et entourez-en une pièce de bœuf bouillie ou braisée.

Garniture printanière

Tournez des carottes et des navets; coupez par morceaux du chou-rave et du céleri-rave et tournez-les de même grosseur que les carottes et les navets; faites blanchir ces légumes à l'eau bouillante légèrement salée; égouttez et faites cuire dans du beurre; faites cuire séparément à l'eau bouillante et salée, des choux-fleurs, des choux de Bruxelles et des haricots verts coupés en losanges, des pointes d'asperges et des petits pois; disposez ces légumes en bouquets autour de la pièce que vous avez à garnir en ayant soin d'en varier les couleurs; ajoutez aussi des oignons glacés, des laitues braisées et, en général, tous légumes de saison.

Garniture macédoine

Ayez toutes espèces de légumes comme il est dit ci-dessus; coupez les racines en petites boules ou en forme d'olives, les choux-fleurs en très petits bouquets; faites cuire le tout à l'eau bouillante légèrement salée; égouttez, mélangez tous les légumes, sautez-les dans le beurre et saucez-les d'un jus de viande.

Garniture Jardinière

Coupez des carottes et deux fois moins de navets en forme de petits bâtons ou tournez-les en boule, en olives, etc., etc.; faites cuire à l'eau bouillante légèrement salée; égouttez, mettez ces légumes dans du beurre, mélangé à quelques cuillerées de jus de viande, joignez-y des haricots verts coupés en losanges, des petits pois et des pointes d'asperges également cuits à l'eau; ajoutez un peu de sel, un peu de sucre en poudre; laissez mijoter pendant quelques minutes et servez-vous de cette garniture selon les indications.

Garniture à la Milanaise

Cassez en petits morceaux réguliers de cinq à six centimètres de bon macaroni fin, faites-le cuire comme il est dit à *Macaroni à l'Italienne*; puis mélangez-le avec des truffes, des champignons et de la langue à l'écarlate coupée en filets; terminez avec du beurre fin, du gruyère râpé et deux cuillerées de purée de tomate; amalgamez bien le tout sur feu doux sans laisser bouillir et réservez pour garnir.

Crêtes de coq pour garniture

Mettez les crêtes dans une casserole, avec de l'eau en quantité suffisante pour qu'elles y baignent; faites partir à grand feu et remuez à la cuiller de bois jusqu'à ce que l'eau soit bien chaude sans cependant la laisser bouillir; retirez la casserole sur le coin du fourneau et ajoutez de l'eau froide; retirez les crêtes une à une; supprimez à chacune d'elles l'épiderme qui la couvre, et coupez l'extrémité des pointes; faites-les dégorger ensuite dans l'eau tiède pendant dix à douze heures en ayant soin de changer l'eau souvent; lorsqu'elles sont absolument propres et d'un beau blanc, faites-les cuire à feu très doux, pendant vingt-cinq à trente minutes, dans un roux blanc au beurre additionné de citron afin qu'elles ne noircissent pas.

Rognons de coq pour garniture

Après avoir fait dégorger les rognons de coqs afin qu'ils soient très blancs, faites-les cuire comme il est dit ci-dessus, retirez au premier bouillon et employez le jour même de la cuisson.

Cervelles pour garniture

Supprimez la peau qui recouvre les cervelles; faites-les dégorger pendant une heure dans l'eau fraîche renouvelée plusieurs fois, puis faites cuire à grande eau avec sel, gros poivre, vinaigre, oignons coupés en rouelles et bouquet garni; donnez cinq à six minutes d'ébullition; retirez la casserole du feu et réservez dans le court-bouillon pour servir selon les indications.

Ris de veau pour garniture

Lorsque les ris de veau sont destinés à garnir et parer un relevé préparez et opérez comme il est dit aux *Ris de veau au jus;* si les ris de veau doivent entrer dans la composition d'une tourte, vol-au-vent, timbale, etc., etc., faites-les cuire comme il est dit aux *Ris de veau en blanquette;* remplacez les petits oignons coupés en rouelles, remettez les ris, et, lorsqu'ils sont cuits, tenez-les en réserve dans la cuisson.

Truffes pour garniture

Choisissez des truffes lourdes à la main, fermes, bien noires dessus et marbrées à l'intérieur; lavez-les à plusieurs eaux en les brossant fortement pour en enlever la terre; lorsqu'elles sont propres, épluchez-les; faites fondre à feu doux du lard gras haché; ajoutez-y les truffes, du sel, un bouquet garni; mouillez de vin blanc ou de vin de Madère, couvrez la casserole et laissez cuire pendant dix à quinze minutes, selon la grosseur; réservez dans la cuisson pour servir selon les besoins; lorsque les truffes sont refroidies dans leur cuisson, on peut, à volonté, les parer en forme d'olives, de noisettes, etc., etc.

Champignons blanchis

Employez des champignons cultivés ou champignons de couches; choisissez-les très frais; dans ce cas, ils sont blancs, fermes, et n'ont aucun vide entre la tête et la queue; enlevez les parties terreuses de la queue, lavez vivement les champignons, essuyez-les; puis, à l'aide d'un petit couteau d'office, tournez-les pour enlever la peau qui les recouvre; au fur et à mesure qu'ils sont épluchés, jetez-les dans une casserole contenant de l'eau vinaigrée, pendant dix minutes, puis mettez-les dans de l'eau bouillante légèrement salée; couvrez la casserole; donnez deux ou trois minutes d'ébullition; versez le tout dans une terrine et réservez pour servir selon les indications.

Champignons farcis

Choisissez des champignons moyens et autant que possible d'égale grosseur; supprimez les queues, lavez, essuyez, et tournez comme il est dit ci-dessus; beurrez une sauteuse, rangez-y les champignons l'ouverture en dessus; remplissez chacun d'eux de *Duxel,* saupoudrez d'un peu de chapelure et faites cuire pendant quinze minutes à four chaud.

Champignons farcis au maigre

Opérez comme il est dit ci-dessus, mais emplissez les champignons d'une farce ou *Duxel,* que vous préparez comme il est dit précédemment, mais en remplaçant le lard par du beurre et un peu de mie trempée dans du lait; terminez de même que ci-dessus.

Olives pour garniture

A l'aide d'un petit couteau d'office enlevez les noyaux à de grosses olives rondes; glissez la lame entre les chairs et le noyau en tournant en spirale; le noyau ôté, l'olive devra reprendre sa première forme. Jetez-les dans une casserole d'eau bouillante, et donnez deux à trois minutes d'ébullition.

Olives farcies

Prenez de grosses olives, enlevez les noyaux à l'aide d'un petit tube de la boîte à colonne, remplacez le vide laissé par le noyau par un mélange de *godiveau* et de *Duxel*, faites pocher comme il est dit ci-dessus et réservez pour vous en servir selon les indications. Lorsque les olives doivent être farcies au maigre, n'employez que la *Duxel* préparée avec beurre et mie de pain trempée dans du lait, remplaçant le lard râpé

Oignons glacés

Epluchez avec soin de petits oignons d'égale grosseur; faites-les revenir dans le beurre en les saupoudrant de sucre; lorsqu'ils sont d'une belle couleur de tous côtés, mouillez d'un peu de bouillon et laissez cuire doucement jusqu'à ce que le liquide soit réduit à glace; retirez du feu et garnissez selon les indications. Si les oignons ne sont plus nouveaux, faites-les blanchir et bien égoutter avant de les faire jaunir.

Carottes glacées

Tournez en forme de poire de petites carottes rouges; faites-les blanchir dix minutes dans l'eau bouillante très peu salée : égouttez-les et faites-les sauter dans le beurre pendant quelques minutes; ajoutez un peu de sucre en poudre, une cuillerée de bouillon ou d'eau salée et faites cuire doucement jusqu'à ce que le liquide soit réduit à glace; lorsque les carottes sont cuites et bien glacées de tous côtés, retirez du feu et garnissez selon les indications.

Navets au jus

Prenez des navets de Meaux ou des navets de Freneuse; pelez-les un peu épais, parez-les en les coupant tous de même forme, puis faites-les blanchir à l'eau bouillante pendant quelques minutes; égouttez-les, rangez-les dans une sauteuse avec du beurre, une pincée de sel et un peu de sucre en poudre, mouillez avec du bouillon, faites cuire doucement avec feu dessus et dessous; lorsqu'ils sont bien atteints, découvrez la casserole, faites réduire et tomber à glace, dressez les navets sur un plat, détachez le fond de la cuisson avec quelques cuillerées de bon jus, versez sur les navets et garnissez selon les indications.

Marrons pour garniture

Pelez de beaux marrons, plongez-les à l'eau bouillante pour leur enlever la seconde peau, puis rangez-les dans une sauteuse, faites-les cuire doucement dans l'eau salée; enlevez à l'écumoire et égouttez avec précaution afin de ne pas les écraser; dressez la garniture et saucez d'une demi-glace.

Pommes de terre pour garniture

Les rôtis de bœuf, de mouton, côtelettes, entre-côtes, filets, etc., se garnissent soit avec des pommes de terre frites, soufflées, pailles, soit avec des pommes de terre au beurre, pommes de terre duchesse, à la Dauphine, à la Chateaubriand, croquettes de pommes de terre, etc., etc. Les poissons au court-bouillon et les grosses pièces de bœuf se garnissent avec les pommes de terre cuites à l'eau salée ou des pommes de terre à la Hollandaise.

Voir *aux légumes* ces différentes manières de les apprêter.

Petits pois pour garniture

Préparez et opérez comme il est dit aux *Petits Pois à l'Anglaise,* ou aux *Pois au lard,* selon que vous désirez une garniture au maigre ou une garniture au gras.

Haricots blancs pour garniture

Préparez et opérez comme il est dit aux *Haricots à la Bretonne,*

Haricots verts pour garniture

Coupez les haricots verts en losanges, faites-les cuire à l'eau bouillante légèrement salée; tenez-les un peu fermes; la cuisson terminée, égouttez-les; faites-les sauter au beurre et réservez pour garnir.

Pointes d'asperges pour garniture

Préparez et opérez comme il est dit aux *Pointes d'asperges à l'Espagnole;* si cette garniture doit être au maigre, préparez comme il est dit aux *Pointes d'asperges au maigre.*

Fonds d'artichauts pour garniture

Préparez et opérez comme il est dit aux *Fonds d'artichauts,*

Choux braisés pour garniture

Employez de préférence le chou frisé, dit chou de Milan; à défaut, choisissez un chou pommé et bien blanc; enlevez les premières feuilles trop vertes et dures, coupez en quatre, lavez avec soin, puis faites blanchir à l'eau bouillante, légèrement salée, pendant dix à quinze minutes, égouttez, pressez légèrement pour faire sortir l'eau, supprimez toutes les parties dures et les grosses côtes; foncez une casserole avec de bonne graisse, des carottes coupées en rouelles un peu épaisses, placez-y les choux, ajoutez un peu de poivre, couvrez et laissez cuire à petit feu pendant deux ou trois heures, retirez du feu, égouttez avec soin et garnissez selon les indications.

Choux-fleurs pour garniture

Préparez et opérez comme il est dit aux *Choux-fleurs sautés au beurre;* tenez-les un peu fermes à la cuisson et réservez pour garnir.

Choux de Bruxelles pour garniture

Préparez et opérez comme il est dit aux *Choux de Bruxelles sautés au beurre,* en ayant soin de les tenir un peu fermes à la cuisson; réservez pour garnir.

Choucroute pour garniture

Ayez de la choucroute bien blanche, lavez-la dans plusieurs eaux froides, ou faites-la blanchir à l'eau bouillante pendant quelques minutes, pressez-la bien pour en extraire l'eau; mettez la choucroute dans une casserole foncée de quelques cuillerées de graisse d'oie ou de graisse de rôti de porc, mouillez avec un verre de vin blanc, couvrez hermétiquement et laissez cuire à feu doux pendant cinq à six heures; la cuisson terminée, égouttez la choucroute et réservez pour garnir.

Laitues braisées pour garniture

Prenez des laitues pommées et bien serrées ; supprimez les premières feuilles vertes et lavez à grande eau; faites blanchir à l'eau bouillante légèrement salée; enlevez au bout de cinq à six minutes d'ébullition; pressez dans les mains pour en faire sortir l'eau; ficelez-les, afin qu'elles ne s'effeuillent pas à la cuisson; placez-les les unes à côté des autres dans une casserole foncée de lard de poitrine et de bonne graisse de rôti de porc, ajoutez un oignon, un bouquet garni, un peu de poivre et une pointe de muscade et faites cuire à feu doux, dessus et dessous pendant une heure et demie; lorsqu'elles sont cuites, déficelez les laitues et garnissez selon les indications en les arrosant du jus de la viande à garnir.

Laitues farcies pour garniture

Préparez et opérez comme il est dit ci-dessus; mais, avant de les ficeler, écartez un peu les feuilles pour mettre entre chacune d'elles un peu de farce à godiveau, puis-terminez comme il est dit.

Chicorée pour garniture

Prenez des chicorées bien fraîches; supprimez les premières feuilles, coupez les trognons, examinez soigneusement chaque feuille afin d'en retirer les vers, ou les pailles qui y seraient attachées; lavez à grande eau plusieurs fois renouvelée, égouttez, puis faites blanchir pendant vingt minutes à grande eau légèrement salée, rafraîchissez, égouttez, pressez fortement dans les mains afin d'en extraire l'eau qu'elles contiennent, puis hachez assez fin, sans cependant arriver à en former une pâte; pour douze chicorées préparées, faites chauffer 50 grammes de beurre dans une casserole, mêlez-lui une cuillerée de farine que vous faites cuire en la tournant à la cuiller de bois pendant une ou deux minutes; ajoutez alors la chicorée, tournez-la pendant quelques minutes; lorsqu'elle a réduit son humidité, mouillez-la petit à petit avec quelques cuillerées de jus de viande jusqu'à ce qu'elle ait acquis une consistance convenable; au moment de vous en servir, terminez en y faisant fondre un morceau de beurre fin.

Epinards pour garniture

Ayez des épinards bien frais dont vous supprimez les queues; lavez-les à grande eau, et triez-les soigneusement afin d'en retirer les pailles qui resteraient adhérentes aux feuilles; faites blanchir pendant cinq minutes à l'eau légèrement salée et finissez comme il est dit ci-dessus à la *Chicorée pour garniture.*

Oseille pour garniture

Ayez de l'oseille bien fraîche, épluchez-la en retirant les côtes des feuilles; lavez à grande eau plusieurs renouvelée, puis faites blanchir pendant quelques minutes à l'eau bouillante légèrement salée; égouttez-la bien, puis mettez-la dans une casserole avec un peu de beurre, du sel, du poivre, un peu de jus si vous préparez une garniture au gras; un peu de lait si vous la préparez au maigre; laissez-la cuire doucement pendant une demi-heure en ajoutant du jus ou du lait de façon à la réduire à une consistance convenable, retirez la casserole sur le coin du fourneau et finissez en liant la purée avec deux ou trois jaunes d'œufs et du beurre frais.

Avant de mettre la liaison, goûtez la purée, et si elle conservait un goût trop acide, vous remédieriez à cet inconvénient en y incorporant un peu de farine délayée avec du lait; mélangez à la purée en tournant à la cuiller de bois, faites bouillir quelques minutes, puis ajoutez la liaison.

Tomates farcies pour garniture

Préparez et opérez comme il est dit aux *Tomates farcies.*

Purée de pommes de terre

Pelez des pommes de terre rouges à chair blanche pour purée; coupez-les en morceaux, lavez-les, et faites-les cuire à casserole couverte, dans de l'eau légèrement salée, et en quantité suffisante pour les recouvrir. Lorsqu'elles sont cuites, égouttez-les et passez-les au tamis; mettez la purée obtenue dans la casserole avec un bon morceau de beurre, une pincée de sel fin, et travaillez-la sur le feu avec la cuiller de bois, en la délayant peu à peu avec du lait jusqu'à consistance convenable.

Lorsque la purée commence à bouillir, retirez-la du feu, et tenez-la chaudement, jusqu'au moment de vous en servir, pour en garnir les entrées indiquées.

Purée de navets

Epluchez et lavez une certaine quantité de navets bien tendres; faites-les cuire à feu très doux et à casserole couverte dans de l'eau salée; lorsqu'ils tombent en purée, passez-les au tamis; remettez cette purée dans la casserole avec un peu de sucre en poudre; ajoutez-y ensuite un morceau d'excellent beurre frais, et tenez la purée bien chaude et sans bouillir jusqu'au moment de servir. On emploie cette purée soit seule, comme entremets, soit comme garniture pour gigots, côtelettes de mouton ou d'agneau, etc.

Purée de carottes pour garniture

Prenez de grosses carottes tendres, supprimez l'intérieur des carottes, émincez les parties rouges, faites blanchir pendant quelques minutes à l'eau légèrement salée; passez les carottes dans du beurre avec très peu de sel et une pincée de sucre; laissez cuire à très petit feu; lorsque les carottes tombent en purée, égouttez-les, passez-les au tamis; remettez la purée sur le feu et faites-la chauffer sans la laisser bouillir avec quelques cuillerées de bon jus et un morceau de beurre fin.

Purée d'oignons dite Soubise

Epluchez et émincez de gros oignons blancs, faites-les blanchir à l'eau légèrement salée; rafraîchissez, égouttez et finissez la cuisson, dans un peu de bouillon, si vous voulez que la purée soit brune, ou dans un peu de lait, si vous la préparez pour qu'elle reste blanche; dans l'un ou l'autre cas, lorsque les oignons tombent en purée et que le mouillement se trouve réduit, mélangez-y un peu de Béchamel, travaillez la sauce à la cuiller de bois, puis passez-la à l'étamine; remettez-la sur le feu, faites-la chauffer sans la laisser bouillir en y faisant fondre un peu de beurre fin et de la glace de viande, si elle doit être brune, ou du beurre fin et de la glace de volaille, si elle doit être blanche.

Purée d'oignons à la Bretonne

Faites blanchir de gros oignons rouges à l'eau bouillante et jusqu'à moitié de cuisson; égouttez-les, faites-les revenir dans le beurre jusqu'à légère couleur blonde, ajoutez une pincée de sucre en poudre; mouillez de bouillon ou d'eau chaude salée et d'un peu de vin blanc et laissez tomber à glace; passez la purée à l'étamine, remettez-la sur le feu pour la faire chauffer sans la laisser bouillir et pour lui incorporer un peu de beurre et de jus de viande.

Purée de cardons

Préparez et opérez comme il est indiqué aux *Cardons au velouté*, lorsque les cardons sont cuits, passez-les à l'étamine; faites chauffer la purée sans la laisser bouillir en la liant avec du beurre fin et de bonne crème.

Purée de céleri

Epluchez et coupez du céleri-rave par quartiers, enlevez les parties molles et creuses de l'intérieur et opérez comme il est dit ci-dessus.

Purée de pois secs

Prenez des pois cassés, lavez-les à l'eau froide et laissez-les tremper pendant deux ou trois heures : égouttez-les ensuite et mettez-les dans une casserole avec de l'eau froide plus qu'à couvert, du sel, deux ou trois oignons; faites partir à grand feu pour faire bouillir, écumez et retirez la casserole sur le côté du fourneau; coûvrez-la de son couvercle et faites cuire doucement, sans arrêter l'ébullition, jusqu'à ce que les pois s'écrasent facilement sous le doigt. Supprimez les oignons, égouttez les pois en ayant soin d'en conserver le bouillon, écrasez-les et passez-les en les mouillant peu à peu avec le bouillon de la cuisson. Mettez la purée dans une casserole avec un bon morceau de beurre frais et faites-la réduire à feu doux en la remuant à la cuiller de bois, et, lorsqu'elle a pris consistance, réservez pour garniture.

Se sert aussi garnie de croûtons sautés au beurre.

Purée de lentilles

Choisissez de petites lentilles à la reine; préparez et opérez comme il est dit aux *Haricots blancs en purée*.

Purée de haricots rouges

Préparez et opérez comme il est dit aux *Haricots blanc en purée,*

Purée de marrons

Faites cuire dans l'eau salée de beaux marrons entiers. Quand ils sont cuits, épluchez-les soigneusement et mettez-les dans le presse-purée ou mieux (pour éviter la fatigue) passez-les un à un dans le hache-viande.

Mettez la purée dans une casserole avec du sel et un bon morceau de beurre. Tournez sur feu doux et mouillez peu à peu avec du lait jusqu'à ce que la purée n'attache plus à la casserole,

Purée de champignons

Emincez des champignons et faites-les blanchir comme il est dit précédemment; pilez et passez à l'étamine; mélangez la purée avec quelques cuillerées de béchamel, réduite avec un peu de la cuisson des champignons; faites chauffer sans laisser bouillir et terminez en incorporant à la purée un morceau de beurre fin.

Purée de volaille

Hachez fin des blancs de volailles rôties ou braisées, assaisonnez-les de sel, poivre et muscade râpée; pilez-les au mortier en y ajoutant quelques cuillerées de Béchamel froide; pilez fortement, puis passez au tamis à quenelles; faites chauffer doucement sans laisser bouillir; étendez la purée s'il en est besoin avec un peu de Béchamel en y faisant fondre un peu de beurre fin.

Purée de gibier

Avec des chairs de lapereaux de garenne ou de perdreaux provenant de la desserte, opérez comme il est dit ci-dessus, en remplaçant la Béchamel par un roux blond ou du jus de viande.

Huîtres pour garniture

Ouvrez des huîtres fraîches et grasses, au fur et à mesure mettez-les dans une casserole avec leur eau et un peu de vin blanc; donnez deux ou trois bouillons, égouttez et parez les huîtres en coupant les barbes et les durillons.

Moules pour garniture

Nettoyez et brossez les moules; lavez-les à plusieurs eaux, puis mettez-les dans une casserole avec un verre de vin blanc, des carottes et des oignons coupés en rouelles, des échalotes et un bouquet de persil, sautez-les à feu vif; lorsqu'elles sont toutes ouvertes, retirez la casserole du feu, passez et égouttez la cuisson, laissez-la déposer et tirez-la à clair; mettez-la dans une casserole au bain-marie avec les moules dont vous supprimez les deux coquilles.

Ecrevisses pour garniture

Préparez et opérez comme il est dit aux *Ecrevisses au court-bouillon;* réservez dans le court-bouillon.

Crevettes pour garniture

Prenez des crevettes rouges ou des crevettes grises, épluchez les queues et réservez pour garnir.

Croûtons frits pour garniture

Coupez, dans un pain de mie, des morceaux en forme de cœur, de crêtes de coq, de losange, de triangle, de croissant, etc., et rangez-les dans une sauteuse contenant du beurre chaud, faites-leur prendre une belle couleur jaune de chaque côté en les saupoudrant de sél fin ou de sucre en poudre selon l'usage que vous voulez en faire.

A défaut de pain de mie, employez la mie d'un pain rassis aussi serrée que possible.

Se font également avec du pain brioché.

Croûtons frits pour potage

Préparez et opérez comme il est dit ci-dessus, mais en ayant soin de couper le pain en forme de très petits cubes, mesurant au plus un centimètre sur chaque face.

EPICES, AROMATES ET FONDS DE CUISINE

Dans une cuisine, il faut toujours avoir à sa disposition les épices, les aromates et les différents légumes dont la liste suit et qui sont constamment employés dans les différentes préparations culinaires.

*Sel blanc.
*Sel gris.
*Sel épicé, préparé comme il est dit ci-dessous.
*Poivre blanc, mignonnette.
Poivre noir, poivre en grains.
*Poivre de Cayenne.
*Poivre Kari.
*Clous de girofle.
*Cannelle.
*Muscade.
Gingembre.
Macis.
Piment vert.
Piment rouge.
Piment de la Jamaïque.
Piment de Chili.
Coriandre.
Fenouil.
Genièvre.
Safran.
Cumin.
*Persil
*Cerfeuil
*Estragon.
Cresson alénois.
*Ail.
Rocambole (ail doux).
*Oignons.
*Poireaux.

*Carottes.
*Echalotes.
*Ciboule, civette.
*Céleri.
*Moutarde sans aromates.
Moutarde en poudre.
*Huile blanche.
*Vinaigre.
Vinaigre à l'estragon.
*Vanille.
*Farine de gruau.
*Eau de fleur d'oranger.
*Sucre.
*Sucre en poudre.
Caramel préparé comme il est dit ci après.
*Fécule.
*Chapelure préparée comme il est dit ci après.
Citronnelle.
*Laurier-sauce.
*Thym.
Basilic.
Marjolaine.
Menthe.
Romarin.
Sauge.
*Serpolet.
Sarriette.

*(Les épices marquées d'une * sont indispensables; les autres facultatives.)*

Bouquet garni

Le bouquet garni se compose d'une petite branche de thym et d'une feuille de laurier enveloppés dans quelques branches de persil repliées en deux ou trois parties, puis nouées serrées avec du fil blanc; couper aux ciseaux les feuilles de persil qui dépassent le bouquet afin qu'elles ne se détachent pas pendant la cuisson.

Ce bouquet s'augmente, selon le besoin, soit avec cerfeuil, estragon, ciboule, ail, échalotes, clous de girofle, sauge, sarriette, basilic, etc. etc., selon les indications données à chacun des mets à condimenter.

Sel épicé

Mélangez 500 grammes de sel fin avec 10 grammes de girofle, autant de muscade râpée, de poivre et de cannelle; 5 grammes de feuilles de laurier, autant de thym bien sec, de piment, de macis et de basilic; pilez passez au tamis de soie et conservez en flacons bien bouchés.

Caramel

Mettez à feu doux dans un poêlon de cuivre non étamé, du sucre en poudre et un peu d'eau; remuez à la cuiller de bois, et lorsque le sucre a pris une belle teinte rouge foncée mouillez-le avec de l'eau froide, demi-litre par quart de sucre employé; faites fondre et cuire à feu très doux pendant une demi-heure environ; versez dans une terrine pour laisser refroidir, puis conservez en bouteilles soigneusement bouchées; servez-vous de ce caramel pour colorer le bouillon et les sauces.

Les bonnes cuisinières qui surveillent bien leurs plats ne colorent jamais leurs sauces. Le caramel n'est absolument utile que pour colorer et aromatiser le bouillon gras. Il suffit, en conséquence, d'avoir une cuiller en fer réservée à cet usage. On y mettra un morceau de sucre et on posera sur le feu. Le sucre brunit, fond et bout. Quand il est noir et liquide, on plonge la cuiller dans le pot au feu et on remue. Faire attention à ne pas carboniser le sucre qui ressemblerait alors à du charbon et donnerait mauvais goût. Le caramel se met dans le bouillon une heure avant de servir.

Chapelure

Prenez de la croûte de pain rassis, faites-la sécher au four du fourneau jusqu'à ce qu'elle soit d'une belle couleur blonde, écrasez-la, puis passez cette chapelure dans une passoire à trous moyens; mettez-la dans une boîte, bien fermée pour éviter la poussière, et réservez pour les besoins.

Panure

Cassez en morceaux de la mie de pain rassis, mettez-la dans un torchon, neuf autant que possible, broyez-la en frottant bien le torchon entre les mains, passez à la passoire fine, et conservez

en boîte à l'abri de la poussière et de l'humidité. Cette panure
doit être souvent renouvelée.

Anglaise pour paner

Cassez trois ou quatre œufs frais dans une terrine; ajoutez-y un
peu de beurre fondu, du sel, du poivre et une pointe de muscade
râpée; battez bien avec une fourchette, et servez-vous de cette préparation pour les mets où elle est indiquée.

Villeroi

Préparez une sauce blonde, ajoutez-y du jambon maigre haché,
des parures de champignons, un bouquet garni et faites réduire de
moitié; passez la sauce, liez-la avec cinq ou six jaunes d'œufs, un peu
de beurre, et servez-vous de cette préparation pour les mets où elle
est indiquée.

Blanc

Mettez dans une grande casserole cinq ou six cuillerées de farine,
délayez-les avec de l'eau de façon à couvrir ce que vous avez à
faire cuire; ajoutez du sel, poivre en grains, un fort bouquet garni,
deux ou trois gros oignons coupés en rouelles et une gousse d'ail;
le blanc se fait au moment où on en a besoin; on s'en sert pour
faire cuire les abats de veau et de mouton, et quelques légumes tels
que salsifis, cardons, etc.

Fond à potage lié

Faire un petit roux blanc que vous délayez avec consommé
de volaille, bouillon, etc., selon le potage que vous avez à servir;
remuez à la cuiller de bois jusqu'à l'ébullition du liquide, puis
retirez la casserole sur le coin du fourneau pour laisser mijoter
pendant une demi-heure; le fond à potage doit être léger, c'est-à-
dire peu lié.

Consommé de poisson

Emincez deux carottes, deux oignons, un poireau et une branche de céleri; faites revenir dans le beurre jusqu'à légère couleur
blonde, mouillez d'un verre de vin blanc et laissez tomber à glace;
ajoutez alors un kilo de poisson cru : grondin et perches, parures
de soles et de turbot si vous en disposez; assaisonnez de sel, gros
poivre, bouquet garni, deux ou trois échalotes, une gousse d'ail, et
mouillez à hauteur avec de l'eau tiède; faites cuire doucement pendant deux ou trois heures; passez et clarifiez au blanc d'œuf; réservez pour vous servir selon les indications.

Consommé maigre

Emincez cinq ou six grosses carottes, autant d'oignons, deux
ou trois navets, un panais, un ou deux poireaux; faites revenir

dans le beurre jusqu'à couleur blonde, mouillez un peu plus qu'à hauteur avec de l'eau chaude; ajoutez sel, poivre, bouquet garni, une laitue, le cœur d'un chou et des gros pois; faites cuire à petit feu pendant trois heures, passez et réservez pour vous servir selon les indications.

Court-bouillon

Coupez en rouelles des oignons et des carottes, mettez-les dans une grande casserole aux trois quarts pleine d'eau; ajoutez un verre de vinaigre, du sel, du poivre en grains, un bouquet garni, et faites bouillir le tout pendant vingt minutes sur un feu modéré; puis ajoutez le poisson que vous avez à cuire au court-bouillon.

On peut remplacer le vinaigre par du vin blanc ou mettre moitié eau et moitié vin blanc.

Quand on veut faire cuire un poisson au bleu, on remplace le vin blanc par du vin rouge, foncé en couleur.

Marinade cuite

Faites revenir dans du beurre ou dans du lard fondu deux ou trois oignons et une carotte émincés, quatre ou cinq gousses d'ail, autant d'échalotes, persil, thym, laurier, sel, poivre en grains; lorsque le tout a pris une couleur blonde, mouillez d'un demi-litre d'eau, d'un quart de litre de vinaigre; faites partir à grand feu; au premier bouillon, retirez sur le coin du fourneau, laissez cuire doucement pendant une demi-heure; retirez du feu et tenez en réserve pour faire mariner chevreuil, sanglier, grosse pièce de bœuf, etc.

Matignon

Coupez en lames minces cent vingt-cinq grammes de jambon maigre, autant de lard de poitrine, deux carottes et deux gros oignons; faites revenir le tout dans du beurre et à feu modéré jusqu'à couleur blonde; puis, mouillez à couvert avec de bon vin blanc sec, ajoutez une ou deux échalotes entières, un bouquet garni, un peu de poivre et une pointe de muscade râpée; faites réduire doucement et tomber à glace; retirez le bouquet garni et les échalotes; versez la matignon dans une terrine, laissez refroidir.

Mirepoix

Préparez comme il est dit ci-dessus en ajoutant un peu de noix de veau et en faisant revenir dans le beurre sans laisser prendre couleur; mouillez à couvert avec du vin blanc, ajoutez deux fois autant d'eau salée, un bouquet garni, du poivre et une pointe de muscade; cuisez à très petit feu pendant deux heures, passez et tenez cette cuisson en réserve pour vous servir selon les indications.

Coulis d'écrevisses

Prenez deux ou trois douzaines d'écrevisses cuites dans du vin blanc sec avec poivre en grains, sel, oignons, céleri, bouquet garni, jus de citron; épluchez-les et pilez les chairs au mortier; passez au tamis; faites réduire dans une casserole avec un peu d'eau ; tenez cette sauce sur le coin du fourneau, puis mélangez-y, en dernier lieu, un peu de beurre fin et une pointe de muscade; tenez en réserve pour servir selon les indications.

Essence d'anchois

Lavez des anchois, débarrassez-les des arêtes, mettez-les dans une casserole, couvrez d'eau et d'autant de vin blanc; ajoutez une pointe de cayenne et faites bouillir doucement jusqu'à entière cuisson des anchois; passez au tamis en pressant fortement; laissez refroidir l'essence et conservez en flacon pour servir au besoin à corser les sauces destinées au poisson.

Essence de truffes

On peut préparer cette essence en utilisant des parures de truffes; pour cinq cents grammes, mouillez de deux verres de madère, d'autant de consommé de volaille, ajoutez un peu de sel, quelques grains de poivre et une pointe de muscade; faites réduire de moitié, passez et réservez pour servir selon les indications.

Essence d'ail

Faites cuire deux ou trois gousses d'ail dans un verre de vin blanc; laissez réduire le liquide presque complètement, passez à la serviette en pressant légèrement, et réservez l'essence en flacon bouché; une ou deux gouttes suffisent pour aromatiser une sauce.

Essence d'échalotes

Coupez fin huit à dix échalotes et opérez comme il est dit ci-dessus.

Vert d'épinards

Lavez quelques poignées d'épinards; pilez-les au mortier; puis pressez-les fortement; recueillez-en le jus, que vous faites chauffer; à l'action de la chaleur, le vert d'épinards tombera au fond de la casserole, et l'eau qu'ils contenaient restera claire sur le dessus; jetez cette eau, égouttez la purée sur un tamis et réservez-la pour colorer certaines sauces, potages ou purées qui doivent être d'une belle couleur verte lorsqu'on les sert.

Beurre d'écrevisses

Prenez des écrevisses, enlevez le boyau noir comme il a été dit. Mettez-les dans une casserole avec beurre, céleri, poivre en grains concassés, sel. Faites cuire sous couvercle à feu doux. Retirez-les et pilez-les dans un mortier. Remettre cette purée dans la casserole avec du beurre fin. Faire chauffer le tout, puis passer dans un linge fort en exprimant. Remettre la purée dans la casserole avec de l'eau chaude. Le beurre qui y restait vient surnager en surface. Laissez refroidir et recueillez. Mélangez avec le beurre déjà recueilli. On a ainsi un beau colorant rouge.

On peut le remplacer plus économiquement par une sauce tomate, mais le goût n'est pas aussi fin.

Beurre de crevettes

Epluchez des crevettes et mélangez les queues à du *Beurre d'écrevisses*, ou bien préparez comme il est dit à *Beurrre d'écrevisses*, mais en remplaçant les écrévisses par des crevettes cuites.

Beurre d'anchois

Lavez avec soin six ou huit anchois, essuyez-les et supprimez-en les arêtes, puis pilez les chairs au mortier; mélangez cette purée avec cent vingt-cinq grammes de beurre et réservez pour servir selon l'indication.

Beurre de ravigote

Epluchez et faites blanchir pendant deux minutes, à l'eau bouillante, une forte poignée d'herbes mélangées : persil, cerfeuil, estragon, civette, avec une échalote et une petite gousse d'ail; égouttez et pressez le tout pour en bien extraire l'eau; pilez les herbes dans le mortier, passez au tamis et mélangez bien cette pâte avec deux cent cinquante grammes de beurre fin, du sel et du poivre; réservez pour servir selon les indications.

Beurre de Montpellier

Faites blanchir et pilez des herbes comme il est dit ci-dessus, persil en moins; en même temps que les herbes, pilez dans le mortier six jaunes d'œufs durs, les filets de quatre anchois, une cuillerée de câpres confits au vinaigre et autant de cornichons hachés, sel, poivre; passez au tamis et amalgamez bien cette purée avec deux cent cinquante grammes de beurre fin; réservez pour servir selon les besoins.

Ailloli ou beurre de Provence

Epluchez une douzaine de gousses d'ail; pilez-les dans un mortier de marbre jusqu'à ce qu'elles soient réduites en pâte fine; ajoutez d'abord cent grammes d'huile d'olive, en les laissant tomber goutte à goutte et en tournant toujours dans le même sens, avec une cuiller de bois, puis le jus d'un citron, un jaune d'œuf cru bien frais, du sel et du poivre; tournez jusqu'à ce que l'ailloli ait acquis la consistance d'une mayonnaise; réservez pour servir selon les besoins.

Beurre de Gascogne

Epluchez douze gousses d'ail, mettez-les dans une casserole et faites-les cuire entièrement à grande eau et à feu vif; égouttez-les, pilez-les avec deux cents grammes de beurre frais, assaisonnez ce mélange avec sel, poivre, une pointe de muscade râpée et une pointe de cayenne; tenez en réserve pour servir selon les besoins.

Beurre manié

A l'aide d'une cuiller de bois, amalgamez avec soin du beurre fin avec une égale quantité de farine; réservez pour servir selon les indications.

Beurre de noisettes

Broyez quelques noisettes dans un mortier, jusqu'au point d'en former une pâte, que vous mélangez avec du beurre manié de persil, civette et estragon; servez comme hors-d'œuvre.

Beurre maître d'hôtel

Amalgamez avec soin un bon morceau de beurre frais avec une pincée de persil haché fin, du sel, du poivre et le jus d'un citron; à défaut de citron, le remplacer par quelques gouttes de bon vinaigre.

Godiveau

Enervez et hachez fin 250 grammes de rouelle de veau ou de chair de volaille, pilez, pour faire une pâte. Ajoutez 150 grammes de mie de pain trempée dans du lait, égouttée et pressée dans un linge pour qu'elle ne soit pas trop humide. Mettez un quart de beurre. Maniez le tout en pâte, salez, poivrez et finissez avec deux jaunes d'œufs puis avec les blancs battus en neige. Cette pâte sert à faire la farce de godiveau ou les quenelles (voir ce mot).

Farce de veau

Préparez et opérez comme il est dit ci-dessus; en pilant, ajoutez à la farce un peu de persil et d'échalote hachés; tenez la farce un peu relevée, passez au tamis et conservez sur glace ou dans un endroit frais pour farcir les épaules, les têtes de veau, etc., les laitues, les toma-es, etc.

Farce au gratin

Cette farce peut se préparer avec des dessertes de veau ou de poulet rôtis; parez les viandes en en supprimant les peaux et les nerfs; hachez-les, puis pilez-les au mortier avec une poignée de champignons blanchis, une pincée de persil et une échalote; mélangez-y ensuite, et toujours en pilant, le tiers de son volume de pain trempé dans du lait ou du bouillon, autant de bon beurre, puis trois ou quatre jaunes d'œufs crus, assaisonnez de sel, poivre et d'une pointe de muscade râpée; lorsque la farce est bien fine, passez au tamis et réservez pour servir selon les indications.

Farce de foie de veau

Enervez avec soin et faites fondre 250 grammes de panne de porc frais; lorsqu'elle est fondue, ajoutez-y 500 grammes de foie de veau coupé en petits morceaux, sel, poivre, une pointe de muscade râpée et une feuille de laurier; faites revenir à feu vif pendant cinq minutes, retirez du feu, laissez refroidir, puis pilez au mortier en y ajoutant trois ou quatre jaunes d'œufs crus: passez au tamis et réservez pour servir selon les indications.

Farce de volaille

Enervez avec soin 500 grammes de chair de poule ou de poulet; hachez-la avec 250 grammes de veau; pilez au mortier; ajoutez 250 grammes de mitonnage gras refroidi; assaisonnez de sel, poivre, et d'une pointe de muscade. Lorsque la farce est bien mélangée et très fine, délayez-la avec deux cuillerées à ragoût de sauce blanche froide, passez au tamis et réservez au frais pour servir selon les besoins.

Farce de foie gras

Préparez et opérez comme il est dit ci-dessus; remplacez la volaille par du foie gras, et la sauce blanche par quatre ou cinq jaunes d'œufs crus; passez au tamis et réservez pour servir selon les indications.

Farce de faisan

Préparez et opérez comme il est dit à la *Farce de volaille;* remplacez le poulet par du faisan, faites un roux blond mouillé au fumet de faisan et réservez la farce pour servir selon les indications.

Farce de gibier

Préparez et opérez comme il est dit à la *Farce de volaille;* remplacez le poulet par du perdreau, du lièvre ou du lapereau, et délayez avec un roux blond mouillé au fumet du gibier dont vous vous servez, et réservez pour servir selon les indications.

Farce de poisson

Les farces de poisson se préparent soit avec du brochet, du merlan, de la tanche ou de la carpe; mais il faut éviter de mélanger ces différentes sortes de poisson.

Passez au tamis 500 grammes de chair de poisson, sans peau ni arêtes; mettez-les dans le mortier avec 250 grammes de pain trempé dans du lait, et autant de beurre; assaisonnez de façon à obtenir une pâte fine et lisse, terminez en y incorporant du sel épicé, ajoutez une pincée de persil haché et liez le tout de deux œufs l'un après l'autre; passez au tamis, et réservez pour servir selon les indications.

Duxel ou farce à papillotes

Mettez dans une casserole 75 grammes de lard, râpé, autant de beurre, une petite poignée de champignons hachés fin avec trois ou quatre échalotes, une petite gousse d'ail, du poivre, peu de sel et faites revenir le tout pendant quelques minutes en ayant soin de remuer à la cuiller de bois; ajoutez une pincée de persil haché, mouillez d'un peu de bon vin blanc sec et laissez tomber à glace; puis réservez pour servir selon les indications.

On peut, à volonté, ajouter à cette farce des truffes hachées fin.

Quenelles

Prenez de la *Farce de Godiveau* ou de la *Farce de volaille, de gibier, de poisson*, etc., et, à l'aide d'un moule, préparez des quenelles plus ou moins grosses, selon l'usage que vous en devez faire; les quenelles pour potages ne devront pas être plus grosses qu'une olive, celles destinées aux garnitures pourront avoir à peu près la grosseur d'une noix.

A défaut de moules à quenelle, farinez la table de cuisine, prenez un peu de farce et roulez-la selon la grosseur que vous désirez donner aux quenelles.

Faites pocher les quenelles pendant trois minutes dans une grande casserole contenant de l'eau bouillante et salée; égouttez et réservez pour servir selon les indications.

Pâte à frire

Mettez dans une terrine 250 grammes de farine, formez un creux dans lequel vous mettez trois jaunes d'œufs dont vous tiendrez les blancs en réserve, 5 grammes de sel et deux cuillerées à bouche d'huile d'olive; à l'aide d'une cuiller de bois, délayez le tout en y versant peu à peu de l'eau légèrement tiède, de façon à obtenir une pâte lisse, coulante et cependant assez épaisse pour qu'elle masque la cuiller; laissez reposer pendant une heure ou deux; dix minutes avant de vous en servir, fouettez les blancs d'œufs, lorsqu'ils sont très fermes, mélangez-les à la pâte, puis faites usage de celle-ci pour faire frire poisson, beignets, salsifis, artichauts, etc.

Fritures

Hachez et faites fondre à feu très doux de la graisse de rognon de bœuf; lorsqu'elle est devenue très limpide, passez dans un linge et tenez en réserve pour servir selon les besoins.

La friture fine se fait à la bonne graisse de porc ou à l'huile blanche sans goût.

On fait également de la friture au beurre mais elle est coûteuse et ne vaut pas mieux que la friture à l'huile blanche.

ENTREMETS SUCRÉS

ENTREMETS SUCRÉS

Œufs à la neige

Cassez six œufs, séparez les blancs des jaunes, fouettez les blancs jusqu'à ce qu'ils soient très fermes; dans une grande casserole faites bouillir un litre de lait avec 100 grammes de sucre et une cuillerée à café d'eau de fleur d'oranger ou avec une demi-gousse de vanille; lorsque le lait bout, tenez-le sur le coin du fourneau afin qu'il continue de bouillir doucement; prenez des blancs d'œufs par cuillerée à bouche, jetez-les dans le lait bouillant et n'opérez qu'avec quelques cuillerées à la fois, afin d'éviter que les blancs d'œufs se touchent; laissez cuire deux minutes en ayant soin de les retourner avec la cuiller; enlevez avec une écumoire, mettez à part sur un compotier et couvrez-les d'une crème préparée comme suit: dans le lait qui a servi à faire pocher les blancs d'œufs, versez les jaunes délayés au préalable avec trois cuillerées à soupe de lait froid et faites cuire à feu doux en tournant toujours avec la cuiller, jusqu'au moment où le mélange commence à épaissir et forme crème; retirez alors du feu, et laissez refroidir; puis, versez sur les blancs d'œufs; on peut remplacer la fleur d'orange ou la vanille par du citron; dans ce cas, on mélange de la râpure de zeste de citron au sucre en poudre qu'on ajoute aux blancs d'œufs lorsqu'ils sont battus en neige.

Les œufs à la neige peuvent se servir avec toutes les crèmes.

Œufs en surprise

Prenez une douzaine d'œufs; faites-leur un petit trou à chaque extrémité; soufflez par un des trous pour les vider. Rincez les coquilles dans un vase d'eau claire. Egouttez-les et faites sécher à l'air. Rebouchez un des trous avec un peu de farine, que vous délayerez avec de l'œuf, et laissez sécher.

Faites une *Crème pâtissière* comme il est dit à cet article, avec 250 grammes de sucre, pour un litre de lait. Une fois cuite, séparez-la en trois parties égales; mettez dans l'une un peu de chocolat délayé; dans l'autre un zeste d'orange et dans la troisième 20 grammes de vanille en poudre. Emplissez les œufs avec ces crèmes, en vous servant d'un petit entonnoir, et mettez-les dans l'eau chaude si vous ne les servez pas de suite. Au moment de servir, essuyez-les et servez-les dans une serviette pliée pour entremets.

Œufs à l'orange

Mettez cinq œufs dans une terrine; ajoutez 100 grammes de sucre en poudre, 6 décilitres de lait et le zeste râpé d'une orange. Battez le tout avec un fouet en fer étamé et passez sur un tamis de crin. Mettez les œufs dans un plat en terre de feu, passez le plat au four pendant vingt minutes. Retirez du four et saupoudrez de sucre en poudre. Faites rougir une pelle à feu et passez-la sur les œufs pour caraméliser le sucre.

Œufs au citron

Préparez des œufs dans les mêmes proportions que ci-dessus; remplacez l'orange par le zeste d'un citron.

Œufs au café

Faites infuser 50 grammes de café moulu dans un litre de lait bouillant. Passez dans un linge. Préparez quatre œufs comme il a été dit pour les *Œufs à l'orange*. Mettez 150 grammes de sucre en poudre, battez et terminez comme il est dit aux *Œufs à l'orange*.

Omelette au sucre

Battez les blancs d'œufs séparément; mettez dans les jaunes un peu de sucre en poudre, un peu de sel et du zeste de citron râpé. Quand les blancs sont un peu fermes, mélangez-les aux jaunes et faites cuire à la poêle comme une omelette ordinaire; renversez dans un plat en lui donnant la forme de chausson. Saupoudrez de sucre, faites rougir une pelle et passez-la dessus pour faire caraméliser le sucre.

Omelette au rhum

Préparez et opérez comme il est dit ci-dessus, mais en supprimant le zeste de citron, et en ajoutant aux jaunes d'œufs une cuillerée de rhum avant de les battre. Dressez l'omelette sur un plat de terre de feu. Saupoudrez fortement l'omelette avec du sucre en poudre et arrosez avec du rhum; mettez-y le feu en servant.

Omelette au kirsch

Préparez et opérez comme ci-dessus, mais en remplaçant le rhum par du kirsch. Mettez le feu au moment de servir.

Omelette aux confitures

Avec huit œufs, et en supprimant le citron, faites une omelette comme il est dit à *Omelette au sucre;* quand elle est cuite à point, garnissez-la de confiture d'abricots, ou de confiture de prunes, de confiture de pêches, etc., ou d'une gelée de groseille; puis roulez-la en forme de manchon.

Mettez-la sur le plat, saupoudrez-la fortement de sucre en poudre, faites rougir une petite tringle en fer et brûlez l'omelette, en forme de quadrillages.

Toutes les omelettes aux confitures se font de la même façon, en substituant une confiture à une autre.

Omelette aux pommes

Epluchez et enlevez les pépins à deux belles pommes; coupez-les par petites tranches; faites-les cuire au beurre dans la poêle, puis mélangez-les aux œufs préparés comme il est dit pour l'omelette au sucre, et opérez de même.

Omelette à la Célestine

Faites plusieurs petites omelettes de deux œufs chacune, et aussi minces que possible. Garnissez chacune d'elles d'une marmelade de fruits en variant pour chaque omelette, ou de crême pâtissière à différentes essences, préparées comme il est dit à cet article, roulez-les en forme de manchon puis mettez-les sur le plat; saupoudrez de sucre en poudre, parez-les de même longueur, glacez à la pelle rouge et servez.

Omelette soufflée au citron

Prenez six œufs, séparez-en les blancs et les jaunes. Battez les blancs fermes comme pour le biscuit; mettez les jaunes dans une terrine et battez-les pendant cinq minutes au moyen d'une spatule avec 125 grammes de sucre en poudre et un zeste de citron.

Mélangez les jaunes avec les blancs, en tournant légèrement.

Préparez un plat bien beurré et versez-y le mélange en retournant la terrine. Egalisez la pâte avec le couteau, en la maintenant le plus haut possible. Saupoudrez de sucre en poudre et mettez le plat dans un four très chaud. Laissez cuire pendant cinq minutes.

Vous pouvez également vous servir d'un four de campagne, que vous chaufferez fortement avant de préparer votre omelette.

Toutes les omelettes soufflées se font de la même manière, en employant le parfum que l'on désire.

Riz à la vanille

Mettez cent cinquante grammes de sucre, et un peu de vanille dans un demi-litre de lait; faites bouillir et ajoutez aussitôt cent cinquante grammes de riz blanchi et faites-le crever à feu doux; lorsqu'il est cuit, tenez la casserole au coin du fourneau pour le laisser un peu refroidir, puis mélangez-y trois ou quatre jaunes d'œufs et versez-le dans un plat allant au feu; saupoudrez de sucre, posez le plat sur de la cendre chaude et couvrez-le du four de campagne avec feu vif; laissez cuire douze ou quinze minutes et servez chaud ou froid selon le goût.

Avec ce riz, on peut servir à part une crème préparée comme celle indiquée pour les œufs à la neige.

On peut remplacer la vanille par de la râpure de zeste de citron ou de zeste d'orange.

Autre manière :

Faites crever à feu doux cent cinquante grammes de riz dans une casserole avec un litre de lait. Quand le riz sera cuit, laissez-le refroidir sur un tamis.

D'autre part, faites une composition à la vanille à *Charlotte* de cent vingt-cinq grammes de sucre. Passez sur un tamis de crin. Mélangez cette composition au riz froid. Ajoutez un litre de crème Chantilly en mélangeant avec une spatule de bois. Dressez dans un plat et laissez refroidir pendant une heure dans un endroit frais.

Beignets de pommes

Employez de la pomme reinette ou de la pomme de Canada; une pomme peut faire six beignets. Pelez-les et enlevez l'intérieur avec un vide-pommes. Coupez-les en travers du fruit et de cinq millimètres d'épaisseur.

Faites macérer ces morceaux de pommes dans un plat pendant une heure, avec un peu de sucre et d'eau-de-vie blanche.

Egouttez une demi-heure avant de faire frire.

Faites chauffer la friture (huile, graisse ou saindoux) dans une grande poêle; trempez les tranches de pommes dans la pâte à frire et plongez-les dans la friture très chaude.

Quand les beignets auront pris une belle couleur, retirez-les, égouttez-les, mettez-les sur une serviette. Saupoudrez de sucre, dessus et dessous; dressez en pyramide et servez très chaud.

Beignets de riz

Faites crever à feu doux cent cinquante grammes de riz, dans une casserole avec un litre de lait. Une fois crevé, écrasez-le fortement avec une spatule, afin qu'il ne forme plus qu'une pâte bien lisse. Ajoutez-y quatre jaunes d'œufs, une cuillerée à café d'eau de fleurs d'oranger ou poudre de vanille, râpure de citron, etc., et cinq grammes de sel blanc.

Mélangez bien le tout ensemble et laissez refroidir. Dressez avec cette pâte des petites boules de la grosseur d'une noix et trempez-les dans la pâte à frire. Laissez-les égoutter un instant et mettez-les dans de la graisse bien chaude. Quand elles auront pris une belle couleur, retirez-les, égouttez-les et dressez-les ensuite sur un plat; saupoudrez de sucre fin; glacez-les avec une pelle rouge et servez aussitôt.

Beignets d'abricots

Prenez une douzaine d'abricots mûrs, mais pas trop, et aussi gros que possible, coupez-les en deux et supprimez les noyaux. Faites-les macérer pendant quelques minutes avec du sucre en poudre et quelques cuillerées d'eau-de-vie, ou de marasquin, ou de kirsch. Vingt minutes avant de servir, égouttez-les et trempez-les dans de la pâte à frire. Mettez-les dans la friture bien chaude. Quand ils auront pris une belle couleur, retirez-les et rangez-les sur un plat, saupoudrez de sucre fin et glacez-les avec une pelle rouge.

Beignets de pêche

Préparez et opérez comme il est dit ci-dessus, mais en remplaçant les abricots par des pêches coupées en deux, ou en quatre, selon leur grosseur.

Beignets de poires

Epluchez des poires à chair tendre, coupez-les en rondelles, enlevez les pépins, puis faites macérer pendant deux heures dans de l'eau-de-vie ou de kirsch additionné de sucre en poudre et d'une pincée de cannelle en poudre, puis terminez comme il est dit aux *Beignets d'abricots*.

Beignets d'oranges

Tournez des oranges, c'est-à-dire enlevez-en le zeste en laissant le blanc; coupez-les par tranches; faites-les mijoter sur le feu pen--dant dix minutes dans un sirop à 31 degrés, retirez-les ensuite du sirop; laissez-les égoutter. Trempez-les dans la pâte à frire et plongez-les dans la friture chaude, faites-leur prendre une belle couleur. Retirez-les, rangez-les sur un plat; saupoudrez de sucre fin, glacez-les et servez.

Beignets en surprises

Prenez autant de petites pommes reinettes que vous avez de personnes à servir; laissez les queues; coupez un quart du côté de la queue pour former un couvercle; videz les autres parties comme pour en faire de petits pots. Pour ce travail, servez-vous d'un gros couteau à légumes, ou d'un couteau de table à lame arrondie.

Pilez au mortier l'intérieur des pommes dont vous supprimez d'abord les pépins; en pilant ajoutez un peu de cognac; retirez du mortier. Mélanger à la spatule, dans une terrine, les pommes pilées avec un peu de confiture d'abricots; avec ce mélange emplissez le vide des pommes, remettez dessus le couvercle en pomme, collez le tout ensemble avec un jaune d'œuf délayé avec un peu de farine. Trempez-les dans la pâte à frire et mettez dans la friture chaude. Laissez cuire un instant afin que l'intérieur soit bien atteint. Egouttez les pommes, dressez-les sur un plat; saupoudrez de sucre fin et servez.

Beignets soufflés ou pets de nonne

Mettez dans une casserole ¼ de litre d'eau, 25 grammes de sucre frotté sur du zeste de citron, 60 grammes de beurre fin et quelques grains de sel; quand l'eau bout, versez-y petit à petit, et en remuant toujours afin d'éviter les grumeaux, 150 grammes de farine; faites cuire ce mélange pendant quinze à vingt minutes en remuant toujours la pâte afin qu'elle soit bien lisse; puis retirez la casserole sur le coin du fourneau et lorsque la pâte n'est plus très chaude incorporez-y 4 œufs mais un à un, ne mettant le second que lorsque le premier est bien amalgamé à la pâte et ainsi jusqu'au dernier: cette pâte doit être molle sans cependant être claire; laissez-la reposer pendant 2 ou 3 heures; puis, dans une friture, neuve autant que possible, et modérément chauffée, faites tomber de la pâte par petites boules grosses comme des noix qui devront immédiatement se souffler si la pâte est réussie; activez un peu le feu au fur et à mesure de la cuisson et, lorsque les beignets sont bien dorés de tous côtés, égouttez-les et servez-les très chauds et saupoudrés de sucre.

La poêle à frire doit être large pour permettre de faire plusieurs beignets à la fois, car pour la bonne réussite il est nécessaire qu'ils ne se touchent pas en cuisant.

Croquettes de riz

Faites crever à feu doux dans une casserole 150 grammes de riz dans du lait. Quand le riz est crevé, mélangez-y, avec une spatule, 4 jaunes d'œufs, 50 grammes de sucre en poudre, un peu d'eau de fleur d'oranger, et 50 grammes de beurre fin. Laissez refroidir ce mélange; quand il sera froid, coupez-le par morceaux gros comme des noix, que vous roulez en forme de bouchon. Trempez-les dans de l'œuf battu et saupoudrez de mie de pain.

Laissez sécher les croquettes pendant quelques minutes, puis plongez-les dans la friture bouillante.

Retirez-les quand elles sont de belle couleur ; saupoudrez de sucre en grains et servez.

Croquettes de pommes

Epluchez une douzaine de belles pommes; retirez les pépins et le cœur; faites-les cuire en marmelade avec une demi-gousse de vanille et un demi-litre d'eau. Quand elles sont bien cuites, égouttez-les et passez-les au tamis de crin assez fin. Remettez-les dans une casserole avec 200 grammes de sucre en poudre et un peu de beurre. Faites dessécher cette marmelade en la laissant bouillir pendant dix minutes, sur feu doux. Laissez refroidir et ajoutez 3 jaunes d'œufs successivement.

Panez et moulez-les comme des croquettes de riz, faites frire. Poudrez de sucre fin et servez.

Croquettes de pommes de terre

Faites cuire des pommes de terre jaunes à l'eau, épluchez-les et pilez-les au mortier. Pour 500 grammes de pommes, ajoutez en pilant 3 œufs entiers, 50 grammes de beurre et 100 grammes de sucre en poudre. Retirez du mortier, formez-en de petites boules que vous

roulez dans la farine. Battez 2 blancs d'œufs en neige, passez les boules dedans, puis saupoudrez-les de mie de pain. Faites frire immédiatement. Saupoudrez de sucre, et servez.

Rissoles à la marmelade d'abricots

Prenez 250 grammes de *Feuilletage* à 6 tours; abaissez-le bien
mince; découpez, avec un emporte-pièce cannelé, des ronds de 7
centimètres de diamètre; mettez de la marmelade d'abricots au milieu
et fermez la pâte pour avoir un petit chausson. Laissez sécher un
instant, faites frire de belle couleur. Saupoudrez de sucre fin et glacez avec la pelle rougie au feu. Servez sur un compotier.

Rissoles aux confitures

Préparez et opérez comme il est dit ci-dessus, remplacez la marmelade d'abricots par toute autre espèce de confitures; employez toujours des marmelades bien cuites.

Chartreuse de fruits

Décorer un moule beurré avec de l'angélique et plusieurs sortes
de fruits confits, cerises, abricots, zeste d'orange, etc. Arroser avec
un peu de marasquin ou de curaçao. Remplir l'intérieur avec une
marmelade de fruits, pommes, coings, etc. un peu épaisse. Cuire au
bain-marie et laisser refroidir. Démouler au moment de servir. Au
besoin, tremper le moule dans l'eau chaude pour faciliter ce démou-
lage. Décorer le dessus de fruits confits. Servez avec un sirop d'ananas ou un sirop de pêches ou de groseilles répandu sur l'entremets
pour le saucer.

Côtelettes en surprise

Faites 125 grammes de *Pâte feuilletage;* donnez-lui 6 tours;
abaissez-la assez mince; coupez votre abaisse en forme de petits
cœurs, comme si vous deviez mettre des côtelettes de mouton en papillotes; mettez dans cette pâte de la marmelade d'abricots ou toute
autre confiture. Soudez bien les bords et donnez-leur la forme de côtelettes, faites-les cuire pendant dix minutes, sur une plaque au four
chaud. Quand elles sont cuites, dorez-les avec un peu de blanc
d'œuf battu; écrasez quelques macarons, pour imiter la chapelure
de pain et trempez vos côtelettes dedans; faites rougir un gril et posez-le sur vos côtelettes pour former la marque qu'elles prennent en
grillant.
Dressez les côtelettes en couronne sur un plat et servez.

Pommes au beurre

Prenez une douzaine de pommes. Videz-les avec un vide-pommes; enlevez la peau des six moins belles et faites-les cuire dans un
sirop léger.

Faites-en une marmelade et garnissez-en le fond d'un plat en terre de feu; garnissez les autres pommes de beurre fin, saupoudrez-les fortement de sucre et mettez au four dans le plat de marmelade. Donnez-leur une belle couleur; quand elles sont cuites, emplissez le vide des pommes avec de la gelée de groseilles ou de coings, ou toute autre gelée.

Pommes au beurre Tracy

Prenez un kilogr. de belles pommes, reinettes de préférence. Coupez-les en quatre. Epluchez-les. Rangez-les dans un plat long, côte à côte en un seul lit. Mettez un verre d'eau froide. Saupoudrez avec une demi-livre de sucre en poudre. Parsemez d'un quart de beurre fin coupé en petits morceaux. Mettez dans un four doux, laissez cuire deux heures en surveillant bien et en arrosant souvent. Vos pommes doivent être bien dorées. Servez chaud. Au moment de servir, on peut étaler une légère couche de gelée de groseilles ou de gelée de coings.

Pommes meringuées

Avec une douzaine de pommes, faites une marmelade; dressez-la en pyramide sur un plat. Faites du *Meringage* avec 3 blancs d'œufs et 200 grammes de sucre; à l'aide d'une poche à décorer, dressez des petits points autour de la marmelade; saupoudrez de sucre en poudre et passez au four chaud pendant 10 minutes environ pour donner une belle couleur.

Pommes meringuées à l'abricot

Mélangez une marmelade de pommes avec une même quantité de confiture d'abricots; dressez en dôme sur un plat et masquez de *Meringage* comme il est dit ci-dessus.

Miroton de pommes

Pelez et videz une douzaine de pommes : faites-les macérer pendant 2 heures avec de l'eau-de-vie et du sucre en poudre; garnissez de confiture d'abricots le fond d'un plat en terre de feu, posez dessus les pommes coupées en tranches minces; saupoudrez de sucre fin et mettez au four chaud. Faites prendre une belle couleur et servez.

On peut faire un miroton de poires en procédant de la même façon.

Charlotte de pommes

Coupez de la mie de pain très mince et en quantité suffisante pour foncer le moule; passez ces tranches de pain dans du beurre fondu et foncez le moule dont vous voulez vous servir.

Epluchez et videz une quinzaine de pommes, coupez-les par tranches assez minces et faites-les cuire à feu doux avec 100 grammes de beurre fin, 150 grammes de sucre, 10 grammes de vanille pulvé-

risée, et un décilitre d'eau. Faites cuire doucement en remuant constamment. Quand les pommmes sont cuites, mélangez 150 grammes de
confiture d'abricots et garnissez le moule. Recouvrez-le avec des
tranches de pain beurré, comme celles avec lesquelles vous l'avez
foncé, faites cuire à feu doux, pendant 25 minutes. Servez en sortant
du four.

Charlotte de poires

Préparez et opérez comme ci-dessus, mais en remplaçant les
pommes par des poires.

Abricots à la Condé

Prenez une vingtaine d'abricots assez murs, coupez-les par le
milieu et enlevez-en les noyaux. Faites-les cuire pendant dix minutes
dans un litre de sirop à 20 degrés. Préparez une couronne de savarin comme il est dit à la *Croûte madère;* coupez-la par tranches et
trempez ces tranches dans un sirop au kirsch.

Mettez entre chaque tranche une moitié d'abricot; ajoutez au
sirop qui a cuit les abricots 100 grammes de marmelade d'abricots
et un décilitre de kirsch. Faites bouillir le tout; versez sur les abricots et dans l'intérieur de la couronne.

Servez aussitôt.

Tôt-fait

Prenez trois jaunes d'œuf, 60 grammes de farine, mélangez-les
dans une casserole avec un quart de litre de lait, tournez et ajoutez
peu à peu 125 grammes de sucre, une demi-gousse de vanille et du
zeste de citron. Ensuite, mêlez à cette bouillie, les trois blancs d'œuf
battus en neige consistante, bien dure. Beurrez ensuite un moule ou
un plat creux. Versez la bouillie et faites cuire pendant 25 minutes
au four très chaud.

Macédoine de fruits frais à la gelée

Prenez cent vingt-cinq grammes de fruits frais de chaque sorte.
Enlevez les noyaux et les pépins de ceux qu'il est nécessaire d'enlever; faites-les macérer dans une terrine pendant une heure, avec
un demi-litre d'eau-de-vie et cent grammes de sucre. Préparez une
Gelée au kirsch. Mettez un moule à charlotte sur de la glace et versez
au fond environ deux décilitres de cette gelée, égouttez les fruits et
mettez-en le quart sur la gelée. Recouvrez-les de gelée et laissez
prendre sur la glace, pendant une demi-heure, remettez de nouveau
des fruits et de la gelée, jusqu'à ce que le moule soit plein. Laissez
prendre pendant deux heures et démoulez au moment de servir.

Crêpes au sucre

Pour vingt crêpes, prenez une livre de farine. Mettez-la da.
une terrine avec une demi-cuillerée à café de sel fin, un demi-verr
d'eau pour laisser fondre le sel. Délayez peu à peu avec du lait froid

Faire une pâte qui masque la cuiller. Ajoutez trois jaunes d'œuf, une bonne cuillerée à soupe de rhum, de kirsch, ou de cognac. Si la pâte n'est pas assez liquide ajoutez un peu de lait. Terminez par les trois blancs d'œufs battus en neige très ferme. Mélangez bien et laissez reposer trois heures.

Mettez dans une poêle à crêpes, gros comme une noisette de beurre. Tournez la poêle pour qu'elle soit bien également enduite de beurre fondu. Versez au milieu avec une louche la valeur de trois cuillerées à soupe de pâte, de façon à masquer le fond de la poêle tout en ayant une crêpe mince. Etalez en tournant. Faites cuire, retournez la crêpe, laissez-la dorer de l'autre côté et servez dans un plat chaud saupoudré de sucre.

Crêpes à l'orange

Préparez une pâte à crêpes comme ci-dessus, mais ajoutez, en terminant, du zeste d'orange râpé très fin.

Crêpes normandes

Préparez une pâte à crêpe comme ci-dessus, mais en aromatisant avec de l'eau-de-vie, du cidre ou du rhum. En terminant, ajoutez des rondelles de pommes, que vous avez taillées très minces, transparentes et mises à macérer dans du sucre et de l'eau-de-vie.

Vous faites alors les crêpes comme il est dit ci-dessus, mais en ayant soin de mettre dans la poêle, avec la pâte, quelques rondelles de pommes posées à plat. Faites cuire, les pommes se prennent dans la pâte, retournez la crêpe, laissez dorer et servez dans un plat chaud saupoudré de sucre.

Crêpes à la banane

Préparez une pâte à crêpes comme ci-dessus, mais aromatisée avec du kirsch. Ajoutez en terminant des rondelles très fines de bananes pas très mûres, mises à mariner dans du kirsch et du sucre pendant une heure.

Avoir soin, en versant la pâte dans la poêle, que les rondelles de banane soient bien à plat, côte à côte, sans s'entasser. Faites cuire comme les crêpes normandes.

Crêpes Vatel

Faites des crêpes à l'orange très fines. Disposez-les sur un plat long. Couvrez-les de sucre en poudre. Au moment de servir, arrosez-les avec de la fine champagne, mettez le feu et faites bien flamber.

Gaufres à la vanille

Prenez deux cent cinquante grammes de sucre, vingt grammes de vanille pulvérisée, deux cent cinquante grammes de farine tamisée, mettez le sucre et la farine dans une terrine. Mélangez avec une spatule quatre œufs entiers et un litre de lait. Mettez le lait peu à peu pour éviter les grumeaux.

Faites chauffer le gaufrier et graissez-le avec un peu de beurre frais. Quand le fer est très chaud, versez dedans une forte cuillerée de pâte pour former la gaufre; pressez sur le fer, pour rendre la gaufre plus mince; quand elle sera cuite d'un côté, retournez-la de l'autre.

Lorsqu'elle est de belle couleur blonde, servez en la saupoudrant de sucre fin parfumé à la vanille. Si vous ne les servez pas immédiatement, mettez-les dans une boîte privée d'air et à l'étuve pour les conserver très croustillantes.

Buisson de meringues

Faites une *Pâte à meringue* avec six blancs d'œufs. Dressez avec la poche, sur des plaques beurrées et farinées, des meringues grosses comme un œuf. Quand elles sont cuites, creusez-les sur le côté adhérent à la plaque.

Faites une *Crème vanille à la Chantilly*, garnissez vos meringues; et, avec un sucre coloré rose, cuit au cassé, collez les meringues garnies les unes sur les autres, pour en former une pyramide. Avec une cuiller, filez sur les meringues le sucre qui vous reste afin de former un voile rose. Servez-les aussitôt garnies.

Salade d'oranges

Coupez les oranges en tranches d'un demi-centimètre d'épaisseur, en laissant les écorces. Rangez-les, en couronne, sur un compotier, et saupoudrez-les de sucre. Pour une demi-douzaine d'oranges, mettez cent grammes de sucre en poudre et un décilitre de rhum. Laissez macérer pendant deux heures avant de les servir.

On peut faire la salade d'oranges non seulement avec du rhum, mais aussi avec de l'eau-de-vie ou du marasquin, du kirsch, etc.

Pots de crème à la vanille

Faites bouillir un litre de lait avec 200 grammes de sucre et une demi-gousse de vanille; lorsque le lait a bouilli, tenez la casserole sur le coin du fourneau et laissez infuser pendant un quart d'heure; puis mélangez-y cinq œufs entiers; passez à l'étamine et versez dans les petits pots à crème; faites bouillir de l'eau dans une casserole assez grande pour les contenir; posez-la sur feu doux et ayez soin que l'eau n'atteigne qu'à moitié de hauteur des pots; couvrez la casserole d'un couvercle avec feu dessus; lorsque la crème est cuite, essuyez les pots et laissez refroidir.

On peut faire cuire ces pots directement dans un four doux.

Pots de crème à la fleur d'oranger

Préparez et opérez comme il est dit ci-dessus, remplacez la vanille par une cuillerée à bouche d'eau de fleur d'oranger.

Pots de crème au café

Préparez et opérez comme il est dit aux *Pots de crème à la vanille,* remplacez celle-ci par une crème préparée comme il est dit pour les œufs au café.

Pots de crème au caramel

Faites bouillir un litre de lait. Faites cuire 15 grammes de sucre dans une petite bassine non étamée; lorsqu'il est de belle teinte brune, mouillez-le de quelques cuillerées de lait tiède, délayez puis ajoutez le reste de lait bouilli, et opérez ensuite comme il est dit aux *Pots de crème à la vanille.*

Pots de crème au chocolat

Faites fondre 100 grammes de bon chocolat dans un demi-litre de bon lait, puis opérez comme il est dit aux *Pots de crème à la vanille.*

On peut également préparer les crèmes comme il est dit ci-dessus et les faire prendre au bain-marie dans un plat creux.

Crèmes renversées

Préparez et opérez comme il est dit aux *Crèmes en petits pots à la vanille, fleur d'oranger, café, chocolat, etc., etc.;* versez dans un moule à cylindre enduit de caramel ou de sucre fondu blanc, faites cuire au bain-marie, laissez refroidir, démoulez et servez.

Sicilienne

Avec de la pâte brisée, foncez un moule à *Timbale* comme il est dit au *Pâté de veau et jambon.* Faites cuire et démoulez. Préparez une *Composition au chocolat* ; glacez-la, et avec la spatule, mélangez dans la sorbetière la même quantité de *crème Chantilly.* Garnissez la timbale au moment de servir.

Cannelons à la crème d'amandes

Préparez 250 grammes de *Pâte à feuilletage* à 6 tours. Abaissez très mince, et découpez avec un petit emporte-pièce rond. Mouillez le feuilletage et mettez au milieu de la *Crème d'amandes* gros comme une noisette. Fermez le feuilletage et faites frire à friture modérée.

Compote de coings

Prenez de beaux coings bien mûrs; coupez-les par quartiers, ôtez-en le cœur et la peau. Pour six coings, faites fondre un kilogrammo de sucre blanc, dans une bassine, avec deux litres d'eau. Quand le sirop est en ébullition, mettez-y les coings et laissez-les cuire à petits bouillons. La cuisson terminée, retirez les coings du sirop, avec une écumoire, et rangez-les sur un compotier. Faites réduire le sirop dans lequel les coings ont cuit et, lorsqu'il est froid, versez-le sur les fruits.

Compote d'oranges

Ayez six belles oranges; ôtez-en la peau jaune et blanche qui les recouvre; coupez-les par moitié et mettez-les sur un tamis. Dans une bassine faites fondre à feu doux 750 grammes de sucre avec un litre d'eau.

Quand le sucre a donné un bouillon mettez-y les oranges et laissez bouillir pendant trois minutes. Retirez et placez les oranges sur un compotier. Faites réduire de moitié le sirop où les oranges ont cuit, laissez refroidir; versez sur les oranges. On peut ajouter dans ce sirop un peu d'eau-de-vie ou de rhum.

Compote d'abricots

Prenez une quinzaine d'abricots; partagez-les par le milieu pour en retirer les noyaux. Cassez les noyaux avec un casse-noix. Prenez les amandes. Jetez-les dans l'eau bouillante, retirez-les aussitôt et enlevez la peau. Prenez 50 grammes de sucre blanc en pain, et mouillez avec un demi-litre d'eau. Faites fondre sur un feu doux; quand le sirop est à l'ébullition, mettez-y les abricots et laissez bouillir pendant cinq à dix minutes environ, selon le degré de maturité des fruits. Retirez les abricots avec une écumoire, égouttez-les et rangez-les sur un compotier ; ajoutez les amandes blanchies et un peu de kirsch ; laissez réduire le sirop pendant dix minutes encore, sur un feu doux, et versez-le sur les abricots lorsqu'il est froid. Servez la compote froide. Se sert aussi sur un fond de riz au lait vanillé.

Compote de pêches

Mettez les pêches dans un poêlon d'eau chaude, et faites prendre cinq à six bouillons ; mettez-les ensuite dans de l'eau fraîche et pelez-les ; fendez-les en deux pour en retirer les noyaux.

Préparez un sirop avec 50 grammes de sucre en pain et un demi-litre d'eau. Laissez réduire. Parfumez avec du kirsch. Versez-le bouillant sur les pêches et laissez refroidir.

Compote d'ananas

Ayez un ananas mûr ; pelez-le comme une pomme ; coupez-le par tranches d'un demi-centimètre d'épaisseur. Pour un ananas de un kilogramme, prenez 500 grammes de sucre en pain ; faites fondre dans un poêlon d'office, avec un demi-litre d'eau. Quand le sirop est à l'ébullition, mettez-y les tranches d'ananas, retirez du feu, et laissez infuser pendant deux heures. Rangez ensuite les tranches d'ananas sur un compotier, et faites réduire le sirop pendant dix minutes sur un feu doux ; laissez-le refroidir et versez-le sur les tranches d'ananas préalablement dressées dans un compotier. Ajoutez enfin un peu de kirsch ou de rhum.

Compote de reines-Claude

Piquez fortement les prunes, jusqu'au noyau, avec une grosse aiguille, et mettez-les dans une bassine avec la quantité d'eau nécessaire pour qu'elles baignent entièrement ; mettez-les sur feu doux jusqu'à ce qu'elles montent sur l'eau ; retirez-les ensuite et faites-les égoutter sur un tamis de crin. Préparez un sirop à 31° dans les proportions de 500 grammes de sucre pour un kilogramme de prunes; mouillez le sucre avec un quart de litre d'eau par 500 grammes. Quand le sirop est à l'ébullition, mettez-y les prunes, et laissez prendre une douzaine de bouillons; laissez refroidir les prunes dans le sirop pendant cinq heures ; égouttez-les après, et rangez-les sur un compotier. Faites réduire le sirop de moitié, laissez-le refroidir, puis versez-le sur les prunes.

Compote de cerises

Prenez 500 grammmes de cerises ; coupez-leur la moitié de la queue, et lavez-les à l'eau fraîche, mettez dans un poêlon d'office 250 grammes de sucre blanc et mouillez avec 2 décilitres d'eau ; donnez un bouillon et versez les cerises dedans, puis faites prendre quelques bouillons aux cerises et retirez-les du feu ; laissez refroidir pendant cinq heures ; retirez les cerises du sirop, mettez-les dans un compotier, faites réduire le sirop de moitié et, lorsqu'il est froid, versez-le sur les fruits.

Compote de fraises

Mettez dans un poêlon 500 grammes de sucre blanc ; mouillez-le avec un quart de litre d'eau, mettez sur le feu et donnez un bouillon.

Epluchez un kilogramme de grosses fraises et mettez-les dans le sirop chaud ; placez sur le feu et faites prendre un petit bouillon ; laissez refroidir dans le poêlon ; dressez les fruits dans un compotier, faites réduire le sirop, et, lorsqu'il est froid, versez-le sur les fraises.

Compote de framboises

Préparez et opérez comme il est dit ci-dessus.

Compote de groseilles

Prenez un kilogramme de groseilles ; égrenez-les et mettez-les dans de l'eau fraîche ; ajoutez quelques framboises ou quelques grains de cassis ; préparez du sirop comme il est dit à la *Compote de fraises*, et opérez de même ; servez froid dans un compotier.

Autre manière :

Egrenez des groseilles ; lavez-les vivement et égouttez-les ; mettez-les dans un bol avec une demi-livre de sucre par livre de fruits, ajoutez quelques framboises lavées à l'eau froide, et une ou deux cuillerées d'eau ; faites-les sauter pour faire fondre le sucre et laissez au frais pendant deux ou trois heures ; au bout de ce temps, retournez le bol dans un compotier et servez, après avoir arrosé de rhum ou de cognac.

Compote de pommes à la Portugaise

Prenez une dizaine de belles pommes reinettes ; ôtez la pelure avec un petit couteau d'office ; enlevez le cœur des pommes avec un vide-pommes et mettez-les dans un poêlon d'office avec un litre d'eau et 250 grammes de sucre raffiné. Mettez le tout sur un feu doux et laissez bouillir pendant un quart d'heure. Retirez les pommes lorsqu'elles sont bien atteintes, et faites-les égoutter sur un tamis de crin.

Faites réduire la cuisson, jusqu'à la nappe, comme il est indiqué à la *Gelée de pommes,* et mettez-la dans de petites soucoupes de porcelaine, pour la faire refroidir. Au moment de servir, rangez les pommes sur un compotier, et remplissez l'ouverture de la pomme avec de la gelée de pommes ou de cerises.

Prenez ensuite les soucoupes de gelée et retournez-les sur chaque pomme.

Si les pelures de pommes sont bien blanches, faites-les cuire dans le sirop avec les pommes, afin d'obtenir une gelée plus ferme.

Compote de pommes bonne femme

Prenez un kilogramme de belles pommes. Epluchez-les, coupez-les en morceaux, enlevez les pépins. Mettez les morceaux dans une casserole avec douze morceaux de sucre, un verre d'eau, un brin de cannelle de Ceylan, ou, à défaut, un peu de zeste de citron. Couvrez et faites cuire à feu doux. Quand les pommes s'écrasent, passez-les ou dans une passoire, écrasez-les au pilon et servez froid.

Compote de poires

Prenez des poires de rousselet ; épluchez-les avec un petit couteau d'office et mettez-les au fur et à mesure dans une bassine avec une quantité d'eau suffisante pour qu'elles baignent bien ; faites-leur prendre un bouillon sur un feu doux. Retirez-les de l'eau bouillante et mettez-les dans une grande terrine d'eau fraîche.

Dans une bassine, suffisamment grande pour contenir tous les fruits, faites fondre 375 grammes de sucre dans un litre d'eau, pour un kilogramme de poires, sur feu doux. Quand le sirop est à l'ébullition, versez les poires dedans et laissez bouillir jusqu'à ce qu'elles soient bien molles. Ajoutez un peu de zeste de citron pour parfumer. Quand elles seront arrivées à degré de cuisson, enlevez-les du sirop avec une écumoire et rangez-les sur un compotier. Laissez réduire le sirop et versez-le froid sur les poires. Si les poires que vous employez sont bien mûres, pelez-les et mettez-les au fur et à mesure dans le sirop et faites cuire comme ci-dessus.

Faites de même pour toutes les différentes espèces de poires ; si elles étaient trop grosses, coupez-les par la moitié.

On peut ajouter au sirop un verre de vin rouge, ce qui donne un goût délicieux.

PATISSERIES & CONFISERIES

PATISSERIES & CONFISERIES

Pâte à sablé flamand

Travaillez dans une terrine trois jaunes d'œuf avec 180 grammes de sucre, 250 grammes de beurre fin et 300 grammes de farine tamisée. Faites-en une boule. Etendez au rouleau sur la table saupoudrée de farine. Quand la pâte est étalée, on s'en sert pour des tartes ou des petits gâteaux sablés. Cette pâte ne doit pas être aplatie trop mince.

Autre manière :

Prenez 250 grammes de farine, 100 grammes de sucre en poudre, 200 grammes de beurre, le zeste d'un citron, trois jaunes d'*œufs durs* écrasés, une pincée de sel. Pétrir cette pâte telle qu'elle est indiquée, sans chercher à la mouiller avec quoi que ce soit. La laisser reposer une heure, puis la passer au rouleau sur la table saupoudrée de farine en lui donnant une façon d'un centimètre d'épaisseur. Cette pâte ne doit pas être dorée à l'œuf. Pour la faire cuire, on la mettra sur une plaque de tôle légèrement mouillée et dans un four chaud pendant 7 à 8 minutes.

Pâte à savarin

Tamiser 250 grammes de farine dans une terrine que l'on a tiédie en y passant de l'eau bouillante que l'on aura jetée. Faire une fontaine, y mettre un peu de levure, un décilitre de lait, 3 œufs; travailler pour en faire une pâte mollette ; puis continuer de pétrir en ajoutant peu à peu : deux grammes de sel fin, 5 grammes de sucre en poudre et 125 grammes de beurre ramolli en pommade. Bien battre la pâte qui devra rester mollette ; couvrir la terrine avec une couverture et la placer dans un endroit tempéré, sans courants d'air, un peu chaud même, pendant au moins trois quarts d'heure. Rompre la pâte, c'est-à-dire la travailler à nouveau. A ce moment, quelques personnes y ajoutent des fruits confits ou des raisins trempés dans du sirop, mais bien égouttés.

Prendre un moule à savarin, bien beurrer les parois, saupoudrer d'amandes mondées hachées gros et y coucher la pâte.

On laisse lever à l'étuve pendant trente ou quarante minutes. Pendant ce temps, on prépare le four. Sitôt la pâte levée, faire cuire le gâteau environ 45 minutes jusqu'à ce qu'une aiguille plongée dedans ressorte sans humidité. Après quoi on démoule le savarin et au moment de servir on le trempe dans le sirop suivant :

Faire fondre 250 grammes de sucre dans de l'eau, sur feu doux, sans bouillir, mettez un peu de cannelle, un zeste de citron, passez, ajoutez deux décilitres de vieux rhum ou de kirsch.

Pâte à baba

On appelle baba, un savarin dans lequel on a mis des raisins et fruits confits, comme il est dit ci-dessus.

Pâte à pain au lait

Mettez dans une terrine 500 grammes de farine de froment ou de gruau, faites une fontaine et mettez au milieu 15 grammes de sucre en poudre, une pincée de sel et 125 grammes de beurre fin. Mouillez avec un quart de litre de lait bouilli chaud, pétrissez, ajoutez un peu d'eau, si c'est nécessaire et mélangez avec 200 grammes de levain de pain de boulanger. Après quoi, couvrez la terrine avec une couverture, mettez-la dans un endroit chaud et laissez lever jusqu'au lendemain.

Véritable brioche fine de pâtissier

La brioche n'est pas si difficile à faire que certains le disent. L'essentiel est d'employer de bons produits, du beurre frais, de la farine fine et des œufs frais, qu'il est prudent de casser un à un dans un bol pour éviter de gâter toute la pâte si on y faisait tomber une goutte d'œuf pas frais ou sentant la paille. Il faut avoir un levain de bonne qualité. On peut d'ailleurs en demander à son boulanger ou faire comme il va être dit. L'eau doit être tiède, mais pas trop chaude. Enfin, on veillera à employer le levain quand il est en pleine fermentation, seul moment propice pour l'ajouter à la détrempe.

On prendra 750 grammes de farine qu'on tamisera sur la table. On en fera quatre parts. Avec un de ces quarts, faire une fontaine, mettre au milieu de la levure de bière fraîche (10 grammes l'été et 15 grammes l'hiver), verser une petite quantité d'eau bouillie arrivée à la température de 30° environ ; délayer et faire une pâte molle qu'on mettra dans une casserole qui sera maintenue au chaud. Cette première opération sert à faire le levain. Si on achète du levain chez le pâtissier, on se dispensera de faire cette préparation, mais alors on achètera 200 grammes de levain et on n'emploiera chez soi que 550 grammes de farine.

Avec le reste de la farine, faire une fontaine, mettre au centre 15 grammes de sucre, 15 grammes de sel fin, 625 grammes de beurre fin et 5 œufs frais. Pétrir en brisant, c'est-à-dire soulever la pâte, la rejetter fortement sur la table plusieurs fois. Par intervalle, on ajoute un œuf. Il faut, en tout, 9 œufs pour les quantités indiquées ici.

Lorsque la pâte est bien travaillée, on y ajoute le levain mis à part dans la casserole. Bien mélanger le tout, toujours en battant et brisant afin d'obtenir une pâte bien homogène, lisse et molle.

Mettre alors la pâte dans une terrine, la recouvrir d'une couverture et la laisser reposer quatre heures dans un endroit tiède.

Remettre la pâte sur la table, la travailler encore puis la remettre dans la terrine pendant deux heures. Recommencer encore une fois, puis déposer la pâte dans une terrine propre, dans un lieu froid.

Cette pâte sert à faire les brioches diverses dont il est question ci-après.

On peut faire de la grosse brioche moins fine en mettant seulement 250 grammes de beurre pour 500 grammes de farine et mettre 4 œufs. On peut d'ailleurs employer de 4 à 8 œufs pour cette quantité de farine.

Quand on veut faire la brioche, on prend la pâte, on la brise, on la roule en boule légèrement farinée et on la met dans le moule. Dans le centre, on appuie avec les doigts pour faire un creux et on y place une deuxième boule faite avec le tiers de la pâte prélevé au préalable. Dorez à l'œuf, ciselez la pâte pour faciliter le développement et faites cuire à four doux.

Brioche mousseline

Beurrer un moule uni. Disposer à l'intérieur une feuille de papier blanc beurré qui devra dépasser de moitié de sa hauteur. Mettre dans le moule, jusqu'au tiers, de la pâte à brioche fine (voir précédemment). Laissez lever aux deux tiers dans un endroit frais. Dorez à l'œuf, ciselez et faites cuire à four moyen.

Petites brioches

Avec cinq cents grammes de pâte fine, on peut faire dix à douze petites brioches que l'on fait cuire sur des plaques beurrées.

Brioches au raisin

Pour les quantités indiquées ici, il faut prendre 140 grammes de raisins muscats que l'on coupera en deux pour extraire les pépins. Quand la pâte est étendue, on y parsème les raisins et on roule. Après deux minutes de repos, on taille en morceaux selon la grosseur voulue et on fait cuire.

On fait de même avec des raisins de Corinthe, mais alors on comptera une livre de raisins par kilogramme de pâte.

Brioches au fromage

Saupoudrez de gruyère râpé la pâte faite et étendue. Replier la pâte sur elle-même. Faire la brioche. Ciseler et piquer de morceaux de gruyère entiers. Dorer, faire cuire. Se sert chaud.

Célèbre brioche de la Lune

Prendre 500 grammes de farine. Prendre le quart pour faire un levain, comme il a été dit à la véritable brioche, avec 10 grammes de levure l'été et 15 grammes l'hiver. Avec les trois quarts restants, faire une fontaine, y mettre deux œufs, 30 grammes de sucre en poudre, 10 grammes de sel, 3 décilitres de bonne eau-de-vie, un demi-verre de lait bouilli, un demi-verre d'eau tiède à 30 degrés. Travaillez la pâte, ajoutez encore deux œufs puis, quand elle est lisse et bien faite, incorporez 250 grammes de beurre fin et terminez en ajoutant le levain.

Mettre dans une terrine bien au frais l'été, ou dans un endroit tiède l'hiver, et laisser lever.

Reprendre et travailler la pâte au moins deux fois. Ne pas couvrir, cela ramollirait la brioche. Faire alors comme pour les autres brioches. Se cuit dans un four chaud.

On les mange chaudes.

Pâte à choux et à éclairs

Dans 4 décilitres d'eau, faites bouillir 25 grammes de sucre en poudre, 125 grammes de beurre fin, un grain de sel, puis ajouter 250 grammes de farine fine tamisée ; remuer à la cuiller de bois, toujours sur le feu, afin de bien dessécher la pâte; retirer la casserole sur le coin du feu et ajouter un à un, toujours en remuant, huit à neuf œufs entiers. On doit faire une pâte mollette, sans être claire.

On fait, avec cette pâte, des choux et des éclairs. (Voir ces mots.)

Pâte à foncer ou Pâte brisée

Les doses de cette pâte sont variables, mais la qualité principale est de l'employer fraîche. On prendra, par exemple, 500 grammes de bonne farine qu'on tamisera. On fait une fontaine et on y met 375 grammes de beurre fin, 25 grammes de sel fin, trois œufs entiers. Ajouter un verre d'eau bouillie tiède, mélanger à la cuiller de bois, sans pétrir à la main jusqu'à formation d'une pâte ferme ne collant plus à la terrine.

On farine une table, on met la boule de pâte après l'avoir laissée reposer trois heures, on l'abaisse au rouleau puis on lui donne deux tours. C'est-à-dire qu'après avoir été aplatie, on la roule en boule et on l'aplatit au rouleau. On recommence deux fois.

Pâte à dresser

Prenez un kilo de farine ; faites une fontaine au milieu ; mettez-y 50 grammes de sel, 150 grammes de beurre avec un demi-litre d'eau ; mélangez le tout ensemble afin que la pâte soit bien pétrie et un peu ferme. Si elle devenait trop ferme, ajoutez-y un peu d'eau.

Cette pâte sert pour les petits pâtés au jus, les pâtés chauds, les timbales milanaises, etc.

Pâte au beurre

Prenez 500 grammes de farine, 250 grammes de sucre en poudre, 200 grammes de beurre, 3 œufs entiers et 1 décilitre de lait ; mélangez bien le tout ensemble et laissez reposer la pâte pendant quatre heures.

Pâte au beurre (Napolitain)

Préparez et opérez comme ci-dessus. Ajoutez et mélangez à la pâte 125 grammes d'amandes, une écorce d'orange confite, et un œuf entier, le tout broyé au mortier.

Pâte feuilletée ou feuilletage

Passez au tamis 500 grammes de farine, mettez dans une terrine, faites un trou au milieu. Mettez une cuiller à café de sel fin, une noix de beurre, un verre d'eau bouillie qu'on a laissé refroidir afin qu'elle soit simplement tiède. Faites une pâte. Quand elle n'attache plus à la terrine, faites-en une boule, aplatissez-la au rouleau sur la table saupoudrée de farine.

Prenez 350 grammes de beurre fin. Coupez-les en quatre morceaux. Etalez un morceau avec la main sur la pâte. Pliez en quatre et laissez reposer une heure dans un endroit tiède, à l'abri des courants d'air. Aplatissez à nouveau au rouleau, remettez une couche de beurre avec un deuxième morceau, repliez en quatre et laissez encore reposer une heure. Recommencez l'opération encore deux fois.

Etalez une dernière fois sans plus travailler.

Cette pâte sert pour les feuilletés, galettes, vol-au-vent, pâtés, etc.

Pâte à madeleines

Prenez 4 œufs frais. Pesez-les. Leur poids servira à peser un poids égal de farine que vous mettrez à part, puis même poids de sucre et même poids de beurre. Travaillez dans une terrine le sucre avec les œufs cassés, ajoutez la farine et, en dernier lieu, le beurre fondu à feu doux sans le laisser bouillir ni prendre couleur.

Pâte de Génoise

Mettez dans une bassine en cuivre 250 grammes de sucre en poudre, une pincée de sel, 8 œufs entiers; battez cette pâte sur un feu doux pendant 10 minutes. Laissez-la monter, puis mélangez-y, avec une cuiller de bois, 250 grammes de farine et 125 grammes de beurre fondu. On jettera la farine en pluie. Couler la pâte dans des moules, ou des plaques, selon le gâteau voulu.

Pâte de Génoise aux amandes

Préparez et opérez comme il est dit ci-dessus; mais, avant de mettre la farine, mélangez au sucre et aux œufs 125 grammes d'amandes pilées avec 2 œufs entiers.

Pâte de Génoise aux pistaches

Préparez et opérez comme pour la *Pâte de Génoise;* mais, avant de mettre la farine, mélangez au sucre et aux œufs 125 grammes de pistaches pilées avec 2 œufs entiers.

Pâte à biscuits fins

Préparez un mélange de 125 grammes de farine passée au tamis et de 125 grammes de fécule. Travaillez pendant vingt minutes, dans une terrine, une livre de sucre en poudre avec 50 grammes de sucre vanillé, une pincée de sel et 10 jaunes d'œufs frais. D'autre part, fouettez les 10 blancs en neige ferme et incorporez-les à la masse. Ajoutez enfin le mélange farine et fécule qu'on fera tomber en pluie.

Le biscuit se fait cuire deux heures dans des moules beurrés.

Crème d'amandes

Mondez 500 grammes d'amandes douces et faites-les sécher au four pendant une heure. Mettez-les ensuite dans un mortier de marbre avec 500 grammes de sucre; pilez le tout et passez au tamis de soie. On peut lier avec un peu de lait.

Crème cuite pâtissière à la vanille

Prenez 250 grammes de sucre en poudre, 8 jaunes d'œuf, 1/2 litre de lait, 45 grammes de farine, une demie gousse de vanille. Déposez le sucre dans une terrine. Y mettre les jaunes d'œuf un par un en mélangeant petit à petit et travaillez énergiquement pour blanchir les jaunes. D'autre part, faites bouillir le lait dans une casserole en cuivre étamée et à fond épais. Y mettre la demie gousse de vanille fendue en 2 dans le sens de la longueur. Lorsque le lait est bouillant, délayez la farine et les jaunes en battant avec le fouet et en le versant petit à petit dans la terrine. Remettre le tout dans la casserole. Faites cuire à feu modéré. Après un bouillon, remettre dans une terrine propre. Retirer la vanille. Remuer de deux en deux minutes jusqu'à complet refroidissement, car il ne faut pas qu'il se forme de croûte en surface. Avant de finir, ajoutez un peu de sel.

Crème cuite à la pistache

Préparez et opérez comme il est dit ci-dessus en y mélangeant 100 grammes de pistaches mondées et pilées au mortier avec un peu de lait.

Crème pâtissière au café

Préparez et opérez comme il est dit à la *Crème pâtissière à la vanille*, mais en faisant bouillir le lait avec 25 grammes de bon café moulu. Supprimez la vanille. Passez sur un linge fin.

Crème pâtissière au chocolat

Prenez 125 grammes de chocolat que vous faites dissoudre sur le feu avec 2 décilitres de lait; mélangez-le avec une *Crème pâtissière à la Vanille*, préparée comme il est dit.

Pâte à meringage

Prenez une bassine en cuivre; mettez-y 8 blancs d'œufs; battez-les en neige bien ferme, avec un fouet en fer étamé. A l'aide d'une cuiller de bois, mélangez-y un kilogr. de sucre en poudre passé au tamis.

Crème au beurre

Prenez 250 grammes de beurre fin, bien frais, et placez-le dans une terrine préalablement chauffée dans un bassin d'eau bouillante; remuez le beurre, à la cuiller de bois, jusqu'à ce qu'il soit en pâte; incorporez alors, par petites quantités, 250 grammes de crème pâtissière parfumée à la vanille, au café, au chocolat, etc., en travaillant bien la composition.

Crème onctueuse au chocolat

Faites ramollir dans une casserole, sur feu doux, autant de barres de bon chocolat que de convives. Prenez autant d'œufs frais que de barres de chocolat. Séparez les blancs que vous battrez en neige ferme. Tournez le chocolat fondu avec une cuiller de bois et ajoutez-y peu à peu les jaunes d'œufs puis les blancs battus. Retirez du feu, versez dans un compotier et laissez refroidir.

Crème à Quillet

Mélanger dans une casserole un quart de litre de sirop vanillé à 25 degrés, un demi-décilitre de sirop d'orgeat, huit jaunes d'œufs. Mettre sur feu doux en tournant pour lier la crème, sans laisser bouillir; verser dans une terrine sans cesser de tourner. Quand la crème est froide, y ajouter 250 grammes de beurre fin par petits morceaux. Conserver dans un endroit froid. Sert à garnir le gâteau Quillet.

Glace royale

Mettez un blanc d'œuf dans une petite terrine; remuez à la cuiller de bois, en incorporant successivement 200 grammes de glace de sucre, remuez le tout pendant 10 minutes, de façon à donner du corps à la pâte. Colorez cette glace avec des couleurs à pâtisserie que l'on trouve dans les maisons spéciales.

~ Lorsque vous aurez à glacer un gâteau ou des petits fours, soit au rhum, soit au kirsch, etc., ajoutez à la glace un demi-décilitre de liqueur et mettez un peu plus de sucre, pour que la pâte ait la même consistance qu'avant l'introduction du liquide.

Pour glacer au chocolat, il faut ajouter du chocolat râpé dans la glace royale blanche.

Gâteau de Pithiviers

Prenez de la pâte à feuilletage à 6 tours; abaissez-la avec le rouleau à la grandeur de votre plat et à un centimètre d'épaisseur. Mettez cette abaisse sur une tourtière de même grandeur. Prenez 125 grammes d'amandes douces mondées que vous pilez au mortier avec 125 grammes de sucre. Ajoutez un œuf. Quand le mélange forme pâte, ajoutez encore un œuf, triturez et, en dernier lieu, mettez 125 grammes de beurre fin et enfin un demi-quart de crème fraîche; mettez cette crème sur l'abaisse du feuilletage; abaissez une seconde pâte de feuilletage absolument comme la première; mettez-la sur la crème et la première abaisse; appuyez avec la main sur les rebords pour faire coller les deux abaisses ensemble. Mélangez un œuf; avec le doroir, dorez bien le dessus du gâteau et façonnez comme la galette de ménage.

Faites cuire à four un peu chaud pendant environ une demi-heure. Retirez du four, et pendant que le gâteau est encore chaud, mettez avec le doroir un peu de confiture de groseilles pour donner du brillant au gâteau, ou simplement une légère couche de sucre fondu au blanc.

Gâteau d'amandes pralinées

Préparez et opérez comme il est dit ci-dessus. Avant de mettre au four, placez sur le gâteau une pâte composée de 100 grammes de sucre en glace, mélangé à un blanc d'œuf et 50 grammes d'amandes hachées. Ayez soin de mettre cette pâte aussi mince que possible. Faites cuire à feu doux, pendant 50 minutes environ.

Saint-Honoré

Abaissez de la pâte brisée d'un demi-centimètre d'épaisseur et de la grandeur d'une assiette; mettez-la sur une tourtière. Prenez de la pâte à choux, dressez-la à un demi-centimètre du bord de l'abaisse, afin de former un rebord. En même temps, dressez sur plaque une quinzaine de petits choux; dorez-les bien ainsi que les rebords du Saint-Honoré. Passez à four doux pendant 25 minutes.

Lorsque les choux et l'abaisse sont cuits, prenez du sucre cuit au cassé; trempez les choux dans ce sucre et collez-les sur le rebord en pâte à choux. Prenez ensuite 150 grammes de *Crème pâtissière* bien chaude; mettez 5 blancs d'œufs dans une bassine et battez-les très fermes; mélangez la crème chaude avec les blancs; garnissez le gâteau avec cette crème. Le Saint-Honoré peut se faire également à la crème au café ou à la crème au chocolat.

On peut garnir de crème Chantilly parfumée à la vanille.

Milanaise

Faites une abaisse de pâte brisée, et une couronne en pâte à choux autour, comme il est dit pour le *Saint-Honoré*. Passez au four pendant vingt minutes. Garnissez de *Crème pâtissière à la vanille*; saupoudrez de sucre en poudre; brûlez ce sucre avec un fer rouge, sur la surface de la crème, afin de lui faire prendre une belle couleur caramel.

Tarte aux cerises

Abaissez 200 grammes de pâte brisée ou de pâte feuilletée avec un rouleau, à un demi-centimètre d'épaisseur. Garnissez avec cette pâte un moule à flan; couper la pâte qui pourrait dépasser; façonnez la crête du flan, avec une pince; saupoudrez la tarte d'une forte couche de sucre en poudre dans le fond; rangez dessus des cerises bien mûres, dont vous aurez retiré les noyaux; mettez ensuite au four chaud pendant une demi-heure. Laissez refroidir et mettez sur les cerises une petite couche de confiture de groseilles.

Tarte aux abricots

Préparez et opérez comme il est dit ci-dessus. Garnissez d'abricots; mettez au four chaud pendant une demi-heure. Laissez refroidir et mettez sur les abricots une petite couche de confiture d'abricots ou de pommes.

Tarte aux prunes

Préparez et opérez comme il est dit à la *Tarte aux cerises*. Garnissez de prunes; mettez au four chaud pendant une demi-heure. Laissez refroidir et mettez sur les prunes une petite couche de confiture d'abricots ou de pommes.

Tarte aux pommes

Préparez comme pour la *Tarte aux cerises*. Mettez au fond de la croûte de la compote de pommes et, sur cette compote, une ou plusieurs pommes coupées en tranches très minces. Mettez au four pendant 25 minutes. Glacez au sortir du four avec de la gelée de pommes.

Conversation

Foncez un moule à flan avec de la pâte brisée comme pour la *Tarte aux cerises*. Garnissez de crème pâtissière à la vanille; recouvrez la crème d'une abaisse très mince de pâte brisée. Mettez sur cette abaisse une couche de *glace royale,* préparée comme il est dit précédemment et passez au four doux pendant une demi-heure.

Flan meringué

Foncez un moule à flan avec de la pâte brisée, garnissez de *Crème pâtissière* et mettez au four pendant une demi-heure environ. Prenez de la *Pâte à meringue* dans une poche à décors; décorez-en le dessus du flan; saupoudrez la meringue avec du sucre en poudre et remettez au four pendant 10 minutes. Retirez du four; laissez refroidir; mettez de la confiture d'abricots et de groseilles sur le décor en meringue et servez.

Religieuse

Foncez un moule à flan avec de la pâte brisée; garnissez à moitié du moule avec de la *Crème pâtissière au café,* et mettez au four pendant 20 minutes. Avec de la *Pâte à choux,* dressez sur une tourtière de gros éclairs; laissez cuire pendant un quart d'heure. Lorsque les éclairs sont cuits, garnissez-les de *Crème pâtissière au café;* glacez-les avec de la glace de café; dressez les éclairs en pyramide dans le fond du flan; décorez entre chaque éclair avec de la *Crème au beurre* parfumée au café; mettez une grosse rose de crème sur le dessus des éclairs et servez.

Gâteau de riz

Faites crever 250 grammes de riz caroline dans trois quarts de litre de lait avec 150 grammes de sucre et une demi-gousse de vanille. Laissez refroidir. Quand il est froid, ajoutez trois jaunes d'œufs puis les blancs battus en neige. Caramélisez un moule en mettant dix morceaux de sucre trempés dans l'eau que vous faites fondre à feu vif. Quand le sucre est en sirop doré, prenez le moule par les anses (garantissez-vous les mains avec un torchon), et tournez-le dans tous les sens pour bien enduire de caramel tout l'intérieur, fond et parois. Dans le moule ainsi préparé, versez votre riz, puis mettez au four ou au bain-marie pendant un bon quart d'heure, laissez refroidir et démoulez à froid en renversant le moule sur un plat.

On peut parfumer avec un zeste de citron ou de la fleur d'oranger en place de vanille. Se sert parfois avec une crème à la vanille.

Normand

Foncez un moule à flan avec de la *Pâte à feuilletage.* Garnissez-le de marmelade de pommes et faites cuire pendant un quart d'heure. Lorsque le gâteau est refroidi, garnissez-le en forme de dôme, avec de la pâte à meringage; saupoudrez avec du sucre en poudre, passez au four pendant 10 minutes. Retirez et, lorsqu'il est refroidi, glacez-le avec de la gelée de groseilles chaude et servez.

Galettes bretonnes

Faire une pâte avec un kilogr. de farine, une livre de beurre frais une livre de sucre, quatre œufs, un peu d'eau de fleurs d'oranger et un peu de cognac. Pétrir. En faire des galettes larges comme la paume de la main. Les dorer au lait sucré et les faire cuire à feu doux.

Montmorency

Prenez un moule à *moka*, beurré et fariné. Garnissez-le aux trois quarts de *Pâte à biscuits*. Pour un gâteau d'environ deux cents grammes, faites cuire à four doux pendant trois quarts d'heure. Lorsque le gâteau est refroidi, dressez dessus, à l'aide d'une poche, de petites boules, grosses comme des cerises, de *Pâte à meringage*. Mettez au four pendant cinq minutes. Retirez, glacez le dessus avec de la gelée de groseilles chaude; mettez ensuite, sur chaque boule, un petit morceau d'angélique confite, afin d'imiter la queue des cerises.

Galette de plomb

Passez deux cent cinquante grammes de farine sur la table; faites une fontaine au milieu; mettez-y vingt grammes de sel, soixante grammes de sucre, deux cent cinquante grammes de beurre et quatre œufs. Détrempez le tout ensemble; froissez la pâte trois fois; si elle est trop ferme, ajoutez des œufs, et laissez reposer pendant une demi-heure. Abaissez la pâte et moulez-la dans un moule à flan, sur une tourtière. Dorez avec un œuf brouillé et façonnez comme la *Galette de ménage*; mettez au four chaud pendant trois quarts d'heure.

Autre manière :

Avec 200 grammes de farine tamisée faites une fontaine. Mettez dedans une pincée de sel fin, 140 grammes de beurre, une bonne cuillerée de sucre en poudre, un demi-bol de crème fraîche. Travailler la pâte, l'étendre au rouleau, la plier quatre ou six fois, jusqu'à ce que le beurre ne ressorte plus. Faites une galette un peu épaisse, dorez-la au lait sucré, dessinez des losanges au couteau et faites cuire au four doux pendant une demi-heure.

Galette de ménage, dite des Rois

Se fait avec une pâte feuilletée abaissée à deux centimètres d'épaisseur, moulée en galette et dorée à l'œuf. On y incorpore, avant la cuisson une fève sèche, ou une poupée en porcelaine qui désignera le roi.

Gâteau de Bruxelles

Faites une *Pâte à biscuit*, avec cent vingt-cinq grammes de sucre et mélangez-y cent vingt-cinq grammes de raisins de Corinthe. Mettez cette pâte dans un moule à moka, beurré et fariné; emplissez le moule aux trois quarts et faites cuire à four doux pendant trois quarts d'heure.

Lorsque le gâteau est froid, coupez-le par le milieu, dans sa largeur; imbibez-le bien avec du rhum; garnissez-le de marmelade d'abricots et recollez les deux parties ensemble; masquez le dessus et le tour avec des abricots et glacez avec une *Glace royale* au rhum.

Gâteau Quillet

Mettre dans une bassine, sur feu très doux, 250 grammes de sucre en poudre, une demi-gousse de vanille, 4 grammes de sel fin et huit œufs frais. Battre pour faire monter, en ayant soin de ne pas trop chauffer la pâte et continuer à battre hors du feu jusqu'à ce que le tout soit presque froid; ajouter alors, en pluie, 250 grammes de farine de gruau tamisée et 250 grammes de beurre fin fondu. Mettre la pâte dans un moule rond, faire cuire au four doux. Démouler, laisser refroidir. On garnit ce biscuit coupé en deux avec la crème à Quillet (Voir précédemment).

Nitouche

Enduisez de beurre fondu un moule à moka, farinez-le et garnissez-le de *Pâte à madeleines*. Faites cuire pendant une demi-heure, à four moyenne chaleur. Lorsque le gâteau est froid, coupez-le par le milieu, dans sa largeur et garnissez-le de *Crème pâtissière aux pistaches*. Recollez les deux parties ensemble; glacez avec une *Glace royale* et décorez le dessus avec des fruits confits.

Greo

Prenez un moule à flan, foncez-le d'un centimètre d'épaisseur de *Pâte au beurre*. Garnissez le fond du gâteau avec de la confiture de framboises. Recouvrez la confiture d'une *Pâte à madeleine* et mettez au four chaud pendant une demi-heure. Préparez de la confiture de framboises; mélangez la même proportion d'amandes effilées et, lorsque le gâteau est bien refroidi, mettez dessus les framboises et les amandes; garnissez le tour du gâteau avec de la marmelade d'abricots et parsemez de sucre en grains.

Pain de Gênes

Pilez au mortier deux cent cinquante grammes d'amandes mouillées avec quatre œufs entiers. Lorsque les amandes sont bien broyées, ajoutez-y cent vingt-cinq grammes de beurre frais, un verre de curaçao ou de kirsch et cent grammes de farine tamisée. Mettez la pâte dans un moule à flan préalablement garni de papier beurré et passez au four chaud pendant vingt minutes. Lorsque le gâteau est cuit, enlevez le papier, puis glacez avec une *Glace royale* blanche.

Gâteau alsacien Kugelhof

Prendre une livre de farine, un quart de beurre fin, quatre œufs frais, un grand verre de lait sucré, une poignée de raisins de Smyrne ou de Malaga.

Faites tiédir le lait et mettez dedans le beurre à fondre. Avec ce liquide pétrir la farine, puis ajouter les œufs, une pincée de sel et les raisins. Quand la pâte ne colle plus à la terrine, ajoutez un paquet de levure alsacienne.

Mettre dans un moule beurré qu'on emplit jusqu'à moitié et laisser lever la pâte pendant une heure auprès du feu. Mettre à cuire au four doux pendant une heure. On peut ajouter des morceaux d'amandes mondées, qu'on sème sur le moule après qu'il est beurré et avant de verser la pâte.

Trois Frères

Garnissez aux trois quarts un moule à côtes, beurré et fariné, avec de la *Pâte à madeleines*, et mettez-le à four doux pendant trois quarts d'heure. Lorsque le gâteau est refroidi, garnissez le tour et le dessus de marmelade d'abricots, d'amandes hachées et de sucre en grains.

Mille-feuilles

Prenez de la *Pâte à feuilletage* à cinq tours (cinq cents grammes). Coupez-la en parties égales; abaissez-les de la même épaisseur et en rond, comme une assiette à dessert, en donnant un centimètre d'épaisseur. Posez-les sur des tourtières, coupez les bords avec un cercle à flan ; piquez-les avec une fourchette et faites cuire à four chaud pendant dix minutes. Quand toutes ces abaisses sont refroidies, mettez la première sur un plat, garnissez-la de confiture d'abricots, et ainsi de suite en garnissant chaque abaisse jusqu'à la dernière, de confitures différentes. Parez le gâteau d'une forme bien ronde ; garnissez très légèrement le tour et le dessus avec de la marmelade d'abricots; parsemez de raisins de Corinthe, amandes et pistaches hachées et sucre en grains.

Pour garnir le mille-feuilles, on peut remplacer les confitures par des crèmes pâtissières de différents aromes, et de la crème Chantilly.

Napolitain

Prenez de la *Pâte au beurre napolitain*, environ un kilo, selon la grandeur que vous voulez donner au gâteau. Partagez la pâte en quinze parties égales; abaissez-les à un centimètre d'épaisseur, de la grandeur d'une petite assiette à dessert. Découpez le milieu des quinze abaisses avec un emporte-pièce de cinq centimètres de diamètre, afin d'en former autant de couronnes. Avec le restant de la pâte, faites deux autres abaisses pour former le fond et le dessus du gâteau. Placez le tout sur des plaques beurrées et faites cuire à feu doux. Les couronnes étant cuites et refroidies, garnissez-les de gelée de groseilles ou de marmelade de pommes et posez-les successivement les unes sur les autres, en ayant soin de mettre celles qui ne sont pas trouées, l'une dessous, l'autre dessus, afin de former le fond et le couvercle. Masquez entièrement le gâteau avec de la pâte à meringue; parsemez entièrement avec des pistaches hachées; saupoudrez de sucre en poudre. Passez au four pendant trois minutes, retirez et servez.

Clafoutis

Mettre dans une terrine 200 grammes de farine, 150 grammes de sucre en poudre, 5 grammes de sel, puis 4 œufs entiers et délayez avec un demi-litre de lait. Faire une pâte claire.

Beurrez une tourtière. Versez-y la pâte et mettez sur un feu assez vif. Quand le fond commence à durcir, placez dans la pâte liquide des cerises fraîches dont on a enlevé les noyaux.

Mettez au four assez chaud. On retire quand il est cuit et qu'il a pris couleur. On laisse refroidir et on démoule. Ne pas mettre trop de fruits, cela empêcherait le gâteau de monter.

Moka

Prenez un moule à moka, beurré et fariné; garnissez-le aux trois quarts avec de la *Pâte à biscuit*, et, pour un gâteau de deux cents grammes, mettez au four pendant trois quarts d'heure environ. Lorsque le gâteau est cuit et refroidi, coupez-le par le milieu, dans sa largeur; garnissez-le de *Crème au beurre* parfumée au café et masquez-en le tour et le dessus, après avoir recollé les deux parties; saupoudrez la crème avec du sucre en grains; avec une poche et une douille à décors, décorez avec la même crème.

Chocolatine

Préparez et opérez comme ci-dessus, mais en remplaçant la *Crème au beurre* parfumée au café, par une *Crème au beurre* parfumée au chocolat.

Solférino

Prenez deux cent cinquante grammes de *Pâte à feuilletage;* abaissez à deux centimètres d'épaisseur et de la grandeur d'une assiette. Placez sur une tourtière, piquez le fond avec une fourchette et parsemez de sucre en poudre. Mettez au four chaud pendant dix minutes. Dressez un quadrillage de pâte, avec de la *Pâte à choux,* sur une tourtière de la même grandeur. Faites cuire pendant un quart d'heure et, lorsque les deux pâtes sont cuites, laissez-les refroidir. Garnissez le fond en feuilletage avec de la *Crème au beurre* parfumée au chocolat et remettez sur la crème le quadrillage en pâte à choux.

Gâteau Toulousain

Prendre 6 œufs frais, mesurer 6 tasses à café de farine et 6 tasses à café de sucre en poudre. Mettre la farine dans une terrine et faire une fontaine. Battre dans un saladier les 6 œufs avec une pincée de sel, du zeste de citron râpé et un peu de vanille en poudre, y incorporer le sucre en poudre. Verser ce mélange dans la farine et faire une pâte. On y incorporera de menus morceaux d'amandes mondées. Mettre la pâte dans un moule beurré, une tourtière, décorer avec des amandes, dorer au lait sucré et faire cuire au four moyennement chaud.

Brioche de campagne

Prendre 500 grammes de farine, 10 grammes de levure, 10 grammes de sel, 15 grammes de sucre, 300 grammes de beurre fin, cinq œufs frais. Prendre un quart de la farine pour le levain. Détremper le reste avec le sel, sucre et partie des œufs. Petit à petit, ajouter le restant des œufs. Mélangez le beurre et le levain séparément. Rompre la pâte deux heures après et la laisser lever jusqu'à l'usage.

Brioche de famille

Prendre 200 grammes de farine, trois œufs entiers, 110 grammes de lait froid, deux cuillerées à café de levure alsacienne, une grosse pincée de sel, 100 grammes de beurre. Mélangez fortement en ajoutant le beurre fondu chaud en dernier. Battez la pâte pendant cinq minutes; placez-la sur une tourtière beurrée. Faites cuire à four très vif pendant dix minutes.

Brioche pour le thé

Prenez 10 cuillerées de farine, quatre œufs entiers, une bonne cuillerée de sucre en poudre, une pincée de sel. Bien mélanger le tout. Ajouter un quart de beurre fondu légèrement et battre la pâte pendant quelques minutes. Au moment de mettre la pâte dans un moule à biscuits de Savoie, ajouter un petit paquet de levure alsacienne, puis faites cuire au four environ un quart d'heure.

Manqué

Prenez de la *Pâte à biscuit* parfumée à l'orange; beurrez et farinez un moule à brioche à tête; garnissez-le aux trois quarts de hauteur avec de la pâte, et laissez cuire à feu doux pendant une heure, pour un biscuit de deux cent cinquante grammes.

Lorsque le gâteau est cuit et refroidi, mettez dessus une glace; faites comme il est dit au *Gâteau d'amandes pralinées*, et remettez au four pendant un quart d'heure.

Sablés flamands

Faites une pâte à sablés. Quand elle est étalée, d'un centimètre d'épaisseur, coupez en rondelles au moyen d'un verre à bords fins. Mettez sur une tôle mouillée et faites cuire au four pendant 10 à 15 minutes. On peut saupoudrer avec des grains d'anis.

Gâteau des rois à la mode de Bordeaux

Voir la recette de la brioche pâtissière. Prendre 500 grammes de farine et avec le quart faire un levain comme il est dit. Pendant qu'il lève, faire une pâte en prenant le reste de farine, qu'on dresse en fontaine. On y met 125 grammes de beurre fondu en crème, 10 grammes de sel, un demi-verre de lait bouilli, tiède et 4 œufs.

Travaillez la pâte en y ajoutant un peu de cédrat confit haché menu. Quand la pâte est lisse et bien faite, on y ajoute 125 grammes de sucre en poudre et enfin le levain. On met la pâte au chaud pour la faire lever.

On doit le faire la veille à midi pour le lendemain matin.

Au moment de l'utiliser, on la reprend, on la brise trois ou quatre fois. On la dresse en couronne sur du papier beurré posé sur une plaque. On met sur le four jusqu'à ce que le gâteau soit levé, on fait refroidir, puis on dore, on décore avec des rondelles de cédrat confit et on saupoudre de sucre cassé en menus morceaux. Certains y ajoutent des amandes mondées hachées gros. Enfin on fait cuire à four moyen.

Baba

Prenez de la *Pâte à baba;* beurrez un moule à côtes avec du beurre fondu; garnissez-le à moitié de hauteur avec la pâte, et pour un baba d'une demi-livre, laissez pousser pendant trois quarts d'heure. Saucez le baba dans un sirop, comme il est dit au *Savarin* et glacez avec une *Glace royale* très claire.

Damier

Prenez de la pâte de *Génoise aux amandes;* mettez-la dans deux caisses carrées en papier, de deux centimètres de hauteur. Faites cuire à feu doux pendant un quart d'heure. Lorsques les plaques sont cuites, garnissez-en une de *Crème au beurre de chocolat;* remettez la seconde sur la première, et glacez celle de dessus avec de la *Glace royale* au chocolat et à la vanille, en formant le damier.

Croûte au madère

Prenez un moule à savarin; emplissez-le à moitié de pâte à brioche et faites pousser dans un endroit tiède, jusqu'à ce que le moule soit plein; cuisez à four doux pendant une demi-heure environ pour 200 grammes de pâte. Lorsque le gâteau est froid, coupez-le en petites tranches d'un centimètre d'épaisseur et faites-les frire dans du beurre chaud très fin. Préparez ensuite un sirop de 125 grammes de sucre, avec trois décilitres de madère, et faites fondre sur le feu ; lorsque le sirop est chaud, trempez-y les tranches de brioches frites. Cette opération terminée, marmeladez bien les tranches avec de la confiture d'abricots chaude et replacez les tranches de brioche en couronne, de façon à donner au gâteau sa forme primitive, en mettant entre chaque morceau une moitié d'abricot confit.

Préparez cent cinquante grammes de confiture d'abricots que vous ramollissez avec deux décilitres de madère, ajoutez-y cent grammes de cerises mi-sucre, cent grammes de raisins de caisse, dont vous aurez préalablement retiré les pépins, et cent grammes de figues confites, coupées en petits carrés; versez cette sauce chaude sur la couronne de brioche, au moment de servir.

Croûte d'ananas

Préparez et opérez comme ci-dessus, mais en remplaçant les quartiers d'abricots par des tranches d'ananas confits et en faisant la sauce avec du kirsch au lieu de madère. Servez chaud.

Gâteau de Savoie

Ou encore biscuit de Savoie. Prenez quatre œufs. Séparez les jaunes, que vous mettez dans une terrine avec 200 grammes de sucre et du zeste de citron. Battez ensemble avec un fouet jusqu'à ce que le mélange soit blanc et mousseux. Ajoutez alors peu à peu 100 grammes de farine que vous mélangerez avec soin. Fouettez en neige les blancs mis à part. Incorporez-les à la pâte précédente, mais doucement et sans battre.

Prenez un moule à gâteaux de Savoie, beurrez-le, saupoudrez les parois de sucre en poudre, faites-les chauffer légèrement, puis remplissez-le à moitié avec la pâte. Faites cuire une heure à four doux. On le démoule quand il est refroidi. Il est bon alors de le remettre un instant au four pour le rendre plus ferme. Se sert accompagné d'une crème à part ou de confitures.

Tarte fine pâtissière aux cerises, pommes, reines-Claude, abricots, mirabelles

Foncez un moule à tartes de pâte à sablé ou de pâte feuilletée, selon le goût. Garnissez de haricots secs ou de son de pâtissier. Faites cuire à four doux. Quand la pâte est cuite, retirez-la, et enlevez les haricots ou le son. D'autre part, prenez les fruits que vous désirez, épluchez-les, enlevez les noyaux s'il le faut, coupez-les par morceaux plats et garnissez votre tarte. Repassez-la trois minutes à four chaud. Retirez. Saupoudrez de sucre en poudre. Au moment de servir, ajoutez le jus de fruit préparé comme il suit.

Pour la tarte aux fraises, faites cuire une demi-livre de fraises avec 1/2 verre d'eau, une demi-livre de sucre, passez dans un linge fin. Laissez cuire ce jus en sirop épais. Ajoutez deux cuillerées de gelée de groseilles et framboises, laissez refroidir. Ce sirop sera versé sur la tarte juste au moment de servir. Pour une tarte aux abricots, pommes, prunes, etc., faire le sirop de garniture avec les fruits de même sorte, sans confiture de groseilles, framboises.

Tarte aux pruneaux

Procédez comme il est dit précédemment mais pour une pâte feuilletée seulement. Garnissez de pruneaux cuits, sans noyaux dans du vin rouge avec du sucre et un zeste de citron ou un brin de cannelle. Au moment de servir, arrosez avec le jus de cuisson réduit en sirop.

Petits pains Nantais

Mêlez 150 grammes de farine, 80 grammes de sucre et 100 grammes d'amandes mondées et pilées. Ajoutez un œuf, 50 grammes de beurre, pétrissez, étendez mince au rouleau. Dorez, saupoudrez d'amandes hachées et de sucre en poudre. Coupez en losanges et mettez au four chaud.

Pain de chocolat

Pour une tôle à tarte ordinaire prenez 4 œufs, 4 grosses barres de chocolat, même poids de sucre en poudre que de chocolat; moitié poids de beurre; coupez les barres en morceaux, faire fondre doucement le beurre en ajoutant le chocolat qui doit fondre aussi. Retirez la casserole du feu. Ajoutez les quatre jaunes d'œuf, un à un, en tournant, puis ajoutez le sucre peu à peu et deux cuillerées de farine. Battre les blancs en neige, mélangez à la masse. Mettez au four doux, pas trop chaud, pendant vingt à vingt-cinq minutes.

Démoulez quand le gâteau est froid. Pour éviter que le gâteau attache, il faut beurrer la tôle et la saupoudrer de farine avant de verser la composition.

Flan de l'Ile-de-France (façon Cadoret)

Prenez une demi-livre de farine, un quart de beurre, un œuf, une demi-cuillerée à café de sel fin, 125 grammes de sucre en poudre. Mêlez, travaillez ensemble *sans fouler*. Etalez la pâte en une seule foïs avec le rouleau et garnir une tôle beurrée. Faire cuire au four la pâte seule, mais pas complètement. Retirez et garnissez avec la crème suivante :

Faites bouillir un demi-litre de lait avec un morceau de vanille, de la fleur d'oranger, gros comme un œuf de sucre en poudre, une pincée de sel et une noix de beurre. Laissez refroidir.

Délayez alors dans la préparation deux cuillerées de farine ou trois, un ou deux œufs entiers, remuez bien pour qu'il n'y ait pas de grumeaux. Faites chauffer sans bouillir, jusqu'à consistance de crème.

Versez alors cette crème sur la pâte cuite comme il a été dit en commençant. Mettez au four doux pendant vingt à vingt-cinq minutes.

Saucisson au chocolat

Mettre fondre du chocolat dans une casserole avec du miel, à feu doux. On comptera un quart de chocolat par cuillerée de miel. Quand tout est fondu (sans eau) jetez des amandes mondées découpées en long en quatre morceaux, remuez jusqu'à ce que la préparation fasse une pâte épaisse. Saupoudrez de farine une plaque de marbre. Versez le chocolat chaud et roulez en forme de saucisson. Entourez de papier d'argent. Quand le saucisson est froid, vous le servez en le coupant en rondelles.

Pudding-Cabinet, sauce sabayon

Beurrez un moule à pudding, à cylindre et douille au milieu. Préparez 100 grammes de raisins de Malaga dont vous enlevez les pépins, 100 grammes de fruits assortis coupés en dés et 100 grammes d'écorces d'oranges et de cédrat également coupés en dés.

Formez au fond du moule une couche de biscuits à la cuiller; placez dessus une couche de fruits hachés, une couche de biscuits, une couche de fruits hachés, et ainsi de suite, en alternant, jusqu'à ce que le moule soit plein. Versez ensuite dans le moule un appareil à sabayon fait comme suit :

Mettez dans une casserole 150 grammes de sucre, 10 grammes de farine et dix jaunes d'œufs ; mélangez le tout avec un fouet en fer étamé, en ajoutant petit à petit un demi-litre de lait.

Faire bouillir deux litres d'eau dans une casserole, mettez-y le moule à pudding et laissez cuire au bain-marie pendant deux heures. Démoulez sur un plat chaud; mettez sur le pudding 200 grammes de *Crème pâtissière* chaude, à laquelle vous aurez ajouté deux décilitres de rhum ou de kirsch, selon le goût.

Bread-pudding au rhum (pudding au pain)

Préparez 250 grammes de mie de pain passée au tamis, 200 grammes de beurre fondu ou de moelle de bœuf hachée, ou une cuillerée à soupe d'huile blanche, 125 grammes de fruits confits assortis, 50 grammes d'orange confite, autant de citron confit, 50 grammes de cédrat, le tout coupé en dés. Mélangez bien à la cuiller de bois, en incorporant successivement quatre œufs entiers, 150 grammes de sucre en poudre, 10 grammes de sel, un peu de noix de muscade râpée et 100 grammes de raisins de Corinthe détrempés dans du rhum. Versez le mélange dans un moule caramélisé comme il est dit au gâteau de riz, et faites cuire au bain-marie. Prenez un plat bien chaud, saupoudrez-le de sucre en poudre, démoulez sur ce plat; mettez 50 grammes de sucre sur le plum-pudding; versez deux décilitres de rhum sur le sucre; allumez le rhum au moment de servir.

Plum-Pudding de Christmas

Prenez 250 grammes de farine de gruau, même poids de cassonade brune et de graisse de rognon de bœuf hachés fin; 125 grammes de raisin de Corinthe, autant de raisin de Smyrne et une petite poignée de raisin de Malaga dont vous ôterez les pépins ; coupez en petits dés 6 abricots confits, 50 grammes d'écorce d'orange confite, autant de cédrat, de cerises confites et une douzaine d'amandes mondées; mélangez bien le tout en ajoutant 10 grammes de sel, une forte pincée d'épices, cinq œufs et un décilitre de rhum ; lorsque le tout est bien mélangé, mouillez le centre d'une serviette de toile forte, enduisez de beurrre, puis de farine la partie humide, versez-y la préparation faite et nouez très serré, en donnant une forme ronde; plongez à l'eau bouillante, et laissez cuire à petit feu pendant environ six heures en ayant soin que le plum-pudding soit toujours bien recouvert par l'eau.

La cuisson terminée, déballez, renversez dans un plat chaud, saupoudrez de sucre et arrosez avec deux décilitres de rhum que vous allumez au moment de servir.

Pudding aux pommes

Faites cuire 750 grammes de sucre dans deux décilitres d'eau avec une gousse de vanille et le zeste râpé d'un citron ; lorsque cette cuisson est à l'état de sirop, ajoutez deux livres de pommes reinettes épluchées, épépinées et seulement coupées en quatre morceaux; ajoutez le jus d'un citron, quelques pistaches et quelques fruits confits, prunes, abricots coupés en morceaux, cerises, etc., faites partir à feu vif, puis cuire à feu doux pendant deux heures et demie en ayant soin d'agiter la casserole de temps en temps, mais sans en remuer le contenu. La cuisson terminée, huilez un moule, versez-y la préparation faite, et laissez refroidir pendant au moins douze heures. Démoulez sur un plat et, au moment de servir, arrosez d'un sirop fait avec un verre d'eau, 150 grammes de sucre et parfumé soit au kirsch, soit au rhum, selon votre goût.

Nougat

Mondez 250 grammes d'amandes douces, partagez-les en deux parties sur leur longueur, et faites-les bien sécher au four ou à l'étuve. Faites fondre, dans un poêlon d'office, 200 grammes de sucre en poudre ; ajoutez au sucre le jus d'un gros citron. Lorsque le sucre est entièrement fondu, mélangez-le avec les amandes très chaudes.

Prenez un moule à nougat de la grosseur dont vous voulez obtenir votre pièce, et formez-en le fond avec une couche de nougat d'un demi-centimètre d'épaisseur, que vous abaissez au rouleau ; abaissez successivement des petites parties de nougat bien chaud, que vous soudez à la partie déjà placée, en appuyant fortement pour que la soudure prenne bien à la première partie et ainsi de suite jusqu'à ce que le nougat soit employé.

Cette opération doit être faite très vivement, car si le nougat refroidissait, il deviendrait impossible à mouler.

Laissez refroidir, démoulez et servez.

Gâteau breton

Pilez au mortier 125 grammes d'amandes douces mondées, avec deux œufs entiers. Mettez cette pâte dans une terrine avec 250 grammes de sucre en poudre et le zeste d'une orange ; séparez huit œufs, les jaunes dans la terrine au sucre et les blancs dans une bassine ; battez bien avec une spatule de bois les jaunes et le sucre ; ajoutez dans ce sucre 125 grammes de beurre fondu et 200 grammes de farine tamisée ; battez bien les blancs et mélangez-les à cette pâte; remplissez aux trois quarts avec cette pâte les moules à breton, beurrés et farinés. Faites cuire à four doux pendant trente-cinq minutes ; glacez ensuite chaque couronne de breton avec une *Glace royale*, au café, à la vanille, au chocolat, etc., selon le goût. Superposez-les ensuite les unes sur les autres et décorez le gâteau avec de la crème au beurre, vanille ou café.

Régent

Faites une pâte comme celle du *Breton* ; faites-la cuire dans quatre moules à flan de la même grandeur, à four doux, pendant quinze minutes. Démoulez et garnissez entre chaque fond avec de la marmelade d'abricots. Marmeladez le tour du gâteau avec de la confiture d'abricots ; avec des amandes mondées, formez une petite rosace sur le dessus, placez un demi-chinois au milieu, et glacez le dessus et le tour du gâteau avec de la *Glace royale* blanche, très claire. Remettez au four pendant une minute, pour faire sécher la glace immédiatement, de façon à obtenir un beau brillant.

Kiche Lorraine

Mettre dans une tourtière beurrée un fond de pâte feuilletée. Cassez dans une terrine cinq œufs que l'on bat en omelette, salez, mélangez à trois quarts de litre de crème fraîche. Disposez sur la pâte une dizaine de petits morceaux de beurre ; versez la crème dessus et servez chaud.

La kiche se mange salée, certains y ajoutent de la semoule de blé cuite dans le lait et des lardons de poitrine.

On fait une kiche sucrée en diminuant la quantité de sel et en mettant dans la crème du sucre et de la fleur d'oranger.

On fait aussi une kiche au fromage en mettant du gruyère râpé dans la crème salée.

Madeleines de Commercy

Faites une *Pâte à madeleines*, ajoutez-y un zeste de citron râpé. Mettez la pâte dans des moules à madeleines préalablement beurrés et faites cuire à four doux, pendant dix minutes.

Dans la vraie recette ancienne de la madeleine de Commercy, le zeste de citron est remplacé par de la bergamote.

Eclairs au café, au chocolat, à la vanille, etc

Prenez de la *Pâte à choux* ; dressez des éclairs sur une plaque et faites-les cuire pendant dix minutes. Lorsque les éclairs sont cuits, faites une incision sur un des côtés, avec des ciseaux; introduisez dans l'intérieur, par cette ouverture, de la *Crème pâtissière*, au parfum que vous désirez, et glacez à la *Glace royale*, de la couleur du parfum employé.

Choux pralinés

Prenez de la *Pâte à choux* ; à l'aide d'une poche, dressez de gros choux sur une plaque ; mettez dessus un peu d'amandes hachées et du sucre en poudre, et faites cuire à four doux pendant vingt minutes.

Religieuses

Foncez des petits moules à tartelettes avec de la pâte brisée ; garnissez-les de *Crème pâtissière* au café ; faites cuire à four chaud pendant dix minutes.

Dressez ensuite sur une plaque de petites boules faites avec de la *Pâte de choux*, comme il est dit au *Saint-Honoré* (autant de boules que de moules), et faites-les cuire pendant dix minutes. Glacez ensuite les boules avec de la *Glace royale* au café et placez-les sur la crème du fond des tartelettes. Décorez le dessus et le pied des choux avec de la crème au beurre de café.

Cornets à la crème

Prenez de la pâte à feuilletage à six tours ; abaissez-la avec un rouleau à quatre millimètres d'épaisseur ; coupez-la en bandes de deux centimètres de largeur sur trente centimètres de longueur. Moulez chaque bande autour d'un moule à cornet ; dorez le dessus et saupoudrez-le d'amandes hachées et de sucre en grains. Faites cuire à four chaud pendant dix minutes. Préparez une crème cuite comme il est dit au *Saint-Honoré* et garnissez-en l'intérieur du cornet.

Tartelettes aux cerises

Prenez de la *Pâte brisée* ; foncez-en des petits moules à tartelettes, garnissez et terminez comme il est indiqué à *Tarte aux cerises*, en donnant seulement vingt minutes de cuisson.

Condés

Prenez de la *Pâte à feuilletage* à six tours; abaissez-la à un demi-centimètre d'épaisseur sur quinze centimètres de longueur et deux centimètres de largeur. Etalez dessus une *Glace royale* blanche, puis mettez à four très doux pendant vingt minutes.

Diplomates

Foncez des moules à diplomates avec de la *Pâte au beurre* ; garnissez-les avec un appareil composé de 100 grammes d'amandes douces mondées, pilées au mortier avec deux œufs entiers. Avec ces amandes pilées, mélangez dans une terrine : 100 grammes de beurre fondu, 100 grammes de sucre en poudre, 100 grammes de raisins de caisse et 100 grammes de *Crème pâtissière* ; garnissez-en les moules, puis mettez au four chaud pendant vingt minutes. Glacez le dessus des gâteaux avec une *Glace royale* au rhum.

Mirlitons

A l'aide d'une cuiller de bois, mélangez dans une terrine soixante grammes de sucre en poudre avec cinquante grammes de *Crème d'amandes*, un œuf entier, un demi-décilitre de crème double et 60 grammes de beurre fondu.

Foncez six petits moules à brioches avec de la *Pâte à feuilletage* à six tours; garnissez-les avec l'appareil; saupoudrez le dessus avec du sucre en poudre et faites cuire à four doux pendant vingt minutes.

Marguerites

Beurrez de petits moules à brioches à têtes ; pendant que le beurre est encore chaud, passez les moules dans les amandes hachées afin d'en couvrir les parois ; garnissez ensuite avec de la *Pâte à madeleines*, au citron, et faites cuire à four chaud pendant dix minutes.

Froufrous meringués

Foncez des moules à biscuits de Reims avec de la *Pâte à feuilletage* à six tours ; garnissez-les de *Crème pâtissière* à la vanille, et faites cuire pendant un quart d'heure. Dressez sur ces fonds, avec la poche à décors, de petites meringues faites avec de la *Pâte à meringage* ; saupoudrez de sucre en poudre et remettez au four pendant cinq minutes.

Mascottes meringuées

Faites un fond comme il est dit aux *Diplomates*. La cuisson terminée, dressez dessus, avec une poche, de la *Pâte à meringage*, en forme de poires; passez au four pendant deux minutes, puis glacez avec une *Glace royale* au café.

Puits d'amour

Prenez de la *Pâte à feuilletage* à six tours ; faites une abaisse de cinq millimètres d'épaisseur et découpez-la avec un coupe-pâte à festons. Posez cette pâte sur une plaque, puis découpez une seconde abaisse, dont vous retirez l'intérieur, avec un emporte-pièce plus petit, de façon à obtenir une petite couronne que vous posez sur votre premier fond. Garnissez le vide de la couronne avec des confitures d'abricots, puis mettez au four chaud. Aux trois quarts de la cuisson, saupoudrez avec de la glace de sucre, et remettez au four afin de faire fondre le sucre et d'obtenir un brillant sur les gâteaux. On peut employer toute espèce de confiture, ou de la crème pâtissière.

Pont-Neuf

Prenez de petits moules à tartelettes ; foncez-les avec de la *Pâte brisée* et garnissez-les bien avec un appareil composé de cent grammes de *Pâte à choux* et cent grammes de *Crème pâtissière*, mélangées ensemble avec un peu d'eau de fleurs d'oranger. Mettez sur le tout deux petites bandes de *Pâte brisée*, posées en croix, et faites cuire à four doux pendant une demi-heure.

Petits gâteaux de feuilletage glacés. — Allumettes

Prenez 500 grammes de *Pâte à feuilletage* à six tours. Faites-en des losanges, des nattes, des jalousies, des cœurs, des tire-bouchons, etc., et faites-les cuire à four très chaud. Aux trois quarts de la cuisson, saupoudrez-les avec de la glace de sucre et remettez au four afin de faire fondre le sucre et d'obtenir du brillant sur les gâteaux.

Petits plombs

Préparez une pâte comme il est dit à *Galette de plomb*, laissez-la bien reposer; dressez-en des boules que vous mettez dans de petits moules à tartelettes ; abaissez-les dans les moules, dorez-les, rayez-les et faites-les cuire à four chaud pendant dix minutes.

Conversations

Prenez de la *Pâte brisée*, foncez-en de petits moules à tartelettes, très minces ; garnissez-les avec de la *Crème pâtissière* à la vanille et recouvrez les moules avec de la *Pâte brisée* très mince ; étalez sur les gâteaux de la *Glace royale* et mettez sur cette glace deux bandes de pâte brisée, en croix. Faites cuire à four doux pendant un quart d'heure.

Cardinaux

Garnissez le fond d'un moule à diplomate, avec de la *Pâte à savarin*, et laissez pousser pendant une demi-heure. Mettez au four doux pendant vingt minutes, retirez, trempez dans un sirop préparé comme il est dit au *Savarin*, puis coupez par le milieu ; garnissez de *Crème pâtissière* au café, et glacez avec une *Glace royale* au café.

Darioles

Foncez de *Pâte à feuilletage* de petits moules à pâtés au jus ; garnissez d'une crème composée de 125 grammes de sucre en poudre, 60 grammes de farine, le tout mélangé à la cuiller de bois avec six jaunes d'œufs, un peu d'eau de fleurs d'oranger, 50 grammes de beurre fondu et deux décilitres de crème double.

Garnissez les moules, saupoudrez d'un peu de sucre en poudre et mettez-les à four doux pendant 25 minutes.

Gâteaux à la reine

Prenez de la *Pâte au beurre napolitain;* abaissez-la à un demi-centimètre d'épaisseur; passez dessus un rouleau cannelé; ayez soin de bien imprimer sur la pâte ; découpez avec un emporte-pièce à festons, de huit centimètres de diamètre ; mettez sur des plaques beurrées, et dorez fortement. Faites cuire à four chaud pendant dix minutes.

Petits gâteaux de riz

Avec de la *Pâte feuilletée* abaissée à six tours, foncez de petits moules à pâtés au jus, garnissez ensuite avec du riz préparé comme

1 - Brioche mousseline.
2 - Brioche à tête.
3 - Kugelhof (brioche alsacienne).
4 - Madeleine.
5 - Petit cake.
6 - Gâteau aux amandes.
7 - Gâteau au chocolat.
8 - Mousse à l'orange.

il est dit à *Gâteau de riz* ; saupoudrez de sucre en poudre et mettez au four chaud pendant vingt minutes.

Petits pains au lait

Prenez de la *Pâte à pain au lait* ; moulez-la en petites boules de 40 grammes, puis abaissez-les avec un rouleau, sur du sucre en grains ; mettez de ce même sucre dessus ; formez une petite galette ovale ; fendez-la légèrement ; mettez-la sur une plaque beurrée et laissez pousser pendant une heure. Faites cuire ensuite à four doux pendant vingt-cinq minutes.

Ronds au beurre

Prenez de la *Pâte au beurre* ; abaissez-la à quatre millimètres d'épaisseur ; découpez ensuite avec un emporte-pièce à festons de cinq centimètres de diamètre, placez au milieu du gâteau une amande partagée en deux ; posez le gâteau sur une plaque beurrée, dorez fortement et faites cuire à four chaud pendant cinq minutes.

Babas à la crème

Beurrez des petits moules à bateaux ; garnissez-les à moitié de hauteur avec de la *Pâte à savarin,* et laissez pousser à l'étuve jusqu'à ce qu'ils soient pleins. Faites cuire à four doux, pendant un quart d'heure; en sortant du four, trempez-les dans un sirop préparé comme il est dit au *Savarin,* puis coupez-les par le milieu sur leur largeur et garnissez-les de crème à *Saint-Honoré.*

Palais de dame

Prenez une terrine ; mettez-y 150 grammes de sucre en poudre et 250 grammes de beurre ; mélangez à la cuiller de bois en incorporant successivement quatre œufs entiers, 250 grammes de farine et 250 grammes de raisin, moitié Smyrne, moitié Corinthe. Sur une plaque recouverte d'un papier bulle, dressez de petites boules bien espacées les unes des autres, et faites-les cuire à four chaud pendant dix minutes. Enlevez les boules de dessus le papier et glacez la partie adhérente au papier avec de la *Glace royale au rhum.*

Zéphirs (macarons mous)

Dans une casserole, battre sur feu doux deux blancs d'œuf et 125 grammes de sucre glacé. Retirer du feu et continuer à battre jusqu'à ce que le mélange soit froid, épais et blanc. Ajouter 40 grammes de chocolat râpé ou de l'essence de café ou du caramel.

Mettre en petits tas sur une plaque beurrée et farinée. Cuire dix minutes à feu doux.

Macarons

Mondez 250 grammes d'amandes douces et une dizaine d'amandes amères ; pilez-les au mortier avec cinq blancs d'œufs que vous incorporez petit à petit. (*Ne pas piler très fin.*) Lorsque les amandes sont pilées, ajoutez 500 grammes de sucre en poudre ; mélangez soigneusement à la cuiller de bois, afin de donner de la consistance à la pâte. Faites avec la pâte des boules de la grosseur d'une noix, dressez-les sur des feuilles de papier et faites cuire à feu doux.

On ajoute à volonté soit un peu d'eau de fleurs d'oranger, soit un peu de vanille en poudre.

Artichauts

Pilez 250 grammes d'amandes douces mondées, avec trois blancs d'œufs; ajoutez 250 grammes de sucre en poudre; lorsque les amandes sont pilées très finement, ajoutez-y 50 grammes de vanille en poudre; remuez fortement avec le pilon afin de bien mélanger les amandes et le sucre; faites avec cette pâte des petites boules grosses comme des noix, dressez-les sur des feuilles de papier et mettez sur quatre côtés des amandes partagées par la moitié. Faites cuire à four chaud pendant dix minutes.

Blidas

Prenez 500 grammes de Crème d'amandes, battez huit blancs d'œufs très fermes, et, lorsqu'ils sont pris, mélangez-les avec la crème d'amandes ; puis, avec une poche, dressez, sur des feuilles de papier, des boules de la grosseur d'une noisette ; saupoudrez-les d'amandes hachées et de sucre en poudre, et faites cuire à four doux, pendant quinze minutes. Levez de dessus les feuilles de papier et collez les parties adhérentes au papier, avec de la marmelade d'abricots.

Tartelettes normandes

Foncez des petits moules à tartelettes avec de la *Pâte à feuilletage* à six tours ; garnissez avec de la marmelade de pommes ; recouvrez la marmelade avec de la *Glace royale* à gâteau d'amandes praliné ; cuire à four doux pendant vingt minutes.

Langues de chat

Prenez 250 grammes de sucre en poudre et 250 grammes de farine ; mélangez dans une terrine, avec un demi-litre de crème double et 50 grammes de vanille en poudre ; délayez le tout en remuant fortement à la cuiller de bois.

Battez en neige cinq blancs d'œufs et mélangez-les à l'appareil ; dressez cette pâte, à l'aide d'une poche, en formant de petits bâtons de la grosseur d'un crayon de 10 centimètres de longueur, posez-les sur des plaques beurrées légèrement, et faites cuire à four chaud.

Croquignoles

Mettez dans une terrine 250 grammes de sucre en poudre et 200 grammes de farine ; détrempez le tout avec des blancs d'œufs

afin d'obtenir une pâte pas trop ferme. Ajoutez un demi-décilitre
d'eau de fleurs d'oranger ; dressez la pâte en lui donnant la forme
de petits boutons ; mettez-la sur des plaques beurrées et passez à
l'étuve pendant quatre heures, puis faites cuire à four doux pendant vingt minutes.

Macarons noisettes

Mondez 125 grammes d'amandes douces ; mettez 125 grammes
de noisettes au four, afin d'en enlever la peau facilement ; pilez
amandes et noisettes, au mortier, avec six blancs d'œufs ; ajoutez
500 grammes de sucre en poudre ; mélangez fortement à la cuiller
de bois ; dressez, sur des feuilles de papier, des boules de la grosseur d'une noisette et faites cuire à four doux pendant un quart
d'heure.

Tuiles

Pilez au mortier 125 grammes d'amandes mondées avec deux
blancs d'œufs ; ceci fait, mettez-les dans une terrine ; ajoutez 250
grammes de sucre en poudre et huit blancs d'œufs ; amalgamez bien
le tout avec une cuiller de bois ; ajoutez 250 grammes d'amandes
effilées et 50 grammes de vanille en poudre. Avec cette pâte, dressez de petites galettes sur une plaque beurrée; mettez-les au four
chaud pendant un quart d'heure, et, lorsqu'elles sont cuites et
encore chaudes, courbez-les en forme de tuile.

Butter-Kucher

Prendre une demi-livre de farine, un quart de beurre fin, deux
œufs, un quart de sucre en poudre, un quart d'amandes mondées
et coupées en fort petits morceaux et un peu de cannelle en poudre.

Mélanger bien le tout en pâte, rouler en galette épaisse d'un
centimètre, mettre sur un plateau sans beurre et faire cuire assez
dur. Sortir du four, couper en losanges, dorer au lait sucré et faire
passer au four un court instant pour que les gâteaux soient bien
dorés des deux côtés.

Biscuits à la cuiller

Faites une *Pâte à biscuits à la cuiller*, avec 250 grammes de
sucre.

Posez sur une table des feuilles de papier blanc et mettez la
pâte dans une poche à biscuit. Sur les feuilles de papier, dressez
des biscuits de huit centimètres de longueur sur trois de largeur ;
au fur et à mesure que les feuilles sont garnies, saupoudrez les
biscuits avec du sucre et mettez-les au four pendant dix minutes.
Quand les biscuits sont froids, détachez-les des papiers.

Massepains

Prenez une demi-livre d'amandes, dont quelques-unes amères. Mondez-les, pilez-les dans une terrine en ajoutant de temps en temps un peu de blanc d'œuf, deux blancs environ. Râpez un zeste de citron que vous ajoutez ainsi que 250 grammes de sucre en poudre. Avec la pâte faites des boulettes que vous posez sur du papier huilé. Faites cuire à four doux, sans l'ouvrir, pendant un quart d'heure.

Massepains au chocolat

Mondez deux cent cinquante grammes d'amandes douces ; pilez-les au mortier avec cinq blancs d'œufs ; quand les amandes sont bien pilées, ajoutez quatre cent soixante-quinze grammes de sucre en poudre. Dans une casserole, faites fondre deux cent cinquante grammes de chocolat, avec un peu d'eau; puis mélangez à la cuiller de bois le chocolat et les amandes pilées. Mettez cette pâte sur la table ; abaissez-la avec un rouleau ; découpez ensuite de petits ronds, à l'emporte-pièce ; posez-les sur des feuilles de papier blanc, puis mettez-les au four doux pendant un quart d'heure.

Croissants aux amandes

Pilez cent vingt-cinq grammes d'amandes mondées, avec deux blancs d'œufs et une écorce d'orange confite ; ajoutez deux cents grammes de sucre en poudre. Dressez cette pâte en petites boules que vous roulez dans les amandes effilées ; allongez-lez et formez un croissant avec chacune d'elles ; placez ces croissants sur des feuilles de papier, passez sur chacun un pinceau trempé dans du lait sucré, faites-les cuire à four chaud pendant dix minutes.

Meringues à la vanille

Préparez de la *Pâte à meringues*, parfumée à la vanille, dressez-la sur des feuilles de papier, en lui donnant la forme de petits œufs que vous saupoudrez de sucre. Placez les feuilles de papier sur des planches mouillées, afin que les meringues conservent l'humidité, et mettez au four doux pendant quinze minutes. La cuisson terminée, enlevez de dessus le papier et collez les meringues, deux par deux, sur la partie humide.

Soufflés au café

Pilez au mortier deux cents grammes d'amandes mondées, ajoutez de l'essence de café, deux cent cinquante grammes de sucre en poudre, et mettez cette pâte dans une terrine. Battez cinq blancs d'œufs jusqu'à ce qu'ils soient bien fermes ; mélangez-les à la cuiller de bois avec la pâte d'amandes au café.

Dressez cette pâte dans de petites caisses de papier, rondes et plissées, saupoudrez de sucre et passez au four doux pendant une demi-heure.

Soufflés à la vanille

Pour six personnes, prenez un demi-litre de lait, 150 gr. de sucre, quatre jaunes d'œuf, deux cuillerées de fécule, une gousse de vanille. Mettez sur le feu une casserole pour y faire bouillir le lait, le sucre et la vanille. Après ébullition, retirez et laissez refroidir. Délayez à part la fécule avec une cuiller d'eau et versez doucement dans le lait en tournant pour qu'il n'y ait pas de grumeaux. Ajoutez une pincée de sel. Remettez à feu vif et remuez jusqu'à l'apparition d'une bouillie épaisse.

Laissez refroidir. Un peu avant de faire cuire, ajoutez les quatre jaunes d'œuf, puis les blancs battus en neige ferme. Versez le tout dans un moule ou un plat creux, ne remplissez qu'à moitié. Faites cuire vingt minutes dans un four pas trop chaud qu'on évitera d'ouvrir autant que possible.

Soufflé au chocolat

Pour six personnes, faites fondre dans une casserole six barres de chocolat avec un demi-verre de lait. Ajoutez une cuiller à soupe de farine ou de fécule. Mélangez bien le tout. Laissez refroidir. Ajoutez quatre jaunes d'œufs, puis les blancs battus en neige, mélangez, versez dans un plat, saupoudrez de sucre en poudre et faites cuire comme le *Soufflé à la vanille*.

Bâtons à la vanille

Pilez au mortier cinq cents grammes d'amandes mondées avec cinq blancs d'œufs ; ajoutez cent grammes de vanille en poudre : lorsque les amandes sont pilées, ajoutez cinq cents grammes de sucre en poudre, remuez bien le tout, et mettez cette pâte sur la table. Mondez et coupez en morceaux cent cinquante grammes de pistaches que vous mélangez à la pâte. Abaissez avec un rouleau de petites bandes de pâte, à un centimètre d'épaisseur et cinq centimètres de largeur. Etalez dessus une couche très mince de *Glace royale* à la vanille ; coupez au couteau de petits rectangles d'un centimètre de largeur sur cinq centimètres de longueur ; mettez-les sur des feuilles de papier blanc et passez-les au four doux pendant vingt-cinq minutes.

Tartelettes meringuées à la framboise

Avec de la *Pâte à feuilletage* à six tours, foncez de petits moules à tartelettes, garnissez-les à moitié de hauteur avec de la gelée de framboise et recouvrez le dessus avec de la *Pâte à meringage*. Mettez sur le meringage quelques amandes hachées ; saupoudrez le tout avec du sucre et mettez au four doux pendant vingt-cinq minutes.

Couronnes aux cerises

Avec deux cent cinquante grammes d'amandes douces mondées et trois blancs d'œufs, faites une *Pâte d'amandes* un peu molle ;

pilez et, lorsque la pâte est fine, ajoutez-y deux cent cinquante grammes de sucre en poudre. Mettez cette pâte dans une poche à décors ; dressez de petites couronnes sur des plaques beurrées ; placez une cerise confite au milieu de chacun d'elles, et mettez au four chaud pendant dix minutes.

Pains à l'orange

Pilez au mortier deux cent cinquante grammes d'amandes avec trois blancs d'œufs ; ajoutez deux cent cinquante grammes de sucre en poudre. Mettez cette pâte sur la table, mélangez-y deux cents grammes d'écorces d'oranges confites et hachées et dressez-en de petits pains sur des feuilles de papier blanc ; avec un couteau, faites une fente au milieu de chaque petit pain, et faites cuire au four chaud pendant douze minutes. Dorez en passant un pinceau trempé dans du lait sucré.

Pains au citron

Préparez et opérez comme ci-dessus, mais en remplaçant l'orange par du citron.

Figaros

Foncez des moules à tartelettes avec de la *Pâte au beurre* ; faites cuire ces fonds à four chaud pendant dix minutes. Garnissez-les ensuite de fruits confits assortis, préalablement hachés. Recouvrez les fruits avec de la pâte à *Blidas*. Saupoudrez de sucre et remettez à four doux pendant dix minutes.

Couronnes, cœurs, losanges, S, etc

Faites une *Pâte au beurre napolitain*, un peu molle. Dressez avec une poche à décors, sur une plaque légèrement beurrée, des couronnes, des cœurs, des losanges, des S, etc. Laissez reposer sur la plaque pendant une demi-heure, puis mettez au four chaud, pendant cinq minutes.

Bouchées aux confitures glacées

Prenez de la *Pâte à biscuits à la cuiller* ; à l'aide d'une poche, formez-en des boules sur des feuilles de papier blanc, puis faites cuire à four doux pendant vingt-cinq minutes. Retirez du four ; creusez ces boules et garnissez-les de confitures ; glacez-les selon le parfum que vous désirez.

Bouchées au café ou au chocolat

Faites les mêmes fonds que ci-dessus ; garnissez-les de crème à la Chantilly; glacez au café ou au chocolat.

Caraques

Avec de la *Pâte au beurre*, foncez de petits moules à tartelettes, et faites cuire pendant dix minutes. Démoulez, garnissez avec de la crème au beurre de chocolat, puis glacez avec une *Glace royale* au chocolat.

Cendrillons

Prenez cent vingt-cinq grammes de pralines grillées à la vanille ; pilez-les au mortier avec un décilitre de crème double ; lorsqu'elles sont bien pilées, amalgamez-y cent vingt-cinq grammes de beurre bien frais et garnissez-en de petites bouchées comme il est indiqué aux *Bouchées aux confitures* ; glacez-les avec de la *Glace royale* blanche.

Carolines

Avec de la *Pâte à choux*, dressez de petits éclairs, faites-les cuire pendant quinze minutes. Garnissez-les de crème au beurre, à la vanille, au café ou au chocolat, et glacez selon les parfums.

Croissants à la crème pistache

Dressez en forme de croissants de la *Pâte à biscuits à la cuiller* ; placez les croissants sur des feuilles de papier ; faites-les cuire, à four chaud, pendant dix minutes, et, lorsqu'ils sont froids, creusez-les pour les garnir de *Crème pâtissière* à la pistache ; mettez deux parties l'une contre l'autre, glacez celle du dessous avec une *Glace royale* à la pistache.

Génoises glacées

Dans une caisse carrée en papier, faites cuire 250 grammes de *Pâte à génoise* aux amandes et laissez refroidir ; avec un couteau, découpez des losanges, des carrés, des rectangles, etc. et saucez-les avec du rhum, du kirsch, etc. ; glacez le dessus selon le parfum que vous aurez employé.

Nougatines nivernaises

Préparez 250 grammes de nougat avec 50 grammes de vanille en poudre. Abaissez-le avec un rouleau à un centimètre d'épaisseur. Pendant qu'il est très chaud, découpez-le, avec un couteau, en petits carrés de deux centimètres. Glacez le dessus avec de la *Glace royale* au café ; faites sécher et glacez le dessous comme le dessus.

Choux pralinés au chocolat

Avec de la *Pâte à choux*, dressez de petits choux, comme il est dit au *Saint-Honoré* ; saupoudrez-les d'amandes hachées et faites-les cuire pendant quinze minutes. Laissez refroidir et garnissez l'intérieur de crème au beurre de chocolat. Saupoudrez légèrement de glace de sucre.

Salambos

Préparez de petits choux, comme ci-dessus mais en supprimant les amandes hachées. Garnissez-les de *Crème pâtissière* à la vanille et trempez-les dans le *sucre cuit au cassé*.

CONFISERIE

CONFISERIE

Office

Le sucre que l'on emploie pour le travail de l'office doit être
très blanc et raffiné. Autrefois, pour le travail de confiserie, il était
nécessaire de clarifier le sucre, même raffiné; depuis un certain temps,
les raffineries donnant le sucre blanc et exempt de toutes matières
malpropres, ce travail devient inutile, même pour les articles demandant de grands soins.

Emploi du pèse-sirop

Le pèse-sirop est indispensable, lorsque l'on veut apprécier le
degré de cuisson du sucre servant à la préparation des sirops et des
boissons fraîches, etc.

Il s'emploie dans tous les travaux d'office.

Mode d'emploi. — Quand le sucre est fondu dans la bassine,
retirez-la de dessus le feu ; introduisez le pèse-sirop dans le liquide
chaud, en ayant soin de le laisser descendre de lui-même, car si
vous l'enfonciez au delà du degré que le sucre doit donner, la partie
supérieure du pèse-sirop s'imprégnerait du sucre qui le rendrait plus
lourd, et, par ce fait, vous n'auriez pas le degré régulier de votre
sirop. Si le pèse-sirop indiquait un degré supérieur à celui que l'on
veut obtenir, on décuirait le sucre avec un peu d'eau et on donnerait
un bouillon. Si, au contraire, le sirop n'était pas assez cuit, on con-
tinuerait à laisser bouillir jusqu'à ce que l'évaporation de l'eau soit
assez grande pour donner le degré demandé.

Soins à prendre pour faire fondre le sucre

Pour faire fondre du sucre, soit pour sirops, soit pour tout autre
emploi, prenez une bassine ou un poêlon d'office toujours bien propre et de préférence en cuivre rouge. Mettez le sucre dans la bassine, et par kilo employé, mouillez d'un demi-litre d'eau pour obtenir un sirop à 31°. Si on désire un sirop à 25°, on ajoute un tiers
d'eau en plus.

Cuisson du sucre au boulé

Faites fondre sur un feu ardent la quantité de sucre nécessaire pour l'emploi auquel vous le destinez, en mouillant à raison d'un quart de litre d'eau par 500 grammes de sucre. Avant que le sucre commence à bouillir, il faut qu'il soit fondu et que le rebord du poêlon ou de la bassine qui sert pour cette opération soit bien éponge, avec une petite éponge mouillée, jusqu'à la hauteur du sucre, de façon à enlever tous les grains de sucre qui pourraient y adhérer. Laissez bouillir ce sirop. Après quelques minutes, trempez une petite cuillère en argent dans un vase d'eau froide, prenez une petite quantité de sirop en ébullition et refroidissez-le dans l'eau. Vous devez obtenir une petite boule de sucre qui doit avoir un peu de consistance. Si la boule n'était pas assez ferme, laissez cuire encore quelques minutes, jusqu'à ce que vous ayez une boule un peu ferme.

Cuisson au cassé

Préparez comme il est dit ci-dessus, et continuez l'ébullition jusqu'à ce que l'eau soit entièrement évaporée du sucre. Pour reconnaître le degré de cuisson, mouillez une petite cuillerée en argent, trempez-la dans le sucre, et remettez-la vivement dans l'eau froide ; si le sucre que vous avez pris se casse et ne colle pas sous la dent, vous avez obtenu un sucre cuit au cassé ; si, au contraire, il adhérait toujours, vous le laissez bouillir jusqu'à ce qu'il ne colle plus.

Il y a plusieurs autres degrés de cuisson qu'il est inutile d'énumérer ici et qui ne servent presque jamais dans le travail de confiserie. C'est du boulé et du cassé que partent, en général, toutes les préparations de confiserie.

Pour 500 grammes de sucre que vous préparez pour cuire au cassé, ajoutez, quand il est fondu en sirop, un décilitre de sirop de froment.

On emploie le sirop de froment quand le sucre doit servir soit pour pièces montées, soit pour décorer des nougats, des saints-honorés, etc.

BONBONS AU CARAMEL

Caramels aux fleurs d'oranger

Prenez 500 grammes de sucre blanc raffiné ; mettez-le dans un poêlon d'office avec un décilitre de sirop de froment ; arrosez le sucre avec un décilitre d'eau de fontaine et un décilitre d'eau de fleurs d'oranger ; mettez le poêlon sur un feu doux et faites cuire au grand cassé.

Beurrez légèrement un petit marbre avec du beurre très fin, et versez dessus le sucre cuit. Pendant qu'il est très chaud, imprimez vivement sur le sucre, avec un couteau, des petits carrés de trois centimètres, et laissez refroidir.

Retournez ensuite le sucre et essuyez avec une serviette la partie qui touchait le marbre. Finissez de casser les petits carrés avec les deux mains en appuyant de chaque côté de l'incision.

Si vous ne servez pas les caramels le même jour, mettez-les dans un bocal bien fermé.

Caramels au café, à la crème

Faites une infusion d'un demi-litre de café ; prenez un poêlon d'office et mettez dedans un kilo de sucre raffiné concassé, et un double décilitre de sirop de froment, fondez le sucre avec le demi-litre d'infusion de café.

Mettez sur un feu doux et remuez continuellement avec une spatule ; quand votre sucre sera cuit au boulé, mettez dedans un décilitre de crème double de Chantilly, et laissez cuire jusqu'au cassé en remuant jusqu'à complète cuisson.

Versez le sucre sur le marbre et opérez comme il est indiqué aux *Caramels à la fleur d'oranger.*

Caramels au chocolat

Faites fondre 250 grammes de chocolat avec un décilitre d'eau sur un feu doux en remuant avec une spatule.

Mettre dans un poêlon 750 grammes de sucre et un double décilitre de sirop de froment. Faites fondre avec un demi-litre d'eau ; mélangez le chocolat quand le sucre sera fondu.

Faites cuire comme le *Caramel au café*, en remuant avec la spatule. Mettez également un décilitre de crème double ; faites cuire au cassé. Finissez comme pour les *Caramels à la fleur d'oranger.*

Caramels au rhum

Prenez un poêlon d'office. Mettez-y un kilo de sucre en pain raffiné et concassé, et deux décilitres de sirop de froment. Faites fondre le sucre avec un demi-litre d'eau de fontaine, et laissez cuire à feu doux ; quand le sucre sera cuit au boulé, ajoutez un décilitre de rhum en ayant soin d'éloigner le poêlon du feu, car l'alcool du rhum brûlerait en s'échauffant.

Quand le mélange sera fait, continuez de cuire jusqu'au cassé. Découpez et finissez comme pour les *Caramels à la fleur d'oranger.*

Sucre d'orge à la crème

Faire fondre à feu doux dans une casserole, même poids de sucre blanc et de crème. Remuer. Quand le mélange est bien blond, étendre sur un marbre huilé et façonner en sucre d'orge roulés à la main ou taillés en carrés.

Caramel aux pistaches

Mondez 200 grammes. de pistaches, hachez-les assez menues, faites sécher pendant vingt minutes au four doux.

Préparez dans un poêlon d'office un kilo de sucre en pain raffiné, concassé, et deux décilitres de sirop de froment ; faites fondre avec un demi-litre d'eau de fontaine, et cuisez le sucre sur un feu doux jusqu'au cassé ; quand le sucre est cuit, mélangez-y les 200 grammes de pistaches hachées, et versez sur le marbre. Finissez comme pour les *Caramels à la fleur d'oranger*.

Truffes de chocolat

Faire fondre, sans eau, trois tablettes de chocolat, mélanger une cuillerée de beurre fin, faire une pâte bien unie dans laquelle on ajoute deux jaunes d'œufs frais, deux cuillers de sucre en poudre. Retirer du feu et laisser raffermir la pâte. On en prend par cuillerées à café des fragments qu'on roule dans des coquetiers avec du chocolat granulé.

Pralines grises à la vanille

Prenez 500 grammes de belles amandes ; mettez-les dans un kilo de sucre raffiné concassé, que vous aurez préalablement fait cuire au boulé dans une bassine. Remuez avec une spatule sur un feu doux, et ajoutez 100 grammes de vanille pulvérisée ; remuez ce mélange jusqu'à ce que le sucre, étant cuit au cassé, devienne sablonneux ; passez alors le tout sur un crible de façon à séparer entièrement les amandes du sucre.

Remettez ensuite les amandes dans la même bassine ; remuez-les avec une spatule sur un feu très doux, pour les faire griller régulièrement jusqu'à l'intérieur. Quand elles ont pris une belle couleur, ajoutez dans la bassine et sur les amandes 100 grammes de sucre en poudre que vous avez séparé des amandes. Mélangez bien et retirez les amandes grillées de la bassine ; mettez-les dans le crible et couvrez-les de plusieurs serviettes, pour éviter qu'elles refroidissent. Mettez le reste du sucre en poudre qui vous a servi pour la première opération dans la même bassine avec trois décilitres d'eau ; faites cuire à nouveau ce sucre sur un feu doux, au cassé ; puis retirez la bassine du feu, mettez vos amandes chaudes dans ce sucre et remuer rapidement avec une spatule, de façon que chaque amande prenne régulièrement le sucre cuit au cassé. Retirez du feu.

D'autre part, faites cuire à la nappe une composition de 50 grammes de gomme arabique fondue avec deux décilitres d'eau, et de cent grammes de sucre ; versez cette composition sur les amandes, mélangez-les avec soin afin de donner le brillant aux pralines.

Pralines roses à la rose

Prenez les mêmes proportions et opérez de même que pour les pralines à la vanille ; seulement, faites fondre le sucre avec moitié eau de fontaine et moitié eau de rose distillée. Colorez ce sucre avec du carmin.

Glacez également avec cinquante grammes de gomme et cent grammes de sucre.

FRUITS GLACES AU CARAMEL

Pâte pour fruits au caramel fourrés

Pilez au mortier 250 grammes d'amandes douces mondées avec un décilitre de sirop à 31° ; ajoutez dans le mortier 500 grammes de glace de sucre, 50 grammes de vanille pulvérisée, et mélangez le tout au pilon ; partagez cette pâte en quatre parties égales, pour faire quatre couleurs différentes. Servez-vous pour colorer vos pâtes des carmins et couleurs vendues spécialement pour pâtissiers et confi_seurs.

Cerises à l'eau-de-vie au caramel

Egouttez 250 grammes de cerises à l'eau-de-vie, préparées comme il est dit à cet article. Mettez-les sécher pendant une heure à l'étuve. Prenez un poêlon d'office et mettez-y 200 grammes de sucre raffiné en pain, concassé ; arrosez-le avec un décilitre d'eau et un demi-décilitre de sirop de froment ; cuisez-le au cassé, puis reti_rez-le du feu ; prenez les cerises par la queue et trempez-les entiè_rement dans le sucre. Posez-les sur un marbre ou un couvercle de casserole préalablement huilé. Rangez-les sur des assiettes à des_sert.

On peut également glacer des cerises fraîches ainsi que toute espèce de fruits à l'eau-de-vie.

Oranges au caramel

Prenez de grosses oranges ; enlevez la première peau ; sépa_rez les quartiers avec soin et évitez de crever la fine pellicule qui les sépare.

Dépouillez ensuite chaque quartier de sa peau blanche, de façon à obtenir une orange bien transparente. Faites sécher à l'étuve pendant deux heures.

Faites cuire au cassé le sucre nécessaire pour recouvrir vos quartiers d'oranges, comme il est dit aux *Cerises au caramel*.

Prenez une grande aiguille à tricoter, pointue, et passez-la entre la peau fine et les cellules des quartiers d'orange (pour cela vous introduirez l'aiguille dans l'angle du quartier).

Trempez vos oranges dans le sucre cuit au cassé et rangez-les sur un marbre huilé très légèrement. Quand elles sont froides, enlevez les aiguilles, et rangez les oranges sur des assiettes à des_sert.

Raisins au caramel

Prenez de beaux raisins frais, de Malaga ; avec des ciseaux. séparez les grains de la grappe.

Passez une aiguille dans la petite queue du grain, et, pour les glacer, opérez de même façon que pour les *oranges* : enlevez les aiguilles et coupez la petite queue.

Rangez-les sur des assiettes à dessert.

Fruits assortis glacés au caramel

Prenez deux fruits confits de chaque sorte, tels que : abricots, prunes, mirabelles, poires, chinois, figues, dates, etc. Garnissez-les par le milieu de la *Pâte pour fruits au caramel.*

Coupez-les selon la grosseur du fruit, soit en deux ou en quatre. Passez, à travers le fruit et la pâte, une aiguille à tricoter, et trempez vos fruits dans du sucre cuit au cassé. Rangez-les sur le marbre huilé légèrement. Retirez les aiguilles et mettez les fruits sur des assiettes à dessert.

Marrons glacés au caramel

Prenez de gros marrons de Turin, faites-les griller dans une poêle percée, et sur un feu doux. Quand ils sont grillés, enlevez la peau ; enfilez chaque marron au bout d'une aiguille et glacez-les au sucre cuit au cassé. Rangez-les sur un marbre huilé.

Enlevez les aiguilles et mettez-les sur des assiettes à dessert.

Amandes d'Aboukir au caramel

Prenez de la *Pâte pour fruits au caramel,* colorez-la en vert et parfumez fortement à la vanille, prenez-en de la grosseur d'une olive, et donnez-lui-en la forme. Avec un petit couteau d'office, fendez-les par le milieu, seulement à moitié, sur la longueur, introduisez entre les deux parties ouvertes une grosse amande douce mondée.

Pour les glacer, opérez comme pour les marrons.

CONFITURES

Confiture d'abricots

Prenez cinq kilos d'abricots bien mûrs ; enlevez les noyaux. Mettez, dans la bassine de cuivre, trois kilos de sucre en pain et deux litres d'eau. Faites bouillir à feu doux. Quand le sirop bout, ajoutez vos abricots et remuez sans cesse avec l'écumoire de cuivre. Faites bien attention que la confiture ne prenne pas au fond de la bassine, la qualité en serait altérée à la moindre brûlure, écumez avec l'écumoire en cuivre; cassez les noyaux d'abricots, mondez

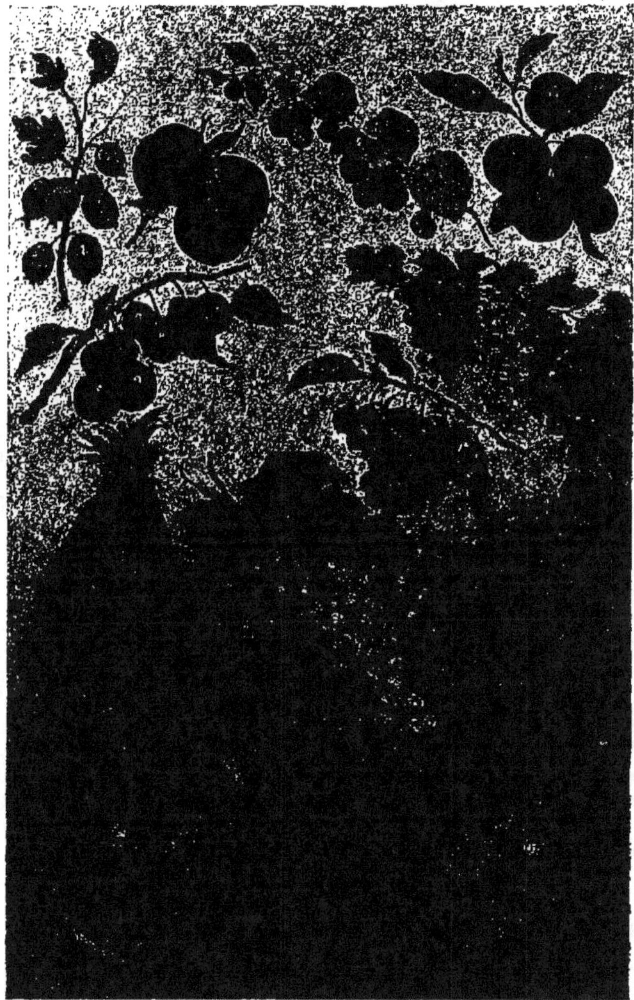

1 — Groseilles à maquereau.
2 — Reines-Claude
3 — Framboises
4 — Prunes.
5 — Cerises
6 — Groseilles.
7 — Cassis
8 — Ananas
9 — Raisins Chasselas, Raisins roses.
10 — Fraises.
11 — Banane.
12 — Pomme reinette.
13 — Orange.
14 — Pomme rouge.
15 — Abricot.
16 — Poire.
17 — Figues blanches.

les amandes, mélangez-les aux confitures; laissez cuire une heure et demie puis mettez dans des pots et laissez refroidir.

On voit que la confiture est cuite quand, en en mettant un peu sur une assiette froide, on peut retourner celle-ci sans que la préparation coule.

Coupez des ronds de papier blanc de la grandeur de l'ouverture des pots ; trempez-les dans de l'eau-de-vie blanche et appliquez-les sur la confiture.

Recouvrez d'un second papier, ficelez et placez les pots dans un endroit sec.

Autre manière :

Préparez les abricots comme il est dit ci-dessus; mettez-les dans une grande terrine avec du sucre concassé ou du sucre en poudre cristallisé; faites-les sauter afin que le sucre se mélange bien au fruit et laissez macérer ainsi pendant dix ou douze heures dans un lieu frais ; versez alors le tout dans la bassine, faites cuire et terminez comme il est dit ci-dessus.

Confiture de pêches

Employez de préférence des pêches de plein vent qui, ayant la chair plus ferme que la pêche d'espalier, rendent moins d'eau à la cuisson ; les peler, les couper en deux ou en quartiers, en enlever les noyaux.

Employez 750 grammes de sucre par livre de fruits ; faites cuire le sucre au boulé, puis ajoutez les pêches, une gousse de vanille et laissez cuire jusqu'à ce que le sirop soit redevenu à bonne consistance ; puis mettez en pots ; laissez refroidir et couvrez-les vingt-quatre heures après au moins.

Confiture de reines-Claude

Prenez cinq kilos de reines-Claude bien mûres ; enlevez les queues et les noyaux ; mettez-les dans un sirop fait avec trois kilos de sucre en poudre raffiné, comme il a été dit pour les abricots, et faites bouillir à petit bouillon, en remuant avec une spatule, pendant une heure et demie.

Mettez en pots, comme il est indiqué aux abricots. Si vous mettez moins de cinq kilos de fruits, cuisez moins longtemps.

Autre manière :

Opérez comme il est indiqué à la seconde manière de préparer la confiture d'abricots.

Confiture de mirabelles

Procédez absolument comme pour les reines-Claude, ayez toujours soin de prendre des fruits bien mûrs.

Autre manière :

Opérez comme il est indiqué à la seconde manière de préparer la confiture d'abricots.

Confiture de prunes noires

Supprimez la peau et les noyaux ; mettez macérer les prunes pendant six heures avec le tiers de leur poids de sucre en poudre; puis versez-les dans la bassine et faites cuire jusqu'à la nappe ; puis mettez en pots.

Confiture de framboises

Prenez de belles framboises mûres; enlevez les queues; passez sur un tamis en crin, pour extraire les pépins.

Prenez 500 grammes de jus de framboises pour 375 grammes de sucre en poudre, et mettez dans une bassine en cuivre sur un feu doux. Remuez avec une spatule; faites bouillir pendant dix minutes par kilo de confiture.

Mettez dans des pots, comme il est indiqué aux abricots.

Confiture de cerises

Retirez les queues et les noyaux à des cerises bien mûres, et faites comme il est dit aux confitures d'abricots mais en employant le même poids de sucre que de fruits.

Confiture de 4 fruits

Prenez même quantité de pêches, abricots, prunes de reines-Claude et mirabelles; supprimez les noyaux et faites macérer pendant cinq ou six heures avec du sucre en poudre cristallisé; mélangez bien le sucre avec les fruits, 375 grammes par livre de fruits.

Faites cuire ensuite et terminez comme il est dit à *Confitures d'abricots*.

Un mélange de 4 fruits se fait aussi avec groseilles égrenées, framboises, fraises et cerises; dans ce cas, on prépare les cerises et on les fait cuire comme il est indiqué pour cette confiture, et vingt minutes avant la fin de la cuisson, on ajoute les trois autres fruits; employez même poids de sucre que de fruits.

Confiture de groseilles de Bar

Egrenez un kilo de belles groseilles blanches ou rouges, les plus grosses possible, et au moyen d'un cure-dents, retirez les pépins avec précaution pour ne pas abîmer la peau.

Dans un poêlon, faites cuire au boulé 2 kilos de sucre en pain raffiné et concassé.

Quand le sucre est cuit, mélangez sur le feu les groseilles égrenées et le sucre. Remuez avec une spatule, afin que le sucre se mélange bien aux groseilles; laissez bouillir pendant deux minutes, versez-les dans les pots que vous emplissez un peu plus qu'aux trois quarts et laissez refroidir.

Finissez de remplir les pots avec de la gelée de groseilles blanche ou rouge, selon le fruit et couvrez de papier comme il est indiqué à la *Confiture d'abricots*.

Confiture de poires d'Angleterre

Prenez des poires d'Angleterre, après les avoir épluchées et coupées en deux pour en ôter l'âme et les pépins; mettez-les de côté.

Avant de verser les poires dans la bassine, mettez-y les épluchures, pépins, queues qui ont été enlevés à vos fruits et couvrez d'eau. Faites bouillir une demi-heure. Passez dans un linge fin ou un tamis de crin. Remettez le jus sur le feu et ajoutez un kilo de sucre. Quand le sirop bout, ajoutez les poires, remuez souvent, faites cuire d'abord à feu un peu vif; écumez, modérez le feu et donnez à peu près une heure de cuisson; le sirop devra alors arriver à la nappe. Mettez en pots, laissez refroidir pendant 24 heures, couvrez la confiture et mettez en lieu sec.

Cette confiture peut se parfumer, selon le goût, soit avec du zeste de citron râpé, du zeste d'orange, ou une gousse de vanille que l'on cuira avec la confiture et que l'on enlèvera avant de mettre en pots.

Confiture de poires

Prenez des poires mûres, la qualité que vous aurez, mais de préférence de la poire de Rousselet.

Pelez-les et coupez-les par quartiers pour enlever les pépins et les parties pierreuses; mettez-les à mesure dans de l'eau fraîche; quand elles sont toutes épluchées, mettez-les sur le feu, dans une bassine, avec de l'eau. Laissez bouillir pendant dix minutes; retirez-les de la bassine et mettez-les égoutter sur un tamis de crin.

Pesez les poires quand elles sont égouttées, et mettez 375 grammes de sucre par 500 grammes de fruits.

Faites cuire votre sucre au boulé dans une bassine, versez ensuite les poires dans le sucre et faites prendre un petit bouillon.

Mettez dans une terrine et laissez refroidir.

Le lendemain, faites bouillir de nouveau pendant dix minutes et mettez en pots.

Le sucre se remplace avantageusement par du moût ou jus de raisin non fermenté; dans ce cas faire réduire le jus de moitié avant d'y mettre les poires.

Vous obtenez ainsi le *Raisiné de Bourgogne*.

Confiture de tomates

Lorsqu'il se produit une mauvaise année de fruits on peut faire cette confiture qui n'est pas désagréable.

Choisir des tomates vertes commençant à rougir, les essuyer, les peler, les ouvrir pour enlever les grains.

On compte une livre de sucre par kilo de tomates. Mettre le sucre dans la bassine avec très peu d'eau et faire un sirop, sur bon feu pas trop vif. Jetez alors les tomates coupées en morceaux, joindre un zeste de citron. Laissez cuire, écumer. La confiture est prête quand elle ne s'étale plus lorsqu'on en met quelques gouttes sur une assiette froide que l'on tourne sens dessus dessous. Mettre en pots et couvrir comme pour toutes les confitures.

Raisiné

Faites crever à feu doux du raisin égrené; puis passez au tamis et remettez dans la bassine pour faire réduire aux trois quarts; mettez en pots et couvrez lorsque le raisiné sera complètement refroidi.

Confiture d'oranges

Pour un kilo d'oranges douces (dont, si l'on veut, une ou deux amères) prenez 1.400 grammes de sucre blanc. Faites tremper les oranges dans l'eau bien fraîche, pendant 48 heures. Les mettre sur le feu dans une nouvelle eau sans les laisser bouillir, jusqu'à ce qu'elles aient perdu leur âcreté. Les mettre encore dans une nouvelle eau fraîche pendant 48 heures.

Faites un sirop de sucre, lorsqu'il fait la perle, jetez les oranges coupées avec leur peau en quartiers très fins. Laissez cuire jusqu'à ce que la pulpe devienne transparente. Mettez en pots comme il est dit à la confiture d'abricots.

On procède de la même façon pour faire des confitures de citron mais il faut 2 kilos de sucre pour 1 kilo de fruits.

Confiture de marrons

Pelez de beaux marrons. Faites-les bouillir dans de l'eau légèrement salée. Enlevez la dernière peau. Pilez les marrons dans une passoire ou un hache-viande, faites-en une pâte fine. Prenez même poids de sucre vanillé que de pâte de marrons et faites fondre ce sucre sur le feu avec deux décilitres d'eau par kilogramme de sucre. Lorsque le sirop a fait quelques bouillons, mettez-y la pâte de marrons, mêlez bien le tout et faites cuire de quinze à vingt minutes, sans cesser de remuer avec une spatule. Laissez tiédir et mettez en pots comme il a été dit à la confiture d'abricots.

Confiture de fraises

Prenez des fraises à goût prononcé. Enlevez les queues. Ne les lavez pas. Pour cinq kilos de fraises, prenez deux kilos et demi de sucre. Mettez dans la bassine, deux litres d'eau et le sucre, laissez bouillir, jetez les fraises, laissez cuire une heure et demie à feu modéré, laissez refroidir et mettez en pots comme il est dit à la confiture d'abricots.

MARMELADES

Marmelade d'abricots

Préparez les abricots comme il est dit à *Confiture d'abricots*, lorsqu'ils sont suffisamment attendris par le feu doux, passez-les au tamis, puis remettez la pâte dans la bassine avec le poids de sucre indiqué pour la confiture et terminez de même.

Marmelade de pêches

Préparez les pêches comme il est dit à *Confiture d'abricots*; faites-les attendrir à feu doux, puis passez au tamis; faites cuire au boulé 400 gr. de sucre par livre de fruits, ajoutez la purée et de la vanille, et terminez comme il est dit à *Confiture de pêches*.

Marmelade de prunes

Avec des prunes de reines-Claude ou des prunes de mirabelles, opérez comme il est dit à la seconde manière de préparer ces confitures; lorsqu'elles sont suffisamment attendries sur feu doux, passez au tamis; puis remettez la purée au feu et terminez la cuisson en faisant réduire à la nappe et en remuant toujours afin d'éviter que la marmelade attache à la bassine; mettez en pots, laissez refroidir et couvrez comme il est dit à *Confiture de prunes*.

Marmelade de poires

Préparez et opérez comme il est dit à *Confiture de poires*; lorsque les poires sont égouttées, passez-les au tamis, pesez-les et remettez-les dans la bassine avec 375 grammes de sucre par 500 grammes de purée; terminez comme il est dit.

Les marmelades de pommes et de coings se préparent de la même manière.

GELÉES

Gelée de groseilles framboisées

Prenez trois quarts de groseilles et un quart de framboises; mettez-les dans une bassine sur un feu doux; remuez sans discontinuer avec une spatule, pour les empêcher de s'attacher à la bassine et de brûler. Quand elles sont crevées et bien bouillies, jetez-les sur un tamis placé sur une terrine, pour recevoir le jus, et laissez égoutter pendant deux heures. Passez le reste au presse-purée et passez votre jus dans un linge de toile pour qu'il soit bien propre. Mesurez votre jus et mettez 750 grammes de sucre en pain, cassé en petits morceaux, pour un litre de jus.

Mettez le sucre dans une bassine et versez le jus dessus; faites cuire sur un feu vif.

Vous reconnaîtrez la cuisson, lorsque vous tremperez l'écumoire dans la gelée et que celle-ci formera nappe en tombant de l'écumoire. ou en mettant quelques gouttes sur une assiette froide. La gelée est cuite à point quand ces gouttes ne s'étalent plus et collent à l'assiette, au point qu'on peut la renverser sens dessus dessous, sans que la confiture se détache.

Vous retirerez du feu et mettrez dans les pots; laissez refroidir et couvrez comme il est indiqué à la *Confiture d'abricots*.

Gelée de cerises

Prenez 250 grammes de groseilles par kilo de cerises.

Egrener les groseilles et ôter aux cerises les queues et les noyaux, cuire le tout pendant quelques minutes à feu doux, puis passer au tamis sans pression; peser le jus, y mélanger son même poids de sucre et faire cuire à la nappe, mettre en pots et laisser refroidir avant de couvrir.

Gelée de cassis

Mélangez des groseilles par moitié avec du cassis; égrenez le tout et procédez ensuite comme pour la *Gelée de groseilles*, mais en employant seulement 750 grammes de sucre par litre de jus.

Gelée de pommes blanche

Prenez quatre kilos de pommes reinettes bien mûres. Coupez-les en six morceaux et enlevez les pépins, les queues et pelez; mettez-les dans une bassine en cuivre et versez dessus deux litres d'eau claire; mettez sur un feu très ardent; quand vos pommes sont bien cuites et le jus réduit à un litre, jetez-les dans la chausse à filtrer.

D'autre part dans une deuxième bassine vous avez fait cuire, épluchures, queues et peaux dans 2 litres d'eau jusqu'à réduction à 1 litre.

Mettez dans une bassine 2 kilos de sucre en pain raffiné, concassé; versez dessus les deux litres de jus mélangés et faites cuire sur un feu vif, jusqu'à la nappe, comme il est indiqué à la gelée de groseilles.

Pendant la cuisson, agitez la gelée avec l'écumoire; écumez avant de mettre dans les pots.

Quand la gelée est froide, couvrez de papier comme il est indiqué à la *Confiture d'abricots*.

Jetez les épluchures, gardez les pommes pour en faire une marmelade avec du sucre, comme il est dit à la marmelade de pommes et mettez en pots, ou faites de la pâte de pommes.

Gelée de coings

Préparez les coings de la même façon que les pommes, et faites cuire de même.

Les proportions de sucre et la cuisson sont les mêmes.

Gelée de mûres

Ayez des mûres bien saines, faites-les crever à feu doux, passez au tamis et opérez ensuite comme pour la gelée de groseilles.

Gelée de raisin

Egrenez de beau raisin de vigne, de préférence du raisin noir; faites crever les grains en les cuisant dix minutes à feu doux, puis passez au tamis sans presser et faites réduire de deux tiers le jus obtenu; mettez en pots, laissez refroidir avant de couvrir.

Gelée d'oranges

Préparez une gelée de pommes, et, avant cuisson, mélangez le jus de deux oranges par litre de jus de pommes; coupez en filets minces le zeste des oranges et mélangez-le à la gelée quelques minutes avant de la mettre en pots.

FRUITS CONFITS

Reines-Claude

Prenez la quantité de prunes de reines-Claude que vous voulez confire; ne les prenez pas trop mûres, plutôt vertes. Coupez la moitié de la queue et piquez-les fortement jusqu'au noyau avec une grosse épingle. Cette préparation faite, mettez-les dans une grande bassine d'eau froide et sur un feu doux. Quand l'eau sera à l'ébullition, remuez les prunes avec une écumoire, en faisant bien attention de ne pas les briser; quand elles seront suffisamment blanchies, c'est-à-dire bien ramollies, mettez-les pendant deux heures dans une terrine d'eau fraîche puis égouttez-les sur un tamis de crin.

Faites dans une bassine un sirop à trente et un degrés, et mettez vos prunes dedans; donnez un bouillon sur le feu. Pour cinq kilos de prunes, prenez quatre kilos de sucre.

Mettez les prunes dans une terrine et laissez reposer pendant vingt-quatre heures; égouttez le sirop et laissez-le bouillir jusqu'à trente-cinq degrés.

Mettez les prunes dans le sirop chaud et faites bouillir pendant une minute pour bien faire pénétrer le sirop dans le fruit.

Renouvelez cette opération deux jours après et laissez alors bouillir le sirop jusqu'à trente-huit degrés; le lendemain, faites la même opération et cuisez le sirop jusqu'à quarante degrés.

Mettez les prunes dans des petits pots, après les avoir laissées refroidir à moitié dans la bassine.

Quand elles sont complètement froides dans les pots, bouchez bien ceux-ci avec un papier et un couvercle dessus.

Mirabelles confites

Prenez des mirabelles qui ne soient pas trop mûres; piquez-les bien; faites chauffer une bassine d'eau et mettez les mirabelles dedans; enlevez-les quand elles montent sur l'eau ; retirez-les de la bassine d'eau bouillante et mettez-les à rafraîchir dans de l'eau fraîche; préparez du sirop à trente et un degrés comme il est indiqué à l'article ci-dessus et dans les mêmes proportions. Lorsqu'il est en ébullition, versez les mirabelles dans la bassine de sucre et laissez prendre un petit bouillon; laissez reposer.

Opérez vingt-quatre heures après comme il est dit aux *Reines-Claude* et laissez encore reposer pendant deux jours. Terminez de même.

Abricots confits

Penez des abricots jaunes, sans cependant qu'ils soient complètement mûrs. Faites avec la pointe d'un petit couteau une incision à la tête et retirez les noyaux; mettez-les dans une bassine d'eau claire et fraîche, et faites blanchir sur un feu doux comme il est indiqué aux *Abricots à l'eau-de-vie*.

Opérez pour confire et façonner comme il est dit aux *Reines-Claude;* mettez-les dans des pots bien couverts. Quand vous voulez les servir, égouttez-les quelques heures auparavant.

Poires confites

Choisissez de petites poires régulières, et à peine mûres (elles sont bonnes à confire, quand les pépins sont noirs); faites blanchir et pelez-les comme il est dit aux *Poires à l'eau-de-vie*.

Façonnez et coupez comme il est indiqué aux *Reines-Claude*. Mettez en pots.

Angélique confite

Choisissez de belles tiges d'angélique bien tendre; coupez-les d'une longueur régulière de vingt-cinq centimètres et mettez-les à mesure dans de l'eau fraîche; faites bouillir une bassine d'eau suffisamment grande pour contenir votre angélique; mettez les tiges à l'eau bouillante et laissez-les frémir sur un feu doux pendant dix minutes; retirez la bassine du feu et laissez l'angélique à l'eau chaude pendant une heure. Retirez-la ensuite pour enlever les filaments, et mettez-la au fur et à mesure dans une bassine d'eau fraîche; remettez sur un feu vif et laissez bouillir les tiges pendant une heure; remettez de l'eau au fur et à mesure que l'évaporation se produit dans la bassine à blanchir; retirez l'angélique de l'eau, quand elle fléchit bien sous les doigts.

Confisez aux mêmes proportions de sucre et avec les mêmes principes que pour les *Reines-Claude*.

Cerises mi-sucre

Enlevez les queues et les noyaux de cinq kilos de cerises; préparez un sirop à trente et un degrés; faites bouillir le sirop et mettez vos cerises dedans; laissez-les frémir pendant cinq minutes sur un feu doux: mettez-les à refroidir dans une terrine jusqu'au lendemain; continuez à confire comme il est dit aux *Reines-Claude.*

Mettez-les dans les pots et recouvrez-les de gelée de groseilles; remettez dessus un papier trempé d'eau-de-vie, de la grandeur des pots.

Marrons confits

Prenez de gros marrons de la Garde-Freinet ou de Turin; enlevez-en la première peau noire avec un couteau et mettez-les dans une bassine; remplissez-la d'eau froide et mettez sur un feu doux; entretenez l'eau des marrons à l'ébullition, sans bouillir, pendant deux heures; quand ils sont blanchis, retirez-les et égouttez-les; enlevez la seconde peau avec soin; mettez-les dans un sirop chaud à trente et un degrés, (mêmes proportions qu'aux *Reines-Claude*). Laissez frémir pendant quelques secondes dans le sirop et mettez à refroidir dans une terrine; pendant quatre jours, égouttez les marrons du sirop et faites bouillir celui-ci pendant cinq minutes; versez le sirop chaud sur les marrons; le quatrième jour, faites bouillir le sirop jusqu'à quarante degrés et, quand ils ont atteint ce degré vous pouvez vous en servir.

FRUITS CONSERVES A L'EAU-DE-VIE

Cerises à l'eau-de-vie

Prenez de belles cerises qui ne soient pas trop mûres; coupez les queues à moitié; lavez-les dans une terrine avec de l'eau. Mettez-les dans un bocal; versez dessus de l'eau-de-vie blanche à trente cinq degrés au pèse-alcool; mettez-en suffisamment pour que les cerises soient bien recouvertes de liquide. Bouchez le flacon hermétiquement et mettez-le dans un endroit frais. Un mois après, débouchez le flacon. Quand l'alcool a bien pénétré dans le fruit et que celui-ci a rendu son eau, versez dessus un demi-litre de *Sirop de sucre* pour un bocal de la contenance de quatre litres environ. Rebouchez ensuite le flacon, comme la première fois, et laissez-le ainsi pendant deux mois.

Abricots à l'eau-de-vie

Prenez de beaux abricots pas trop mûrs et de moyenne grosseur, autant que possible bien réguliers comme maturité.

Mettez-les dans une bassine de cuivre, et versez dessus une quantité d'eau suffisante pour qu'ils y baignent sans être les uns sur les autres; mettez-les sur le feu et, sans les laisser bouillir, laissez-les jusqu'à ce qu'ils montent sur l'eau et qu'ils s'amollissent un peu sous le doigt. Retirez-les soigneusement avec une écumoire et mettez-les dans une terrine d'eau fraîche, pendant deux heures; pendant ce temps, faites fondre à feu doux, dans une bassine, 500 grammes de sucre, mouillés de deux décilitres et demi d'eau par kilo de fruit préparés; lorsque le sucre est fondu, ajoutez les abricots et donnez un bouillon; retirez-les du feu et remettez-les dans une terrine avec le sirop; laissez reposer vingt-quatre heures; le lendemain, égouttez les abricots et remettez le sirop sur le feu; faites bouillir pendant dix minutes, versez-le ensuite sur les abricots, en laissant refroidir de nouveau dans une terrine; puis égouttez les abricots et mettez-les dans un bocal. Mélangez au sirop d'abricot la même quantité d'eau-de-vie blanche à vingt-cinq degrés, et versez sur les abricots. Bouchez bien le bocal.

Pêches à l'eau-de-vie

Prenez des pêches, un peu plus de moitié mûres; essuyez-les bien avec une serviette, pour en enlever le duvet, et faites blanchir et confire, comme il est dit aux abricots. Mettez dans le bocal avec de l'eau-de-vie et le sirop au même degré que l'abricot.

Mirabelles à l'eau-de-vie

Prenez des mirabelles régulières et fermes; faites-les blanchir et confire comme les abricots. Le troisième jour, égouttez les mirabelles du sirop et mettez dans un bocal.

Mélangez une même quantité d'eau-de-vie à 25° que de sirop de mirabelles et versez sur les fruits.

Bouchez les flacons hermétiquement.

Reines-Claude vertes à l'eau-de-vie

Prenez des prunes reines-Claude bien fermes et encore vertes.

Coupez les queues par le milieu; avec une épingle, piquez les prunes jusqu'au noyau, pour qu'elles puissent blanchir plus facilement et mettez-les, au fur et à mesure, dans de l'eau fraîche.

Faites blanchir sur le feu, comme il est indiqué aux abricots et confisez également pendant trois jours.

Egouttez les fruits; mettez dans le bocal et faites chauffer le sirop; passez-le sur un tamis. Mélangez la même quantité d'eau-de-vie à 22° et versez sur les prunes. Bouchez hermétiquement les bocaux.

Poires à l'eau-de-vie

Prenez de belles poires, de préférence des poires de beurré d'Angleterre, à moitié mûres.

Mettez-les dans une bassine avec une quantité suffisante d'eau fraîche; laissez mijoter sur le feu, sans les laisser bouillir; quand elles montent sur l'eau, enlevez-les immédiatement avec une écumoire, pour les mettre dans de l'eau froide.

Quand elles sont refroidies, pelez-les avec un petit couteau d'office et coupez la moitié de la queue; piquez-les avec une épingle, et remettez-les au fur et à mesure dans de l'eau fraîche.

Prenez une bassine et exprimez dedans le jus de trois citrons; versez dessus les poires et l'eau, et remettez-les sur le feu, pour continuer à les blanchir. Quand elles sont molles, retirez-les avec une écumoire, et mettez à refroidir dans de l'eau fraîche.

Ensuite, confisez pendant trois jours, en laissant refroidir et réchauffer successivement comme il est indiqué aux abricots.

Mettez les fruits dans les bocaux et mélangez au sirop de l'eau-de-vie à 25°.

Passez au tamis et mettez sur les poires. Fermez bien les flacons.

FRUITS CONSERVES EN BOUTEILLES

Compote d'abricots

Prenez la quantité d'abricots que vous voulez conserver, coupez-les par moitié et ôtez-en les noyaux; ayez soin qu'ils soient peu mûrs; rangez les abricots dans des bouteilles dites *conserves*, et tassez-les bien, de façon à ce que les verres soient bien pleins. Préparez dans un poêlon d'office un sirop à 22° et laissez-le refroidir; ensuite emplissez les bouteilles avec ce sirop, afin qu'il n'y ait pas de vide entre les quartiers d'abricots.

Si vous avez dix bouteilles à remplir d'abricots, faites fondre 1 kilogramme de sucre en pain avec 3/4 de litre d'eau de fontaine et vous aurez le sirop au degré demandé et la quantité nécessaire pour remplir vos bouteilles.

Bouchez hermétiquement les bouteilles; ficelez-les et enveloppez-les de foin ou de torchons pour qu'elles ne soient pas en contact les unes avec les autres. Rangez ces bouteilles debout, au fur et à mesure, dans une grande bassine, une lessiveuse par exemple, que vous remplissez d'eau froide jusqu'à ce que les bouteilles en soient recouvertes, et mettez dessus un grand torchon pour que la vapeur se concentre davantage.

Posez la bassine sur un feu vif et donnez 30 minutes d'ébullition. Retirez la bassine du feu et laissez refroidir le tout. Retirez les bouteilles quand elles sont froides; goudronnez les bouchons ou cachetez avec la cire de tonnelier et déposez dans un endroit frais.

Il est essentiel que les bouteilles soient bien bouchées, autant que possible avec une machine à boucher et avec des bouchons de première qualité; sans ces deux conditions, les conserves pourraient ne pas se garder longtemps.

On trouve dans le commerce des boîtes et des bocaux à fermeture hermétique très pratiques et qui dispensent du cachetage.

Compote de pêches en bouteille

Prenez des pêches; pelez-les avec un petit couteau d'office et rangez-les dans les bouteilles à conserves, puis opérez comme pour la *Compote d'abricots.*

Compote de reines-Claude en bouteilles

Prenez des prunes de reines-Claude, pas trop mûres; coupez-leur la moitié de la queue. Faites-les blanchir et donnez-leur une façon comme il est indiqué aux *Reines-Claude confites.* Retirez-les ensuite du sirop et mettez-les dans les bouteilles.

Remplissez les bouteilles d'un sirop à 22° et faites ébullitionner comme il est indiqué à la *Compote d'abricots.* Goudronnez quand les bouteilles sont froides, et placez dans un endroit frais.

Compote de mirabelles en bouteilles

Préparez et opérez comme il est dit à la *Compote d'abricots.* Donnez 3 minutes d'ébullition; goudronnez les bouteilles quand elles sont froides et mettez dans un endroit frais.

Compote de cerises en bouteilles

Prenez de belles cerises; coupez-leur les queues par le milieu et lavez-les à l'eau fraîche. Emplissez vos bouteilles de cerises et versez dessus un sirop de 20°; bouchez hermétiquement les bouteilles et ficelez-les; ébullitionnez comme il est dit à la *Compote aux abricots* ; goudronnez les bouteilles et mettez-les dans un lieu frais.

Compote de framboises en bouteilles

Enlevez les queues de framboises; ayez soin qu'elles soient bien fermes, mettez-les dans les bouteilles à conserver et versez dessus un sirop à 20°.

Bouchez hermétiquement; ficelez et opérez comme il est dit à la *Compote d'abricots.*

Compote de poires en bouteilles

Pelez les poires avec un petit couteau d'office et mettez-les au fur et à mesure dans une bassine d'eau claire. Posez ensuite la bassine sur le feu et, quand les poires auront pris un petit bouillon, enlevez-les immédiatement et mettez-les dans une grande terrine d'eau fraîche. Lorsqu'elles sont refroidies, remplissez les bouteilles à conserves de fruits et mettez dessus un sirop froid à 20°. Bouchez hermétiquement et ficelez. Opérez ensuite comme il est dit à la *Compote d'abricots.*

Compote de coings en bouteilles

Faites blanchir les coings, comme il est dit ci-dessus; coupez-les par quartiers et mettez en bouteilles avec un sirop à 20°; finissez comme il est dit à la *Compote d'abricots.*

COMPOTE DE FRUITS POUR GLACES

Fraises

Prenez 2 kilos de fraises Victoria et 500 grammes de fraises de Bordeaux, enlevez les queues; passez les deux sortes de fraises ensemble, sur un tamis de crin; mélangez aux fraises passées au tamis 500 grammes de sucre en poudre raffiné, mettez la pulpe en demi-bouteilles; bouchez et ficelez bien fortement; posez les bouteilles bien droites dans une bassine et remplissez celle-ci d'eau froide jusqu'à la hauteur des bouchons des bouteilles; mettez sur feu doux; laissez chauffer jusqu'à ébullition; laissez bouillir pendant 5 minutes. Si la conserve était dans des litres, il faudrait faire bouillir pendans 10 minutes; laissez les bouteilles, juqu'à ce qu'elles soient froides; cachetez-les à la cire, mettez-les à la cave ou dans un endroit frais.

On se sert de cette conserve, quand les fraises fraîches manquent.

Framboises

Enlevez les queues de framboises; passez-les au tamis de crin; mesurez la pulpe et ajoutez 200 grammes de sucre en poudre raffiné par litre de framboises. Mettez en bouteilles; bouchez, ficelez, et terminez comme il est dit ci-dessus.

Groseilles

Prenez moitié groseilles blanches et moitié groseilles rouges bien mûres; passez au tamis de crin; mesurez le jus et mettez deux cents grammes de sucre en poudre raffiné par litre de jus; mettez en bouteilles; bouchez, ficelez et opérez comme pour les fraises.

Abricots

Prenez de gros abricots; enlevez les noyaux; pilez les fruits au mortier; pesez la purée d'abricots et mélangez cent cinquante grammes de sucre en poudre raffiné, par kilo de fruits; cassez les noyaux; enlevez les amandes, mondez-les et mélangez-les à la pulpe; mettez en demi-bouteille; bouchez, ficelez, et donnez cinq minutes d'ébullition; opérez pour ce travail comme pour les conserves de fraises.

Pêches

Essuyez les fruits avec un linge pour enlever le duvet et opérez comme pour les abricots; donnez quatre minutes d'ébullition.

Ananas

Epluchez les ananas; enlevez bien la croûte en les pelant comme une pomme; enlevez tous les petits points noirs; mettez les ananas dans un mortier en marbre; pilez bien; mélangez dans le mortier cent vingt-cinq grammes de sucre en poudre par cinq cents grammes d'ananas; quand le mélange est fait, passez les ananas sur un tamis, pour extraire le jus, et avec un gros couteau hachez bien les parties qui resteraient sur le tamis et remettez le tout ensemble; mettez en bouteilles; opérez comme pour les fraises; donnez quatre minutes d'ébullition.

Praliné pour glace

Prenez deux cent cinquante grammes d'amandes flots; mettez-les dans deux cent cinquante grammes de sucre cuit au boulé, dans une bassine; remuez les amandes et le sucre avec une spatule sur un feu doux; faites sabler le sucre; passez sucre et amandes sur un crible et faites griller les amandes comme pour les *Pralines grises à la vanille;* quand elles sont bien grillées, ajoutez peu à peu le sucre qui a servi au sablage; retirez du feu et laissez refroidir.

Lorsque vous voulez parfumer soit une glace ou une crème au beurre, à la praline, vous broyez ces amandes bien fines au mortier de marbre; quand vous avez pilé pendant une demi-heure, les amandes forment une pâte que vous pourrez employer.

SIROPS

Sirop d'orgeat

Mondez cinq cents grammes d'amandes douces et cinquante grammes d'amandes amères. Pilez-les ensemble dans un mortier de marbre avec deux décilitres d'eau de fontaine. Mettez ces amandes pilées dans une terrine et ajoutez un litre d'eau petit à petit, en remuant avec une spatule. Passez ce lait d'amandes dans une serviette fine et très propre.

Mettez dans une bassine en cuivre deux kilos cinq cents grammes de sucre blanc, que vous cassez par petits morceaux. Versez dessus le lait d'amandes préparé et faites fondre le sucre à feu doux, puis, au premier bouillon, retirez la bassine du feu (*le sirop ne devant jamais bouillir*). Pesez, au moyen du pèse-sirop, le degré du liquide qui doit être de trente et un degrés. Si le sirop était trop cuit, c'est-à-dire dépassait trente et un degrés, vous passeriez de nouveau un peu d'eau sur les amandes pilées et vous remettriez dans le sirop pour l'amener à trente et un degrés.

Coupez en tranches un citron que vous laissez pendant un quart d'heure dans le sirop.

Passez ensuite votre sirop dans une terrine, sur un tamis de soie. Quand le liquide est froid, enlevez la petite couche d'écume qui se trouve à la surface et mettez dans des bouteilles propres et bien égouttées.

Sirop de gomme

Prenez cinq cents grammes de gomme arabique blanche; mettez-la dans un poêlon d'office; versez dessus un litre d'eau bouillante; remuez la gomme avec une spatule, sur un feu doux. Quand elle est bien fondue, ajoutez de nouveau un demi-litre d'eau chaude, et deux décilitres d'eau de fleurs d'oranger.

Passez ce liquide dans une serviette.

Mettez dans une bassine en cuivre, deux kilos cinq cents grammes de sucre en pain, cassés par petits morceaux. Versez dessus un litre et quart de gomme fondue. Mettez le sucre sur un feu doux; épongez le tour de la bassine et faites fondre le sucre avec une spatule, laissez sur le feu jusqu'à ébullition; retirez la bassine et pesez le sirop qui doit peser trente et un degrés. S'il était plus cuit, vous ajouteriez un peu d'eau de fleurs d'oranger pour amener le sirop à trente et un degrés.

Passez le sirop chaud dans une chausse à filtrer. Laissez refroidir et mettez en bouteilles très propres et sèches.

Avec les proportions sus-énoncées, les sirops sont toujours plus cuits que moins. Néanmoins, si avec le pèse-sirop vous n'aviez que vingt-neuf à trente degrés, vous feriez cuire cinq cents grammes de sucre au boulé et l'ajouteriez aux sirops.

Sirop d'oranges

Prenez deux kilos cinq cents grammes de sucre raffiné; mettez-le dans une bassine en cuivre; versez dessus un litre et quart d'eau et faites-le fondre. Au premier bouillon, retirez du feu; pesez au pèse-sirop. Vous devez obtenir trente et un degrés.

S'il était trop cuit, remettez un peu d'eau; prenez le zeste de huit oranges, que vous mettez dans une terrine. Versez dessus le sirop chaud et laissez infuser pendant cinq heures en couvrant la terrine avec un plat. Après l'infusion, passez le sirop sur un tamis de soie; ajoutez dix grammes d'acide citrique fondu, pour donner de la fraîcheur au sirop. Mettez en bouteille propres et bien sèches.

Les bouteilles doivent être sèches, afin d'éviter la fermentation; si l'on mélangeait de l'eau, quand le sirop est froid, la fermentation se produirait et le sirop ne se conserverait pas.

Sirop de limon ou citron

Préparez et opérez comme ci-dessus, mais en remplaçant les oranges par huit citrons.

Sirop de sucre

Prenez deux kilos cinq cents grammes de sucre blanc raffiné. Mettez-le dans une bassine avec un litre et quart d'eau; faites fondre à trente et un degrés. Retirez du feu au premier bouillon; filtrez et mettez en bouteilles pendant qu'il est chaud.

Sirop de cerises

Prenez cinq kilogrammes de cerises aigres, mûres, et un kilo de petites cerises noires; retirez les queues et laissez les noyaux. Broyez-les bien au mortier de marbre et laissez reposer dans un endroit frais, pendant quatre ou cinq jours, puis passez au filtre; faites fondre le sucre avec le jus dans les proportions de 2 kilos de sucre par litre de jus; passez à 31°. Mettez en bouteilles propres et sèches.

Sirop de groseilles framboisé

Prenez cinq kilos de groseilles rouges et deux kilos de framboises; écrasez bien le tout sur un tamis en crin; faites passer ce suc sur une terrine. Mettez à la cave pendant trois à quatre jours, pour faire fermenter; jetez ensuite ce jus dans la chausse à filtrer; mettez dans une bassine le sucre nécessaire pour votre jus, c'est-à-dire un kilo de sucre pour un demi-litre de jus. Retirez du feu au premier bouillon et écumez le sirop. Pesez au pèse-sirop à 31°. S'il était trop cuit, ajoutez encore du jus et faites bouillir à nouveau. Passez à la chausse à filtrer. Mettez en bouteilles et bouchez. On fait fermenter le suc de groseilles pour éviter que le sirop prenne en gelée dans les bouteilles.

Sirop de café

Prenez 500 grammes de café moulu; faites infuser avec 2 litres d'eau bouillante; repassez plusieurs fois l'eau sur le café pour obtenir une forte infusion et environ un litre et quart de liquide infusé.

Prenez une bassine en cuivre et mettez dedans 2 kilos 500 grammes de sucre; arrosez le sucre avec l'infusion de café et faites fondre à feu doux; retirez au premier bouillon; pesez à 31°.

S'il était plus ou moins cuit, opérez comme pour le *Sirop de gomme*.

Sirop de vinaigre framboisé

Prenez 500 grammes de framboises; enlevez les queues; mettez les framboises dans un vase et versez dessus un litre de bon vinaigre d'Orléans; laissez infuser pendant vingt-quatre heures. Après l'infusion, versez votre liquide dans la chausse à filtrer: cette infusion doit donner un litre et quart de liquide. Mettez dans une bassine 2 kilos 500 grammes de sucre blanc raffiné et versez le vinaigre framboisé dessus; mettez sur un feu doux; au premier bouillon, retirez du feu; écumez et pesez au pèse-sirop à 31°. S'il était un peu trop cuit, ajoutez un peu de vinaigre; passez ce sirop à la chausse à filtrer. Laissez refroidir et mettez en bouteilles sèches.

Sirop de punch

Faites une infusion avec 100 grammes de thé noir et un demi-litre d'eau; mettez dans une bassine 2 kilos 500 grammes de sucre blanc raffiné; mouillez-le avec l'infusion de thé, un demi-litre de cognac et un demi-litre de rhum de la Jamaïque. En mettant le rhum et le cognac sur le sucre, évitez de vous approcher du feu, car l'alcool brûlerait et enlèverait le parfum du sirop; mettez la bassine sur feu doux; retirez au premier bouillon; pesez à 31°, si le sirop est trop cuit, mettez un peu d'eau pour obtenir le degré voulu et faites chauffer à nouveau.

Versez ensuite ce sirop. sur le zeste de deux oranges et celui de deux citrons; ajoutez 10 grammes de bois de cannelle et laissez infuser pendant deux heures. Passez dans la chausse à filtrer et mettez en bouteilles.

Ce sirop s'emploie pour les soirées; quand vous voulez vous en servir, faites chauffer la même quantité d'eau et mélangez-la au sirop, car le punch se boit chaud. On peut faire de même un *Punch au kirsch* en remplaçant le rhum par du kirsch. En ce cas on ne met pas d'oranges.

GLACES

Congélation des glaces

Avant de donner la composition de chaque sorte de glace en particulier, il est nécessaire d'indiquer le procédé général de la congélation et les ustensiles nécessaires pour glacer.

•Prenez une sorbetière en étain; mettez-la dans un seau en bois de la même hauteur, mais plus large de cinq centimètres de diamètre. Ce seau doit être percé, à la partie inférieure, d'un trou à deux centimètres du fond; on le bouche avec une bonde, de façon à pouvoir le déboucher à volonté pour faire couler l'eau que la glace produit en fondant.

Prenez la quantité nécessaire de glace; pilez-la assez fine pour pouvoir garnir le vide qui existe entre le seau et la sorbetière, en y mélangeant du gros sel de cuisine en proportion de 2 kilos pour 10 kilos de glace. Garnissez le seau en foulant bien tout autour, pour ne pas laisser de vide entre le seau et la sorbetière.

Mettez votre composition dans la sorbetière et tournez celle-ci de droite à gauche. Au bout de cinq minutes, détachez avec une spatule de bois la composition qui est prise aux parois de la sorbetière; mélangez bien et recouvrez la sorbetière de son couvercle; continuez de la tourner comme auparavant pendant cinq minutes; découvrez de nouveau et détachez comme précédemment; quand la composition commence à durcir, remuez-la avec la spatule fortement, en la faisant glisser depuis le haut jusqu'en bas de la sorbetière. Vous répétez ce travail jusqu'à ce que la composition soit bien ferme; fermez ensuite votre sorbetière, et enlevez la bonde du fond du seau; faites écouler l'eau.

Remettez de la glace pilée et du sel dans les mêmes proportions que précédemment; moulez la composition dans un moule à fromage ou à bombe, ou bien laissez-la dans la sorbetière et démoulez au moment de servir, sur un compotier, en forme de rocher. Pour dresser le rocher, prenez la composition glacée sur une cuiller que vous faites chauffer à l'eau, vous superposez chaque cuillerée l'une sur l'autre irrégulièrement.

On trouve dans le commerce des sorbetières montées avec une spatule intérieure qui tourne en sens inverse du sens du récipient et qui évitent d'avoir à ouvrir le couvercle et à détacher la composition comme il est dit précédemment. Il suffit de tourner la manivelle jusqu'à la prise en glace de la composition.

Toutes les glaces doivent se servir sur des serviettes.

Congélation des fromages et bombes moulés

Glacez toutes les compositions dans les proportions indiquées à l'article précédent; si vous ne faites la glace que d'un seul parfum, vous remplissez 'e moule, bombe ou fromage, de la composition; fermez-le hermétiquement en plaçant entre le couvercle et la composition une feuille de papier.

Placez le moule droit dans un seau et garnissez le vide avec de la glace mélangée de sel gris dans la proportion indiquée à l'article précédent. Si vous mettez deux parfums séparez le moule en deux avec un petit carton et mettez de chaque côté la composition glacée en séparant les parfums; retirez le carton quand le moule est plein, et sanglez; laissez le moule sanglé deux heures avant de servir.

Pour démouler la composition glacée, faites chauffer un peu d'eau et plongez-y le moule, pendant une minute si elle est tiède; enlevez le couvercle, et retournez le moule sur un compotier garni d'une serviette. Retirez le moule et servez immédiatement.

Composition aux conserves de fruits

Pour les compositions aux fruits dont la manière de conserver les pulpes a été donnée, prenez un quart de litre de pulpes, et mettez dans une terrine 350 grammes de sucre en poudre raffiné; mélangez le tout avec une spatule et ajoutez trois quarts de litre d'eau filtrée.

Laissez fondre le sucre; passez au tamis de soie et glacez.

Composition à la vanille, à la crème

Mettez dans une casserole 375 grammes de sucre en poudre, une gousse de vanille coupée en petits morceaux et huit jaunes d'œufs très frais. Mélangez avec une spatule de bois, jusqu'à ce que les jaunes aient blanchi avec le sucre; puis, en mélangeant toujours, versez peu à peu sur cette composition un litre de crème double; mettez votre casserole sur un feu doux et remuez jusqu'à ce que la crème commence à marquer sur la spatule, mais sans laisser bouillir.

Laissez refroidir la crème pendant deux heures et passez-la au tamis de soie; glacez dans la sorbetière.

Autre manière:

Prenez un litre de lait, faites-le bouillir avec 250 grammes de sucre et une gousse de vanille. Mettez six jaunes d'œufs dans un bol, délayez-les avec le lait chaud, vous faites ainsi une crème à la vanille que vous verserez dans la sorbetière.

Glace vanille à la Chantilly

Préparez et faites glacer comme il est dit ci-dessus; quand la composition est bien congelée, ajoutez dans la sorbetière un litre de crème Chantilly, mélangez bien avec une spatule et travaillez le tout pendant dix minutes; terminez comme il est indiqué à la *Congélation des glaces*.

Composition au café

Faites une composition comme il est dit à *Composition à la vanille*, supprimez celle-ci, ne mettez qu'un demi-litre de crème, remplacez l'autre moitié par un demi-litre d'infusion de café; laissez refroidir et glacez.

Si vous faites une composition avec du lait, comme il est dit à l'autre manière faites une crème au café (voir ce mot).

Glace aux pistaches

Faites une composition comme il est dit à *Composition à la vanille*, supprimez celle-ci, pilez au mortier 150 grammes de pistaches mondées avec un décilitre de crème double; mélangez avec la composition et glacez.

Composition au chocolat

Faites une composition vanille et faites dissoudre 250 grammes de chocolat sur le feu avec trois décilitres de crème double: mélangez le chocolat avec la composition vanille et glacez.

Composition aux framboises

Prenez 500 grammes de belles framboises; mettez dans une terrine 375 grammes de sucre en poudre; mélangez les framboises et le sucre avec une spatule de bois; ajoutez trois quarts de litre d'eau; laissez fondre le sucre pendant une heure; passez la composition au tamis de soie et glacez.

Composition aux fraises

Prenez 500 grammes de fraises des quatre saisons, 375 grammes de sucre en poudre et mettez le tout dans une terrine. Mélangez avec une spatule.

Ajoutez un demi-litre de crème double et un demi-litre d'eau. Laissez fondre le sucre pendant une heure et passez au tamis de soie, puis glacez.

Composition aux ananas

Epluchez 500 grammes d'ananas frais, bien mûrs. Pilez-les au mortier jusqu'à ce qu'ils soient bien menus. Mettez-les dans une terrine avec 375 grammes de sucre en poudre. Ajoutez sept décilitres d'eau et laissez macérer pendant deux heures. Passez au tamis de soie et glacez.

Composition au citron

Prenez six beaux citrons; enlevez le zeste de trois d'entre eux avec un petit couteau (c'est-à-dire enlevez la peau jaune sans attaquer le blanc). Mettez dans une terrine 375 grammes de sucre en poudre avec le zeste des trois citrons.

Coupez-les tous les six par le milieu et exprimez-en le jus dans le sucre.

Mélangez avec une spatule. Ajoutez sept décilitres d'eau filtrée; laissez infuser pendant une heure. Passez au tamis de soie et glacez,

Glace à l'orange

Mettez dans une terrine 375 grammes de sucre, le zeste de deux belles oranges et le jus de six autres. Mélangez avec une spatule ; ajoutez deux décilitres de crème double et quatre décilitres d'eau filtrée; laissez infuser pendant une heure; passez au tamis de soie et glacez.

Glace à l'abricot

Prenez 500 grammes de beaux abricots; enlevez les noyaux et cassez-les pour en prendre les amandes. Pilez amandes et abricots dans un mortier. Mettez-les ensuite dans une terrine avec 375 grammes de sucre en poudre. Mélangez-les avec une spatule à huit décilitres d'eau filtrée. Laissez infuser pendant une heure; passez au tamis de soie et glacez.

Glace à la praline

Pilez 250 grammes de *Praliné* avec quatre décilitres de crème double. Mélangez dans une terrine le praliné avec une composition à la vanille. Laissez le mélange sans tamiser. Glacez.

Composition pour Charlotte russe

Faites une composition comme celle à la vanille.

Laissez refroidir et mélangez avec une spatule en bois, deux litres de crème Chantilly. Mettez dans le moule à charlotte foncé de biscuits. Tenez pendant trois heures dans la glace.

On peut mélanger des fruits confits dans la glace.

Composition au café blanc

Préparez un appareil comme la *composition au café*. Remplacez l'infusion de café grillé par la même quantité de crème.

Ajoutez 125 grammes de café grillé en grains dans la composition, et faites chauffer. Versez la crème chauffée dans une terrine ; couvrez-la et laissez refroidir et infuser. Passez sur un tamis de soie et glacez.

Glace au lait d'amandes (orgeat)

Mondez 250 grammes d'amandes douces, 50 grammes d'amandes amères; lavez-les à plusieurs eaux. Pilez-les au mortier de marbre avec un demi-litre d'eau que vous verserez peu à peu. Faites un litre de lait d'amandes comme il est indiqué au *Sirop d'orgeat*.

Prenez un poêlon d'office; mettez-y 375 grammes de sucre en poudre, huit jaunes d'œufs; et mélangez avec une cuiller de bois; ajoutez, en remuant, le litre de lait d'amandes. Passez sur le feu et faites chauffer sans laisser bouillir comme il est dit à la *Composition à la vanille*.

Coupez un citron en tranches et mettez-le dans la composition. Laissez refroidir; passez ensuite sur un tamis de soie et glacez.

Composition aux avelines grillées

Préparez une *Composition à la vanille*. Faites griller 250 grammes d'avelines comme les amandes flots (voir *Praliné pour glace*). Broyez-les au mortier avec trois décilitres de crème double. Mettez la crème en broyant, et peu à peu, quand les avelines sont bien pilées, mélangez-les à la composition à la vanille et glacez.

Composition au marasquin

Faites une *Composition à la vanille*, comme il est dit à cet article, supprimez la vanille et glacez à la sorbetière. Quand l'appareil est bien ferme, mettez peu à peu, en continuant à frapper, un décilitre de marasquin et glacez.

SORBETS

Sanglez une sorbetière, comme il est indiqué à l'article *Congélation des glaces;* mettez votre composition à sorbet dans la sorbetière et travaillez-la avec une spatule de bois, en tournant jusqu'à ce que l'appareil soit bien ferme.

Si les sorbets sont aux liqueurs alcooliques, vous mettez le parfum, quand la glace est bien prise, peu à peu, en mélangeant toujours fortement avec la spatule.

Vous ajoutez, pour lui donner plus de légèreté, deux blancs d'œufs de meringage par litre de composition à sorbet.

Pour les fruits et pour les crèmes, vous mettez un litre de crème Chantilly fouettée.

Vous sanglez à nouveau la sorbetière avec la même quantité de glace et de sel que la première fois. En général, les sorbets sont toujours moins fermes que les glaces proprement dites. L'alcool, ne glaçant pas, détend toujours la composition.

Sorbet au café ou au café glacé

Faites infuser 500 grammes de café moulu avec deux litres d'eau de fontaine filtrée, pour obtenir, quand l'infusion est terminée, un litre d'essence de café.

Prenez un poêlon d'office bien propre et mettez 600 grammes de sucre en pain concassé; versez dessus un demi-litre de crème double. Faites chauffer sur un feu vif jusqu'à ébullition pour bien faire fondre le sucre. Làissez refroidir et ajoutez le litre d'essence de café dans cette composition. Mettez dans la sorbetière et glacez. Quand la glace est bien prise, ajoutez deux litres de crème Chantilly.

Punch à la romaine

Exprimez dans une terrine le jus de deux oranges et celui de deux citrons; ajoutez un peu de leur zeste, versez dessus un litre de sirop simple à 31°, chaud, et laissez infuser pendant deux heures. Faites une infusion avec 125 grammes de thé et 3 décilitres d'eau, ajoutez-la à la composition. Glacez à la sorbetière.

Quand vous aurez frappé la composition, mélangez-lui 3 décilitres de rhum de la Jamaïque et 4 blancs de meringage.

Les sorbets punch à la romaine sont presque liquides et se servent dans des verres.

Bischoff glacé

Prenez le zeste de deux oranges et d'un citron; exprimez-en le jus et mettez-les dans une terrine, ajoutez 3 grammes de cannelle et 2 clous de girofle; versez dessus un litre de sirop à 25° et laissez infuser pendant une heure, puis passez au tamis de soie et glacez à la sorbetière; quand la composition est ferme, mélangez avec la spatule un litre de vin blanc de Chablis, en travaillant fortement. Vous pouvez remplacer le Chablis par du champagne ou tout autre vin blanc.

Le bischoff est toujours plus liquide que les sorbets ordinaires.

Servez dans des verres à sorbets ou dans des bols à granits.

Liqueurs glacées et granits

Les granits sont des liqueurs glacées en usage pour les bals et soirées. La façon dont on les glace, laissant des granulations dans la composition et leur donnant l'apparence du granit, leur a donné ce nom. Sanglez les sorbetières pour les granits comme pour les autres glaces.

Quand la sorbetière est sanglée, mettez-y la composition et glacez comme il est dit à la *Congélation des glaces*. Dès que la liqueur commence à glacer, détachez avec la spatule les parties adhérentes à la sorbetière, sans la travailler, de façon à ce que toute la composition glace d'elle-même. Quand la composition est à l'état de neige fondante, les granits se forment d'eux-mêmes. Couvrez la sorbetière et sanglez de nouveau. Laissez les granits dans la sorbetière; servez ces rafraîchissements presque liquides et d'une granulation régulière.

Granits au citron

Faites fondre dans une terrine 250 grammes de sucre en pain concassé, avec un litre d'eau de fontaine filtrée. Ajoutez-y le zeste de deux citrons et exprimez le jus de six, que vous mélangerez bien au sucre.

Laissez infuser pendant deux heures. Colorez avec un peu du jaune. Passez au tamis de soie et glacez comme il est indiqué ci-dessus.

Granits à l'orange

Préparez une composition comme ci-dessus; remplacez les citrons par des oranges et mettez le jus de quatre oranges. Colorez avec un peu de carmin, passez au tamis de soie et glacez.

Granits à la fraise

Prenez 500 grammes de fraises; enlevez les queues et mélangez 250 grammes de sucre en poudre dans un terrine, avec une spatule.

Ajoutez trois quarts de litre d'eau de fontaine et le jus de deux citrons. Passez au tamis et glacez.

Granits aux framboises

Faites une composition comme ci-dessus. Remplacez les fraises par des framboises et ajoutez 200 grammes de groseilles. Mettez également le jus de deux citrons et un peu de carmin. Passez au tamis et glacez.

Granits au vin de Malaga

Mettez dans une terrine 150 grammes de sucre en poudre raffiné, une bouteille de vin de Malaga et mélangez avec une spatule; laissez fondre le sucre; passez au tamis de soie et glacez.

On peut faire les granits à tous les vins aux mêmes proportions que pour le vin de Malaga.

Orangeade

Pour 4 litres d'orangeade, prenez le zeste de quatre oranges, exprimez le jus de douze, et mettez-les dans une terrine; faites un litre de sirop à 30°, mélangez-le au jus et au zeste d'oranges. Ajoutez trois litres d'eau de fontaine filtrée, et 5 grammes d'acide citrique, laissez fondre l'acide; passez au tamis de soie, emplissez les quatre litres ; mettez-les dans un seau et garnissez-le de 5 kilos de glace pilée sans sel, pour rafraîchir l'orangeade.

Servez dans des verres à sirop.

Citronnade

Préparez comme pour l'orangeade, en remplaçant les oranges par des citrons.

Faites rafraîchir comme l'orangeade.

Sorbets au kirsch

Concassez 350 grammes de sucre, faites-le fondre dans un litre d'eau de fontaine filtrée, et ajoutez le zeste et le jus de deux citrons;

laissez infuser pendant une heure. Passez sur un tamis de soie et gla-cez. Quand la composition est bien ferme, ajoutez à la glace 2 déci-litres de kirsch, et mélangez bien avec la spatule. Puis ajoutez deux blancs d'œufs de meringage.

Sanglez la sorbetière à nouveau et laissez jusqu'au moment de servir. Servez dans des verres à sorbets.

Sorbets au marasquin

Préparez et opérez comme il est dit à la *Composition au maras-quin*. Quand l'appareil est froid, glacez à la sorbetière; ajoutez, quand il est ferme, 2 décilitres de marasquin, en mélangeant peu à peu avec la spatule.

Pour terminer et alléger les sorbets, mélangez un litre de crème Chantilly. Servez en verres.

Sorbets aux fraises

Faites une *Composition aux fraises* comme il est dit précédem-ment. Ajoutez deux décilitres d'eau et le jus d'un citron. Glacez assez ferme et travaillez fortement à la spatule.

Mélangez dans la sorbetière, avec la spatule, deux blancs de me-ringage, quand l'appareil est glacé.

Boisson fraîche à la cerise

Faites une *Composition aux fraises*, mélangez-la à 1 litre de sirop de sucre simple à 31°; ajoutez deux litres d'eau de fontaine filtrée et 5 grammes d'acide citrique. Passez au tamis et mettez en litres. Faites rafraîchir pendant deux heures, comme il est dit à l'*Orangeade*. Ser-vez dans des verres à sirops.

Boisson fraîche à la framboise et à la groseille

Préparez et opérez comme il est dit ci-dessus, mais en rempla-çant le jus de cerises par des framboises et des groseilles.

Boisson à l'orgeat

Mondez 250 grammes d'amandes douces et 50 grammes d'aman-des amères; pilez-les bien au mortier avec 2 décilitres d'eau comme il est dit au sirop d'orgeat. Faites avec les amandes trois litres de lait et mélangez-les avec un litre de sirop d'orgeat. Mettez en litres et faites rafraîchir comme il est dit à l'*Orangeade*.

CREMES

Crème fouettée à la Chantilly

Mettez dans une petite terrine un litre de crème double douce; posez celle-ci dans une grande terrine contenant 3 kilos de glace pilée. Laissez refroidir votre crème pendant une heure. Prenez ensuite un petit fouet d'osier préparé pour cet usage. Battez bien votre crème pendant une demi-heure jusqu'à ce qu'elle devienne bien ferme. Mettez-la sur un tamis et laissez égoutter pendant un quart d'heure. Servez-vous de cette crème selon les indications.

Crème Chantilly au café

Faites une infusion de 125 grammes de café avec trois décilitres d'eau ou de lait; mettez dans un poêlon d'office 125 grammes de sucre en pain, concassé; faites fondre le sucre avec l'infusion de café et faites-le cuire à 35°. Laissez refroidir dans une terrine et mélangez, avec une spatule, un litre de crème Chantilly. Servez sur un plat.

Crème Chantilly au chocolat

Délayez sur un feu doux dans un poêlon d'office, et sans laisser bouillir, deux décilitres de crème double avec 100 grammes de chocolat. Faites refroidir ce chocolat dans une terrine. Mélangez-lui, avec une spatule de bois, un litre de crème Chantilly.

Servez sur un plat.

Mousse à la crème fouettée vanillée

Avec 125 grammes de sucre, faites une *Composition pour charlotte* comme il est dit à cet article.

Quand cette composition est froide, mélangez-lui un litre de crème fouettée; mettez dans un moule à madeleine, à glace, et fermez bien hermétiquement. Pilez 5 kilos de glace brute et sanglez le moule avec la glace sans sel. Laissez prendre la crème pendant deux heures et démoulez à l'eau chaude comme les fromages glacés. Servez sur un compotier.

Mont-Blanc

Faire cuire à l'eau de beaux marrons. Les éplucher. Finir de les cuire dans du lait vanillé sucré environ une heure. Les écraser au hache viande ou à la passoire. Les dresser en rocher (la purée doit rester en gros grains), sucrer de sucre en poudre vanillé et masquer entièrement de crème Chantilly vanillée.

Mousse au chocolat

Avec 125 grammes de sucre, préparez une *Composition à charlotte*. Mélangez-y 125 grammes de chocolat fondu sur le feu dans deux décilitres de crème double.

Laissez refroidir dans une terrine et mélangez, avec une spatule, un litre et demi de crème fouettée. Mettez cette crème dans un moule à mousse, et sanglez comme il est dit ci-dessus.

Mousse au café

Faites une *Composition à charlotte* et remplacez le lait par une infusion de café. Passez au tamis de crin, laissez refroidir, puis mélangez-lui, avec une spatule, un litre de crème fouettée.

Moulez et glacez comme pour la *Mousse à la vanille*.

Charlotte russe à la crème

Pour toutes les charlottes russes, foncez les moules avec des biscuits à la cuiller, et faites les compositions comme il est dit à *Composition pour charlotte russe*. Mélangez les crèmes comme il est indiqué ci-dessus et garnissez les moules de cette crème selon le parfum; mettez les charlottes russes à la glace pendant deux heures.

Riz impératrice

Faites crever 125 grammes de riz caroline dans un litre de lait; laissez-le refroidir dans une terrine. D'autre part, faites une *Composition à charlotte* avec 125 grammes de sucre; passez-la au tamis de crin et mélangez-la au riz cuit ; faites refroidir, mélangez, avec une spatule, un litre de crème fouettée et 125 grammes de fruits confits hachés. Quand vous aurez fait le mélange, versez-le dans un moule à bavaroise ou à mousse, faites glacer pendant deux heures, démoulez sur un compotier et disposez dessus des pêches ou des abricots conservés au sirop puis un lit de crème fouettée.

Café-crème à la Polonaise

Il faut compter une cuillerée à soupe de café grillé en grains par 125 centilitres de lait. Faites bouillir le lait, quand il bout, versez dessus en pluie, votre café moulu, retirez du feu et laissez infuser vingt minutes en tenant au chaud sur le coin du fourneau. Passez ensuite dans un linge fin et servez dans des verres que vous remplissez aux trois-quarts. Au moment de servir, remplissez le reste du verre avec de la crème fouettée à la Chantilly.

Printaniers

Préparez une *Composition à charlotte* avec 150 grammes de sucre; passez au tamis et laissez refroidir dans une terrine. Ajoutez à la composition 150 grammes de fraises de Bordeaux et 150 grammes de framboises dont vous aurez enlevé préalablement les queues.

Ajoutez à la composition un litre de crème Chantilly; mélangez-la avec une spatule de bois; sanglez la crème dans un moule à mousse; démoulez comme les fromages glacés, et servez sur un compotier.

Pêche Melba

Faites une glace à la vanille. Garnissez-en des coupes, une par convive. Disposez dessus une pêche conservée au sirop, recouvrez de crème fouettée et décorez avec une cerise confite ou une violette confite.

GELEES. — GLACEES

Nous donnons ces recettes à titre de curiosité, mais les préparations culinaires à base de gélatine ou de colle de poisson, ne rentrent pas dans la bonne cuisine française.

Gelée à l'orange

Si vous avez un moule à gelée de la contenance de deux litres, préparez dans une terrine le zeste de quatre oranges et le jus de six. Laissez infuser les zestes dans le jus pendant une heure.

Faites un sirop avec 300 grammes de sucre en pain et un litre d'eau de fontaine. Quand le sirop est froid, mélangez-le au jus et aux zestes d'oranges et passez le tout au papier à filtrer. Faites bouillir un demi-litre d'eau dans un poêlon d'une contenance de trois litres ; quand l'eau est à ébullition, mettez-y 50 grammes de gélatine et remuez sur le coin du feu avec une spatule jusqu'à ce que la gélatine soit fondue.

Délayez dans une terrine, avec un fouet, trois blancs d'œufs et un demi-litre d'eau ; mélangez la gélatine fondue avec des blancs délayés ; remettez le mélange dans le poêlon et faites bouillir pendant quelques minutes pour clarifier la gélatine.

Ecumez bien, passez sur un tamis de soie et mélangez ce liquide avec le sucre parfumé à l'orange ; mettez tout votre mélange dans un moule à gelée, sur 4 kilos de glace pilée que vous mettrez dans une terrine. Laissez prendre pendant deux heures. Démoulez à l'eau tiède comme pour les fromages glacés. Servez sur un compotier.

Gelée au rhum

Pour un moule de la contenance de deux litres, faites fondre et clarifier 50 grammes de gélatine, comme il est indiqué à la *Gelée à l'orange.*

Faites fondre dans un poêlon 300 grammes de sucre avec un litre d'eau. Mélangez le sirop avec la gélatine et ajoutez un demi-litre de rhum de la Jamaïque. Remplissez le moule et mettez-le sur la glace comme il est dit à la *Gelée à l'orange.*

Démoulez, après deux heures de congélation.

Gelée au marasquin

Remplacez le rhum par le marasquin, et opérez dans les mêmes proportions que pour la *Gelée au rhum. Pour toutes les autres gelées aux liqueurs, opérez de même façon, en employant les parfums que vous désirez.*

Blanc-Manger

Si vous avez un moule de deux litres, vous pilez 300 grammes d'amandes douces mondées et 50 grammes d'amandes amères, avec trois décilitres d'eau de fontaine et vous faites un lait d'amandes de trois quarts de litre, comme il est indiqué au *Sirop d'orgeat*.

Mettez dans un poêlon 400 grammes de sucre en pain concassé, avec un litre de crème double; faites chauffer jusqu'à ébullition, laissez refroidir et mélangez avec le lait d'amandes.

Faites fondre 50 grammes de gélatine dans deux décilitres d'eau bouillante; passez-la sur un tamis de crin, et mélangez-la à la composition avec un décilitre d'eau de fleurs d'oranger; versez dans le moule et sanglez comme il est indiqué à la *Gelée à l'orange*.

Laissez prendre pendant deux heures.

Carafes frappées

Si vous avez six carafes d'eau à frapper, prenez 10 kilos de glace pilée bien fin. Mélangez-y 3 kilos de sel gris de cuisine. Mettez une couche de ce mélange au fond d'un baquet ou d'un seau pouvant contenir les six carafes. Posez vos carafes d'eau de fontaine filtrée, aux trois quarts pleines, sur la couche de glace et de sel. Finissez de garnir de glace et de sel, le tour des carafes, jusqu'au cou.

Mettez votre baquet bien d'aplomb, pour que les carafes soient frappées régulièrement à niveau.

Couvrez les carafes et le baquet pour éviter l'air. Il faut deux heures au moins pour que les carafes soient bien prises.

Vous pouvez vous servir de ces carafes, pour mettre du champagne sur l'eau glacée.

Champagne frappé

Enlevez le plomb et le fil de fer qui recouvrent le bouchon de la bouteille, placez celle-ci dans un seau plus grand de trois centimètres de diamètre. Mélangez 250 grammes de sel gris de cuisine dans deux kilos de glace pilée bien fin. Mettez ce mélange entre le seau et la bouteille. Couvrez le tout d'un linge pour éviter l'air. Laissez frapper pendant une heure, après quoi vous pouvez servir.

Quand vous suivez cette méthode pour frapper le champagne, toute la partie alcoolique demeure liquide, au centre de la bouteille, et les parties les plus légères du vin adhèrent aux parois de la bouteille.

Si vous ne tenez pas à séparer ces deux éléments constitutifs du vin, vous ne mettrez pas de gros sel dans la glace, le vin sera glacé sans être congelé et les parties spiritueuses ne se sépareront pas.

En général, tous les vins perdent de leur force quand ils sont glacés.

CONSERVES

CONSERVES

Conserves alimentaires

Les légumes, lá viande, et en général tous les produits alimentaires, peuvent se conserver de différentes manières; mais le procédé le plus usité, le plus répandu et aussi le plus certain, est sans contredit la conservation en boîtes de fer-blanc.

L'opération est très facile et peut se faire chez soi; la plus grande attention doit être apportée au soudage, la réussite dépendant en grande partie de cette opération, et de l'ébullition donnée après la mise en boîte.

L'ébullition consiste à mettre les boîtes garnies et fermées dans un récipient (peu importe le métal : fer, fonte ou cuivre), à le remplir d'eau, et à faire bouillir pendant un temps déterminé.

Les boîtes doivent être placées soit verticalement, soit horizontalement, la position qu'elles doivent occuper étant tout à fait secondaire.

Ce que nous recommandons tout spécialement, c'est de mettre l'eau en assez grande quantité, afin de ne pas être obligé d'en ajouter pendant la durée de l'ébullition. Le feu ne doit jamais être ni trop fort ni trop faible et doit toujours être maintenu, de manière à ce que l'eau ne cesse jamais de bouillir, sans cependant bouillir trop vite.

Au sortir de l'ébullition, le couvercle des boîtes doit être plus ou moins bombé, mais le bombage doit disparaître par le refroidissement et produire un certain claquement. S'il ne disparaît pas, c'est que l'opération a mal réussi, et, s'il en était ainsi, le seul parti à prendre serait d'ouvrir la boîte et de faire le meilleur usage possible du contenu.

On trouve dans le commerce des boîtes avec couvercles spéciaux qui dispensent de souder et peuvent servir plusieurs années de suite à plusieurs conserves. Elles se bouchent par des agrafes sur des colliers en caoutchouc. Nous pouvons les recommander après usage.

Les résultats sont parfaits, la préparation facile et elles permettent de conserver tout ce qu'on désire, fruits, légumes, viandes, poissons, etc.

Conservation des viandes

Pour conserver la viande, il faut la prendre fraîche et de bonne qualité.

Si la viande que l'on veut conserver est destinée à produire le bouillon, il faut la faire cuire simplement dans l'eau, mais pas en trop grande quantité, en sorte que lorsque le jus de viande sera refroidi il forme gelée. Ajoutez pendant la cuisson sel, poivre, et tous les condiments employés généralement dans le pot-au-feu. Lorsque la viande est cuite aux trois quarts, laissez-la refroidir, puis mettez-la en boîte, ajoutez-y le jus de la cuisson, soudez et donnez deux heures d'ébullition.

Lorsque vous voulez faire usage de la viande ainsi conservée, ouvrez la boîte quelques heures d'avance afin de faire disparaître le goût d'étain. Mettez la viande avec le jus dans une marmite, ajoutez-y de l'eau, laissez bouillir pendant quelques instants, et vous obtenez ainsi un pot-au-feu qui a toutes les propriétés et les qualités de la viande fraîche.

On peut ainsi apprêter toute espèce de viande avec une sauce préparée, c'est-à-dire que l'on peut conserver aussi du bœuf à la mode, du civet de lièvre, du lapin de garenne, etc.

On fait cuire aux trois quarts avec la sauce, puis on procède comme il a été dit plus haut. Pour faire usage de la viande ainsi conservée, il suffit d'ajouter un peu d'eau et d'achever la cuisson.

La graisse et la gelée doivent être bien consistantes quand on ouvre la boite. Si elles sont liquides il faut se méfier d'une conservation imparfaite donc dangereuse et inutilisable.

Conservation par la graisse (confits)

Dans certaines contrées de la France, on conserve la viande dans la graisse, et plus spécialement le porc, l'oie, la dinde, le poulet et le canard.

On fait cuire la viande à feu doux dans le saindoux, puis on la laisse refroidir. On coule ensuite une légère couche de graisse dans le fond d'un pot de grès; on place, sur cette première couche de graisse déjà coulée et refroidie, une couche de viande, puis une autre couche de graisse, on laisse encore refroidir, et on continue ainsi jusqu'à ce que le pot soit rempli.

On attend que la dernière couche soit complètement figée ; on la recouvre de sel, on bouche hermétiquement et on place dans un endroit sec, à l'abri de la chaleur et de l'humidité. Beaucoup de personnes emploient le saindoux, mais la graisse d'oie est préférable.

Rillettes du Mans

Mettez dans une bassine de cuivre, cinq kilos de viande de porc maigre, cinq kilos de lard gras, le tout coupé en petits dés. Ajoutez un oignon coupé très fin, une gousse d'ail, un bouquet garni, salez, poivrez, un peu de muscade et de clou de girofle. Laissez cuire cinq heures à petit feu en remuant tout le temps, sans laisser arriver au gros bouillon. Quand la viande est en charpie, versez dans des pots de terre épais. Couvrez avec du gros papier et ficelez. Les rillettes se font aussi avec de l'oie, du lapin, mélangés au porc.

Viandes salées

En France, on ne sale guère que la viande de porc. Pour cela, on se sert de pots de grès comme pour les conserves par la graisse. Il est nécessaire, pour avoir un produit qui ne s'altère pas, de désosser la viande; on la place par couches et on alterne avec des couches de sel. Au bout de quelques jours on retire la viande. Il s'est formé au fond du pot un résidu que l'on appelle saumure, on la retire également du pot. On remet ensuite la viande en ayant soin d'opérer de la même manière que la première fois, on verse la saumure dessus et on recouvre d'une forte couche de sel, on bouche hermétiquement et on place dans un endroit sec, à l'abri de la chaleur et de l'humidité.

On procède de la même façon pour le bœuf.

On peut aromatiser avec une feuille de laurier et quelques brins de thym ou de serpolet.

Viandes fumées

Pour cela, on se sert de viandes qui ont été préalablement salées, comme nous l'avons indiqué pour la viande de porc. Le procédé que nous donnons est celui qui est pratiqué dans les campagnes. On enveloppe la viande dans de la toile et on la suspend dans la cheminée, à une hauteur assez grande pour qu'elle n'ait pas à souffrir de la chaleur et qu'elle reçoive la fumée à la température la plus basse possible. On ne brûlera que du bois bien sec (de préférence du chêne, du hêtre et des fagots de genévrier), qui n'ait jamais pris le goût de moisi par un trop long séjour dans un endroit humide. On fume de la même manière jambons, saucissons, etc. Trois semaines suffisent généralement pour donner aux viandes un léger goût de fumée.

L'opération réussit mieux l'hiver et principalement par la gelée, la fumée pénétrant mieux que par les temps humides.

Conservation du lait

Pour conserver le lait, le prendre frais et de bonne qualité, le mettre dans une bassine de cuivre étamé, y ajouter 60 grammes de sucre par litre, chauffer au bain-marie, remuer avec une spatule ou une cuiller de bois jusqu'à ce que l'évaporation soit complète, c'est-à-dire que le lait desséché ait la consistance de la sauce blanche. Le mélange étant ainsi réduit, on le met en boîte de fer-blanc, on soude et on donne une heure d'ébullition. Quand on ouvre une boîte et qu'on veut en faire usage, on délaie le lait avec de l'eau tiède. Le lait ainsi délayé peut se faire bouillir et se mélanger soit avec du café, du thé ou du chocolat, en un mot, on peut en faire usage comme de lait ordinaire. La boîte étant ouverte, le contenu peut se conserver cinq ou six jours sans subir aucune altération.

Conservation du beurre

Pour conserver le beurre, on le fait fondre au bain marie, on le laisse bouillir légèrement, assez longtemps, afin de lui permettre de rejeter les matières étrangères qu'il contient: on écume et on décante. Après avoir écumé et décanté, on verse le beurre dans un vase de grès bien propre, bien sec et sans mauvais goût. Aussitôt que le beurre est refroidi et bien figé, on recouvre la surface d'une forte couche de sel. Le vase étant ainsi rempli, on le bouche hermétiquement et on le place à l'abri de la chaleur et de l'humidité. Le beurre ainsi préparé peut parfaitement se conserver pendant une année entière.

Conservation des œufs

Beaucoup de personnes conservent les œufs en les plongeant dans un bain composé d'eau où l'on a délayé de la chaux éteinte, et ensuite placent les œufs dans un endroit sec à l'abri de la chaleur et de l'humidité. *Les œufs ainsi conservés gardent toujours un goût de chaux.* Le procédé le plus simple et aussi le plus connu est celui-ci : on prend un tonneau, on met dans le fond un lit de plâtre, de sable ou de cendre, on place un rang d'œufs enveloppés chacun dans un papier journal, de manière à ce qu'ils ne se touchent pas. On recouvre ensuite d'une couche de la matière que l'on emploie et l'on continue ainsi jusqu'à ce que le tonneau soit rempli. Placer dans un endroit à l'abri de la chaleur et de l'humidité.

Conservation du bouillon

Pendant l'été le bouillon se conserve difficilement. Un moyen bien connu et aussi très simple est d'y plonger un morceau de charbon de bois et de le faire bouillir dans le bouillon; on pourra laisser séjourner le morceau de charbon. Le bouillon peut ainsi se conserver pendant plusieurs jours par les plus fortes chaleurs. Mais cette conserve n'est pas à recommander car elle est dangereuse.

Conserves des légumes

Les légumes que l'on veut conserver doivent être frais cueillis; on ne doit jamais employer de légumes ayant séjourné pendant plusieurs jours dans des sacs. Nous conseillons aux personnes qui font des conserves à Paris, d'employer, pour la cuisson, les cristaux de soude afin d'attendrir les légumes.

Petits pois

Prenez une bassine, remplissez-la d'eau que vous faites bouillir; aussitôt que l'ébullition commence, plongez-y les pois; laissez bouillir jusqu'au moment où les pois s'écrasent facilement; en un mot, il faut que les pois soient cuits à point, comme lorsqu'on les sert pour être mangés de suite; enlevez alors la bassine: égouttez-les dans une passoire ou dans un tamis, et plongez-les ensuite dans plusieurs bains d'eau froide. Lorsqu'ils sont complètement refroidis, mettez-les en boîtes. Remplissez les boîtes avec de l'eau froide, dans laquelle vous aurez mis dissoudre vingt-cinq grammes de sel et vingt-cinq grammes de sucre par litre d'eau; deux heures d'ébullition suffisent.

Pour les pois plus gros, appelés pois moyens, opérez de la même façon, mais en supprimant le sucre.

Certains fabricants emploient, pour avoir leurs légumes bien verts, le sulfate de cuivre, à raison de quatre grammes pour dix litres de légumes; le sulfate de cuivre est plongé dans la bassine quelques minutes avant la fin de la cuisson.

A la campagne, on conserve les petits pois soit dans des litres, soit dans des bouteilles. Pour cela, on prend des pois bien tendres, on les met sans aucune préparation dans les bouteilles, on y ajoute un peu de sucre en poudre, on bouche avec des bouchons de bonne qualité appelés dans le commerce bouchons à eaux gazeuses, on ficelle, on place les bouteilles de manière à ce qu'elles ne puissent pas se toucher, comme il est expliqué aux *Conserves de fruits*, on remplit d'eau et on donne une demi-heure d'ébullition. Quand les bouteilles sont refroidies dans l'eau, on les enlève, on les cachette à la cire, et on les tient en lieu frais.

Flageolets

Opérez comme pour les pois, mais en supprimant le sucre. Deux heures d'ébullition suffisent; mais, pour plus de sûreté, nous recommandons de leur faire subir, le lendemain, une nouvelle ébullition, d'une heure environ.

Haricots verts

Prenez des haricots verts bien tendres; ôtez les pointes des deux bouts et les fils des deux côtés; faites-les cuire comme s'ils devaient être servis sur la table, et opérez ensuite comme il est dit aux *Petits pois*, mais en supprimant le sucre.

Autre manière :

Après avoir fait cuire les haricots verts, égouttez-les convenablement; placez-les dans un pot de grès en ayant soin d'alterner une couche de haricots avec une couche de sel. Le pot une fois rempli, recouvrez la surface avec une couche de graisse ou de beurre fondu. Bouchez hermétiquement et placez dans un endroit sec à l'abri de la chaleur et de l'humidité.

Asperges

Faites cuire vos asperges avec précaution afin de ne pas les casser. Dans les fabriques de conserves alimentaires, on emploie des grilles spéciales, en fer galvanisé ou étamé, qui s'adaptent les unes sur les autres; les asperges se trouvent ainsi placées par couches, ce qui fait que l'on en casse très peu. Les asperges étant cuites, rangez-les dans des boîtes spéciales. Opérez ensuite pour l'eau salée et pour l'ébullition comme il est indiqué pour les autres légumes.

Epinards, Chicorée

Faites blanchir la chicorée ou les épinards comme pour être servis frais; égouttez, mettez dans des boîtes et passez à l'ébullition.

Oseille

Préparez et opérez comme il est dit ci-dessus: finissez de même.

Autre manière :

Faites fondre l'oseille avec très peu d'eau, égouttez bien, puis passez au tamis, faites-la réduire à feu doux; lorsqu'elle est consistante, versez-la dans des pots de grès ou de verre, laissez refroidir, et couvrez d'une épaisse couche de saindoux fondu, bouchez et tenez dans un lieu sec et frais. On peut aussi couvrir l'oseille en y faisant adhérer du papier blanc, puis couvrir ce papier d'une petite couche d'huile.

Autre manière :

Epluchez et lavez l'oseille avec soin, égouttez-la bien et finissez de la sécher en l'étendant au soleil sur du linge propre. Quand elle est bien séchée, prenez-en deux fortes poignées dans un grand plat creux, saupoudrez d'une forte pincée de gros sel séché et pulvérisé et pétrissez l'oseille avec le sel jusqu'à ce qu'elle baigne bien dans son eau; versez alors oseille et saumure dans un grand pot de grès et recommencez ainsi jusqu'à ce que le pot soit plein; l'eau salée devra alors légèrement recouvrir l'oseille; 500 grammes de gros sel devront saler un pot pouvant contenir 5 kilos.

Au moment de s'en servir, laver l'oseille pour la débarrasser de la saumure et l'employer comme l'oseille fraîche.

Fonds d'artichauts

Dégagez les fonds de leurs feuilles et de leur foin; faites-les cuire jusqu'à ce qu'ils soient bien tendres, et opérez comme il est dit pour les légumes déjà cités.

Champignons

Prenez des champignons bien frais. Epluchez-les, faites-les macérer pendant une heure ou deux dans de l'eau à laquelle vous aurez ajouté un peu de vinaigre. Egouttez et faites cuire dans une eau nouvelle. La cuisson terminée, opérez comme pour les autres légumes.

Dans certaines fabriques on conserve un mélange de champignons, de truffes, de cèpes et de morilles. Ce mélange donne un goût excellent dans les ragoûts où il est employé.

On peut encore conserver les champignons au moyen du sel; on les fait cuire, puis on les place par couches séparées avec du sel, et ensuite on opère comme nous l'avons indiqué pour les *Haricots verts*.

Dans les campagnes on conserve aussi les champignons, surtout les *morilles* en les enfilant en chapelet sur une ficelle et en les mettant sécher dans un endroit sec, suspendues au plafond en général.

Truffes

Après avoir lavé, brossé et épluché les truffes, opérez comme pour les champignons, sans cependant les faire macérer dans l'eau vinaigrée. Beaucoup le personnes les conservet en flacons. Pour cela il ne faut employer que les bouchons, appelés bouchons à eaux gazeuses, et après avoir placé les flacons dans la bassine garnie de foin ou de toile d'emballage, donnez une demi-heure d'ébullition.

Tomates

Epluchez les tomates, coupez-les par tranches, placez-les dans une bassine sans eau; faites cuire et dessécher de manière à en faire une pâte épaisse que vous passerez dans un tamis. Laissez refroidir, mettez en boîte et opérez comme il est dit aux *Petits pois*. Certaines personnes aromatisent la tomate en la cuisant avec thym, laurier, etc.

Choucroute

Ayez un kilo de sel pulvérisé; choisissez 25 à 30 choux cabus, bien blancs et bien fermes, supprimez les premières feuilles dures et les trognons, puis à l'aide d'un couteau très tranchant, coupez-les en filets très minces, ou rabotez-les sur une colombe de tonnelier, prenez une petite barrique ayant contenu du vin blanc, défoncez-la d'un côté, garnissez le fond d'une légère couche de sel, puis, placez un lit de choux d'environ douze centimètres d'épaisseur ; foulez-les à l'aide d'un gros pilon de bois, saupoudrez d'une autre couche de sel, puis d'une autre couche de choux, foulez à nouveau en évitant de trop les briser, et continuez ainsi jusqu'à ce que le baril soit rempli un peu plus qu'aux trois quarts ; finissez par du sel, comprimez le tout à l'aide d'un rond de bois entrant dans la barrique et chargez-le de grosses pierres; au bout de quelques jours, l'eau produite par la fermentation passe par dessus le rond de bois; enlevez-la au fur et à mesure qu'elle se forme sans cependant laisser le bois complètement à sec; après quatre ou cinq semaines on peut commencer à prendre de la choucroute; dans ce cas, il faudra enlever une partie de l'eau qui la recouvre, la remplacer par de l'eau fraîche et bien laver le rond de bois; le remettre sur la choucroute, puis le charger de nouveau; on peut, selon le goût, ajouter du poivre en grains, du genièvre et quelques feuilles de laurier.

Autre manière :

Préparez les choux comme il est dit ci-dessus, prenez un tonneau qui ait contenu du vin blanc ou de l'eau-de-vie, et à l'aide d'une

mèche, percez un trou dans le bas du tonneau, mettez dans le fond
une couche de sel, et par-dessus une couche de choux de six à huit
centimètres d'épaisseur ; ajoutez poivre en grains, thym, laurier, etc.,
pour aromatiser, et continuez ainsi par couches séparées jusqu'à ce
que le tonneau soit plein. Couvrez ensuite avec une toile humide ;
posez des planches sur le dessus, et pressez avec des pierres ou des
poids représentant au moins une charge de 80 kilogrammes. Laissez
fermenter le mélange, la saumure s'écoule par le trou qui a été percé
au bas du tonneau. Au bout de quelques jours, arrosez jusqu'à ce que
la saumure qui s'écoule n'ait plus aucune odeur ni aucun goût de fermentation ; fermez ensuite le tonneau. La choucroute ainsi préparée
se conserve toute l'année, seulement il est nécessaire pendant les
grandes chaleurs de la mettre dans un endroit froid.

Choucroute en 24 heures

Prenez quelques gros choux blancs, préparez-les et émincez-les
comme il est dit ci-dessus; placez-les dans une terrine, tassez-les
bien et saupoudrez-les de sel pulvérisé, de quelques grains de fenouil, de genièvre et de cumin; arrosez d'un peu de vinaigre; comprimez à l'aide d'un rond de bois que vous chargez de gros poids;
au bout de 24 heures, employez la choucroute.

Conserves au vinaigre et au sel, cornichons, oignons, piments, etc.

Choisissez des cornichons petits ou moyens, mais fraîchement
cueillis; dans ce cas, ils seront fermes et d'un beau vert; coupez le
bout des queues et brossez-les un à un, avec une petite brosse de
chiendent ou frottez dans un linge propre et rude, afin de les débarrasser du duvet qui les couvre; mettez-les dans une terrine et mélangez-les avec une ou deux poignées de gros sel ; laissez-les macérer
ainsi pendant dix à douze heures; puis égouttez-les de l'eau qu'ils
ont rendue et essuyez-les avec soin.

Pour un kilo de cornichons, ayez quatre ou cinq piments rouges
et autant de piments verts; épluchez, lavez et épongez une grosse
poignée de branches d'estragon et quelques branches de passe-
pierre; épluchez vingt-cinq à trente petits oignons de la grosseur
d'une olive, quelques échalotes et quelques gousses d'ail; rangez les
cornichons dans un vase de grès ou de verre en plaçant par inter-
valles les assaisonnements préparés; semez de temps en temps quelques grains de poivre et des graines de capucines; ajoutez deux ou
trois clous de girofle et finissez par une couche de feuilles d'estragon;
couvrez le tout avec de très bon vinaigre, bouchez le vase avec du papier fort et tenez en lieu frais et sec. On peut commencer à faire usage
des cornichons dix ou douze jours après leur préparation.

Pour éviter le brossage des cornichons, on peut les sasser avec
du gros sel dans un torchon de grosse toile; on les place ensuite
dans une terrine seulement avec le sel qui reste adhérent aux cornichons et on les laisse macérer pendant dix ou douze heures pour terminer ensuite comme il est dit ci-dessus.

On peut ajouter dans cette préparation de toutes petites tomates vertes ou des grains de raisins pas mûrs.

Autre manière :

Les cornichons préparés comme il est dit ci-dessus sont croquants, de bon goût, mais ils sont toujours d'un vert un peu jaune; si on tient à obtenir des cornichons d'un beau vert, il faut les couvrir de vinaigre bouillart, après les avoir fait macérer dans le sel et les avoir essuyés comme il est dit ci-dessus. Deux ou trois jours après mettez les cornichons et le vinaigre dans une bassine non étamée; faites chauffer à feu doux jusqu'à l'ébullition, et retirez du feu au premier bouillon. Versez les cornichons pour les laisser refroidir; lorsqu'ils sont froids, égouttez-les, rangez-les dans des vases de grès ou de verre en les mélangeant aux mêmes assaisonnements indiqués ci-dessus, faites bouillir du vinaigre neuf, laissez-le complètement refroidir et versez-le sur les cornichons; bouchez les vases avec du papier fort et tenez en lieu frais et sec.

Haricots verts, pointes d'asperges, choux-fleurs, carottes, fonds d'artichauts, radis, etc. etc.

Tous les légumes peuvent se conserver au vinaigre; dans ce cas, on tourne les racines d'une façon uniforme, ou on les découpe à l'emporte-pièce; les haricots verts sont choisis fins; les choux-fleurs coupés en petits bouquets, etc.; faites blanchir tous les légumes pendant quelques minutes à l'eau bouillante et salée; égouttez avec soin; puis couvrez de vinaigre bouillant.

Vingt-quatre heures après, égouttez le vinaigre et faites-le bouillir; rangez les légumes dans des vases de verres et, lorsque le vinaigre est froid, versez-le sur les légumes; bouchez et tenez en lieu sec et frais.

Autre manière :

Prendre des haricots verts bien frais et aussi fins que possible, les éplucher, les laver et les faire égoutter, les placer dans une terrine avec du sel, les laisser ainsi vingt-quatre heures environ en ayant soin de les remuer de temps en temps. Après on les débarrasse de la saumure et des quelques grains de sel qui ne seraient pas fondus, on les place ensuite dans un vase de grès, de faïence ou de verre. Chaque personne peut aromatiser suivant son goût avec oignon, ail, estragon, laurier, etc. Remplir le vase avec du vinaigre et boucher soit avec un bouchon de liège, soit avec un simple parchemin. Les premiers jours, les légumes absorbant une certaine quantité de liquide, on devra veiller à ce qu'ils soient toujours recouverts de vinaigre.

Les choux-fleurs, les navets, les radis gris et le raifort se préparent de la même manière.

Câpres, Graine de capucine

Les câpres et les graines de capucine se conservent comme les haricots verts, seulement certaines personnes mettent de l'huile d'olive au lieu de vinaigre, la plupart des câpres vendus dans le commerce sont simplement conservés dans la saumure.

Achars

Les achars sont un mélange de fruits, de graines et de légumes verts. Ils se composent généralement de petits cornichons, oignons blancs, petites carottes, pois, haricots verts, choux-fleurs, choux de Bruxelles, épis de maïs, piments, graines de capucines, tomates, oranges vertes, ail, graines de moutarde, poivre en grains, estragon, laurier, etc. Certaines personnes les préparent comme les haricots verts et cornichons; d'autres les blanchissent, c'est-à-dire les passent à l'eau bouillante avant de les mettre au vinaigre. Dans ce dernier cas, avoir soin de saler le vinaigre.

Moutarde

La moutarde se prépare avec la graine réduite en poudre; il existe deux espèces de graines, la grise et la blanche. On emploie la moutarde grise pour les sortes ordinaires et la blanche pour les sortes supérieures.

Pour préparer la moutarde, écrasez la graine dans un mortier de marbre ou de fer, passez au tamis de soie et délayez la poudre avec du vinaigre. On peut aromatiser la moutarde en faisant infuser l'arome que l'on veut lui donner dans le vinaigre qui doit servir à délayer la poudre : on peut aussi écraser au mortier des anchois, des truffes, etc., de manière à former une pâte que l'on ajoute ensuite à la moutarde.

Poivre de Cayenne

Le poivre de Cayenne se compose de plusieurs sortes de piments pulvérisés : on peut le préparer comme la moutarde. Les personnes qui s'en servent en poudre doivent, pour qu'il ne perde pas sa force, le conserver dans un flacon de verre toujours hermétiquement fermé.

Kari

Pour le kari, prendre cent grammes de piment le plus fort que l'on puisse trouver, quatre-vingts grammes de racine de curcuma, dix grammes de poivre, deux grammes de clous de girofle, quatre grammes de muscade. Pour plus de facilité, piler chaque matière séparément et passez ensuite au tamis de soie. On peut délayer le kari comme la moutarde.

Légumes conservés au sel

Tous les légumes que l'on conserve au vinaigre peuvent se conserver par le sel. Après avoir épluché et lavé les légumes, placez-les dans un vase de grès ou de faïence, mettez d'abord une couche de sel, ensuite une couche de légumes que vous voulez conserver et alternez ainsi jusqu'à ce que le vase soit rempli. Recouvrez la dernière couche de légumes d'une assez forte couche de sel et fermez le vase. On peut aromatiser en alternant les aromates avec les couches de légumes.

Homard et Langouste

Faites cuire le homard ou la langouste au court-bouillon aromatisé; égoutez, laisser refroidir; ôtez la carapace, prenez toutes les parties charnues, mettez en boîtes, soudez et passez à l'ébullition, comme il est dit pour les *Petits pois*.

Sardines

La première condition pour avoir de bonnes sardines conservées, c'est de les employer très fraîches. Videz, ôtez la tête, salez intérieurement et extérieurement et laissez ainsi pendant dix heures environ. Lavez-les ensuite; étendez-les sur des claies et faites-les sécher à l'air. Quand elles sont sèches, plongez-les pendant quelques minutes dans l'huile d'olive en ébullition. Retirez-les vivement; égoutez-les et lorsqu'elles sont bien refroidies, rangez-les dans les boîtes; recouvrez-les de bonne huile d'olive. Soudez, et donnez deux heures d'ébullition. Aromatisez les sardines selon votre goût.

Thon

Prenez du thon aussi frais que possible; coupez-le par tranches; plongez-le pendant quelques minutes dans l'huile d'olive en ébullition; retirez-le vivement, égouttez-le, laissez refroidir, mettez en boîtes, et opérez comme il est dit pour les *Sardines*.

Harengs marinés

Choisissez des harengs frais; grattez, videz, lavez avec soin, supprimez les têtes; placez les harengs dans une casserole, couvrez-les d'un court-bouillon assaisonné de vinaigre, thym, laurier, oignons, poivre en grains, tranches de citron; au premier bouillon, retirez la casserole du feu, et laissez ces harengs refroidir dans la cuisson; mettez en boîtes, couvrez avec le court-bouillon, soudez et donnez deux heures d'ébullition. A Paris, on les met dans des petits barils, on bouche hermétiquement, et on descend à la cave, mais les harengs ainsi préparés ne se conservent guère plus de six mois.

Maquereaux marinés

Préparez et opérez comme il est dit ci-dessus en ayant soin de laisser cuire pendant deux ou trois minutes.

Conserves de fruits au naturel

Prenez des prunes ou des abricots bien mûrs; coupez les fruits en deux, ôtez les noyaux, placez-les dans les boîtes, en ayant soin de ne pas trop les emplir, car si les boîtes étaient trop pleines vous risqueriez de faire sauter le couvercle. Soudez et donnez deux heures d'ébullition.

Ananas

Prenez des ananas bien mûrs; enlevez la tige et la tête, ainsi que l'écorce qui l'entoure. Percez en plusieurs endroits la partie dure intérieure avec une aiguille à tricoter et faites bouillir dans l'eau pendant quatre heures; retirez, égouttez, mettez en boîte, remplissez d'eau, soudez, et donnez deux heures d'ébullition.

Conservation du raisin

Coupez un sarment porteur d'une grappe de raisin; coupez la partie supérieure et ayez soin de l'enduire de cire à greffer pour empêcher la sève de s'écouler. Le sarment préparé, introduisez la partie inférieure dans un vase rempli d'eau dans laquelle vous ajoutez, afin d'empêcher la décomposition de l'eau, cinq à dix grammes de charbon de bois en poudre. Bouchez ensuite le vase avec un bouchon que vous couvrez de cire à cacheter.

Pruneaux

Prenez des prunes bien mûres et placez-les sur des claies d'osier. Chauffez au four à quarante degrés, chaleur que l'on a à peu près lorsque l'on retire le pain après la cuisson, introduisez-y les claies et laissez-les pendant dix heures. Retirez-les ensuite, retournez les fruits et remettez-les une deuxième fois à une température plus élevée de vingt degrés. Laissez-les le même temps que la première fois; le lendemain, procédez encore à la même opération en augmentant encore de vingt degrés ce qui fait une température de quatre-vingt degrés. Si les trois opérations ont été exactement suivies, les prunes sont assez sèches pour se conserver; placez-les ensuite dans des caisses pressez et fermez hermétiquement.

Prunes fleuries

Les prunes fleuries s'obtiennent de la manière suivante: plongez les prunes dans l'eau bouillante; retirez-les au bout d'une minute ou deux; égouttez-les, étendez-les sur des claies, faites-les sécher pendant quelque temps en plein air, et finissez ensuite de les faire sécher à l'ombre. L'opération peut durer un mois ou six semaines suivant la température.

Poires

Les poires les meilleures pour être séchées sont celles qui sont sucrées et aromatiques. Placez-les sur des claies et mettez-les dans un four chauffé à quarante degrés; laissez-les pendant dix heures, répétez l'opération cinq ou six fois, et les poires se conserveront bien.

Pommes

Pour les pommes, choisissez les moins farineuses, elle se conserveront comme les poires; seulement, pelez-les avant de les faire sécher,
et, si possible, donnez-leur une température moins élevée.

CONSERVES DE FRUITS AU SIROP

Abricots, cerises, mirabelles, framboises

Pour conserver les abricots, les cerises, les mirabelles et les
framboises, choisissez des fruits qui sans être trop verts ne sont pas
encore mûrs. Placez-les dans les boîtes et versez dessus un sirop
préparé à froid et marquant au pèse-sirop trente et un degrés; soudez
les boîtes et donnez dix minutes d'ébullition.

Pêches de Montreuil

Choisissez des pêches pas trop mûres; pelez-les avec précaution,
coupez-les en deux et ôtez le noyau; rangez-les dans les boîtes, versez
dessus un sirop préparé à froid et marquant au pèse-sirop trente et
un degrés; soudez les boîtes et donnez cinq minutes d'ébullition.

VINS

VINS

Vins de Bourgogne, rouges

Les vins de Bourgogne se récoltent dans les cinq départements suivants : l'Ain, la Côte-d'Or, la Saône, la Loire et l'Yonne. Les vins rouges sont les plus réputés. Ils se subdivisent en trois catégories: vins de Haute-Bourgogne, Basse-Bourgogne et Bourgogne.

Les vins du Beaujolais sont récoltés sur le territoire de la commune de Beaujeu, dans l'arrondissement de Villefranche (Rhône). Quoique le Beaujolais ne fasse pas partie de la Bourgogne, ses vins sont généralement admis dans le commerce sous le nom de « Bourgognes ». Le beaujolais est très apprécié, à Paris surtout, il est un peu acide au goût, mais il est moins fin que le bourgogne.

Les nombreux vins de Bourgogne n'ont pas la même valeur. Les plus réputés parmi les vins rouges sont le Romanée Conti, Chambertin, Clos Vougeot, Richebourg, Romanée Saint-Vivant, La Tache, Saint-Georges, Musigny, Corton, Nuits, Volnay, Romanèche, Thorin, Moulin à Vent, Vosnes, Prémeaux, Meursault, Gevrey, Beaune, Epineuil, Auxerre, Dannemoine, Chambolle, Pommard, Dijon, Avallon, Coulanges, Joigny, Givry, Mercurey, Juliénas, etc.

Comme pour tous les vins, l'ancienneté et la date de la récolte confèrent aux bouteilles des valeurs différentes.

A la réception des vins, assurez-vous d'abord s'ils ne sont pas louches; dans ce cas, collez-les immédiatement. S'ils ne sont que fatigués, laissez-les reposer. Si le froid ou la chaleur leur ont fait subir une altération quelconque, soutirez-les. Il faut donc, par prudence, faire expédier par un temps ni trop froid ni trop chaud.

Les vins doivent être placés dans une cave fraîche et saine, c'est-à-dire n'ayant ni humidité, ni courants d'air, car il est indispensable que la température soit toujours à peu près la même.

On ne doit coller ces vins qu'au moment de la mise en bouteilles.

Les vins de Coulanges qui sont de bons vins ordinaires peuvent être mis en bouteilles au bout de deux années de fût. Les vins fins doivent se garder pendant quatre ou cinq ans en fût, et les grands vins pendant cinq ou six ans.

Si le vin est corsé, c'est-à-dire riche en alcool, collez-le avec sept ou huit blancs d'œufs; si au contraire il est d'une année médiocre, collez-le plus légèrement; cinq ou six blancs d'œufs vous suffiront.

Les blancs d'œufs sont préférables, pour le collage des vins fins, à toute autre colle, pourvu toutefois que les œufs soient bien frais.

Il faut laisser les vins sur colle, jusqu'à ce qu'ils soient francs de goût, c'est-à-dire qu'ils soient débarrassés de toutes les parties nuisibles; on les laisse sur colle pendant un mois, et quelquefois plus; au bout d'un certain temps, il faut les goûter et les tirer s'ils sont bons; dans le cas contraire on les laisse reposer le temps nécessaire.

Pour la mise en bouteilles, la saison la meilleure est l'hiver, par un temps sec. On ne peut préciser d'époque fixe; l'état de l'atmosphère est tout, car un vin parfaitement limpide peut se troubler en peu d'heures, si le temps change. L'époque de la pousse de la vigne de sa floraison et de la maturité du raisin, est peu convenable pour la mise en bouteilles.

Il faut employer des bouteilles cuites au bois et s'assurer que le verre est bon, car nous avons vu des vins se neutraliser par les alcalis du verre.

Quant aux bouchons, il faut apporter le plus grand soin à leur choix; ils doivent être souples, unis et le moins poreux possible; de ces conditions dépendent la facilité de les enfoncer et leur imperméabilité, seul garant de la bonne conservation du vin.

Après le rinçage des bouteilles, *il faut les faire égoutter très soigneusement*, et à cet effet elles doivent rester au moins pendant vingt-quatre heures sur un égouttoir. Si, oubiant cette précaution, on se contente de renverser les bouteilles pendant deux ou trois secondes, pour les faire égoutter, les remettant ensuite debout, elles contiendront encore de l'eau et altéreront souvent un bon vin.

Quelle que soit la maladie dont le vin en fût soit atteint, soutirez-le, le plus vite possible, dans un bon fût, fraîchement tiré; méchez-le fortement, soutirez et collez aussitôt avec six blancs d'œufs; laissez le fût débondé pendant quelques heures, puis bouchez-le.

Si le vin en bouteilles devient malade, dépotez-le dans un fût bien méché, puis laissez-le reposer pendant quelques jours. Soutirez ensuite dans une pièce fraîche, c'est-à-dire venant d'être tirée, collez avec six ou sept blancs d'œufs et laissez reposer jusqu'à entière clarification, puis remettez en bouteilles.

Si, après l'avoir laissé reposer, vous ne trouvez plus le vin assez corsé, avant de le mettre en bouteilles, soutirez-le et additionnez-lui par moitié ou par tiers, selon que vous le jugerez nécessaire, un vin vigoureux et corsé, afin de le remonter. Vous ne lui donnerez pas sa qualité première, mais enfin il sera d'un bonne qualité.

Avant la mise en bouteilles, soutirez à nouveau.

Vins de Bourgogne, blancs

Les vins blancs de Chablis, Chablis-Moutonne, Savigny, Meursault, Montrachet, sont les plus renommés de la Bourgogne et plus particulièrement ceux de Meursault et de Montrachet.

Les vins de Montrachet ont la saveur des vins du Rhin, à ce point qu'au premier abord on peut les confondre avec ces derniers. Ils ont une vinosité tellement énergique que certaines personnes sont portées à l'attribuer à une alcoolisation artificielle. Ces vins sont supérieurs, comme qualité, à tous les autres vins blancs.

Les vins de Meursault viennent après ceux de Montrachet; ils doivent à un goût de noisettes, assez prononcé, une originalité qui affriande certains consommateurs, et en vieillissant, ils acquièrent une finesse que les meilleurs vins rouges atteignent difficilement. Ces vins sont fort estimés dans le commerce.

Les vins blancs de Chablis sont spiritueux; ils ont presque autant de finesse et de corps que les Meursault.

Tous ces vins doivent être gardés en tonneaux pendant plusieurs années avant la mise en bouteilles, qui demande beaucoup de soins.

Après avoir été collés, ces vins subissent assez souvent une légère fermentation qui les empêche de s'éclaircir; dans ce cas, donnez-leur un peu d'air, en pratiquant un trou de fosset sur le dessus de la pièce; laissez débouchés pendant quelque temps, puis rebouchez; répétez cette opération jusqu'à ce qu'ils soient bien reposés, c'est-à-dire bons à être mis en bouteilles.

Vins du Bordelais rouges

Le vin de Bordeaux, riche en tanin et en alcool, est réputé pour ses propriétés fortifiantes.

Les crus très nombreux diffèrent sensiblement entre eux. On distingue les vins récoltés dans le Haut-Médoc, ceux du Petit-Médoc, puis ceux du Bas-Médoc. Les Graves ne ressemblent pas aux précédents.

Deux conditions primordiales donnent à ces vins des qualités spéciales. Selon que les vignes sont à flanc de côteaux, on a le vin des côtes, vin ardent, un peu sec; si ce sont des vignes de plaines, plantées au voisinage des rivières, souvent inondées l'hiver on a des vins de palus plus épais et plus sucrés que les précédents.

On nomme vins d'entre deux mers, ceux qui proviennent de la contrée comprise entre la Garonne et la Dordogne. Ces derniers sont surtout consommés sur place.

Parmi les très nombreux crus, voici, par ordre admis, les plus célèbres des vins rouges:

Château-Lafitte, Château-Margaux, Château-Latour, Haut-Brion, Mouton, Léoville, Pauillac, Saint-Julien, Cantenac, Saint-Estèphe, Le Prieuré, Canet, Arsac, Saint-Laurent, Macau, Saint-Emilion, Cussac, etc.

Les vins du Bordelais diffèrent des vins de Bourgogne sous ce rapport qu'ils supportent une température plus élevée que ce dernier. On les conserve généralement plus longtemps en fûts, et ce n'est guère qu'au bout de quatre ou cinq ans, et quelquefois plus, qu'ils sont bons à être mis en bouteilles.

Ils se conservent beaucoup plus longtemps en bouteilles que les vins de Bourgogne. Lorsqu'on les met en bouteilles, ils sont généralement durs au palais, mais au bout de quelques années ils acquièrent de la légèreté et de la finesse, ce qui les rend de beaucoup supérieurs.

Le collage diffère de celui des vins de Bourgogne en ce qu'il faut employer neuf, dix et quelquefois douze blancs d'œufs, selon la qualité du vin.

La mise en bouteille se pratique de la même manière.

Tous ces vins demandent à être placés dans une cave bien saine c'est-à-dire très sèche, mais aérée, *sans courant d'air*, et fermée hermétiquement pendant l'hiver. L'été, donnez de l'air, par les soupiraux, *la nuit seulement;* et en cas d'orage, fermez même pendant vingt-quatre heures après.

Si ces vins deviennent malades, ils exigent beaucoup de soins; s'ils sont en fûts, il faut les soutirer et les placer dans une cave plus fraîche, car il arrive souvent que ces vins s'échauffent; il convient de les laisser à la même température pendant un mois ou six semaines et de les soutirer ensuite, comme il est indiqué pour les *Vins de Bourgogne.*

Si ces vins sont malades en bouteilles, il faut les décanter et les mettre dans une pièce fraîche et bien méchée; les coller fortement et les soutirer trois semaines après, puis les coller légèrement et les laisser ensuite reposer pendant six ou sept semaines et les remettre en bouteilles.

Vins du Bordelais, blancs

De même que les Bourgognes rouges sont les premiers vins rouges du monde, de même les Bordeaux blancs n'ont pas de rivaux. Le Bordeaux blanc est le vin du commencement du repas, celui qui accompagnera les huîtres et les poissons. Certains crus, très sucrés peuvent être bus en fin de repas comme vins de liqueur. Mais si l'on « boit » du Bourgogne rouge, pour accompagner les plats substantiels, on doit « humer » savourer le nectar du Bordeaux blanc. Les meilleurs crus sont: Château-Yquem, la Tour-Blanche, Sauternes, Fargues, Preignac, Barsac, Bommes, etc.

Ils se conservent pendant trois, quatre et cinq ans en fûts, avant d'être mis en bouteilles.

Les vins blancs du Bordelais sont plus susceptibles pour la mise en bouteilles que les vins rouges; il faut les coller avec huit blancs d'œufs, par pièce de 228 litres; ils demandent beaucoup de soins et d'attention.

Le collage terminé, n'enfoncez pas la bonde, placez-la seulement sur le trou, afin de vous assurer qu'il ne se forme pas de vidange dessus, et remplissez tous les trois ou quatre jours.

Il arrive souvent que les vins blancs du Bordelais subissent une légère fermentation, et dans ce cas c'est avec beaucoup de peine que l'on arrive à les faire éclaircir. Pour ce faire, prenez une pièce dans laquelle se trouvait déjà du vin blanc, de la même nature autant que possible; méchez-la fortement, soutirez aussitôt et collez avec six blancs d'œufs, puis laissez reposer pendant le temps nécessaire; cela demande plusieurs semaines, et quelquefois plusieurs mois, avant de pouvoir mettre en bouteilles; car il faut que les vins soient débarrassés de toute fermentation, et qu'ils soient bien clairs.

Si les vins blancs deviennent malades en bouteilles, on s'en aperçoit en débouchant les bouteilles, car dans ce cas le vin mousse; on doit alors le décanter immédiatement.

Les vins blancs du Bordelais demandent une cave saine, sans courants d'air.

Pour la mise en bouteilles, on ne doit se servir que de verre blanc.

Vins des côtes du Rhône

Les vins des côtes du Rhône comprennent ceux de la Côte-Rotie, de l'Hermitage, de Saint-Peray, de Saint-Peray mousseux.

Les vins de la côte du Rhône, dans l'arrondissement de Valence, sont corsés, moelleux et délicats; ils ont une très belle couleur, beaucoup de spiritueux, une sève très aromatique et un bouquet des plus agréables et des plus prononcés; il faut les conserver en fûts pendant trois ou quatre ans, et pour la mise en bouteilles choisir du verre noir.

Ces vins sont rarement malades et se maintiennent très bien; ils ne craignent ni la fraîcheur, ni la chaleur, les courants d'air seuls peuvent leur être nuisibles et les rendre un peu durs; dans ce cas, il faut les soutirer et les coller légèrement.

Vins du Beaujolais, rouges

Les vins du Beaujolais comprennent ceux de Mâcon, Chénas, Mercurey, Julienas, Fleurie, Fleurie-Lecourt, Morgon, Morgon-Gaudet, Thorins, Moulin-à-Vent, etc.

Ces vins, généralement plus tendres que ceux de Bourgogne, demandent les mêmes soins que ces derniers; on ne les garde guère plus de deux ou trois ans en fûts, après quoi on les met en bouteilles. Ils sont bons à boire, un an ou dix-huit mois après leur mise en bouteilles. Ils doivent être placés dans une cave fraîche, car ils ne craignent aucune humidité.

Lorsqu'ils sont en bouteilles, les vins du Beaujolais doivent être toujours au frais, la chaleur leur faisant perdre leur qualité et leur bouquet.

En cas de maladie, on leur donne les mêmes soins qu'aux vins de Bourgogne, soit en fûts, soit en bouteilles.

Vins du Beaujolais, blancs

Les vins blancs du Beaujolais sont ceux de Pouilly, Pouilly-Fuissé.

Les vins blancs de Pouilly sont fins, moelleux, corsés et agréables, et contiennent une très forte proportion d'alcool; ils ne doivent être bus qu'avec modération. Il convient de les garder en fûts pendant deux ans; mis en bouteilles avant ce délai, ils fermentent facilement. Le collage se fait avec huit blancs d'œufs.

Ces vins demandent une cave fraîche et la plus grande tranquillité; s'ils deviennent malades, il faut les soutirer, mais toujours dans une pièce à vin blanc; leur donner les mêmes soins qu'aux vins blancs de Bourgogne, et de plus leur donner de l'air par un trou de fosset sur le dessus de la pièce; mais ne jamais les laisser à l'air pendant plus de deux heures. Ce temps passé, remettre le fosset, le boucher hermétiquement et recommencer la même opération huit jours après, jusqu'à ce que le vin soit bon à tirer.

Vins de Champagne

Les meilleures marques sont: en premier le Pommery-Greno, puis Saint-Marceau, Montebello, Moët, Louis Rœderer, Vve Clicquot, E. Mercier, Chandon, Heidsick, etc.

Les vins de Champagne se reçoivent en bouteilles; ils doivent être placés dans une cave saine, fraîche, exempte de toute humidité. Les bouteilles doivent être empilées avec soin, et surtout couchées ; si on les laissait debout, le vin subirait forcément une altération causée par le vide existant entre le vin et le bouchon.

Le Champagne est recommandé pour combattre les vomissements. On le boit à la fin des repas, et il est alors vraiment utile s'il couronne un festin trop copieux car il est excitant et digestif.

Les vrais amateurs de Champagne préfèrent le vin sec, peu sucré. Les bouteilles marquées « goût américain » indiquent un vin très sec qui n'est pas apprécié par tout le monde.

Ordre des vins dans un repas

D'une manière générale on doit commencer avant de se mettre à table par un verre de Madère ou de Porto. Avec les hors-d'œuvres, coquillages, entrées, on servira un Bordeaux blanc. Avec les rotis et gibiers on versera du Bourgogne rouge jusqu'au fromage inclus. Le Champagne se servira avec les desserts.

Mais ces règles admises ne sont pas immuables. Ainsi on peut servir le Champagne en commencement de repas pour donner un bon Bordeaux rouge au moment des rotis ou gibiers.

Le Champagne doit être servi glacé, la bouteille ayant été mise dans un seau plein de glace.

On doit éviter de faire sauter le bouchon et on versera doucement pour éviter la mousse.

Les vins rouges doivent être « chambrés » avant de paraître à table. C'est-à-dire qu'on devra les monter de la cave six heures au moins avant l'heure du repas, les déboucher et les laisser, sans les secouer, à l'abri des courants d'air, dans la pièce même où le festin aura lieu, afin qu'ils prennent la température ambiante.

C'est une barbarie que de faire chauffer les bouteilles, comme on le voit faire parfois.

Le vin blanc sera bu frais. On le montera de la cave, 1/2 heure seulement avant de le servir.

On sert le vin vieux dans sa bouteille d'origine, sans jamais en essuyer la noble poussière dont il est revêtu, ni le transvaser. On doit le verser doucement, religieusement, pour ne pas faire remonter le dépôt, s'il y en a.

On peut donner du Bourgogne blanc en place de Bordeaux blanc, mais celui-là ne vaut pas celui-ci.

Cependant, avec des plats printaniers, des omelettes, des poissons de rivière, le Bourgogne blanc se marie mieux. C'est le vin des repas fins, sans apparat.

Le Bordeaux blanc est plus aristocrate. Il annonce un repas somptueux et prépare la bouche à savourer des truffes.

Vins d'Alsace

Les appellations des crûs du vignoble alsacien ne sont pas régle-
mentées par l'usage et la délimitation comme les autres vignobles
français. Les diverses sortes de cépages y sont plantées partout, aussi
bien dans la région de Guebwiller, Rouffach, Colmar, Turckheim, que
dans la région de Riquewihr, Ribeauvillé, Barr, etc., aussi bien dans le
bas des coteaux que dans le haut.

Les cinq principaux cépages sont: le Knipperlé, le Gentil, le Riesling, le Tokay, le Traminer.

Knipperlé est le vin d'huîtres par excellence.

Gentil. Ainsi que son nom l'indique, est un vin léger, facile et
agréable à boire, velouté.

Riesling. C'est le vin caractéristique de l'Alsace. Le raisin a des
grains très serrés et très verts. Il a un goût spécial et on le différencie
tout de suite des autres vins. C'est le vin que l'on prend de préférence
avec la choucroute et les plats à sauce, même avec les plats de poisson.
On peut dire «qu'il lave la bouche».

Tokay. C'est un raisin de Hongrie dont le plant a été acclimaté,
il y a plus de cent ans, en Alsace, Mais, contrairement à celui de Hongrie où il produit un vin très foncé et très doux, celui d'Alsace produit
un vin tantôt légèrement rosé, tantôt très clair, et dans tous les cas,
toujours très sec et très corsé. C'est généralement le plus alcoolisé.

Traminer est très fruité, c'est ce qui le caractérise des autres vins.
C'est un vin extrêmement fin et le plus fin de tous les vins d'Alsace. Il
a un bouquet caractéristique, on dit de ce vin qu'il est bouqueté et
fruité, en langage vinicole. Il se boit de préférence avec les mets
légers et certains entremets; la pâtisserie surtout. Toute cave bien
garnie doit avoir du Traminer.

DICTIONNAIRE DES TERMES
Employés en Cuisine

ABAISSE. — Terme de pâtisserie. A l'aide d'un rouleau, abaisser de la pâte afin de lui donner une égale épaisseur et en former le fond d'une pièce de pâtisserie.

AMALGAMER. — Mélanger avec soin plusieurs substances différentes avant de s'en servir pour composer une sauce ou un mets.

APPAREIL. — Mélange de produits de différentes natures devant servir à une préparation culinaire; appareil à quenelles, appareil à biscuits, etc., etc.

ASPIC. — Entrée froide, moulée dans une gelée de viande transparente dite gelée pour Aspic.

ATTELET. — Petite broche de bois, de fer, d'argent ou de métal argenté, plus ou moins ornée, servant à faire cuire les grillades et aussi à tenir les garnitures sur les plats dressés avec élégance.

BAIN-MARIE. — Grande casserole ou caisse remplie d'eau chaude et destinée à recevoir d'autres casseroles contenant des sauces, garnitures ou mets devant être tenus chaudement, mais ne devant plus bouillir.

BARDE. — Tranche de lard taillée en longueur dont on revêt les viandes ou les volailles avant de les faire cuire, ou dont on se sert pour garnir le fond des casseroles.

BARDER. — Attacher autour des volailles ou des pièces de gibier les bardes ou tranches de lard dont on les revêt avant de les faire cuire.

BASSIN. — Ustensile en cuivre rouge dans lequel on bat les blancs d'œufs, les crèmes, etc..., en se servant pour cela d'un fouet en fer étamé. — *Voyez* fouet.

BASSINE. — La bassine à confiture est de première nécessité dans une cuisine, elle doit être en cuivre rouge mais non étamé, de préférence large et plate et munie de deux anses. Elle sert pour cuire les confitures, les sirops, etc.

BASSINE A FRITURE. — Cette bassine est en fer battu ou en fonte et de forme ronde ou ovale, l'intérieur contient une plaque ou un panier en fil de fer avec une poignée. Quand on veut y faire frire quelques objets on les place dans le panier que l'on plonge immédiatement dans la friture très chaude.

BLANCHIR. — Plonger dans l'eau bouillante salée des viandes, des légumes ou des fruits que l'on veut attendrir. Cette opération ne dure jamais que quelques minutes, les aliments blanchis devant ensuite être mis en cuisson.

BOUQUET. — Assemblage de plantes et aromates servant à corser et à parfumer les sauces: persil, thym, laurier, estragon, fenouil, basilic, sarriette, ail, etc. Il est d'usage de les assembler en bouquet et de les lier ensemble avec une ficelle.

BRAISER. — Faire cuire à feu doux, sans évaporation, de façon à conserver aux viandes tout leur suc.

BRAISIERE. — Casserole oblongue de grandeur variable, et pourvue d'un couvercle qui l'emboîte et dont le bord est relevé de manière à contenir l'eau ou la braise ou les cendres rouges que l'on met sur le couvercle. La braisière se fait en fonte, en cuivre étamé ou en terre à feu.

BRIDER. — C'est faire passer dans les membres d'une volaille ou d'un gibier une ficelle destinée à maintenir cette pièce dans la forme adoptée pour entrée ou pour rôti, et à empêcher ensuite que les membres s'écartent pendant la cuisson.

On bride également les pièces de viandes telles que filets, épaules et gigots désossés afin qu'après la cuisson elles conservent la forme qu'on leur a donnée.

BUISSON. — Manière de dresser certains mets en leur donnant une forme conique; on sert en buisson un poulet sauté, dès écrevisses, etc.

CERNER. — Légère incision faite à l'aide d'un couteau pointu ou d'un coupe-pâte, soit sur de la mie de pain (voir *Croustade*), soit sur de la pâte crue (voir *Vol-au-vent*).

CHAUSSE. — Poche en étoffe de laine terminée en pointe; elle sert à passer un grand nombre de gelées, sirops, liqueurs, etc., etc.

CHINOIS. — Petite passoire avec des trous très fins, ayant la forme d'un entonnoir; sert à passer les bouillons et consommés.

CISELER. — Faire avec un couteau des incisions plus ou moins profondes sur la surface de certains poissons, ou sur des légumes pour en faciliter la cuisson.

CLARIFIER. — Opération qui a pour but de rendre clair un liquide quelconque; on clarifie à l'aide de blancs d'œufs, de jus de citron, etc.

On clarifie aussi le beurre en le faisant chauffer jusqu'à ébullition sur un feu doux; on écume, on laisse déposer et on verse dans un autre vase en ayant soin de ne pas verser le dépôt formé par le beurre.

\ COCOTTE. — Nom employé souvent pour désigner une braisière.

CONCASSER. — Briser, réduire en petites parties, mais sans mettre en poudre.

CORSER. — Donner aux sauces plus de réduction; à la pâte plus de consistance en la maniant; aux pâtes délayées plus d'épaisseur.

COUCHER. — Ranger avec symétrie des farces et des pâtes crues, telles que farce à quenelle, pâte à choux, à meringue, etc.

COURONNE. — On dresse en couronne en rangeant symétriquement au fond d'un plat des mets coupés régulièrement tels que : escalopes, côtelettes, filets de volaille, etc., dont on forme un cercle en les superposant légèrement les uns sur les autres.

CRIBLE. — Tamis en fil de fer ou laiton étamé qui sert pour passer les purées, les farces ou les quenelles.

CUISSON. — Manière, mode de cuire.

Cuisson se dit aussi du liquide assaisonné dans lequel les aliments ont cuit.

DEBRIDER. — Retirer d'une pièce de viande, d'une volaille ou d'un gibier, les fils ou les brochettes qui ont servi à les maintenir pendant la cuisson.

DECANTER. — Tirer un liquide à clair, en ayant soin de ne pas verser le dépôt qu'il a formé.

DECOCTION. — Mettre une substance dans un liquide bouillant pour en extraire tous les sucs par l'ébullition.

DECORER. — C'est embellir une pièce de cuisine ou une pièce de pâtisserie.

On décore les galantines, les viandes froides, etc., avec des gelées de viandes, des légumes disposés en bouquets, etc.

On décore les gâteaux, soit avec des fruits confits, soit en dressant des crèmes avec une poche à décors en formant des dessins plus ou moins variés.

DEGORGER. — Mettre les viandes dans l'eau fraîche pour leur faire perdre leur sang et éviter qu'elles noircissent à la cuisson.

On fait dégorger les pieds de veaux, têtes de veaux, crêtes de coqs, etc., etc.

En mettant dégorger les légumes on en enlève l'âcreté.

DEGRAISSER. — On dégraisse les bouillons et les sauces en retirant la casserole du fourneau et en laissant plus ou moins refroidir le liquide; la graisse étant plus légère monte à la surface et on la retire facilement avec une cuiller à ragoût.

DELAYER. — Détremper un corps dur avec un liquide; mélanger à de la farine du vin, du jus ou du bouillon pour lier une sauce, un potage, une matelote, etc., etc.

DES. — Couper en petits carrés plus ou moins gros les viandes et les légumes.

DESSERTE. — Mets déjà présentés sur la table et qui reviennent à la cuisine. Ce qu'on appelle habituellement des « restes ».

DESOSSER. — Retirer les os des viandes de boucherie, des volailles ou du gibier ou les arêtes de la chair de poisson.

DESSECHER. — C'est remuer pâtes ou légumes avec la cuiller de bois pendant qu'ils sont sur le feu pour faciliter l'évaporation et afin qu'ils n'attachent pas à la casserole.

DETREMPE. — Farine mouillée soit avec eau, beurre ou œufs, et arrivant à former pâte.

DORER. — A l'aide d'un pinceau, humecter d'œufs battus le dessus d'un gâteau, d'une tourte, etc.

DRESSER. — Disposer un mets quelconque sur un plat au moment du service en l'arrangeant de façon à lui donner un coup d'œil agréable.
Il y a plusieurs manières de dresser, on dresse en couronne, en turban, en rocher, en buisson, en pyramide, on dresse aussi bien souvent les garnitures en bouquets autour d'une pièce de relevé.

EBARBER. — Enlever les parties excédentes d'une viande ou d'un poisson.

EBULLITION. — Action de l'eau ou de liquide chauffé jusqu'au point de commencer à bouillir; on dit chauffer jusqu'à ébullition.

ECHAUDER. — Plonger pendant quelques minutes dans une quantité d'eau bouillante et enlever aussitôt viandes, poissons ou légumes.

ECUMER. — Enlever, à l'aide d'une cuiller ou de l'écumoire, la mousse qui se forme sur les liquides soumis à l'action du feu.

EMINCER. — Couper en tranches très minces des viandes, des poissons ou des légumes cuits.

ENERVER. — C'est enlever les nerfs que contient une viande que l'on doit faire cuire.

ESCALOPER. — Couper en petites tranches minces et rondes des viandes tendres, des chairs de poisson battues et aplaties. On range les escalopes sur un plat soit en buisson, soit en couronne étagée.

ETAMINE. — Morceau d'étoffe de laine blanche plus longue que large dans lequel on passe les sauces, les crèmes et quelques purées. Il est bon d'en avoir plusieurs pour passer les sauces dans un et les crèmes dans l'autre.

ETUVER. — Faire cuire dans un vase clos, au four ou avec feu dessus et dessous.

FARCIR. — Mettre une farce dans le corps d'une volaille, d'un gibier ou entre des morceaux de viande de boucherie, des filets de poisson, etc.

FLAMBER. — Brûler à la flamme le duvet qui reste adhérent aux volailles et aux gibiers lorsqu'ils ont été plumés.

FONCER. — Garnir le fond d'une casserole avec des bandes de lard, des tranches de jambon ou de veau, des légumes coupés en rouelles, etc. Garnir également un moule à pâté ou à gâteau avec de la pâte à foncer, pâte brisée, etc.

FONTAINE. — Creux que l'on fait au milieu d'une certaine quantité de farine et qui est destiné à recevoir les œufs et le liquide qui doit servir à la détremper pour en former une pâte.

FOUET. — On appelle ainsi l'instrument qui sert à fouetter les crèmes, les œufs à la neige, etc., etc.; il est ordinairement en fil de fer étamé.

FOUR DE CAMPAGNE. — On donne ce nom à un ustensile de cuisine de tôle en forme de cloche et à poignée. Il doit avoir un rebord assez élevé pour retenir la braise que l'on doit y placer, cet ustensile sert à couvrir les plats qui doivent être cuits dessus et surtout les mets que la cuisson fait monter, c'est-à-dire fait augmenter de volume.

FRAISER. — Rouler de la pâte sous la paume de la main et petit à petit, afin de la rendre lisse et compacte.

FREMIR. — Se dit d'un liquide prêt à bouillir.

GARNITURE. — Ornements dont on pare les viandes de boucherie, les volailles ou les gibiers avant de les mettre sur table; on garnit, soit avec des gelées, des légumes en bouquet, des truffes, des croûtons de pain frit, etc.

GLACE DE SUCRE. — Sucre très fin tamisé au tamis de soie; on s'en sert pour saupoudrer les gâteaux ou faire la glace royale.

GLACER. — Passer avec un pinceau du jus de viande réduit sur une pièce de cuisine, galantine, chaud-froid, etc., ou saupoudrer de la glace de sucre sur différentes pièces de pâtisserie.

GRUMEAUX. — Petites boules qui se forment en délayant une sauce; pour les éviter, il suffit de se servir d'un fouet en fer étamé.

HABILLER. — Se dit du poisson que l'on écaille ou que l'on vide, et aussi de toute pièce de gibier que l'on pare de son plumage après la cuisson.

INFUSER. — Verser un liquide bouillant sur une certaine substance afin qu'il en tire les sucs. Une infusion ne doit pas bouillir.

LARDER. — A l'aide d'incisions, glisser, à l'intérieur des viandes, des filets de lard, de jambon, de langue à l'écarlate, de truffes, etc. Ces filets doivent être coupés en carrés longs d'à peu près six millimètres d'épaisseur.

LECHEFRITE. — Ustensile en fer battu ou en fer étamé de forme oblongue que l'on place sous la broche et qui reçoit par conséquent les jus, les sucs des rôtis.

On fera bien d'éviter la lèchefrite en fer battu quand les rôtis ont été préalablement marinés, car les jus deviennent noirs au contact du fer.

LIAISON, LIER. — Donner de la consistance à une sauce ou à un potage en y mélangeant de la farine, des jaunes d'œufs, de la fécule, de la glace de viande ou du beurre.

LIMONER. — Plonger dans l'eau bouillante les poissons tels que tanche, lotte, lamproie, etc., etc., les retirer aussitôt pour enlever les écailles et le limon avec un couteau.

LIT. — Ranger par lit, c'est-à-dire disposer sur un plat une substance coupée en tranches minces, la couvrir par une autre substance, et recommencer ainsi jusqu'à ce que le plat soit rempli.

MACERER. — Laisser tremper les viandes, poissons, légumes, dans un liquide froid, tel que huile, vinaigre, jus de citron, etc.

MANIER. — Amollir du beurre ou de la graisse en les pressant en tous sens dans un linge, ou mélanger du beurre avec de la farine pour en former le beurre manié qui sert à lier certaines sauces.

MARINER. — Laisser tremper de la viande plus ou moins de temps avant de la faire cuire dans une préparation de sel, poivre, huile, vinaigre, thym et laurier, vin blanc ou rouge, etc.; cette préparation a pour but de conserver des viandes et de les attendrir. Il faut faire la marinade dans un objet en faïence ou en grès.

MASQUER. — Couvrir un mets avec une sauce consistante après l'avoir dressé sur le plat.

On appelle aussi masquer, couvrir une pièce de pâtisserie avec du sucre ou fondant.

METTRE A L'ETUVE. — Mettre à four doux de la pâte ou un gâteau pour les faire lever ou sécher.

METTRE A POUSSER. — Placer dans un lieu tiède la pâte d'une pièce de pâtisserie : brioche, baba, etc., pour faciliter le développement de la pâte.

MIJOTER. — Faire bouillir très doucement une préparation culinaire déjà avancée dans sa cuisson.

MIROTON. — Façon de couper en tranches très minces certaines viandes ou poissons déjà cuits, ou des fruits, pommes, poires. etc.

MITONNER. — Se dit du pain ou de toute autre substance qu'on laisse doucement et longtemps bouillir dans un liquide tel que bouillon, lait, jus, etc.

MONDER. — Mettre dans l'eau bouillante une quantité d'amandes et les retirer aussitôt ; passer ensuite à l'eau fraîche et enlever la peau grise qui les enveloppe.

MORTIER. — Vase en marbre plus large dans le haut que dans le bas, dans lequel on pile les amandes, le sucre, les viandes au moyen d'un pilon en bois dur.

MORTIFIER. — Attendrir la viande en la battant fortement ou en la gardant au frais pendant quelques jours avant de la faire cuire.

MOUILLER. — Mettre dans une casserole, pendant la cuisson d'un mets, un liquide quelconque, jus, vin, bouillon, lait, etc. etc.

MOULE A BABA. — Ce moule se fait toujours en cuivre étamé à l'intérieur; dans le milieu du moule est une douille creuse disposée de manière à former un vide au centre du baba lorsque celui-ci est démoulé.

MOULE A BRIOCHE (tête). — Le moule est en fer-blanc, il est d'une forme évasée avec de petites cannelures tout autour.

MOULE A CHARLOTTE. — Le moule est en cuivre étamé à l'intérieur ou en fer battu. Il a la forme d'une casserole légèrement évasée du haut, mais il est muni d'un couvercle; on se sert également de ce moule pour les brioches mousselines, gâteaux de riz, timbales, etc. etc.

MOULE A FLAN. — Plaque ronde en fer-blanc avec un rebord.

MOULE A FROMAGE. — Moule en fer-blanc de forme variée dans lequel on met les compositions glacées pour leur donner une forme agréable.

MOULES A GELEES. — Les moules pour entremets glacés, soit gelées, bavarois ou blanc-manger sont d'ordinaire cannelés avec une douille au milieu pour former un vide au centre de l'entremets. Ils sont en cuivre étamé à l'intérieur et de formes et de dessins variés.

MOULES A NOUGAT. — Les moules à nougat sont en cuivre étamé ; les formes en sont très nombreuses. Choisissez-les gracieuses, mais tâchez qu'elles permettent de mouler facilement.

Les moules à nougats sont les mêmes que les moules pour biscuits de Savoie.

MOULES A PATES. — Ces moules sont en fer-blanc avec cannelures destinées à mouler seulement la bonde du tour aux parois du pâté. On en fait de ronds, d'ovales, en forme de corbeilles plus ou moins élevées.

MOULE A PUDDING. — Est en fer-blanc en forme de dôme profond, un couvercle doit le fermer hermétiquement, ce couvercle est percé de trous comme une écumoire.

MOULE A SAVARIN. — Il a la forme d'une couronne unie, il est creux au milieu et muni d'une douille comme le moule à baba, on fait ce moule de différentes grandeurs, soit en cuivre étamé à l'intérieur ou en fer-blanc.

MOULE A TARTES. — Plaque en tôle ronde avec un rebord cannelé. Il en existe en deux parties avec fond mobile, commodes pour démouler les tartes.

NAPPER. — Couvrir un plat ou un flan d'une couche de jus, de gelée de confiture, etc., etc., etc.

PANER. — Couvrir de mie de pain ou de chapelure les viandes, poissons ou autres aliments; pour cette opération, on trempe l'objet dans du beurre fondu et on le roule dans la mie de pain ou la chapelure.

PARER. — Enlever aux viandes, volailles, poissons, etc., toutes les parties qui peuvent nuire à leur forme ou au dressage d'un plat.

PASSOIRE. — On emploie la passoire pour purées de légumes et pour égoutter les fritures; on peut aussi s'en servir pour passer le bouillon, mais on doit de préférence employer le chinois.

PAUPIETTES. — Tranches de viandes minces et un peu larges, filets de poissons destinés à être roulés avant la cuisson.

PESE-SIROP. — Est un appareil en verre gradué qui sert à reconnaître les différents degrés de cuisson du sucre. Il est indispensable pour les travaux d'office.

PINCE A PATE. — Petit instrument en cuivre étamé avec deux branches dentelées. Il est d'un grand usage en pâtisserie et sert pour pincer le rebord des pâtes, le tour des flancs, etc.

PIQUER. — Introduire de petits bâtonnets de lard à la superficie des pièces de boucherie, ou sur les filets des volailles et des gibiers. Cette opération se fait à l'aide d'une lardoire et les morceaux de lard coupés en carrés longs ne doivent avoir que 2, 3 ou 4 millimètres d'épaisseur.

PLAFOND. — Plaque de métal dont le rebord est formé d'un gros fil de fer; le plafond sert pour poser les pâtisseries et pour faire cuire au four.

POCHE A DECORS. — C'est un cornet en étoffe très légère en forme d'entonnoir dans lequel on met à l'extrémité une douille en fer-blanc. On emplit la poche de l'appareil préparé que l'on doit dresser et on plie la poche du haut pour faire sortir sur une plaque ou un papier ce que l'on veut dresser, tels que biscuits, langues, etc., etc.

POCHER. — Plonger dans l'eau bouillante ou du bouillon, des quenelles de volaille, de poisson, de veau, etc., et les laisser jusqu'à cuisson; les œufs se pochent dans l'eau acidulée, le lait, le bouillon ou le sirop bouillant; les laitances dans l'eau salée et acidulée.

Pocher au four, faire raidir au four des filets ou des escalopes de volaille, de poisson, de foie gras, etc., dont on achève la cuisson dans une sauce.

POELON D'OFFICE. — Est une espèce de casserole en cuivre rouge qui sert en petit au même usage que la bassine à confiture, cuisson du sucre, du nougat, etc.

POINTE. — Se dit pour exprimer une très petite quantité d'un assaisonnement quelconque; une pointe d'ail, une pointe de muscade, etc.

POISSONNIERE. — Ustensile pour la cuisson des gros poissons. Il se fait en fer battu ou en cuivre étamé et possède un double fond ou feuille trouée à deux anses; on pose le poisson sur cette feuille que l'on place ensuite au fond de la poissonnière et qu'on retire facilement à l'aide des anses lorsque le poisson est cuit. Cette feuille étant à trous permet aussi au poisson de s'égoutter.

PUITS. — Le vide formé par les mets que l'on a dressés en couronne; ce vide se remplit ordinairement avec une sauce ou une purée, une garniture de légumes, de truffes, etc.

RAFRAICHIR. — Après avoir fait blanchir les légumes, les viandes ou les fruits, on les met dans une grande quantité d'eau froide pour conserver la couleur primitive des légumes, faire nettoyer les viandes et raffermir les fruits.

REDUCTION. — Evaporation prompte et à feu vif afin de donner au liquide réduit une belle couleur et un goût corsé.

REVENIR. — Mettre la viande dans un plat à sauter ou dans une casserole préalablement garnie de beurre très chaud et faire prendre couleur.

RISSOLER. — Faire prendre couleur aux viandes ou autres mets, soit en les faisant jaunir dans le beurre, soit en les exposant à un feu de broche ou à la chaleur du four.

ROULEAU. — Le rouleau est un morceau de bois dur tourné, de 40 centimètres de longueur sur 3 ou 4 centimètres de diamètre avec lequel on étend les pâtes sur le tour pour les feuilleter.

ROUSSIR. — Faire revenir dans une casserole une quantité de farine avec un morceau de beurre en lui faisant prendre une couleur brune.

SALPICON. — Nom donné à toutes espèces de substances cuites et coupées en forme de petits dés pour servir à la préparation de bouchées, rissoles, timbales, etc.

SANGLER. — C'est garnir une sorbetière de glace et de sel, placer la sorbetière dans le seau et remplir le vide de sel et de glace en mettant cinq fois autant de glace que de sel.

SASSER. — Enlever la pelure mince qui recouvre les légumes nouveaux, tels que carottes, pommes de terre, etc.; ou débarrasser les cornichons du duvet qui les recouvre ainsi que les petits melons cueillis avant leur maturité. Pour cette opération se servir d'un linge de grosse toile, neuf autant que possible; y mettre les légumes à sasser avec une ou deux poignées de gros sel; rouler les deux bouts du torchon et secouer fortement pendant quelques minutes; ensuite laver et essuyer avec soin les légumes qui doivent être mangés frais; essuyer seulement ceux qui, ainsi que les cornichons, seraient destinés à être conservés au vinaigre.

SAUPOUDRER. — Mettre en assez grande quantité du sel fin ou du sucre en poudre sur les viandes, poissons, gâteaux, etc.

SAUTER. — Mettre dans du beurre chaud et faire cuire à feu ardent et sans mouillement, volailles, poissons, légumes, etc.

SAUTOIR. — Grande casserole plate en cuivre étamé, destinée à faire sauter les volailles et le gibier.

SOCLE. — Piédestal à base plus longue que haute sur lequel on pose une pièce de cuisine ou de pâtisserie.

SORBETIERE. — Vase d'étain en forme de cône dans lequel on fait geler les glaces.

SPATULE. — Ustensile de bois dur, de préférence en buis, long et mince, servant à remuer les compositions qui sont sur le feu. Sert aussi pour travailler les pâtes à biscuits.

TAMIS. — Les tamis sont indispensables dans une cuisine et on doit même en avoir de p'usieurs manières; des tamis en crin pour les bouillons consommés, etc., etc.; des tamis en fil de fer étamé pour les purées et des tamis de soie pour sucre à glacer, etc.

TOMBER A GLACE. — Faire réduire un mouillement quelconque jusqu'à ce qu'il ait atteint la consistance d'un sirop et qu'il ait pris une belle couleur.

TORREFIER. — Brûler, exposer à l'action du feu; on torréfie le café, le cacao, etc.

TOURER (terme de pâtisserie). — Donner un ou plusieurs tours à la pâte.

TOURNER. — Donner à des légumes une forme régulière, c'est-à-dire les tailler en boules, olives, poires, etc.
On tourne aussi les champignons, les truffes et les fruits.

TOURTIERE. — Petit plateau rond en tôle très forte dont on se sert pour faire cuire les flans de fruits, galettes, etc.

TRAVAILLER. — Remuer une pâte avec une spatule de bois pendant un certain temps.

On travaille une sauce en la remuant sur le feu jusqu'à ce qu'elle soit réduite à son point.

TROUSSER. — Voir brider.

TRUFFER. — Garnir l'intérieur d'une volaille ou d'un gibier avec des truffes assaisonnées; et aussi passer entre la chair et la peau des truffes coupées en lames.

TURBOTIERE. — Grande bassine en forme de losange ayant un double fond percé de trous et muni de deux anses; on pose sur ce double fond le turbot ou tout autre poisson plat, et la cuisson terminée on peut le retirer sans l'abîmer, puis le laiser égoutter.

VANNER. — Remuer une sauce jusqu'à ce qu'elle soit refroidie afin de la rendre lisse et d'empêcher qu'il se forme une peau dessus.

ZESTE. — C'est la surface extérieure de certains fruits, tels que bigarades, citrons, oranges. etc.; on enlève le zeste à l'aide d'un petit couteau d'office ou encore en frottant le fruit sur du sucre en morceaux dont on prépare ensuite un sirop, ou sur une râpe.

ALIMENTATION des MALADES

Les Régimes

ALIMENTATION DES MALADES
Les Régimes

« Le régime et le repos contribuent souvent autant et plus que
« les drogues médicinales à rendre la santé aux malades. » (Armand
.Gauthier).

La cuisine, en apportant à l'organisme humain des aliments variés,
des épices, des graisses, joue un rôle considérable pour la santé.

« En réalité, contrairement à l'opinion assez répandue, il n'est pas
« de régime pour telle ou telle maladie, de même qu'il n'est pas de
« remède particulièrement désigné pour guérir tel ou tel état ma-
« ladif. » (Pierre-Louis Rehm).

Le médecin ne doit pas se désintéresser de la cuisine. En effet,
bien des affections proviennent de mauvaises habitudes et d'une alimentation mal réglée.

Il ne faut pas se laisser guider uniquement par les goûts, les ap-
pétits que chacun de nous peut avoir. Certes, il faut faire attention
au sentiment de la faim qui indique un besoin de l'organisme, mais,
aussi, on doit comprendre que l'habitude nous crée des excitations
factices, des besoins artificiels.

De même que certaines personnes s'accoutument à l'alcool et ne
peuvent plus s'en passer, bien que cela les rende malades, de même un
obèse par exemple, un goutteux, un arthritique, mange trop de viandes
trop riches, des gourmandises contenant des toxines et en ressent la
nécessité absolument comme l'alcoolique réclame son apéritif.

La cuisinière ne saurait se substituer au médecin et ce serait trop
lui demander que d'exiger d'elle la connaissance de la valeur et de la
composition chimique des aliments qu'elle prépare.

Cependant, il est indispensable qu'elle connaisse certaines préparations correspondant à la nécessité de donner aux malades des aliments savoureux, de bonne qualité, préparés avec soin, avec les condiments permis et même indispensables parfois, afin d'offrir des plats
agréables à l'odorat et au goût. Ces recettes visent à conserver toute la
saveur désirable aux aliments sans nuire à la facilité de la digestion.

Chez des sujets fatigués, ayant peu ou pas d'appétit, l'alimentation
devient impossible si la cuisine n'est pas très soignée.

La cuisine des régimes est très simple, elle n'exige qu'un peu de surveillance et de goût. Après les recettes, on trouvera un certain nombre de menus conçus pour diverses maladies.

Bouillon gras, Consommé

Prendre un morceau de bœuf dans la côte et le jarret. Mettre dans une marmite en terre des os concassés et un beau morceau de foie de bœuf que l'on recouvrira d'eau froide (2 litres d'eau et 35 grammes de sel par k. de viande). Ajouter une cuiller à café d'acide chlorhydrique, autrement dit d'esprit de sel et laisser la préparation se digérer à froid pendant au moins 2 heures. Après quoi, mettre sur le feu jusqu'à ébullition, sans écumer, passer; puis ajouter carottes, navets, poireaux, laisser encore bouillir 10 minutes et ajouter la viande.

Il faudra laisser bouillir à feu doux pendant 5 heures en ayant soin de maintenir un poids sur le couvercle de la marmite. Avant de terminer la cuisson, colorer avec un peu de caramel. Quand le bouillon est prêt, on le dégraisse et on le verse bouillant dans un tamis placé sur une soupière.

Bouillon aux herbes

Mettre dans un litre d'eau, une poignée d'oseille, une feuille de poireau, de la laitue, du cerfeuil, un peu de sel. Faire bouillir. Quand l'eau est diminuée d'un tiers, retirer du feu, mettre un peu de beurre fin, passer. Ce bouillon sera bu très chaud.

Bouillon de poulet

Mettre dans une marmite un poulet maigre ou une poule. ajouter 3 litres d'eau, saler légèrement, faire bouillir. Quand l'eau bout, ajouter carottes, navets, poireaux et un peu de cerfeuil. Laisser bouillir au moins 2 heures.

Bouillon de légumes

Mettre 45 grammes de carottes, 60 grammes de pommes de terre. 15 grammes de navets, 6 grammes de pois secs et 6 grammes de haricots secs. Faire bouillir 4 heures dans un vase couvert, avec 5 grammes de sel par litre de bouillon.

On peut encore prendre la formule suivante qui est à proprement parler le *bouillon de céréales* :

Faire bouillir 3 heures dans 3 litres d'eau, avec 10 grammes de sel, une cuillerée à bouche de chacune des 6 substances suivantes: blé concassé, maïs concassé, orge perlée ou mondée, haricots blancs, pois secs, lentilles. Il reste environ un litre de bouillon que l'on passe. On peut ajouter suivant les goûts, au moment de servir, une cuillerée à café de farine de blé, de farine d'orge ou de farine de riz pour 100 grammes de bouillon très chaud.

Jus de viande

Il y a différentes façons de préparer le jus de viande. La plus simple consiste à prendre de la viande de cheval ou de mouton crue, de la couper en dés et de la passer dans une presse spéciale qui extraira le jus. Mais, tout le monde n'a pas une presse à viande; il est bon de savoir préparer un jus de viande avec des moyens simples.

On mettra dans une marmite placée au bain-marie, c'est-à-dire plongée jusqu'au 2/3 de la hauteur dans un vase contenant de l'eau, de la viande de mouton, de cheval ou de bœuf choisie dans les parties maigres et juteuses. On la coupera en dés. On pourra ajouter quelques carottes, des poireaux coupés, des navets et un peu de sel. Il faudra fermer soigneusement le couvercle. On laissera bouillir pendant 6 heures. On passera et on ne donnera que le jus, qui est très nourrissant.

Thé de viande

On prend 125 grammes de viande crue, viande de cheval ou de mouton et on la hache. On la place dans une passoire fine, on saupoudre d'un peu de sel et on verse dessus, par très petite quantité, de l'eau bouillante, comme on fait pour confectionner le café. On recueille le jus dans une tasse.

Viande crue

Dans la crainte des parasites, il est recommandé de ne donner crue que de la viande de mouton ou de la viande de cheval. Il y a différentes manières de donner la viande crue. La plus simple consiste à donner un morceau tendre, maigre, par exemple dans le filet, saupoudré de sel et que l'on assaisonne, au moment de manger, avec un jus de citron, de la même façon que l'on mange les huîtres.

La viande crue se digère 3 fois plus vite que la viande cuite et même que la viande rôtie et saignante. Elle convient particulièrement aux estomacs affaiblis, et même aux jeunes enfants qu'il faut sevrer prématurément ou qui digèrent mal le lait.

Autant que possible, la viande crue sera privée de graisse et râpée, ou pulpée, si le malade répugne à la manger comme une viande cuite.

Il vaut mieux ne pas hacher la viande crue. En la pulpant, on laisse de côté les substances indigestes. Pour pulper la viande crue, il suffit de la râcler avec le tranchant d'un bon couteau, comme on râcle, par exemple, un salsifis.

Avec la pulpe, on fabrique des boulettes grosses comme une noisette et on les donne légèrement salées, ou bien roulées dans du sucre en poudre, aromatisées avec un peu de cognac, de rhum, de gelée de fruits, etc.. Pour les estomacs délicats, ces boulettes de viande crue doivent être avalées sans être mâchées. On arrive ainsi à faire absorber d'une seule fois 100 grammes et plus de viande crue.

Viande rôtie

Pour les malades, la meilleure façon de donner la viande c'est rôtie ou grillée.

On fait saisir la viande sur feu vif, de façon à la cuire en surface en la laissant saignante à l'intérieur.

Quand elle est bien dorée, on la place entre deux assiettes creuses, chaudes, et on ajoute un morceau de beurre frais, puis on sale.

On fera bien d'entailler la viande de quelques incisions superficielles. Au bout de quelques minutes, on peut servir la viande, elle a rendu un jus assez abondant.

On peut mettre, si l'on veut un peu de persil haché et servir avec une rondelle de citron.

Pour les malades, on ne donnera jamais de viande sautée au beurre ou à la graisse, pas plus que de viande bouillie.

Consommé au jus de viande

Dans un bol de consommé préparé comme il a été dit plus haut et bouillant, on jette 100 grammes de viande crue hachée. On passe.

Poisson grillé

Tous les poissons ne conviennent pas aux malades, notamment les poissons gras. Comme par exemple, le maquereau, le hareng, le thon, le saumon, l'anguille, etc... Par contre, on peut recommander la sole, la truite, le brochet, l'alose, le merlan, le mulet, le grondin ou rouget, etc...

On évitera pour les malades les fritures, les poissons bouillis ou en matelote. Il n'est qu'une façon de servir du poisson aux estomacs délicats, c'est de le donner rôti.

Le poisson étant nettoyé, dépouillé ou privé de ses écailles, on le frotte entièrement avec un peu de beurre fondu ou de l'huile sans goût; on le sale et on le met à rôtir sur le gril. Suivant l'épaisseur du poisson, la cuisson durera 1/4 d'heure, 1/2 heure.

On retire du feu, on met un morceau de beurre qui fondra à la chaleur du plat et on sert avec un citron coupé.

Œuf cru

Quand on a des œufs très frais, on perce un trou au sommet, puis on fait une couverture à l'extrémité opposée. On met une pincée de sel et on remue l'intérieur de l'œuf avec le manche d'une petite cuiller. Le malade n'a plus qu'à gober. Certains sujets ne supportent pas les œufs crus. On peut essayer de les leur donner battus dans du porto avec du sucre en poudre, en aromatisant si l'on veut avec une pincée de cannelle en poudre ou un peu de muscade rapée.

D'autres préféreront les œufs crus battus dans une tasse de lait tiède et sucré; d'autres des œufs crus battus dans du bouillon de viande tiède. De toutes manières, il convient de passer le mélange sur une passoire fine afin d'enlever des parcelles d'albumine qui donnent sous la langue une sensation désagréable et sont la cause habituelle du dégoût manifesté par les malades quand on leur donne des œufs crus.

Cervelle

On prendra des cervelles de mouton ou de la cervelle de veau; on enlèvera la toile fine qui est adhérente et contient des petits vaisseaux sanguins, puis, on mettra la cervelle dans de l'eau tiède et on la laissera cuire dans un court-bouillon assaisonné des condiments habituels.

Retirer, égoutter et dresser dans un plat chaud avec du beurre fondu ou de la sauce tomate ou une sauce béchamel.

Riz de veau

Se prépare de la même manière que la cervelle.

Rognon de mouton

Ouvrir les rognons par le milieu, sur leur bord selon leur plus grande longueur, enlever la peau qui les recouvre, les placer sur un gril. Mettre un petit morceau de beurre et les faire cuire à feu vif.

Dresser sur un plat chaud avec un morceau de beurre qui fondra à la température du plat. Saler et mettre un peu de persil haché fin.

Préparation des légumes (dite à l'anglaise)

Pour les estomacs délicats, on ne devra jamais donner de beurre cuit ou de graisse ayant subi la transformation que leur apporte la chaleur lorsqu'il ont atteint le degré qui les fait chanter dans la poêle. Par contre, il n'y a aucun inconvénient à donner du beurre frais, fondu à douce température. C'est sur ce principe qu'on se base pour préparer les légumes ou les pâtes alimentaires.

Les légumes ou les pâtes se cuisent à l'eau légèrement salée. Quand ils sont à point, on les retire, on les passe, on les égoutte et on les met sur un plat chauffé. C'est alors qu'on ajoute le beurre qui doit fondre doucement. Pour ne pas que le plat se refroidisse, on recouvrira avec un couvercle ou une assiette creuse retournée; on sale au moment de servir et on ajoute, suivant les goûts, l'assaisonnement voulu.

Tisanes

Les tisanes se préparent en faisant agir de l'eau sur des plantes fraîches ou desséchées. On distingue: *la macération, l'infusion* et *la décoction.*

La macération s'obtient en laissant la plante dans de l'eau à la température ordinaire pendant un temps asez long, après quoi on passe.

L'infusion consiste à verser de l'eau bouillante sur la plante, puis à laisser un certain temps en présence, loin du feu, et passer.

La décoction s'obtient en faisant bouillir ensemble l'eau et la plante pendant un temps assez long.

Les temps de préparation et les dosés varient suivant les substances employées.

Salade cuite

Prendre de la chicorée, ou bien de la laitue, soigneusement nettoyée, feuille par feuille, lavée à grande eau, puis mettre à bouillir dans une marmite pendant au moins 20 minutes à grande eau, légèrement salée. Egoutter, presser fortement pour extraire toute l'eau, puis hacher fin. On sert en assaisonnant avec un bon morceau de beurre frais et un peu de jus de viande.

Panade

Piler 40 grammes de pain rassis (mie et croûte). Faire griller
sec dans une poêle, en remuant sans cesse; mettre dans une casserole,
ajoutez 4 cuillerées à soupe d'eau et laisser cuire une heure sous couvercle. Au bout de ce temps, ajouter 1/4 de litre d'eau ou de lait
bouillant et battre vigoureusement avec un fouet: Salez ou sucrez,
passez, liez à volonté au moment de servir avec un jaune d'œuf et
un peu de beurre frais.

Pain d'épices

Prendre 20 grammes de girofle, 20 grammes de cannelle, 20
grammes de carbonate de potasse, 1 gramme 50 d'anis, 1 gramme
50 de coriandre, pour un kilo de farine de seigle. Mélanger le tout
ajoutez 50 grammes d'eau, puis du bon miel de Bourgogne en quantité suffisante pour faire une pâte, pétrir avec soin, puis diviser en
gâteau que l'on dore aux jaunes d'œufs. Faites cuire au four.

Lait de poule

Faire chauffer un bol de lait bouilli, mais s'arrêter avant l'ébullition. Dans un autre bol délayez un jaune d'œuf battu, séparé de son
blanc, dans un peu de lait réchauffé. Sucrez, aromatisez à volonté
avec un peu de fleur d'oranger ou de rhum, de caramel ou de chocolat ou de café, puis, versez lentement le mélange de lait et de
jaune d'œuf dans le lait maintenu chaud sur le feu doux, tournez
doucement et servez après avoir passé.

Lavement alimentaire

Il faut penser aux malheureux malades que l'on ne peut ali-
menter et que l'on ne soutient qu'avec des lavements alimentaires.
Après un petit lavement évacuateur composé d'un demi-litre d'eau
bouillie, une demi-cuiller à café de sel et un verre d'huile, on
donnera très lentement, avec une poire en caoutchouc, un lavement
alimentaire comme, par exemple les préparations suivantes:
1. Mettre dans 150 grammes d'eau chaude un jaune d'œuf battu
5 à 20 grammes de peptone sèche et un gramme de sel de cuisine.
2. Ou encore battre dans 250 gr. de lait tiède 2 jaunes d'œufs,
une pincée de sel de cuisine, une cuillerée à bouche de vin rouge.
3. Ou encore donner 2 ou 3 jaunes d'œufs battus dans du café
noir sucré, une tasse environ, et une cuillerée à bouche de vin
rouge.
4. Ou encore : 4 jaunes d'œufs battus dans du consommé fraîchement préparé.

MENUS DE RÉGIMES

OBESITE

Les menus varient selon les auteurs

REGIME DE BOUCHARD

Cinq repas par jour comportant chacun 250 grammes de lait.
Un œuf à la coque ou cru ou battu dans le lait suivant les cas,
100 grammes de pain par jour.
Pendant 20 jours par mois.

REGIME D'EBSTEIN

Légumes à volonté.
Pas de graisses, ni sucre, ni farineux.
Pas d'alcool. Pas de vin, ni bière, ni cidre.
De la viande grillée à midi seulement.
Remplacez le pain par des pommes de terre cuites à l'eau.

MENU VEGETARIEN

(Printemps)

Pommes de terre en salade
Carottes sautées
Salade cuite
Cerises
Pain de seigle — beurre

—o—

Radis
Petits pois sautés
Pommes de terre à l'anglaise
Fraises
Pain — beurre

MENU D'ÉTÉ

Olives
Haricots verts sautés ou à l'anglaise
Prunes
Pain, beurre

MENU D'AUTOMNE

Melon ou potiron en potage
Céléri en branches
Poires, ou pommes ou raisin

MENU D'HIVER

Céleri rémoulade
Betteraves sautées
Salade cuite
Compote de pommes

—o—

Bouillon de légumes
Bettes sauce à la crème
Pommes de terre au four
Pruneaux ou compote de fruits secs ou oranges

RÉGIME MIXTE

Petit déjeuner

Thé léger avec un peu de lait, sans sucre

A midi

Repas ordinaire avec peu de graisse, peu de sucre, peu de pain

Dîner

Bouillon de légumes
Salade
Fruits frais
50 grammes de pain rassis ou grillé

ARTHRITISME, GOUTTE, GRAVELLE

Petit déjeuner

Café au lait (si possible, café privé de caféïne) ou lait chaud
Pain, beurre

A midi

Hors d'œuvre
Viande ou poisson grillé
Légumes verts
Fromage, non fermenté (Suisse, Gervais, double-crème)
Fruits
Boissons: eau pure, eau d'Evian, Contrexéville, Vittel

Diner

Bouillon de légumes ou bouillon aux herbes
Salade
Fromage non fermenté (Suisse, Gervais, double-crème)
Fruits frais à volonté

DYSPEPSIE

Ne pas boire en mangeant.
Boire 1/4 d'heure avant ou 1 heure après, de l'eau pure ou de
l'eau de Vichy Célestins, Vichy Lardy.

MENUS

Huîtres
Maigre de jambon
Purée de carottes
Crème cuite
Fruits de saison
Pain grillé — beurre

—o—

Sole grillée
Nouilles au beurre
Petit suisse
Fruits de saison
Pain grillé — beurre

—o—

Potage semoule au lait
Œufs à la coque
Pommes de terre à l'anglaise
Fromage blanc
Fruits de saison
Pain grillé — beurre

Bouillon de légumes
Filet de bœuf grillé
Salade cuite au jus
Fromage Coulommiers double-crème
Fruits de saison

HYPERCHLORHYDRIE

Tapioca au lait
Pommes de terre à l'anglaise
Œufs à la neige
Biscuits secs
Pain grillé — beurre
Eau pure ou lait coupé d'eau

DILATATION D'ESTOMAC

Maigre de jambon
Viande pulpée
Salade cuite
Fromage de Hollande
Fruits cuits, peu sucrés
Infusions légères de thé chaud

CONSTIPATION, APPENDICITE

Olives, beurre ou sardines à l'huile
Rosbif froid mayonnaise
Carottes sautées
Brie
Pruneaux
Pain de son — beurre

—o—

Bouillie d'avoine
Veau roti
Salade
Camembert
Pain d'épice
Fruits cuits
Pain de son — beurre

Bouillon de poulet
Poule au pot
Légumes de la poule
Choux-fleurs sautés
Coulommiers
Fruits de saison

—o—

Salade russe
Riz de veau à l'oseille
Haricots verts à l'anglaise
Fromage de chèvres
Cerises ou prunes

—o—

Soupe au potiron
Gigot roti — pommes frites
Salade
Fromage double-crème
Compote de fruits

———

ENTERITE — (Diarrhée chronique)

Soupe au lait
Rouget grillé
Nouilles au beurre
Fromage de gruyère
Riz au sucre

—o—

Potages farine de riz
Bifteck grillé
Pommes de terre à l'anglaise
Crêpes Suzette
Confitures

—o—

Tapioca au lait
Côtelette grillée
Purée de pommes de terre
Petit suisse au sucre
Crème renversée

———

MALADIES DE FOIE

Tomates en salade
Côtelette maigre grillée
Carottes sautées
Fromage blanc
Raisin frais à volonté

—o—

Sole grillée
Bifteck grillé
Salsifis à la crème
Fromage double-crème
Fruits de saison

—o—

Artichauts vinaigrette
Porc maigre rôti
Salades cuites
Chou-rave
Fromage demi-sel
Fruits de saison

—o—

Huîtres
Poulet rôti
Céléris-raves au jus
Fromage de Hollande
Fruits de saison

DIABETE SUCRE

Olives, beurre
Porc frais rôti
Topinambours, ou crosnes
Fromage à la crème sans sucre
Noix ou amandes

—o—

Jambon d'York, beurre
Entrecôte
Haricots verts
Fromage demi-sel
Fraises nature sans sucre

Daube de bœuf aux carottes
Scorsonères ou salsifis sautés
Salade de cresson
Fromage de Hollande
Noisettes, amandes

—o—

Radis au beurre
Merlan grillé
Veau à la casserole
Epinards ou oseille
Salade à la crème
Fromage de Cantal
Groseilles ou pêches

—o—

Huîtres
Jambon, lard avec choucroute
Fromage double-crème
Oranges
Un petit verre de kirsch

NEPHRITES

Les aliments sont préparés sans le *moindre grain de sel*. On mangera du pain *sans sel*, ni café, ni thé, ni boissons spiritueuses, ni alcool.

Potage au lait
Œuf à la coque
Purée de pommes de terre
Crème cuite
Fruits

—o—

Tomates en salade
Porc maigre roti
Salade cuite
Fromage blanc
Fruits

—o—

Radis
Bœuf grillé
Carottes sautées (ou pois verts)
Œufs à la neige
Fruits

Potage au lait et pâtes d'Italie
Poule au riz
Salade verte
Crêpes Suzette
Fruits

MALADIES DE CŒUR
(Très variable)

MENUS MOYENS

Tapioca au lait
Noix de côtelette grillée
Purée de pommes de terre
Fromage à la crème
Fruits de saison

—o—

Sagou au lait
Jambon cuit aux épinards
Pain d'épice — beurre
Confitures

—o—

Œufs pochés sauce tomate
Pommes de terre à l'anglaise
Salade
Fromage de gruyère
Pets de nonnes

—o—

Jambon d'York, beurre
Sole grillée
Nouilles à l'italienne
Pêche melba

TUBERCULOSE

(Selon les cas et les auteurs, les régimes varient tellement qu'on ne peut indiquer de menus).

CONVALESCENTS
APPETIT CAPRICIEUX

Œufs brouillés aux champignons
Noix de côtelette grillée
Haricots verts à l'anglaise
Camembert
Fruits

—o—

Cervelle sautée
Nouilles à l'italienne
Fromage demi-sel
Compote de poires

—o—

Huîtres, pain de son, beurre
Jambon d'York
Artichauts vinaigrette
Brie
Fruits

—o—

Olives, beurre
Escalope de veau panée
Tomates au four
Fromage à la crème
Salade d'oranges

—o—

Sole grillée sauce hollandaise
Pommes à l'anglaise
Oublies
Glace à la vanille

—o—

Salade de tomates
Chateaubriand pommes soufflées
Salade
Chester, beurre
Pain d'épice, miel (ou confitures)

Œufs battus dans du porto
Bifteck grillé
Petits pois aux cœurs de laitue
Fromage à la crème
Fruits

—o—

Jus de viande
Œufs à la coque, pain beurre
Glace au café

—o—

Consommé
Œufs pochés au bouillon, sauce tomate
Carottes à la crème
Gruyère
Gâteau de riz

—o—

Aile de faisan roti
Choucroute
Fromage de Hollande
Compote de pommes

—o—

Bouillon de légumes
Poulet roti
Salade
Soufflé à la vanille

MENUS

selon les produits de la saison

MENUS
selon les produits de la saison

MENUS DE JANVIER

Déjeuner

Omelette au fromage
Bifteck
Pommes de terre frites
Fromage
Œufs à la neige

Déjeuner

Crevettes, beurre
Côtelettes de mouton
Macaroni au gratin
Fromage
Pain de Gênes
Crème au chocolat

Déjeuner

Hors d'œuvre
Cervelle frite
Veau braisé
Crêpes morvandelles
Fromage
Compote de pommes

Déjeuner

Soles au vin blanc
Gigot roti
Flageolets au jus
Fromage
Gâteaux

Déjeuner

Moules meunière
Choucroute garnie
Fromage de Munster
Baba au kirsch

Déjeuner

Œufs béchamel
Bœuf en daube
Pommes de terre en robe de chambre
Fromage
Gâteau de riz

Déjeuner

Huîtres
Homard grillé
Chateaubriand pommes paille
Champignons grillés
Fromage
Bananes — Oranges

Déjeuner

Daurade au gratin
Rognons sautés
Choux de Bruxelles au beurre
Fromage
Confitures, gâteaux secs

Déjeuner

Soufflé au fromage
Pot au feu
Jambon
Salade
Fromage
Crème renversée

Dîner

Potage poireaux pommes de terre
Cervelle béchamel
Poulet rôti
Salade d'endives
Fromage
Mandarines — bananes

Dîner

Consommé
Poulet au blanc
Filet de bœuf roti
Salade de saison
Fromage
Brioches, confitures

Dîner

Soupe au lait paysanne
Brochet au bleu mayonnaise
Lièvre rôti
Cardons à la moelle
Fromage
Pommes au beurre

Dîner

Soupe au potiron
Omelette aux champignons
Canard rôti
Salade
Fromage
Gâteau Quillet

Dîner

Potage de légumes
Turbot hollandaise
Veau roti
Epinards au jus
Fromage
Crêpes

Dîner

Consommé tapioca aux jaunes d'œufs
Vol-au-vent
Perdreaux rôtis
Foi gras
Salade
Fromage
Ananas au kirsch

Dîner

Soupe à l'oseille à la crème
Timbale milanaise
Chevreuil mariné
Purée de marrons
Salade
Fromage
Glace vanille

Dîner

Tapioca au lait
Œufs à la coque
Jambon au madère
Nouilles au fromage
Petits suisses
Gâteau de marrons

Dîner

Potage Saint-Germain
Coquilles Saint-Jacques
Civet de lièvre
Salade
Fromage
Pets de nonnes

MENUS DE FEVRIER

Déjeuner

Omelette aux champignons
Côtelettes de mouton
Purée de pommes de terre
Fromage
Oranges

Déjeuner

Salade de museau de bœuf
Rôti de porc
Choux de Bruxelles
Fromage
Pommes au beurre

Déjeuner

Eperlans frits
Foie de porc au Madère
Salsifis à la crème
Fromage
Crêpes à la banane

Déjeuner

Œufs durs en surprise
Gigot rôti
Nouilles au fromage
Fromage
Soufflé au chocolat

Déjeuner

Tête de veau vinaigrette
Gigot au Carry
Riz à l'indienne
Fromage
Salade d'oranges

Déjeuner

Omelette au fromage
Riz de veau braisé
Epinards
Fromage
Œufs à la neige

Déjeuner

Sardines à l'huile beurre
Hachis parmentier
Salsifis frits
Fromage
Choux à la crème

Déjeuner

Hors-d'œuvre variés
Blanquette de veau
Croquettes de pommes de terre
Fromage
Brioches, confitures

Déjeuner

Pieds de porc, andouillettes, grillés
Purée de pommes de terre
Viande froide
Salade d'endives
Fromage
Gâteau de chocolat

Déjeuner

Moules marinières
Côtelettes de veau en papillotes
Pommes de terre soufflées
Fromage
Galettes de plomb, confitures

Dîner

Potage aux lentilles
Lapin sauté
Choux-fleurs au gratin
Fromage
Soufflé à la semoule

Dîner

Potage velouté aux choux-fleurs
Porc frais froid cornichons
Salade
Fromage
Moka au chocolat

Dîner

Soupe aux poireaux
Carré de veau au four
Salade cuite
Fromage
Crème au caramel

Dîner

Soupe à l'oignon gratinée
Pintade rôtie
Champignons rôtis
Salade
Fromage
Gâteau de marrons crème vanille

Dîner

Potage cresson
Sole frite
Pâté de lièvre
Salade
Fromage
Plum cake

Dîner

Consommé
Pot au feu
Salade de mâche-betterave
Fromage
Biscuits — Crème au kirsch

Dîner

Potage tapioca
Canard sauvage rôti
Purée de marrons
Salade
Fromage
Pommes — Poires — Mandarines

Dîner

Potage Crécy
Langouste mayonnaise
Poulet cocotte
Salade
Fromage
Tarte aux pommes

Dîner

Pâtes d'Italie au lait
Filet de bœuf rôti
Céleris-raves au jus
Fromage
Religieuse

Dîner

Soupe aux choux
Selle d'agneau rôtie
Flageolets au jus
Fromage
Madeleines — Crème au café

MENUS DE MARS

Déjeuner

Œufs brouillés au jambon
Tripes à la mode de Caen
Pommes soufflées
Fromage
Tartes aux pommes

Déjeuner

Hors-d'œuvres
Carré de porc rôti à la casserole
Choux braisés
Fromage
Abricots conservés au sirop

Déjeuner

Escargots à la bourguignonne
Gras-double lyonnaise
Pommes de terre dauphinoise
Fromage de Coulommiers
Kugelhof Alsacien

Déjeuner

Œufs à la coque
Poule au pot
Riz au gras
Fromage
Flan de l'Ile-de-France

Déjeuner maigre

Omelette au fromage
Maquereaux maître d'hôtel
Salsifis à la crème
Fromage
Pommes meringuées

Déjeuner maigre

Huîtres
Thon grillé
Oseille aux œufs durs
Fromage
Confitures — Pain de Gênes

Déjeuner maigre

Coquilles de homard
Matelote d'anguilles
Choux-fleurs gratin
Fromage
Crème au chocolat

Déjeuner maigre

Moules à la mayonnaise
Homard à l'américaine
Nouilles au fromage
Fromage
Saint-Honoré

Déjeuner maigre

Harengs saurs
Soles au gratin
Pomme de terre à l'anglaise
Fromage
Gâteau de riz

Déjeuner maigre

Soufflé au fromage
Brochet froid mayonnaise
Choux-fleurs sautés
Fromage
Pommes — Oranges — Mendiants

Dîner

Consommé
Veau à la casserole
Céleri au jus
Fromage
Beignets soufflés

Dîner

Potage julienne
Poulet rôti
Salade
Fromage
Crêpes à l'orange

Dîner

Potage Saint-Germain
Côte de bœuf à l'anglaise
Knepfels
Salade
Fromage
Baba au rhum

Dîner

Bouillon de poule
Epaule de mouton braisée
Salsifis sautés
Fromage
Mont-Blanc

Dîner

Panade
Cabillaud sauce hollandaise
Pommes de terre à l'anglaise
Fromage
Soufflé au potiron

Dîner

Potage haricots blancs
Truites maître d'hôtel
Artichauts à la crème
Fromage
Macarons — Fruits

Dîner

Soupe au poisson
Carpe au bleu
Crosnes sautés
Fromage
Rissoles à la confiture

Dîner

Soupe au potiron
Turbot à la crème
Céléri au gratin
Fromage
Galette feuilletée — Confitures

Dîner

Vermicelle au lait
Bar maître d'hôtel
Choux-fleurs à la crème
Fromage
Gâteau Quillet

Dîner

Potage aux légumes
Truite saumonnée mayonnaise
Champignons au gratin
Fromage
Croûte au madère

MENUS D'AVRIL

Déjeuner

Œufs en surprise
Poitrine de veau farcie
Pommes sautées
Fromage
Crème au café

Déjeuner

Omelette aux rognons
Entrecôte Bercy
Choux-fleurs au gratin
Fromage
Gâteau de Savoie — Confitures

Déjeuner

Timbale milanaise
Ragoût de mouton
Fromage
Pâtisserie

Déjeuner

Radis   au   beurre
Riz de veau financière
Haricots verts sautés
Fromage
Tarte à l'ananas

Déjeuner

Crevettes, beurre
Harengs frais gratinés
Choux-fleurs sautés
Fromage
Millefeuilles

Déjeuner

Hors-d'œuvre
Langue de veau à l'indienne
Artichauts à la barigoule
Fromage
Gâteau de Bruxelles

Déjeuner

Coquilles Saint-Jacques
Rognons sautés au vin blanc
Pommes de terre au lard
Fromage
Solférino

Déjeuner

Œufs brouillés aux truffes
Bœuf mode
Pommes de terre au four
Fromage
Charlotte russe

Dîner

Consommé
Chevreau rôti
Laitue braisée
Fromage

Dîner

Soupe au persil
Veau à la casserole
Oseille
Fromage
Omelette au rhum

Dîner

Potage aux fines herbes
Pigeons aux petits pois
Salade
Fromage
Crème au caramel

Dîner

Soupe aux haricots blancs
Selle d'agneau rôtie
Nouilles au fromage
Fromage
Soufflé à la vanille

Déjeuner maigre

Tapioca au lait
Omelette aux croûtons
Salade
Fromage
Gâteau de riz crème vanille

Dîner

Potage Saint-Germain
Lapin rôti
Purée de pommes de terre
Fromage
Nitouche

Dîner

Consommé œufs pochés
Poularde rôtie
Salade
Haricots verts sautés
Fromage
Pruneaux — Biscuits

Dîner

Potage à l'oseille
Bœuf mode froid sauce tartare
Laitue braisée au jus
Fromage
Ile flottante

MENUS DE MAI

Déjeuner

Œufs durs aux épinards
Entrecôte bordelaise
Haricots verts sautés
Fromage
Confitures — Kugelhof

Déjeuner

Kiche lorraine
Gras-double grillé à la crème
Asperges à la vinaigrette
Fromage
Cerises

Déjeuner

Concombres à la crème
Côtelettes de porc sauce piquante
Pommes de terre nouvelles sautées
Fromage
Cornets à la crème

Déjeuner.

Radis beurre
Caneton aux petits pois
Asperges au gratin
Fromage à la crème
Fraises au sucre

Déjeuner maigre

Œufs brouillés aux asperges
Raie au beurre noir
Pommes de terre à l'anglaise
Fromage
Pots de crème au chocolat

Déjeuner

Hors-d'œuvre
Foie de veau sauté
Pommes paille
Artichauts farcis
Fromage
Cerises en compote

Déjeuner

Sole frite
Pigeons aux petits pois
Fromage
Tarte aux fraises

Déjeuner

Fèves crues au beurre
Grillades de porc
Carottes sautées
Fromage
Kiche sucrée

Dîner

Soupe à l'oseille
Jambon d'York au madère
Nouilles
Fromage
Saint-Honoré

Dîner

Soupe à l'oignon
Selle de chevreau
Haricots verts à la Landaise
Fromage

Dîner

Soupe au persil
Poulet rôti
Asperges à la crème
Fromage
Tarte aux cerises

Dîner

Soupe aux poireaux
Veau aux carottes
Salade
Fromage
Butterkuchen — Bananes

Dîner maigre

Potage julienne
Colin sauce aux câpres
Carottes sautées Vichy
Fromage
Gâteau de Pithiviers

Dîner

Velouté crème d'asperges
Filet de bœuf rôti
Petits pois au sucre
Fromage
Tarte aux fraises

Dîner

Potage aux fines herbes
Gigot d'agneau rôti
Haricots verts sautés
Fromage
Clafoutis

Dîner

Bouillon gras
Vol-au-vent financière
Canard rôti
Petits pois
Salade
Fromage
Puits d'amour

MENUS DE JUIN

Déjeuner

Maquereaux grillés
Foie de veau à la Napolitaine
Asperges à la vinaigrette
Fromage
Cerises

Déjeuner

Tomates farcies
Ragoût de veau aux petits pois
Fromage
Fraises

Déjeuner

Pieds de mouton poulette
Grillades de porc
Pommes de terre nouvelles
Fromage
Salade de groseilles

Déjeuner

Melon
Entrecôte
Haricots verts sautés
Fromage
Tarte aux cerises

Déjeuner

Œufs à la gelée
Côtelettes de mouton marinées
Aubergines à la provençale
Fromage
Fraises à la crème

Déjeuner

Artichauts poivrade
Fricandeau de veau à l'oseille
Fromage
Beignets de fraises

Déjeuner

Fêves crues au beurre
Langue de bœuf sauce tomate
Aubergines farcies
Fromage
Chaussons aux cerises

Déjeuner

Cervelles de mouton sautées
Poulet au blanc
Asperges sauce mousseline
Fromage
Meringues

Déjeuner maigre

Salade de tomates
Truites maître d'hôtel
Pommes de terre nouvelles sautées
Fromage
Fraises au kirsch

Dîner

Potage paysanne
Epaule d'agneau farcie
Haricots verts sautés
Fromage
Tartelettes de fraises

Dîner

Potage crème de petits pois
Poulet rôti
Artichauts à la crème
Fromage
Glace à la fraise

Dîner

Potage Crécy
Filet de bœuf au madère
Laitues braisées
Fromage
Langues de chat et compote de cerises

Dîner

Potage crème d'asperges
Sole dieppoise
Tournedos Rossini
Petits pois
Salade
Fromage
Fruits — Glace à la vanille

Dîner

Melon
Omelette aux morilles
Bœuf braisé
Carottes sautées
Fromage
Compote de groseilles

Dîner

Potage Parmentier
Lapin en gibelotte
Asperges à l'huile
Fromage
Pets de nonne

Dîner

Consommé aux œufs
Langouste mayonnaise
Canard à la rouennaise
Laitues à la crème
Fromage
Croûte aux fraises

Dîner

Soupe à l'oseille
Viandes froides assorties
Laitue aux œufs durs
Fromage
Tarte aux cerises

Dîner maigre

Soupe au lait paysanne
Turbot sauce hollandaise
Pommes de terre dauphinoise
Fromage
Salade de fruits au champagne

MENUS DE JUILLET-AOUT

Déjeuner

Salade du lion rouge
Maquereaux grillés maître d'hôtel
Aubergines à la tomate
Fromage à la crème
Fruits

Déjeuner

Melon
Gras-double à la lyonnaise
Haricots panachés sautés
Fromage
Fruits

Déjeuner

Hors-d'œuvres de saison
Omelette à la tomate
Châteaubriand
Asperges au gratin
Fromage
Fruits

Déjeuner

Concombres à la crème
Bœuf bourguignon
Carottes sautées
Fromage
Fruits

Déjeuner

Œufs à la coque
Blanquette de véau
Purée de pommes de terre
Fromage
Fruits

Déjeuner

Hors-d'œuvre de saison
Côtelettes de veau en papillotes
Petits pois au sucre
Fromage
Fruits

Déjeuner

Sardines fraîches grillées
Foie de veau en brochette
Pommes de terre nouvelles
Fromage
Fruits

Déjeuner maigre

Melon
Daurade grillée
Artichauts à la vinaigrette
Fromage
Fruits

Dîner

Tourin à la tomate
Pot au feu
Légumes du pot-au-feu
Salade
Fromage
Tarte aux prunes

Dîner

Soupe à l'oignon
Bœuf mode
Salade
Fromage
Compote de cerises

Dîner

Soupe aux haricots verts
Poulet cocotte
Salade
Fromage à la crème
Poires au jus

Dîner

Julienne
Carré de veau à l'oseille
Aubergines à la tomate
Fromage
Riz aux abricots

Dîner

Crème de petits pois
Melon au champagne
Pigeonneaux rôtis
Haricots verts sautés
Foie gras glacé
Salade
Fromage
Pêche Melba

Dîner

Soupe au persil
Gigot au four
Pommes de terre nouvelles
Salade
Fromage
Pêches flambées

Dîner

Soupe de fèves
Œufs à la tomate
Salmis de lapin
Carottes à la crème
Salade
Fromage
Tarte aux abricots

Dîner maigre

Soupe à l'oseille
Matelote d'anguilles
Omelette aux pommes de terre
Salade de tomates aux piments
Fromage
Compote de prunes

MENUS DE SEPTEMBRE-OCTOBRE

Déjeuner

Œufs brouillés aux truffes
Côtelettes de mouton grillées
Pommes sautées
Fromage
Frnits

Déjeuner

Harengs marinés au vin blanc
Carré de porc aux choux
Fromage
Fruits

Déjeuner

Tête de veau tortue
Bifteck
Pommes frites
Fromage
Fruits

Déjeuner

Huîtres
Perdreaux aux choux
Salade
Fromage
Fruits

Déjeuner

Fraise de veau poulette
Lapin sauté
Haricots verts
Fromage
Fruits

Déjeuner

Hors-d'œuvre
Epaule de mouton
Haricots panachés
Fromage
Fruits

Déjeuner

Soufflé au fromage
Civet de lièvre
Croûte aux champignons
Fromage
Fruits

Déjeuner maigre

Coquilles Saint-Jacques
Homard à l'américaine
Aubergines sautées
Fromage
Fruits

Déjeuner

Potage consommé
Vol-au-vent
Dindonneau rôti
Haricots verts
Salade
Fromage
Pêches glacées

Dîner

Potage aux haricots blancs
Gigot rôti
Riz à l'indienne
Salade
Fromage
Tarte aux pommes

Dîner

*Potage à l'oseille
Faisan rôti
Salade
Petits pois
Fromage
Crème au chocolat*

Dîner

*Soupe aux poireaux
Langue braisée
Oseille aux œufs durs et jambon
Fromage
Beignets aux pommes*

Dîner

*Potage julienne
Veau rôti
Carottes sautées
Fromage
Tarte aux prunes*

Dîner

*Potage au potiron
Riz de veau béchamel
Perdreaux rôtis
Salade
Fromage
Poires cuites*

Dîner

*Consommé aux œufs
Côte de bœuf à l'anglaise
Pommes de terre sautées
Salade
Fromage
Pets de nonne*

Dîner maigre

*Potage aux fines herbes
Bar sauce aux câpres
Pommes de terre à l'anglaise
Champignons grillés
Fromage
Abricots au riz
Crème pralinée*

MENUS DE NOVEMBRE-DECEMBRE

Déjeuner

Maquereaux grillés
Tripes à la mode de Caen
Pommes paille
Fromage
Compote de pommes

Déjeuner

Hors-d'œuvre
Andouillettes, saucisses, boudins
Purée de pois cassés
Fromage
Fruits de saison

Déjeuner

Soles frites
Choucroute garnie
Fromage
Tarte aux pommes

Déjeuner

Saucisson beurre — Rillettes
Confit d'oie
Haricots rouges à la mexicaine
Fromage
Omelette au rhum

Déjeuner

Soufflé au fromage
Rognons de mouton en brochette
Pommes paille
Salade
Fromage
Marrons grillés

Déjeuner

Omelette aux champignons
Veau marengo
Nouilles au gratin
Fromage
Crème renversée

Déjeuner maigre

Gnocchi
Rougets maître d'hôtel
Croquettes de pommes de terre
Fromage
Fruits de saison

Déjeuner

Hors d'œuvre variés
Foie de porc au madère
Salsifis frits
Fromage
Crêpes normandes

Dîner

Consommé
Truites meunière
Oie aux marrons
Salade
Terrine de lièvre
Fromage
Glace à la crème Chantilly

Dîner

Soupe à l'oignon gratinée
Gigot rôti
Haricots flageolets
Salade de barbe de capucin
Fromage
Charlotte à la crème au kirsch

Dîner

Potage aux pois cassés
Civet de lièvre
Purée de marrons
Salade
Fromage
Pommes meringuées

Dîner

Consommé à l'œuf
Homard grillé
Dinde truffée
Salade de barbe de capucin
Fromage
Glace à la framboise
Gaufrettes

Dîner

Potage aux fines herbes
Vol-au-vent
Faisan rôti
Salade
Fromage
Petits fours glacés
Soufflé au chocolat

Dîner

Soupe au poireau
Filet de bœuf
Salsifis au jus
Fromage
Chausson aux pommes

Dîner maigre

Potage au potiron
Œufs au gratin
Quenelles de poisson au roux
Salade
Fromage
Gâteau de marrons

Dîner

Potage aux lentilles
Langouste sauce verte
Canard aux olives
Salade
Fromage
Parfait praliné

———

COMPOSITION D'UN THE-GOUTER

Sandwichs foie gras
Brioches
Sandwichs jambon
Sandwichs fromage
Choux à la crème
Crêpes Vatel
Baba au rhum

Petits fours
Fruits confits
Thé
Chocolat au lait
Porto
Bière

COMPOSITION D'UN BUFFET FROID POUR LUNCHS

Rosbif froid
Veau piqué froid
Saumon froid
Galantine de volaille
Sandwichs au jambon
Sandwichs au foie gras
Sanwichs à la salade
Salade russe
Sauce tartare
Sauce mayonnaise
Sauce tango
Salade de laitue
Consommé froid
Thé
Chocolat
Porto
Sauterne
Meursault
Bière
Champagne
Brioches — Mokas — Pain de Gênes — Fruits confits — Fruits de saison — Tartelettes — Eclairs — Babas — Crème fouettée — Fruits à l'eau-de-vie
Glacés vanille — fraise — café
Café — Liqueurs

COMPOSITION D'UN BUFFET POUR SOIREES DANSANTES

Jambon
Rosbif froid
Saumon froid
Sandwichs foie gras
Sandwichs jambon
Sandwichs au fromage
Petits pâtés — Tartes aux fruits
Pickles
Salade russe
Sauce verte
Eclairs — Choux à la crème — Babas — Petits fours — Brioches mousseline — Fruits confits — Glaces diverses — Oranges — Bananes — Pommes — Poires

Café chaud - Café glacé
Thé
Chocolat
Bière
Orangeade
Citronnade
Sirops
Pouilly
Bordeaux rouge
Champagne

MENU D'UN REPAS DE PREMIERE COMMUNION (DEJEUNER)

Consommé froid
Œufs à la gelée en caisses
Filets de sole sauce crevette
Pigeons aux petits pois
Filet de bœuf rôti
Haricots verts maître d'hôtel
Asperges en branches sauce mousseline
Foie gras en rocher
Salade
Fromages
Glace pralinée-vanille
Fraises au kirsch
Brioches
Cerises
Petits fours variés — Gaufrettes
Fruits confits
Madère — Sauternes — Moulin à Vent — Château Margaux -
Champagne — Café — Liqueurs

MENU D'UN REPAS DE MARIAGE (DINER)

Potage bisque d'écrevisses
Huîtres
Timbale financière
Langouste belle-vue
Gigot de chevreuil mariné
Purée de marrons
Dinde truffée
Salade d'endives
Filet de bœuf
Petits pois maître d'hôtel
Fromage
Glaces assorties
Fruits de saison
Pâtisseries diverses
Café — Liqueurs
Porto — Frontignan — Sauternes — Pomard — Léoville
Pommery-Greno

MENU DE REVEILLON

Consommé
Huîtres
Pieds de porc truffés grillés
Boudin blanc grillé
Perdreaux rôtis aux choux
Salade d'endives
Foie gras en Rocher
Glaces fraise-praline
Fromages
Plum-pudding
Petits fours — Fruits glacés
Oranges — Mandarines — Bananes
Raisins — Pommes — Poires —
Café — Liqueurs
Bordeaux blanc — Bourgogne rouge — Champagne frappé

MENU DE SOUPER

Potage bisque d'écrevisses
Huîtres
Viandes froides assorties
(veau, rosbif, jambon, galantine, etc.)
Dinde truffée
Salade barbe de capucin, betterave, céleri.
Foie gras
Glace Vanille-Café
Fromages
Croûte d'ananas
Savarin à la Crème
Corbeille de fruits
Fruits glacés — Petits fours — Bonbons
Café — Liqueurs
Champagne frappé (drapeau américain)

MENU DE FIANÇAILLES
(Déjeuner)

Hors-d'œuvre
Truite saumonée au bleu, sauce tango
Filet de bœuf sauce madère
Pommes de terre soufflées
Poularde rôtie
Haricots verts sautés
Salade de saison
Glace Framboise-Pistache
Fromage

Saint-Honoré
Fruits de saison
Fruits glacés — Petits fours assortis
Café — Liqueurs
Porto blanc — *Pouilly — Chambertin --- Pommard*
Champagne

MENU DE DINER POUR FETE OU ANNIVERSAIRE DE FAMILLE

Potage Saint-Germain
Vol-au-Vent financière
Turbot sauce Hollandaise
Jambon d'York au madère
Nouilles au fromage
Pintade rôtie
Salade
Pêches Melba
Fromage
Tartes aux fruits
Corbeille de fruits de saison
Petits fours assortis — Gaufrettes
Café — Liqueurs
Madère — Sauternes — Saint-Julien — Nuits
Champagne demi-sec

MENU DE GRAND DINER DE GALA

Consommé aux œufs
Huîtres
Filets de sole sauce crevettes
Pigeonneaux aux petits pois
Filet de bœuf rôti
Haricots verts sautés
Sorbets
Fine Champagne
Langoustines
Faisan rôti
Salade de saison
Foie gras en rocher
Pêches flambées
Fromages
Tarte aux fruits
Pièce de pâtisserie
Corbeille de fruits de saison
Fruits glacés — Petits fours assortis
Café — Liqueurs
Madère — Château-Yquem — Romané-Conti — Richebourg
Meursault — Château-Lafitte — Champagne

COLLECTION PERSONNELLE

DE

RECETTES DE CUISINE

EXPÉRIMENTÉES

PAR

SOI-MÊME

RECETTES DE CUISINE

Confitures d'oranges

Prendre 14 oranges moyennes
d'écorce fine, les peler,
passer l'écorce à la machine à
hacher, couper les fruits en
tranches minces, mettre le tout
dans un récipient et recouvrir
de 3 lit 1/2 d'eau, laisser
tremper 24 ou 36 heures.
Mettre sur le feu et faire
bouillir 2 heures 1/2 sans sucre
Ajouter alors 3 Kgs de sucre
et faire bouillir 1 h 1/2
la confiture mise en pots
et couverte de suite doit
épaissir au bout de
quelques jours.

Recettes de Cuisine

Confitures d'oranges   Mme G.

Prendre 4 oranges et 1 citron.
Peser le tout. Couper très
finement et mettre baigner dans
3 fois leur poids d'eau pendant
24 heures. Faire bouillir à
gros bouillon pendant 1 heure
environ. Laisser encore
24 heures. Peser. Mettre poids
égal de sucre et faire cuire
assez fort 3/4 d'heure ou
1 heure. Mettre en pots.

Recettes de Cuisine

Petits pains au lait

200 g. farine   1 œuf
1 sachet de levure   3 g. de sel
80 g. de beurre   ou 6 cuillerées de lait

Bien battre la pâte pour lui donner une certaine élasticité et la tenir mollette sans excès.

La diviser en 20 morceaux que l'on roule à la main sur la table farinée en leur donnant la forme de cigares. Les dresser sur la tôle, les dorer à l'œuf et cuire de suite à four chaud 7 à 8 minutes.

RECETTES DE CUISINE

Gâteau au chocolat   Mme Ber

125 g. chocolat

60 g. de beurre

60 g. de sucre

60 g. de farine . 3 œufs.

Faire ramollir le chocolat dans une casserole, mélanger avec le beurre frais, puis le sucre et les 3 jaunes d'œufs. Bien mélanger le tout avec la farine. Monter les blancs en neige et les mélanger doucement. Mettre dans un moule à cake bien beurré, cuire au four 20 m.

RECETTES DE CUISINE

Pâte à beignets

2 tasses 1/2 à thé de farine

2 oeufs

1 cuillere à bouche de rhum

1/2 à café de sel fin

2 verres de lait

Mettre la farine dans une terrine, faites un trou au milieu et déposez dedans les jaunes d'œufs, le sel, le rhum. Mélangez bien et ajoutez peu à peu le lait. Laissez reposer.

Au moment d'employer la pâte, incorporez-y les blancs battus en neige.

RECETTES DE CUISINE

Gnocchi à la semoule

Dans 1/2 litre d'eau ou de lait jetez en pluie 6 cuillerées de semoule, tournez jusqu'à consistance très épaisse ajoutez un peu de sel, du beurre et 2 cuillerées de farine de riz délayée à froid. Laissez cuire 1/2 heure à feu doux; laissez refroidir à moitié et ajoutez un peu de Gruyère râpé. Vous aurez fait cette pâte la veille et mis sur un plat plat. Qu'elle soit complètement froide. Étendez-la à plat sur la planche farinée et faites en des bandes de 3cm largeur et autant d'épaisseur. Coupez en petits carrés, passez les dans la farine en les roulant et jetez les dans la friture chaude. Servez accompagnés d'une sauce blanche aux champignons. Au lieu de faire frire le gnocchi on peut le pocher à l'eau bouillante salée et le servir avec une sauce tomate.

RECETTES DE CUISINE

Terrine de lapin

Désosser le râble d'un lapin le hacher très fin avec 500g de rouelle de veau; 500g porc frais (qu'il ne soit pas trop maigre) 150g jambon cru. Mettre le tout mariner 48 heures environ avec huile, vinaigre, poivre, sel, thym, laurier, oignons, persil, épices. Préparer avec os et jarret de veau et les os du lapin une gelée qui une fois réduite ne dépasse pas un litre. Quand elle est prise et que la viande est suffisamment marinée, mélanger le tout soigneusement, puis mettre en terrine en y ajoutant des truffes coupées en tranches; (ceci n'est pas indispensable) Enfourner et cuire à feu modéré pendant 1h½ à 2h maximum. Laisser reposer 24 heures au moins pour que la gelée se forme bien et que le tout s'amalgame bien. A préparer le vendredi pour le Dimanche. On peut remplacer le lapin par du poulet.

RECETTES DE CUISINE

Cake

Mettre dans une terrine
175 g. de sucre avec 175 g. de
beurre ramolli. Bien travailler.
Ajouter 200 g. de fruits confits et
raisins de Smyrne. Incorporez
l'un après l'autre 6 jaunes d'œufs
Mélangez alors 350 g. de farine et
1/2 paquet de levure.
Finissez en incorporant les blancs
battus en neige.
Garnir de papier l'intérieur d'un
moule. les remplir aux 3/4.
Cuire à four doux 1 h 1/2 environ
et démouler 1/4 d'heure après.

RECETTES DE CUISINE

Gâteau mousseline

3 œufs, 6 cuillerées de sucre, 3 cuillerées
de fécule, 1 paquet sucre vanillé,
1 de levure.

Délayez les jaunes avec le sucre
jusqu'à ce que le mélange soit
blanc et mousseux. Ajoutez alors
la fécule et à chaque cuillère un
peu de levure. Battez les blancs
en neige et mélangez le tout.
Beurrez un moule et versez y
le mélange et mettez de suite
au four assez chaud.

Crème. 150 g. de beurre
2 cuillerées de sucre, 2 jaunes d'œufs
un peu d'essence de café.
Manœller le beurre, mettre le sucre
puis les jaunes d'œufs en tournant
continuellement Parfumez avec l'essence
de café.

RECETTES DE CUISINE

Vin de Marquis.
4 litres de vin blanc ou rouge
1 litre d'eau de vie
1 kg de sucre
4 oranges coupées en morceaux, 1 citron
également, 1 bâton de vanille
Laisser macérer 15 jours en remuant
tous les jours, puis filtrer.

Brou de noix.
12 noix coupées en 4 pour 1 l. d'eau
de vie. Laissez macérer 3 semaines
au moins. Passez le liquide et
sucrez avec 350 g. de sucre.

Genièvre.
Même préparation en remplaçant les
noix par un bol de baies de genièvre
vertes pour liqueur blonde, mûres pour
liqueur brune; on peut ne mettre que
250 g. de sucre.

RECETTES DE CUISINE

Vin Digestif.

Dans 1 lt. de bon vin blanc, mettez 18 fleurs de camomille et 20 morceaux de sucre. Laissez infuser un mois et filtrez.

Excellent après les repas pour les estomacs paresseux.

Liqueur crème de thé.

Dans un verre d'eau bouillante mettez infuser 80 g de thé vert pendant 1 heure. Versez le tout sur 2 lt d'eau de vie en ajoutant une livre de sucre. Laissez reposer et filtrez.

TABLE DES PLANCHES HORS-TEXTE

CONTENUES DANS CE VOLUME

TABLE DES MATIÈRES

Q

R

IMPRIMÉ ET RELIÉ
POUR LA
LIBRAIRIE ARISTIDE QUILLET
PAR
L'IMPRIMERIE DE COMPIÈGNE
(Oise)

www.ingramcontent.com/pod-product-compliance
Lightning Source LLC
LaVergne TN
LVHW050121060726
842524LV00001B/53